NX CAM
三軸加工必學經典實例

◎附教學範例光碟

林耀贊、周泊亨 編著

印行

序

NX CAM with Solid Edge 為 Siemens PLM Software 經濟而高效的應用軟體，集成設計與加工一體化的 CAD/CAM 整合系統，它廣泛應用在機械、汽車、航太、模具、電子和精密加工等領域。

數位化製造已是全球化趨勢，專業加工製造廠都已面臨技術提升與人員精進等挑戰，NC 編程人才的培訓是需要一套完整有效率的培訓規劃，凱德科技為 Siemens PLM Software 代理商，NX CAM 工程團隊擁有三軸和高階多軸複合加工多年的實戰經驗，並在台灣實際成功輔導過百家以上客戶的技術能量，以三軸為基礎編輯一套實例應用教材，適合企業數控編程人員與相關專業科系師生使用。本書籍透過業界編程經典實例講解，直接導引三軸加工的應用概念，使讀者能夠快速掌握 NX CAM 功能和使用方法，並通過大量的實例講解與編程技巧，讓讀者充分理解數控編程的工法思路，達到事半功倍的效果。不僅可成為台灣推動生產力 4.0 在數位製造上的利器，也讓 NC 編程的初學者能夠更深一層了解實務上的加工應用。

凱德科技為西門子 Siemens PLM Software CAD/CAM/CAE/PLM 全產品線系統整合規劃顧問公司，為商業市場主要代理也是 Solid Edge 台灣教育市場總代理，擁有西門子認證的銷售與專業技術團隊，提供客戶完整的全產品線教育訓練與技術服務，服務據點有「台北」、「桃園」、「台中」、「台南」、「高雄」全台灣密集的服務網絡，為客戶帶來專業的即時服務。

2017 年 12 月凱德科技通過西門子認證台灣首家 SMART Expert Partner(智能專家合作夥伴)殊榮。目的為提供客戶完整解決方案有專業能力經驗的專家。

凱德科技股份有限公司
工程部 資深經理 林燿贊

目錄

CHAPTER 7 孔加工

CHAPTER 8 投影式工法

CHAPTER 9 程式輸出規劃

CHAPTER 10 加工範本

1 CHAPTER NX CAM 簡介

章節介紹 藉由此課程，您將會學到：

Siemens PLM Software 擁有 25 年以上 CAM 的開發經驗，具有深度且靈活彈性的功能，NC 程式工程師只要透過單一系統，即可處理各類型工作。先進的編程功能，可滿足高階工具機所需的全面功能，可為企業提高生產，進而達到降低成本目標，將發揮高效能先進機床上的投資價值。

NX CAM 先進的編程能力、後處理及模擬等各項重要功能，能為客戶帶來與眾不同的關鍵優勢。每個 NX 模組都提供一般 CAM 套件標準功能無法比擬的能力。例如，整合式工具機模擬是由 NX 後處理器的輸出所驅動，而非僅透過刀具路徑資料來進行。正因如此，NX 得以在其 CAM 系統內部實行更高階的編程驗證。

NX 在製造業的應用

NX 在單一 CAM 系統中納入完整的 NC 編程功能，以及一組整合的製造軟體應用程式。這些應用程式都是以經實證的NX 技術為基礎，能協助零件建模、工具設計及檢查編程等作業，適合您行業的最佳選擇。

NX CAM 已經廣為不同領域的行業所採用，例如航太業、汽車業、醫療裝置、模具和沖模以及機械行業，充分發揮其經實證的強大製造能力。

製造業領導廠商

當正確的設計和製造軟體能夠與最新的控制器、工具機和其他生產線設備搭配運作時，您就可以導入理想的流程鏈，將業務效能發揮到極致。

Siemens 是進階工具機控制器技術及驅動設備領域的公認領導廠商。結合軟體和製造設備專業知識兩方面之長，我們得以開發完美的零件製造解決方案，為您帶來無與倫比的強大優勢。

NX CAM 模組化完整的功能

NX CAM 提供完整全面的 NC 編程功能，幫助加工單位開啟多重 CAM 系統的需求以及降低衍生的高貴費用，提供使用者更大的彈性。使產品投資以單一產品發揮最大價值。

- 2.5 軸銑削
- 3 軸銑削
- 5 軸銑削
- 車削
- 車銑複合
- 線切割

CAD/CAM 整合的優勢

NX CAM 可與 Solid Edge 和 NX CAD 整合；在 Solid Edge 之中，透過內嵌的相互操作性優勢，也能輕鬆做到整合 CAD/CAM 解決方案，採用主要模型概念以方便同步進行設計與 NC 編程，這麼一來 NC 編程人員便可在設計人員完成零件設計之前，就開始編程，即使設計模型有所變更，完整的關聯性也可以確保 NC 操作日後能隨之更新，無須重新編程，整合 CAD/CAM 功能讓您能夠輕鬆地管理設計變更

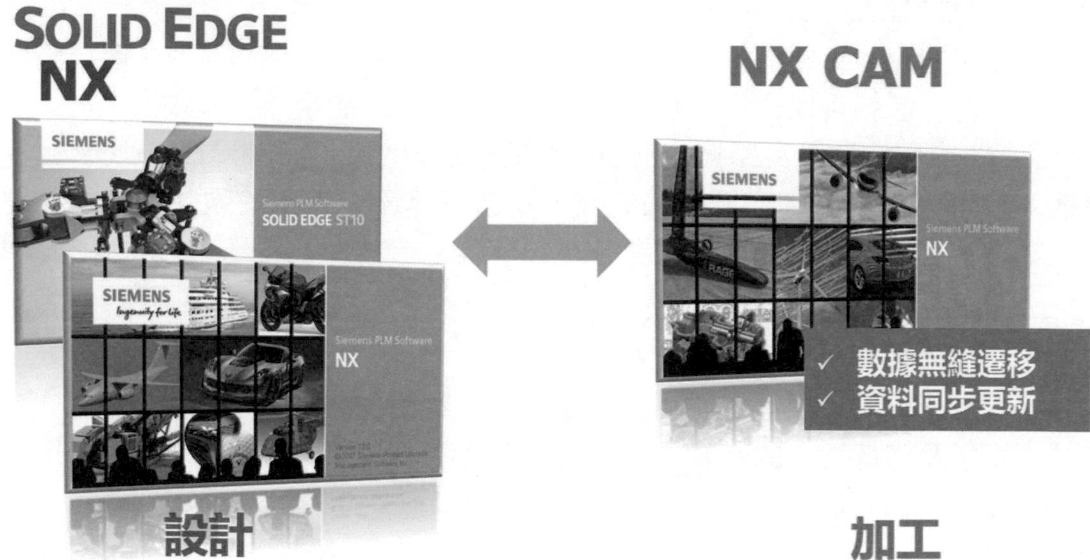

先進的編程功能

NX CAM 提供多元化的工法應用，從簡單的 NC 編程到高速與多軸機械加工應有盡有。您只需透過單一系統就可以完成許多工作，彈性的 NX CAM 讓您得以輕鬆地完成要求最嚴格的工作，包括後處理器程式庫、圖形後處理器建置與編輯應用程式、刀具路徑確認、CAD 檔案轉譯程式、線上輔助說明、工廠文件輸出、組立件加工、及證明過的加工資料存取加工參數程式庫等等。

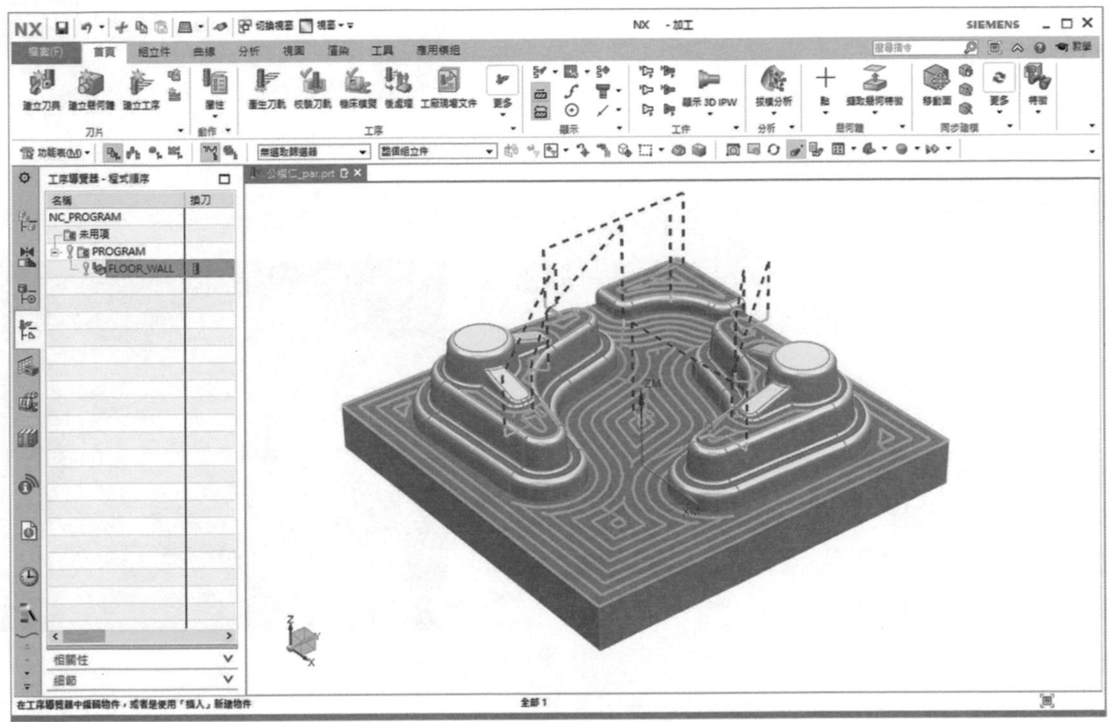

輕鬆上手

圖像式中文化的對話框使用介面，具有清楚註解的圖形，及最新的使用者互動技術和預先定義的編程環境，有助於提高您的生產力。比起透過功能表鍵入數字，在螢幕上選取並移動刀具的 3D 模型，是更快速、直覺的刀具操控方法。

實現生產效率的最大化

高速機械加工

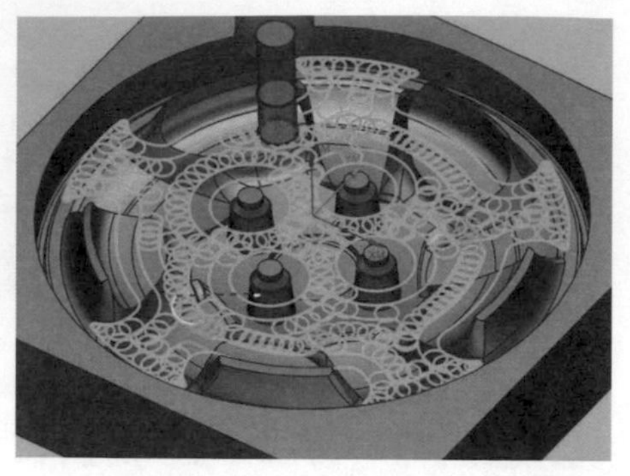

NX CAM 擺線加工成功實踐了高速粗削能力，能在管理刀具負載的情況下維持絕佳的金屬移除速率，維持機器運作順暢。HSM（高速加工）提供平滑的切削圖樣，沒有尖銳的轉角，因此能以高進給速率生產出最好的切削效率。

流線加工

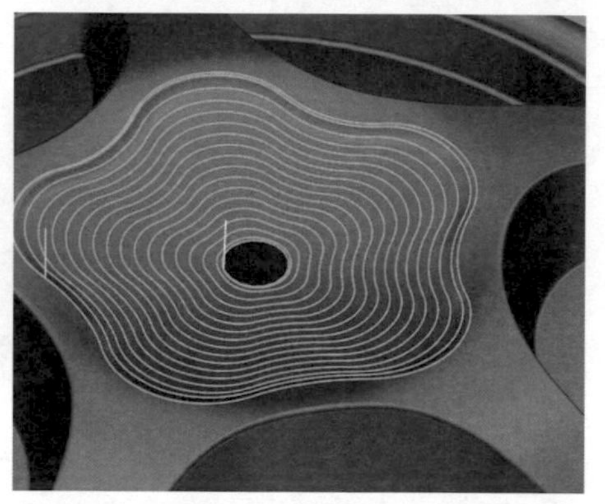

Siemens PLM Software 引入了流線銑加工技術，為加工路徑的編程提供了一種全新的方法。

Free Flow Machining（流線銑加工）提供複雜的輪廓表面加工，刀具路徑可以自然沿著整個零件的輪廓行進，如流體般的流動，平滑的流線刀具路徑可讓模具得到最好的表面品質與精度。

NX CAM 滿足高速加工的需求

統一的材料切削過程

以實體為基礎的銑削處理，系統自動計算殘料分析（IPW）確保以恒定比例進行材料切削。

剩餘銑削

Z 層的剩餘銑削（Rest milling）和清角切削（Valley cutting）可將您最小的刀具只保留給需要的區域。

前後一致的精加工

系統提供了一系列方法，無論是對於陡峭表面還是平緩表面，都可以實現均勻的步距寬度。

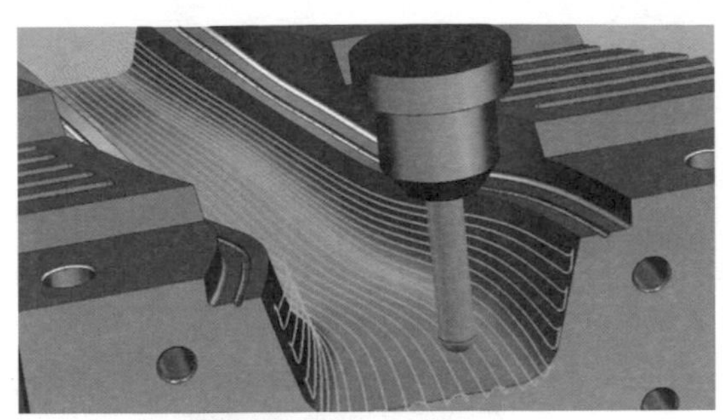

平滑的連續切削

即使是在不規則的形狀上，也可以實現鄰近部分之間的切線連接以及平滑的螺旋狀切割。

機械加工資料範本建立

提供的客製化機械加工資料庫能讓您管理經實證的資料，並將其套用至關聯的刀具路徑操作上，標準化編程工作並加快進行的速度。

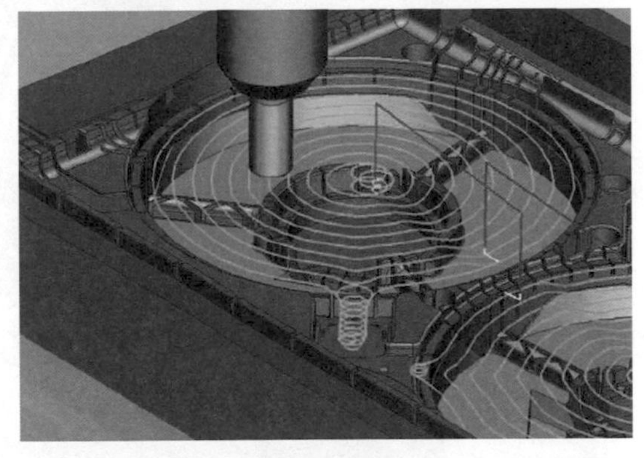

高速高精度的加工輸出

高速機床控制器可使用均勻分佈點、平滑內插、spline 曲線輸出等選項，微調刀具路徑。

管理刀震

Siemens PLM Software 提供機械師校正設備的方法，避免影響進料速率及切削深度的震動。

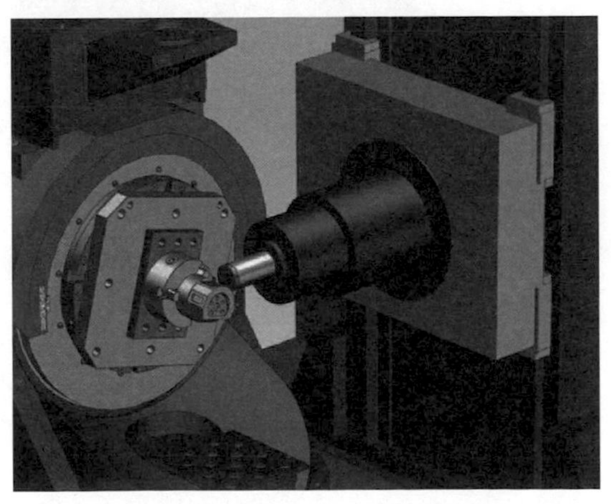

碰撞偵測

系統會檢查零部件、加工中工件、刀具和夾具與機床結構之間實際或接近碰撞。

多軸加工的先進編程

5 軸加工

NX CAM 提供極具彈性的 5 軸編程功能，結合高度自動化的幾何形狀選取，圖像式的刀軸控制，使編程更簡單快速，而且碰撞檢查可減低錯誤風險。整合加工模擬，使得此項工作不必由另外的外部軟體執行。

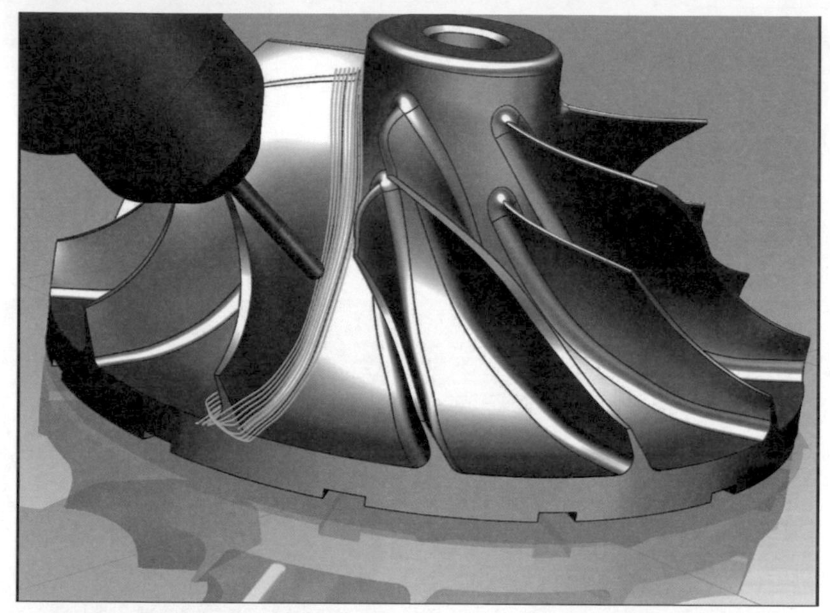

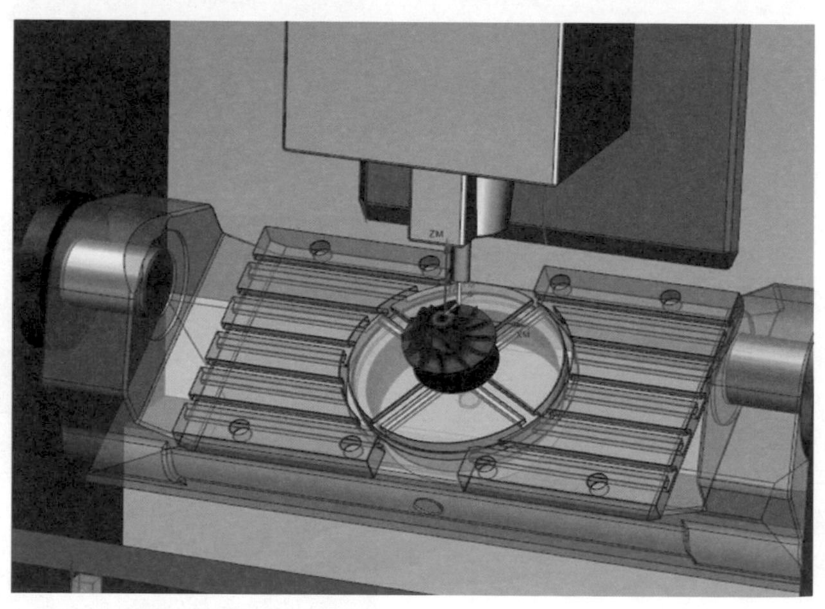

車銑複合加工

NX CAM 提供了所有必要的功能要素，可以對車銑複合機等多功能設備進行有效編程。所有元件可在一致的使用者環境下共同操作，車銑複合加工程式結果將立即顯示在「操作導覽器」上。

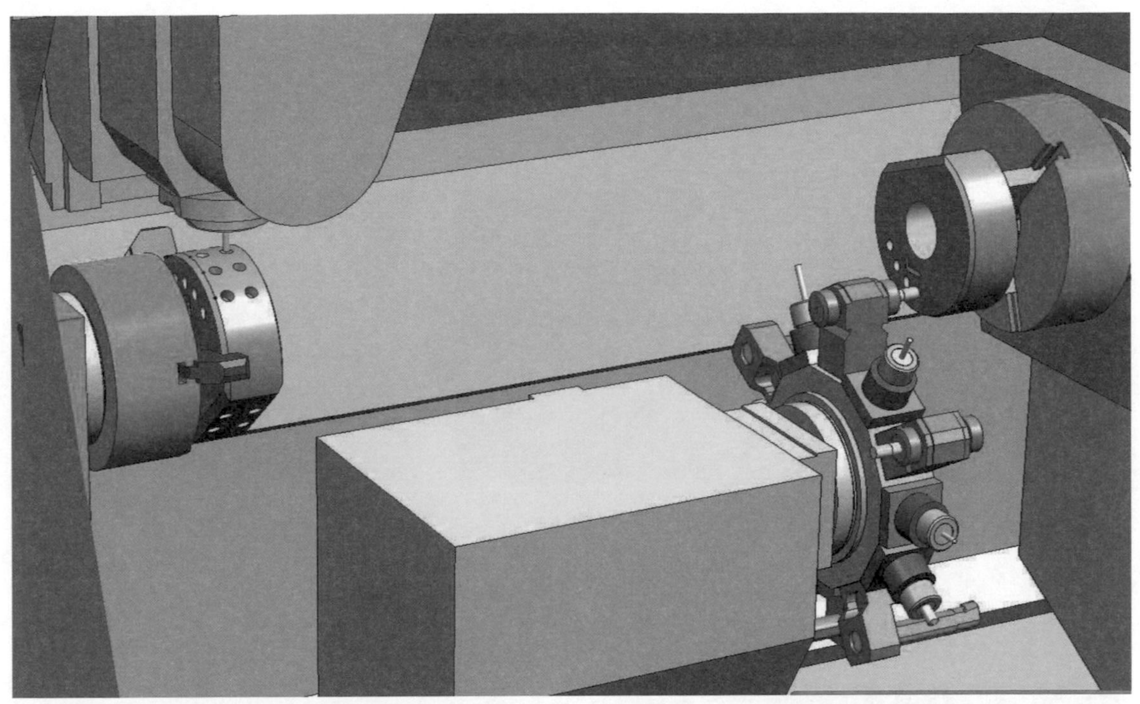

CAD－CAM－CNC 完整解決方案

如想充分發揮工具機的價值，您必須將驅動工具機的流程最佳化。一套緊密連結的整體流程可以讓您更快完成新工具機的部署，同時達成更高的生產效率。

Siemens 是進階工具機控制器技術及驅動設備領域的公認領導廠商。結合軟體和製造設備專業知識兩方面之長，我們得以提供 CAD－CAM－CNC 流程鏈支援，讓您最新的工具機投資價值發揮到極致。

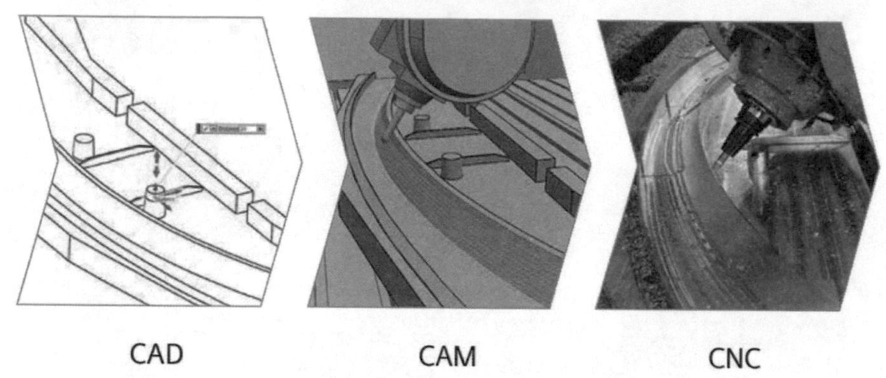

CAD　　CAM　　CNC

NX CAM 產品規劃

現在，您可以開始學習 NX CAM 的加工精髓，使設計、加工、製造整合於同一環境，規畫最佳化的加工流程，達成專業級的產品工藝。

若目前貴司計畫攜手與西門子邁向最完善的工業 4.0 計畫，歡迎各位評估以下加工需求。滿足各種工具機的形式，發揮工具機的最佳價值。

NX CAM 產品家族

	3 軸加工	多軸加工	車銑複合加工	車削加工	線切割
2 軸銑削	●	●	●		
3 軸銑削	●	●	●		
多軸銑削		●	●		
車削			●	●	
渦輪葉片銑		Add-on	Add-on		
線切割					●

CHAPTER

使用者介面

章節介紹 藉由此課程，您將會學到：

2-1 啟動 NX CAM

NX CAM 程式按鈕 

1. 要啟動您的 NX CAM 可由「開始」→「所有程式」→「Siemens NX_X」點擊執行。(版本編號隨每個版本推出而改變)
2. 或是直接在您的桌面上找尋 NX CAM 程式按鈕 點擊執行。

NX CAM 啟動畫面

開啟 NX CAM 之後您可見到如圖 2-1-1，總共 7 大項目。

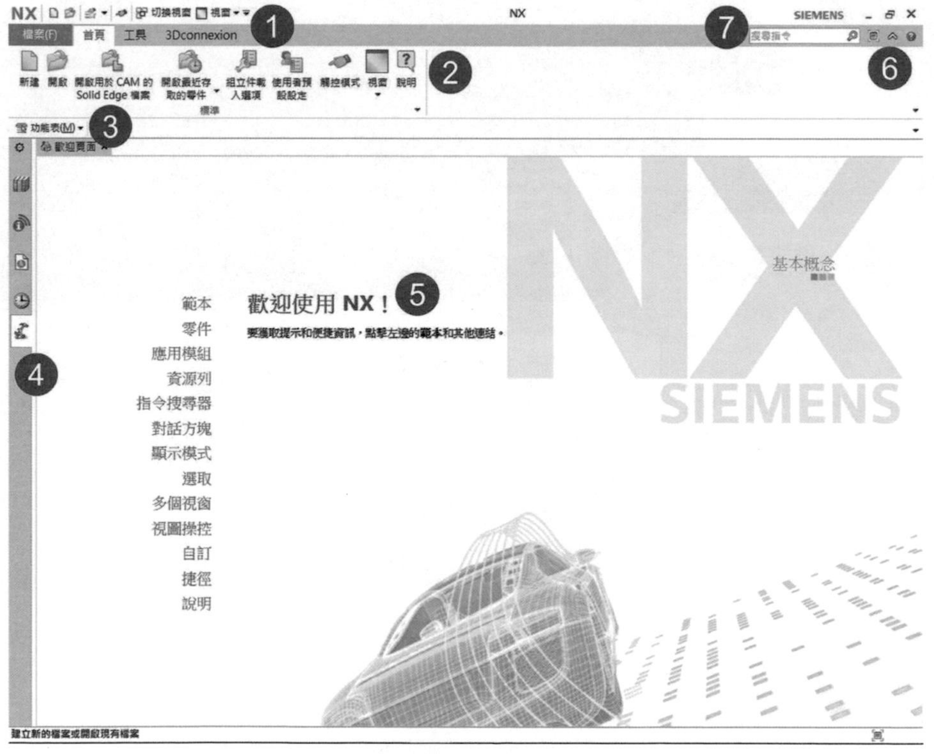

▲圖 2-1-1

1	快速存取工具列	**5**	功能模組介紹
2	開啟文件工具列	**6**	視窗顯示工具列
3	功能表	**7**	指令搜尋器
4	資源列		

2-2 啟動加工介面

學習如何開啟檔案，建立加工環境並儲存加工檔案

● 開啟要進行加工的檔案方式有三種，第一種方式為透過 Solid Edge「工具」➔「環境」點選「CAM Express」按鈕。如圖 2-2-1。

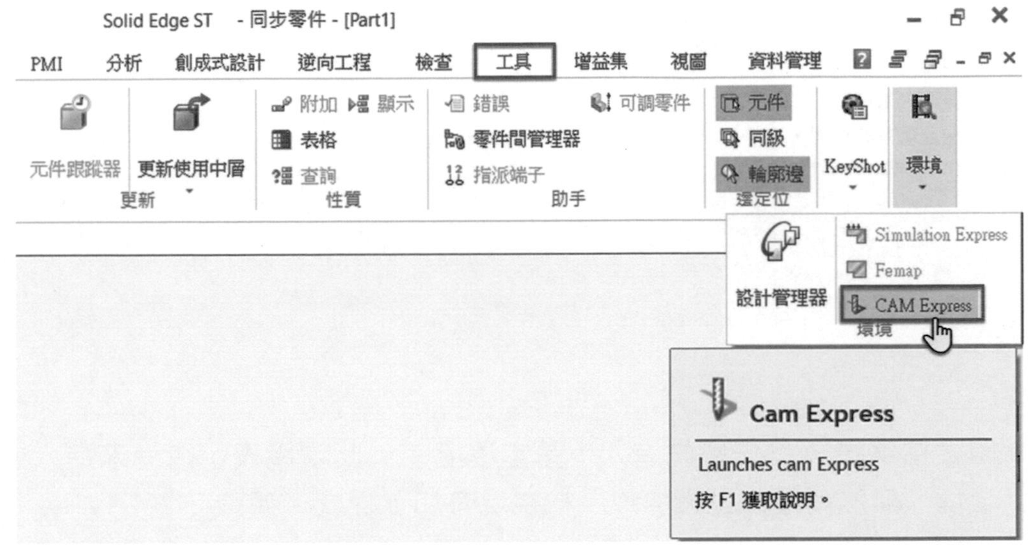

▲圖 2-2-1

● 第二種方式為直接透過 NX CAM「首頁」➔「標準」點選「開啟用於 CAM 的 Solid Edge 檔案」按鈕。如圖 2-2-2。

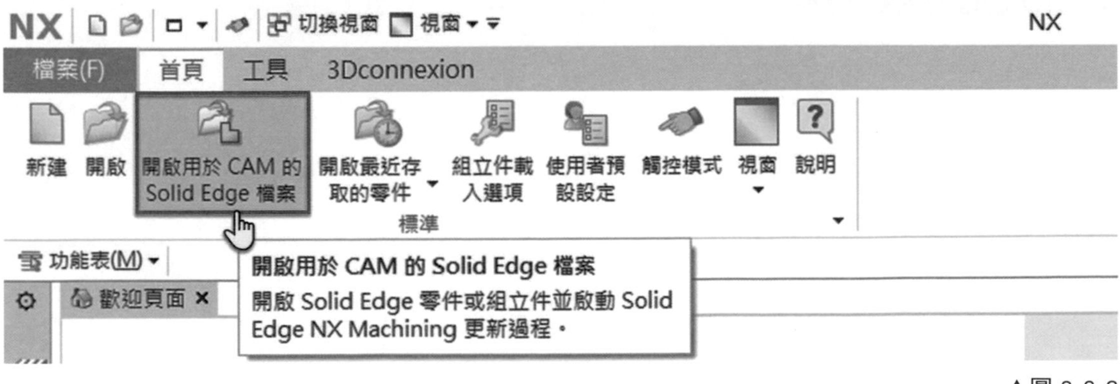

▲圖 2-2-2

● 第三種方式為已有建立的 NX CAM 檔案格式，直接透過 NX CAM「首頁」→「標準」點選「開啟」按鈕。如圖 2-2-3。

備註 此三種方式都是對於 CAD/CAM 整合規劃所應用的開啟方式。

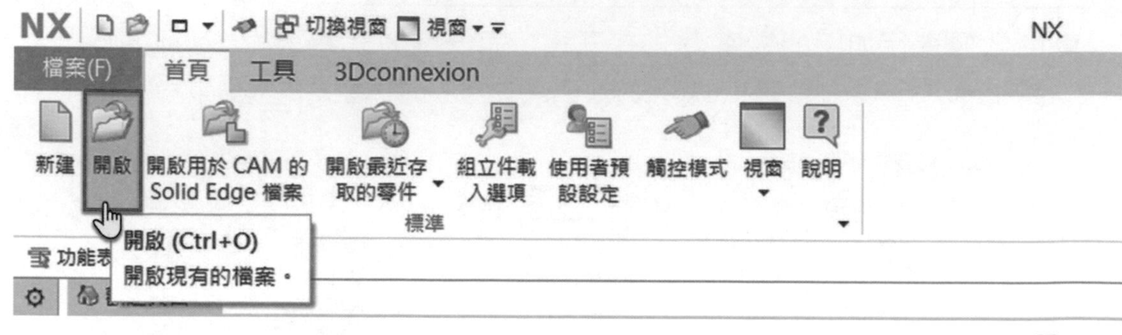

▲圖 2-2-3

● 開啟檔案後，首先會先進入「基本環境」，此環境表示還尚未進入加工環境，無法新建加工指令以及檢視現有加工程式。如圖 2-2-4。

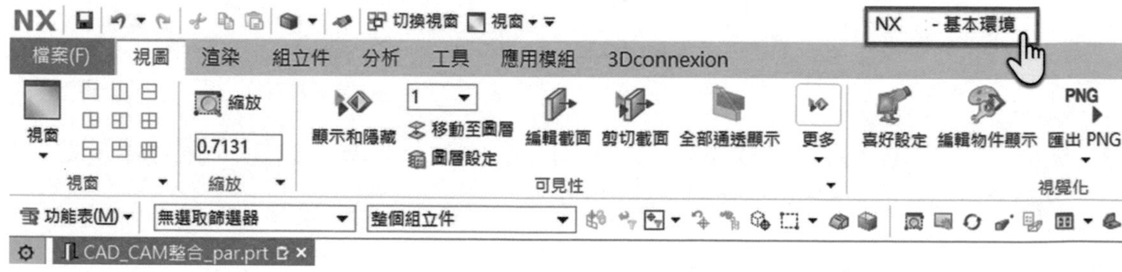

▲圖 2-2-4

● 建立加工環境，直接點擊「檔案」按鈕，即可顯示所有啟動模組，此時可選擇「加工」模組，進入加工環境。 如圖 2-2-5。

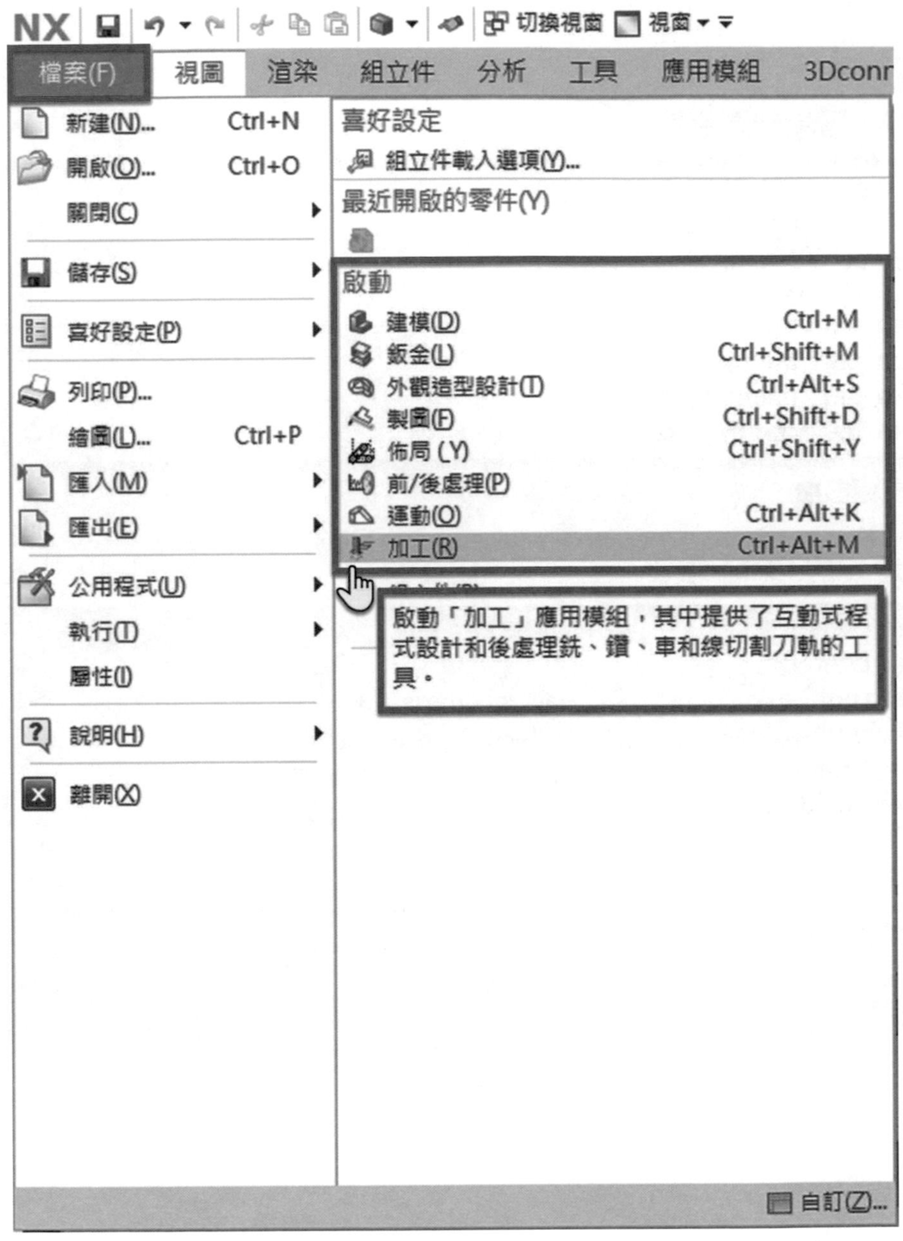

▲圖 2-2-5

● 進入加工環境前，會顯示兩個視窗，上面視窗為加工組態檔，此內容無須修改。下面視窗可以選擇所需要的加工模組，包含平面加工、三軸加工、鑽孔加工…等模組，各加工模組在加工環境亦可切換。如圖 2-2-6。

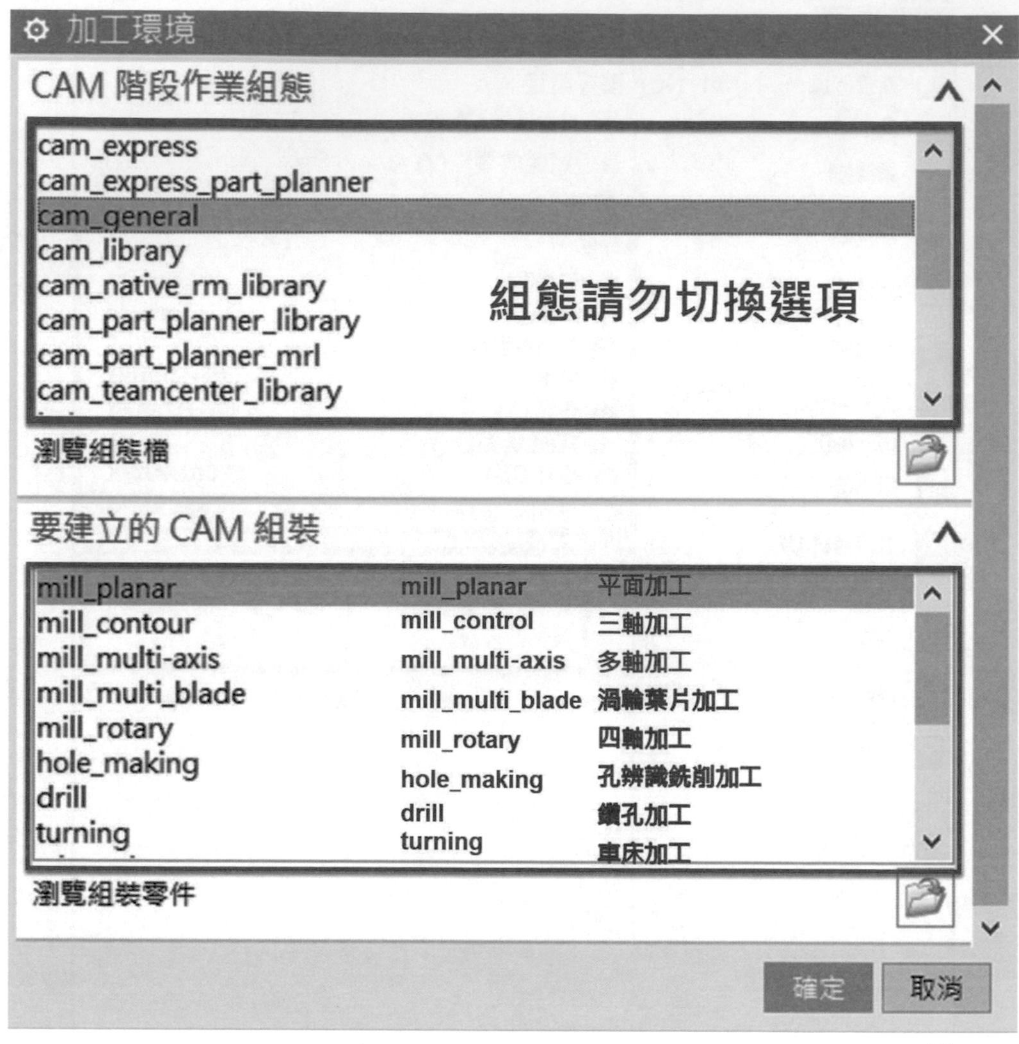

▲圖 2-2-6

● 進入加工環境後，上面標題欄會顯示加工，並在左側資源列會顯示工序導覽器。 如圖 2-2-7。

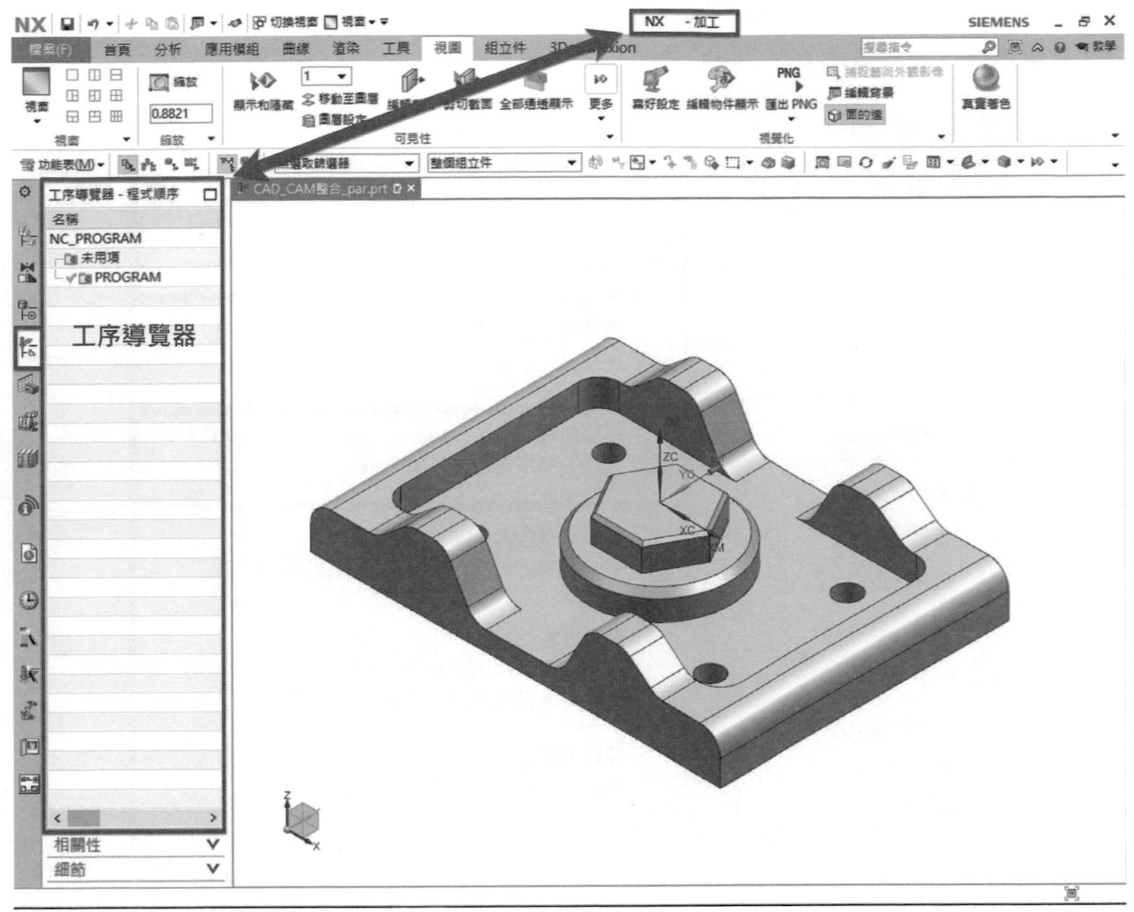

▲圖 2-2-7

● 儲存加工檔案，於「快取工具列」或是「檔案」皆可點選儲存 按鈕，進行儲存加工檔案，此加工檔案儲存位置與 Solid Edge 檔案預設為同一資料夾。如果要將加工檔案放置另一個資料夾亦可選擇另存新檔 ，檔案名稱不變即可。如圖 2-2-8。

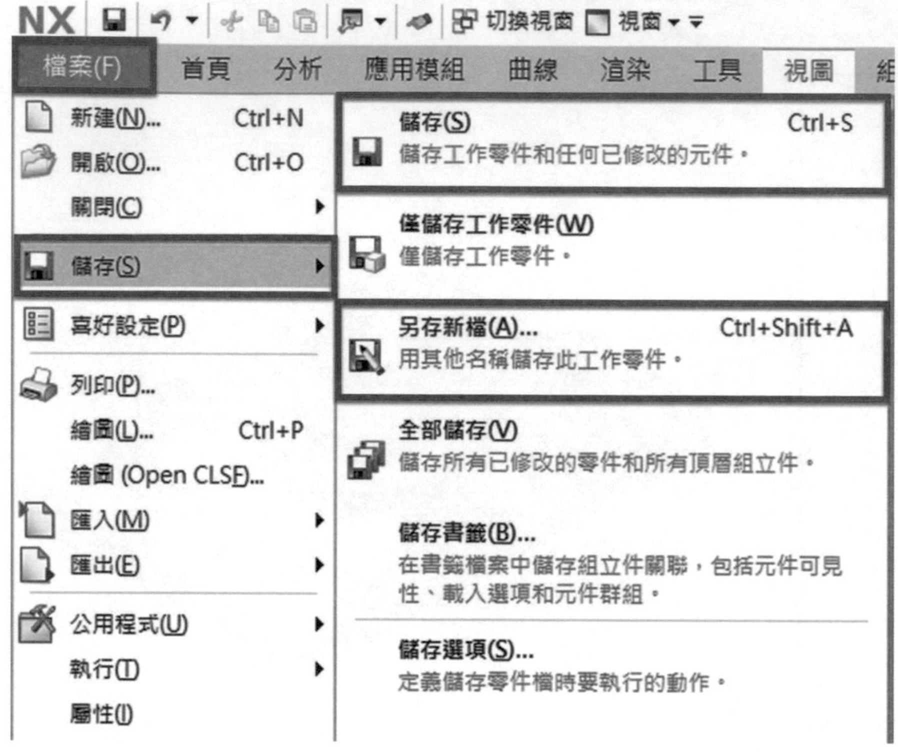

▲圖 2-2-8

2-3 加工使用者介面

NX CAM 加工應用程式視窗由以下幾個區域組成。如圖 2-3-1。

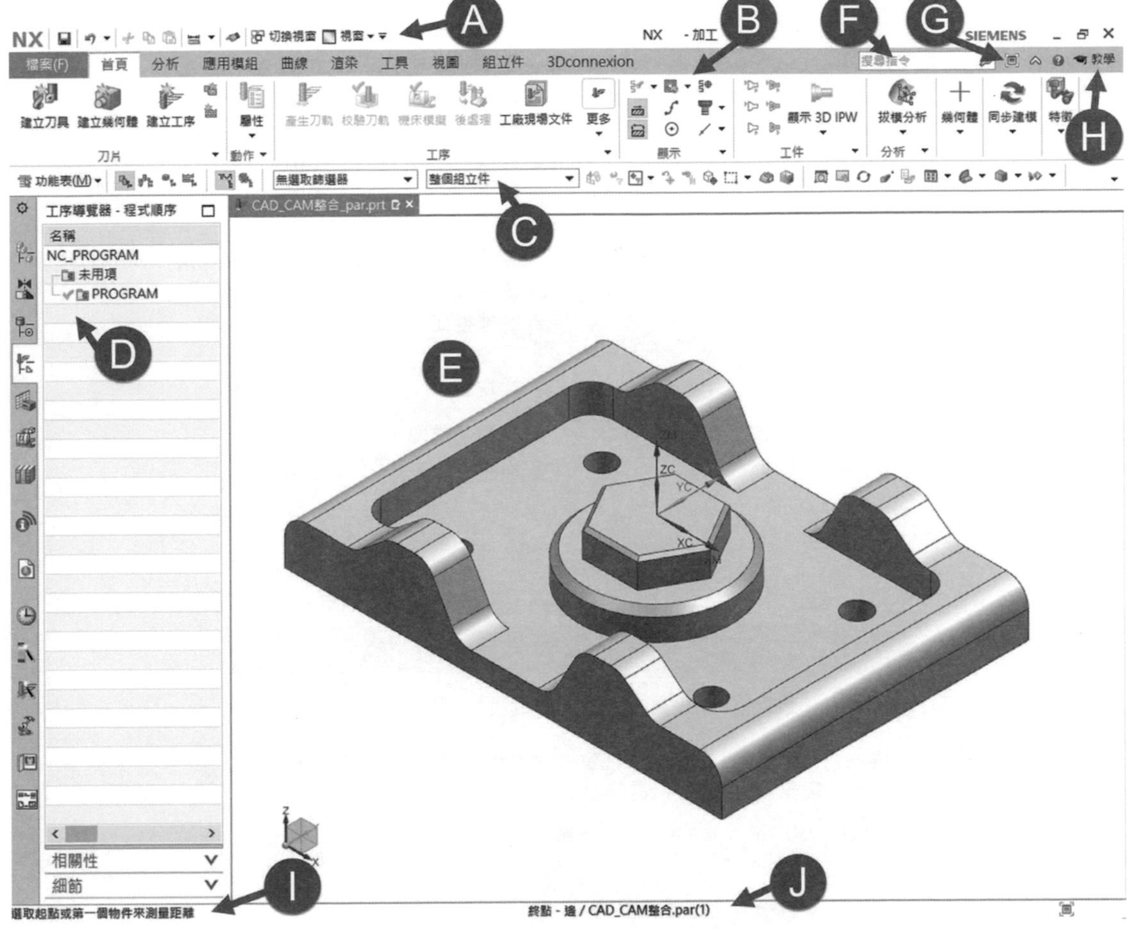

▲圖 2-3-1

A 快速存取工具列

顯示經常使用的指令。點擊右側的「自訂」，如圖 2-3-2，顯示附加資源：

- 新增或移除快速存取指令。
- 使用「自訂」對話方塊完全自訂快速存取工具列。
- 控制指令條的放置。圖 2-3-3。

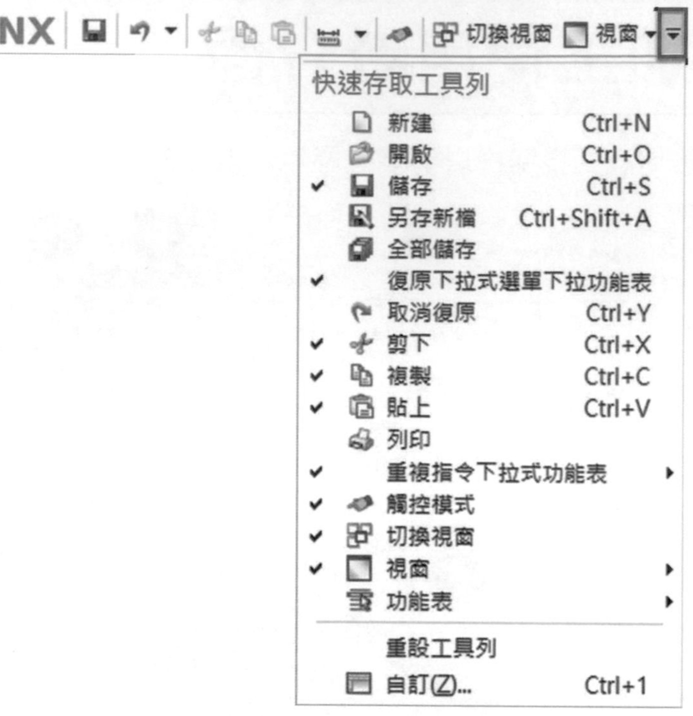
快速存取工具列
新建 Ctrl+N
開啟 Ctrl+O
儲存 Ctrl+S
另存新檔 Ctrl+Shift+A
全部儲存
復原下拉式選單下拉功能表
取消復原 Ctrl+Y
剪下 Ctrl+X
複製 Ctrl+C
貼上 Ctrl+V
列印
重複指令下拉式功能表
觸控模式
切換視窗
視窗
功能表
重設工具列
自訂(Z)... Ctrl+1

▲圖 2-3-2

切換視窗
視窗
自訂
指令
標籤/列
捷徑
圖示/工具提示
要向功能區標籤、框線列或 QAT 新增指令，選取一個類別並將指令從「指令」清單拖至所需的位置。
類別
搜尋
功能表
檔案(F)
編輯(E)
視圖(V)
插入(S)
格式(R)
工具(T)
組立件(A)
產品製造資訊(M)
資訊(I)
分析(L)
喜好設定(P)
3Dconnexion
項
新建(N)...
開啟(O)...
開啟用於 CAM 的 S
關閉(C)
儲存(S)
僅儲存工作零件(W)
另存新檔(A)...
全部儲存(V)
鍵盤...
關閉

▲圖 2-3-3

B 功能區、功能標籤與群組

- 其中包含在標籤中形成群組的指令。
- 標籤會依循不同環境呈現符合的功能項目。
- 有些指令按鈕包含拆分按鈕、邊角按鈕、核取方塊以及其他顯示子功能表和控制板的控制項。

C 上框線列

如同快速存取工具列，顯示經常使用的指令。此處包含選取工具以及視窗工具列。

為加工環境經常使用工具所設置的基本工具列，點擊右側的「自訂」。如圖 2-3-4，顯示附加資源。

▲圖 2-3-4

D 資源列

資源列是根據你目前的環境模組，顯示的資源標籤。當中最為主要為工序導覽器標籤，顯示所有加工工法、刀具庫、座標、成品、素材以及加工精度。

E 加工視窗

顯示加工的 3D 模型或 2D 線架構模型和繪圖座標系以及加工座標系的圖形，也就是您的加工工作區域。

F 指令搜尋器

指令搜尋器可幫助快速搜尋指令，亦可提供加工經驗豐富的用戶輸入在其他加工軟體中使用的術語或關鍵字，則可在 NX CAM 環境中找尋符合的指令。如圖 2-3-5。

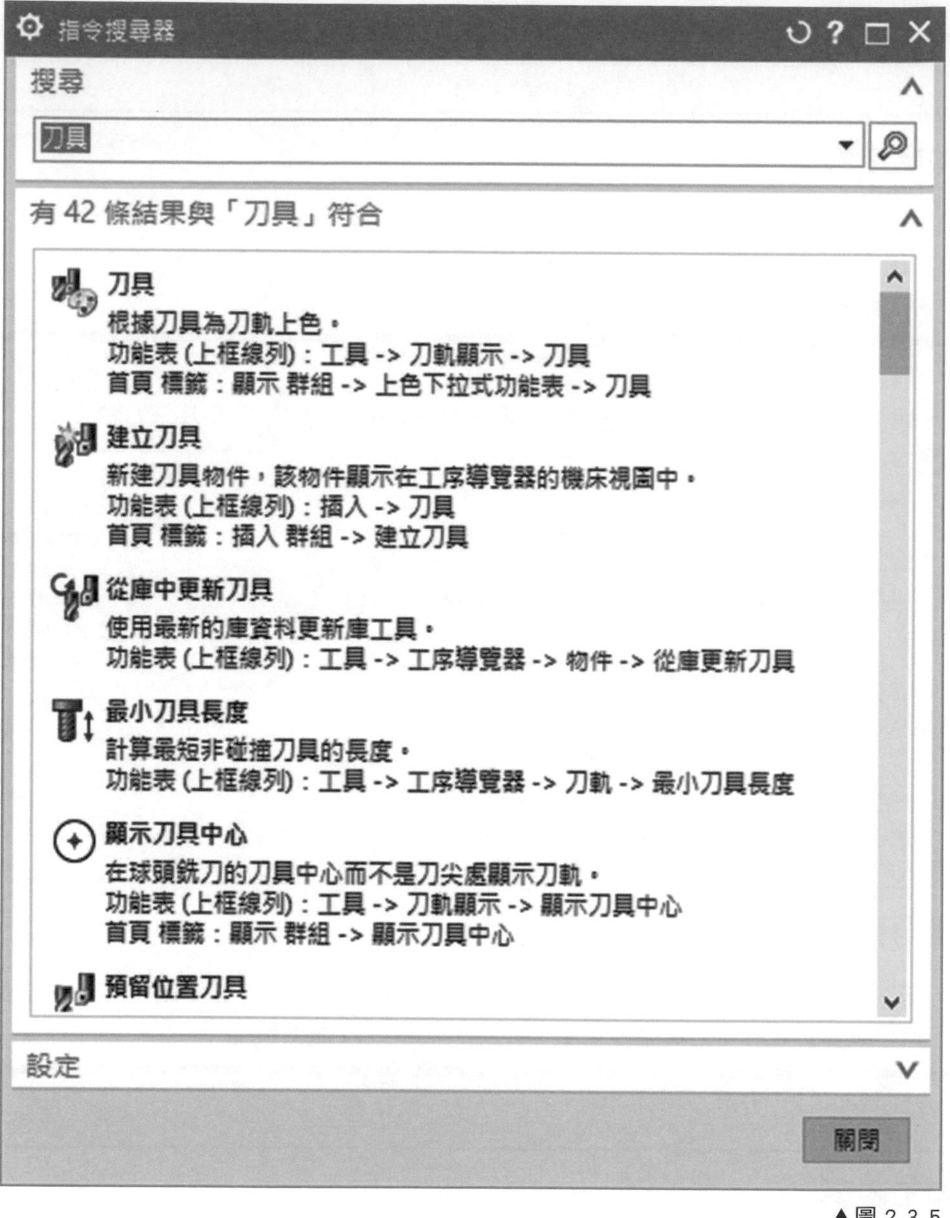

▲圖 2-3-5

G 視窗顯示工具列

視窗顯示工具列可透過 按鈕，切換傳統加工環境介面以及全螢幕加工環境介面。可透過 按鈕，隱藏與顯示功能區指令。

- 功能區加工環境：加工指令完整呈現，使功能指令一目了然。如圖 2-3-6。
- 全螢幕加工環境：將加工指令隱藏，使加工視窗呈現最大化，清楚呈現加工模型的視窗。如圖 2-3-7。

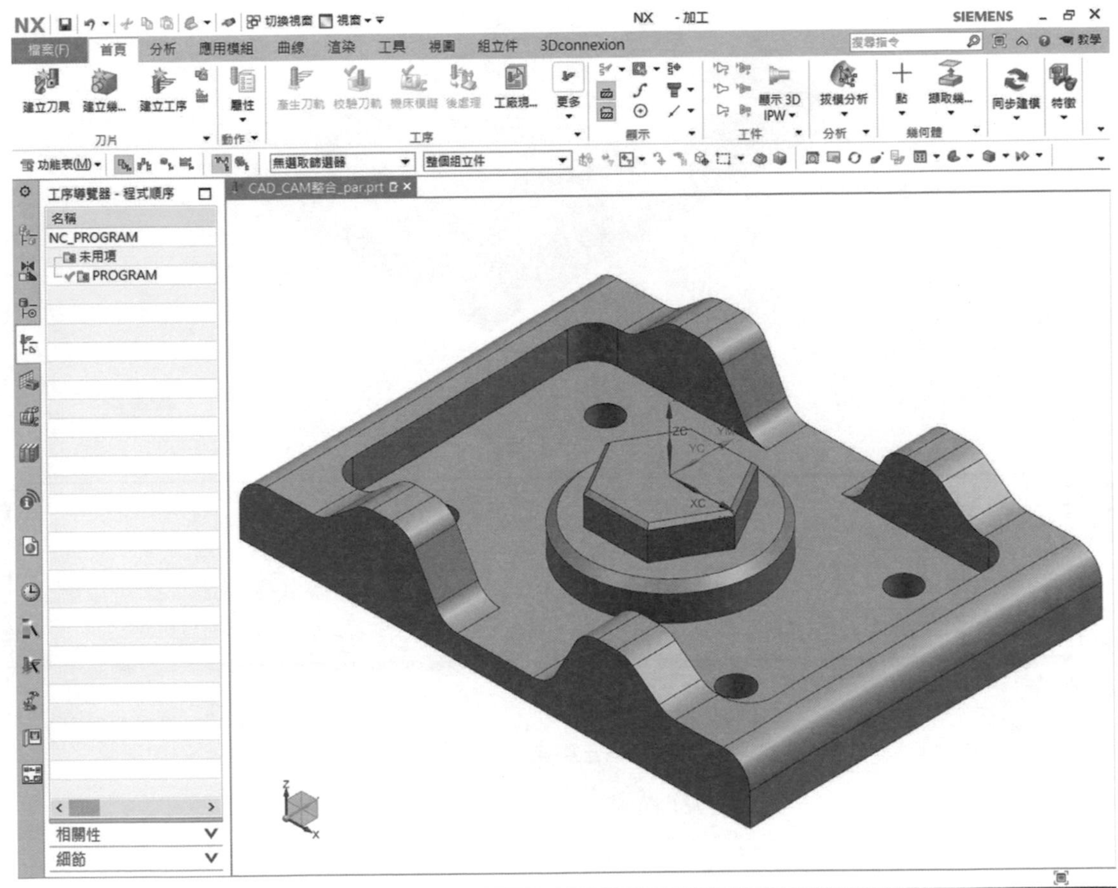

▲圖 2-3-6

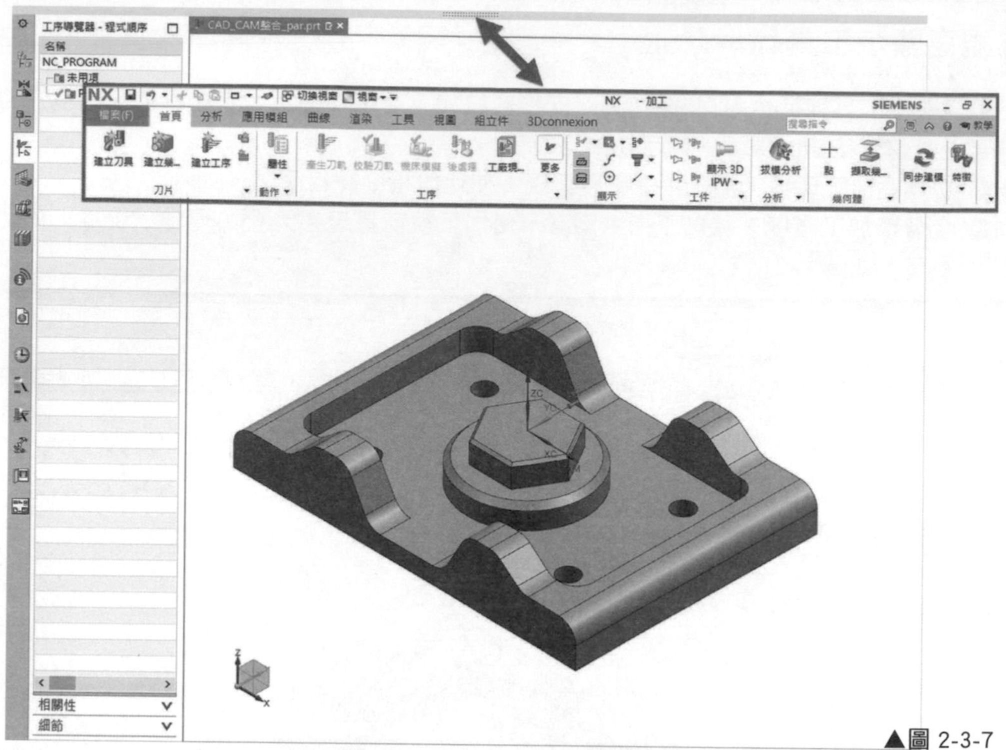

▲圖 2-3-7

H 教學按鈕

教學指導按鈕可透過 教學 按鈕啟動，後續在資源列會出現教學指導，即可以圖像教學方式學習如何建立加工。如圖 2-3-8。

▲圖 2-3-8

I 提示條

點選功能指令後，即可顯示與您所選的指令相關提示和訊息。

J 選取提示條

碰觸實體模型時，即可顯示與您所選的點、線、面、體相關的鎖點提示和訊息。

2-4 角色範本建立

學習如何自訂工具列、快速存取列、圓盤功能表、鍵盤快速鍵以及儲存角色範本

● 功能區點選右鍵，選取「自訂」按鈕，點選「+」新建一個工具列的列表。如圖 2-4-1。

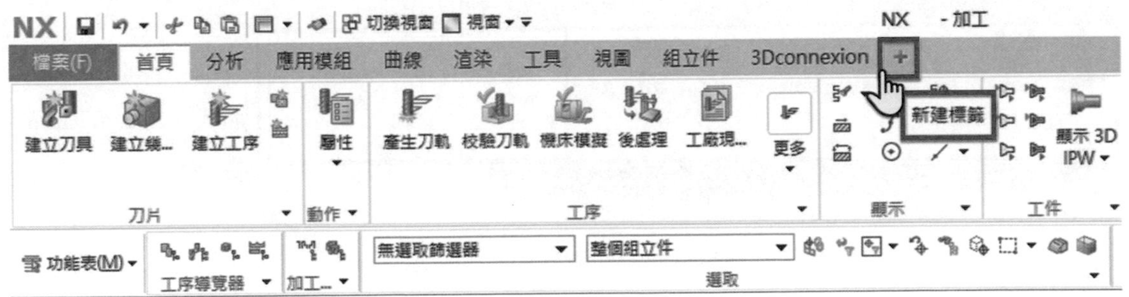

▲圖 2-4-1

● 替此列表命名名稱，點擊「確定」按鈕。如圖 2-4-2。

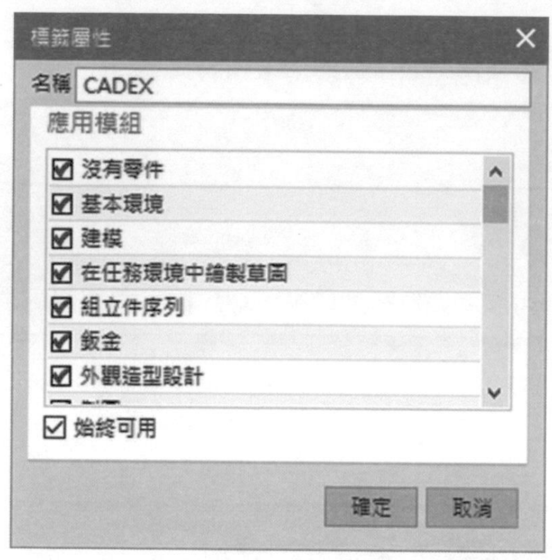

▲圖 2-4-2

● 將所需的功能指令設置於此列表中，並可設定群組、欄位。如圖 2-4-3。

▲圖 2-4-3

● 滑鼠快捷按鈕，左鍵如工具列、右鍵如功能表、右鍵長按如圓盤功能表。如圖 2-4-4。

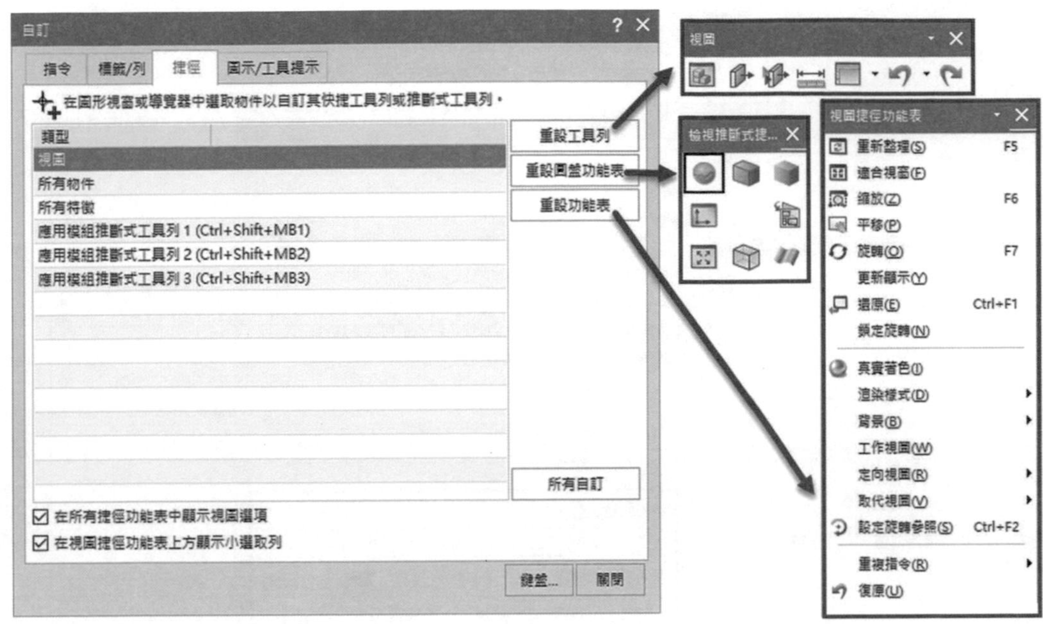

▲圖 2-4-4

● 動手做看看，將圓盤功能表設置為以下功能，並確認是否成功。如圖 2-4-5。

▲圖 2-4-5

● 鍵盤快速鍵設定，透過鍵盤設置快捷鍵，使功能指令可依照鍵盤啟動功能。如圖 2-4-6。

▲圖 2-4-6

● 儲存角色範本，點選「功能表」➔「喜好設定」➔「使用者介面」➔「角色」按鍵，新建角色並儲存。如圖 2-4-7。

▲圖 2-4-7

● 重新於功能區點選右鍵，選取「自訂」按鈕，點選「標籤 / 列」將原本的 CADEX（自訂）刪除。如圖 2-4-8。

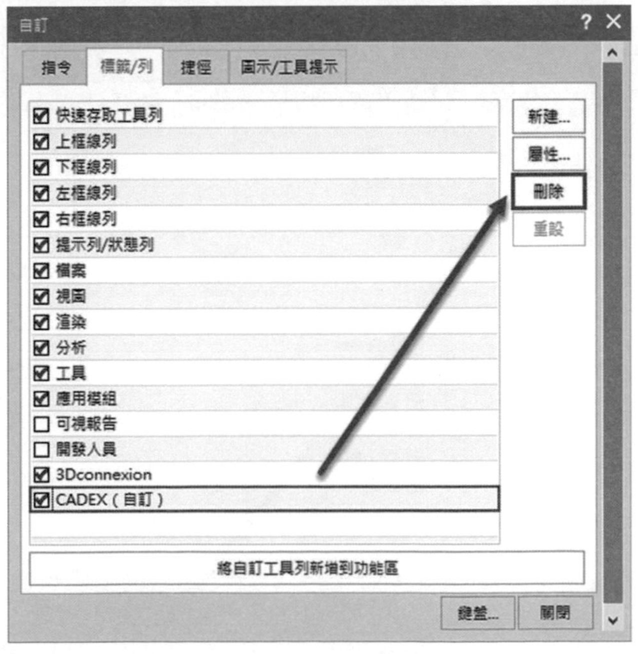

▲圖 2-4-8

● 關閉 NX CAM，重新於 Solid Edge 拋轉 NX CAM，並進入加工環境。於左側資源列尋找角色，右鍵點擊建立新角色，建立 NX 以及 CADEX 兩個角色。如圖 2-4-9 以及如圖 2-4-10。

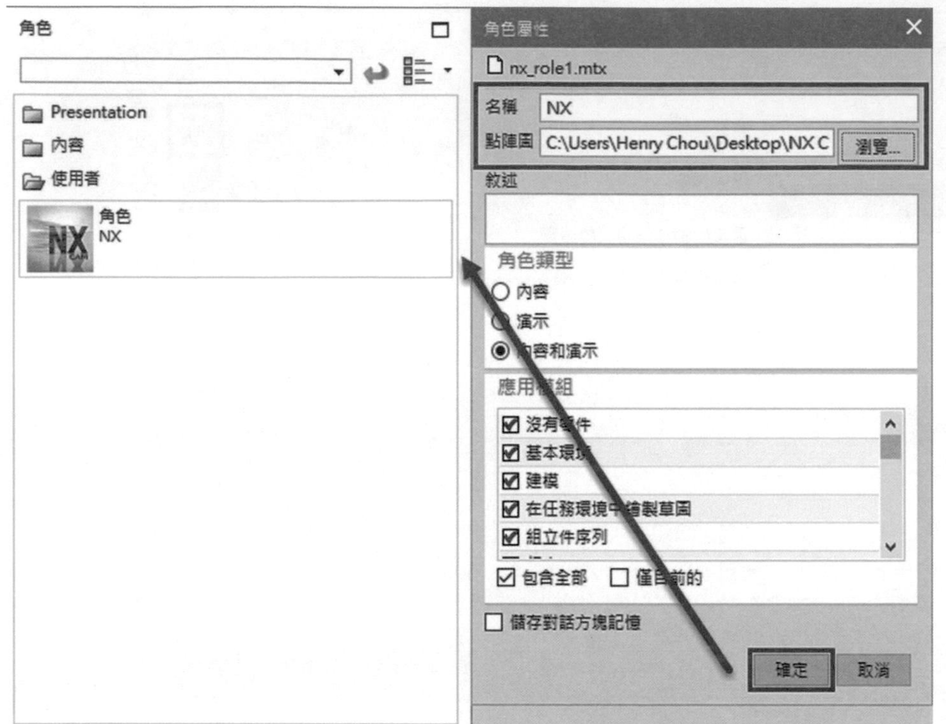

▲圖 2-4-9

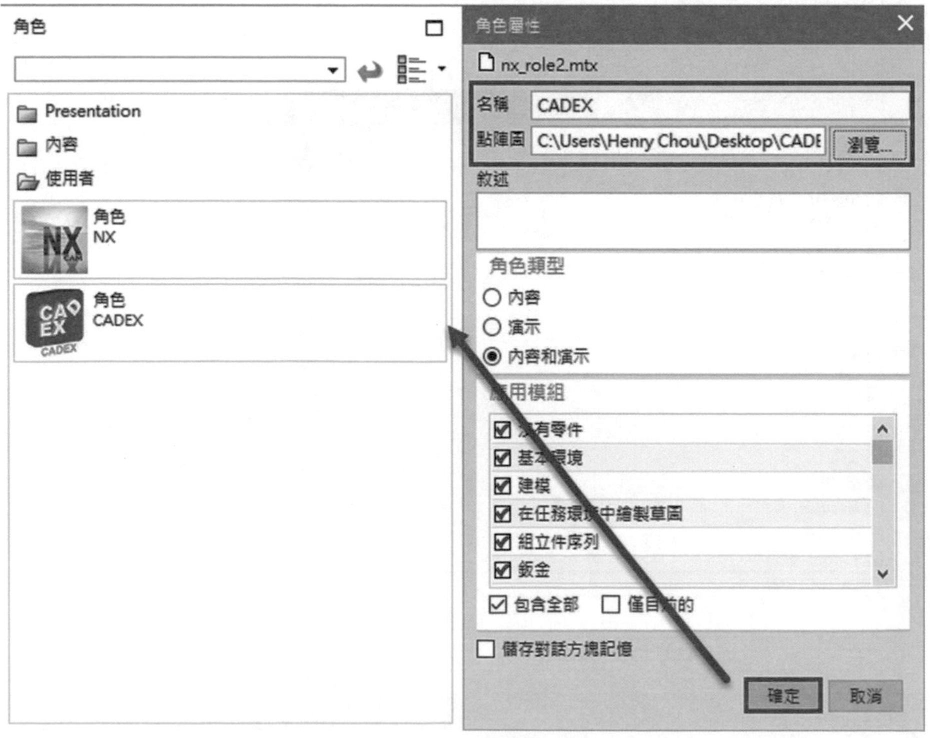

▲圖 2-4-10

● 載入角色範本，點選「功能表」➔「喜好設定」➔「使用者介面」➔「角色」按鍵，載入角色。如圖 2-4-11。

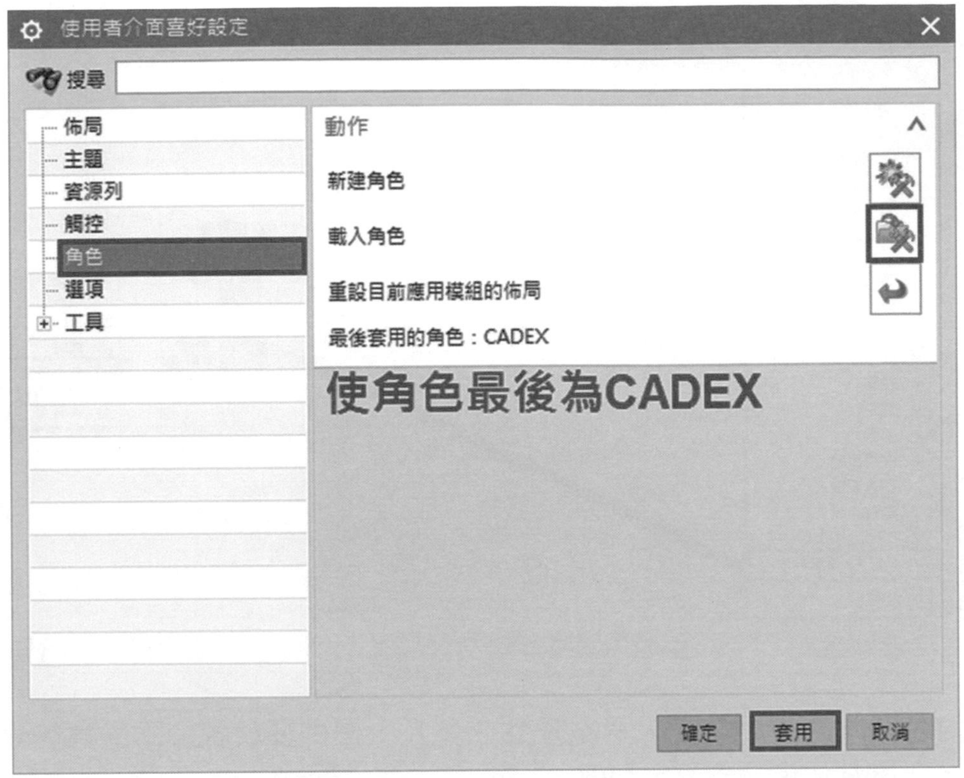

▲圖 2-4-11

● 右鍵點選 CADEX 角色，儲存自訂範本角色，即完成自訂範本角色設置。如圖 2-4-12。

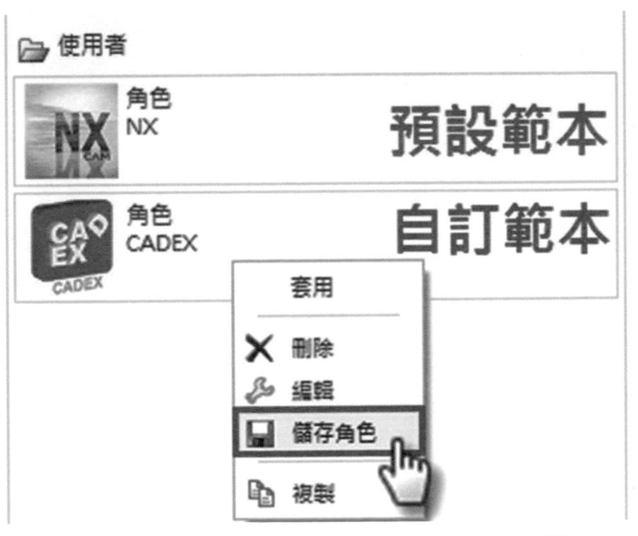

▲圖 2-4-12

● 左鍵點選 NX 角色，並於功能區點選右鍵將 CADEX(自訂) 打勾關閉，儲存預設範本角色，即可切換自訂範本及預設範本角色。如圖 2-4-13。

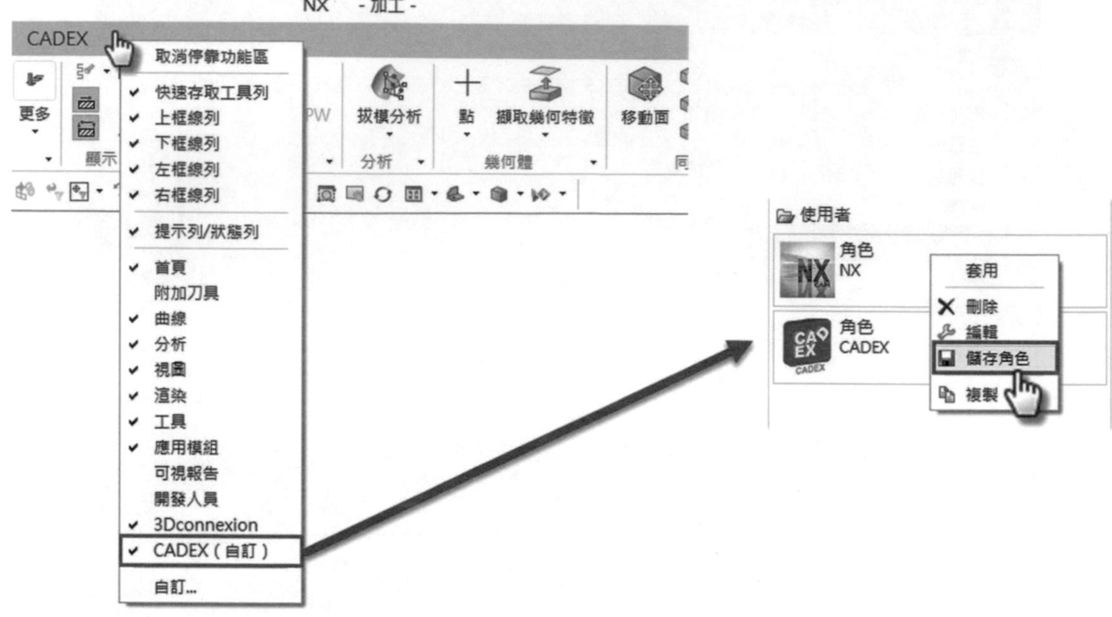

▲圖 2-4-13

● 角色範本可以依加工人員數量建立多人，提供屬於各加工人員的專屬工具列以及加工功能設定習慣。

● 儲存角色範本，可於 NX CAM 更新版本時，載入其他版本之中。

2-5 游標鍵盤滑鼠概述

NX CAM 中使用的各種游標圖形，獨特的游標圖形顯示在下列類型的工作流程中：

- 指示使用中指令，如「選取」、「縮放區域」和「平移」指令。
- 在高亮度顯示或選取某些類型的元素時。
- 指示使用中指令中的目前步驟。

下表列出了一些游標類型的樣本範例。

指令游標

游標圖形	指令名稱	何時顯示？
	選取	開始啟動「選取」指令時
	縮放區域	開始啟動「縮放區域」指令時
	縮放	開始啟動「縮放」指令時
	平移	開始啟動「平移」指令時
	旋轉	開始啟動「旋轉」指令時
	快速選取	有多個選取可用時，如在「選取」指令中

NX CAM 中滑鼠與鍵盤搭配間可執行模型於工作區域的應用，

- 如何透過滑鼠與鍵盤操作模型進行旋轉、平移、縮放，並顯示以上圖示。
- 在滑鼠與鍵盤應用中，如何快速選取功能以及切換實體與線架構。

滑鼠鍵盤概述

滑鼠鍵盤按鍵	執行動作
	選擇或拖拉物件
	快顯功能表（點擊）\ 圓盤功能表（按壓） 
	執行指令時：按壓中鍵代表“確認” 未執行指令時：按壓中鍵可進行模型視角旋轉 滾動滾輪可進行模型視角縮放
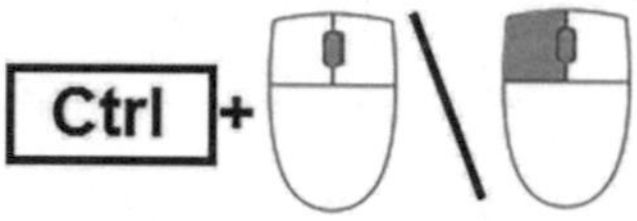 Ctrl +	模型視角縮放
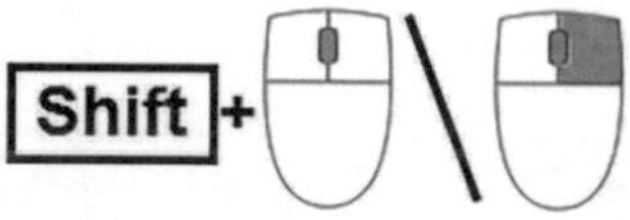 Shift +	模型視角移動
 Ctrl + Shift +	鍵盤式圓盤功能表 

2-6 NX CAM 中的工具提示

使用「工具提示」可瞭解指令和控制項

NX CAM 在使用者介面控制項中提供了「工具提示」，當您將游標暫停在「指令按鈕」、「指令欄」和「快速工具列」中的「選項」以及「庫」內的項目上方，並檢視狀態欄中的控制項選項時，「工具提示」將顯示指令名稱、敘述和快捷鍵。

「工具提示」中，您可找到以下資訊種類的範例

❶「指令按鈕」工具提示會簡述指令的功能並部分提供指令的快捷鍵。如圖 2-6-1。

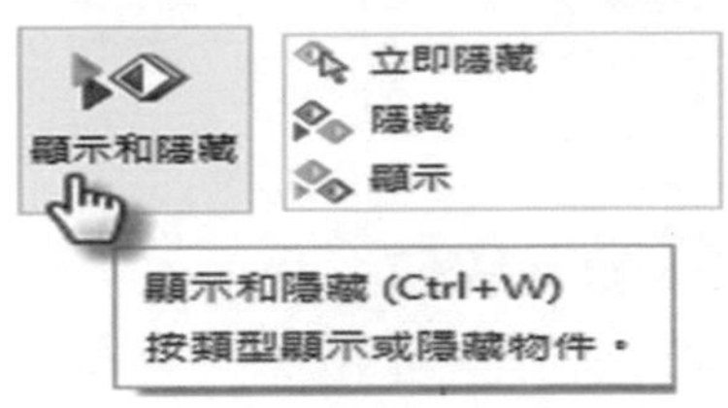

▲圖 2-6-1

❷ 當您將滑鼠游標暫停在加工模型上時，工具提示將識別該重疊區域。例如：「快速選取」工具提示可向您顯示模型的外觀區域，並選擇其區域。如圖 2-6-2。

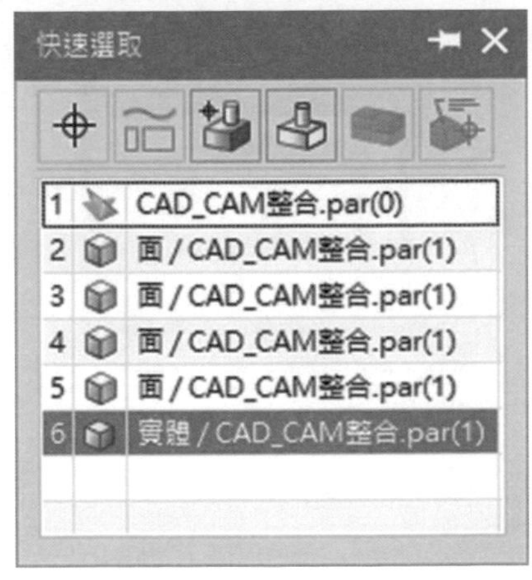

▲圖 2-6-2

❸「建立工序列」中碰觸視圖會簡述工法的敘述並顯示加工路徑圖示。如圖 2-6-3。

▲圖 2-6-3

❹當您進入加工編程時，將滑鼠碰觸該功能指令時，會呈現互動的對話方塊。如圖 2-6-4。

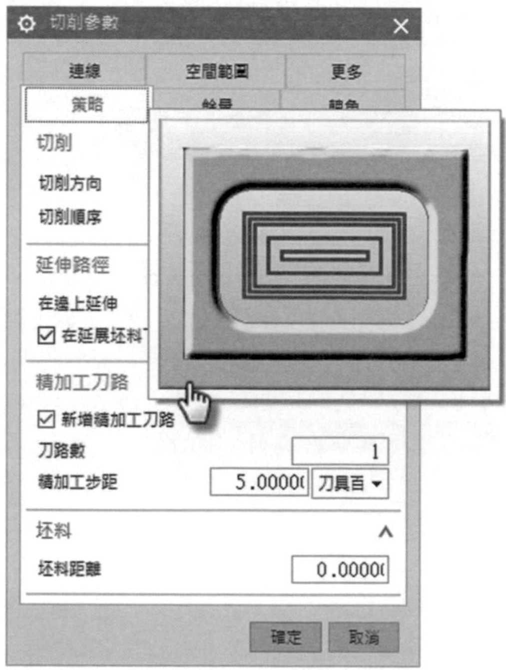

▲圖 2-6-4

2-7 幫助用戶學習的輔助工具

NX CAM 使用者輔助功能在您執行任務時為您提供可用的指令資訊。在加工階段作業期間，您隨時可以開啟指令資訊、概念資訊、參考資訊和指導資訊。

❶ 使用者介面說明功能

- 「工具提示」可幫助您識別使用者介面元素，包括：「指令圖示」、「選項按鈕」以及其他小工具。將游標指向使用者介面元素時，標籤將顯示該指令的名稱以及指令功能的簡短敘述。
- 「指令提示」在您使用 NX CAM 時透過指令搜尋器，輸入指令後即可顯示該指令的名稱、功能簡短敘述以及位置。如圖 2-7-1。

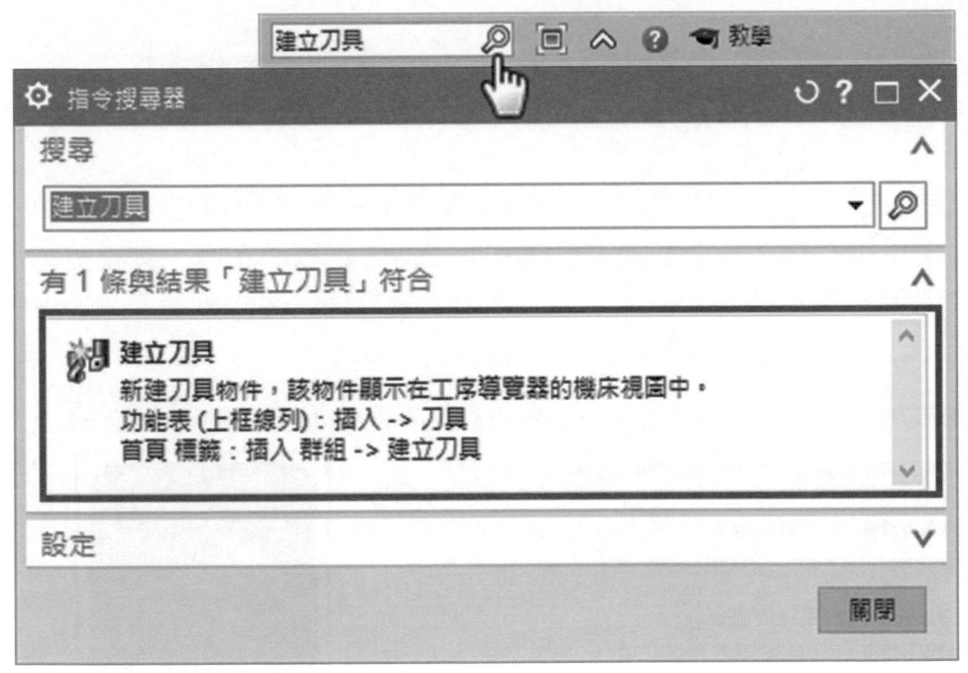

▲圖 2-7-1

- 線上說明文件

  點擊「說明索引」圖示 ❓ 時，NX CAM 會在說明視窗中提供指向「線上說明」、「教學指導」和「線上培訓」的連結。「說明索引」按鈕位於工具列的右上角。如圖 2-7-2 以及 2-7-3。

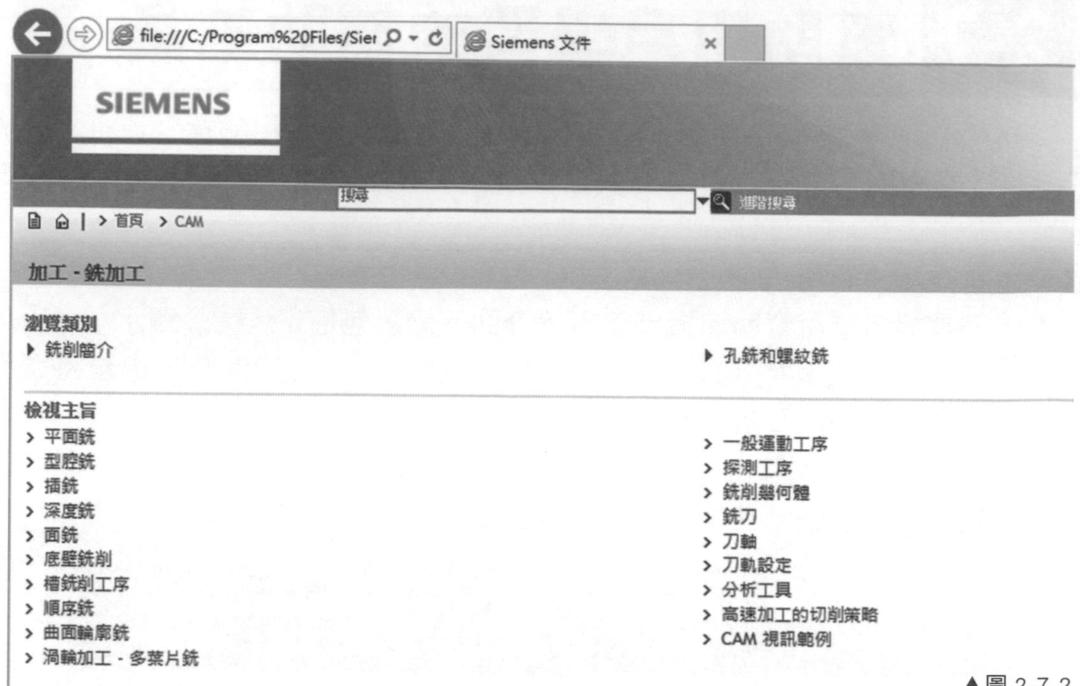

▲圖 2-7-2

此外，在加工階段作業過程中，如果需要線上說明，也可按「F1」鍵。當指令處於使用中狀態時，或者當您已在圖形視窗中選取內容時，該指令的說明主旨將會出現。如圖 2-7-3。　　　（線上說明文件需另外安裝 Documentation）

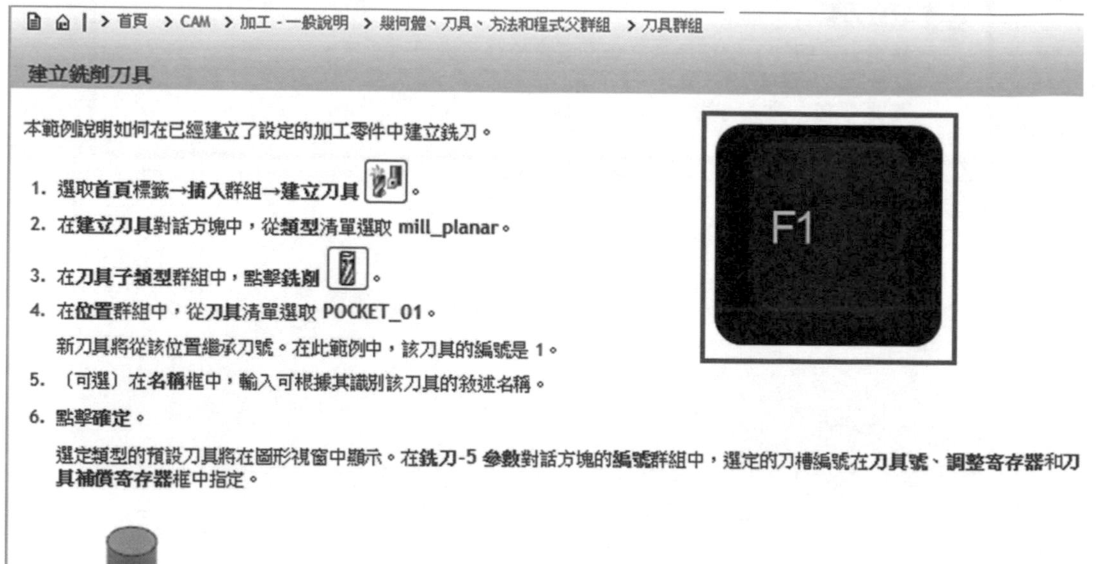

▲圖 2-7-3

CHAPTER

加工操作介面

章節介紹 藉由此課程，您將會學到：

3-1 CAD / CAM 整合應用

學習 Solid Edge 與 NX CAM 互通性整合關係

範例一

❶ 於 Solid Edge 開啟零件範例。

由「應用程式按鈕」→「檔案」→「開啟」→「NX CAM 標準課程」→「第三章節」→「CAD_CAM.par」。如圖 3-1-1。

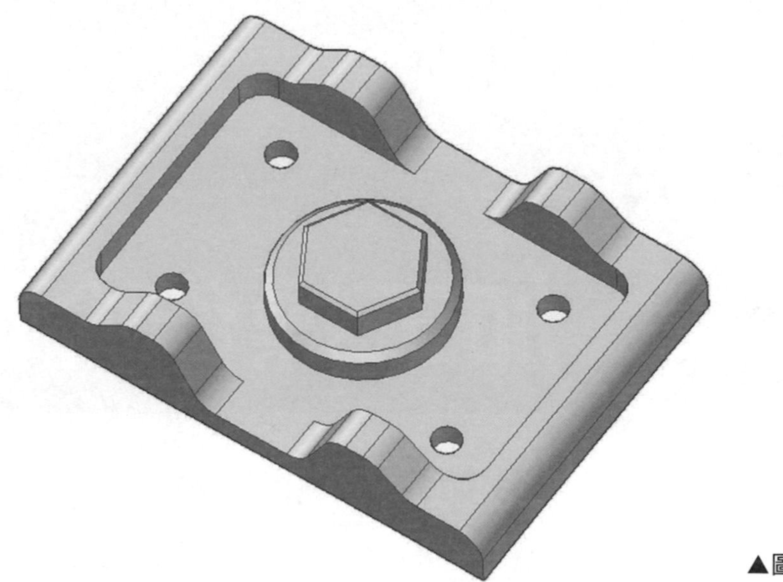

▲圖 3-1-1

❷ 透過 Solid Edge「工具」→「環境」點選「CAM Express」按鈕。如圖 3-1-2。

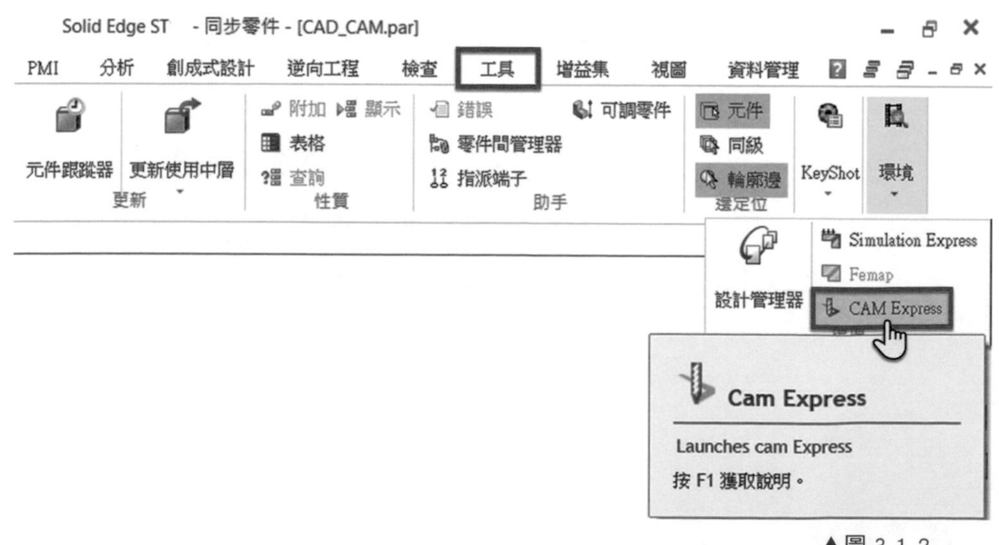

▲圖 3-1-2

❸ 啟動NX CAM畫面，假設工法皆已完成，即會直接進入加工環境。如圖 3-1-3。

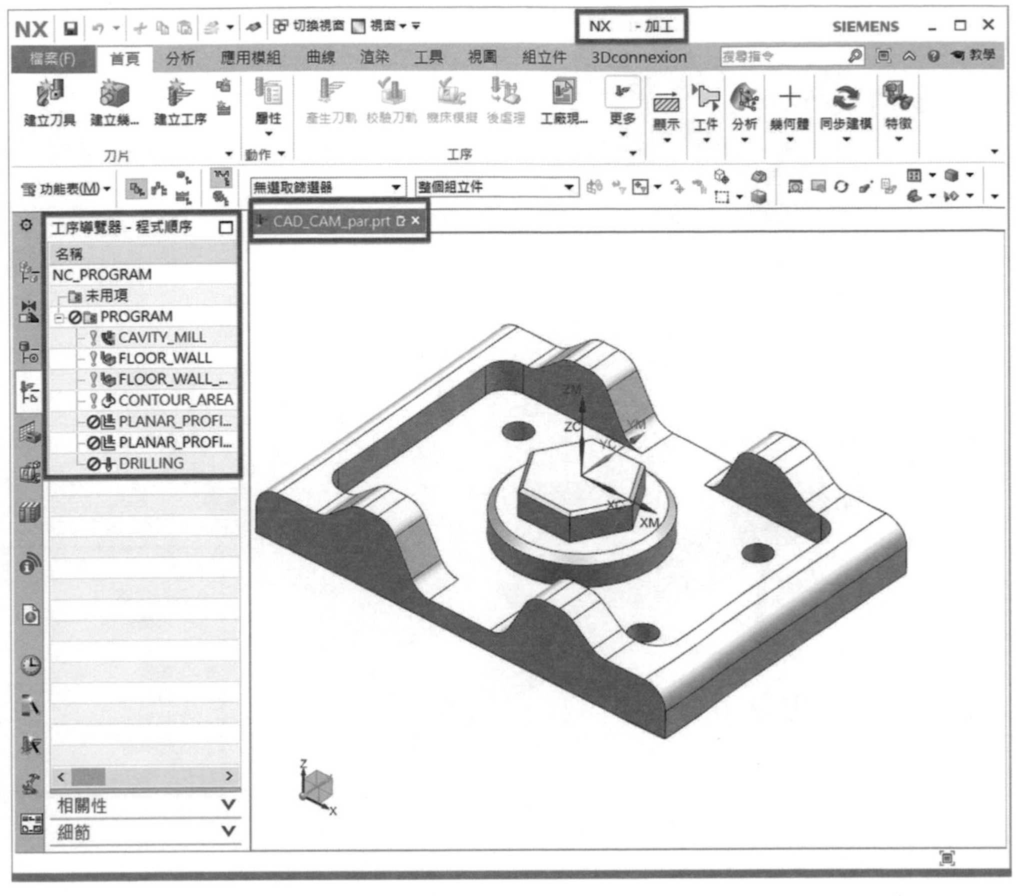

▲圖 3-1-3

❹ 若已完成工法，可於程式群祖（PROGRAM）上點擊右鍵產生刀軌路徑，並可顯示刀軌路徑以及模擬。如圖 3-1-4。

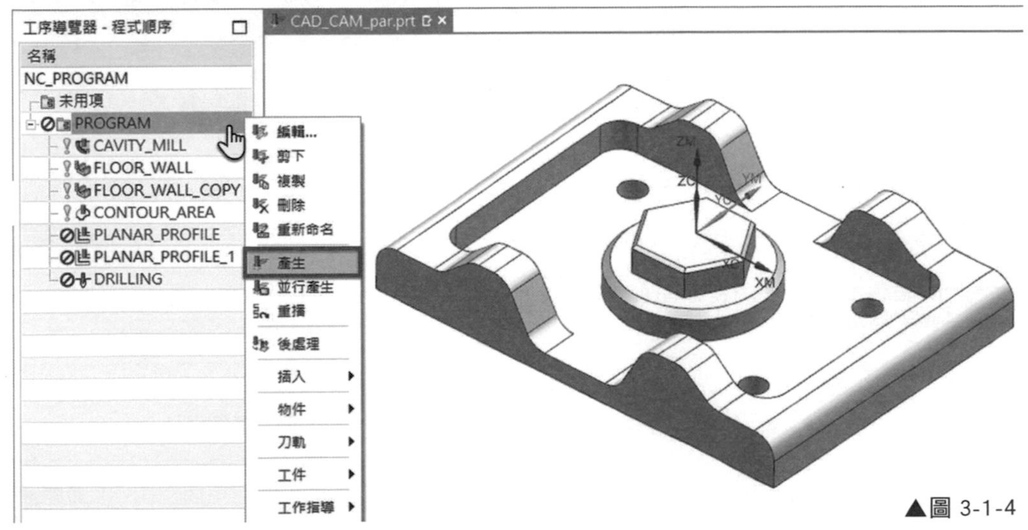

▲圖 3-1-4

❺ 切換畫面至Solid Edge，透過面點選修改 15mm，以及刪除孔特徵。如圖 3-1-5。

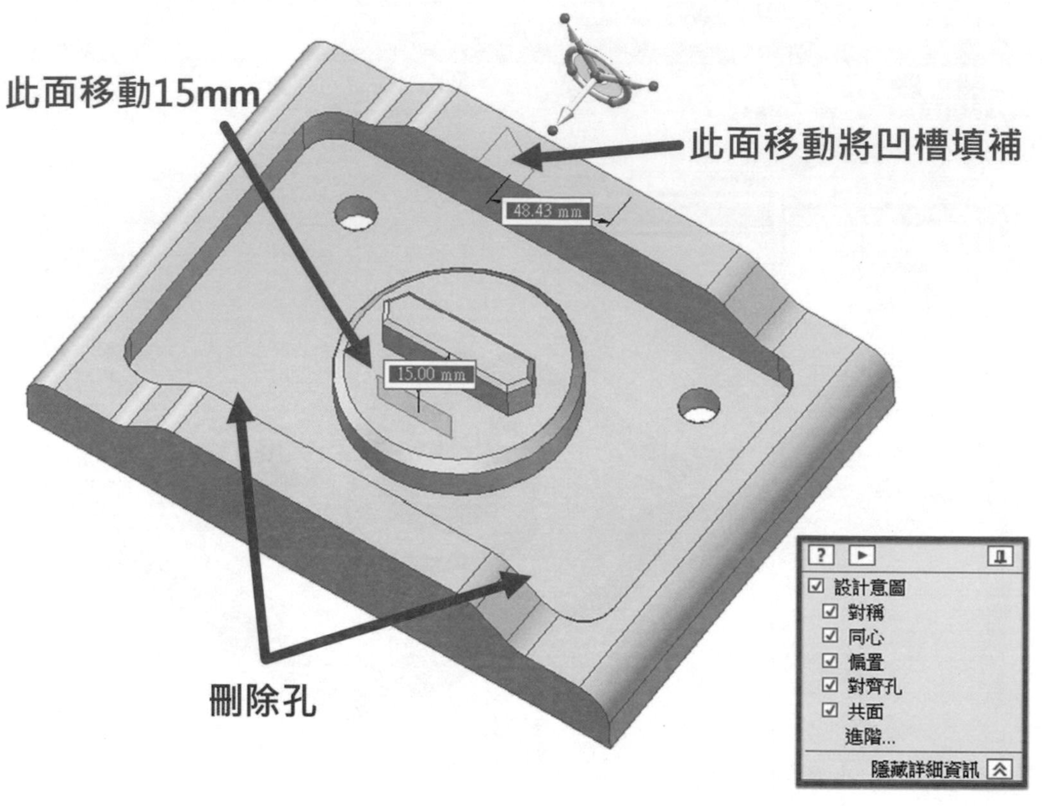

▲圖 3-1-5

❻ 點選「工具」➔「環境」點選「CAM Express」按鈕，此時依照對話框提示更新模型點選「是(Y)」。如圖 3-1-6。

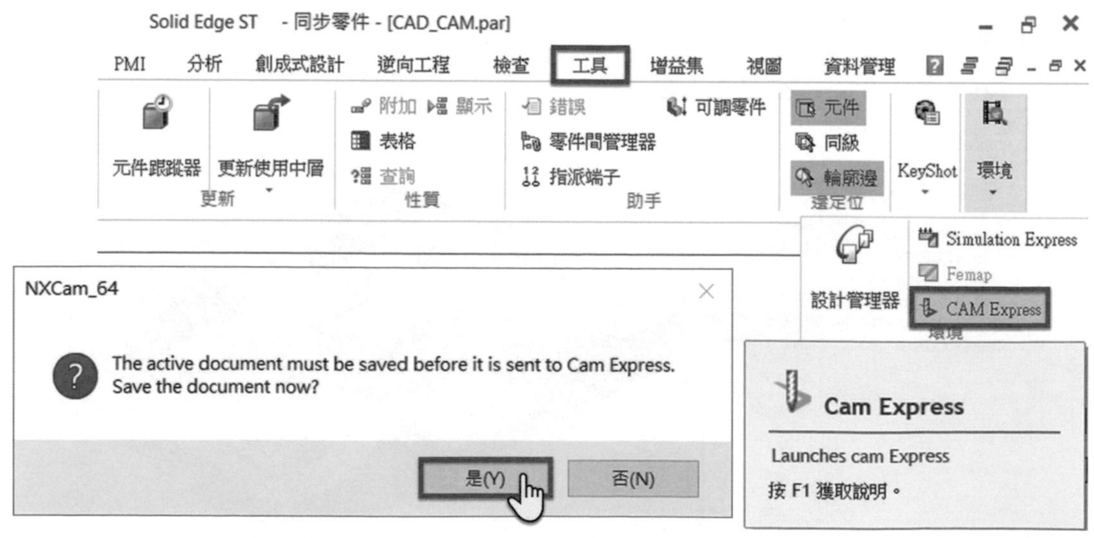

▲圖 3-1-6

7 自動拋轉至 NX 畫面，於 NX 檔案模型即時更新修改，刀具、工法、素材皆不需要重新設定。如圖 3-1-7。

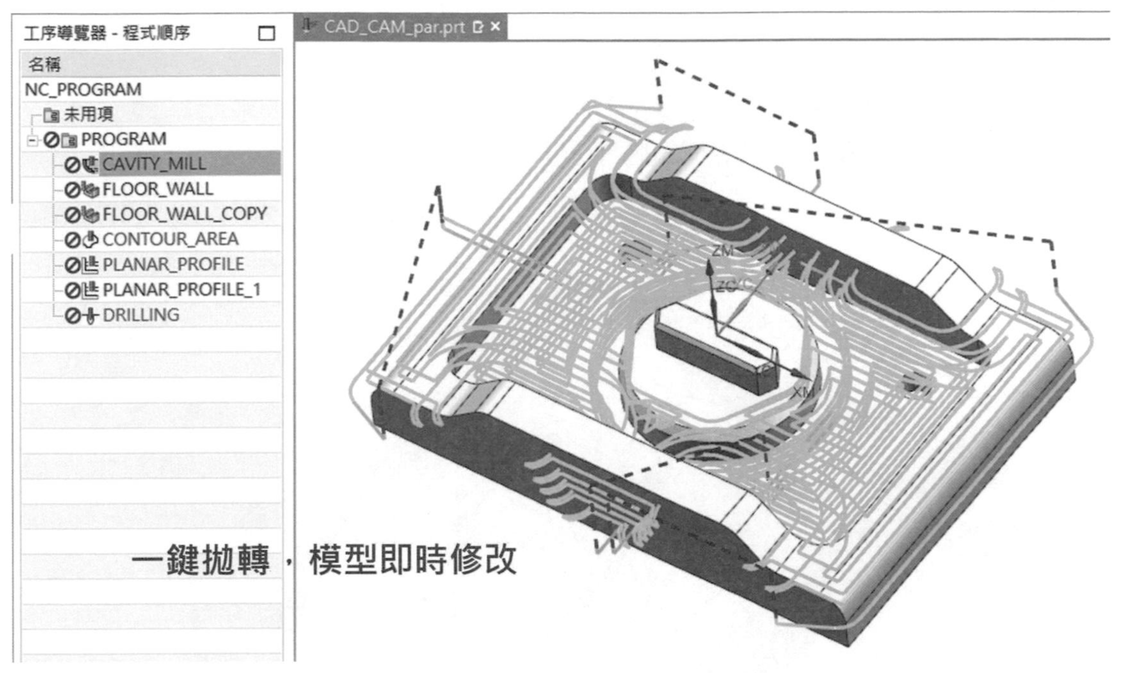

▲圖 3-1-7

8 對程式群組（PROGRAM）點選右鍵，點擊產生刀軌以及模擬。如圖 3-1-8。

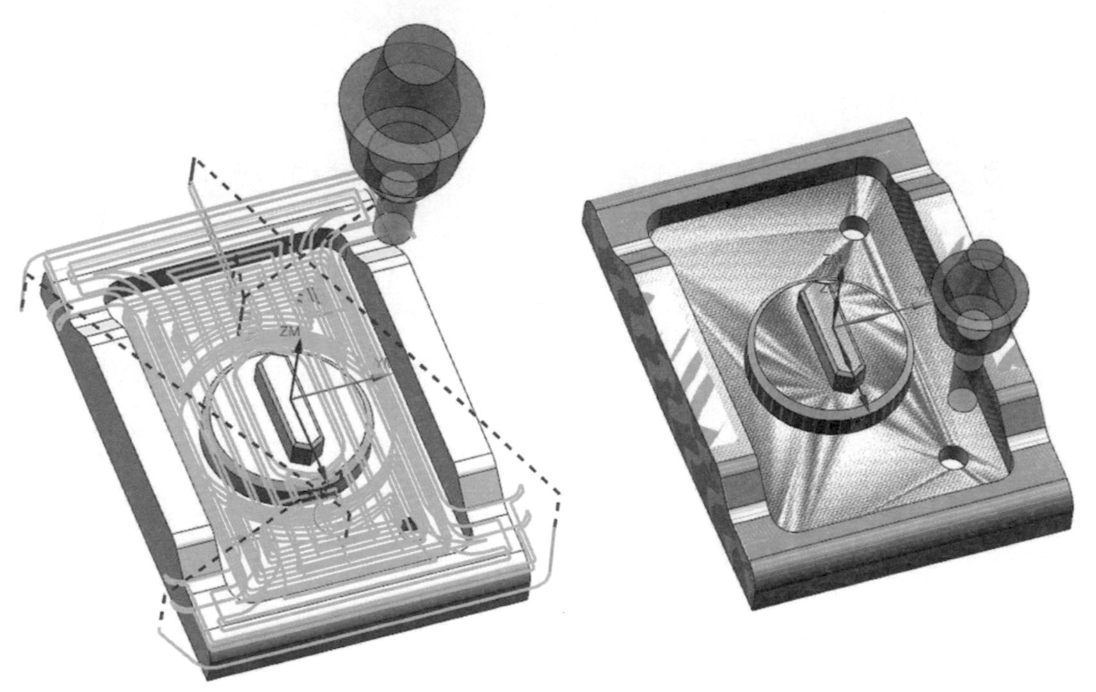

▲圖 3-1-8

3-2 應用模組切換

範例二

由 NX「檔案」➔「開啟」➔「NX CAM 標準課程」➔「第三章節」➔「加工程序準備 .prt」➔「OK」。如圖 3-2-1

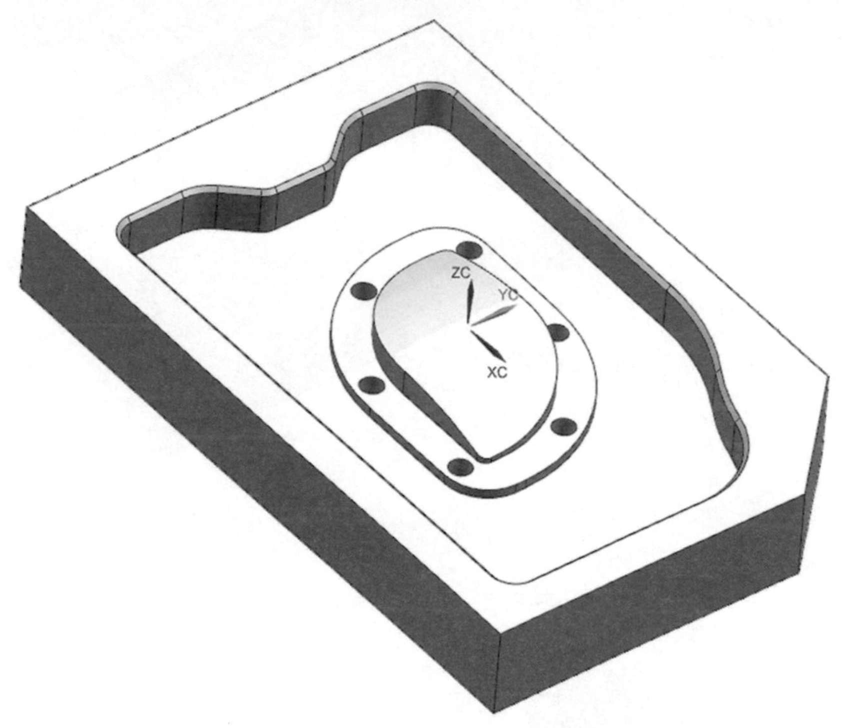

▲圖 3-2-1

啟動時若為基本模組，則需要啟動加工環境。可透過「應用模組」➔「加工」進入加工模組，或是於「檔案 (F)」➔「加工」進入加工模組。如圖 3-2-2 以及如圖 3-2-3

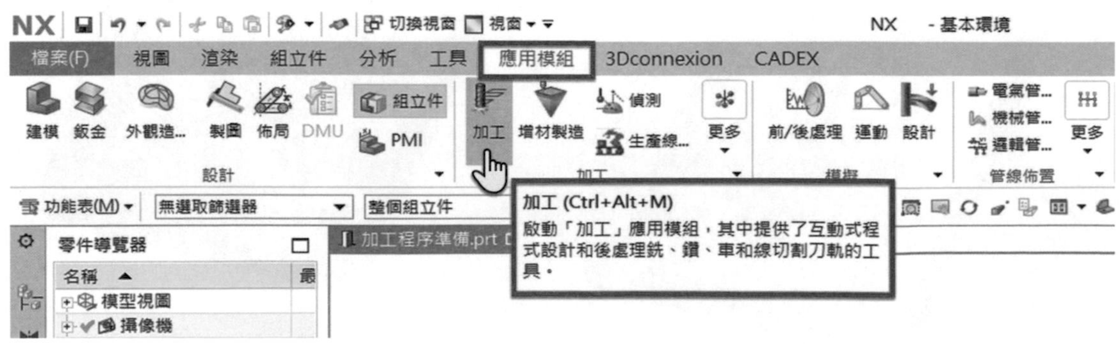

▲圖 3-2-2

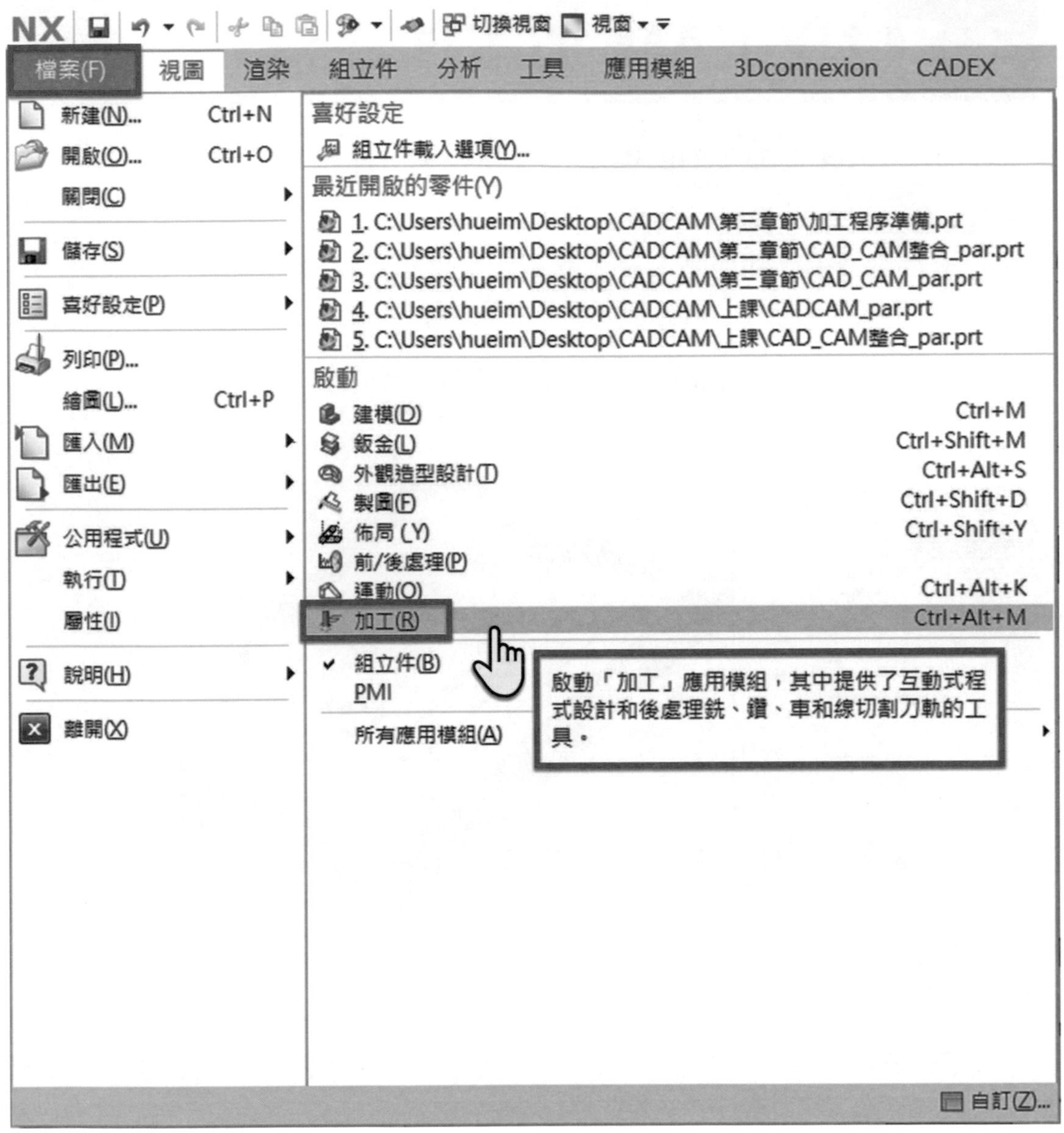
NX
切換視窗
視窗
檔案(F)
視圖
渲染
組立件
分析
工具
應用模組
3Dconnexion
CADEX
新建(N)... Ctrl+N
開啟(O)... Ctrl+O
關閉(C)
儲存(S)
喜好設定(P)
列印(P)...
繪圖(L)... Ctrl+P
匯入(M)
匯出(E)
公用程式(U)
執行(T)
屬性(I)
說明(H)
離開(X)
喜好設定
組立件載入選項(Y)...
最近開啟的零件(Y)
1. C:\Users\hueim\Desktop\CADCAM\第三章節\加工程序準備.prt
2. C:\Users\hueim\Desktop\CADCAM\第二章節\CAD_CAM整合_par.prt
3. C:\Users\hueim\Desktop\CADCAM\第三章節\CAD_CAM_par.prt
4. C:\Users\hueim\Desktop\CADCAM\上課\CADCAM_par.prt
5. C:\Users\hueim\Desktop\CADCAM\上課\CAD_CAM整合_par.prt
啟動
建模(D) Ctrl+M
鈑金(L) Ctrl+Shift+M
外觀造型設計(T) Ctrl+Alt+S
製圖(F) Ctrl+Shift+D
佈局 (Y) Ctrl+Shift+Y
前/後處理(P)
運動(O) Ctrl+Alt+K
加工(R) Ctrl+Alt+M
組立件(B)
PMI
所有應用模組(A)
啟動「加工」應用模組，其中提供了互動式程式設計和後處理銑、鑽、車和線切割刀軌的工具。
自訂(Z)...

▲圖 3-2-3

3-3 NX CAM 加工前準備

學習 NX CAM 在加工前的顯示，視圖規劃，座標系定義

在進行加工前，模型於實體架構以及線架構的背景顯示結果是不一樣的，如果要設定可透過「功能表」➔「喜好設定」➔「背景」➔ 進行背景調整。如圖 3-3-1。

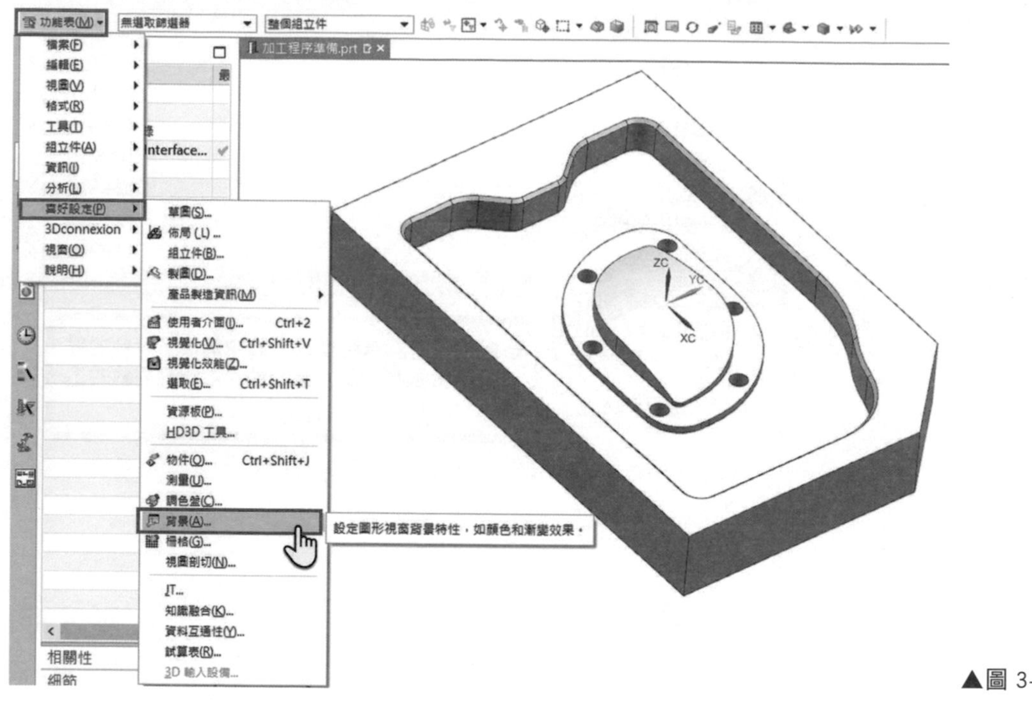

▲圖 3-3-1

調整方式非常簡單，只要點選色塊即可設定顏色，此設定包含於實體架構以及線架構的背景顯示設定。如圖 3-3-2。

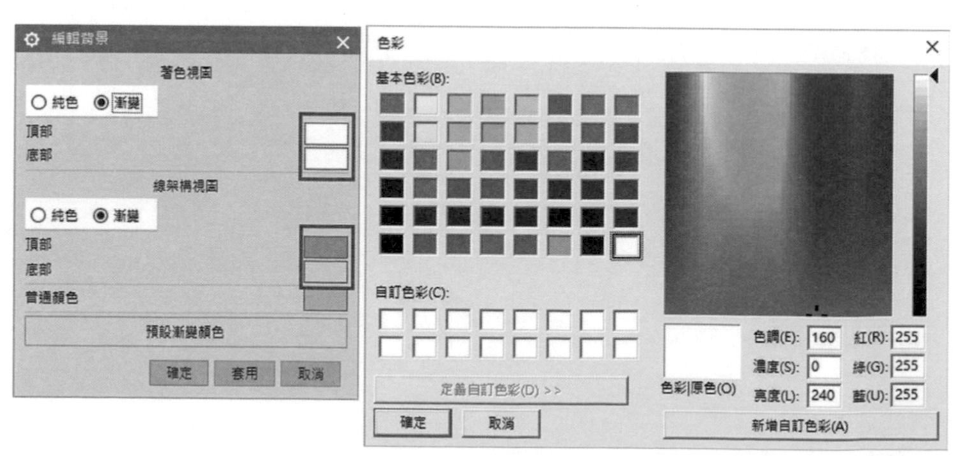

▲圖 3-3-2

實體背景色彩可以依自行喜好，線架構的背景色彩建議顯示為黑色，對於模型顯示較為清楚。如圖 3-3-3。

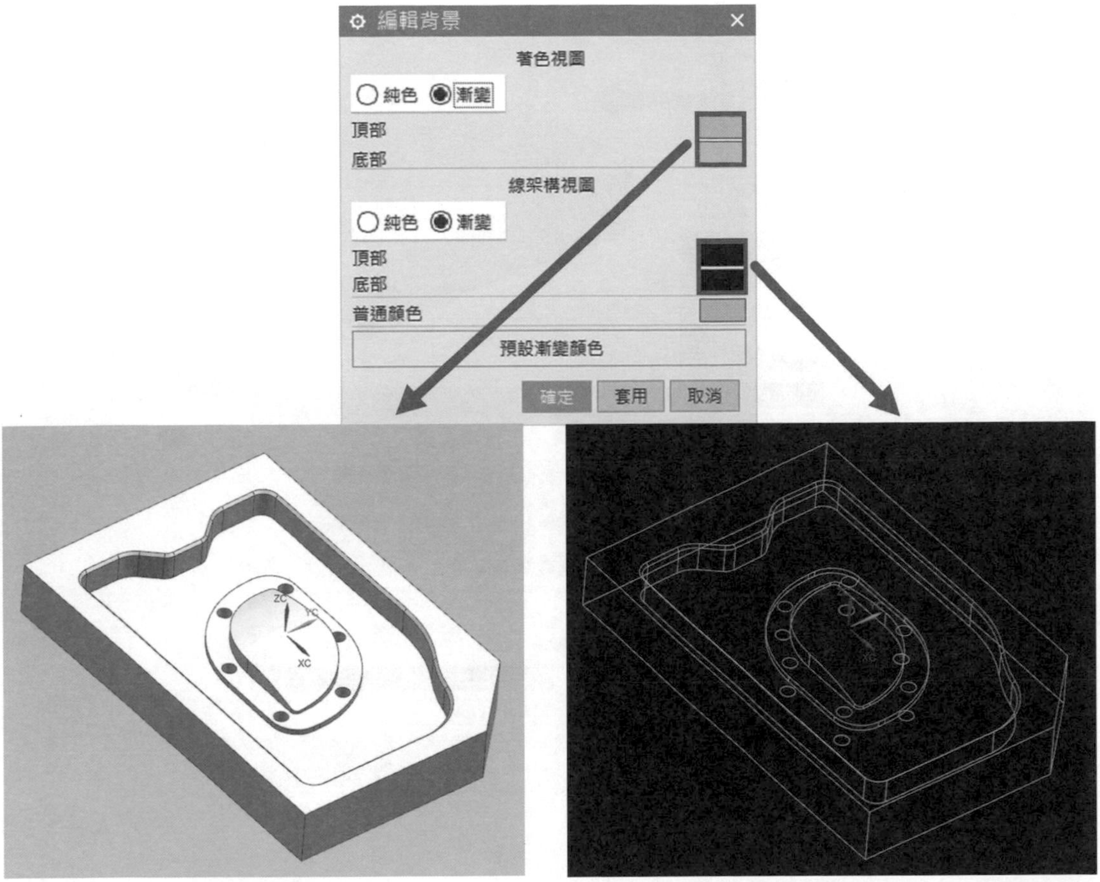

▲圖 3-3-3

除了背景色彩可以設定外，我們也可以設定模型顯示色彩，設定的方式可透過「視圖」➔「視覺化」➔「編輯物件顯示」➔ 進行模型色彩調整。如圖 3-3-4。

▲圖 3-3-4

設定的順序為先選取物件，確定後選擇顏色，並可調整透明度，完成後可點選套用完成著色。圖 3-3-5。

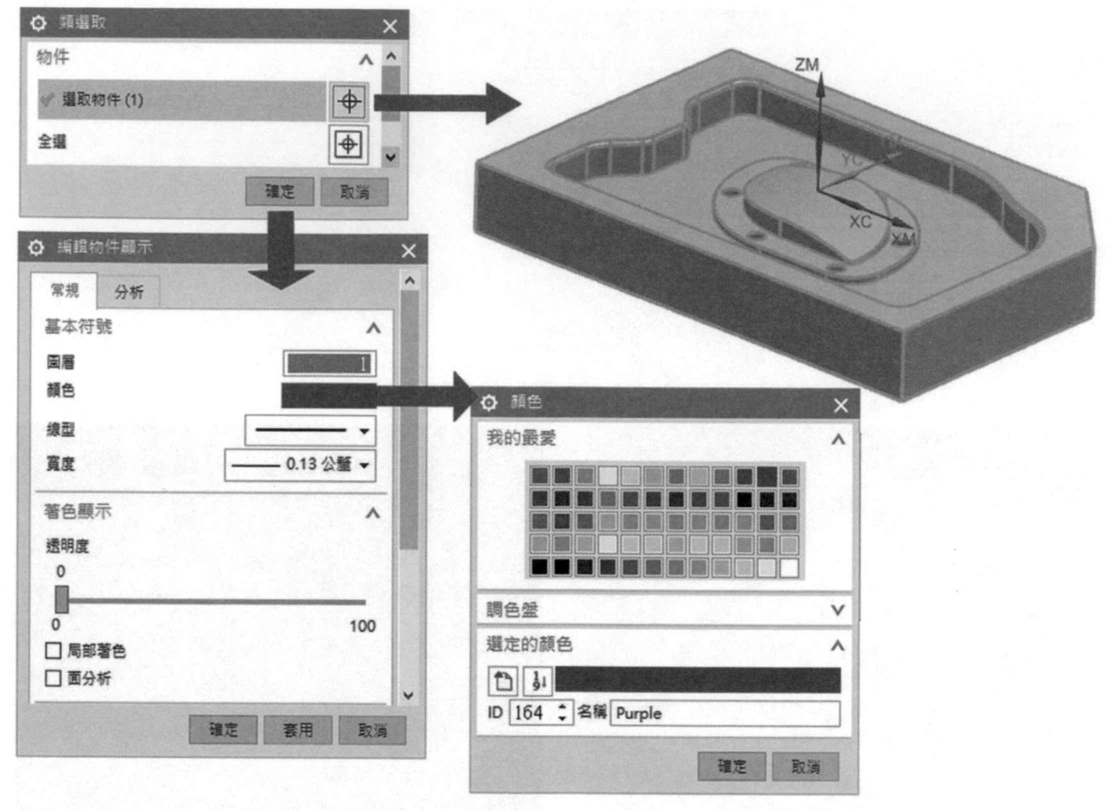

▲圖 3-3-5

模型色彩調整也可以針對單一面集做色彩設定，透過「上框線列」➔「選取工具」選擇「面」。如圖 3-3-6。

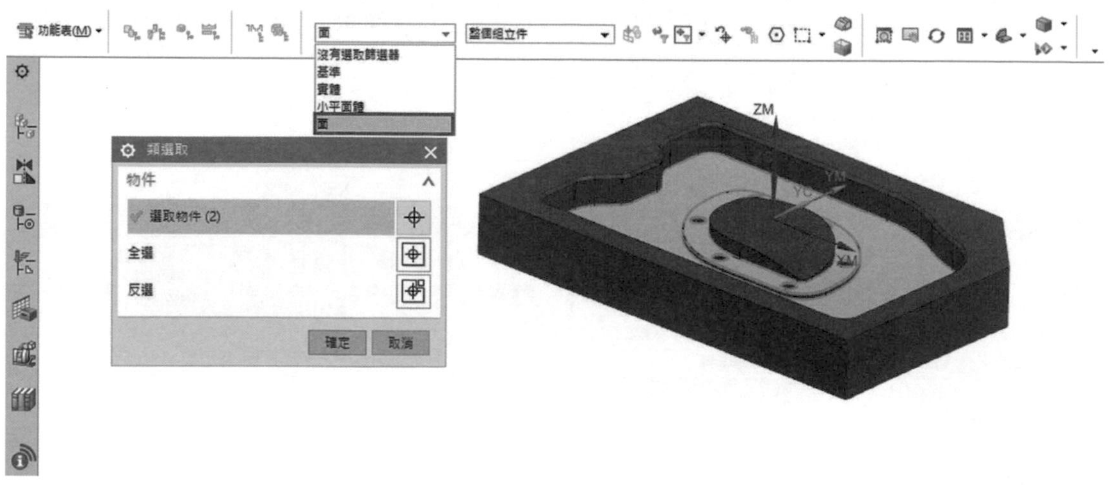

▲圖 3-3-6

模型色彩單一面集可將需進行加工面設定為另一種顏色，方便標記加工區域提供給自己與其他編程人員做為記號。如圖 3-3-7。

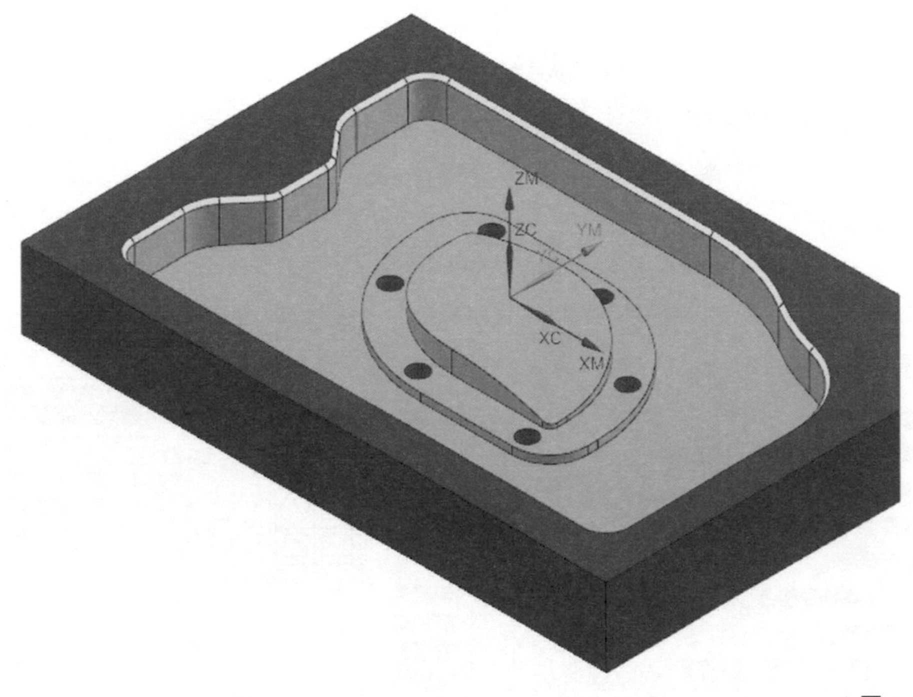

▲圖 3-3-7

接下來，我們可以透過「視圖」➔「作業」設定視圖規劃，選擇所需要的視角圖示或是點選快捷鍵進行視角調整，另外提供快速的正視圖快捷鍵 F8。如圖 3-3-8。

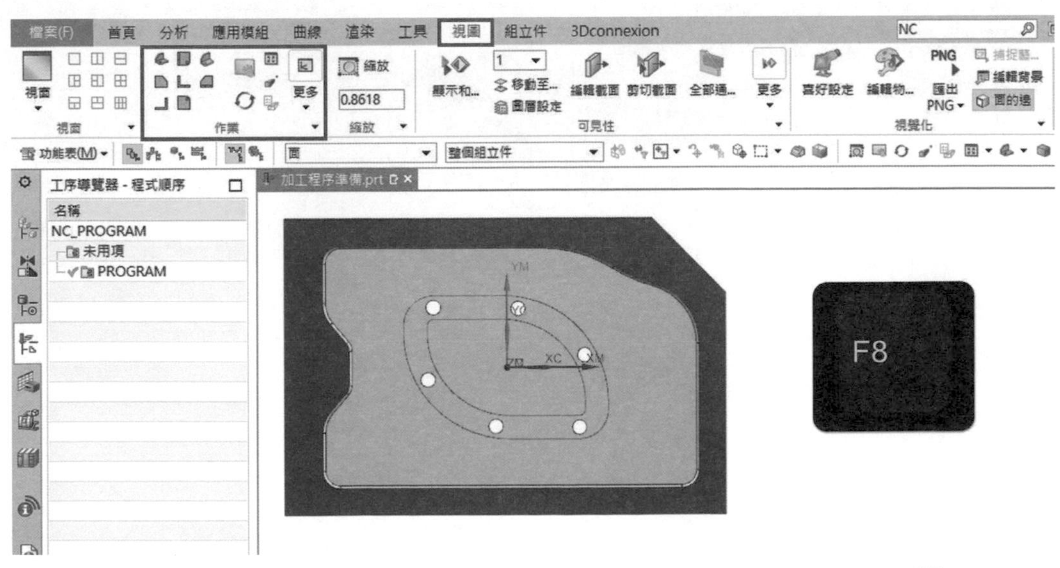

▲圖 3-3-8

另外，我們可以透過「視圖」➔「方位」➔「更多」➔「新建佈局」設定多視角顯示，使進行加工時如同攝影機般的觀看各種方向的路徑及模擬殘料。如圖 3-3-9。

▲圖 3-3-9

若要查看剖切視圖，我們可以透過「視圖」→「可見性」→「編輯截面」設定剖切方式。如圖 3-3-10。

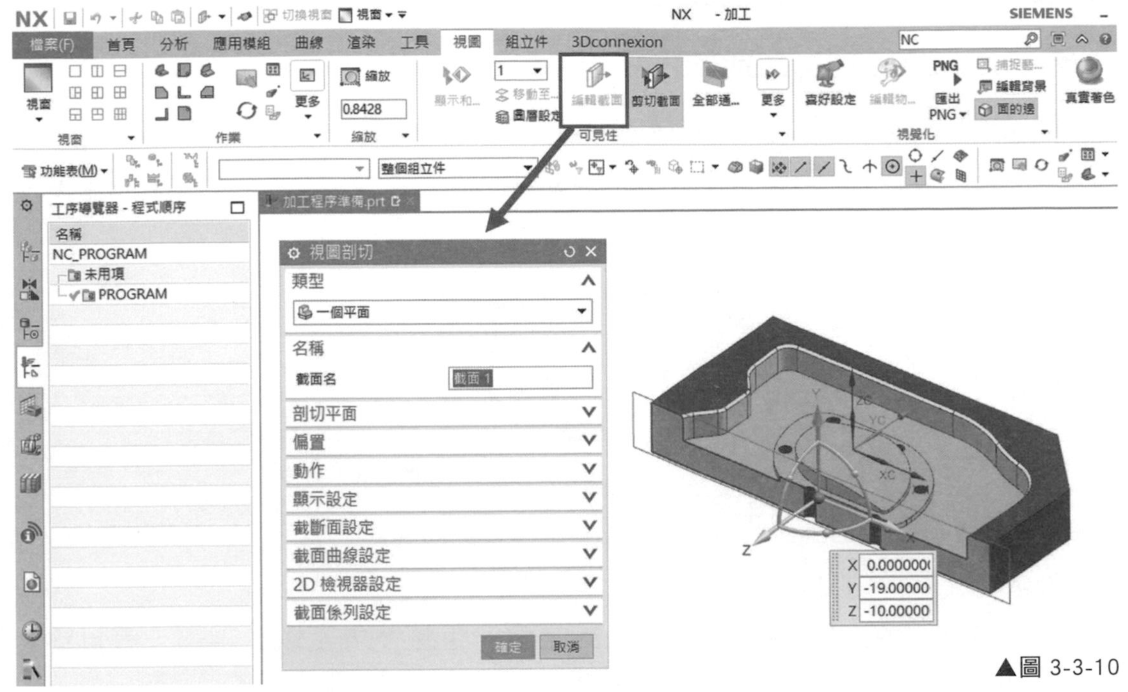

▲圖 3-3-10

座標系定義，加工環境會顯示三種座標系圖示，分別為世界座標、繪圖座標以及加工座標，進入加工環境時，加工座標預設與繪圖座標重疊。

座標系統

座標圖形	圖示名稱	座標定義
Z Y X	世界座標 (CSYS)	模型輸出及觀看模型視角以此為依據
ZC YC XC	繪圖座標 (WCS)	繪圖設計時的基準座標系 一般狀況均與 CSYS 一致
ZM YM XM	加工座標 (MCS)	機械加工時的軸向座標系 可於加工環境設定多組加工座標系

3-4 加工檔案測量與分析

學習 NX CAM 在加工前的尺寸測量以及分析

建立加工前，您可以在 Solid Edge 中進行尺寸測量，亦可於 NX CAM 透過量測工具進行尺寸測量，NX CAM 測量工具於「分析」➔「測量」選擇量測方式。如圖 3-4-1。

▲圖 3-4-1

針對需求可選擇各種測量方式，如長度、距離、角度以及半徑⋯等資料。如圖 3-4-2。

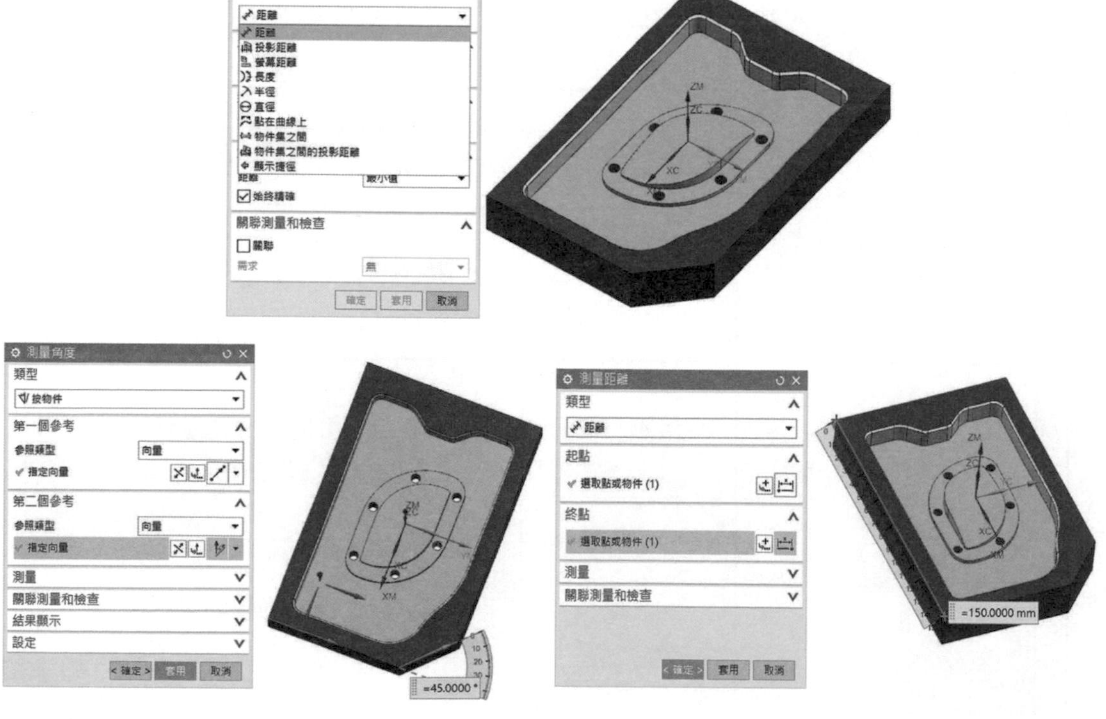

▲圖 3-4-2

另外，您可以透過「首頁」➔「分析」➔「NC 助理」檢測模型深度、轉角半徑、底圓角以及拔模角度。如圖 3-4-3 以及如圖 3-4-4。

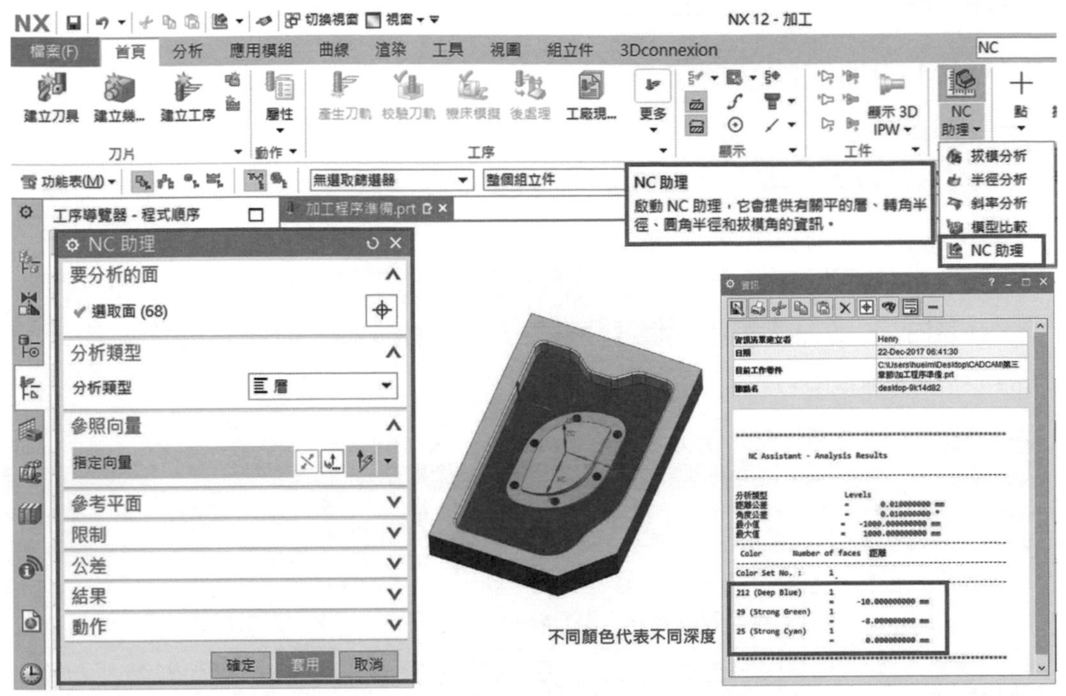

▲圖 3-4-3

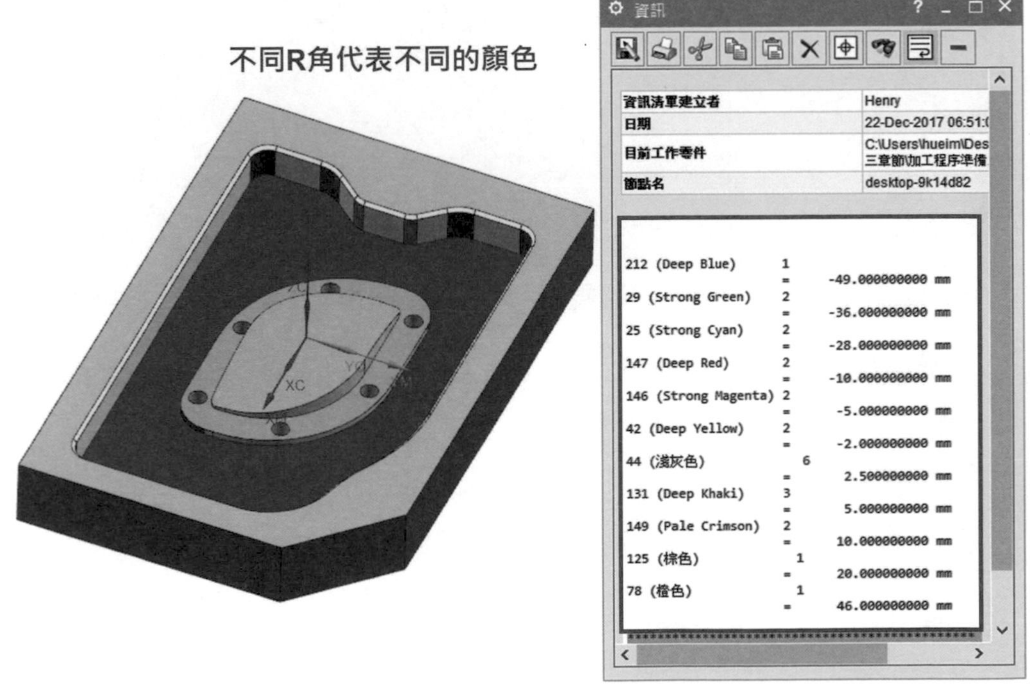

▲圖 3-4-4

3-5 NX CAM 標準加工程序

NX CAM 的加工程序概念

範例三

請由 NX「檔案」→「開啟」→「NX CAM 標準課程」→「第三章節」→「加工程序準備 _ 完成 .prt」→「OK」。

NX CAM加工程序分為四大視圖管理員，「加工方法視圖」、「幾何視圖」、「機床視圖」、「程式順序視圖」，每一個視圖都如同抽屜式的管理加工的每一項需求。如圖 3-5-1。

▲圖 3-5-1

切換四大視圖，可透過「上框線列」左上點擊切換或是於視圖點擊右鍵切換。如圖 3-5-2。

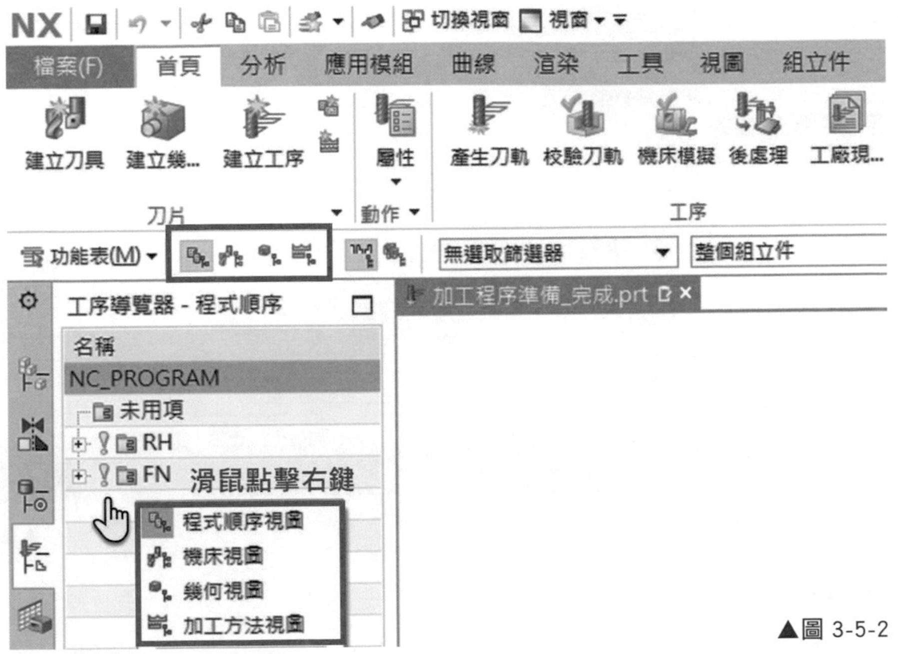

▲圖 3-5-2

NX CAM 四大視圖介紹

● **加工方法視圖：**

廣義管理加工殘留料參數、內外公差以及進給率，預設分為粗加工、中精加工以及精加工，可另外添增其他加工方法。如圖 3-5-3。

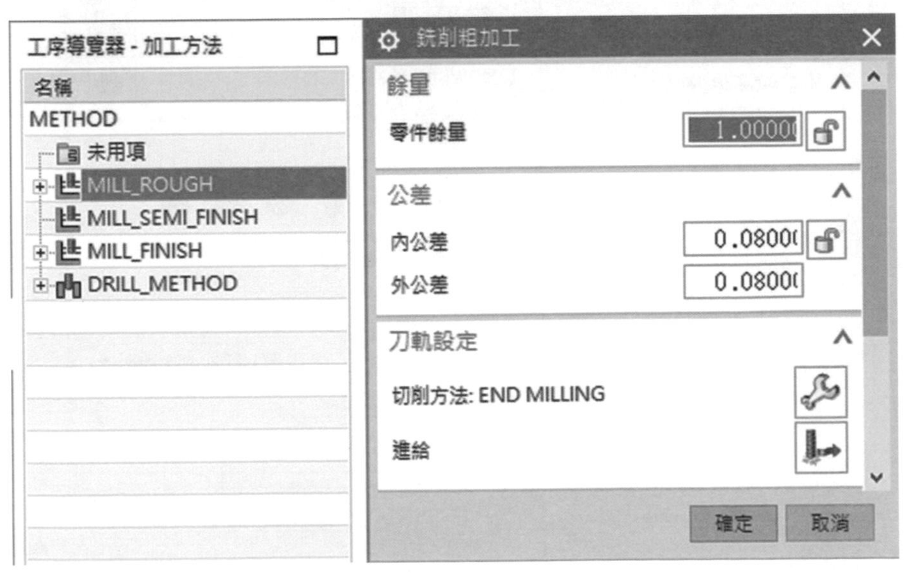

▲圖 3-5-3

● **幾何體視圖：**

管理加工座標系、廣義安全平面、成品、毛胚以及夾治具設定。如圖 3-5-4。

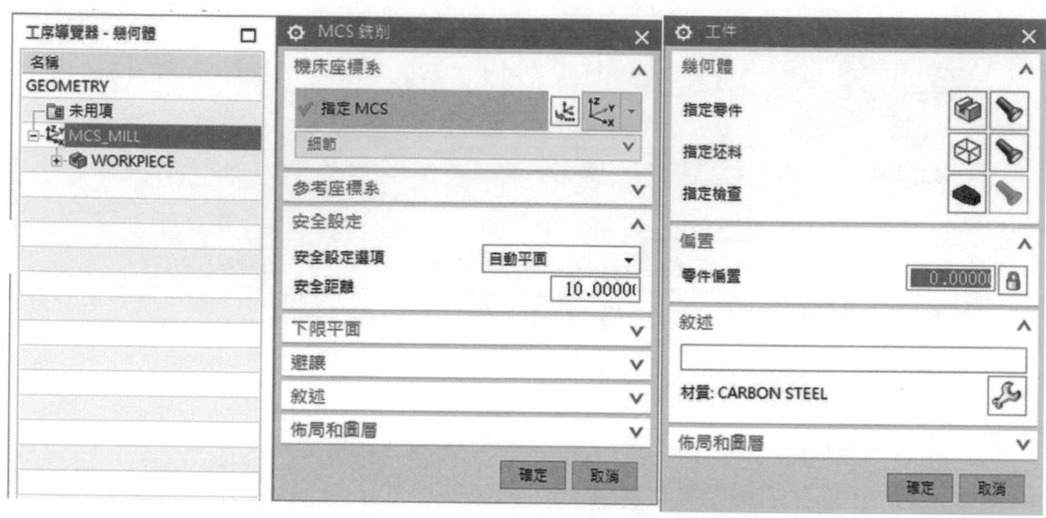

▲圖 3-5-4

● **機床視圖：**

管理各種類型的刀具資料，包含銑刀、球刀、圓鼻刀以及鑽尾…等，並可建構刀柄、刀把外型。如圖 3-5-5。

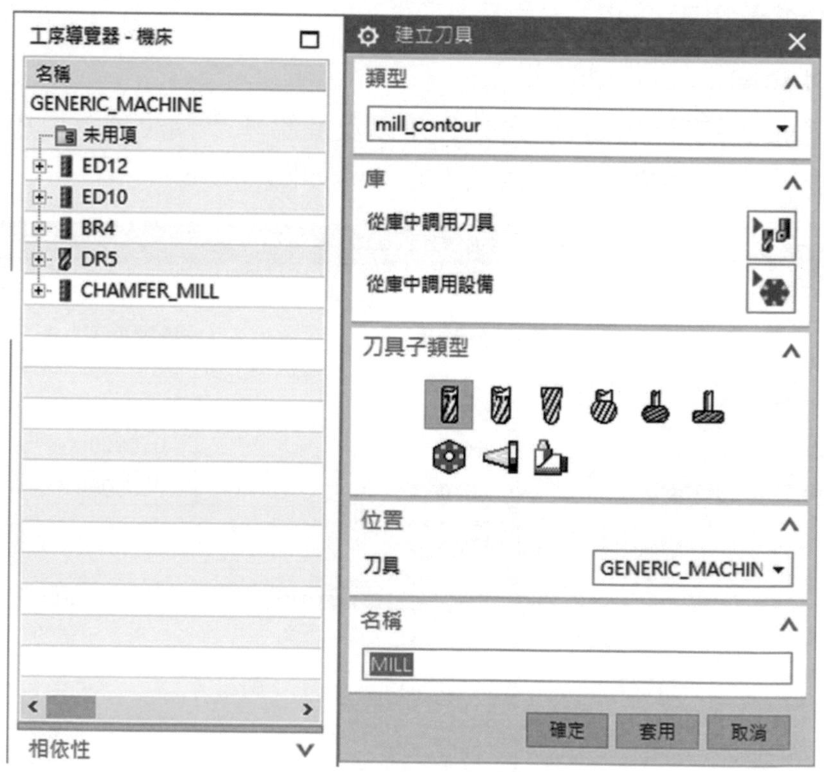

▲圖 3-5-5

● 程式順序視圖：

管理加工工法程式，包含 2D、3D 加工以及鑽孔…等編程。如圖 3-5-6。

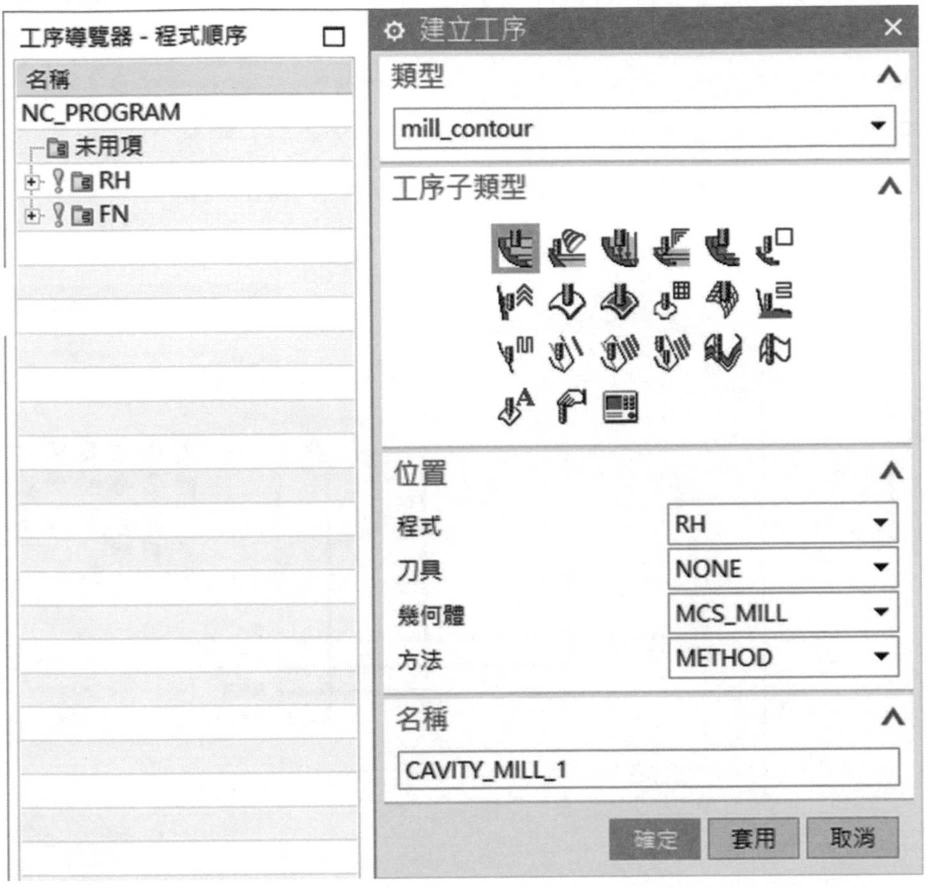

▲圖 3-5-6

四大視圖加工順序

NX CAM 視圖加工順序，依序由加工方法視圖 ➔ 幾何體視圖 ➔ 機床視圖 ➔ 程式順序視圖，如同加工人員的構思想法，先決定加工需要設定的加工殘料，再將成品以及毛胚進行定義，後續建立刀具，最後撰寫程式。

熟悉此方式進行加工撰寫，可以增強在 NX CAM 的加工建構概念。最後進行工法撰寫時，即可以看到如圖 3-5-7 建立工序的位置部分，已完成有規劃性的加工資料設定。

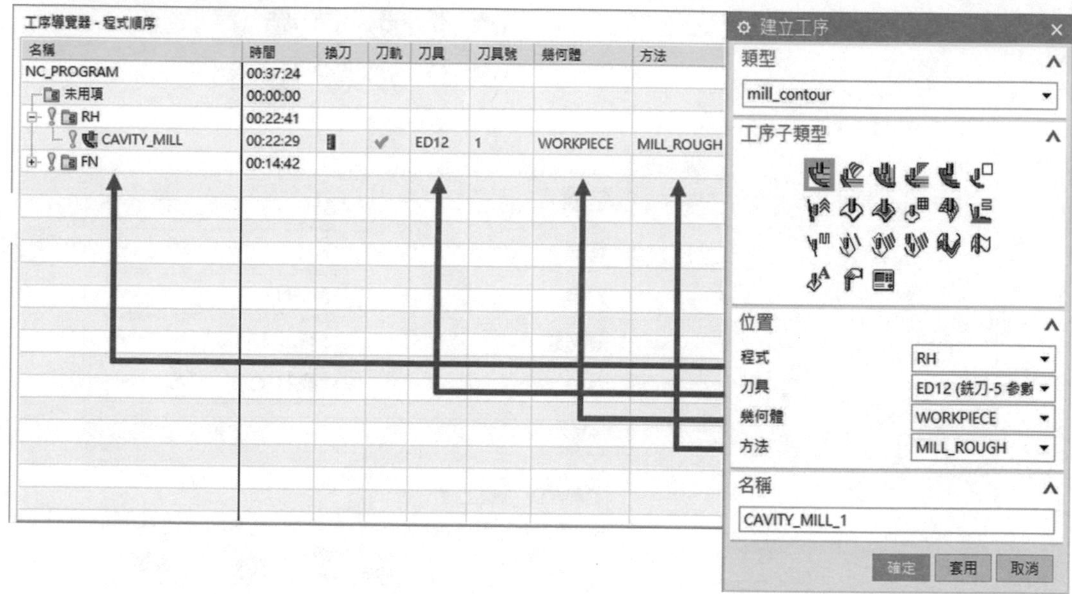

▲圖 3-5-7

3-6 建立加工方法

加工方法設定

切換至加工方法視圖，對加工方法的名稱上滑鼠左鍵點擊兩下，設置各類型加工方法的餘量以及進給率，建議精加工內外公差設置 0.005。如圖 3-6-1。

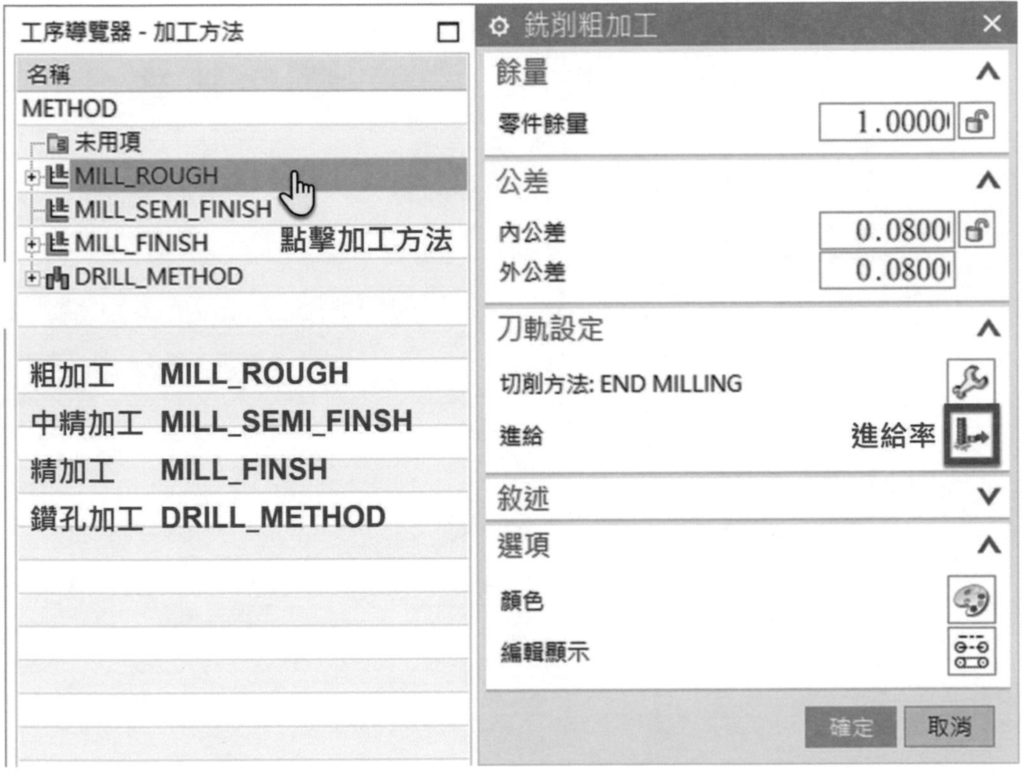

▲圖 3-6-1

對加工方法的名稱上滑鼠點擊右鍵 ➔「插入」➔「方法」，可以設定其他需求的加工方法視圖。如圖 3-6-2

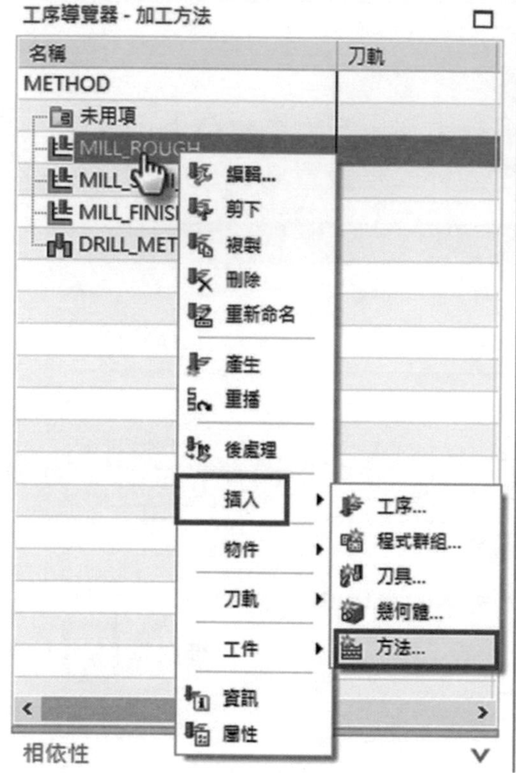

▲圖 3-6-2

3-7 建立幾何體

加工座標系設定

切換至幾何體視圖，對 MCS_MILL 滑鼠左鍵點擊兩下，點擊 CSYS 對話方塊，設置加工座標系位置於左下角。如圖 3-7-1。

▲圖 3-7-1

左鍵點擊 CSYS 對話方塊，對話框點擊左鍵亦可選擇其他方式設定加工座標系。完成後在視圖上會有兩個座標系，可點選鍵盤「W」鍵隱藏繪圖座標系。如圖 3-7-2。

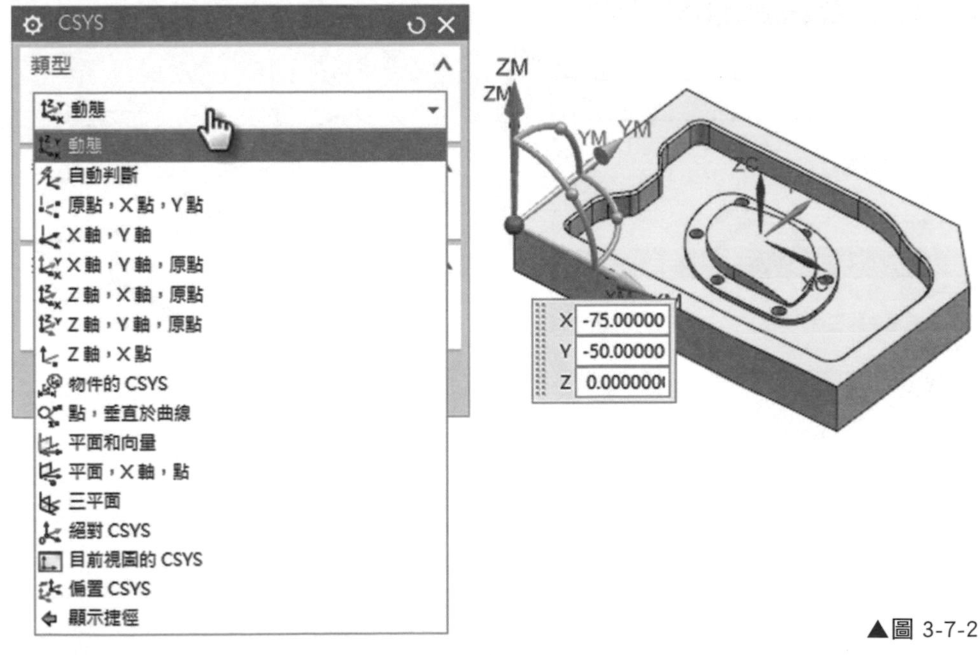

▲圖 3-7-2

幾何體設定

對 MCS_MILL 旁邊「+」滑鼠點擊左鍵，延伸「WORKPIECE」選項，滑鼠點擊左鍵兩下，設定成品以及毛胚件。如圖 3-7-3。

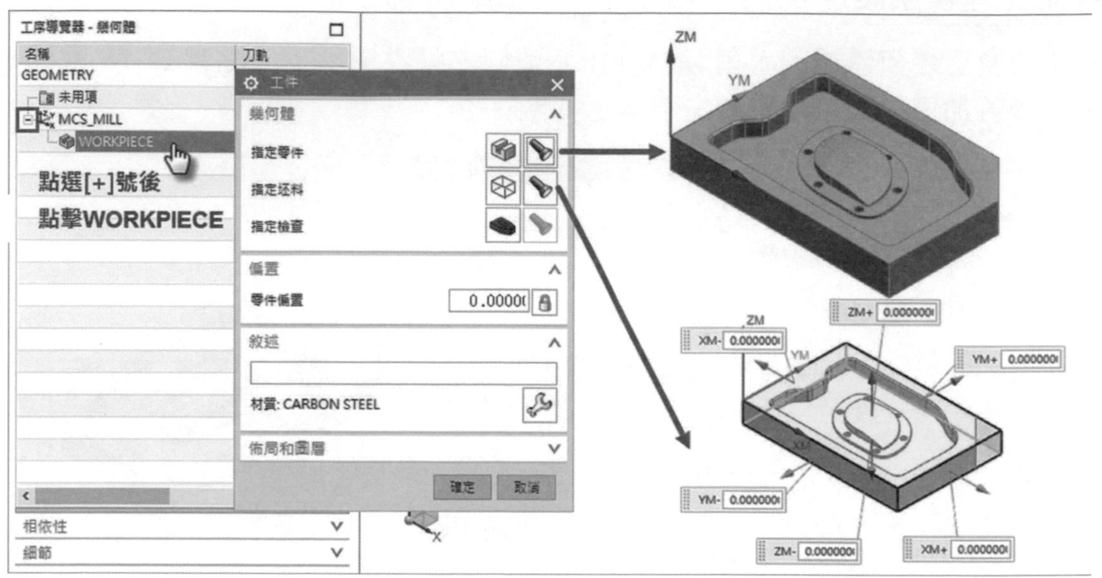

▲圖 3-7-3

坯料幾何體的選項有很多種，可依照需求設定類型，其中幾何體可由圖層規劃或是在 Solid Edge 透過多本體建構。如圖 3-7-4。

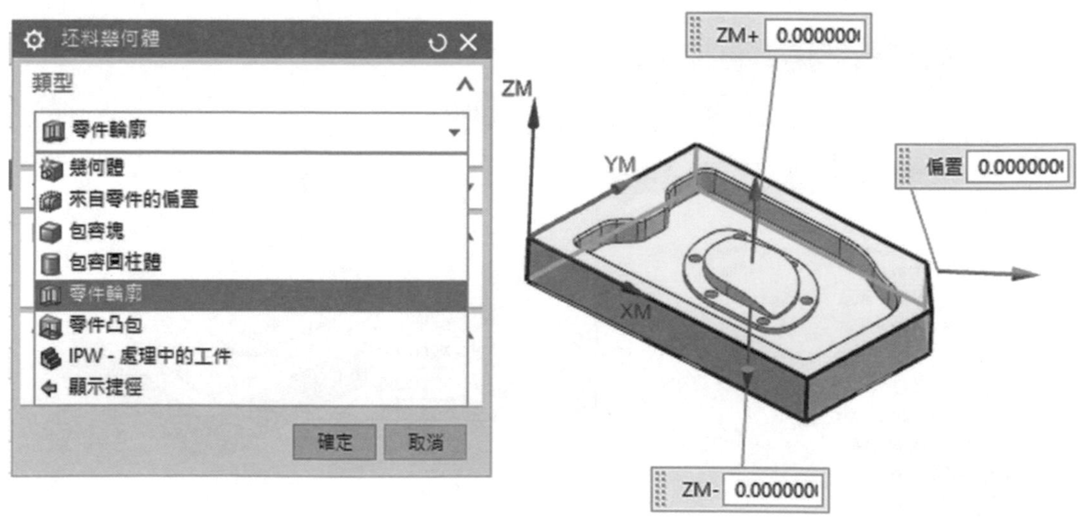

▲圖 3-7-4

3-8 建立刀具

刀具建立設定

切換至機床視圖，對 GENERIC_MACHINE 滑鼠點擊右鍵 ➔「插入」➔「刀具」，即可進入刀具建立對話框。如圖 3-8-1。

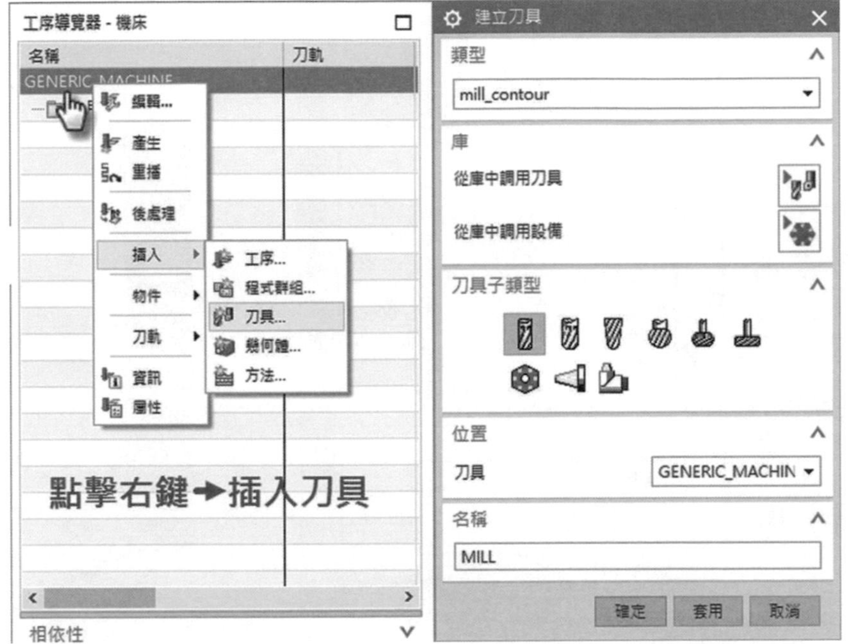

▲圖 3-8-1

「建立刀具」對話框中是透過加工類型來選擇刀具，所以假設工法不一樣，可調整不同類型。如圖 3-8-2。

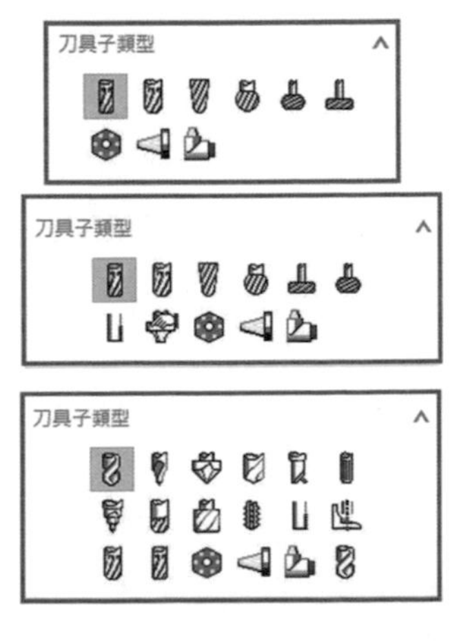

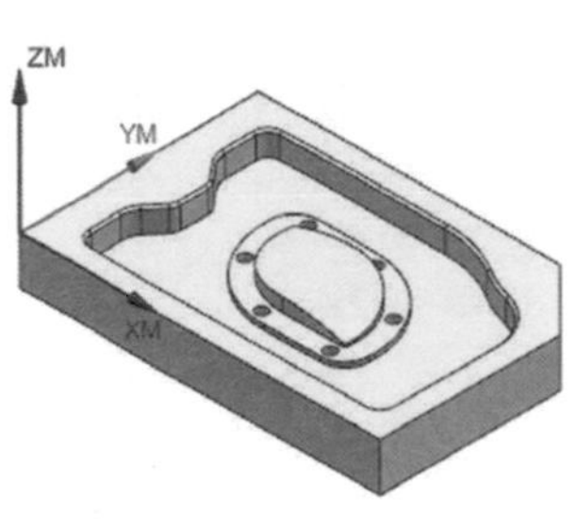

▲圖 3-8-2

類型選擇完成後，依照順序完成刀具建立。如圖 3-8-3。

1. 選擇刀具類型：根據需求透過圖示選擇刀具類型。
2. 輸入刀具名稱：建議輸入刀具號碼以及直徑大小做為名稱。
3. 設定刀具資料：依照所設定的刀具大小設定以及長度。
4. 設置刀具號碼：刀具號碼分成刀具號（T 值）、補償寄存器（H 值）、刀具補償寄存器（D 值）。

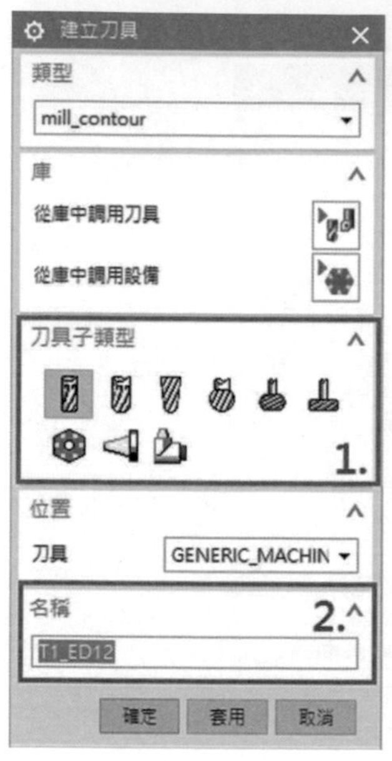

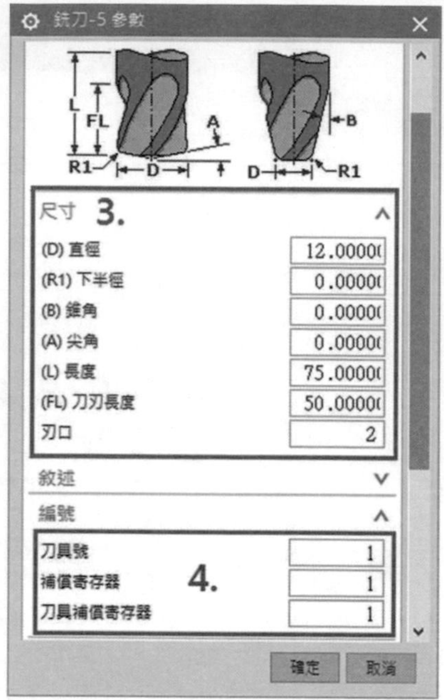

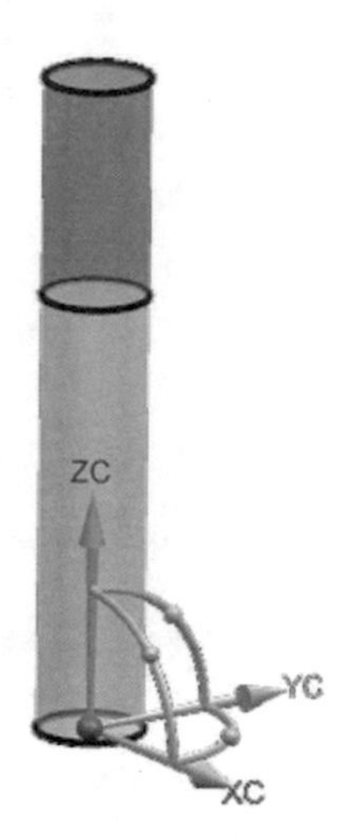

▲圖 3-8-3

「建立刀具」對話框中亦可透過「庫」搜尋刀具資料，選擇加工類型再輸入刀具大小即可搜尋。如圖 3-8-4。

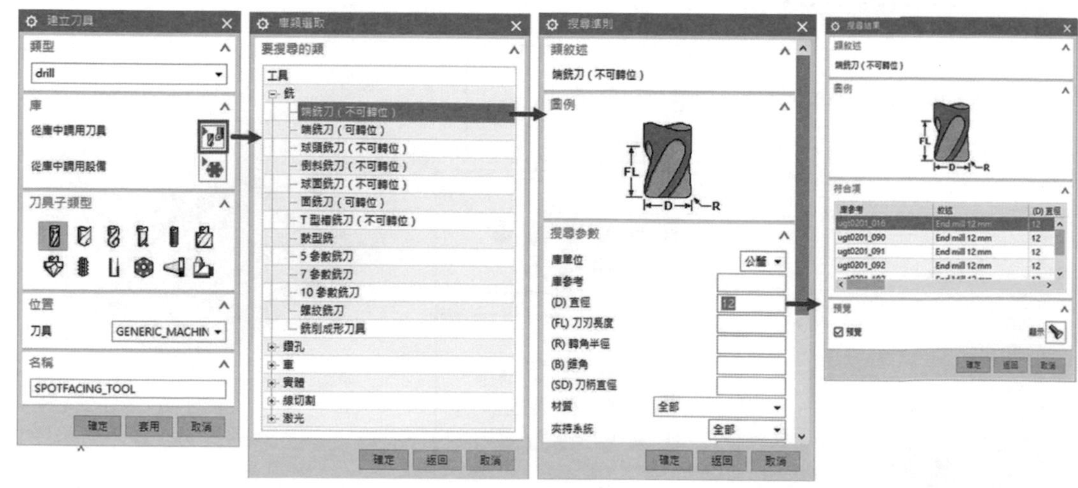

▲圖 3-8-4

刀具子類型中選擇 可設定刀把，建立刀把後，將刀具拖曳至此刀把底下，會自動將刀具號帶入。如圖 3-8-5。

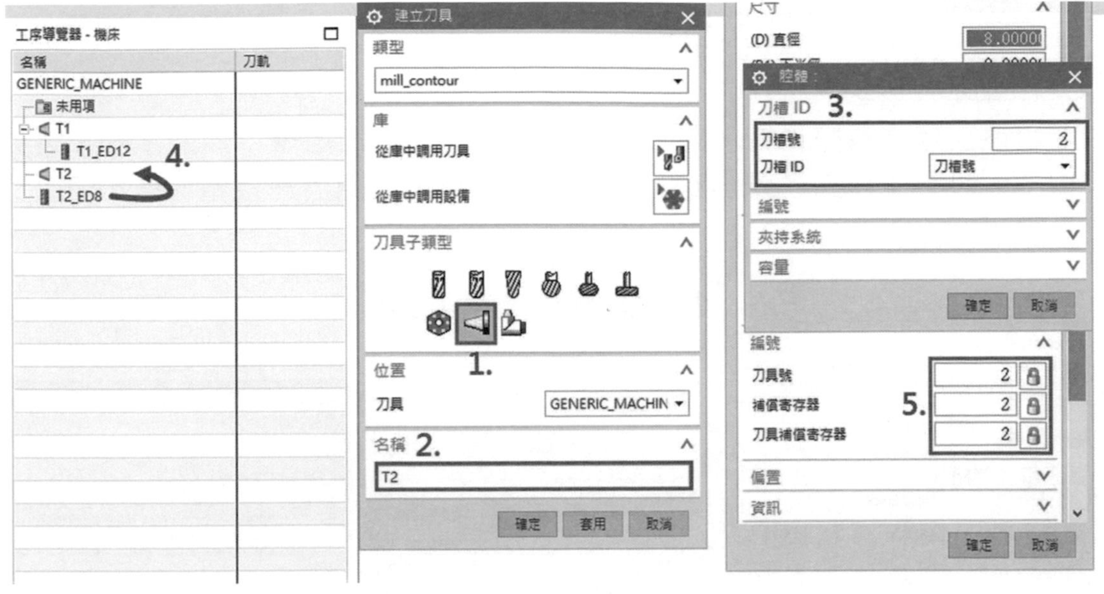

▲圖 3-8-5

刀具子類型中選擇 可設定刀盤，建立刀盤後，將刀把以及刀具拖曳至此刀盤底下，以供編程人員依照機台類型進行管理。如圖 3-8-6。

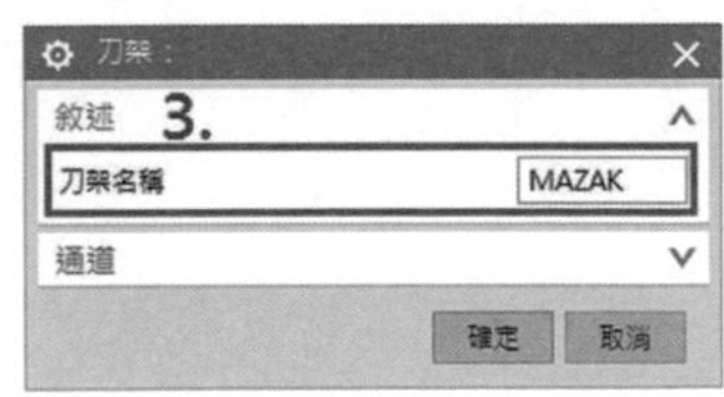

▲圖 3-8-6

3-9 建立加工

建立程式群組

切換至程式順序視圖，對 PROGRAM 滑鼠點擊右鍵 ➔「插入」➔「程式群組」，設定子程式名稱（名稱可輸入中文名），可用於設定粗、精加工以及鑽孔加工區分。如圖 3-9-1。

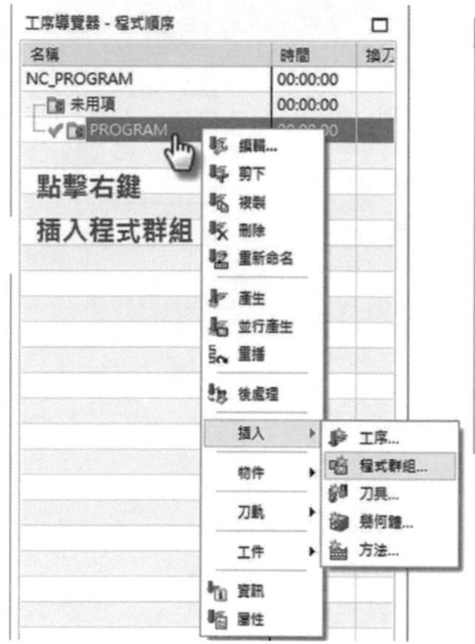

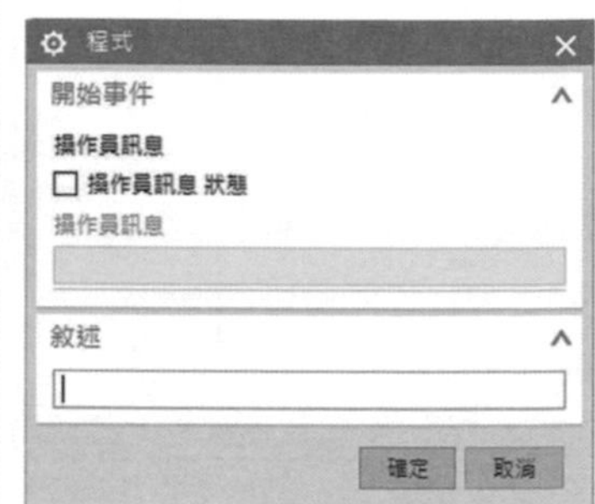

▲圖 3-9-1

建立程式

對 PROGRAM 滑鼠點擊右鍵 ➔「插入」➔「工序」，建立 CAVITY_MILL 工法，設置相關參數，產生加工路徑。如圖 3-9-2。

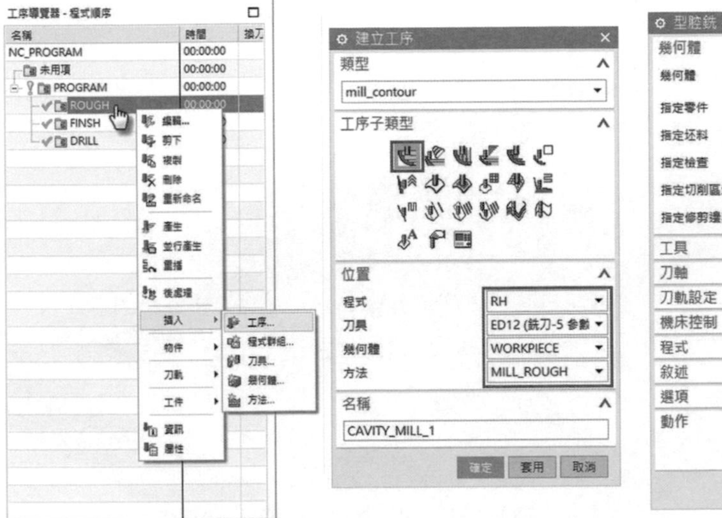

▲圖 3-9-2

完成加工程式後，可顯示加工模型所完成的刀軌路徑，表示您已經學會 NX CAM 標準加工程序。接下來就讓我們開始學習如何撰寫工法吧。如圖 3-9-3。

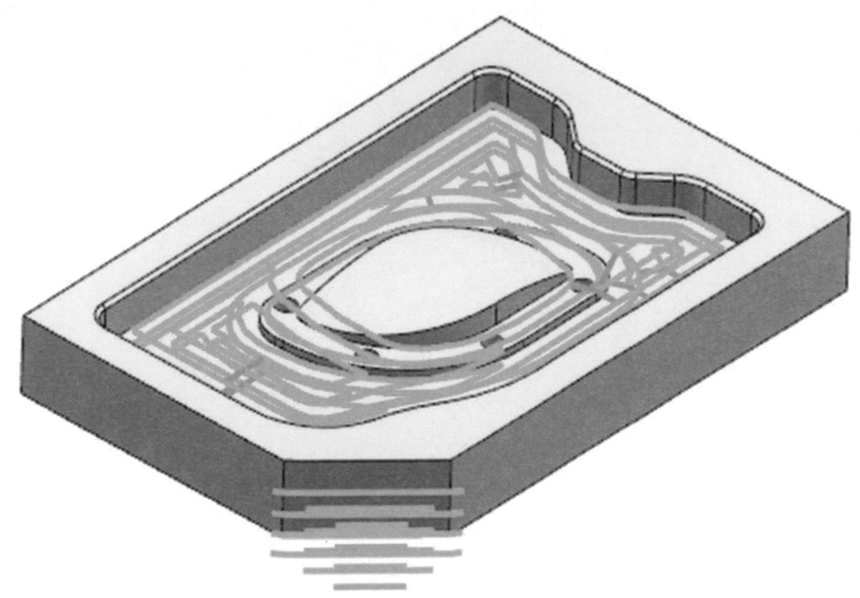

▲圖 3-9-3

練習

由「檔案」➔「開啟」➔「NX CAM 標準課程」➔「第三章節」➔「加工程序 - 實踐練習 .par」，設定加工方法的粗加工餘量為 0.5mm，內外公差皆為 0.01mm，加工座標系如圖 3-9-4，毛胚為包容塊。設定一把一號刀，12mm 端銑刀，刀具名稱為 T1_ED12，設定程式群組 ROUGH，完成刀具路徑顯示。

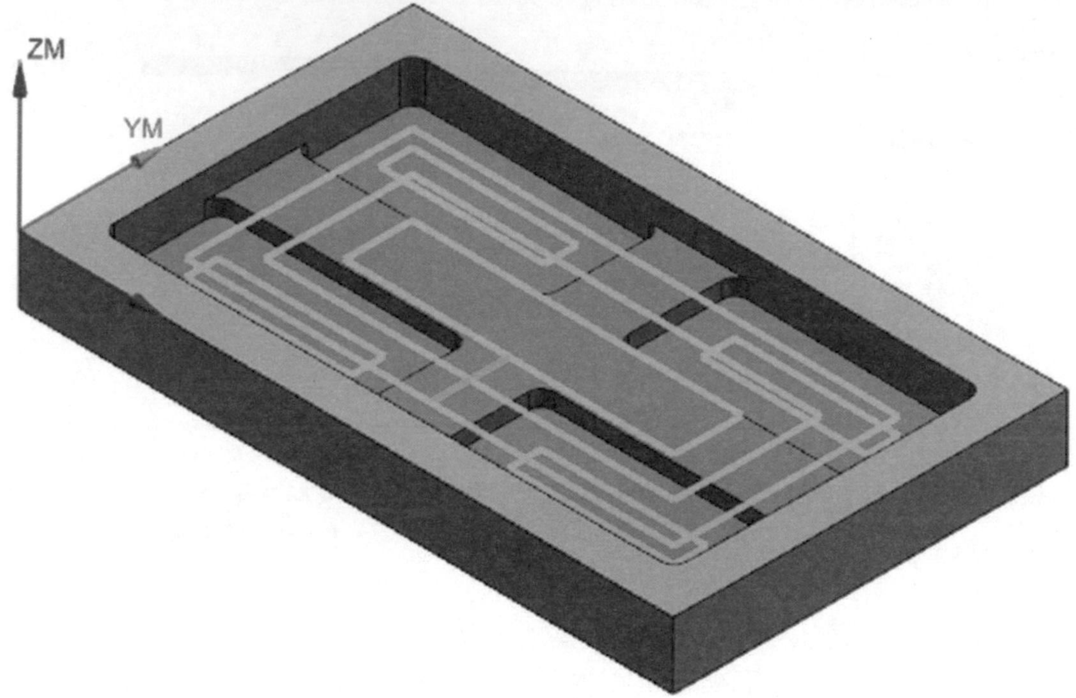

▲圖 3-9-4

4 CHAPTER 粗加工工法

章節介紹 藉由此課程，您將會學到：

4-1 粗加工工法介紹

粗加工工法概述

粗加工屬於坯料加工的基本工法，可以進行大量殘料的切削，先決條件必須設定毛胚以及成品件，使加工能夠自動針對成品與毛胚的判別，完成初步的成品樣式加工，主要用於初步的凹、凸模具加工、半成品加工。

粗加工類型介紹

粗加工工法在我們進入加工環境後，進入程式順序視圖中對 PROGRAM 滑鼠點擊右鍵 ➔「插入」➔「工序」，選擇類型「mill_contour」的工序子類型前五項工法，依序分為腔型銑、自我調適銑削、插銑、轉角粗加工以及剩餘銑。如圖 4-1-1。

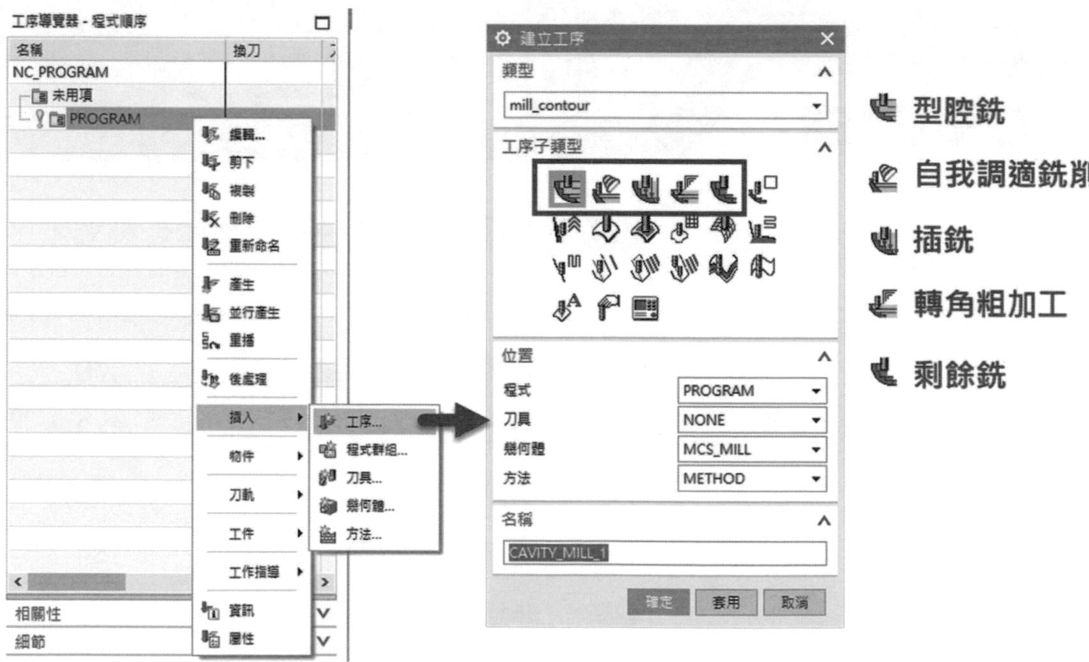

▲圖 4-1-1

❶ 型腔銑

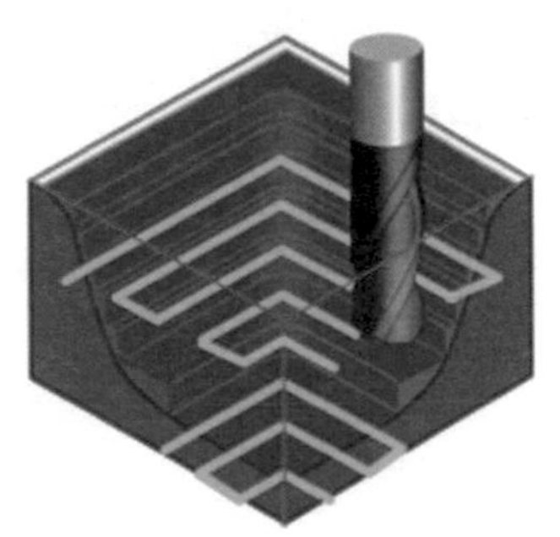

型腔銑

通過移除垂直於固定刀軸的平面切削層中的材質對輪廓形狀進行粗加工。

必須定義零件和坯料幾何體。

建議用於移除模具型腔與型芯、凹模、鑄造件和鍛造件上的大量材質。

粗加工最基本的加工方式，可選擇區域式粗加工或全域式粗加工，並可設置多種類型的切削模式，使加工更加順暢提升加工效率。

❷ 自我調整銑削

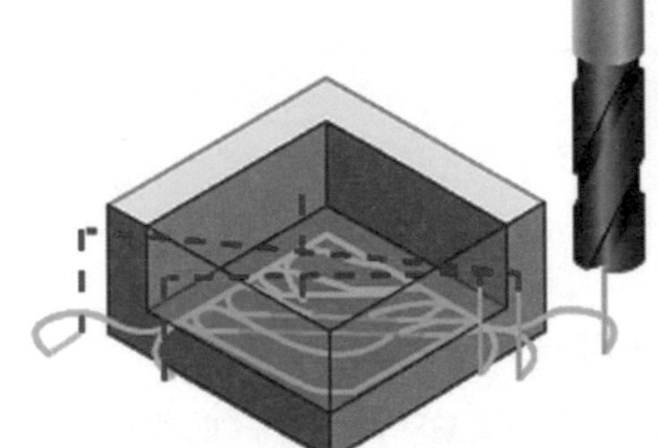

自我調整銑削

在垂直於固定軸的平面切削層使用自我調整切削模式對一定量的材質進行粗加工，同時維持刀具進刀一致。

必須定義零件和坯料幾何體。

建議用於需要考慮延長刀具和機床壽命的高速加工。

粗加工中屬於高速加的工策略，利用刀刃有效深度進行大循環且維持刀具進刀一致性減少切削阻力，大幅縮短粗加工時間，並延伸刀具壽命。

❸ 插銑

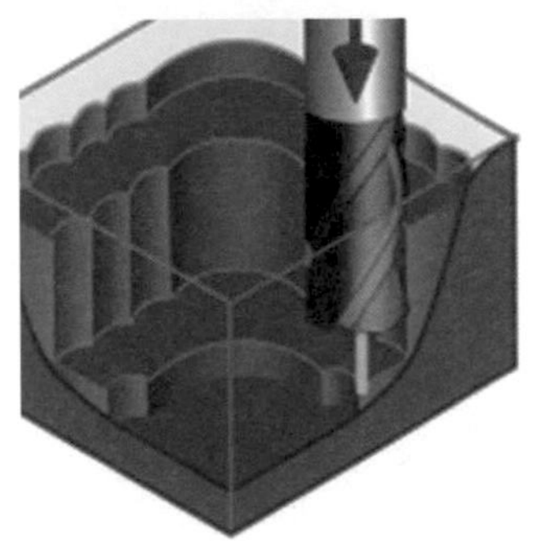

插銑

通過沿連續插削運動中刀軸切削來粗加工輪廓形狀。

零件和坯料幾何體的定義方式與在型腔銑中相同。

建議用於對需要較長刀具和增強剛度的深層區域中的大量材質進行有效地粗加工。

粗加工中屬於重切削的加工方式，一般使用的機台類型屬於硬軌的加工機台，並且依照加工模型屬於深度區域深的類型較為適合。不適合高精度加工方式，一般為特殊的加工才會使用。

❹ 轉角粗加工

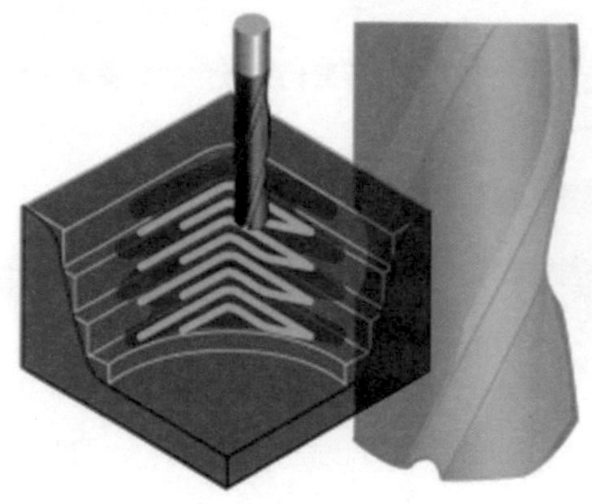

轉角粗加工

通過型腔銑來對之前刀具處理不到的轉角中的遺留材質進行粗加工。

必須定義零件和坯料幾何體。將在之前粗加工工序中使用的刀具指定為「參照刀具」以確定切削區域。

建議用於粗加工由於之前刀具直徑和轉角半徑的原因而處理不到的材質。

粗加工的角落加工，依粗加工選取的刀具無法加工到的範圍作角落粗加工清角，設定方式需選擇原先粗加工的刀具做為參考刀具，以便處理轉角判別。

❺ 剩餘銑

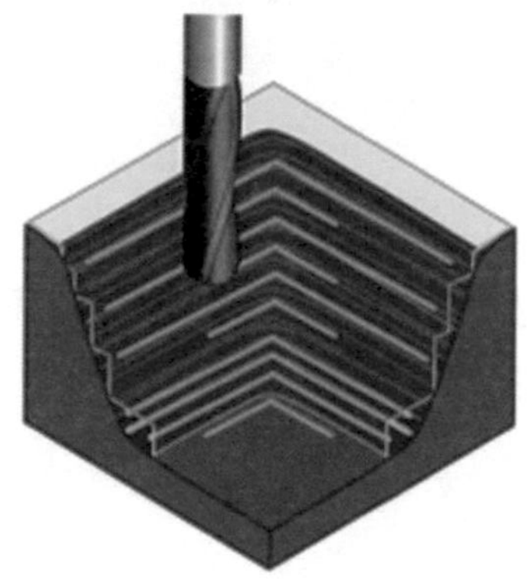

剩餘銑

使用型腔銑來移除之前工序所遺留下的材質。

零件和坯料幾何體必須定義於 WORKPIECE 父級物件。切削區域由根據層的 IPW 定義。

建議用於粗加工由於零件餘量、刀具大小或切削層而導致被之前工序遺留的材質。

粗加工的二次粗加工，依粗加工所殘留的殘料進行加工，使加工的餘量可以減少，幫助您在後續進行精加工可減少殘料對刀具所產生的負荷。

4-2 粗加工參數

學習粗加工內的基本加工參數以及數值

範例一

❶ 由「檔案」→「開啟」→「NX CAM 標準課程」→「第四章節」→「粗加工.prt」→「OK」。如圖 4-2-1。

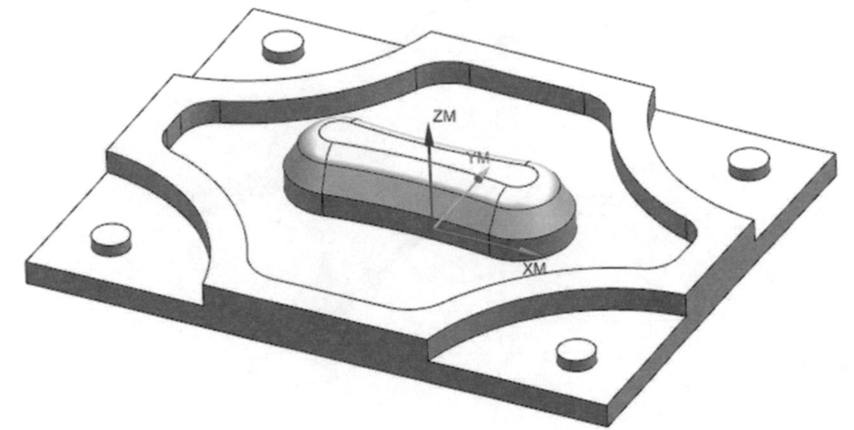

▲圖 4-2-1

❷ 進入程式順序視圖中對 PROGRAM 滑鼠點擊右鍵 →「插入」→「工序」，選擇類型「mill_contour」，選取子工序「型腔銑 CAVITY_MILL」。如圖 4-2-2。

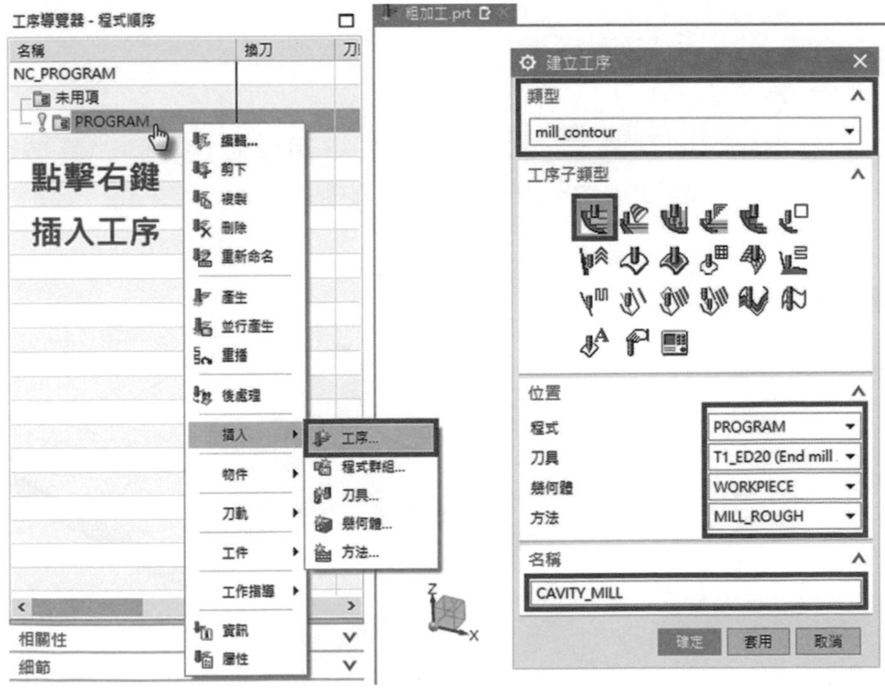

▲圖 4-2-2

3 點選確定後，您可以依序對話框的功能項中發現基本設定已經完成。設定完成的選項會在旁邊有一個亮顯 圖示，可透過點選了解設定的可顯示預覽。反之，若無設定會呈現反灰 圖示。點擊 ∧ 箭頭可縮放對話框。如圖 4-2-3。

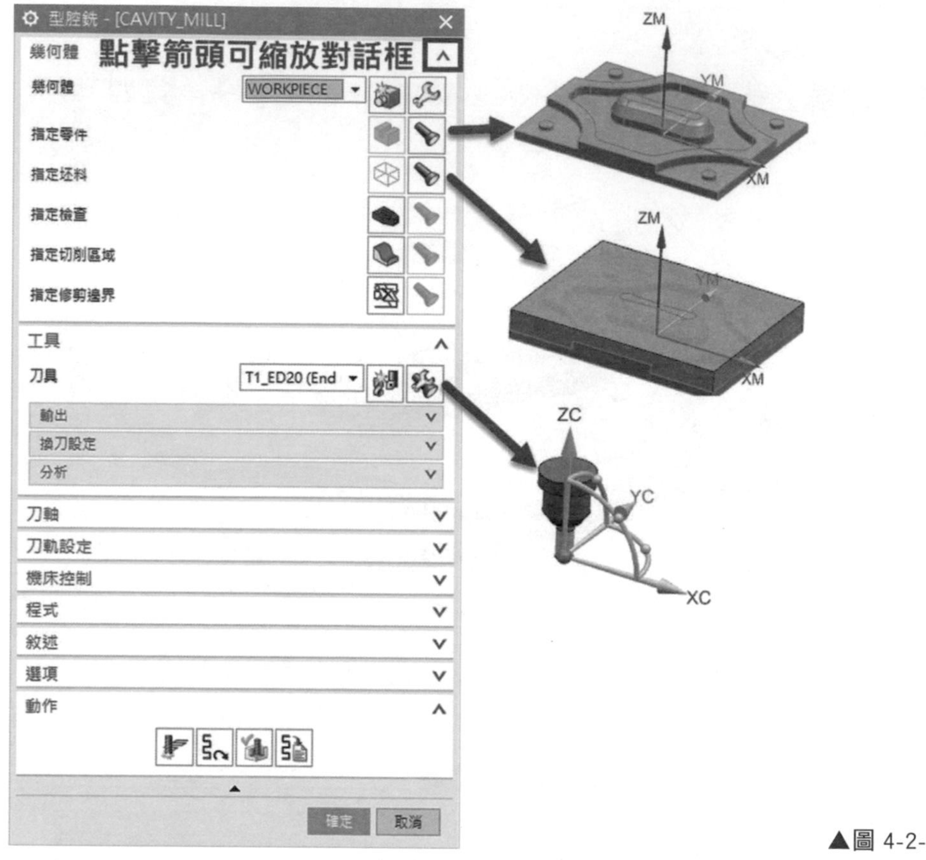

▲圖 4-2-3

4 在幾何體的對話框中，若點選指定檢查 按鈕，可以設定實體或區域範圍避開加工，一般使用於有建構夾治具之加工。如圖 4-2-4。

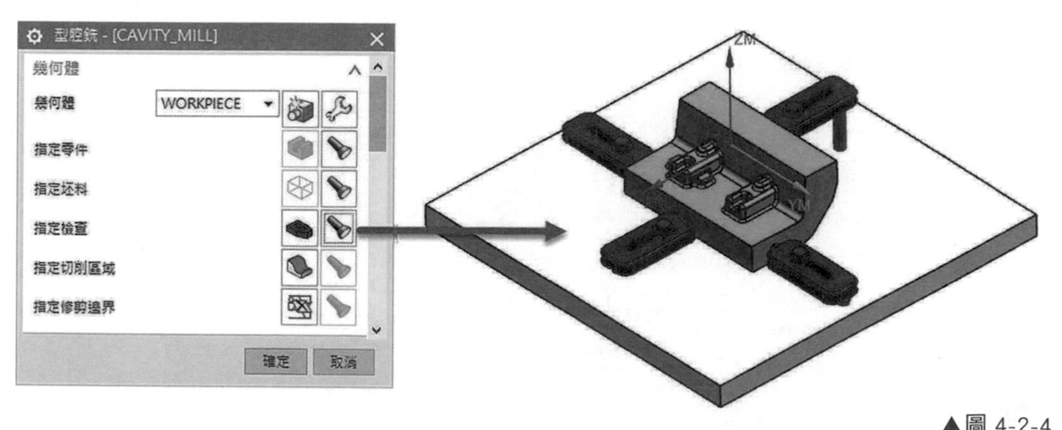

▲圖 4-2-4

❺ 點擊工法滑鼠右鍵點擊「產生」刀路，系統僅會對於槽穴處加工。如圖 4-2-5。

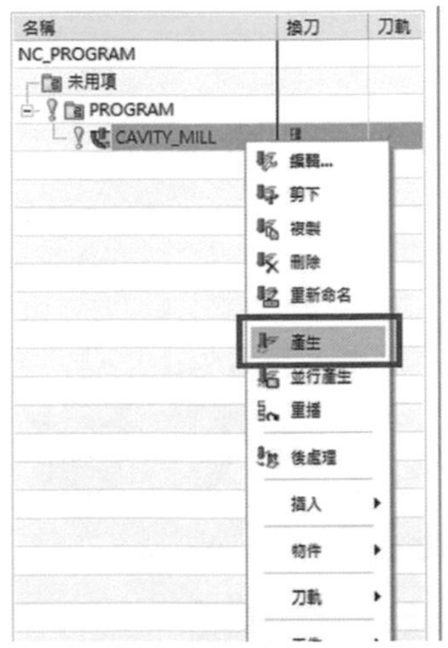

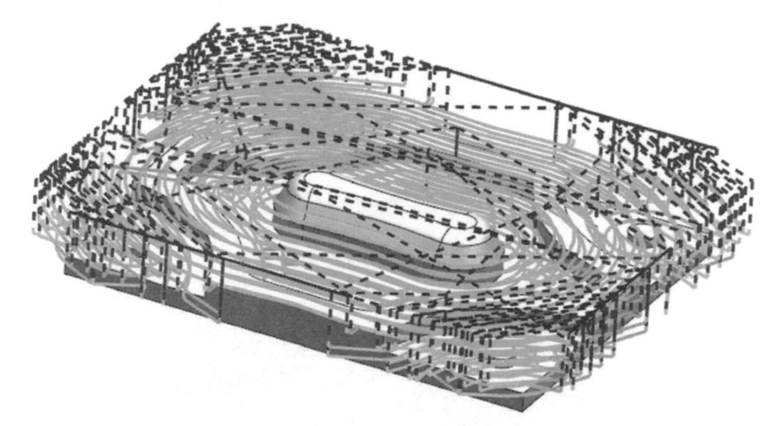

▲圖 4-2-5

❻ 在幾何體的對話框中，若點選指定切削區域 按鈕，可以指定區域範圍執行加工，一般使用於局部加工、半成品加工。如圖 4-2-6。

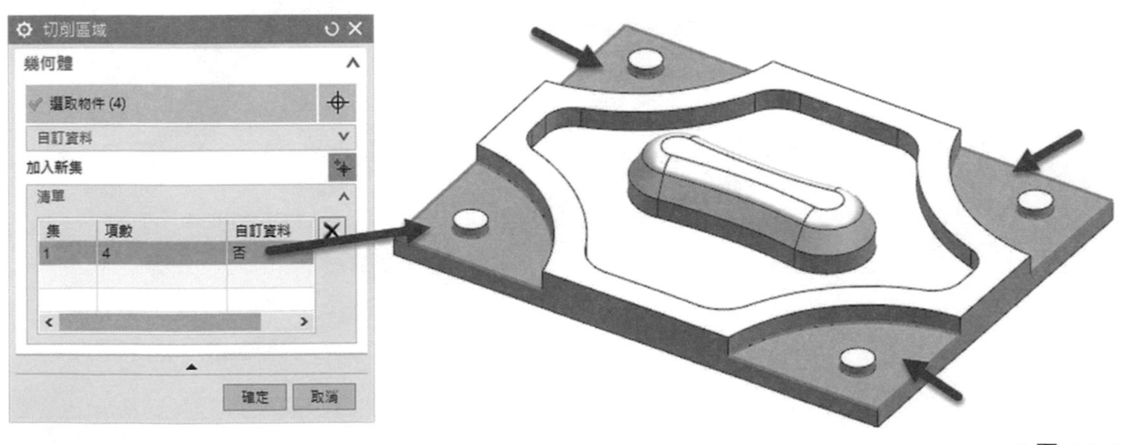

▲圖 4-2-6

⑦ 點選確定後，可以透過 按鈕預覽切削區域，可以點擊 按鈕產生刀具路徑顯示。圖 4-2-7。

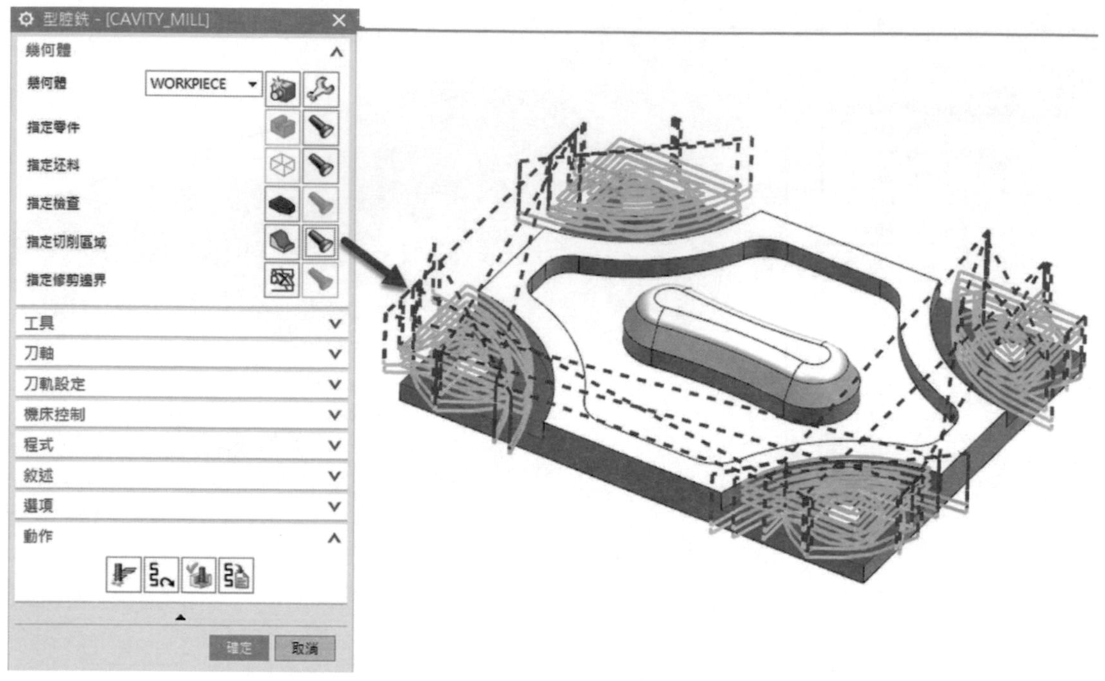

▲圖 4-2-7

⑧ 在幾何體的對話框中，若點選指定修剪邊界 按鈕，可以設定加工路徑修剪範圍，一般與指定切削區域方式相反。備註：如使用修剪邊界方法，必須將指定切削區域所選定的面移除，因系統是以指定切削區域為優先。如圖 4-2-8。

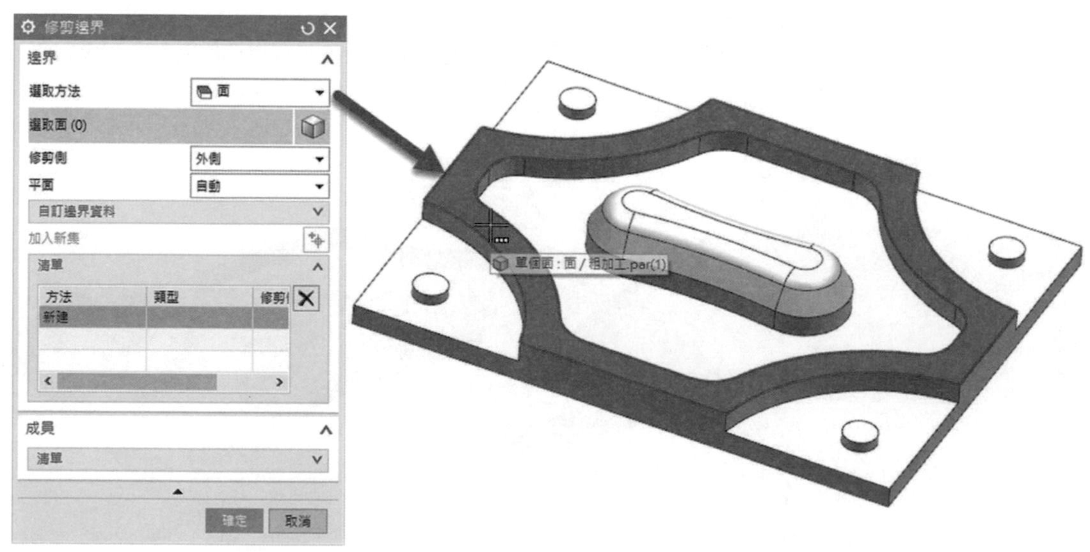

▲圖 4-2-8

⑨ 選取方法使用「面」的方式，會進入邊界設定模式，可依照需求選擇修剪範圍為內部或外部，修剪輪廓的平面以及偏置值。如圖 4-2-9。

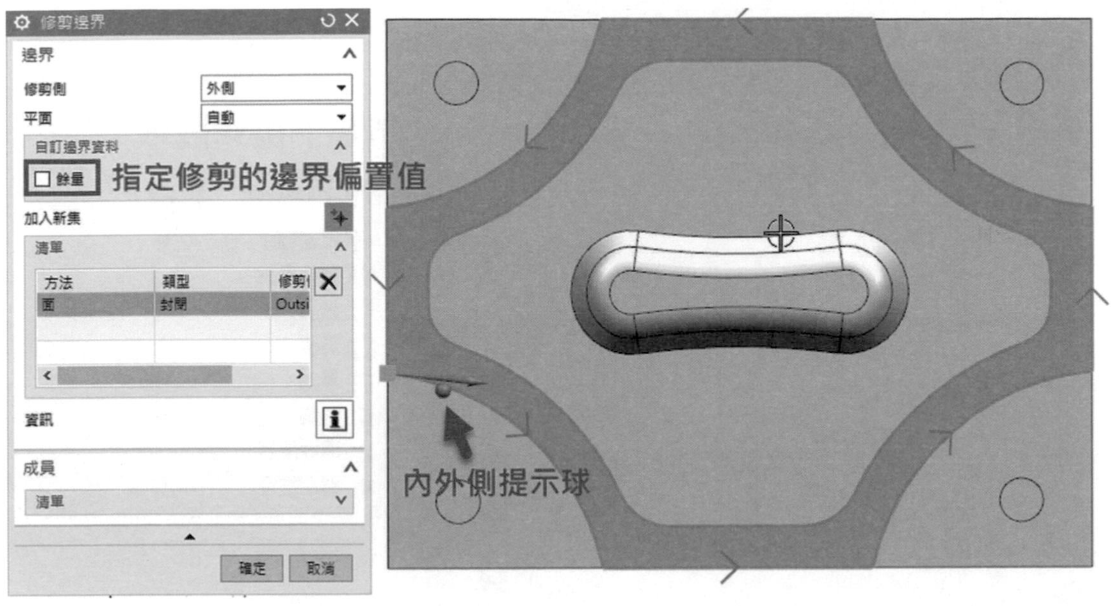

▲圖 4-2-9

⑩ 修剪邊界提示球的位置代表為刀具不銑削區域，修剪範圍為「外側」，產生的路徑為外側處不銑削。如圖 4-2-10 左側圖示。反之，修剪範圍為「內側」，產生路徑為內側處不銑削。如圖 4-2-10 右側圖示。

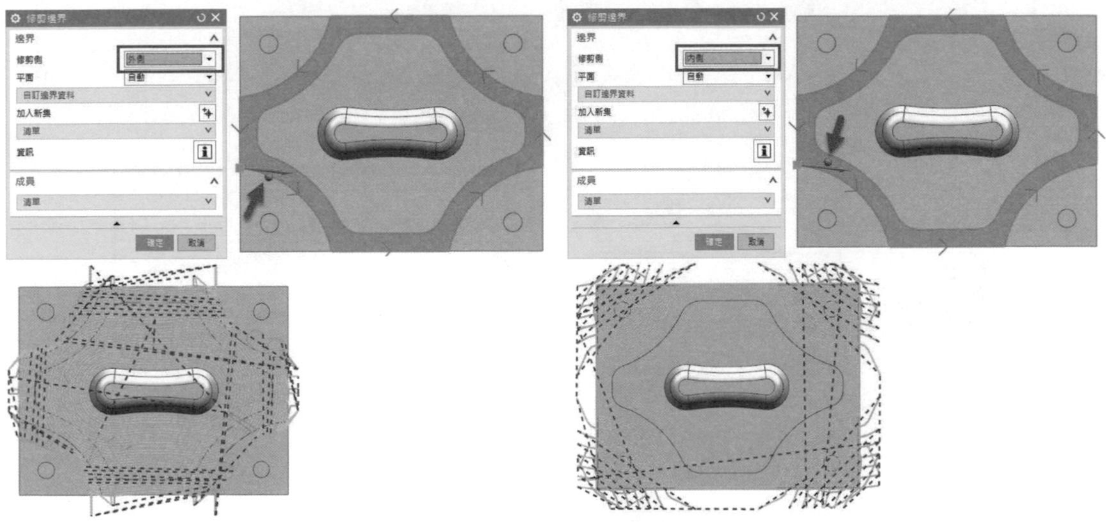

▲圖 4-2-10

⑪ 刀軌設定的對話框中，「切削模式」可依照需求設定不同的加工路徑，每一種加工路徑都能夠在「切削參數」(課本 4-4 章)中進行進階調整。如圖 4-2-11。

▲圖 4-2-11

⑫ 刀軌設定的對話框中，「步距」可依照刀具路徑的垂直間距進行調整，調整加工的側壁進刀量，調整步距後底部對話框會自行變化。如圖 4-2-12。

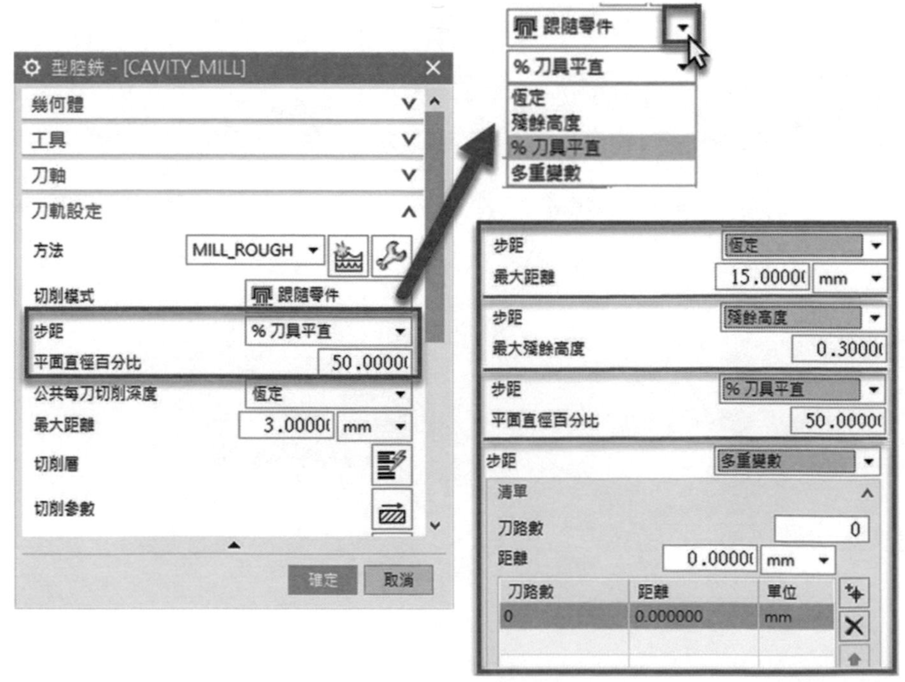

▲圖 4-2-12

⑬「步距」包含恆定、殘餘高度、刀具平直、刀具平均值、附加刀路、多個。

版距選項

步距圖示	步距名稱	步距說明
	恆定	連續刀軌之間的基本距離
	殘餘高度	刀路之間可以遺留的最大殘料高度， 用於圓鼻刀或球刀
	% 刀具平直	刀具直徑的百分比，球刀亦使用刀具直徑 使用圓鼻刀則以底直徑計算
	刀具平均值	壁之間均勻適合的最小步距數， 依最大值及最小值設定。用於往復、單向路徑
	附加刀路	可讓刀具依輪廓偏置刀具路徑，用於輪廓路徑
	多個	使用者定義步距，用於跟隨零件、跟隨周邊

⑭ 刀軌設定的對話框中，「公用每刀切削深度」可依照刀具路徑的下刀深度進行調整，調整加工的進刀量，此範例進刀量設置為 3mm。如圖 4-2-13。

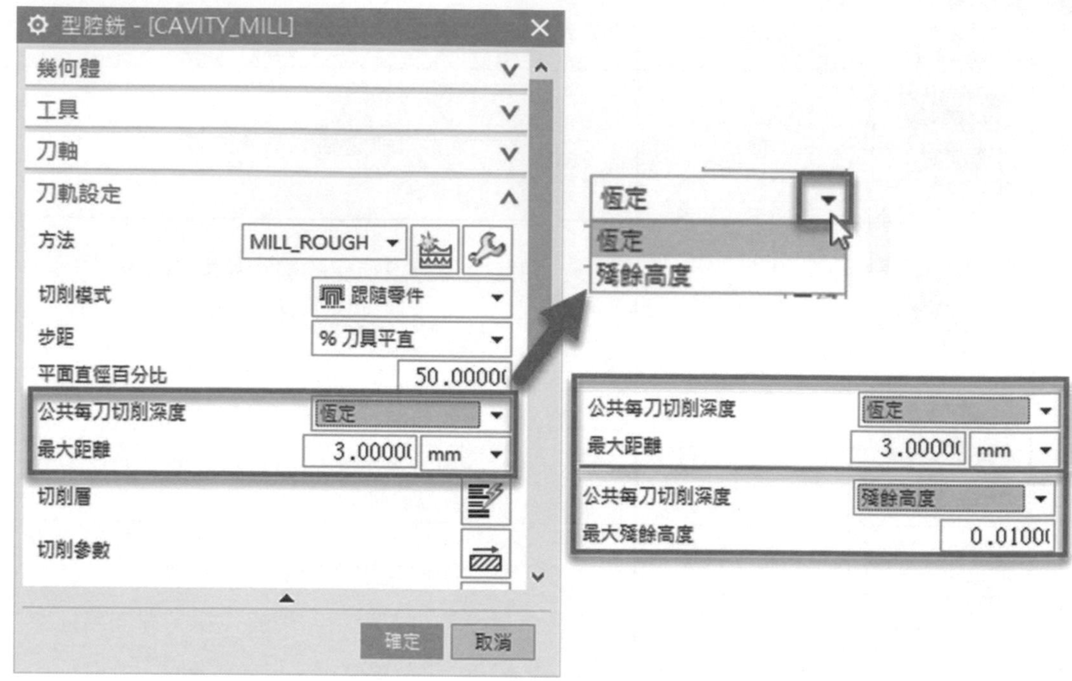

▲圖 4-2-13

⑮ 公用每刀切削深度」可依照恆定或是殘餘高度設置，調整加工的每層進刀量。如圖 4-2-14。

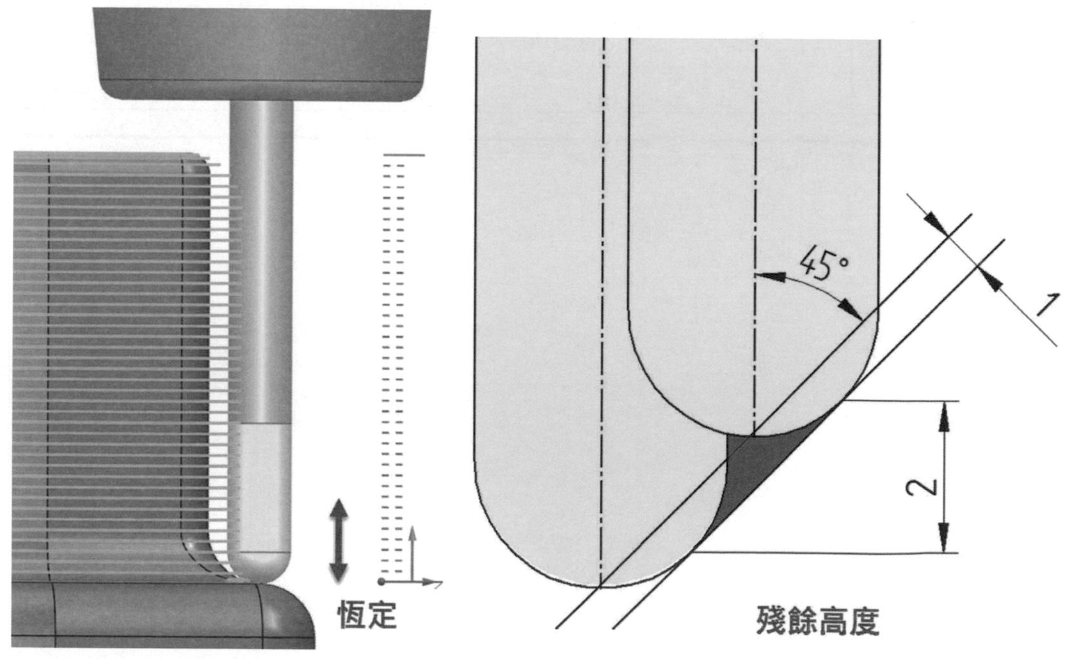

▲圖 4-2-14

4-3 切削層設定

學習粗加工內的進階深度參數以及數值 – 切削層

切削層屬於公用每刀切削深度的進階設定，可以設置多（分）層不同的加工深度，使加工深度最佳化。一般用於陡峭區域接平坦曲面落差過大時的細部設定。

切削層

❶ 切削層設定在刀軌設定的對話框中，點擊「切削層」圖示按鈕，即跳出切削層對話框。如圖 4-3-1。

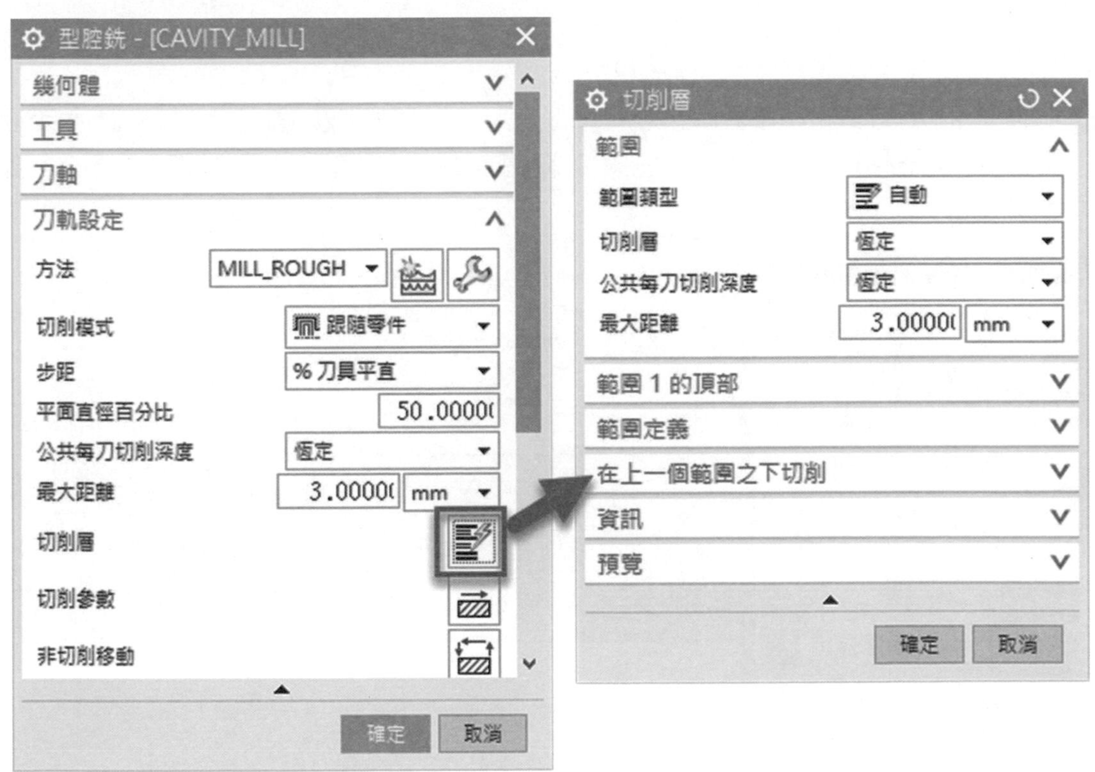

▲圖 4-3-1

❷ 切削層設定方式可調整箭頭或是輸入數值。「實線」代表為平面深度，「虛線」代表為分層切削深度。如圖 4-3-2。

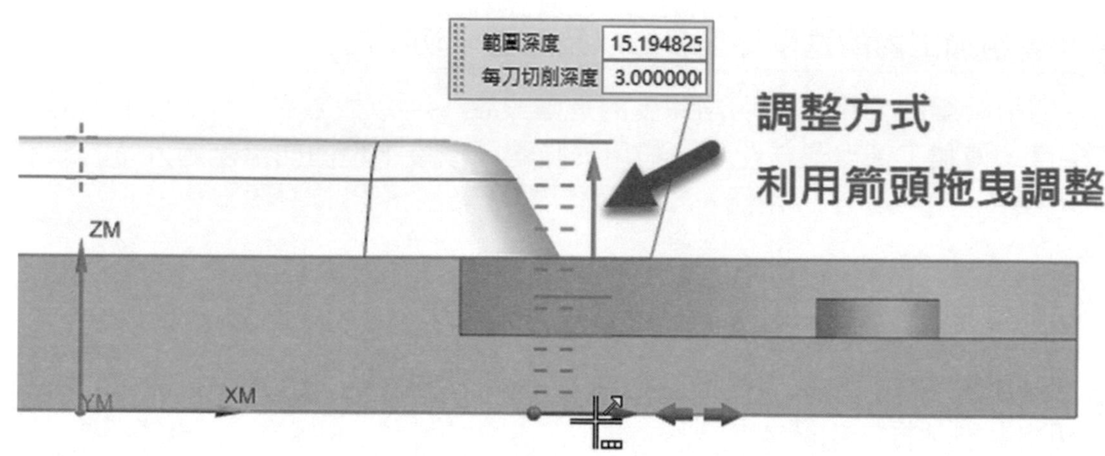

▲圖 4-3-2

❸ 切削層設定方式亦可調整左側清單設置，並可利用 圖示以及 圖示來新增深度或是移除深度，嘗試在第 1 範圍層將分層進刀深度調整為 1mm。如圖 4-3-3。

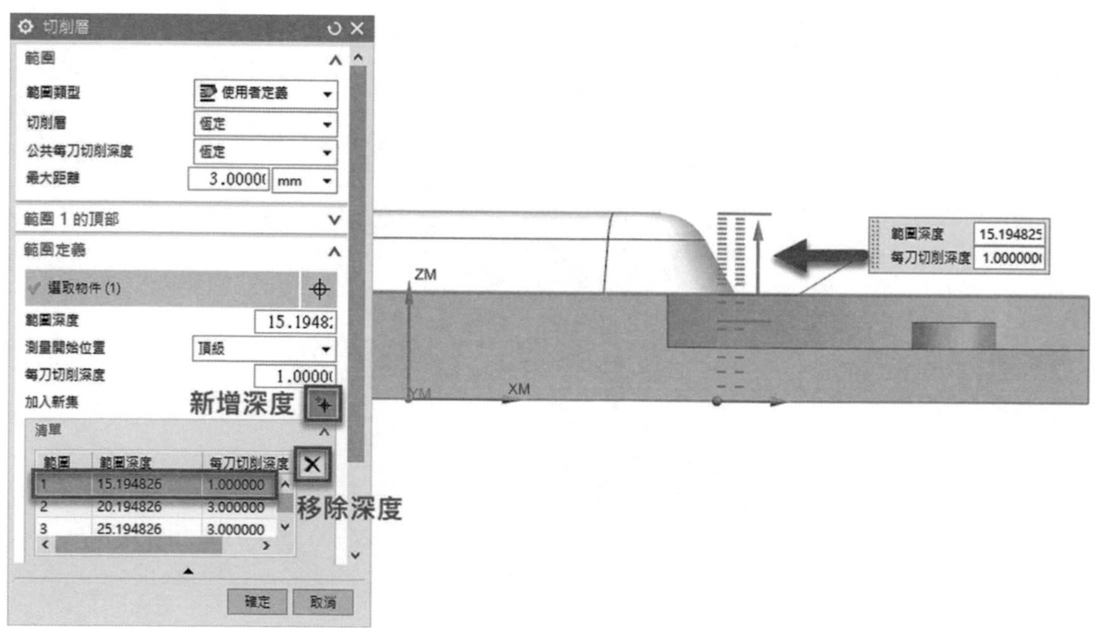

▲圖 4-3-3

❹ 點擊 產生刀路按鈕，工法顯示深度依照設置的切削層會有所改變，如第 2 層與第 3 層範圍沒有特別設置系統將會依照原有的公共每刀切削深度值 3mm 計算，然而在第 1 層範圍即可清楚顯示出自定義分層的每層深度 1mm。如圖 4-3-4。

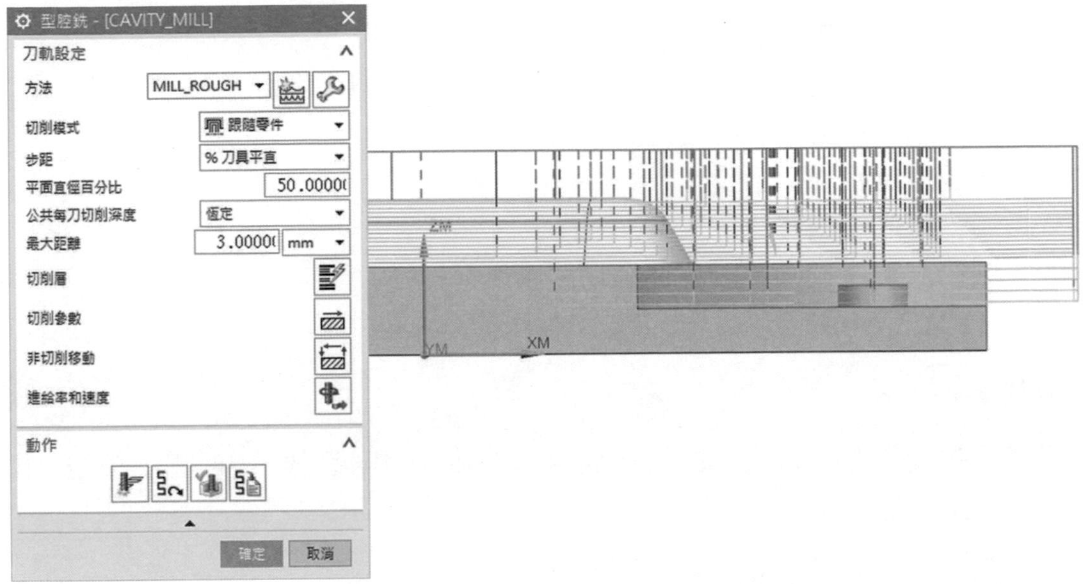

▲圖 4-3-4

4-4 切削參數設定

學習粗加工內的進階加工參數以及數值－切削參數

- 定義切削後在零件上保留多少餘量。
- 提供對切削模式的額外控制，如切削方向和切削區域排序。
- 確定輸入毛胚並指定毛胚殘料判別。
- 新增並控制精加工刀路。
- 控制轉角的切削行為。
- 控制切削順序並指定如何連線切削區域。

切削參數

❶ 切削參數設定在刀軌設定的對話框中，點擊「切削參數」圖示按鈕，即跳出切削參數對話框。如圖 4-4-1。

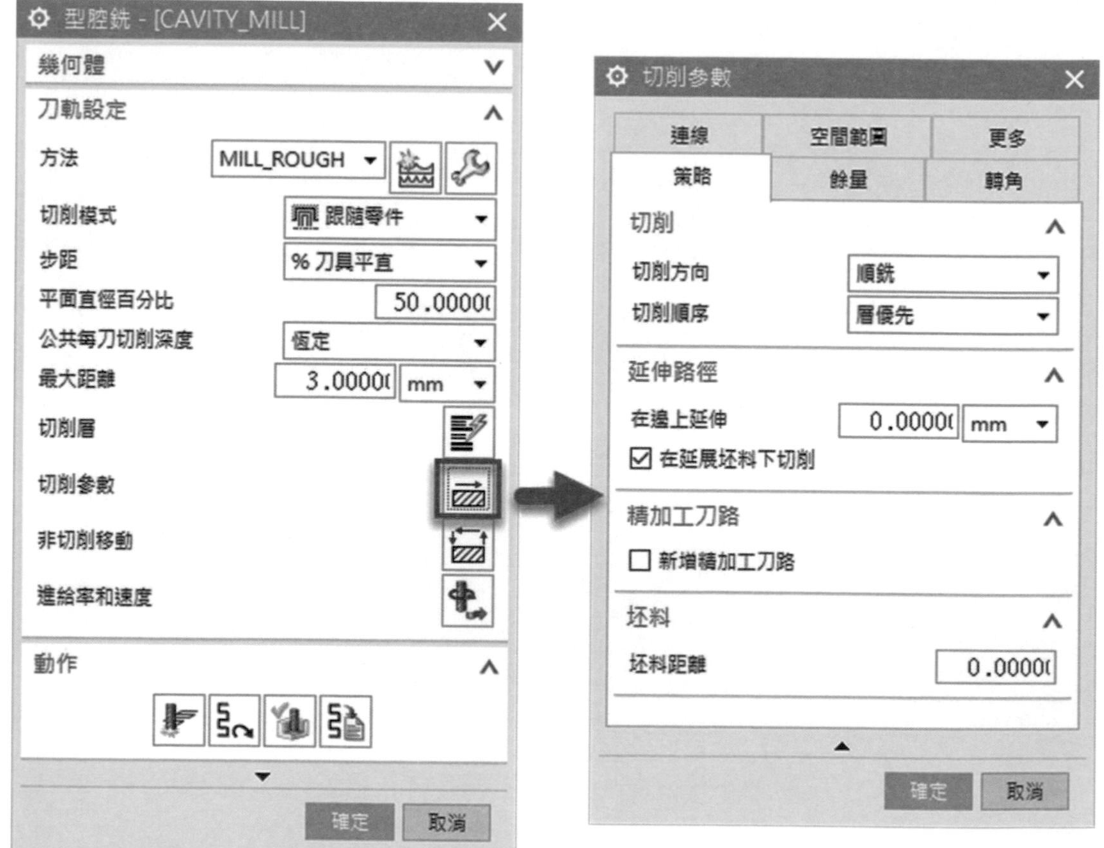

▲圖 4-4-1

② 切削參數設定的「策略」窗格中，切削會依照切削模式不同而改變，基本設定包含「切削方向」以及「切削順序」。如圖 4-4-2。

- 層優先：一層下刀將每個槽穴完成加工後在進行下一層。
- 深度優先：多槽穴加工建議使用深度優先將一個槽穴完成再行下一個槽穴。

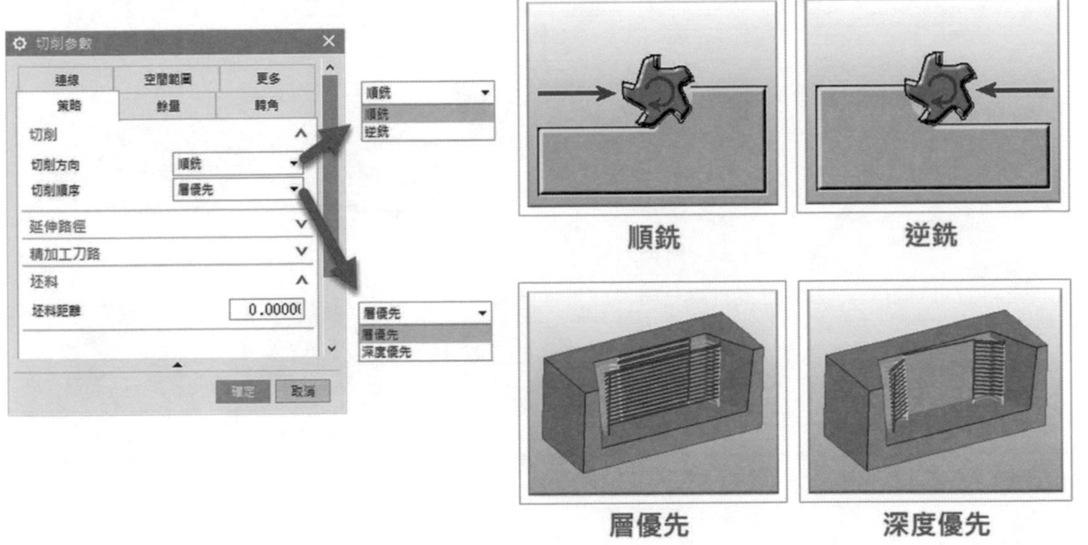

▲圖 4-4-2

③ 切削模式不同，切削會有所改變，可參考圖 4-4-3 的各別設定參數。

> **備註** 跟隨周邊切削模式，提供了三種樣式的切削方向。

- 向外：不分開放或封閉槽，統一所有的進刀都在內側，會由內向外切削。
- 向內：不分開放或封閉槽，統一所有的進刀都在外側，會由外向內切削。
- 自動：系統會自動辨識區域，開放槽從外側進刀向內切削，封閉槽從中間進刀往外側切削。

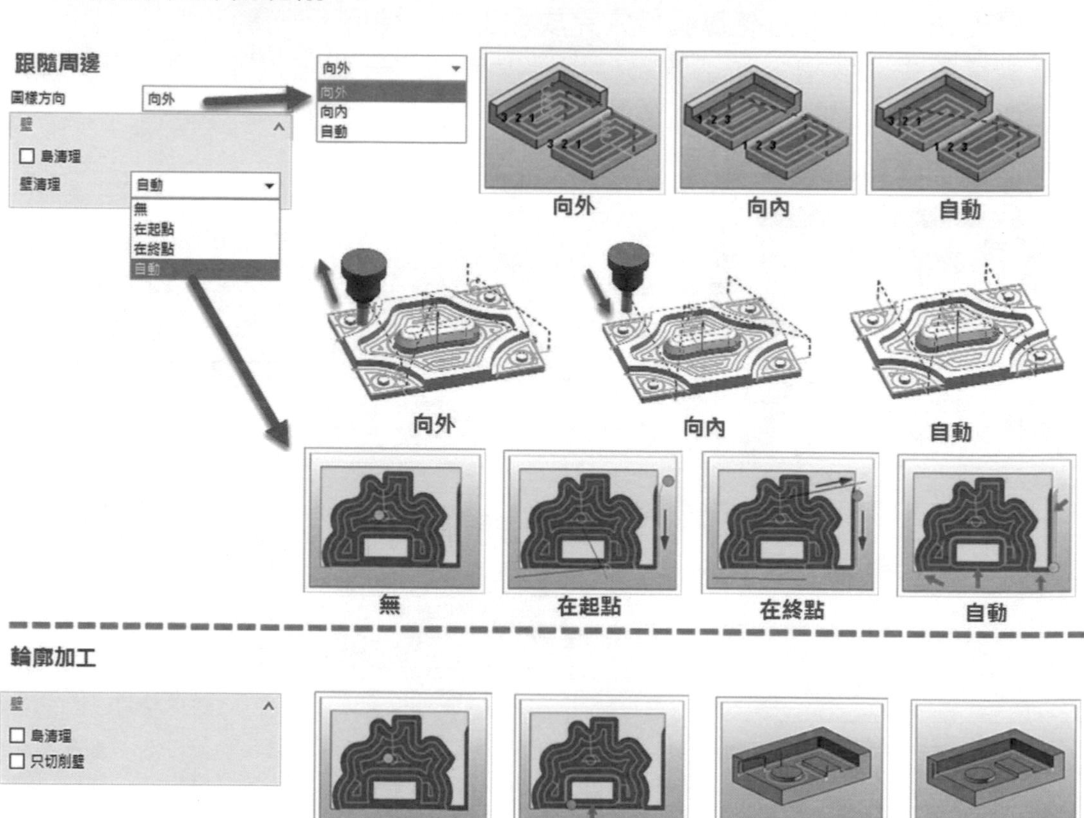

輪廓加工

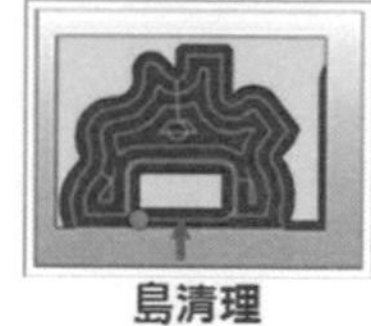

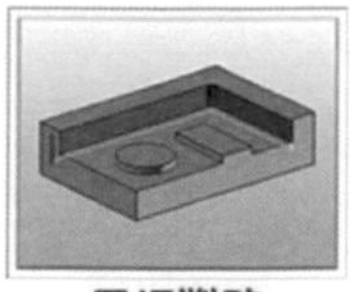

不勾島清理　島清理　不勾只切削壁　只切削壁

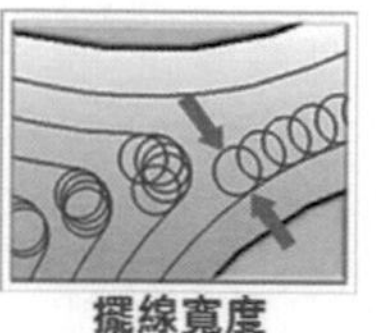

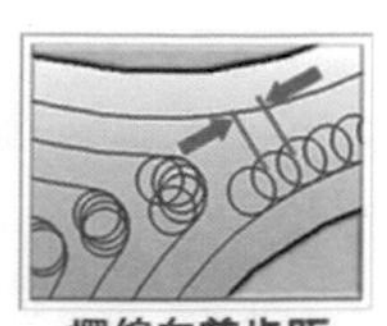

擺線寬度　最小擺線寬度　步距限制%　擺線向前步距

單向 往復 單向輪廓

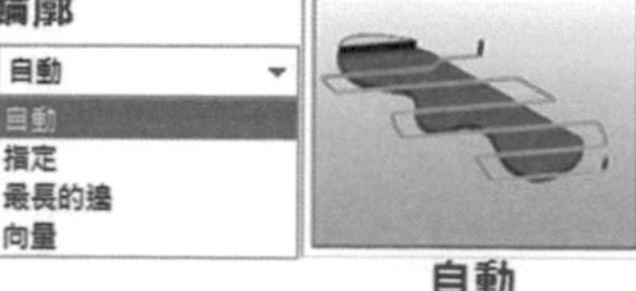

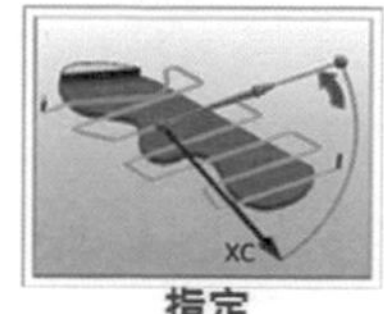

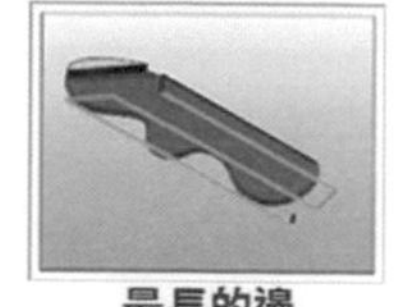
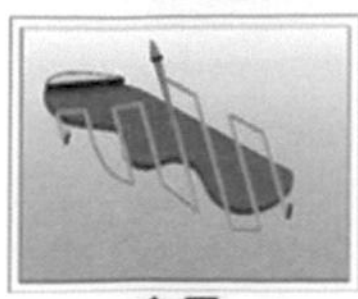

自動　指定　最長的邊　向量

▲圖 4-4-3

❹ 切削參數設定的「策略」窗格中，延伸路徑、精加工刀路以及坯料皆是微調路徑參數。如圖 4-4-4。

- 在邊上延伸：毛胚範圍內的選取區域延伸距離，用於區域加工。
- 在延伸坯料下切削：以切削深度超過毛胚深度時的切削判別。
- 新增精加工刀路：在側壁輪廓加入精修輪廓刀路。
- 坯料距離：當無設置毛胚幾何體時的偏置成品距離。

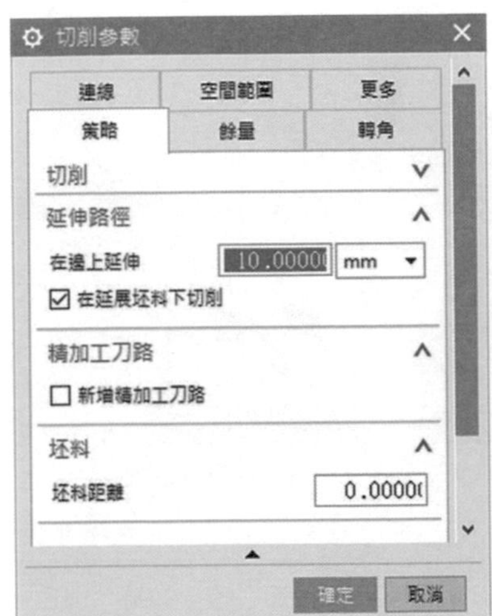

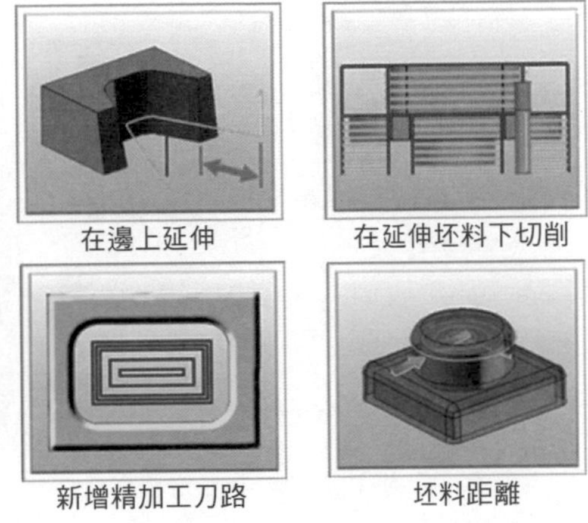

▲圖 4-4-4

❺ 切削參數設定的「餘量」窗格中，基本上是依照加工方法視圖為主要設置，此窗格可設置進階餘量設置。如圖 4-4-5。

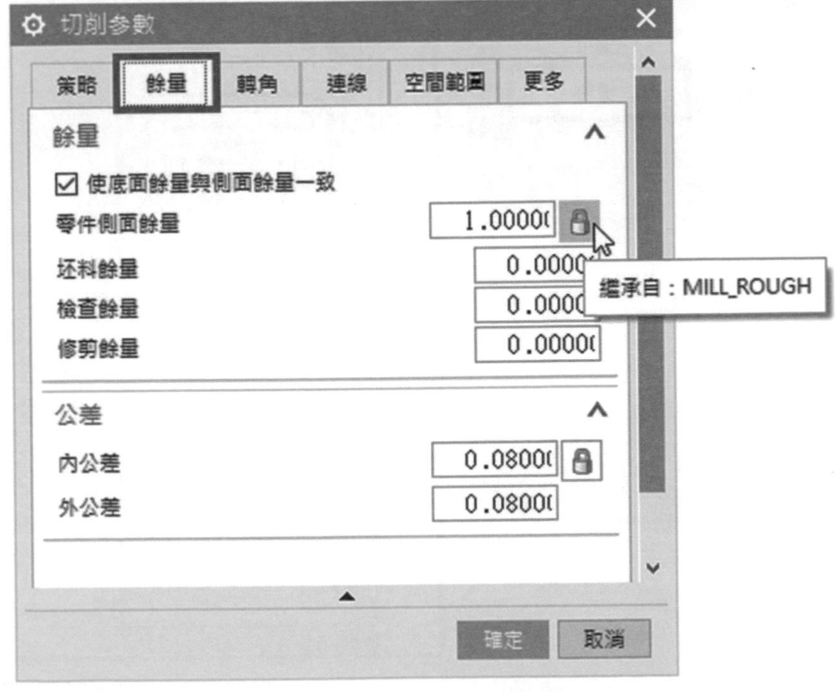

▲圖 4-4-5

❻「餘量」窗格中，假設您設置與加工方法視圖中的餘量參數不同時，會顯示局部定義值，並以此處參數為主。如圖 4-4-6。

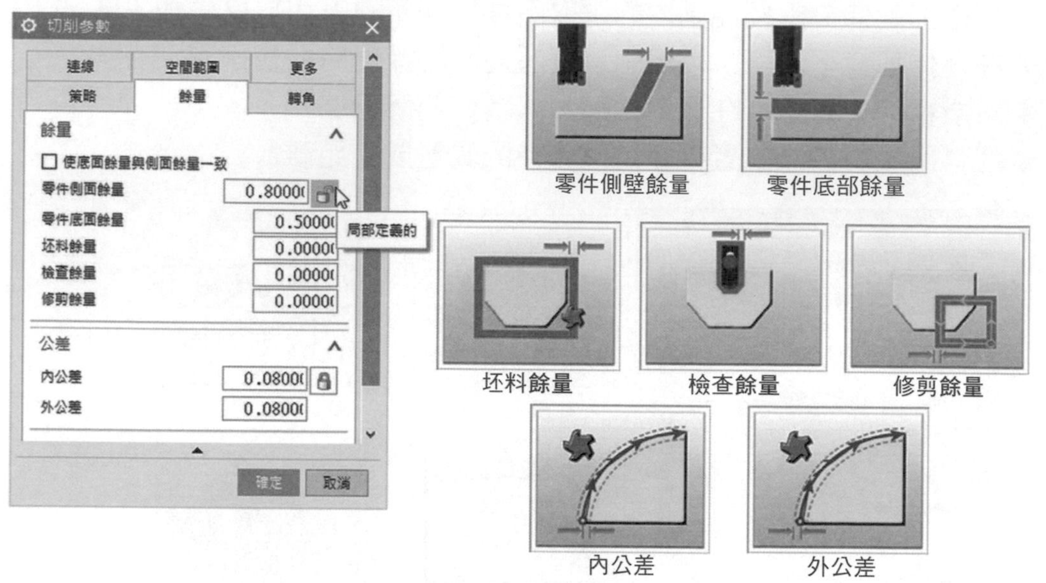

▲圖 4-4-6

❼切削參數設定的「轉角」窗格中，設置加工路徑轉角為銳角時的處理方式，並可設置銳角或圓角的進給率加減速。如圖 4-4-7。

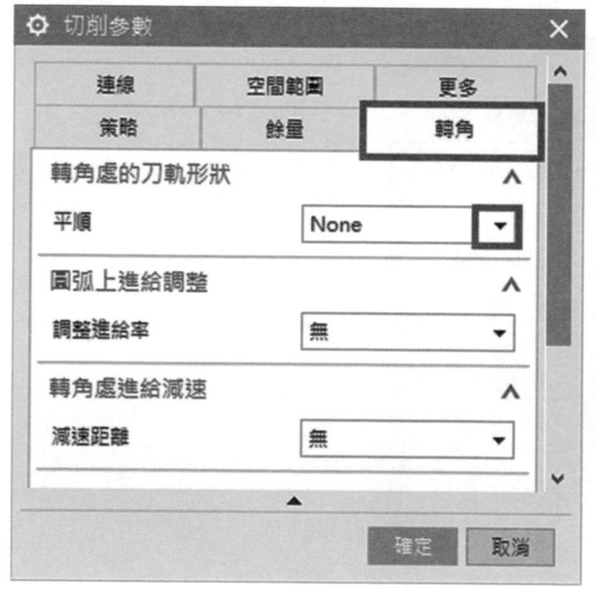

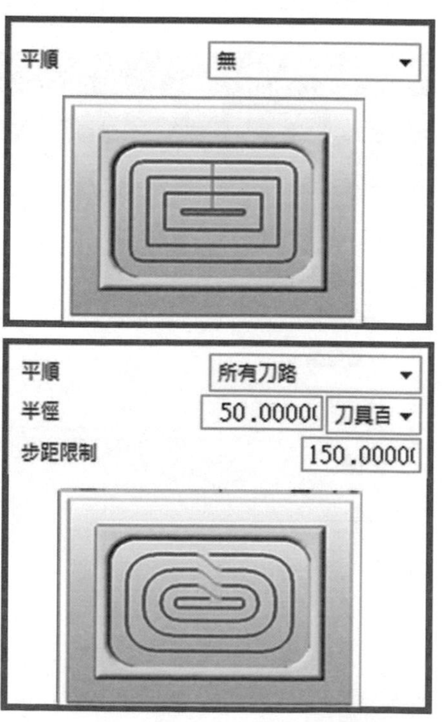

▲圖 4-4-7

❽「轉角」窗格中，如圖 4-4-8。

圓角的進給率可依照您設置的內外圓角進給百分比設置圓弧進給率速度。

轉角的進給率可依照您設置的刀具百分比、距離、角度設置進給率速度。

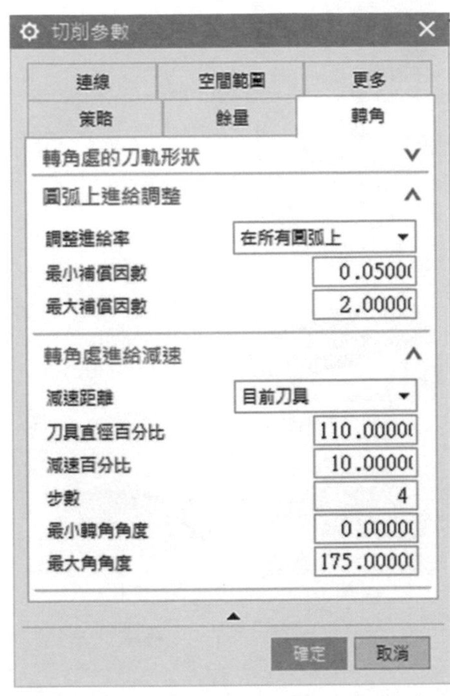

最小補償因數：內圓角補償百分比

最大補償因數：外圓角補償百分比

刀具直徑百分比：減速距離百分比

減速百分比：進給率減速百分比

步數：進給率變化段數

最小轉角角度：辨識為轉角最小角度值

最大轉角角度：辨識為轉角最大角度值

▲圖 4-4-8

❾切削參數設定的「連線」窗格中，設置加工路徑執行順序及方式。如圖 4-4-9。

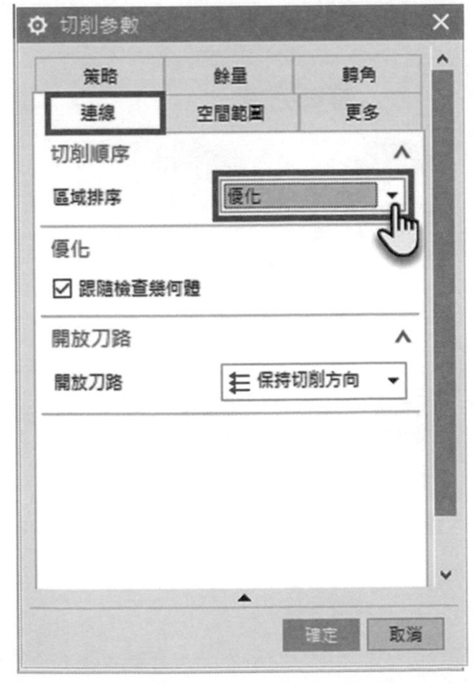

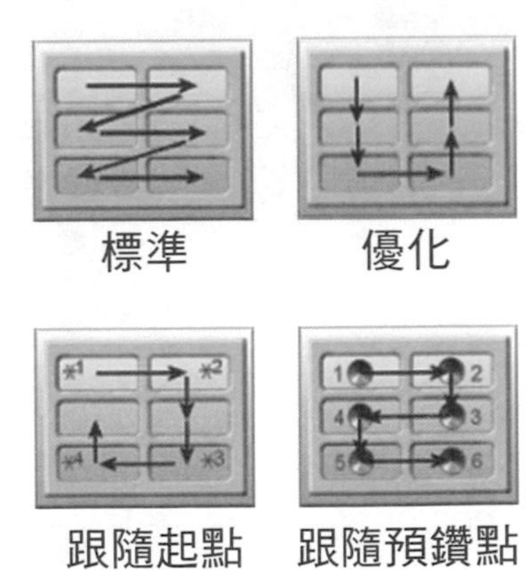

標準：由系統自動抓取順序

優化：由系統判斷最短距離

跟隨起點：依照起點順序

跟隨鑽孔點：依照鑽孔點順序

▲圖 4-4-9

⑩「連線」窗格中，其他參數會依照切削模式不同而有所改變。如圖 4-4-10。

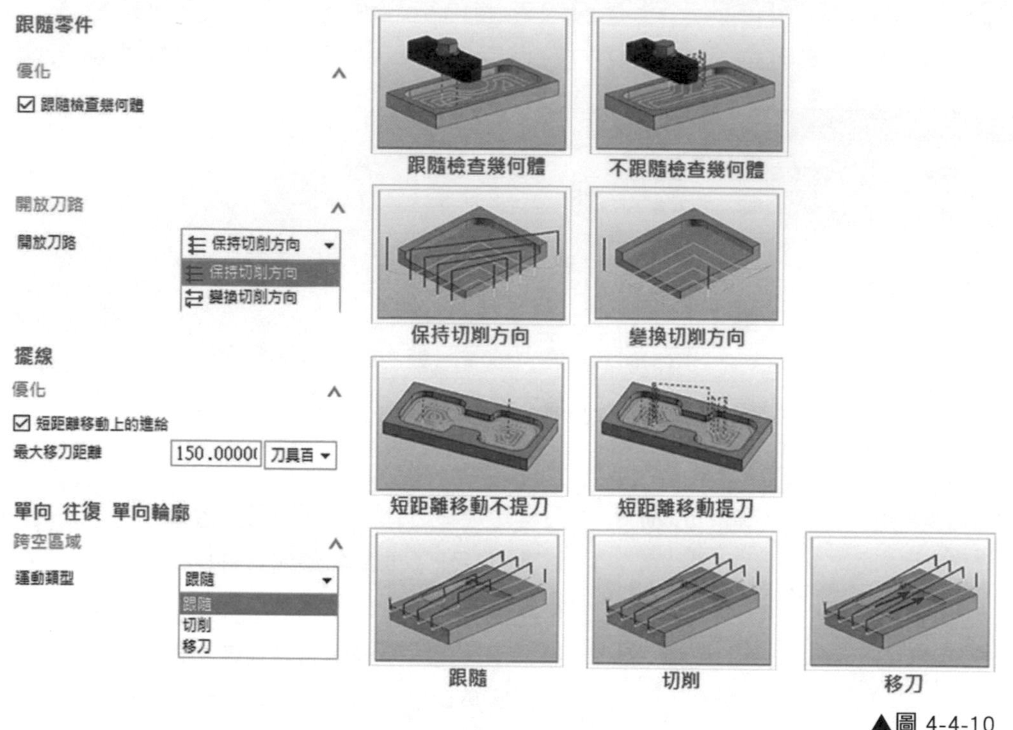

▲圖 4-4-10

⑪切削參數設定的「空間範圍」窗格中，設置與毛胚或殘料加工的判別。如圖 4-4-11。

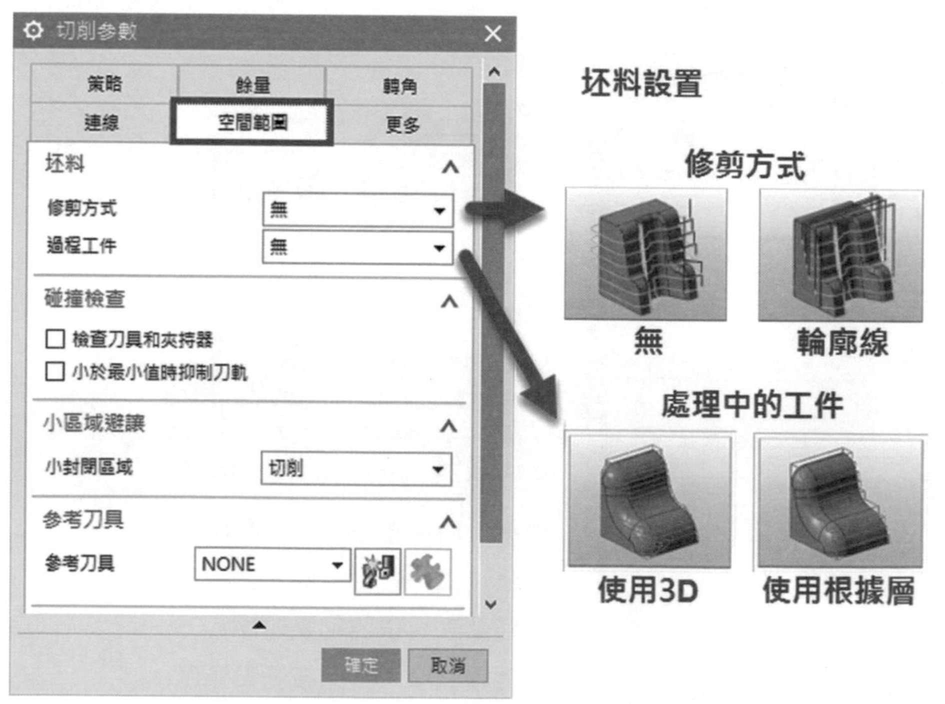

▲圖 4-4-11

⑫「空間範圍」窗格中，亦可設置碰撞檢查、小範圍忽略以及參考刀具清角。如圖 4-4-12。

▲圖 4-4-12

⑬切削參數設定的「更多」窗格中，可依照刀具以及安全下限平面進行設置。如圖 4-4-13。

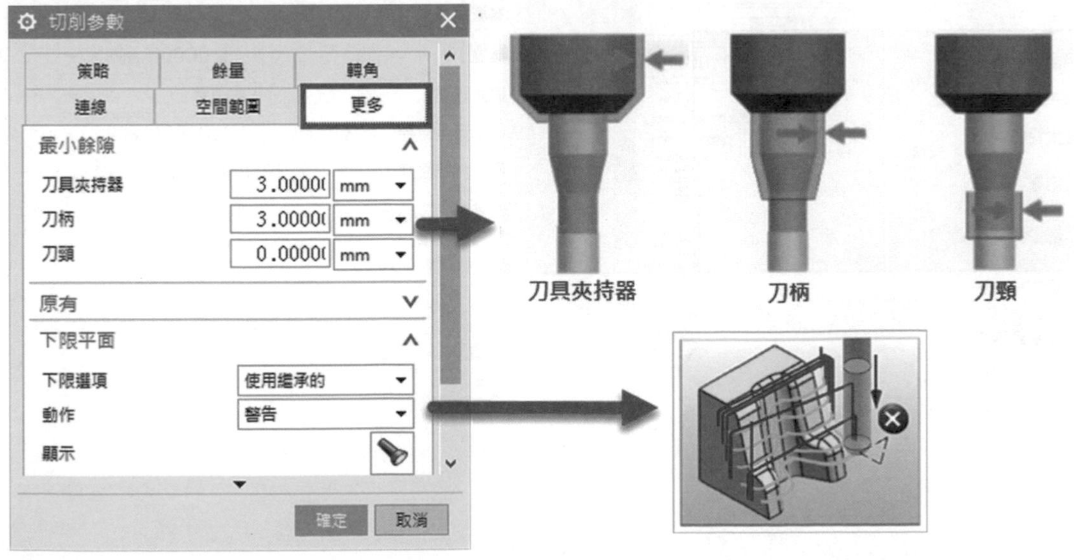

▲圖 4-4-13

4-5 非切削參數設定

學習粗加工內的進階非切削路徑參數以及數值 – 非切削參數

- 主要設置於切削移動之前、之後或之間。
- 建立與切削移動段相連的非切削刀軌段以便在單個工序內形成完整刀軌。
- 非切削移動可以簡單到單個的進刀和退刀，或複雜到一系列自訂的進刀、退刀和轉移（離開、移刀、逼近）移動，這些移動的設計目的是協調刀路之間的多個零件曲面、檢查表面和抬刀工序。
- 非切削移動包括刀具補償，因為刀具補償是在非切削移動過程中啟動的。

非切削參數

❶ 非切削參數設定在刀軌設定的對話框中，點擊「非切削參數」圖示按鈕，即跳出非切削參數對話框。如圖 4-5-1。

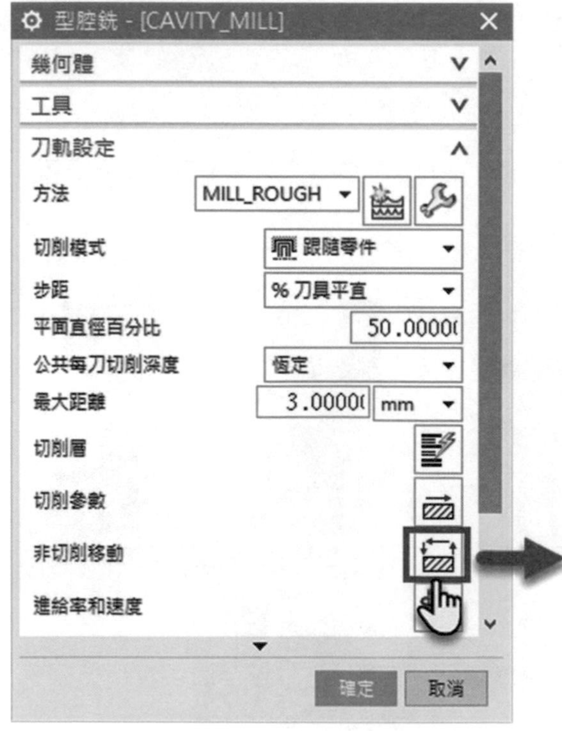

▲圖 4-5-1

❷ 非切削參數的「進刀」窗格中，可以設置封閉以及開放區域的進刀方式，並可依照細項設定值達到進刀需求。

封閉區域

進刀圖示	進刀名稱	進刀說明
	螺旋	在第一個切削運動處建立無碰撞的、螺旋線形狀的進刀移動
	沿形狀斜進刀	建立一個傾斜進刀移動，該進刀會沿第一個切削運動的形狀移動
	插削	直接從指定的高度進刀到零件內部

開放區域

進刀圖示	進刀名稱	進刀說明
	線性	在與第一個切削運動相同方向的指定距離處建立進刀移動
	線性－相對於向量	建立與刀軌相切（如果可行）的線性進刀移動
	圓弧	建立一個與切削移動的起點相切（如果可能）的圓弧進刀移動
	點	為線性進刀指定起點
	線性－沿向量	指定進刀方向，使用向量建構器可定義進刀方向
	角度 角度 平面	指定起始平面，旋轉角度和斜坡角定義進刀方向
	向量平面	指定起始平面，使用向量建構器可定義進刀方向

❸ 非切削參數的「退刀」窗格中，可以設置封閉以及開放區域的退刀方式，並可依照細項設定值達到退刀需求。一般設置與進刀方式相同。如圖 4-5-2。

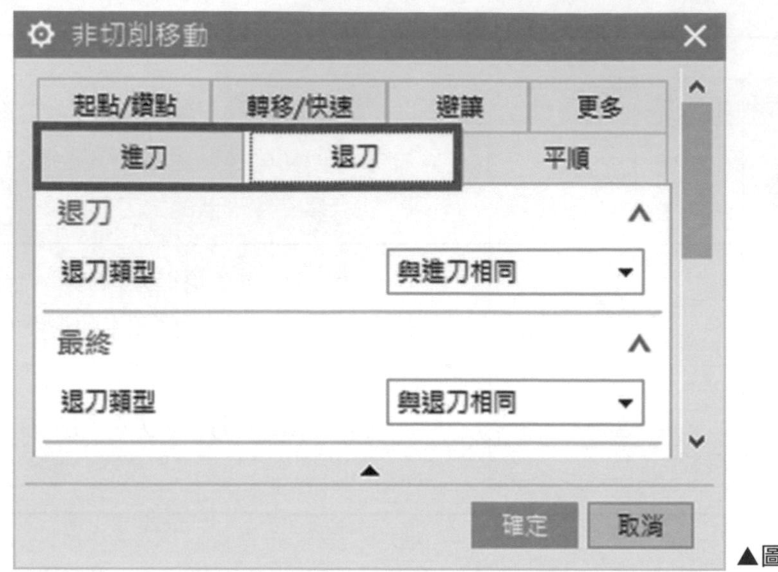

▲圖 4-5-2

❹ 非切削參數的「開始 / 鑽點」中，可以設置進退刀的間距以及盡可能的設置起點或是鑽孔點的起始位置，若為多層切削，亦有可能擁有多組起點位置。如圖 4-5-3。

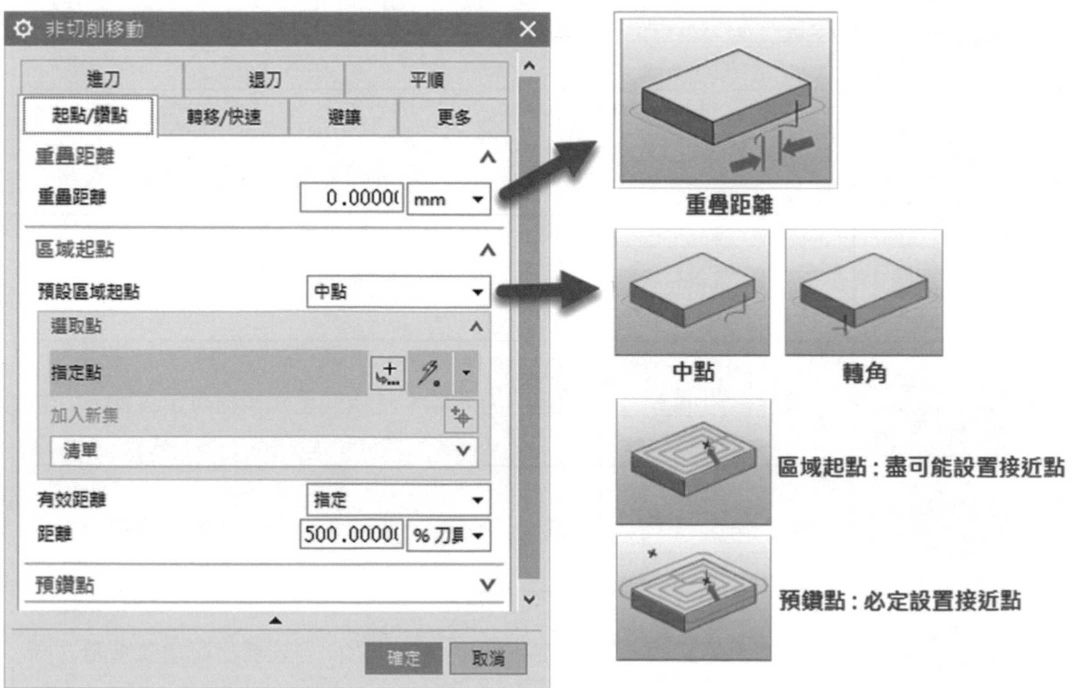

▲圖 4-5-3

❺ 非切削參數的「轉移 / 快速」窗格中，可以設置進刀與退刀以及轉移的安全高度設置，一般預設安全高度值為座標系設置中的安全平面。如圖 4-5-4。

▲圖 4-5-4

❻「轉移 / 快速」窗格中，可以針對單一工法設置進刀與退刀以及轉移的安全高度設置。如圖 4-5-5。

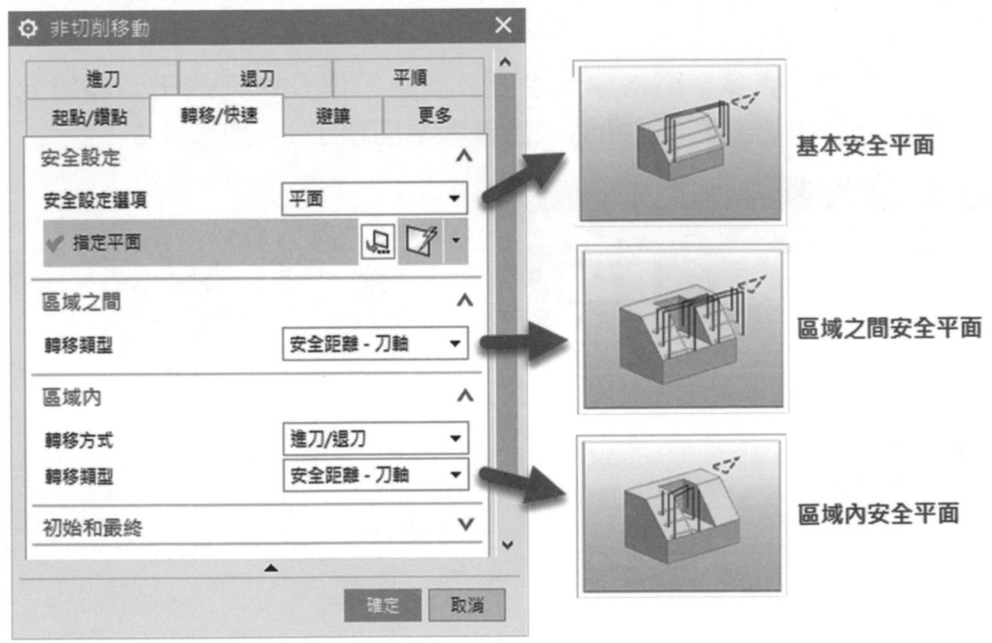

▲圖 4-5-5

⑦ 非切削參數的「避讓」窗格中，可以針對起始進刀以及最終退刀進行指定點設置，以防止起始與終止點位置碰撞夾治具。如圖 4-5-6。

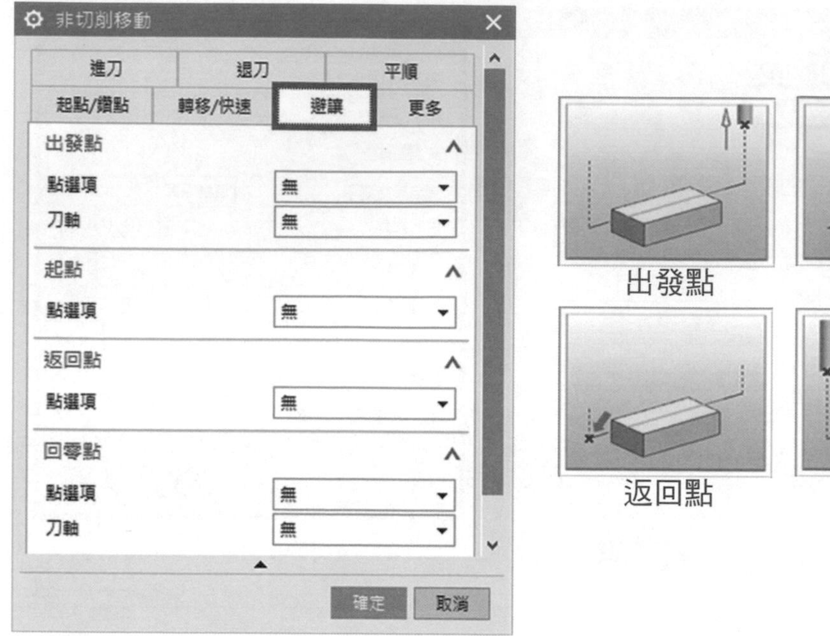

▲圖 4-5-6

⑧ 非切削參數的「更多」窗格中，主要針對進刀以及退刀的干涉碰撞允許與否，以及機台補正設定（詳細用法請參考平面加工）。如圖 4-5-7。

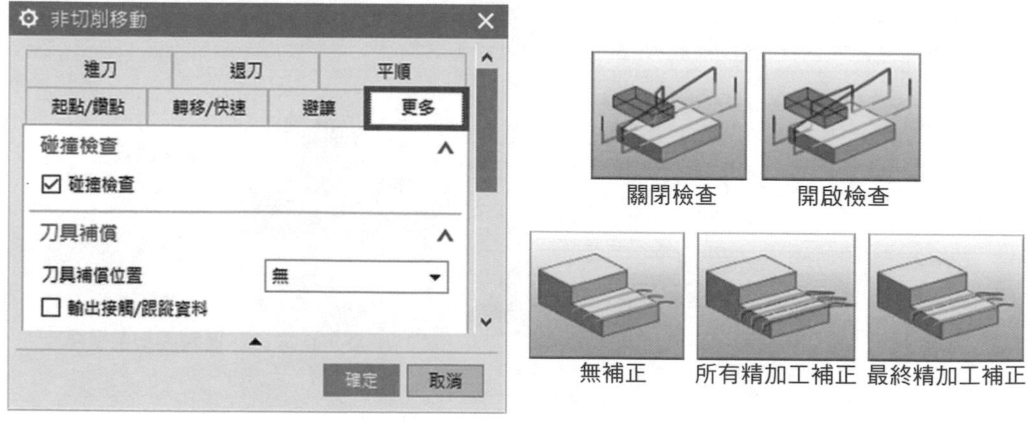

▲圖 4-5-7

4-6 進給率轉速設定

學習設置進給率以及轉速參數 – 進給率轉速設定

進給率轉速參數屬於加工的基本設定，透過刀具大小、加工深度以及進刀步距都會影響進給率以及轉速設置，以防止刀具壽命縮短以及機台剛性影響。

進給率轉速參數

進給率轉速參數設定在刀軌設定的對話框中，點擊進給率和速度圖示按鈕，即跳出進給率轉速參數對話框。如圖 4-6-1。

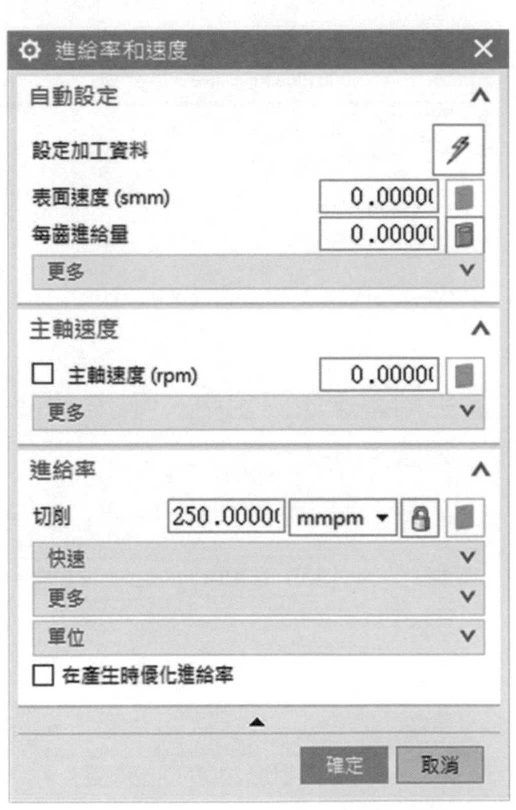

▲圖 4-6-1

進給率轉速參數設定中，最主要的設定為主軸速度(rpm)以及進給率，上方的表面速度(VC 線速度)以及每齒進給量(切削間距)系統會自動計可無須理會。如圖 4-6-2。

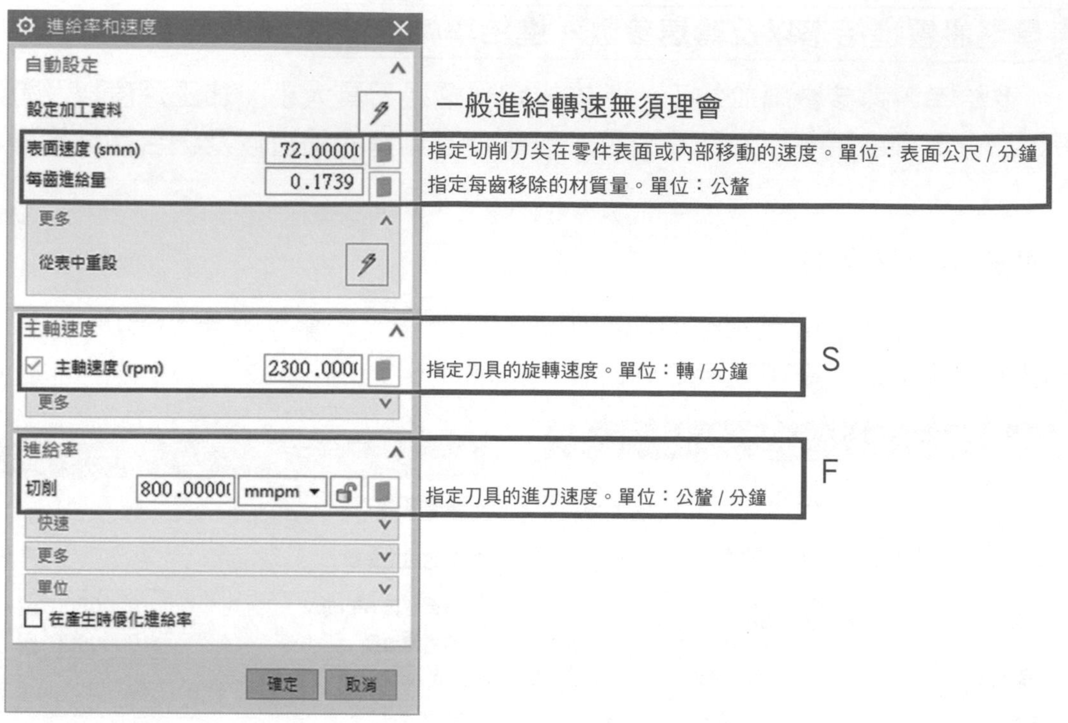

▲圖 4-6-2

進給率參數設定中，可以設置進給率的進階選項設定，依需求調整進給速度。如圖 4-6-3。

進給率
切削 250.0000 mmpm
快速
更多
逼近 快速
進刀 100.0000 切削百分
第一刀切削 100.0000 切削百分
步進 100.0000 切削百分
移刀 快速
退刀 100.0000 切削百分
離開 快速

逼近：進刀前的快速移動

進刀：進刀時的進給率

第一刀切削：切削路徑的第一條路徑

步進：切削路徑之間的轉移

移刀：提刀時的快速移動

退刀：退刀時的進給率

離開：離開時的快速移動

▲圖 4-6-3

4-7 產生刀軌與模擬

學習如何產生加工路徑與模擬切削

產生加工路徑是將完成的加工工序進行路徑驗證，顯示工序中所設置的加工方式。模擬切削是驗證加工路徑完成後的刀具運行動作，亦可顯示切削後的成品樣式。如圖 4-7-1。

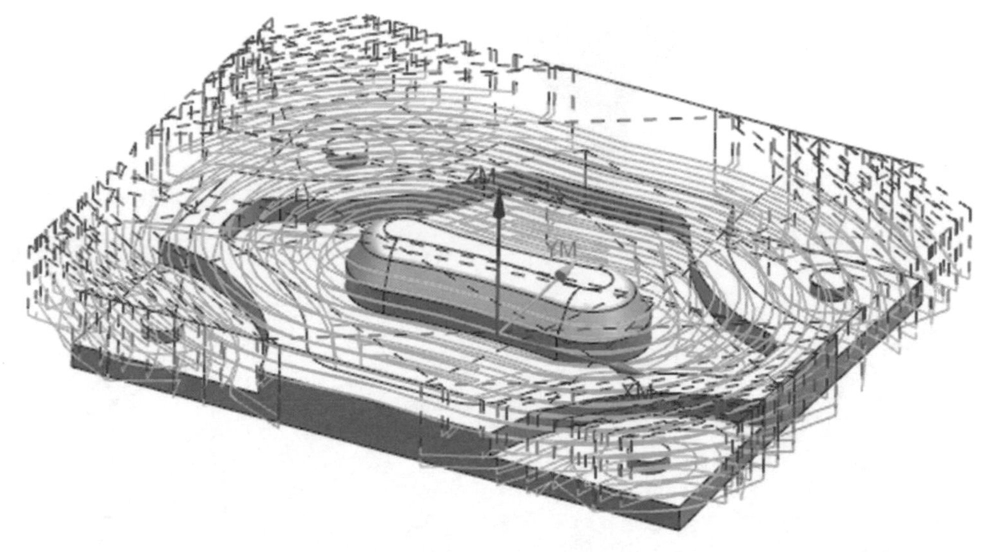

▲圖 4-7-1

產生加工路徑在動作的對話框中，點擊圖示按鈕即可產生刀路。如圖 4-7-2。

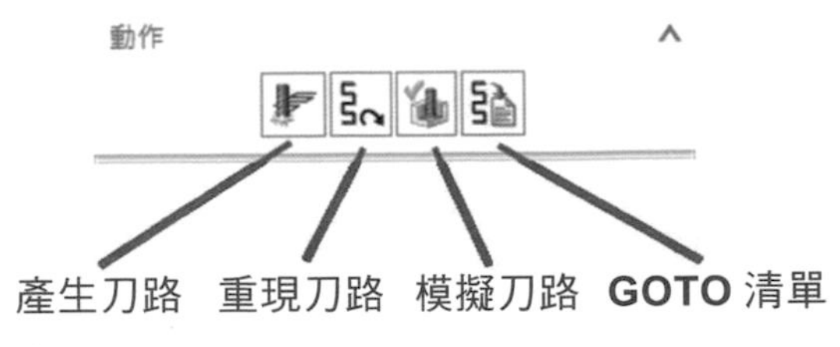

※必須產生刀路後才可點選其他對話框

▲圖 4-7-2

刀具路徑的顏色各代表不同的含意，包含
黃色：進刀
粉色：退刀
紅色：安全高度移動
藍色：逼近 / 離開
淺藍色：加工路徑
綠色：加工轉移路徑
如圖 4-7-3。

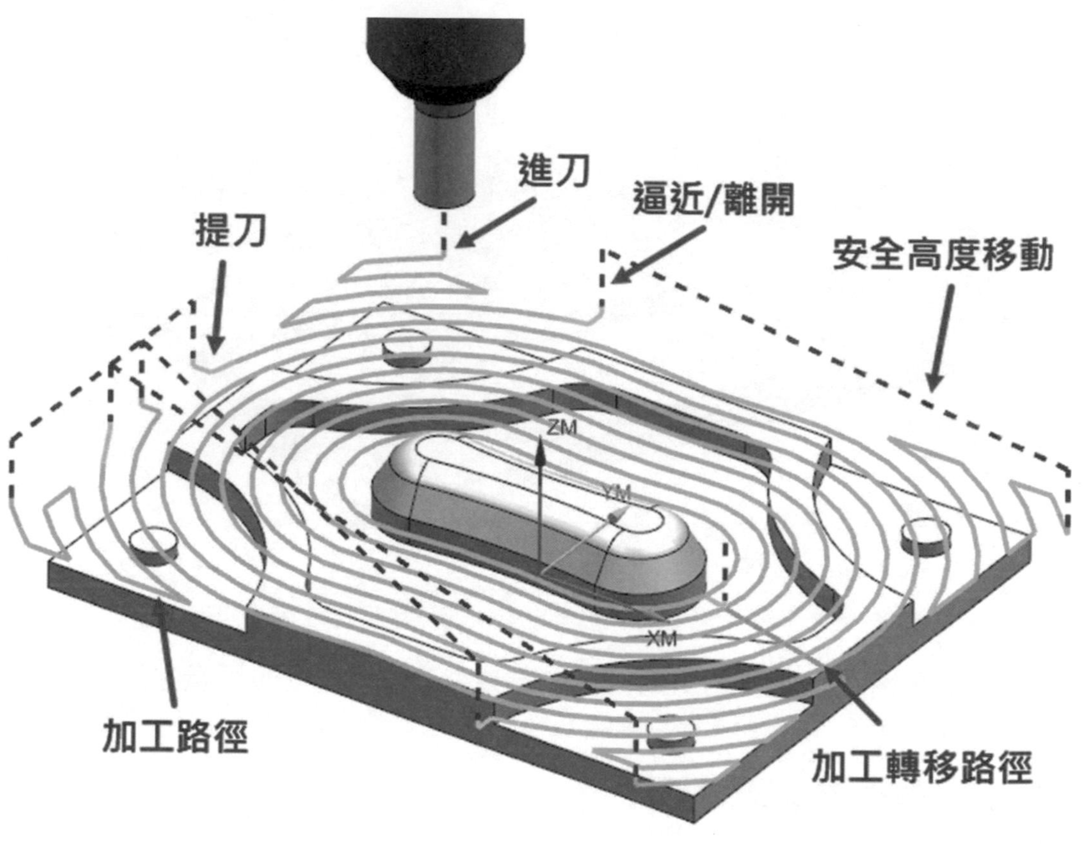

▲圖 4-7-3

模擬切削在動作的對話框中，點擊 圖示按鈕即可模擬加工，模擬加工的路徑包含重播、3D 動態以及 2D 動態。如圖 4-7-4。

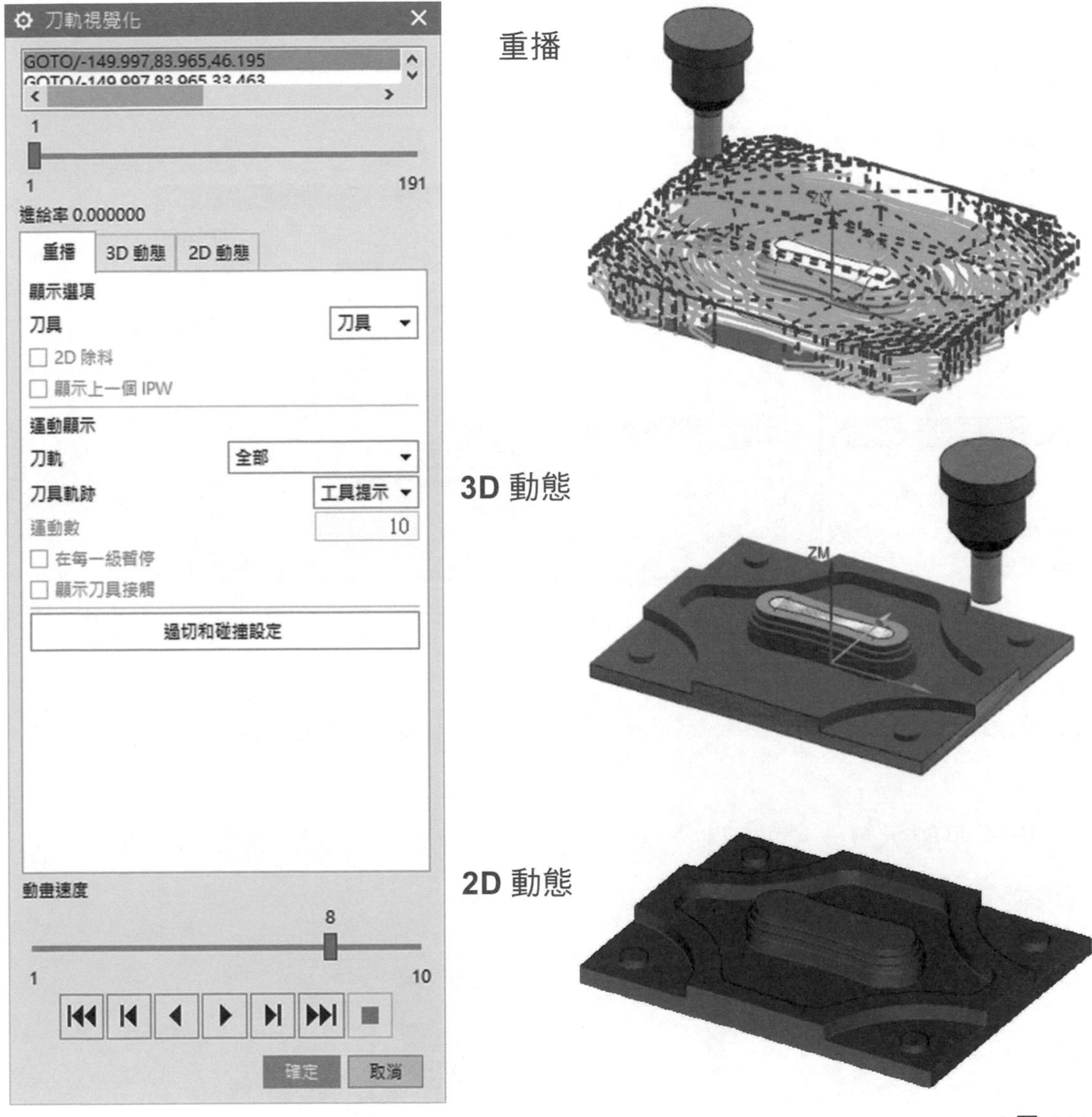

▲圖 4-7-4

2D 動態在新版本需要於設定開啟，位置在「檔案」➔「公用程式」➔「使用者預設設定」，開啟對話框後，選擇「加工」➔「常規」開啟 2D 動態頁面。此部分必須重新啟動 NX CAM。如圖 4-7-5。

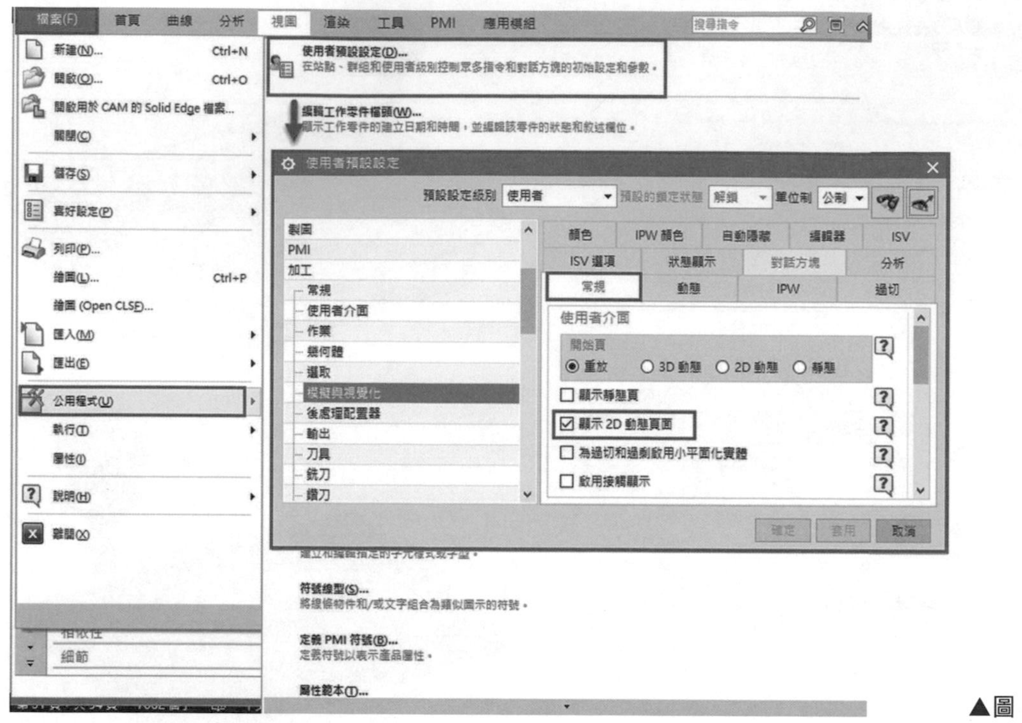

▲圖 4-7-5

重播可顯示單一層的刀軌，較清楚確認刀路執行方式。如圖 4-7-6。

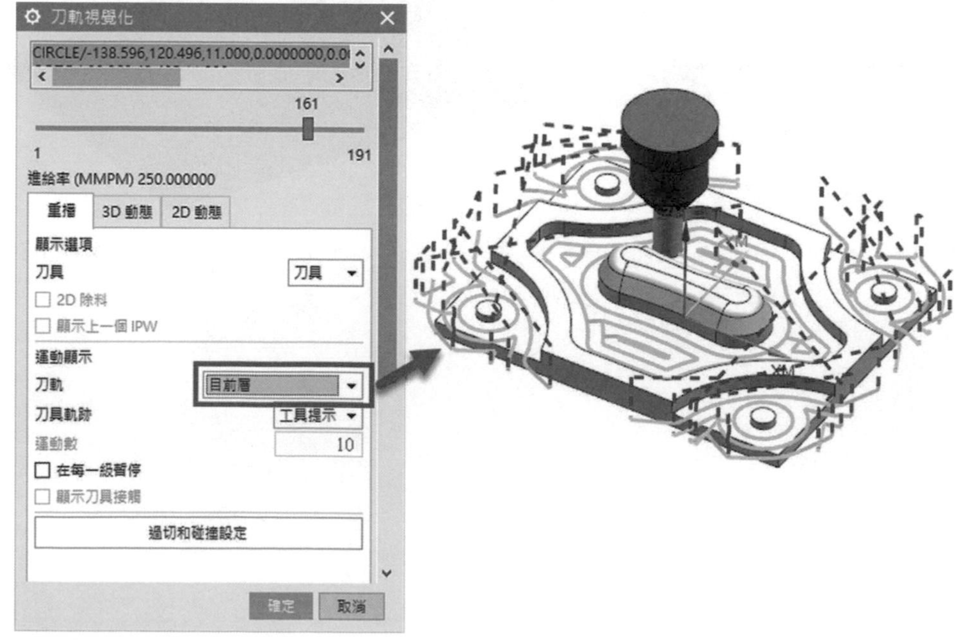

▲圖 4-7-6

3D 動態可模擬刀具切削的即時殘料顯示，如同播放動畫的操作方式。如圖 4-7-7。模擬時模型可旋轉、縮放、平移，觀看各種視角的切削狀況。

▲圖 4-7-7

2D 動態亦可模擬刀具切削的即時殘料顯示，如同播放動畫的操作方式。如圖 4-7-8。模擬時模型不可旋轉、縮放、平移，所以執行速度相對比 3D 動態快。

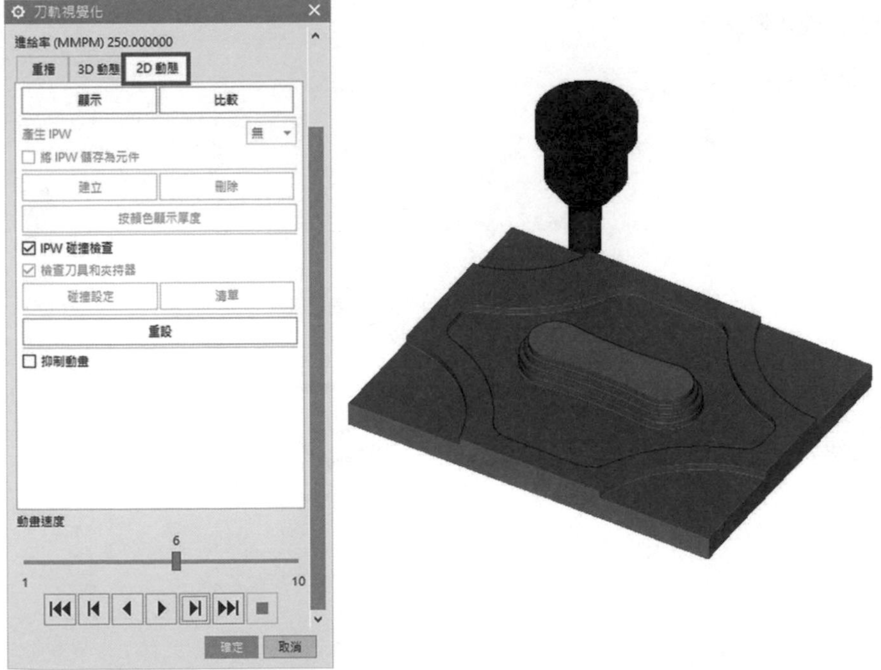

▲圖 4-7-8

3D 動態可以透過顏色顯示殘料厚度，方便您確認殘留料剩餘量，此功能需點擊圖示按鈕。如圖 4-7-9。

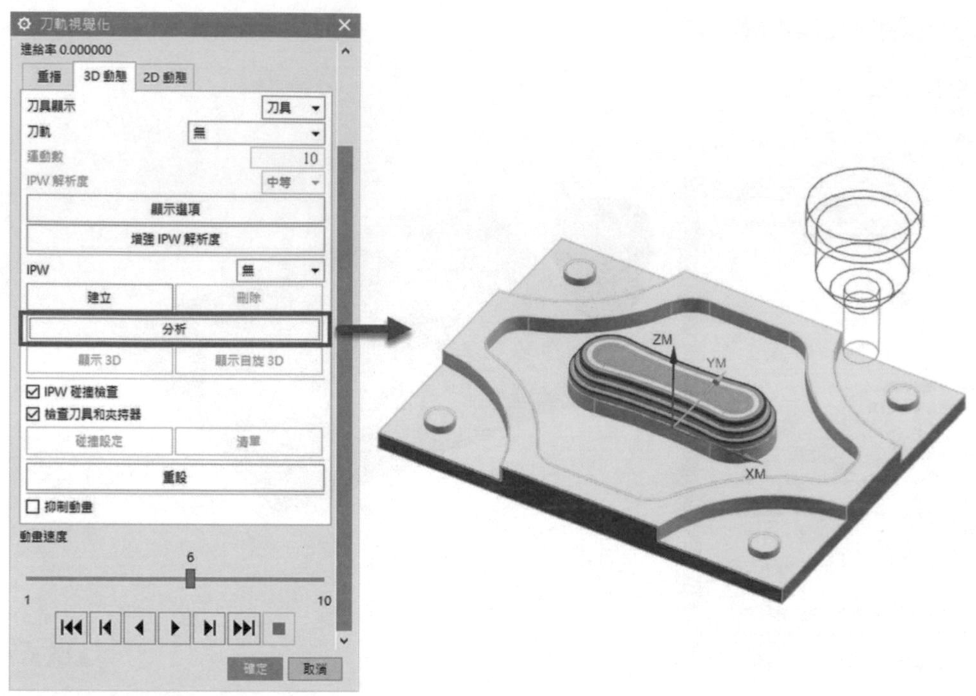

▲圖 4-7-9

按分析可直接在模型表面點擊左鍵確認殘料厚度值，使您能夠精確的量測加工殘留料。如圖 4-7-10。

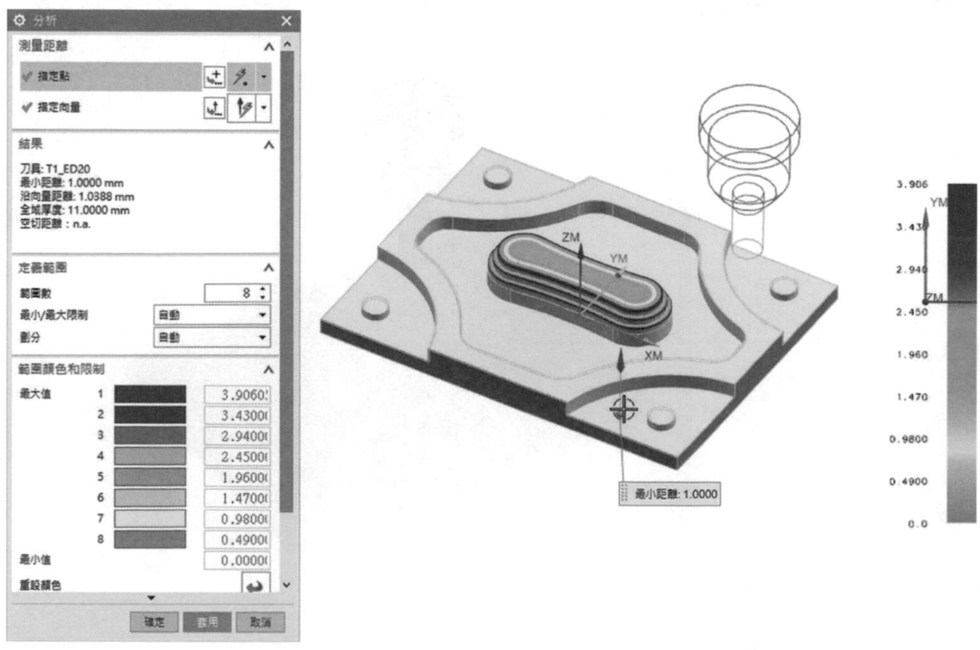

▲圖 4-7-10

4-8 二次（殘料）粗加工

學習粗加工後的殘料加工，辨識粗加工後的 IPW

粗加工後常有部分拐角或是因為刀具過大無法加工的殘留料，遇到此狀況您可設置第二次的粗加工做殘留料處理，使進行精加工時減少刀具負荷。如圖 4-8-1。

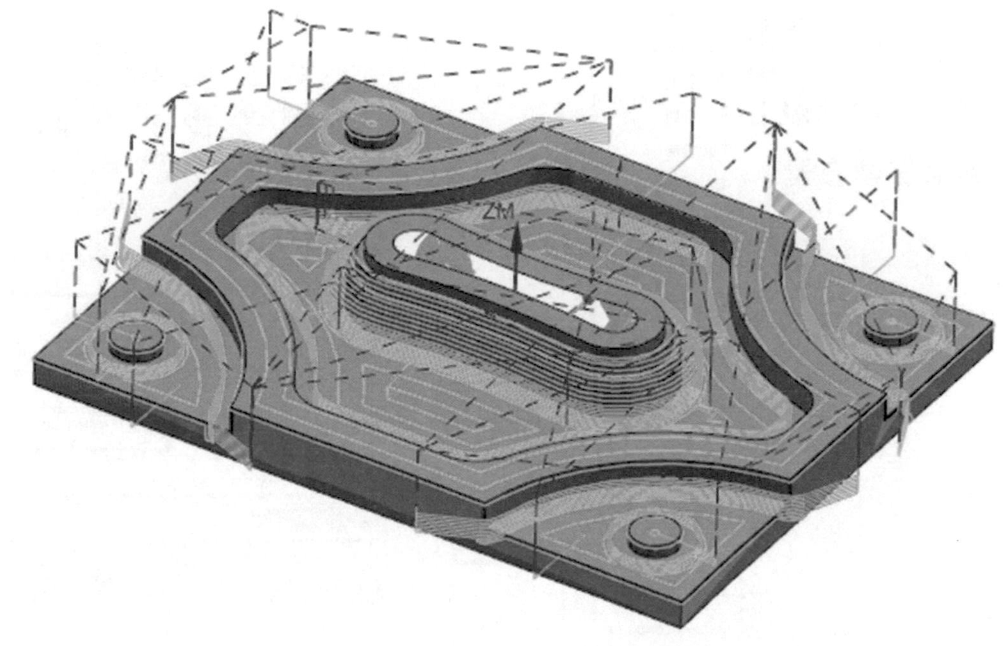

▲圖 4-8-1

二次（殘料）粗加工有兩種方式，一種為選擇加工工法剩餘銑 加工圖示，另一種方式則是直接複製粗加工工法，透過切削參數使用 3D 進行設置。如圖 4-8-2。

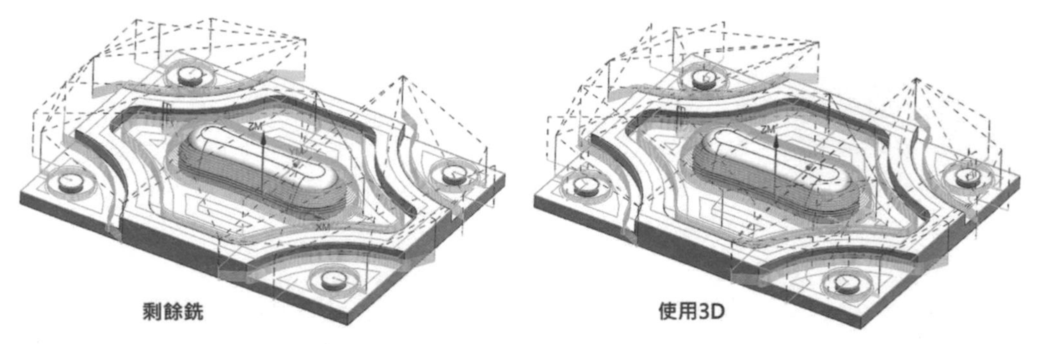

▲圖 4-8-2

二次(殘料)粗加工－剩餘銑

❶ 切換至程式順序視圖，對已完成的粗加工工法 CAVITY_MILL 點擊右鍵選擇「插入」➔「工序」，選擇類型「mill_contour」，選取子工序「剩餘銑 REST_MILLING」。如圖 4-8-3。

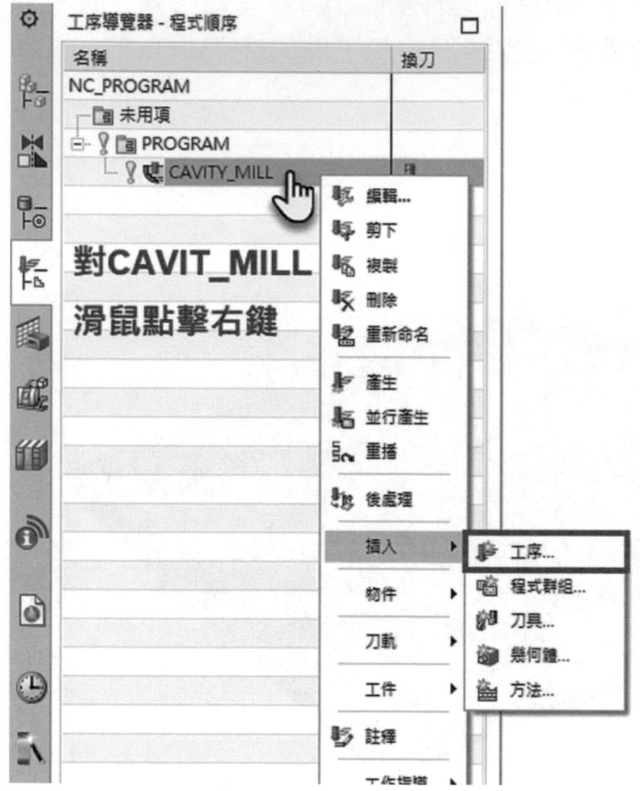

▲圖 4-8-3

❷ 點選確定後，在刀軌設定對話框中選取「切削模式」為跟隨周邊，選取「平面直徑百分比」為 50，選取「最大距離」為 1.5，選取「切削參數」的空間範圍窗格中，確認「過程工件」為使用根據層的。如圖 4-8-4。

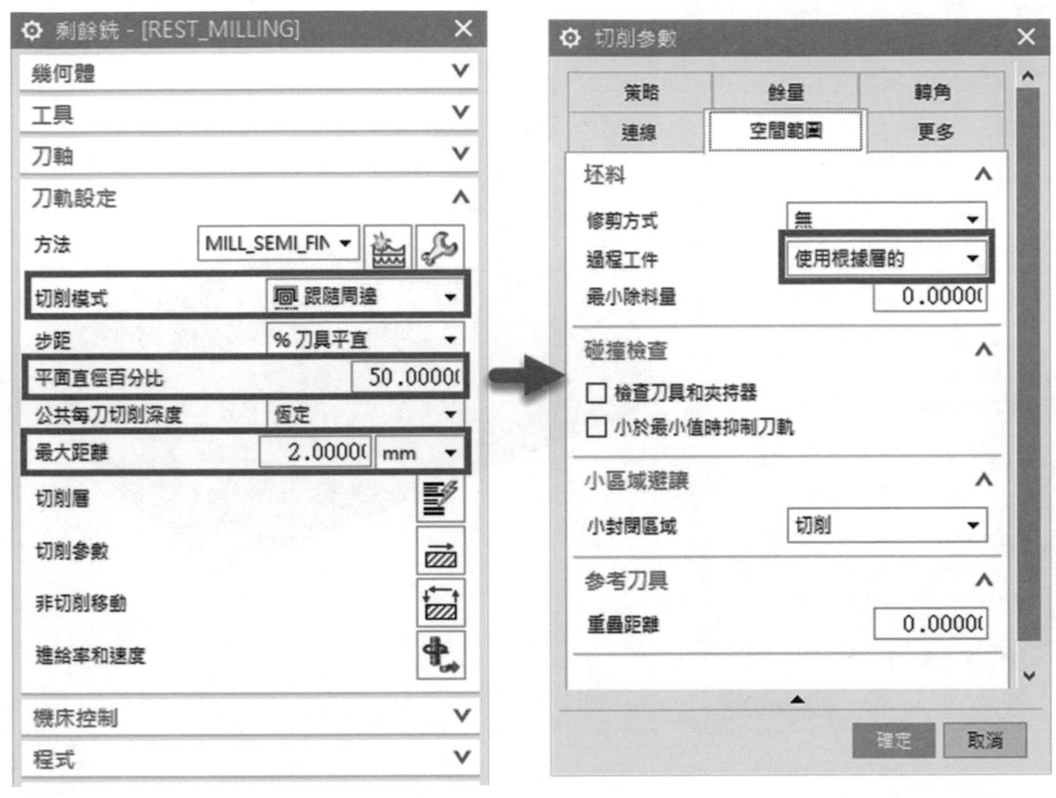

▲圖 4-8-4

❸ 在動作對話框中選取「產生」生成路徑，使模型完成二次殘料加工，可避免不必要的空刀（空跑）。如圖 4-8-5。

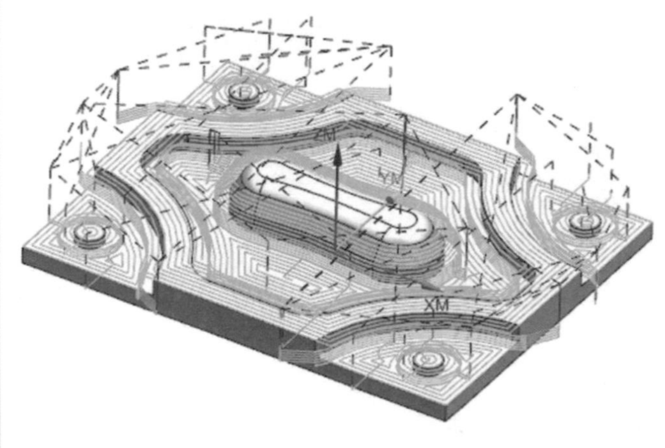

▲圖 4-8-5

❹ 在動作對話框中選取「確認」進行模擬，選取「3D 動態」模擬殘料切削。如圖 4-8-6。

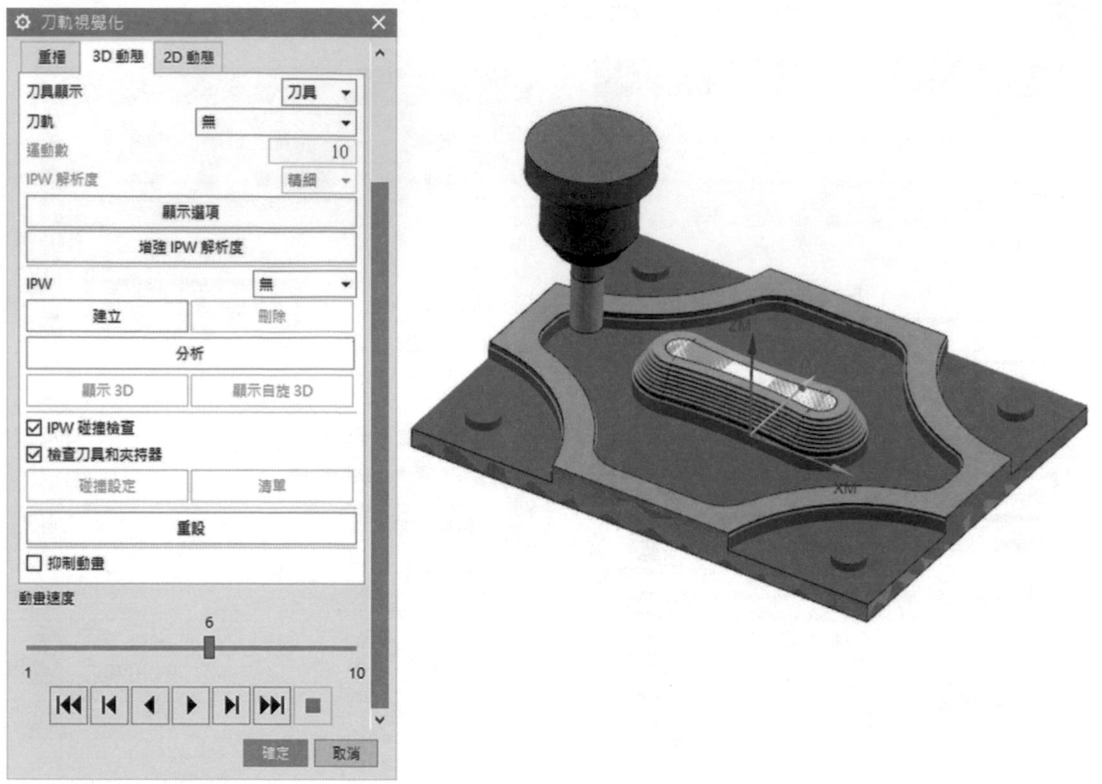

▲圖 4-8-6

二次（殘料）粗加工－使用 3D

❶ 切換至程式順序視圖，對「REST_MILLING」工法右鍵點擊刪除。對已完成的粗加工工法 CAVITY_MILL 點擊右鍵選擇「複製」，再次點擊右鍵選擇「貼上」，產生「CAVITY_MILL_COPY」。如圖 4-8-7。

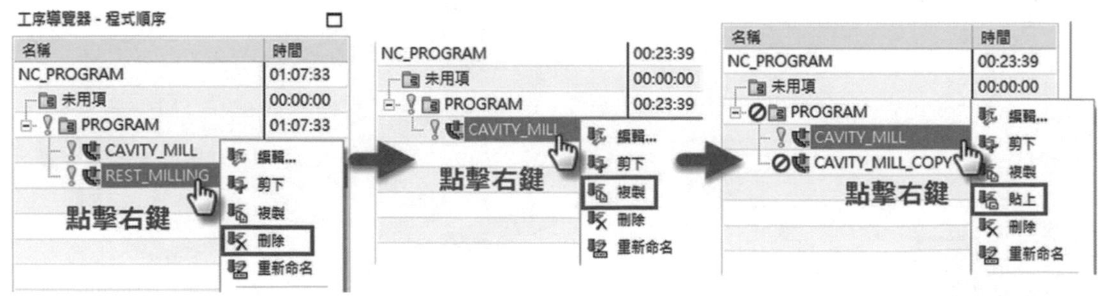

▲圖 4-8-7

❷ 對「CAVITY_MILL_COPY」工法滑鼠點擊右鍵兩下
在工具對話框中選取「刀具」為 T2_ED16，在刀軌設定對話框中選取「方法」為 MILL_SEMI_FINSH，「最大距離」設置 1.5，選取「切削參數」的空間範圍窗格中，選取「處理中的工件」為使用 3D。如圖 4-8-8。

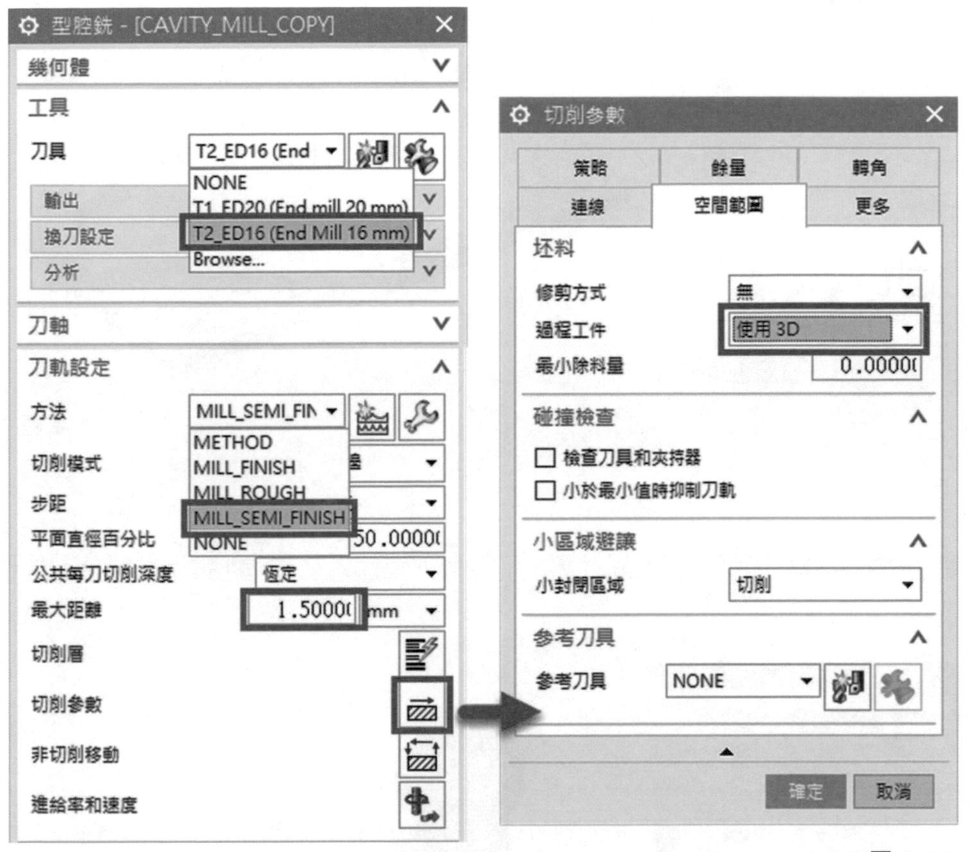

▲圖 4-8-8

❸ 在幾何體對話框中可看到「指定前一個 IPW」已選取（系統會自動辨識前一個工序的殘料），可點選圖示預覽殘料顯示效果。如圖 4-8-9。

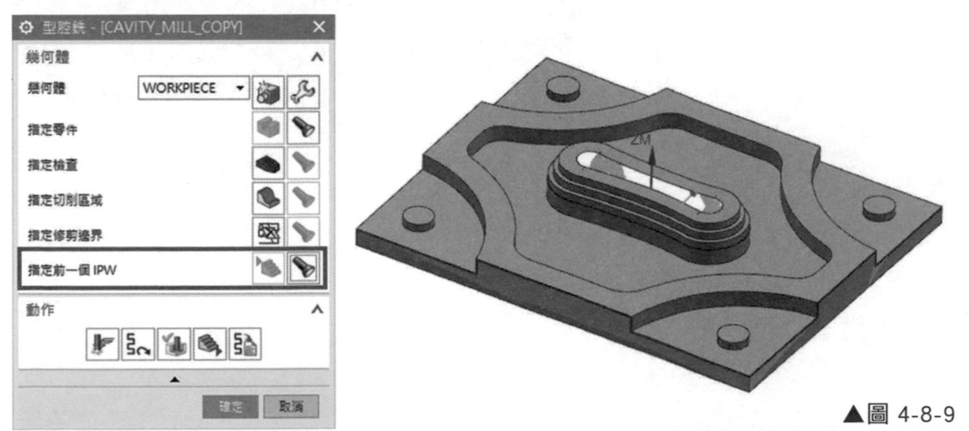

▲圖 4-8-9

❹ 在動作對話框中選取「產生」生成路徑，使模型依照殘料辨識結果完成二次殘料加工。如圖 4-8-10。

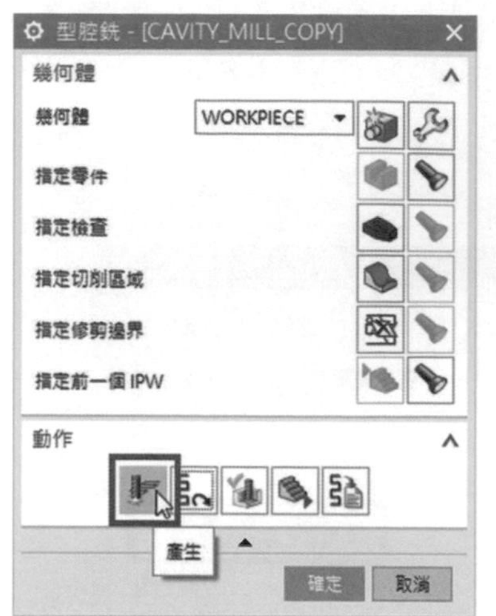

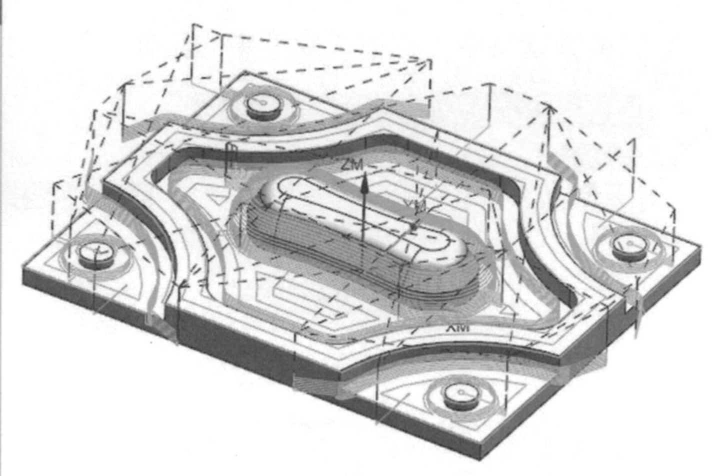

▲圖 4-8-10

❺ 在動作對話框中選取「確認」進行模擬，選取「3D 動態」模擬殘料切削。如圖 4-8-11。

▲圖 4-8-11

❻ 在刀軌視覺化對話框中選取「3D 動態」，點擊 分析 圖示按鈕，確認殘留料剩餘 0.25mm。如圖 4-8-12。

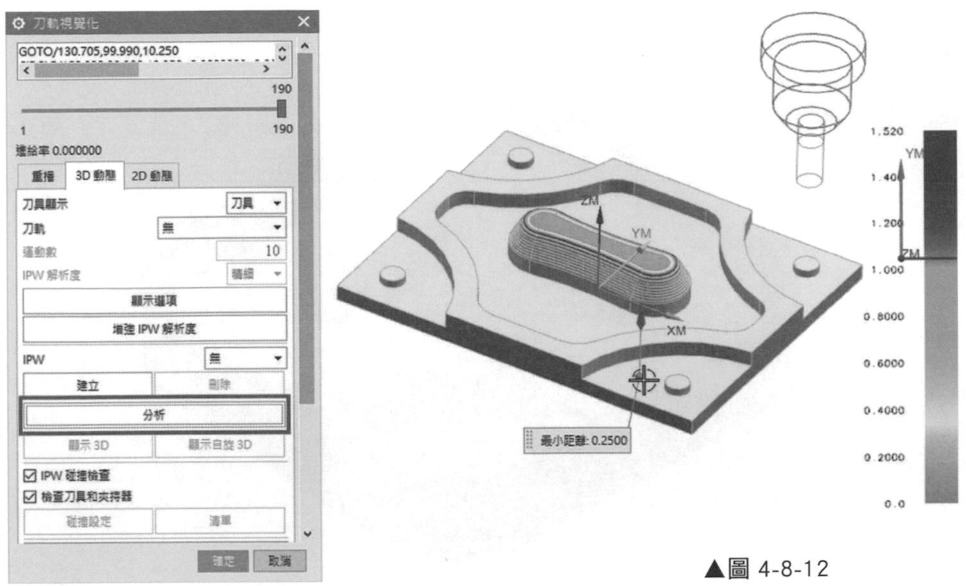

▲圖 4-8-12

4-9 自我調適銑削－粗加工

學習 NX12 版本新增功能粗加工，此工法屬於高速加工類型

實現高速加工，大循環的刀路軌跡依據輪廓幾何自我變化，可處理任何幾何形狀更快、更深；並保持整個刀具路徑一致的銑削厚度，同時減少刀具負荷，並大幅縮短粗加工時間。如圖 4-9-1。

▲圖 4-9-1

範例二

❶ 由「檔案」➔「開啟」➔「NX CAM 標準課程」➔「第四章節」➔「自我調整銑削 _ 粗加工 .prt」➔「OK」。如圖 4-9-2。

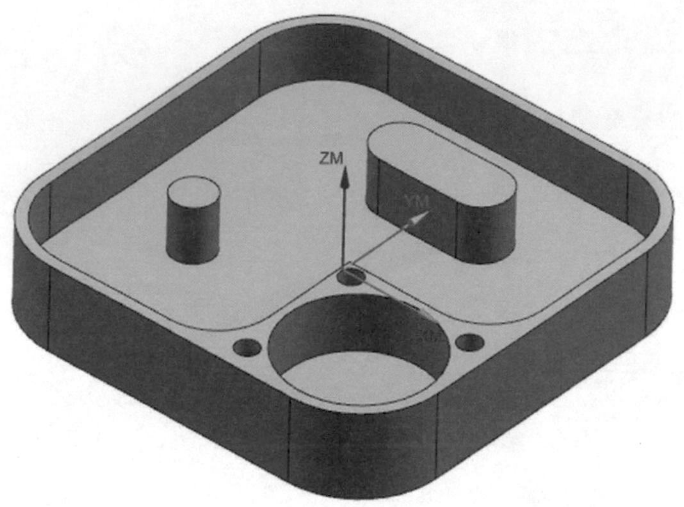

▲圖 4-9-2

❷ 模型外側角落區域已經成形可設置成半成品概念，透過幾何視圖管理員中的坯料幾何體設置「零件輪廓」，系統將不執行模型輪廓外側的辨識。如圖 4-9-3。

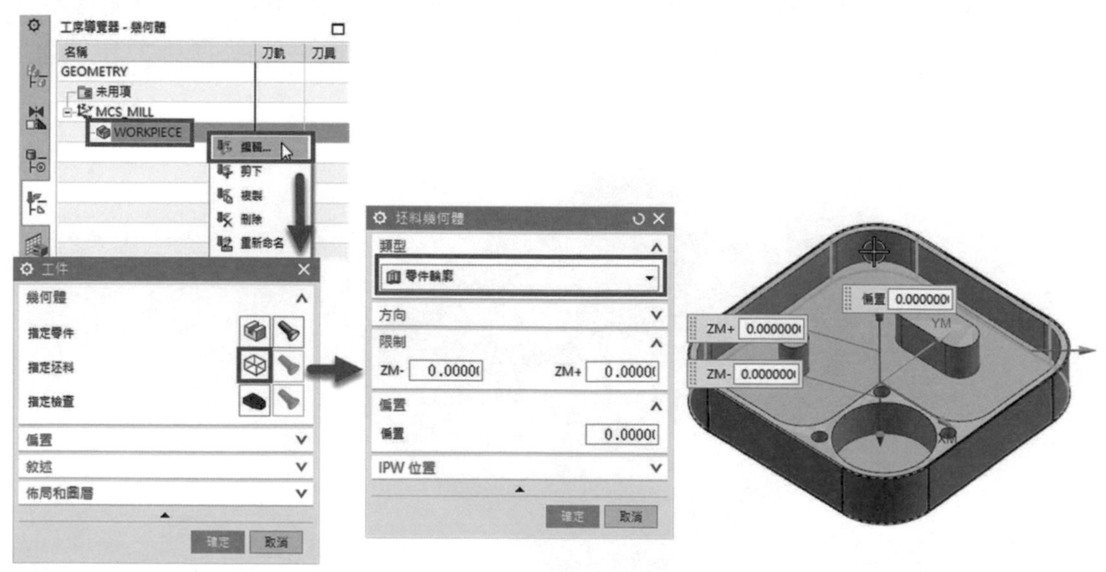

▲圖 4-9-3

❸ 進入程式順序視圖中對 PROGRAM 滑鼠點擊右鍵 ➔「插入」➔「工序」，選擇類型「mill_contour」，選取子工序「自我調適銑削 ADAPTIVE_MILLING」。如圖 4-9-4。

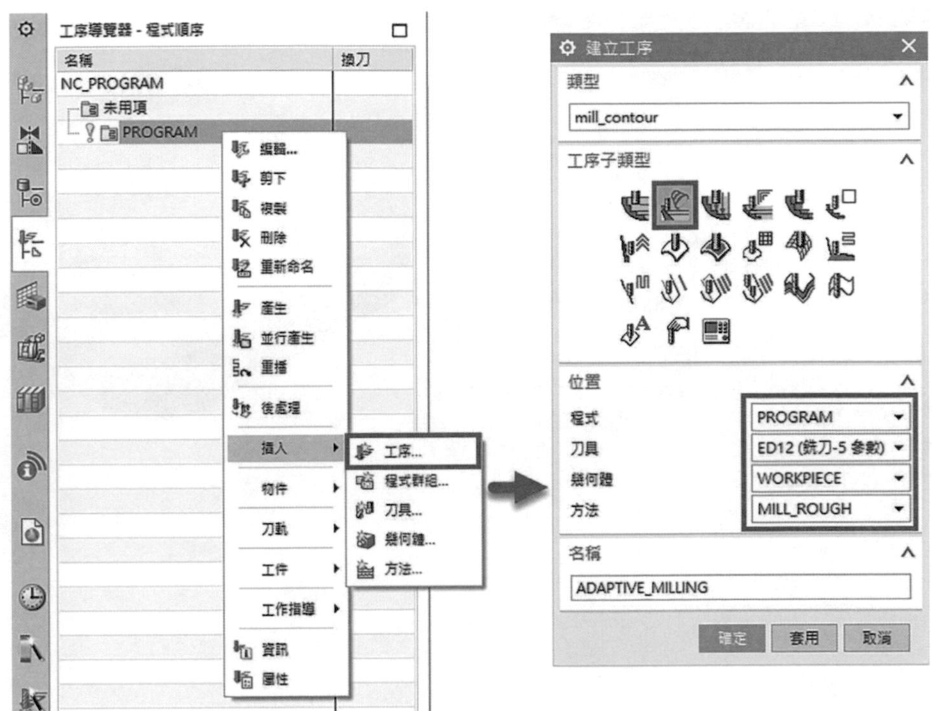

▲圖 4-9-4

❹ 點選確定後，在刀軌設定對話框中選取「步距」為 % 刀具平直，選取「平面直徑百分比」為 30，此設定是控制刀具路徑之間的相距，間距越小，刀具側刃加工阻力越小，如間距越大，刀具側刃加工阻力相對較大。備註:「步距」除了預設值 % 刀具平直，也可設置恆定 mm。如圖 4-9-5。

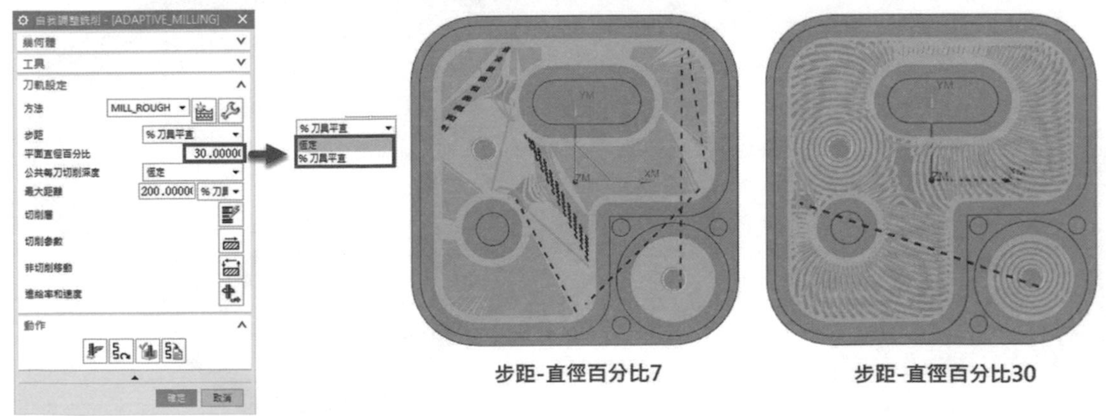

▲圖 4-9-5

❺ 如刀刃長度不夠，需要分層粗加工設定，點擊「切削層」按鈕，即跳出切削層對話框，此工件槽穴深度 20mm，要分二層粗加工在「每刀切削深度」調整為 10mm。。如圖 4-9-6。

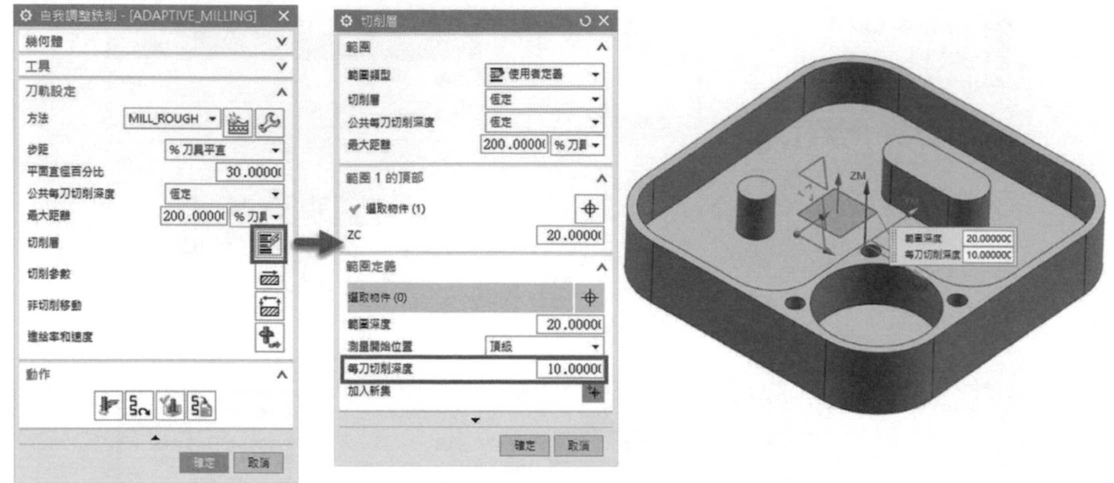

▲圖 4-9-6

❻ 在動作對話框中選取「產生」生成路徑。如圖 4-9-7。

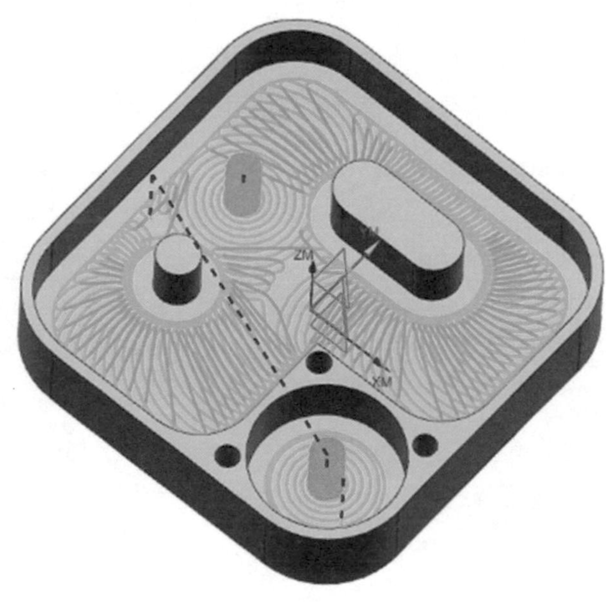

▲圖 4-9-7

⑦ 設置進幾率參數，自我調適銑削粗加工法工刀路，如一次進刀深度較深，可將進刀進幾率與切削進幾率獨立設置，避免進刀進幾率過快造成刀具損壞，點擊「進幾率和速度」按鈕，即跳出進幾率和速度對話框，如切削進幾率設置 500mmpm，進刀進幾率減速為 50%。如圖 4-9-8。

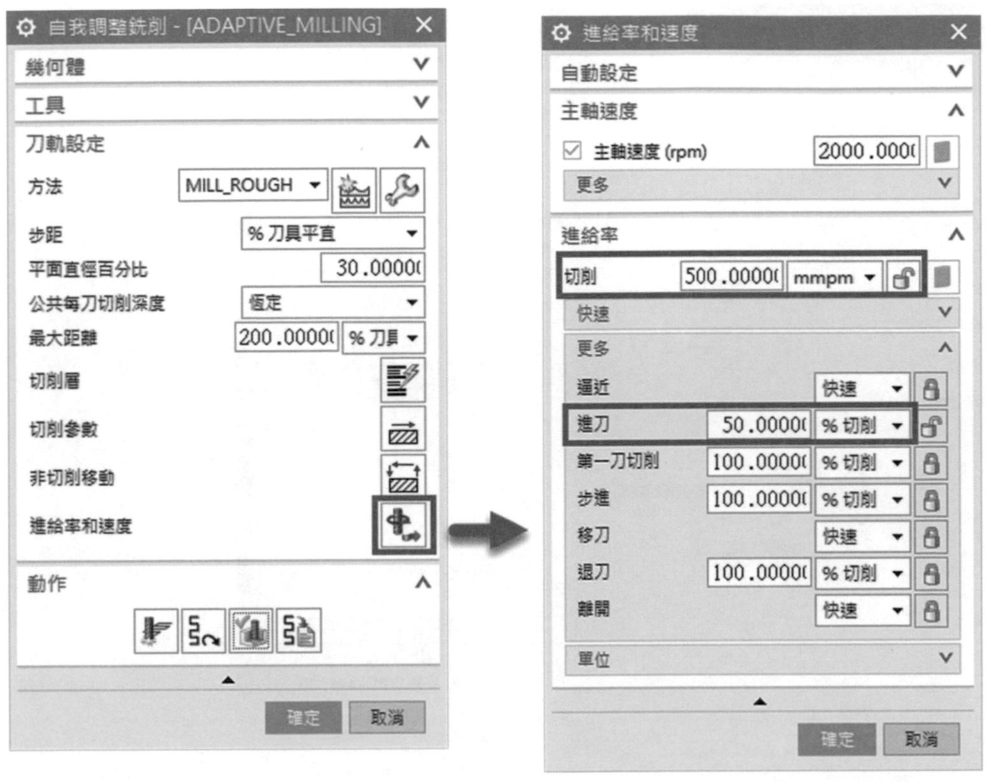

▲圖 4-9-8

8 點擊「確認」按鈕，，即跳出刀軌視覺化對話框，點擊「重播」按鈕，驗證步驟 7 進刀與切削進幾率是否有各自設定正確，因進刀為切削進幾率 50%，所以路徑模擬時將可看到下方顯示條進刀進幾率 250mmpm，切削進幾率保持不變 500mmpm。如圖 4-9-9。

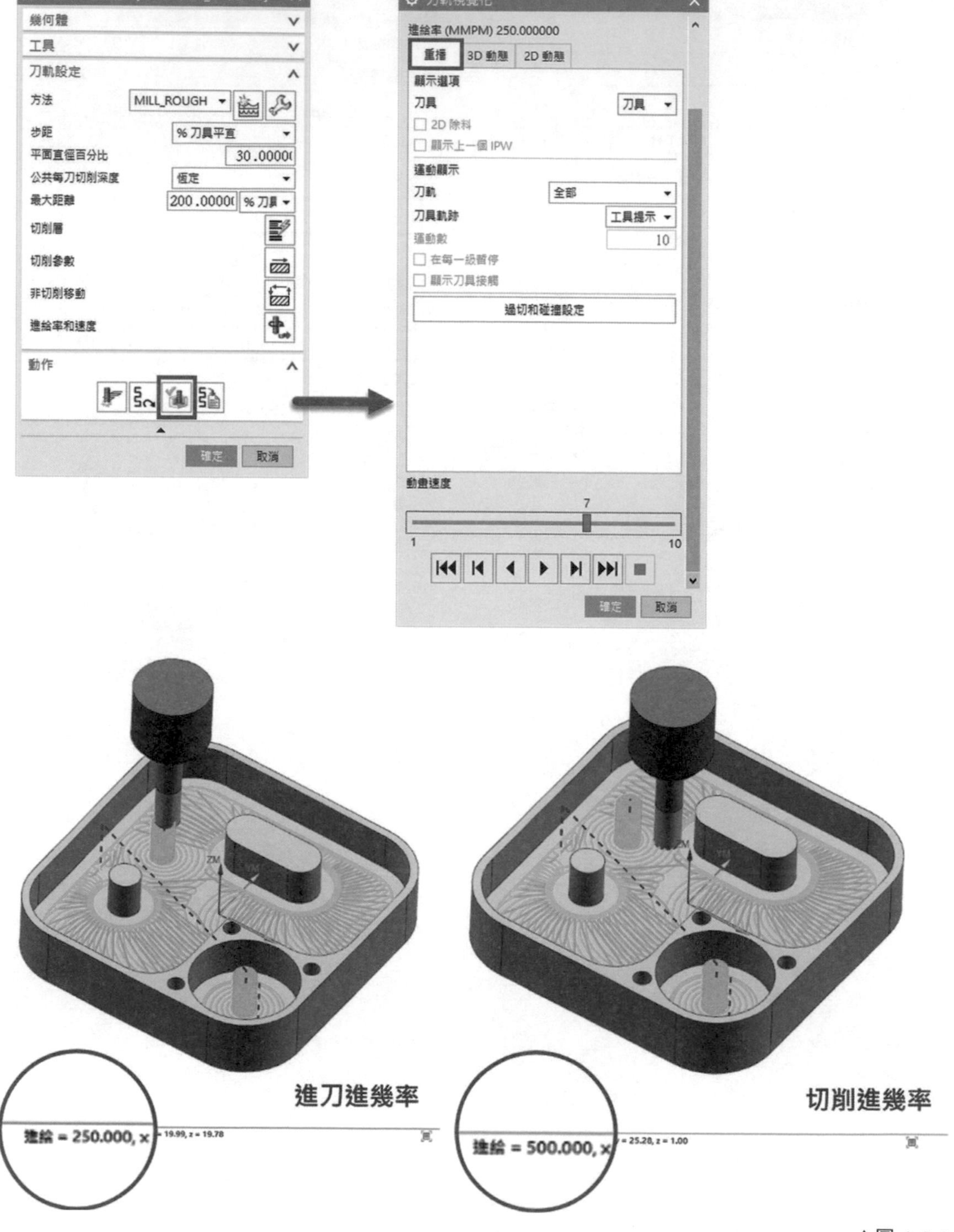

▲圖 4-9-9

練習

1. 由「檔案」➔「開啟」➔「NX CAM 標準課程」➔「第四章節」➔「粗加工 - 實踐練習 .prt」開啟，此加工方法、加工座標系、刀具皆已設置完成。
   - 請設定粗加工工法 CAVITY_MILL
   - 刀具使用 T1_ED20
   - 切削模式選取擺線
   - 每刀加工深度 5mm
   - 切削參數中修改深度優先
   - 非切削參數中修改進刀為圓弧進刀
   - 轉速 3000rpm，進給 1200，產生刀路。如圖 4-8-13。

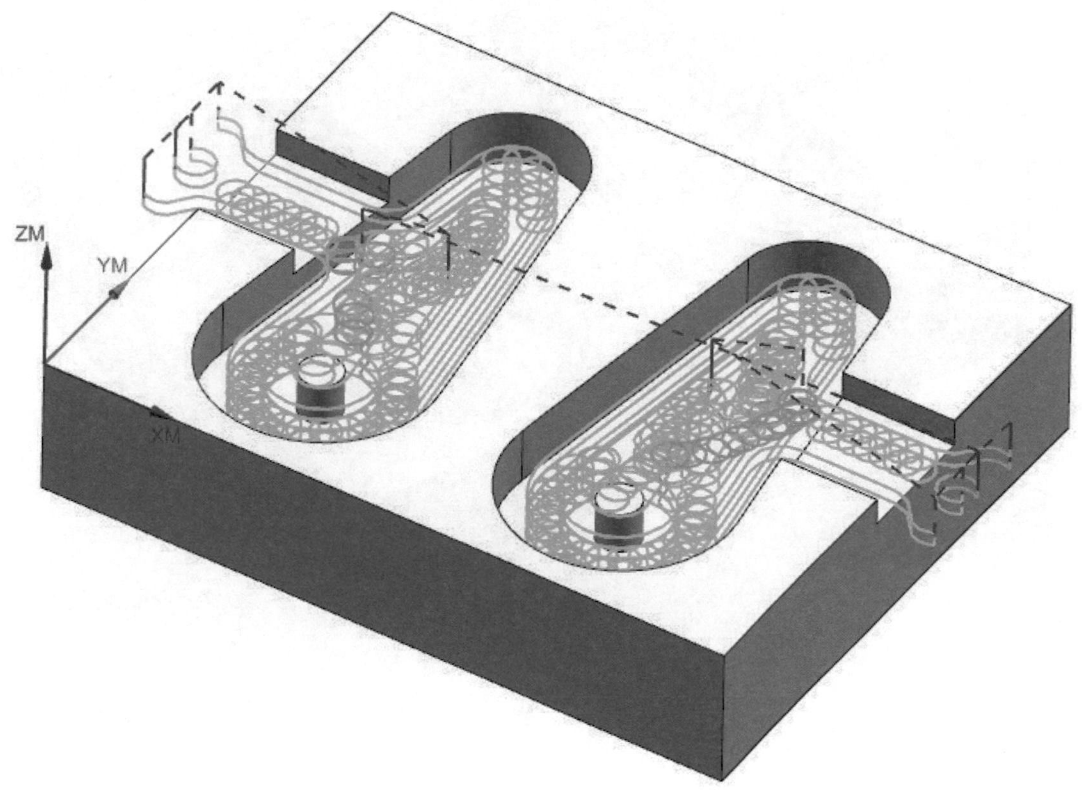

▲圖 4-8-13

❷ 設定二次（殘料）粗加工，剩餘銑或是使用 3D 皆可。

- 刀具使用 T2_ED12
- 方法改為 MILL_SEMI_FINSH，確認預留量是否為 0.3mm
- 切削模式改跟隨周邊
- 每刀加工深度 2mm
- 轉速 3500rpm，進給 2200，產生刀路。 如圖 4-8-14。（檢查厚度為 0.3mm）

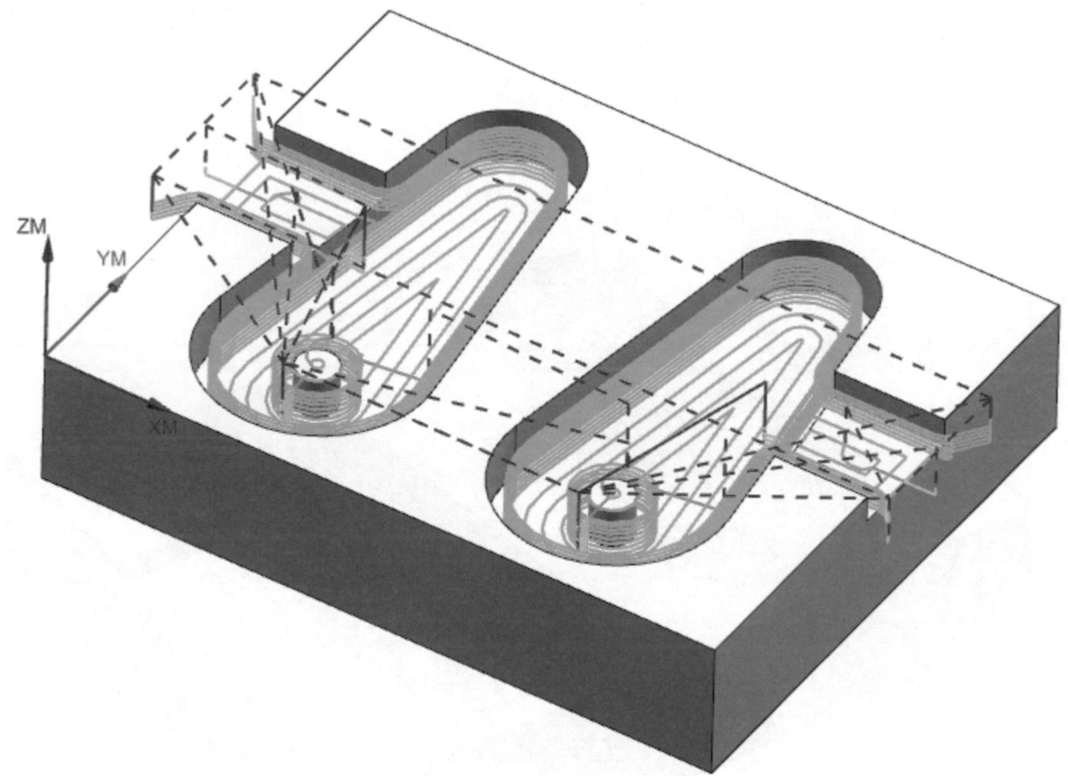

圖 4-8-14

5 CHAPTER 等高工法

章節介紹 藉由此課程，您將會學到：

5-1 等高加工工法介紹

等高加工工法概述

等高加工工法屬於 3D 幾何輪廓辨識加工，透過刀軸的垂直方向針對壁進行環繞式分層側刃加工。一般用於半精加工、側壁精加工為主。

等高加工工法類型

等高加工工法在我們進入加工環境後，進入程式順序視圖中對 PROGRAM 滑鼠點擊右鍵 ➔「插入」➔「工序」，選擇類型「mill_contour」的工序子類型第一排的最後一項工法與第二排第一個工法。如圖 5-1-1。

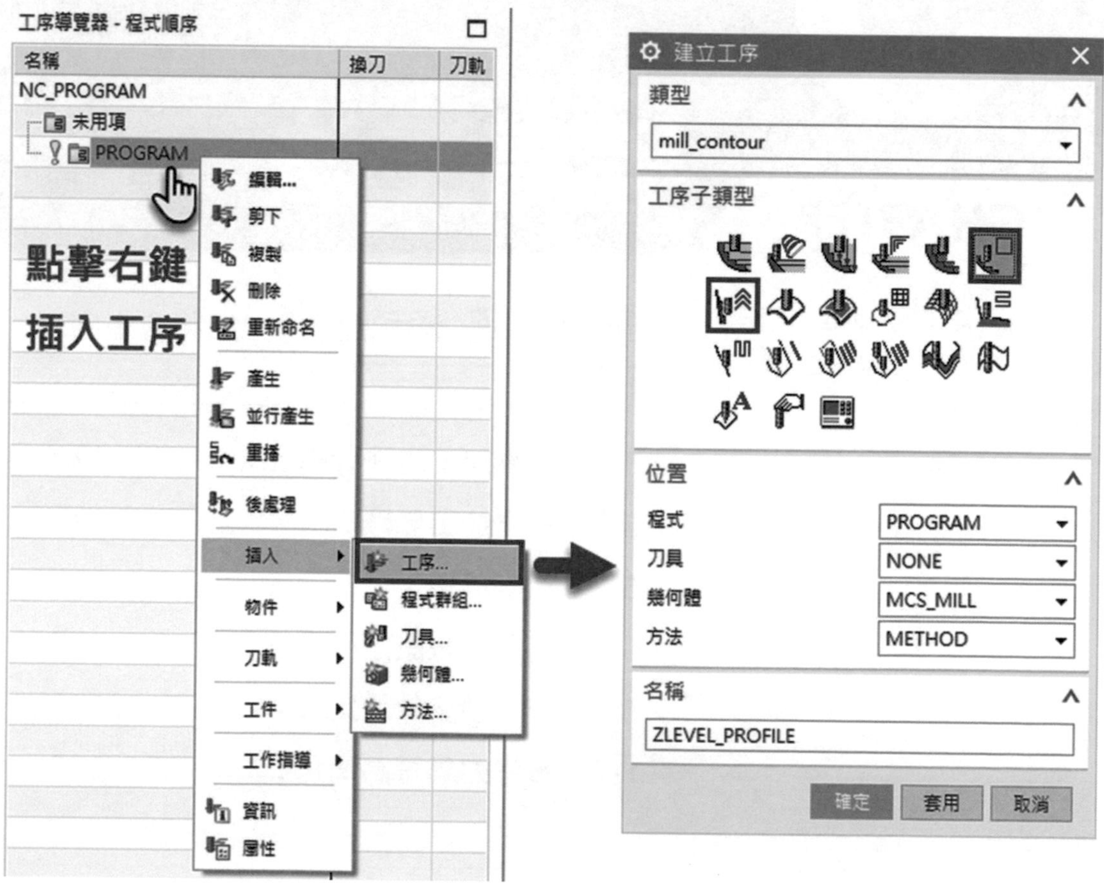

▲圖 5-1-1

❶ 深度輪廓銑

深度輪廓加工

使用垂直於刀軸的平面切削對指定層的壁進行輪廓加工。還可以清理各層之間縫隙中遺留的材質。

指定零件幾何體。指定切削區域以確定要進行輪廓加工的面。指定切削層來確定輪廓加工刀路之間的距離。

建議用於半精加工和精加工輪廓形狀，如注塑模、凹模、鑄造和鍛造。

等高加工為最基本的側壁加工方式，可選擇區域式等高或全域式等高加工，並可設置多種類型的進刀模式，使加工更加順暢提升加工效率。

❷ 深度加工轉角

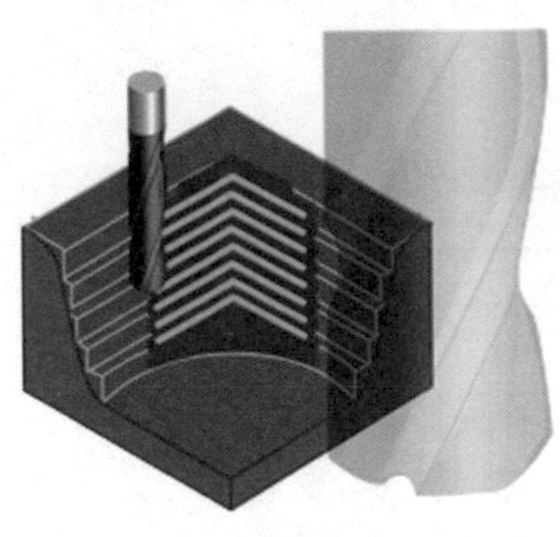

深度加工轉角

使用輪廓切削模式精加工指定層中前一個刀具無法觸及的轉角。

必須定義零件幾何體和參照刀具。指定切削層以確定輪廓加工刀路之間的距離。指定切削區域來確定要進行輪廓加工的面。

建議用於移除前一個刀具由於其直徑和轉角半徑的原因而無法觸及的材質。

等高清角加工為等高加工中的角落加工，依等高加工選取的刀具無法加工到的範圍作角落等高加工清角，設定方式需選擇原先等高加工的刀具做為參考刀具，以便處理轉角判別。

5-2 等高加工參數

學習等高加工內的基本加工參數以及數值

範例一

❶ 於「檔案」➔「開啟」➔「NX CAM 標準課程」➔「第五章節」➔「等高加工 .prt」➔「OK」。如圖 5-2-1。

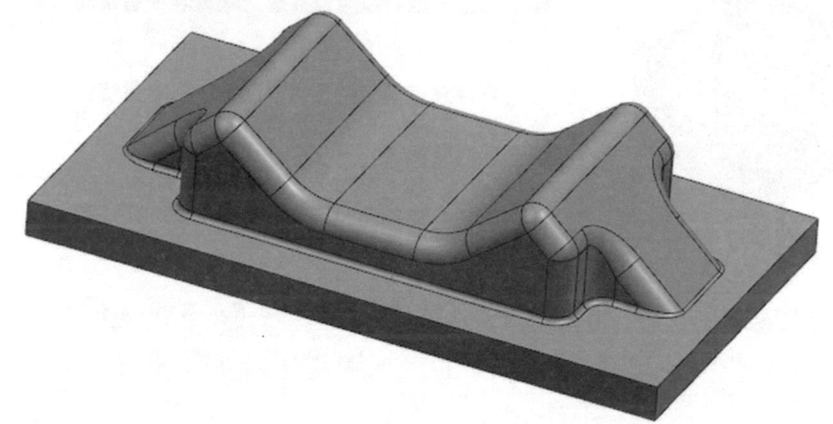

▲圖 5-2-1

❷ 進入程式順序視圖中對「CAVITY_MILL」滑鼠點擊右鍵 ➔「插入」➔「工序」，選擇類型「mill_contour」，選取子工序「深度輪廓銑 ZLEVEL_PROFILE」。如圖 5-2-2。

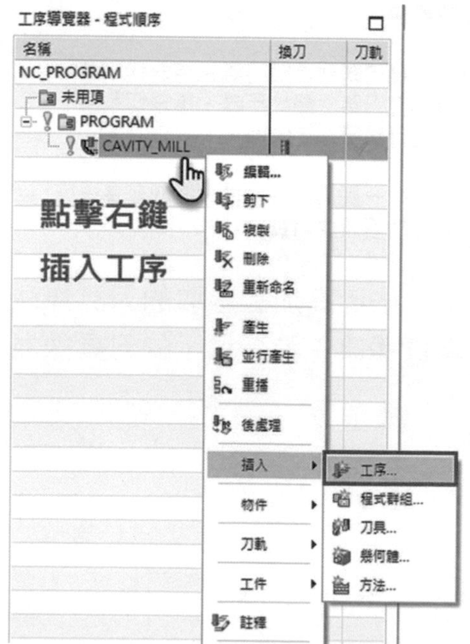

▲圖 5-2-2

❸ 點選確定後，您可以不用選擇加工區域面，直接透過 按鈕點擊左鍵產生刀路。加工的路徑依照幾何外型分層側壁加工。如圖 5-2-3。

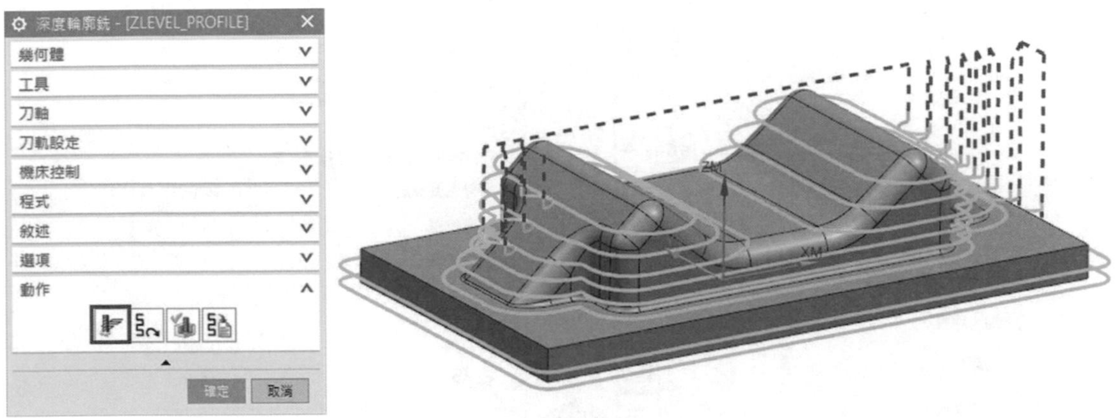

▲圖 5-2-3

❹ 在幾何體的對話框中，點選指定檢查 按鈕，設置選取方式為「面」，設定零件四面側壁為檢查面。如圖 5-2-4。

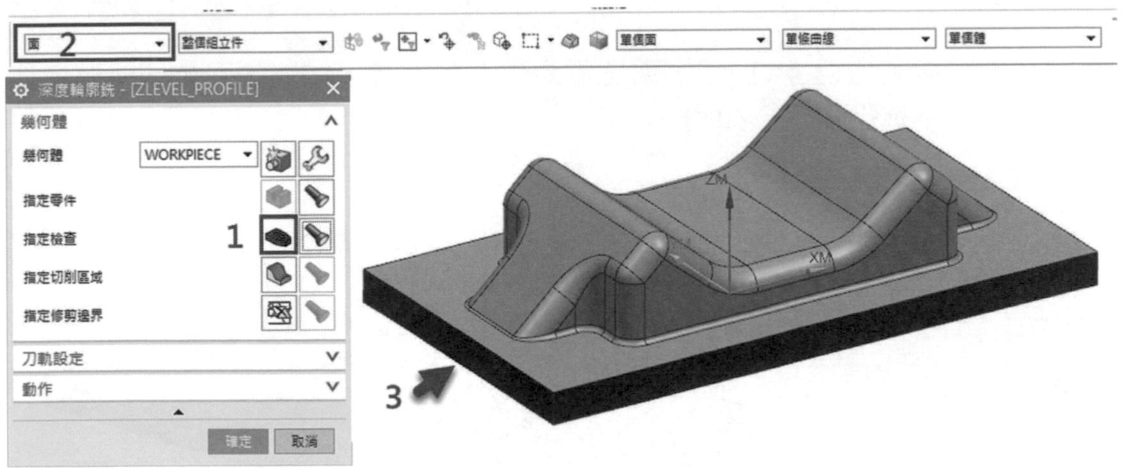

▲圖 5-2-4

❺刀軌設定的對話框中，將切削參數的餘量設定檢查餘量為「0.01mm」。如圖 5-2-5。

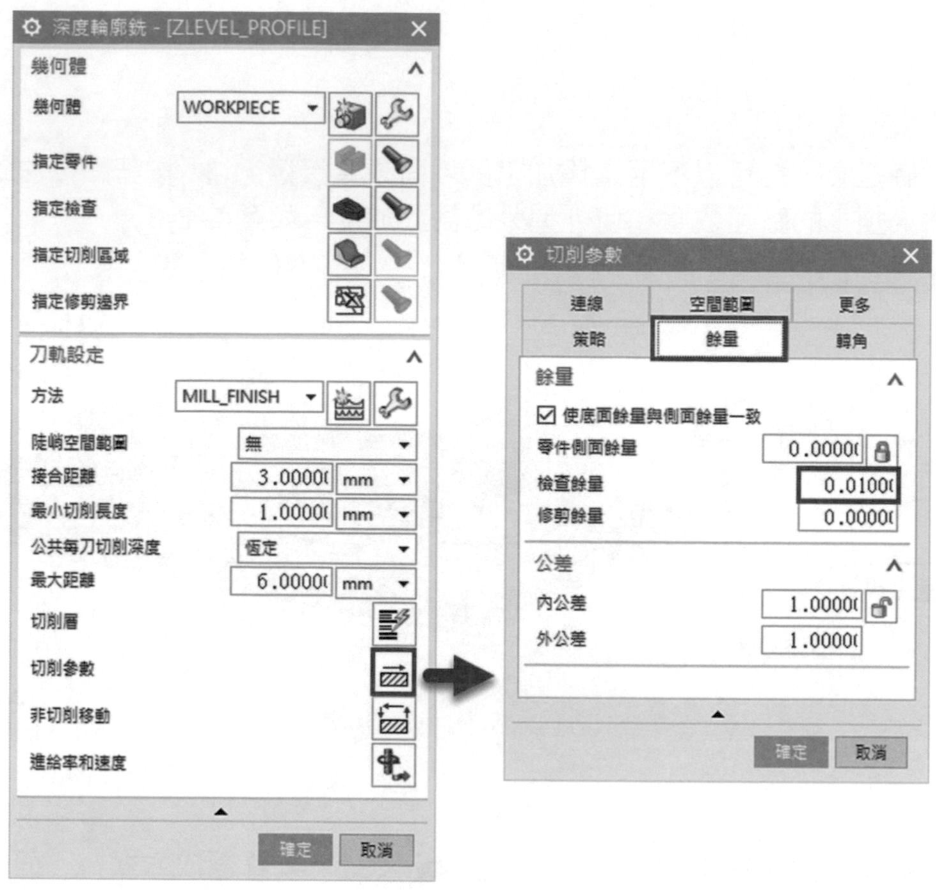

▲圖 5-2-5

❻點選確定後，透過按鈕點擊左鍵產生刀路。加工的路徑可依照所選取的檢查面而不進行加工。如圖 5-2-6。

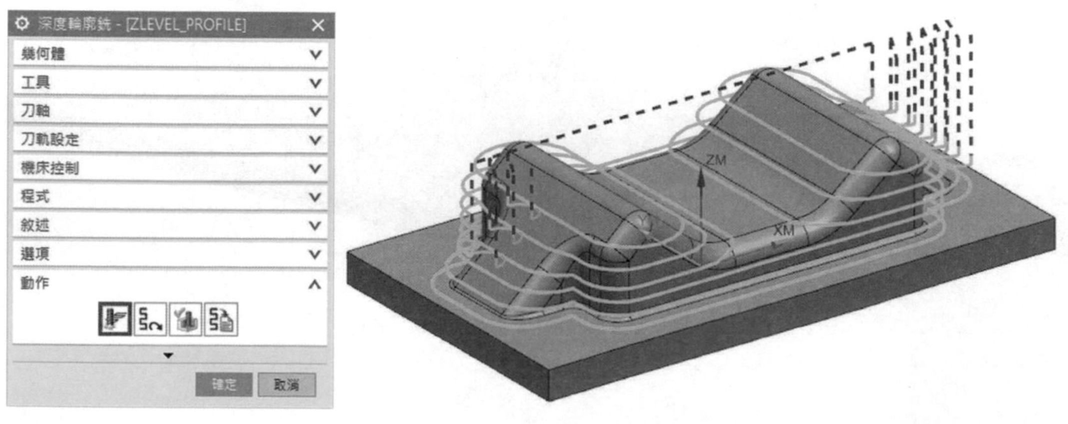

▲圖 5-2-6

❼ 在幾何體的對話框中，點選指定檢查 按鈕，將選取面取消。點擊指定切削區域 ，設定零件外型為加工面。如圖 5-2-7。

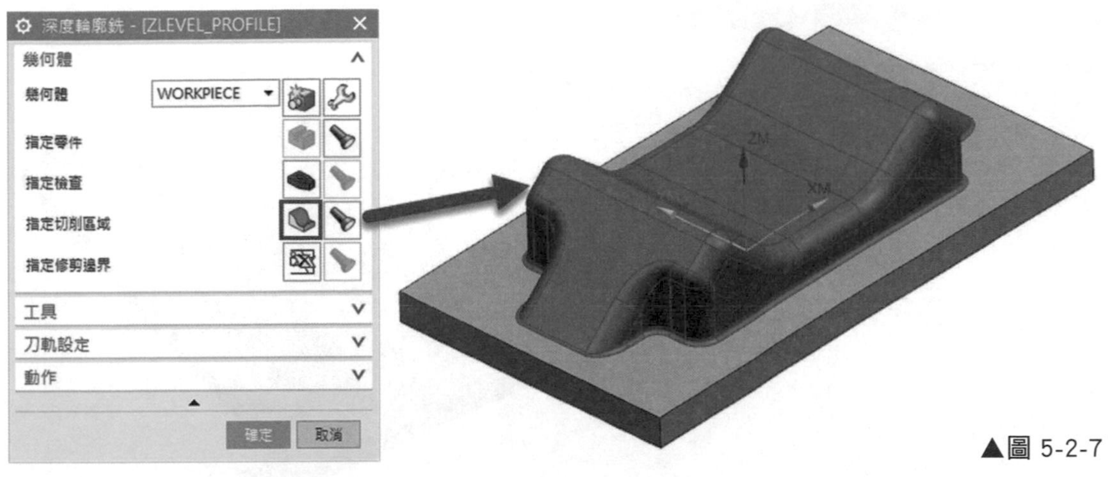

▲圖 5-2-7

❽ 點選確定後，透過 按鈕點擊左鍵產生刀路。加工的路徑同樣能依照所選取的切削區域面而進行加工。如圖 5-2-8

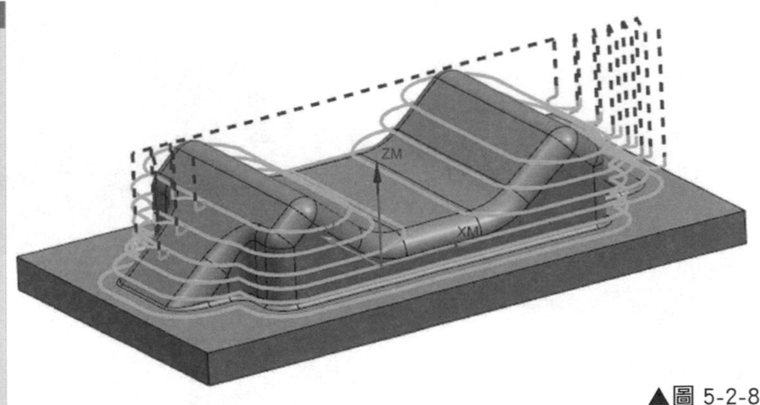

▲圖 5-2-8

❾ 在幾何體的對話框中，點選指定修剪邊界 按鈕，將選取方法設置為「點」，並依序設置點邊界。如圖 5-2-9。

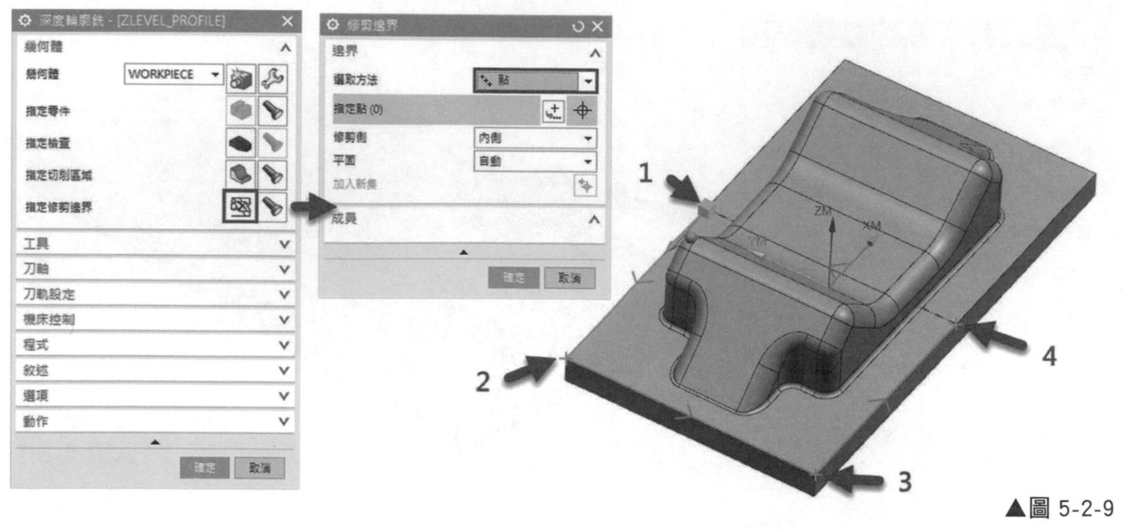

▲圖 5-2-9

❿ 點選確定後，透過 按鈕點擊左鍵產生刀路。加工的路徑可避開修剪範圍進行加工。如圖 5-2-10。

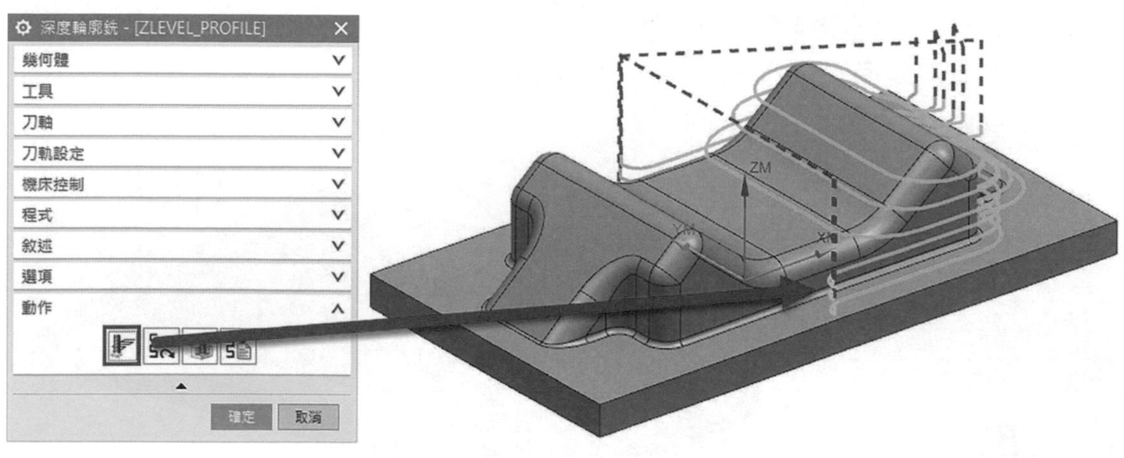

▲圖 5-2-10

⑪ 在幾何體的對話框中，點選指定修剪邊界 按鈕編輯，在清單中將邊界選取移除，在刀軌設定的對話框中，將最大距離設定「2mm」。如圖 5-2-11。

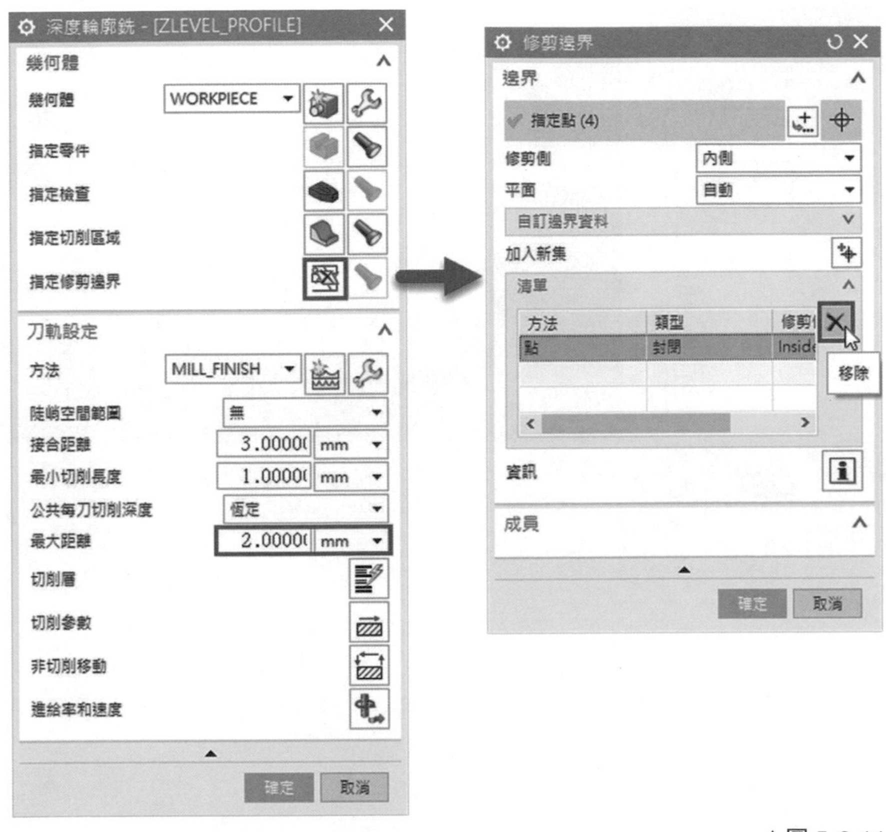

▲圖 5-2-11

⑫ 透過 按鈕點擊左鍵產生刀路。加工的路徑可依切削深度距離設置，但是可以看到刀路於接近平坦面較為稀疏，加工品質相較有落差。如圖 5-2-12。

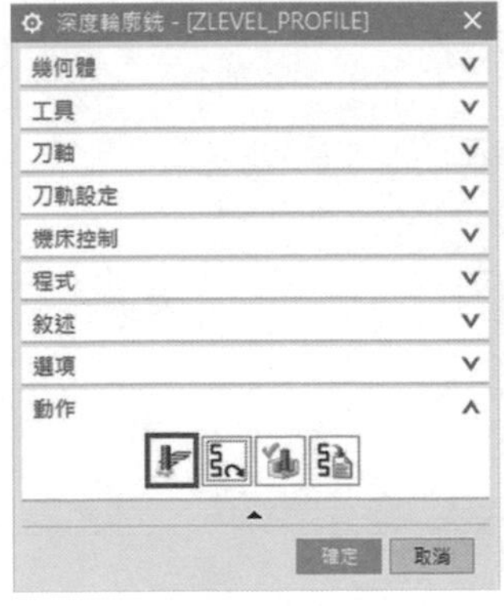

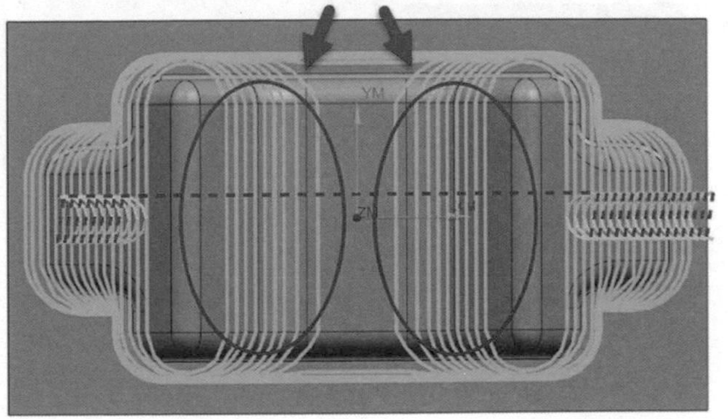

▲圖 5-2-12

⑬ 此時能在刀軌設定的對話框中，選取陡峭空間範圍為「僅陡峭的」，選取角度為「30 度」，在角度限制下將路徑抑制。如圖 5-2-13。

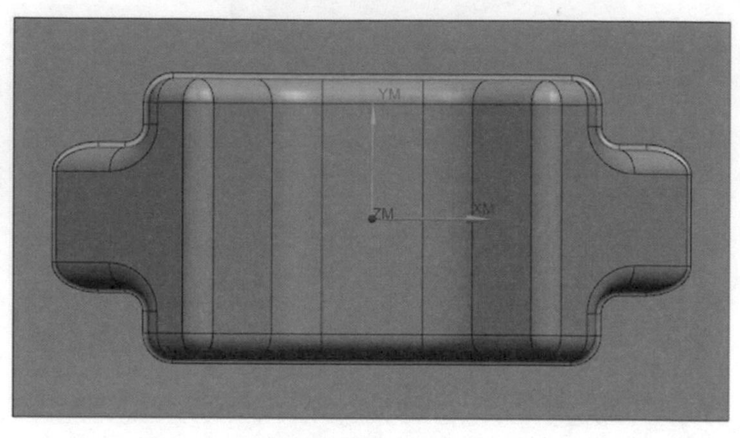

▲圖 5-2-13

⑭ 透過按鈕點擊左鍵產生刀路。加工的路徑可依陡峭範圍，降低平坦稀疏的加工面。如圖 5-2-14。

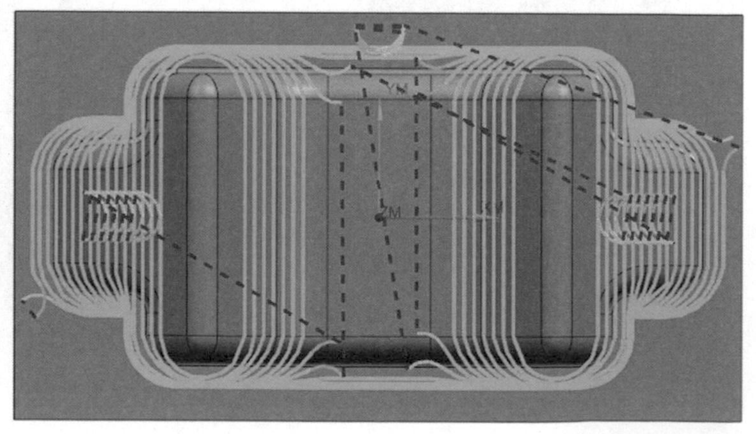

▲圖 5-2-14

等高加工參數的其他設定

⑮ 在上一個等高加工點擊右鍵 ➔「插入」➔「工序」，選擇類型「mill_contour」，選取子工序「深度輪廓加工 ZLEVEL_PROFILE」。如圖 5-2-15。

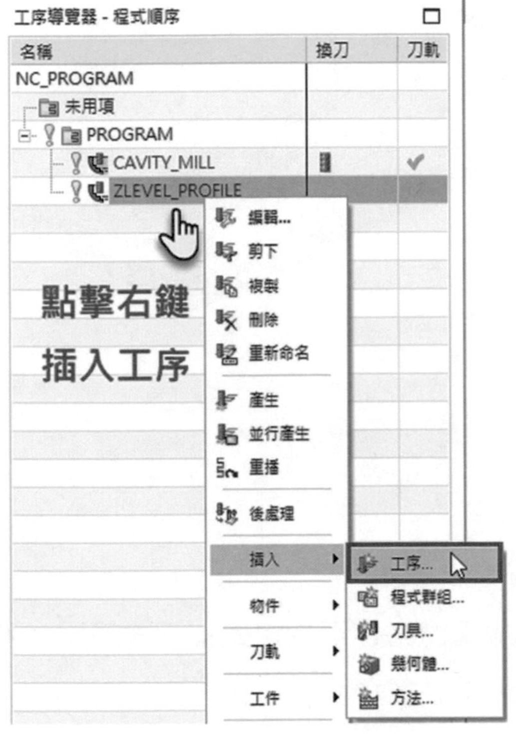

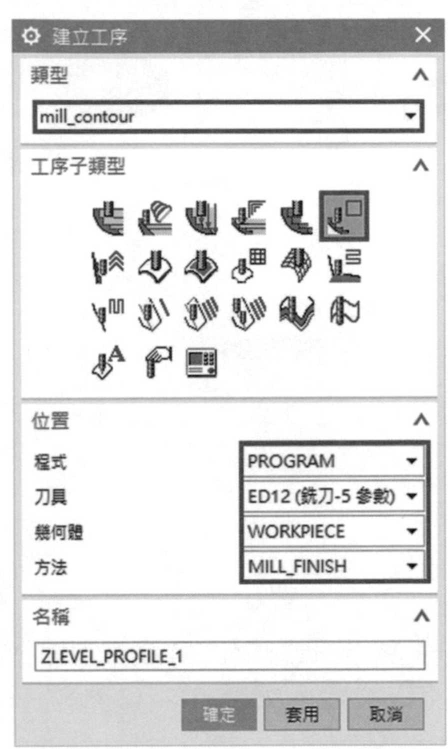

▲圖 5-2-15

⑯ 在幾何體的對話框中，點擊指定切削區域 ，選取加工面。如圖 5-2-16。

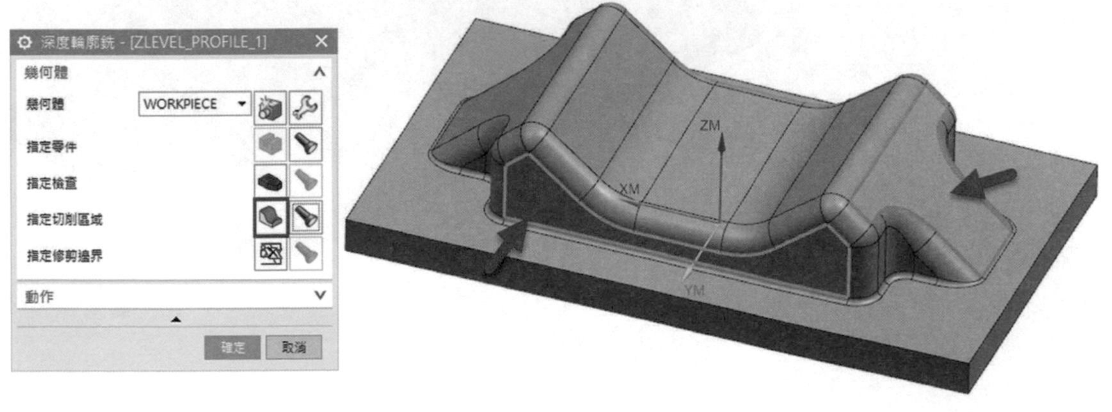

▲圖 5-2-16

⑰ 在刀軌設定的對話框中，將最大距離設定「1mm」。如圖 5-2-17。

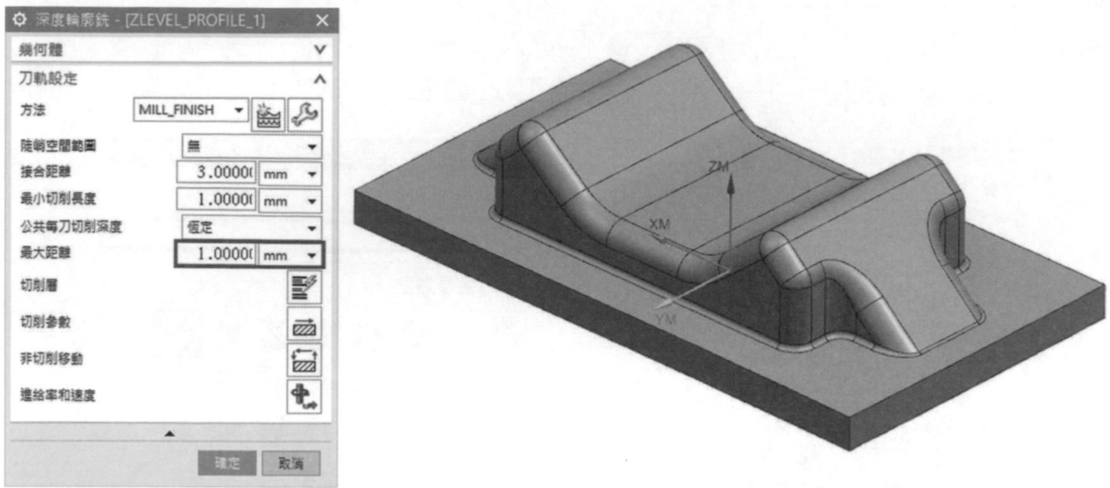

▲圖 5-2-17

⑱ 透過 按鈕點擊左鍵產生刀路。加工的路徑可依複選加工面範圍，進行加工路徑設定。如圖 5-2-18。

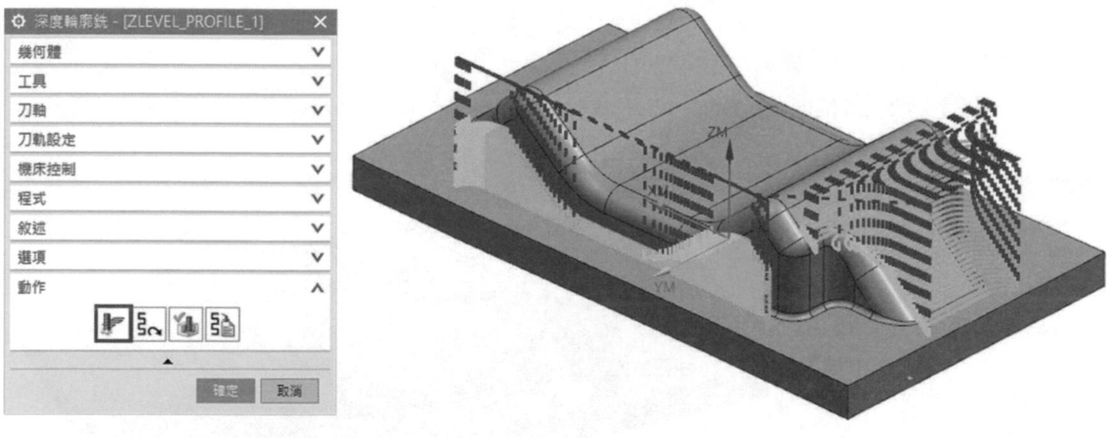

▲圖 5-2-18

⑲在刀軌設定的對話框中，將結合距離設定為「70mm」。如圖 5-2-19。

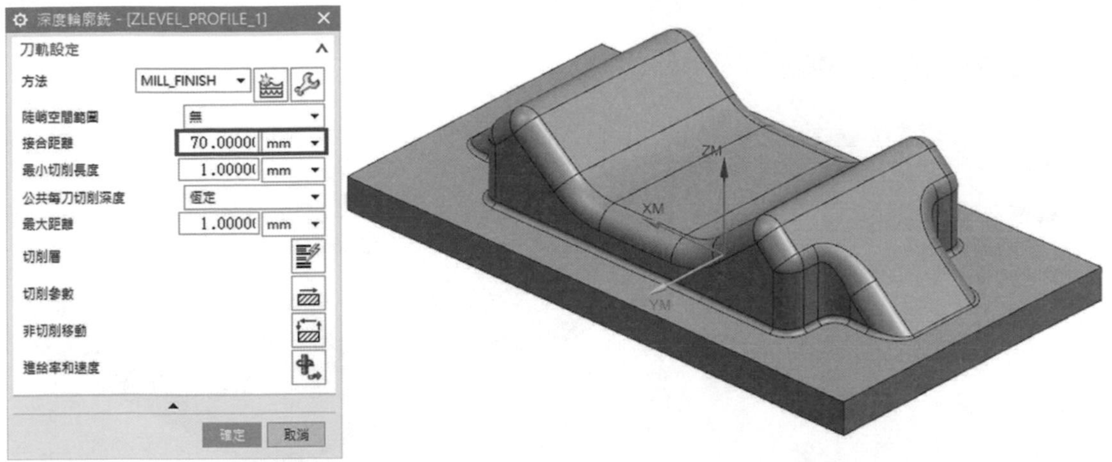

▲圖 5-2-19

⑳透過 按鈕點擊左鍵產生刀路。兩個加工面範圍形成結合距離進行加工。如圖 5-2-20。

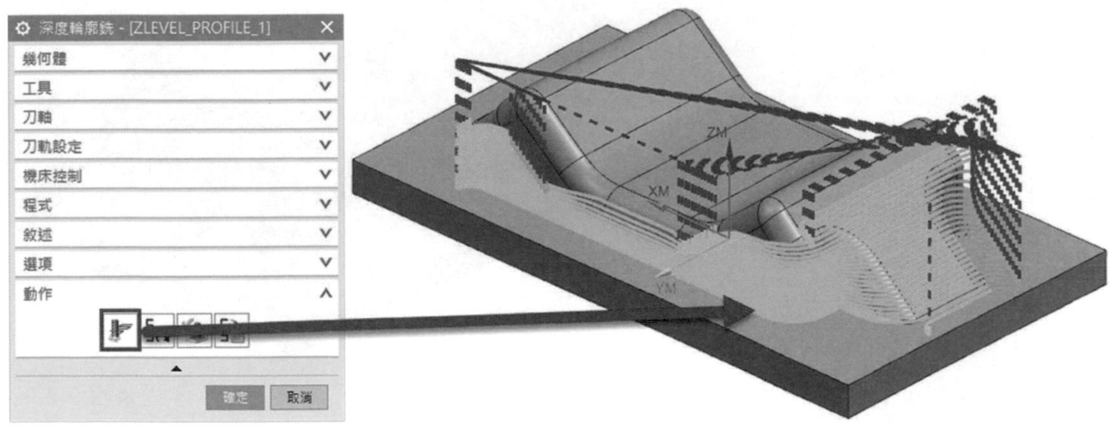

▲圖 5-2-20

㉑ 在刀軌設定的對話框中，將接合距離設定為「3mm」，再將最小切削長度設定為「15mm」。如圖 5-2-21。

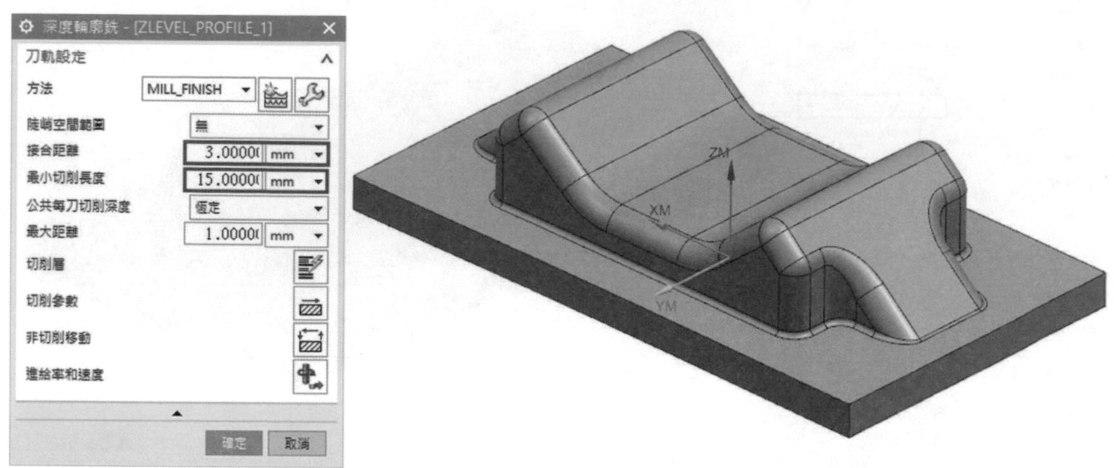

▲圖 5-2-21

㉒ 透過 按鈕點擊左鍵產生刀路。加工路徑長度只要小於 15mm 即不會產生刀具路徑。如圖 5-2-22。

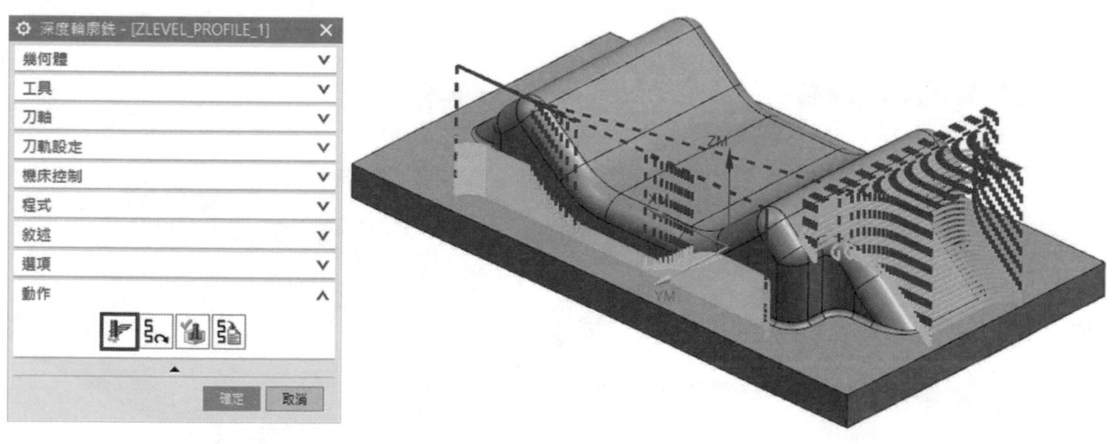

▲圖 5-2-22

5-3 切削層設定

學習等高加工內的切削層設定

❶ 在上一個等高加工點擊右鍵 ➔「插入」➔「工序」，選擇類型「mill_contour」，選取子工序「深度輪廓加工 ZLEVEL_PROFILE」。如圖 5-3-1。

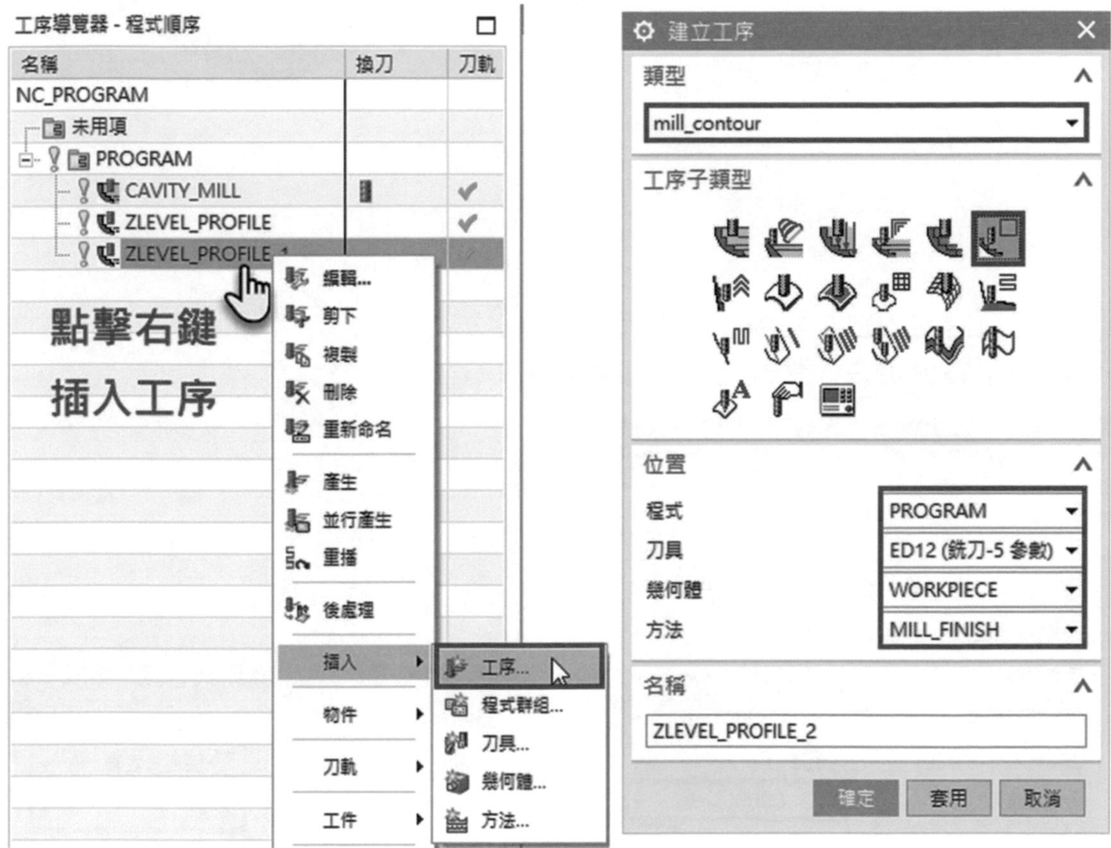

▲圖 5-3-1

❷ 在幾何體的對話框中，點擊指定切削區域，設定加工面。如圖 5-3-2。

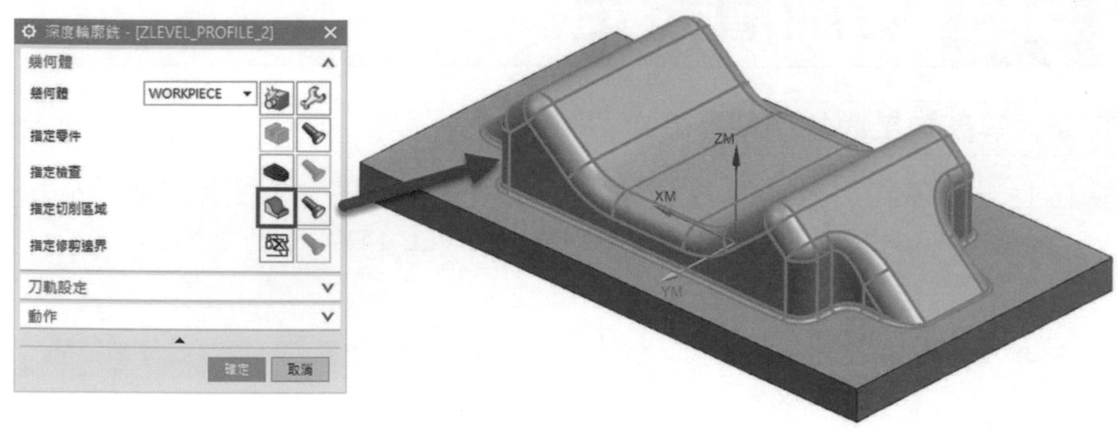

▲圖 5-3-2

❸ 在刀軌設定的對話框中，將最大距離設定為「2mm」，「切削層」設定中，將切削層設定為「最優化」。如圖 5-3-3。

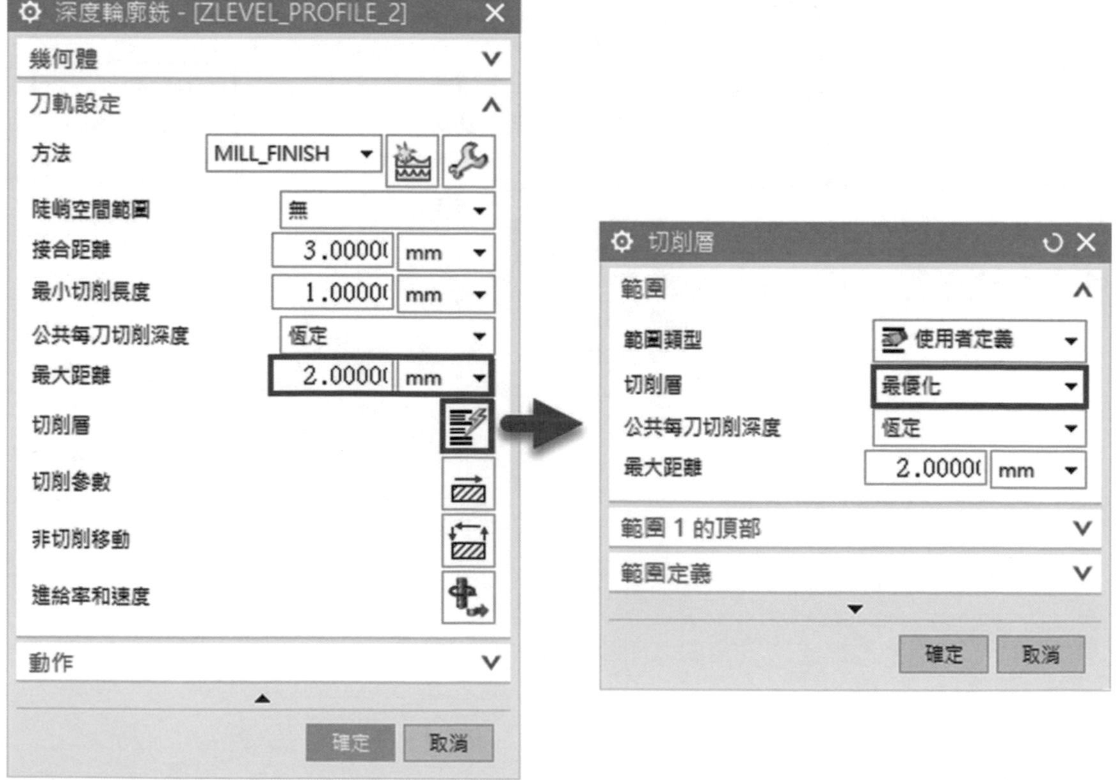

▲圖 5-3-3

❹ 確定後，透過 按鈕點擊左鍵產生刀路。如圖 5-3-4。

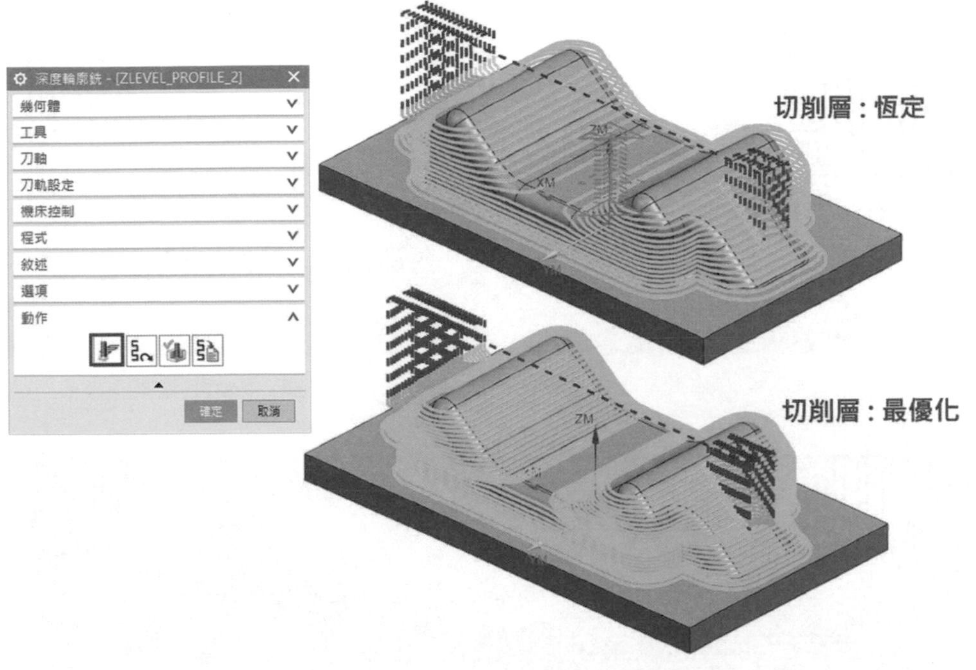

▲圖 5-3-4

❺ 切削層的優化，使平坦面的加工路徑改變為更密集。如圖 5-3-5

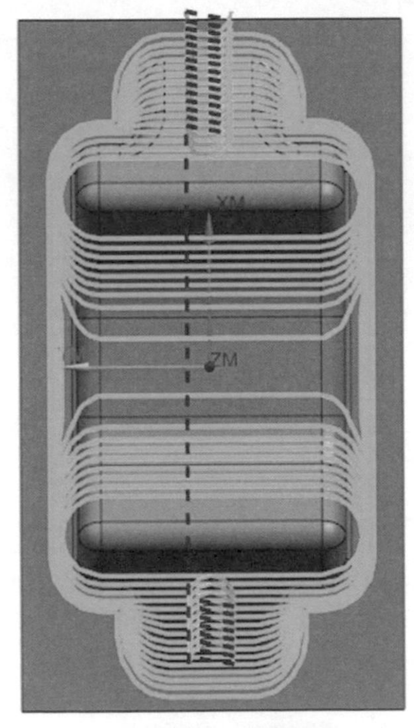

切削層：恆定

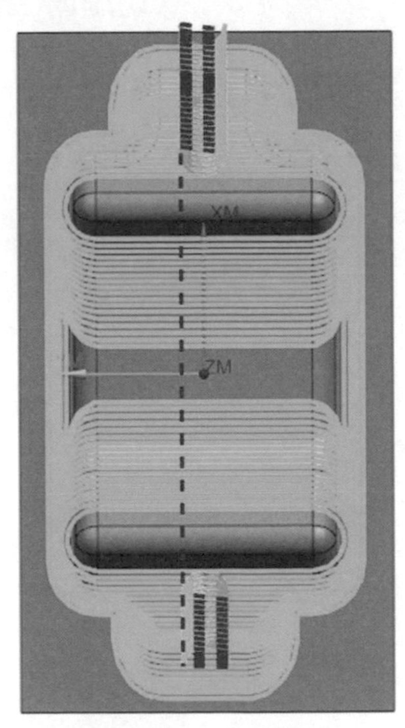

切削層：最優化

▲圖 5-3-5

❻ 由側邊查看路徑，切削層若為「恆定」，刀路顯示較為平均。而「最優化」會將刀路產生較為密集的狀態。如圖 5-3-6。

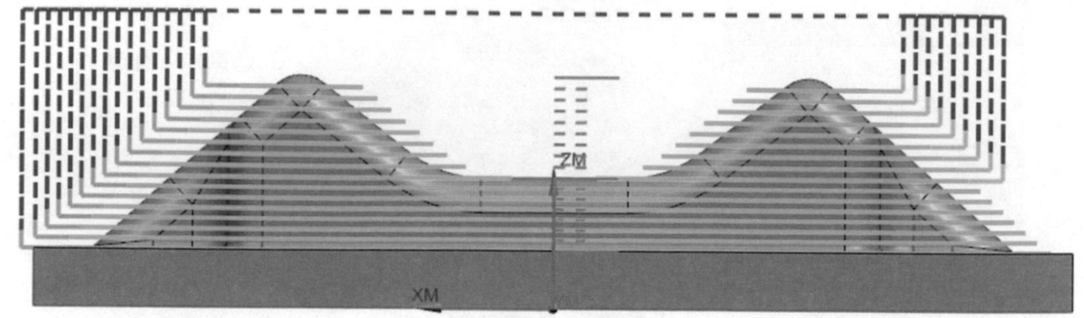

切削層：恆定

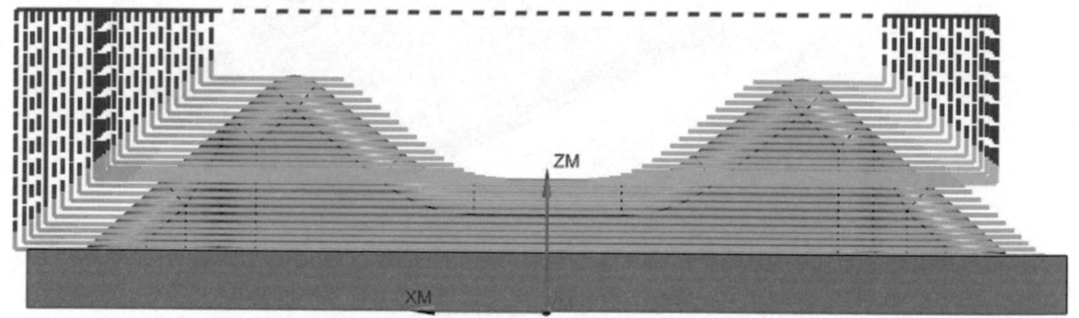

切削層：最優化

▲圖 5-3-6

5-4 切削參數設定

學習等高加工內的切削參數設定

❶ 在上一個等高加工點擊右鍵 ➔「插入」➔「工序」，選擇類型「mill_contour」，選取子工序「深度輪廓加工 ZLEVEL_PROFILE」。如圖 5-4-1。

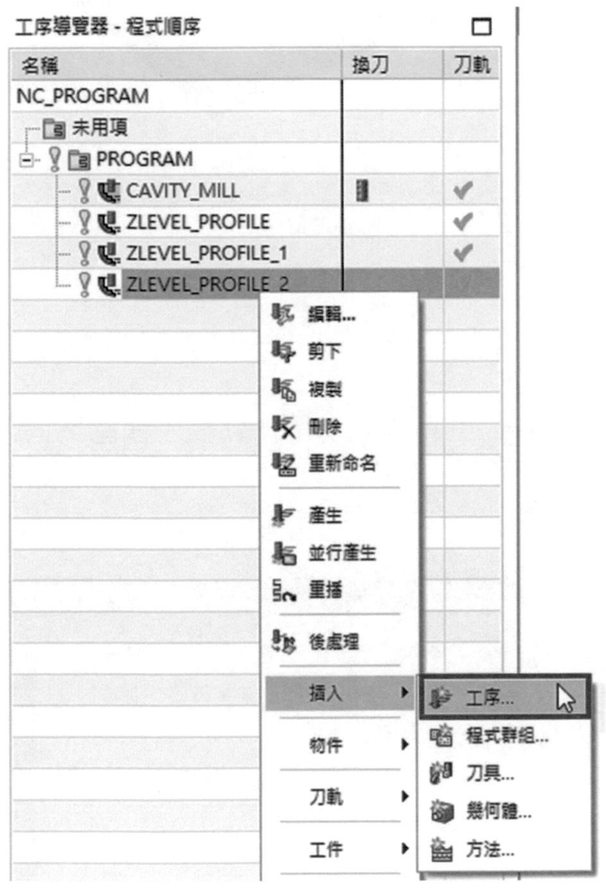

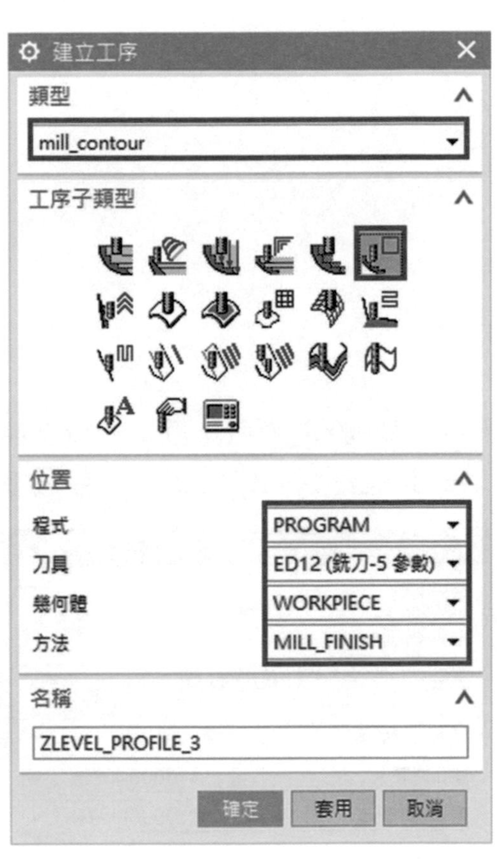

▲圖 5-4-1

❷ 在幾何體的對話框中，點擊指定切削區域 ，設定加工面。如圖 5-4-2。

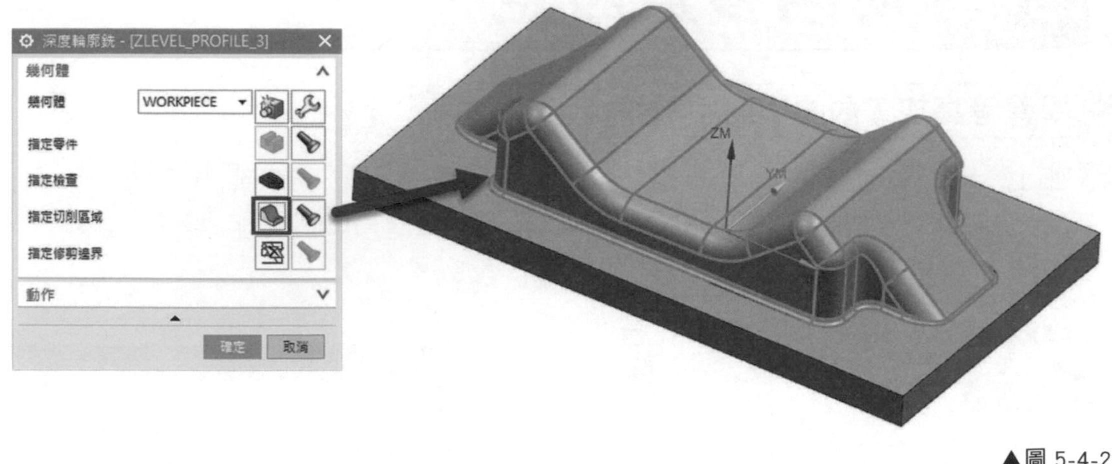

▲圖 5-4-2

❸ 在刀軌設定的對話框中，設定最大距離為「1mm」。後續點擊「切削參數」針對內部設定進行設定。如圖 5-4-3。

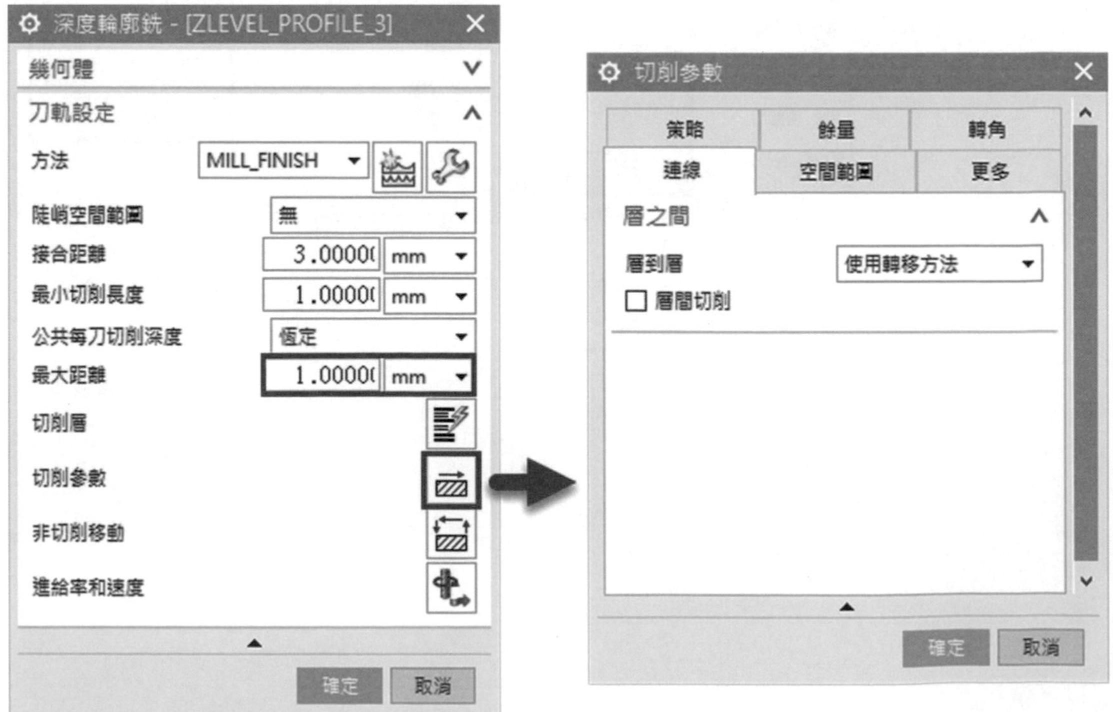

▲圖 5-4-3

❹ 首先在「連線」的對話框中，層到層之間的轉移方式，就有四種轉移方式。（註：除了轉移方式之外，其他方式必須為封閉刀路，否則無法進刀）如圖 5-4-4。

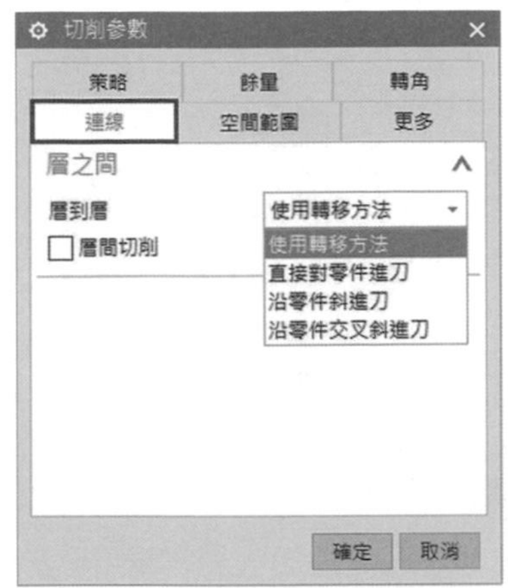

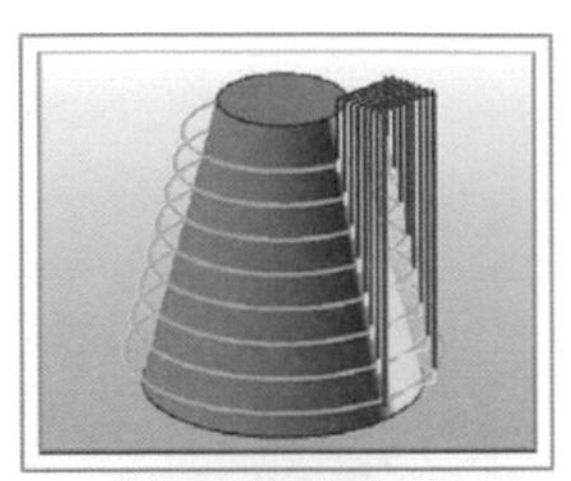
使用轉移方式

直接對零件進刀

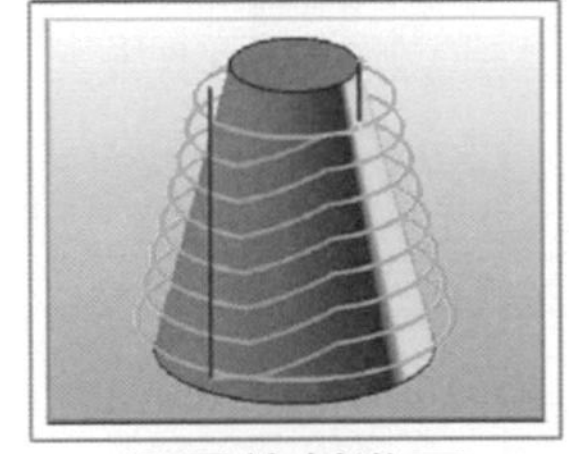
沿零件斜進刀

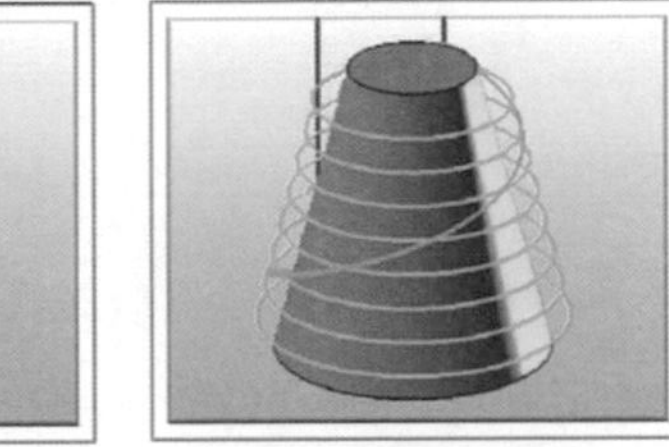
沿零件交叉斜進刀

▲圖 5-4-4

❺ 層與層之間的轉移方式不同，刀路轉移的方式也會有所改變。如圖 5-4-5。

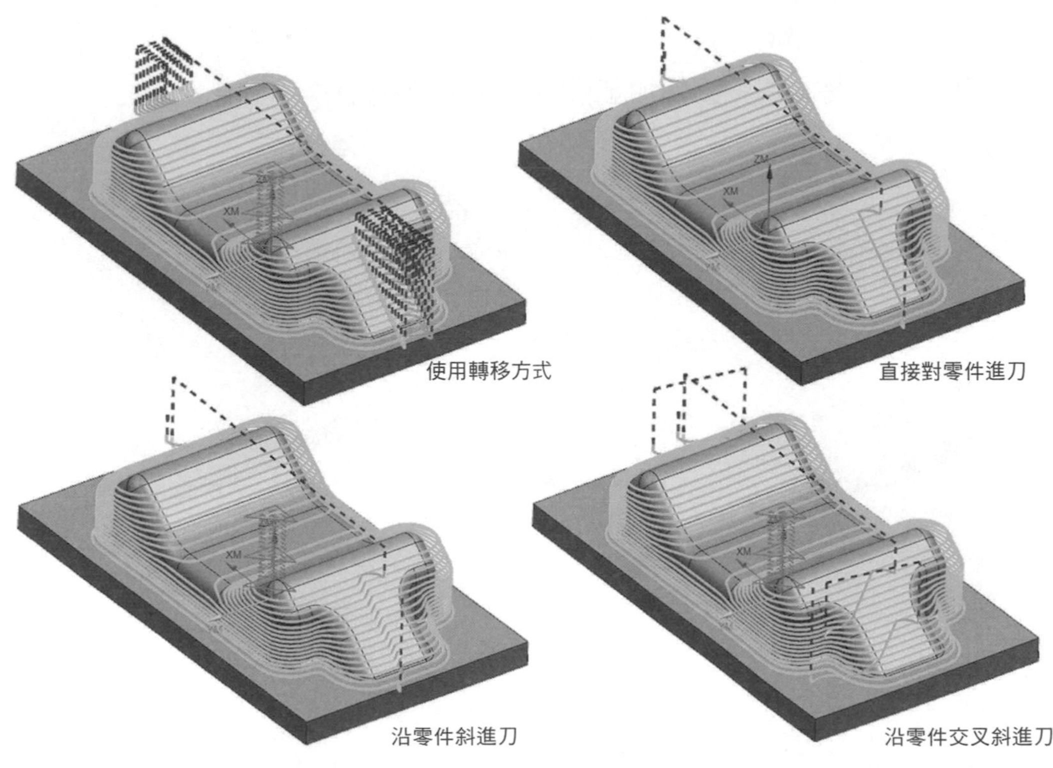

▲圖 5-4-5

❻ 另外在「連線」的對話框中，「層間切削」勾選會將平面區域進行加工。使加工路徑更加完整。如圖 5-4-6。

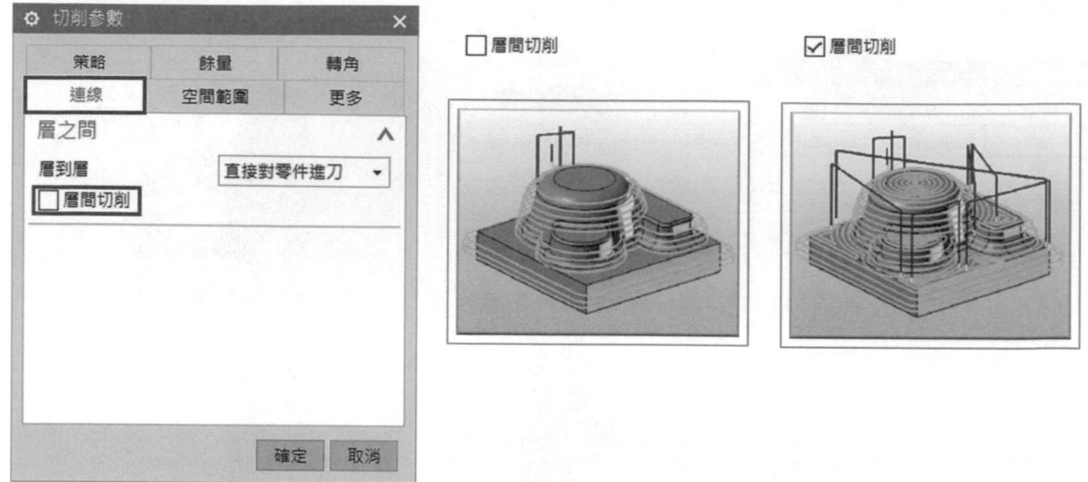

▲圖 5-4-6

❼ 層間切削不勾與勾選，會使加工區域的平面呈現效果不同。如圖 5-4-7。

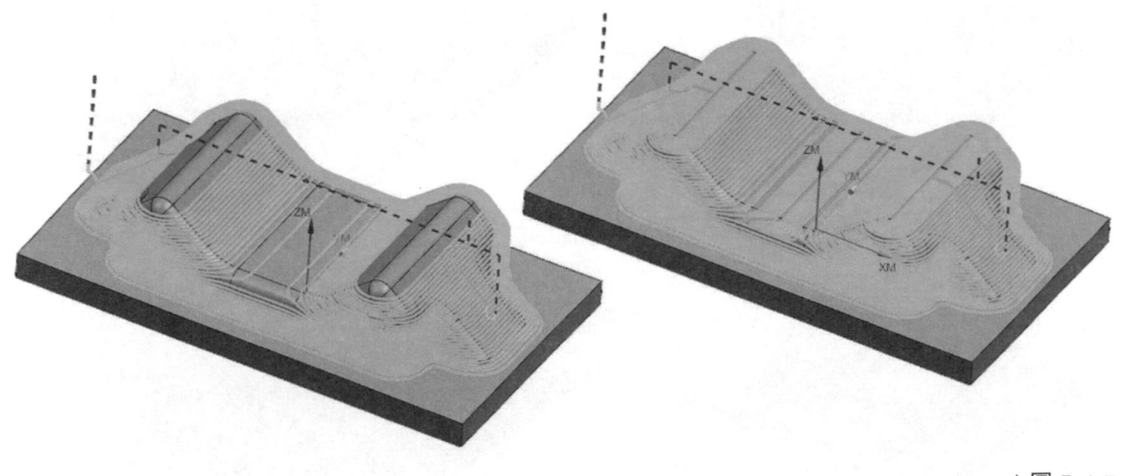

▲圖 5-4-7

❽ 點擊切削參數，在「轉角」的對話框中，轉角處的刀軌形狀能夠設定「平順」，使刀路更加平順，避免直角刀路。如圖 5-4-8

▲圖 5-4-8

❾ 平順設定「無」或是「所有刀路」在轉角處有所不同，可以依照需求進行設定。如圖 5-4-9。

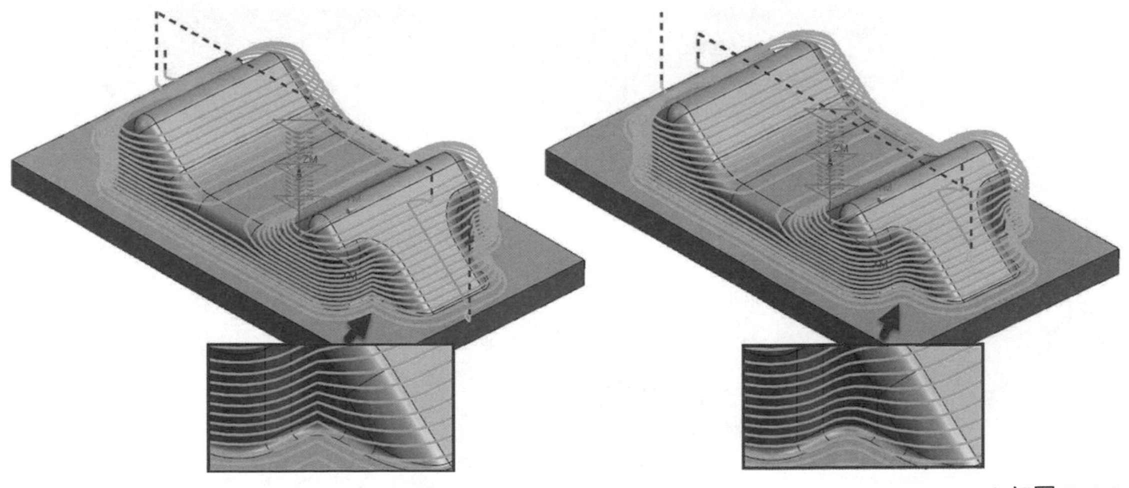

▲如圖 5-4-9

5-5 非切削參數設定

學習等高加工內的非切削參數設定

❶ 在上一個等高加工點擊右鍵 ➔「插入」➔「工序」，選擇類型「mill_contour」，選取子工序「深度輪廓加工 ZLEVEL_PROFILE」。如圖 5-5-1。

▲圖 5-5-1

❷ 確定後，直接透過按鈕點擊左鍵產生刀路。如圖 5-5-2。

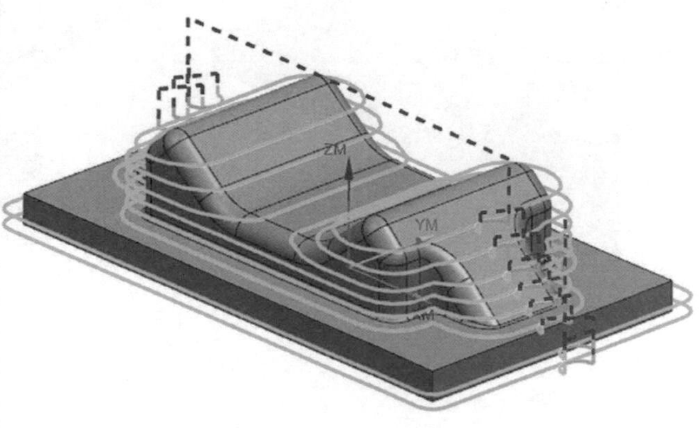

▲圖 5-5-2

❸ 在刀軌設定的對話框中，選擇最大距離為「2mm」，後續點擊「非切削參數」針對內部設定進行設定。如圖 5-5-3。

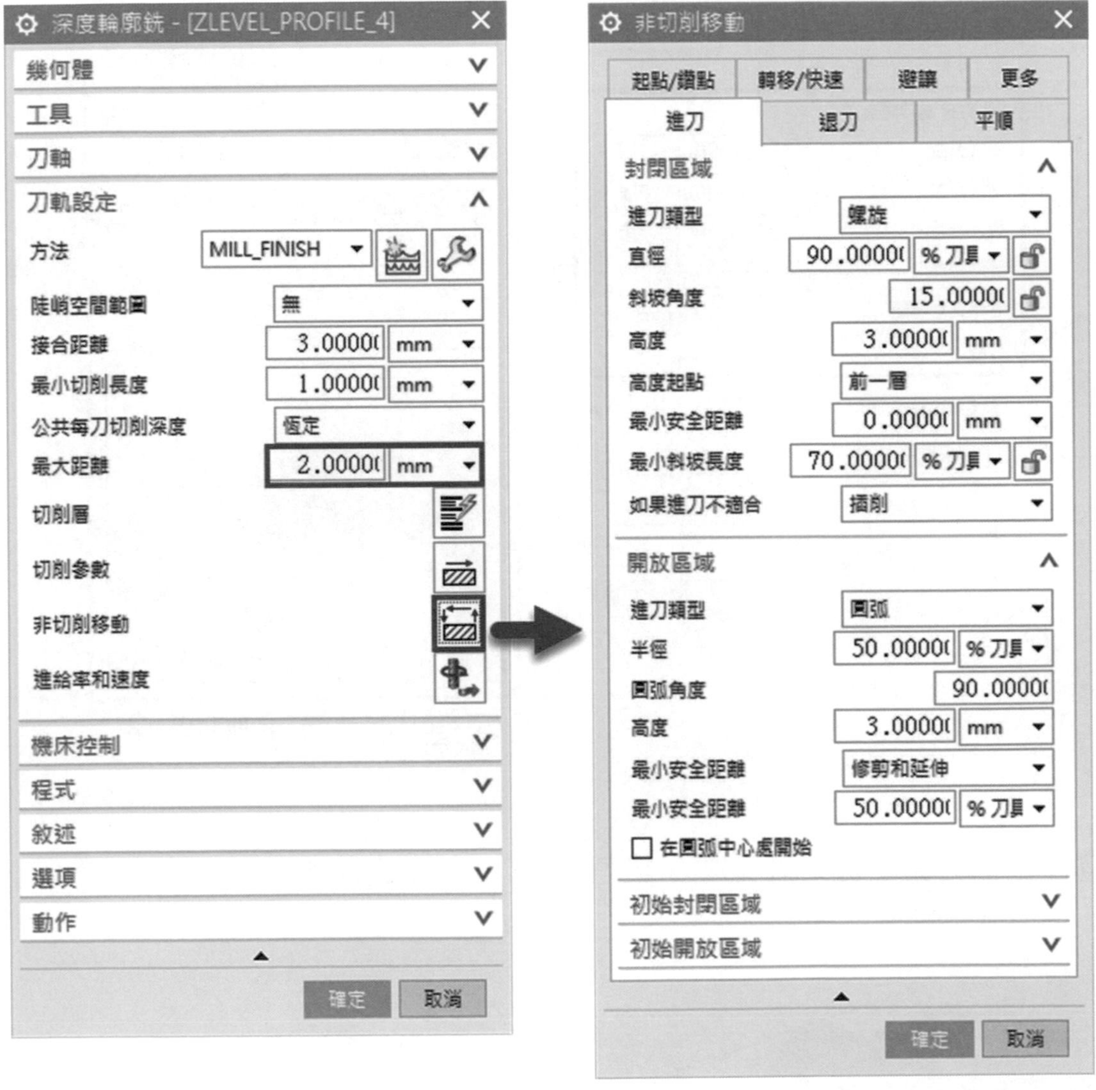

▲圖 5-5-3

❹ 首先是「平順」對話框中，不勾選「取代為平順連線」，都是以安全高度進行提刀退刀變換。「取代為平順連線」可使進刀以及退刀減少提刀。如圖 5-5-4。

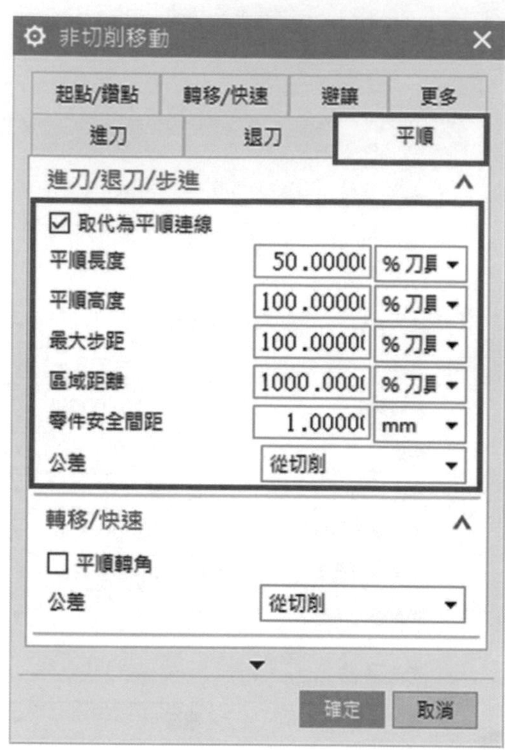

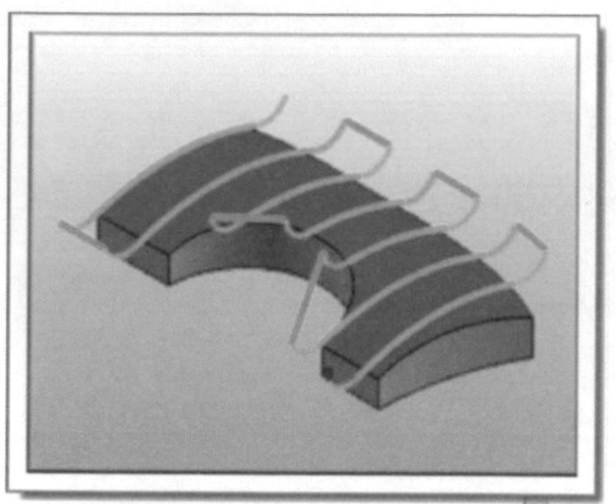

不勾選取代為平順連線

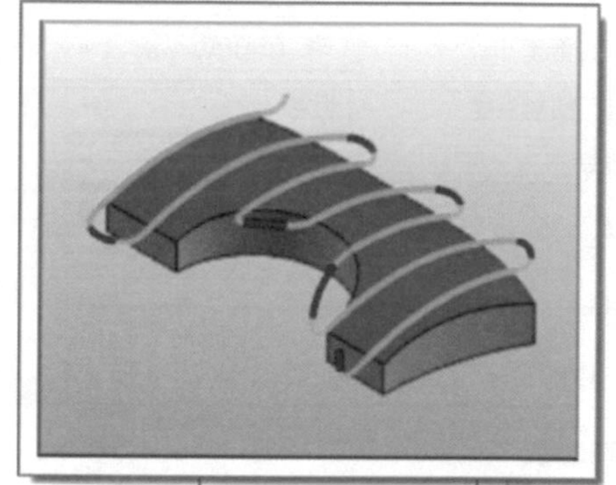

勾選取代為平順連線

▲圖 5-5-4

❺ 平順的刀路使提刀以及退刀減至最少，並可以透過流暢的轉移方式進行更有效益的轉移。如圖 5-5-5。

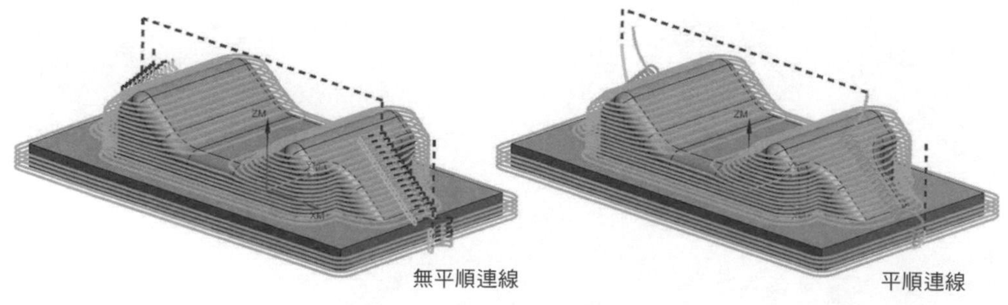

▲圖 5-5-5

❻ 平順使轉移方式呈現螺旋，就如同螺旋孔銑削的加工方式相似，可以提升加工品質。如圖 5-5-6。

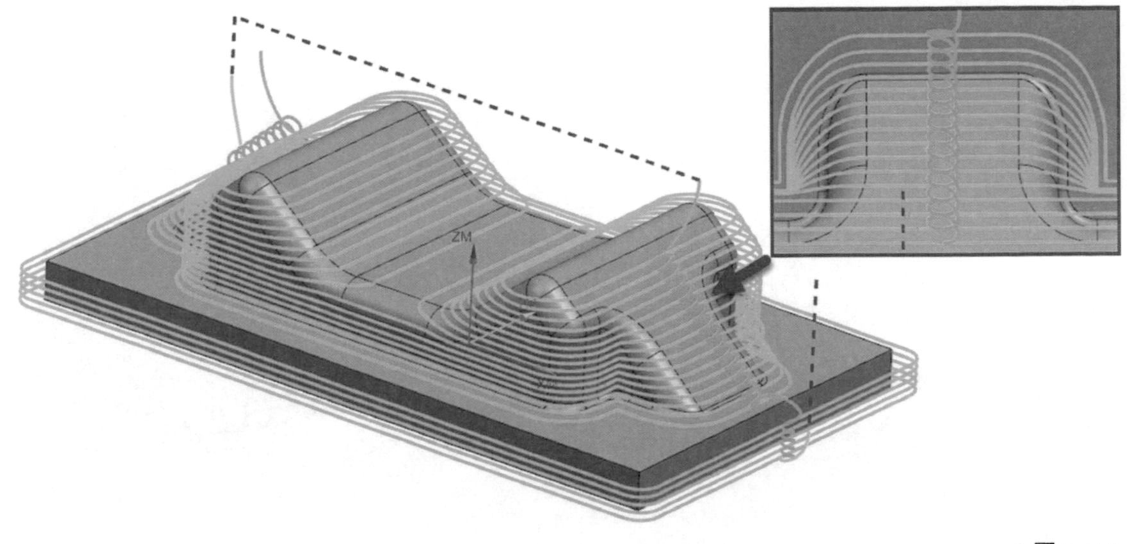

▲圖 5-5-6

❼ 在「起始 / 鑽點」的對話框中，設置重疊距離為「5mm」。如圖 5-5-7。

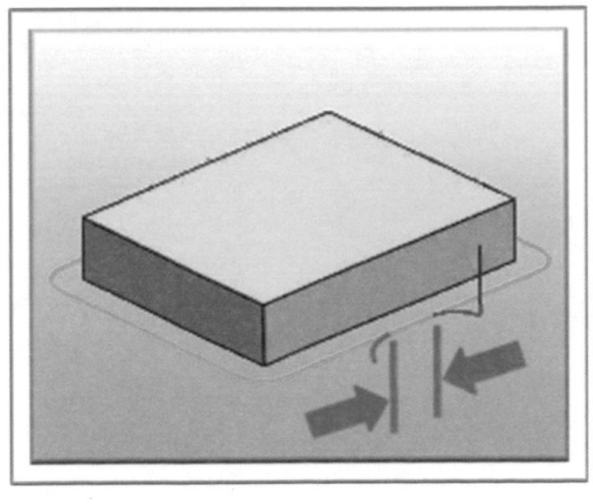

▲圖 5-5-7

❽ 確定後透過 按鈕產生刀軌路徑，每一刀的進刀與退刀距離就會保持 5mm 距離。如圖 5-5-8。

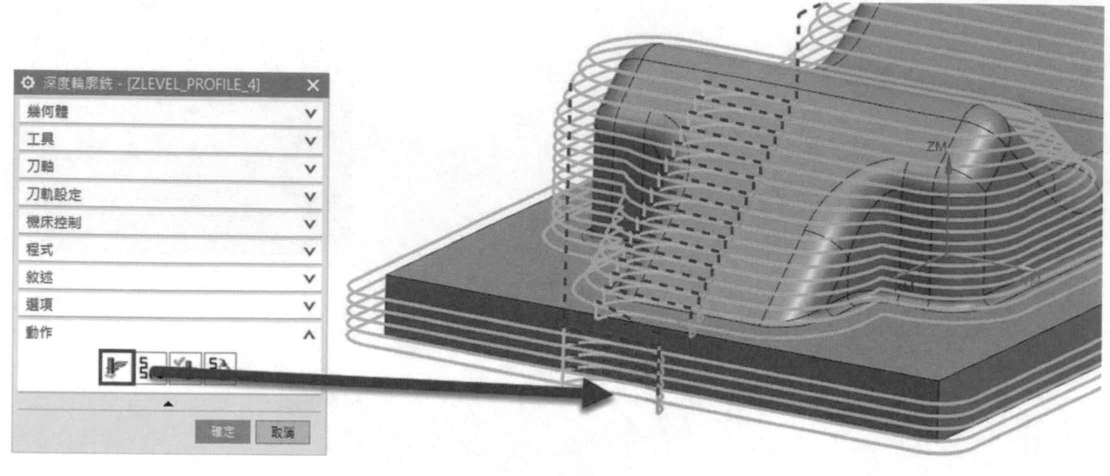

▲圖 5-5-8

❾ 在「起始 / 鑽點」的對話框中，設置區域起點為「中點」或是「轉角」。可以使加工起點設置需求位置。如圖 5-5-9。

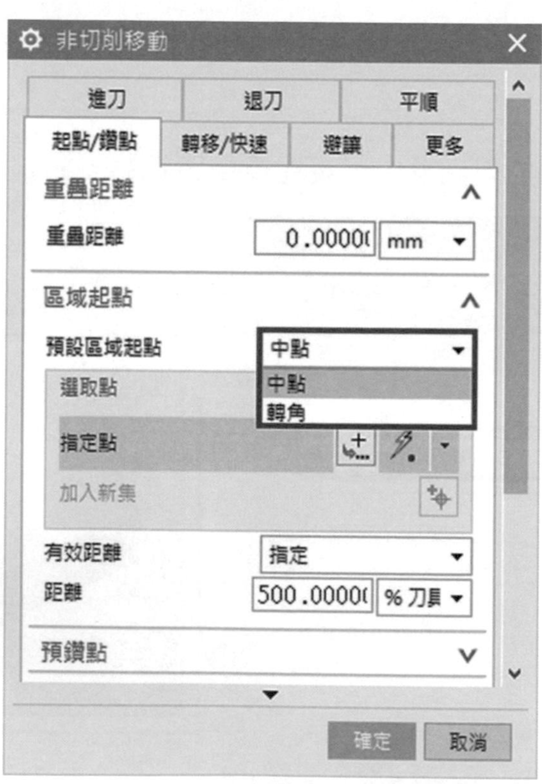

▲圖 5-5-9

⑩ 確定後透過 按鈕產生刀軌路徑，加工的進刀點會有所不同。如圖 5-5-10。

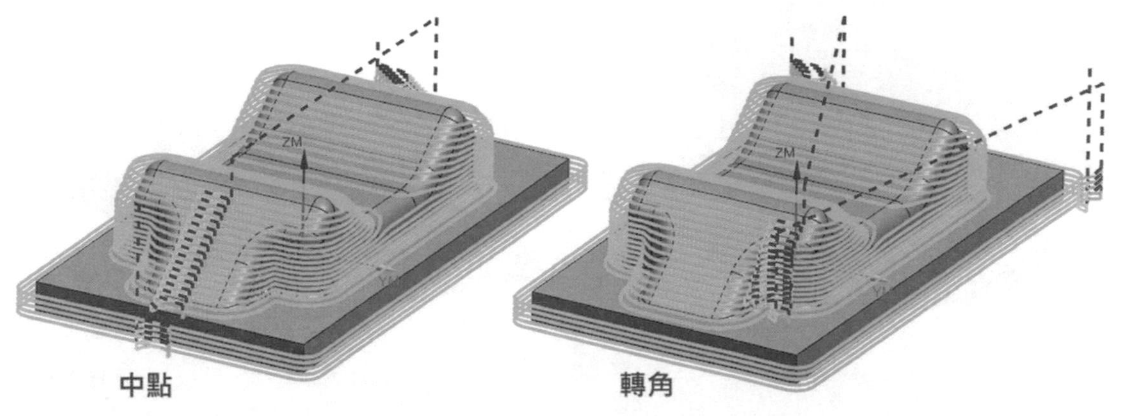

▲圖 5-5-10

⑪ 在「轉移 / 快速」的對話框中，安全設定選項可依照使用者定義設置不同的安全平面高度，使提刀距離降低。如圖 5-5-11。

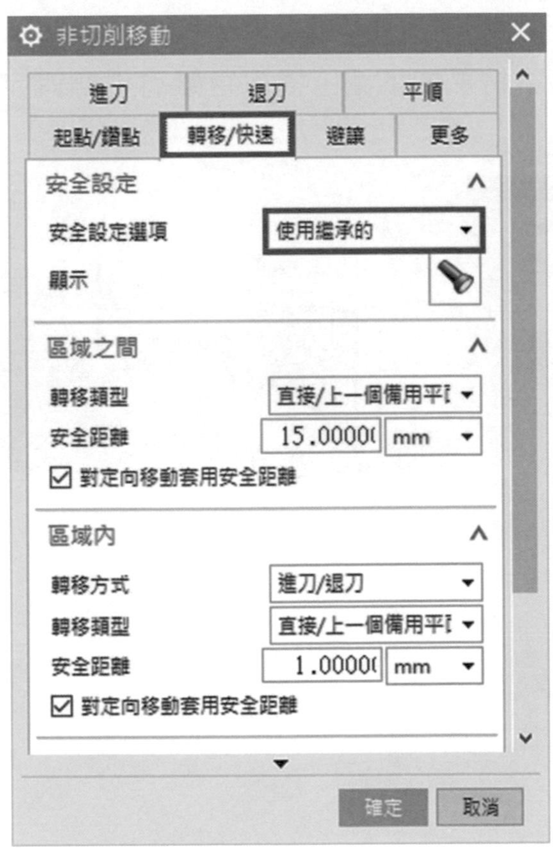

▲圖 5-5-11

⑫ 設定的方式很多種類，包含平面、包容塊、球、圓柱…等等，最常使用的還是以安全平面或是包容塊為主。如圖 5-5-12。

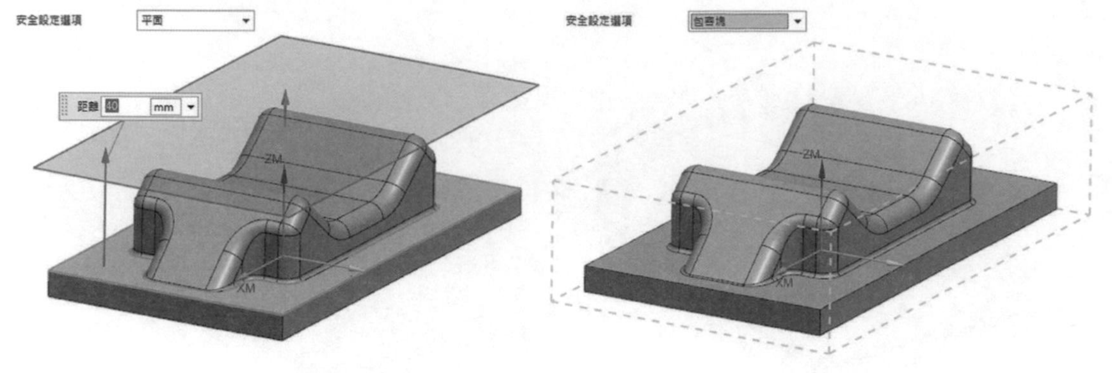

▲圖 5-5-12

⑬ 設定後產生的刀路結果如下圖，提刀距離可依照設定值進行調整。如圖 5-5-13。

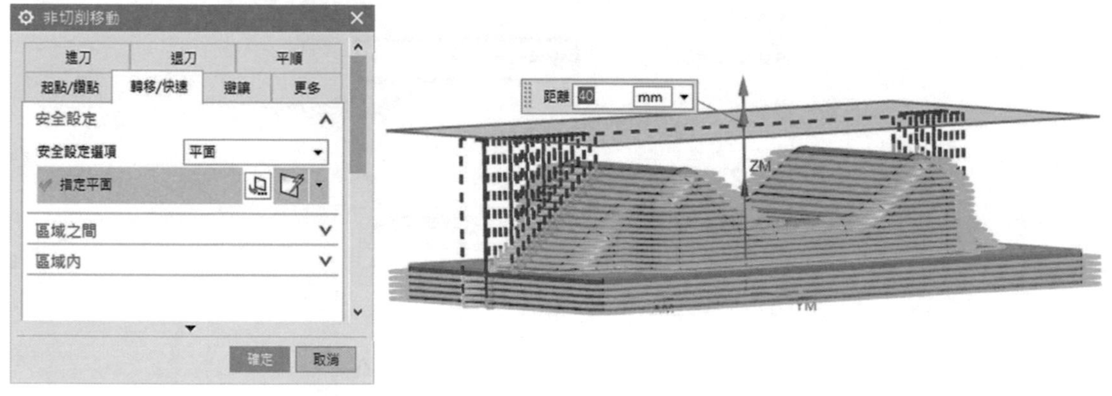

▲圖 5-5-13

⑭在「轉移 / 快速」的對話框中，「區域之間」的轉移可依照使用者定義設置不同區域的安全高度。如圖 5-5-14。

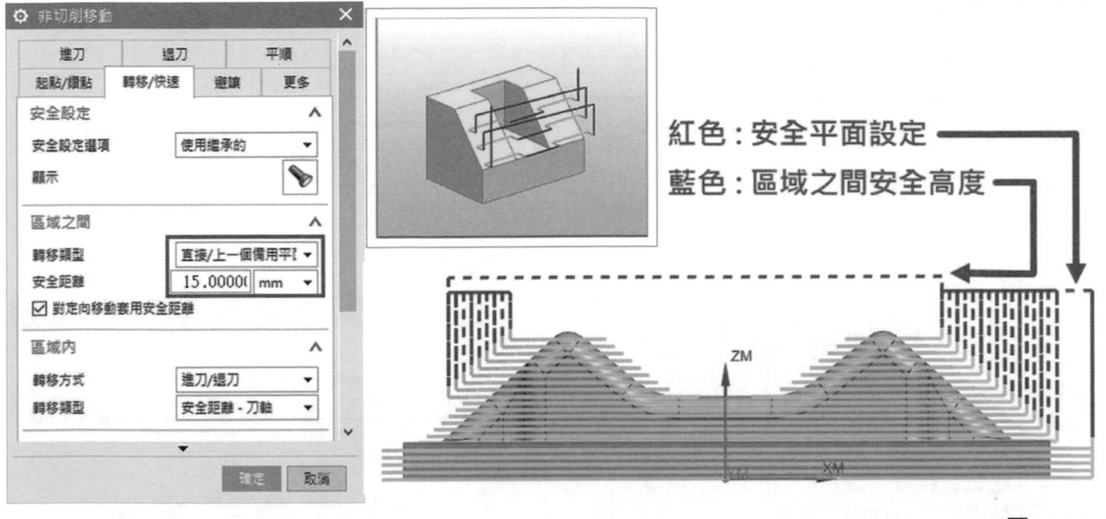

▲圖 5-5-14

⑮在「轉移 / 快速」的對話框中，區域內的轉移可依照使用者定義設置「區域內」的安全高度。如圖 5-5-15。

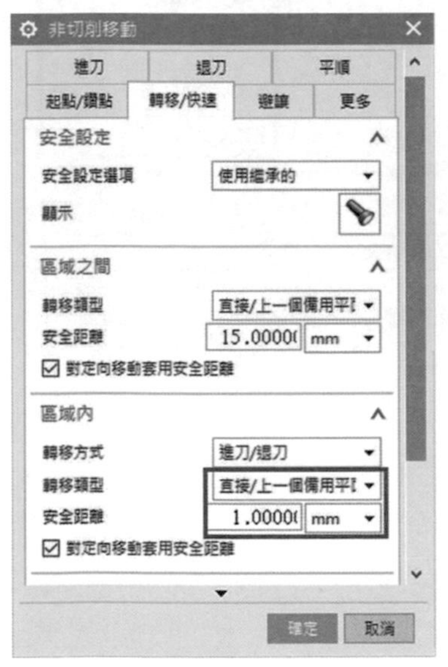

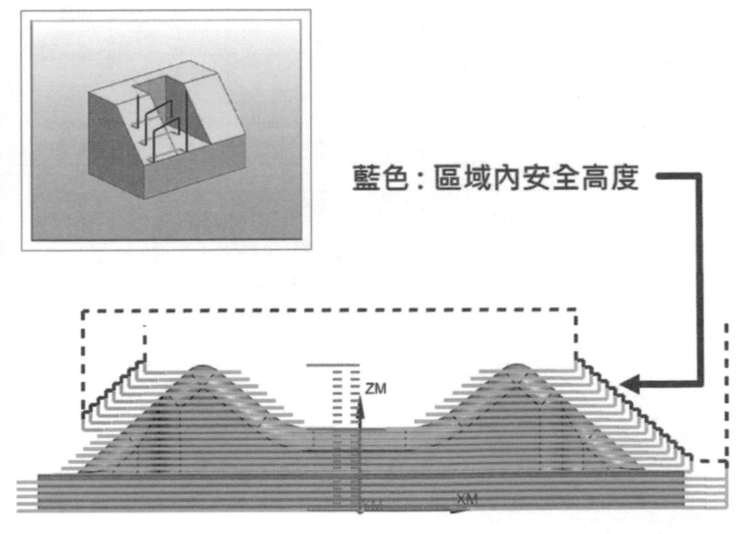

▲圖 5-5-15

5-6 參考刀具等高清角

學習參考刀具等高清角參數設定

❶ 在上一個等高加工點擊右鍵 ➔「插入」➔「工序」，選擇類型「mill_contour」，選取子工序「深度加工轉角 ZLEVEL_CORNER」。如圖 5-6-1。

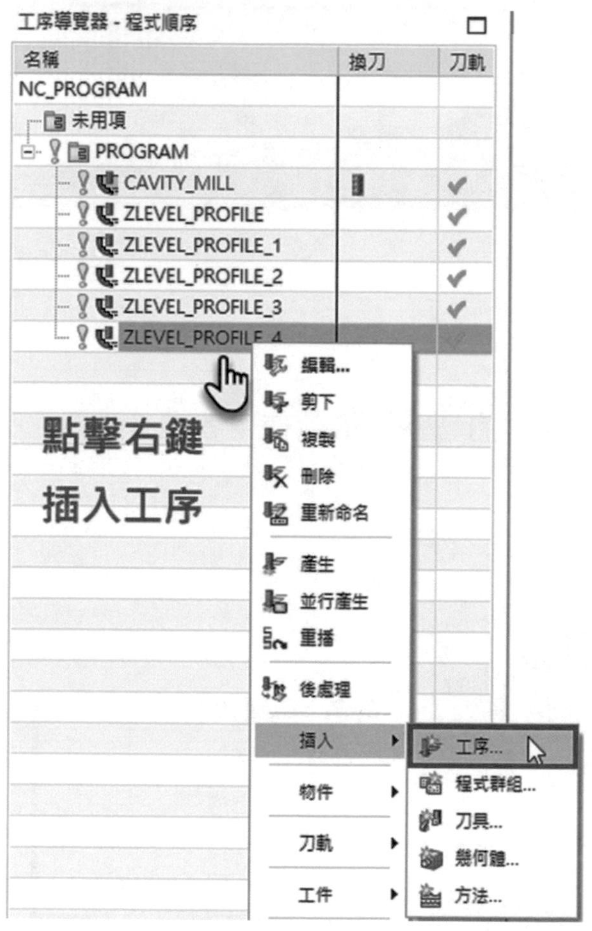

▲圖 5-6-1

❷ 在幾何體的對話框中，點擊指定切削區域，選取加工面。如圖 5-6-2。

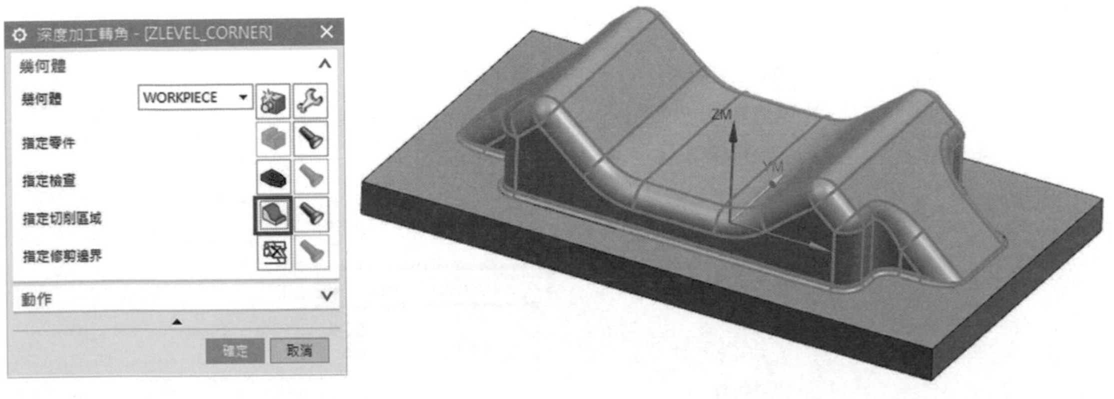

▲圖 5-6-2

❸ 在參考刀具的對話框中，選擇參考刀具為「ED22」的銑刀。如圖 5-6-3。

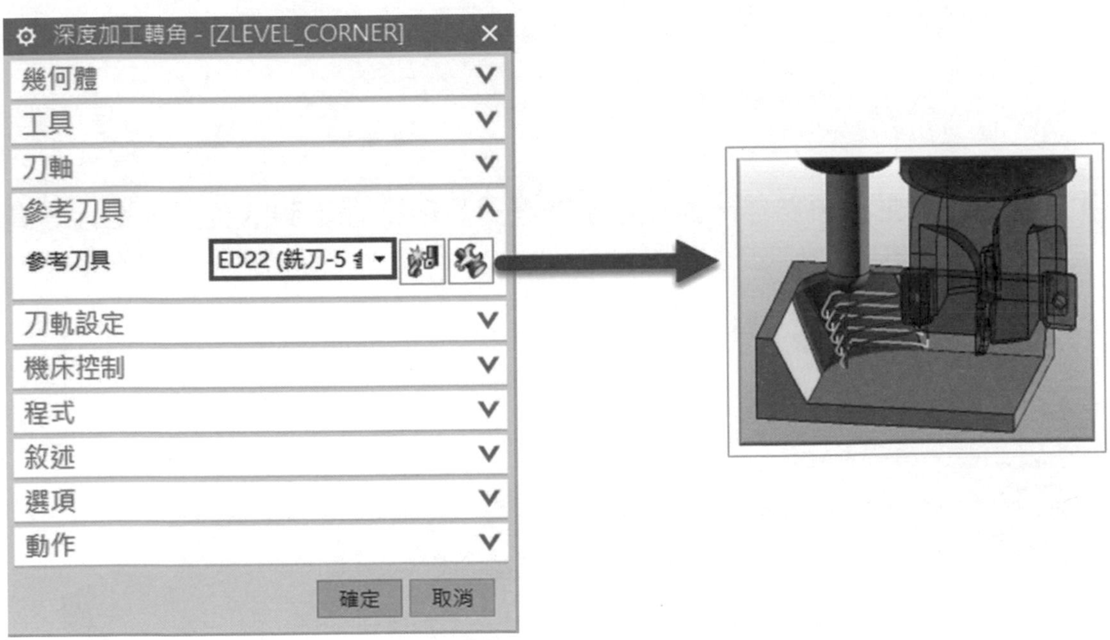

▲圖 5-6-3

❹ 在刀軌設定的對話框中，選擇最大距離為「2mm」。如圖 5-6-4。

▲圖 5-6-4

❺ 透過按鈕產生刀軌路徑，路徑依照參考刀具所清理不到的位置，進行等高加工。如圖 5-6-5。

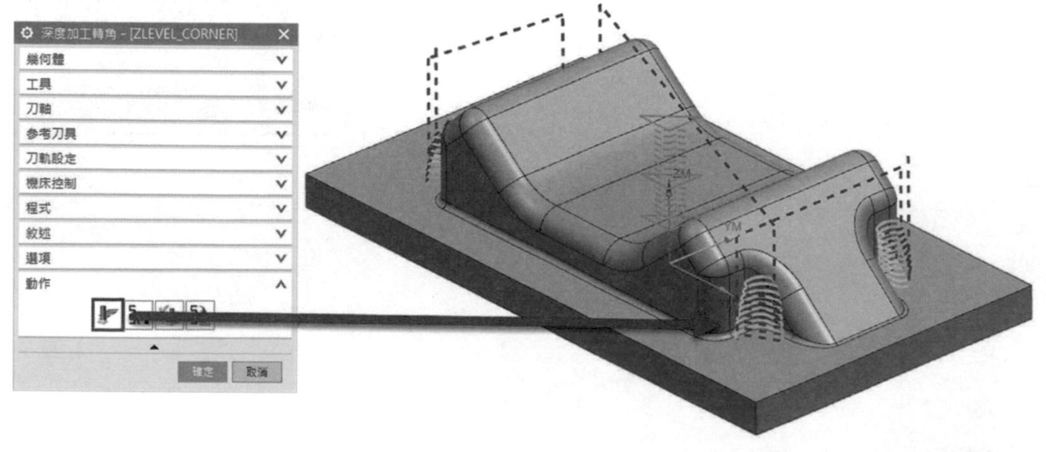

▲圖 5-6-5

❻ 在刀軌設定的對話框中，選擇非切削參數選取「平順」，將「進刀 / 退刀 / 步進」的「取代為平順連線」打勾。如圖 5-6-6。

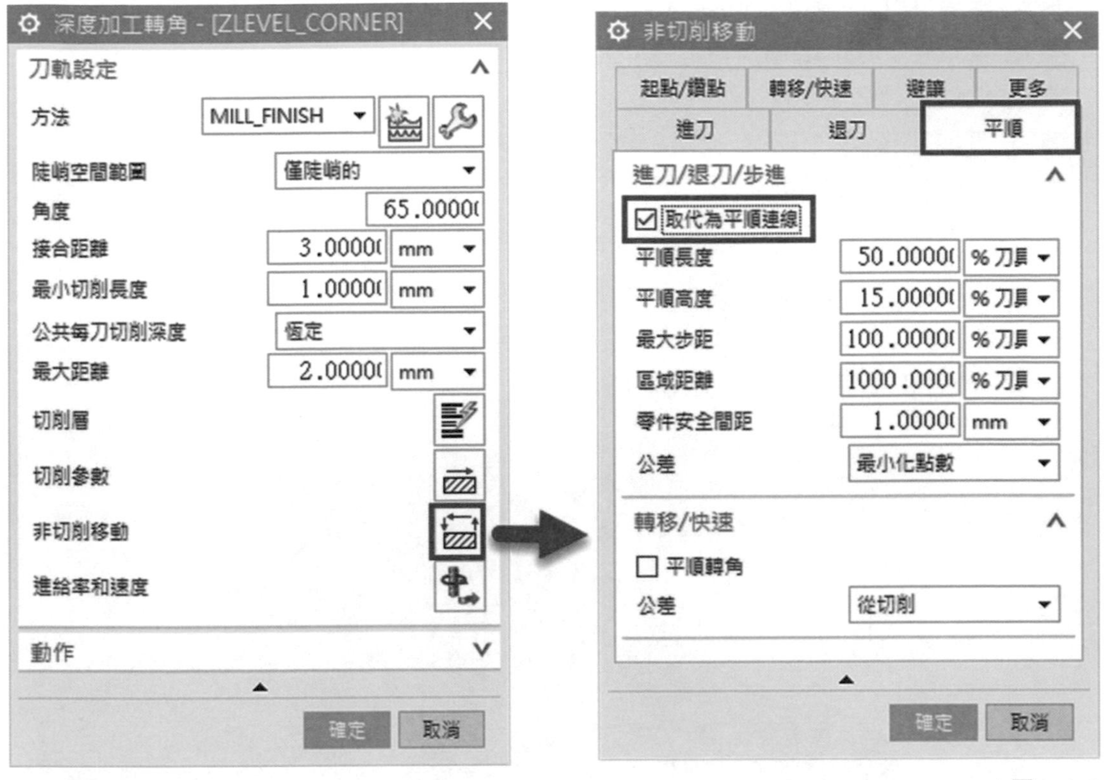

▲圖 5-6-6

❼ 透過按鈕產生刀軌路徑，路徑依照平順進退刀，達到平順參考刀具深度加工。如圖 5-6-7。

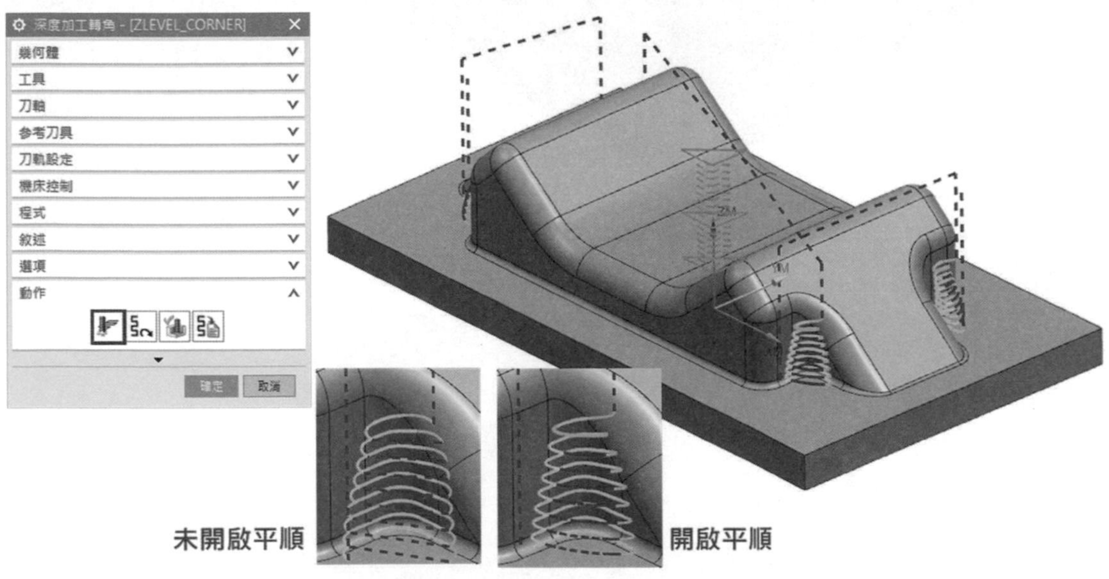

▲圖 5-6-7

練習

❶ 由「檔案」→「開啟」→「NX CAM 標準課程」→「第五章節」→「等高加工 - 實踐練習 .prt」開啟，此加工方法、加工座標系、刀具皆已設置完成。

- 請設定等高加工工法 ZLEVEL_PROFILE
- 刀具使用 T2_ED12_R2。
- 每刀加工深度 1mm。
- 切削層改成最優化。
- 切削參數將在層之間打勾，步距調整為 300%。
- 非切削參數中設定區域點，並設置平順開啟。
- 轉速 3600rpm，進給 1000，產生刀路。如圖 5-6-8。

  驗證：加工時間為 26 分 09 秒

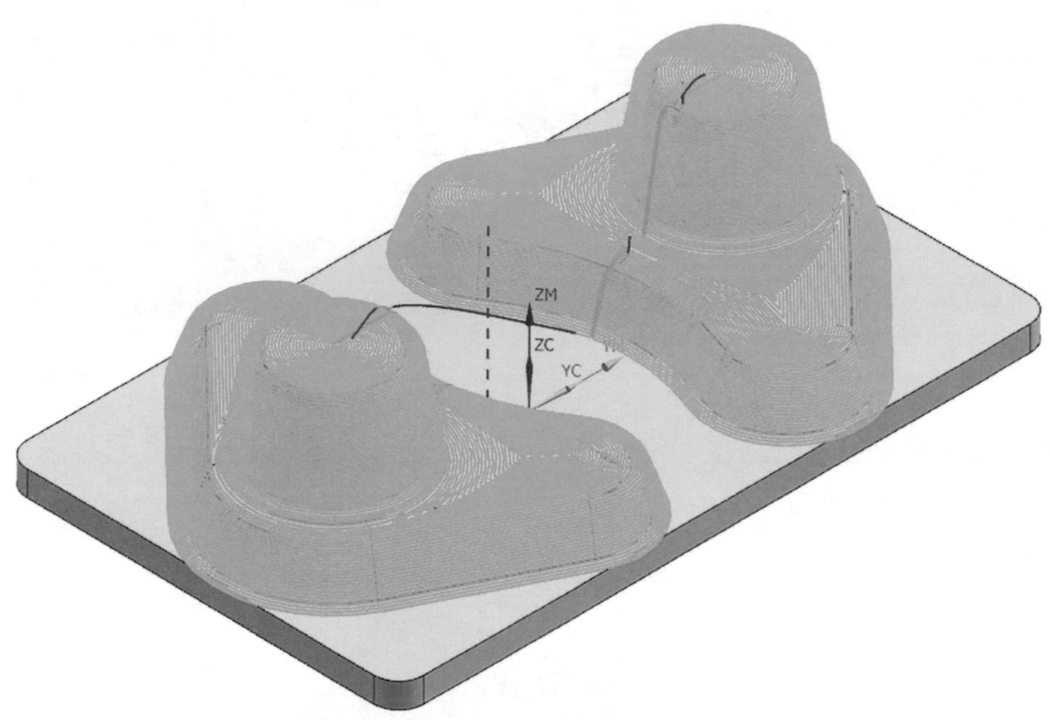

▲圖 5-6-8

CHAPTER

平面工法

章節介紹 藉由此課程，您將會學到：

6-1 平面工法介紹

平面工法概述

平面加工屬於 2D 加工法，加工皆以 X、Y 雙軸向進行平面路徑規劃，可以針對平面、輪廓執行聰慧設置，一般用於 2D、2D 半加工以及半成品加工為主。

平面加工類型

NX CAM 平面加工可依照模型分為二種類型模式的設置

- 實體平面加工 – 以選取 3D 模型底面或壁幾何體的平面加工模式。
- 輪廓平面加工 – 以選取 2D 線段的零件邊界範圍的平面加工模式。

平面加工工法

平面加工工法在我們進入加工環境後，進入程式順序視圖中對 PROGRAM 滑鼠點擊右鍵 ➔「插入」➔「工序」，選擇類型「mill_planar」的工序子類型全部工法。如圖 6-1-1。

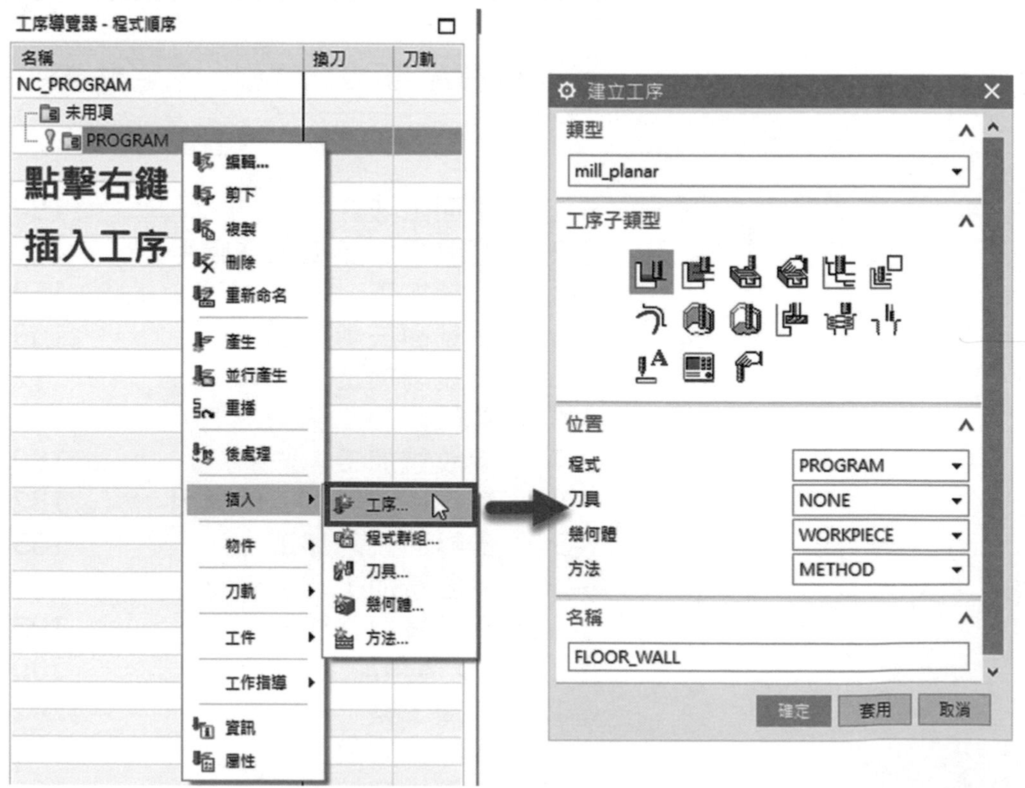

▲圖 6-1-1

平面加工工法敘述介紹

（實體與輪廓備註）

平面加工工法

平面工法	工法名稱	工法敘述
	底壁加工（實體）	同時能夠加工底面、壁以及底面和壁的組合
	帶 IPW 的底壁加工（實體）	辨識 IPW 的平面加工，2D 環境的殘料加工
	使用邊界面銑削（輪廓）	選取邊界進行範圍平面加工
	手動面銑削（實體）	選取區域進行多類型切削模式的平面加工
	平面銑（輪廓）	選取輪廓、面的方式與底面配合的平面加工
	平面輪廓銑（輪廓）	選取輪廓、面的方式與底面配合的輪廓加工
	清理轉角（輪廓）	依照參考刀具進行 2D 轉角的清角
	精加工壁（輪廓）	設置最終的輪廓加工，參數已經設置底面餘量
	精加工底面（輪廓）	設置最終的平面加工，參數已經設置壁的餘量
	槽銑削（實體）	使用 T 型刀與線性溝槽的辨識加工
	孔銑削（實體）	使用平面漸開螺旋進行孔銑削加工
	螺紋銑（實體）	使用銑牙刀進行螺紋加工
A	平面文字（輪廓）	選取平面進行單線體文字加工

6-2 實體平面加工工法應用

學習以選取實體的面幾何，為基礎的平面加工工法類型

範例一

❶ 於「檔案」➔「開啟」➔「NX CAM 標準課程」➔「第六章節」➔「實體平面加工.prt」➔「OK」。如圖 6-2-1。

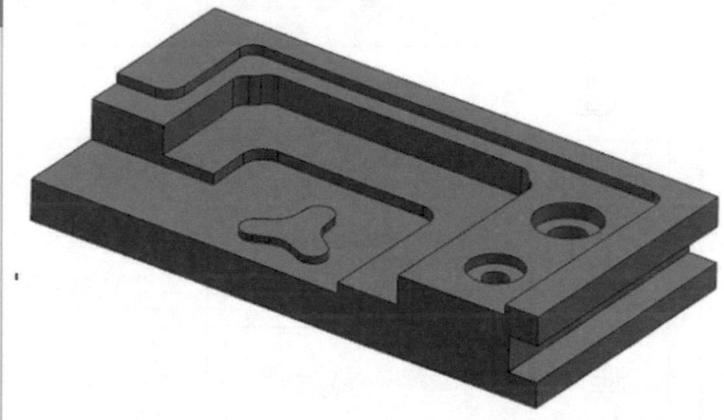

▲圖 6-2-1

6-3 底壁加工

學習底壁加工的功能與操作

❶ 進入程式順序視圖中對 PROGRAM 滑鼠點擊右鍵 ➔「插入」➔「工序」，選擇類型「mill_planar」，選取子工序「底壁加工 FLOOR_WALL」。如圖 6-3-1。

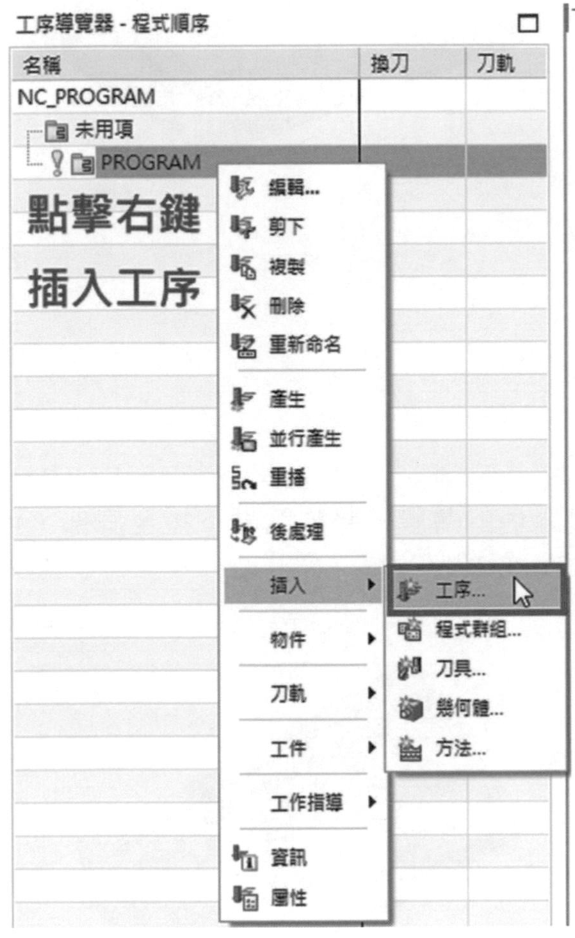

▲圖 6-3-1

❷ 點選確定後，您可以在幾何體的對話框中，點擊指定底面 [icon] 的圖示，然後點選如圖 6-3-2 的區域面。

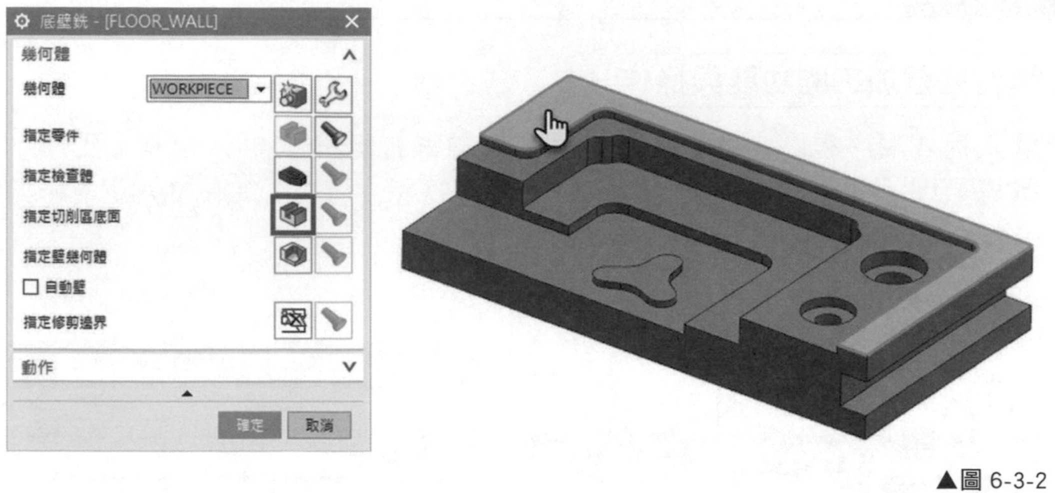

▲圖 6-3-2

❸ 完成後，模型會在選取面上顯示淺綠色的薄膜，將對話框下拉至底部，可透過 [icon] 按鈕點擊左鍵產生刀路。如圖 6-3-3。

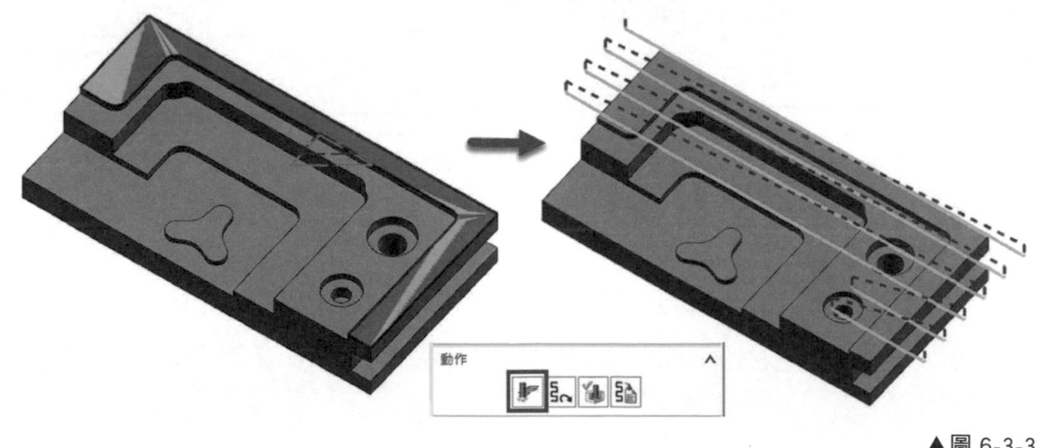

▲圖 6-3-3

❹ 在動作的對話框中，點選確認 按鈕，使用 3D 動態進行刀軌模擬，可以發現加工方式如同淺綠色薄膜的外型進行路徑規劃，但並非如同需求。如圖 6-3-4。

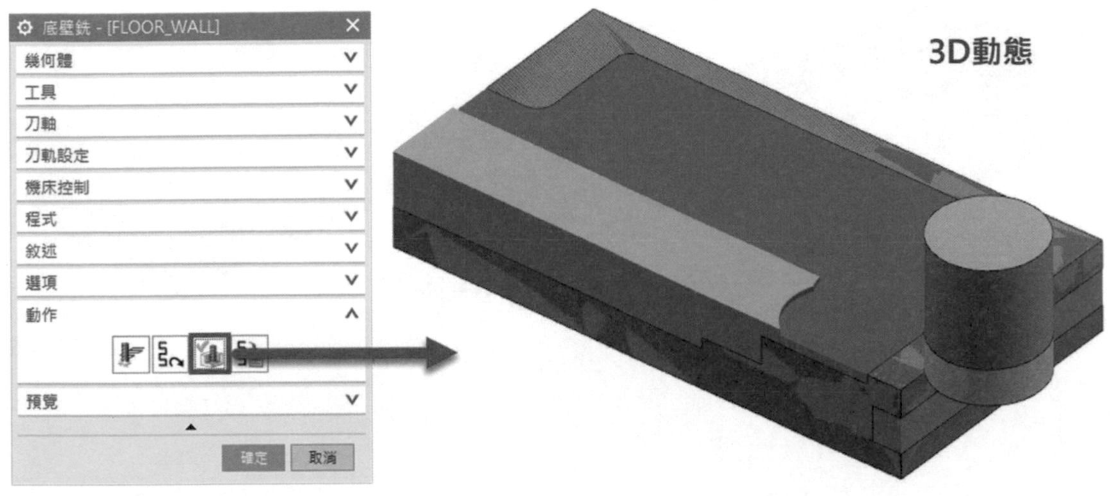

▲圖 6-3-4

❺ 在刀軌設定的對話框中，點擊切削參數選取「空間範圍」，將底面延伸至「零件輪廓」，淺綠色薄膜會自動延伸至零件外型。如圖 6-3-5。

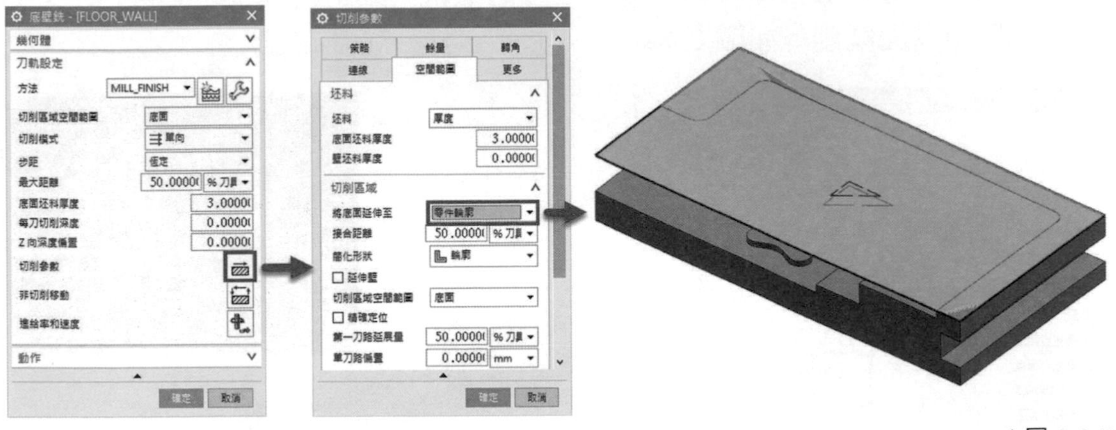

▲圖 6-3-5

❻ 完成後，再將對話框下拉至底部，透過［產生］按鈕產生刀路，並點選確認［確認］按鈕，使用 3D 動態進行刀軌模擬。如圖 6-3-6。

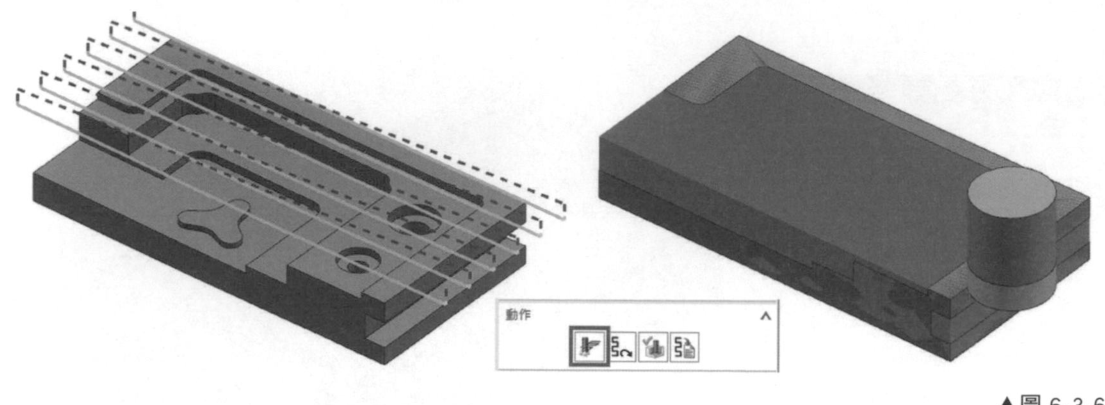

▲圖 6-3-6

❼ 在刀軌設定的對話框中，選擇切削模式為「往復」，選擇底面坯料厚度為「2mm」，每刀切削深度為「1mm」，透過［產生］按鈕產生刀路並確定。此工法應用如同面銑削。如圖 6-3-7。

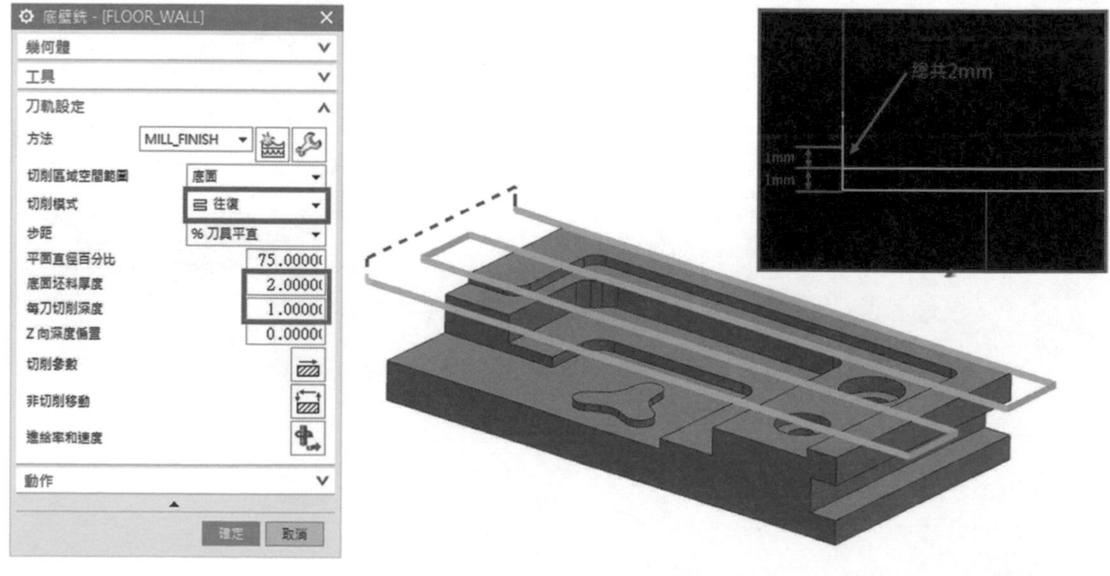

▲圖 6-3-7

底壁加工的剩餘銑設定

❽ 在第一個工法滑鼠點擊右鍵 ➔「插入」➔「工序」，選擇類型「mill_planar」，選取子工序「帶 IPW 的底壁加工 FLOOR_WALL_IPW」。備註 :3D IPW 功能為辨識前一個工法殘料加工，如前面工法沒有殘餘量將無法辨識，系統會報錯) 如圖 6-3-8。

▲圖 6-3-8

❾ 在幾何體的對話框中，點擊指定底面 [圖示] 的圖示，可以選取多個區域面進行平面加工，加工區域有側壁請直接勾選「自動壁」，系統將會自動辨識壁無須再設置防護面。如圖 6-3-9。

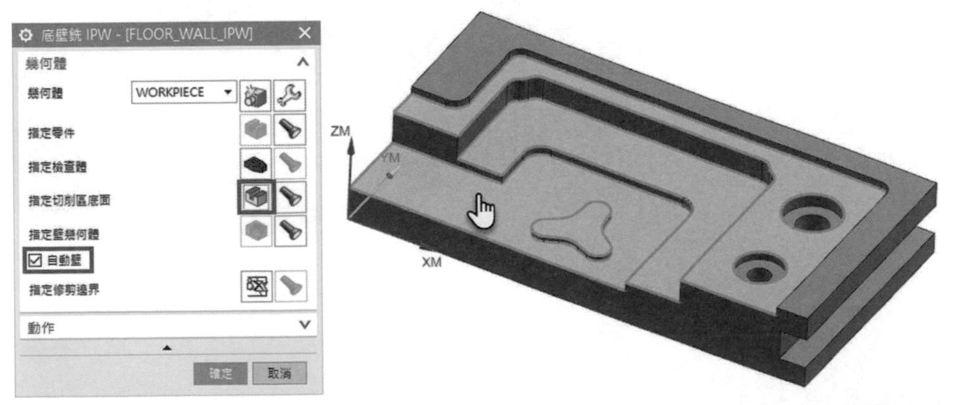

▲圖 6-3-9

⑩ 在刀軌設定的對話框中，選擇切削模式為「跟隨零件」，選擇平面直徑百分比為「50」，每刀切削深度為「2」，點擊切削參數選取餘量，將壁餘量及最終底面餘量設置為「0.5」，完成後點擊確定。如圖 6-3-10。

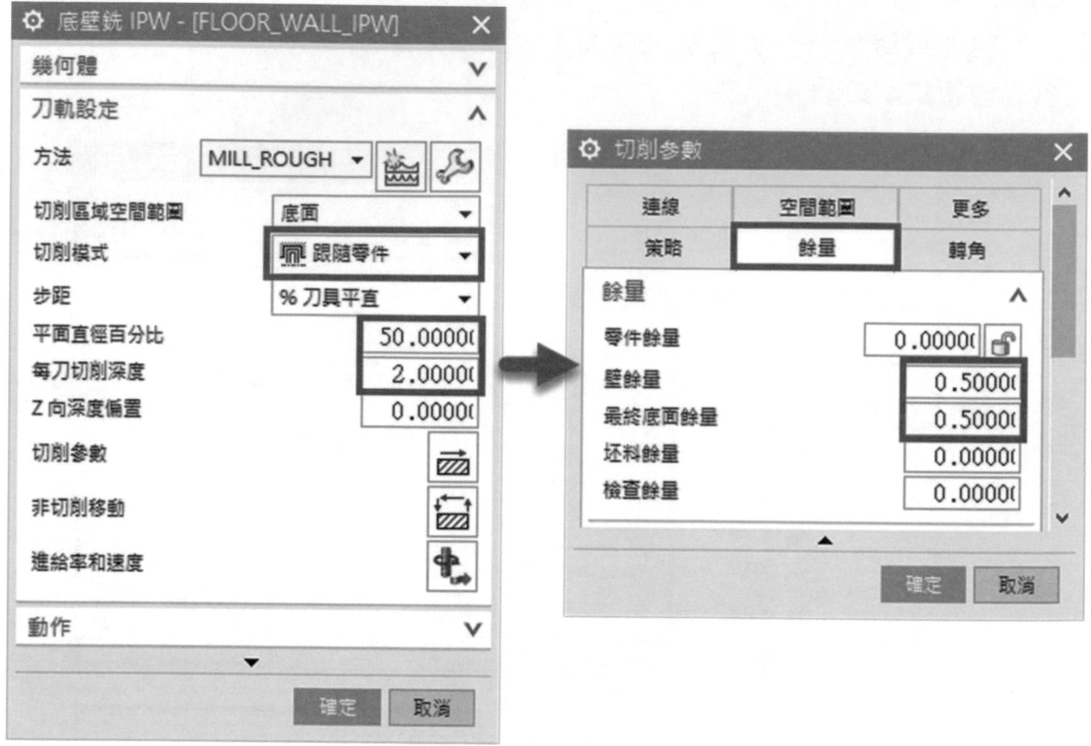

▲圖 6-3-10

⑪ 確定後透過按鈕產生刀軌路徑，即可將大量殘料進行加工。此工法應用如同平面粗加工銑削。如圖 6-3-11。

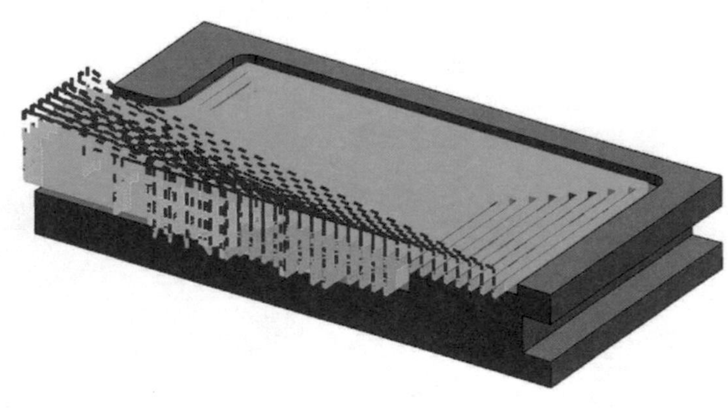

▲圖 6-3-11

⑫確定後透過 按鈕模擬刀軌路徑，並可顯示加工後底面與側壁殘餘量 0.5mm 檢視。如圖 6-3-12。

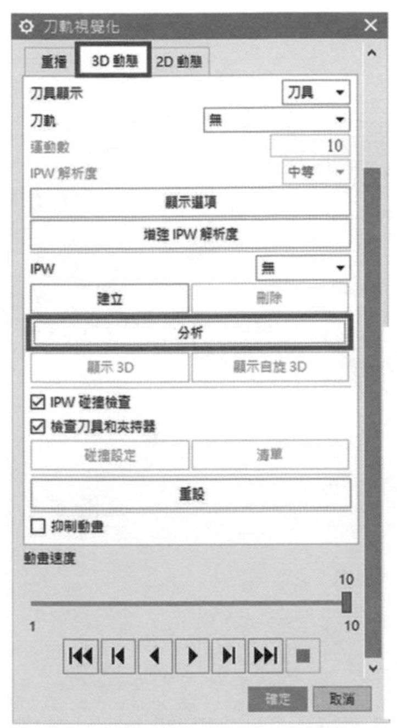

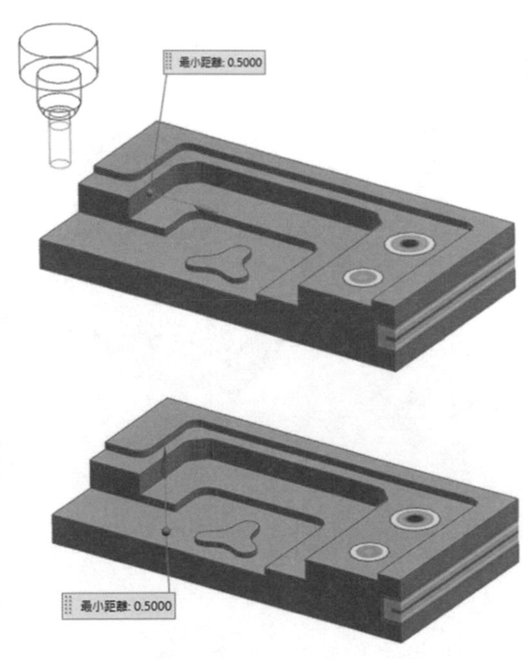

▲圖 6-3-12

底壁加工的其他設定

⑬在第一個工法滑鼠點擊右鍵 ➔「插入」➔「工序」，選擇類型「mill_planar」，選取子工序「底壁加工 FLOOR_WALL」。如圖 6-3-13。

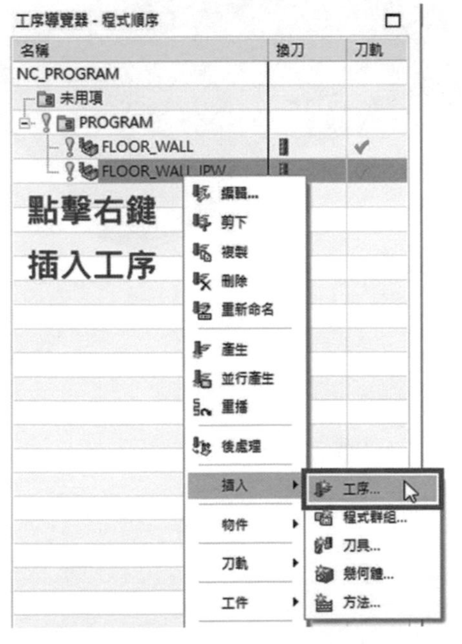

▲圖 6-3-13

⑭在幾何體的對話框中，點擊指定底面[icon]的圖示，可以選取多個區域面進行平面加工（底面為綠色亮顯檢視），確定後將自動壁打勾（側壁為藍色亮顯檢視）。如圖 6-3-14。

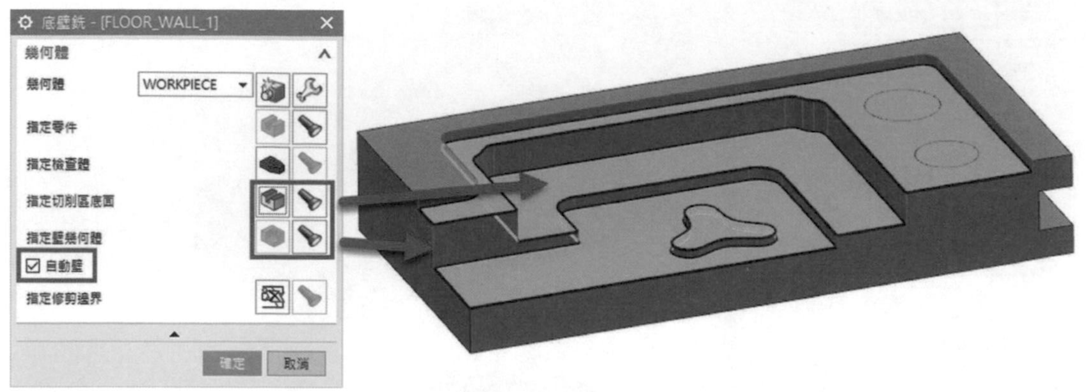

▲圖 6-3-14

⑮在刀軌設定的對話框中，選擇切削模式為「跟隨零件」，點擊切削參數選取「空間範圍」，將刀具延展量設置「100%」，確定後透過[icon]按鈕產生刀路，可針對區域平面向外延伸銑削。如圖 6-3-15。

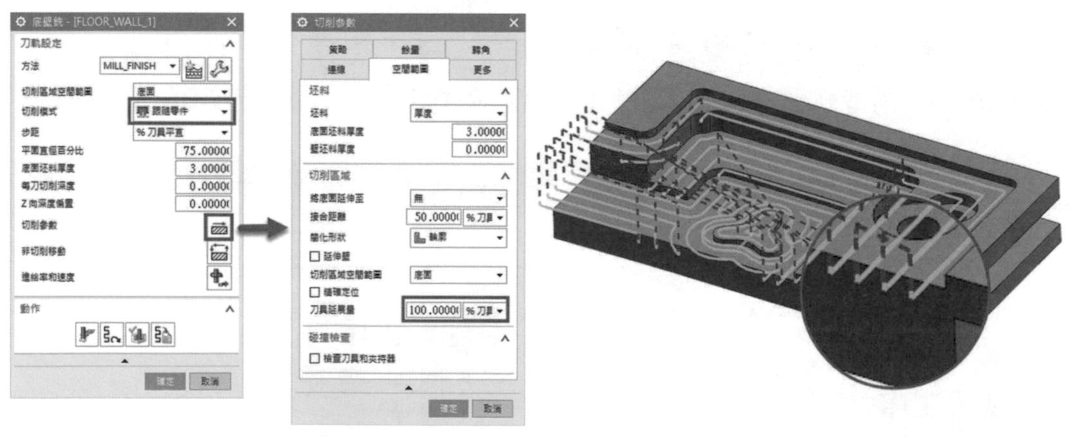

▲圖 6-3-15

底壁加工的餘量設定

⑯ 假設要設定側壁餘量，可以在幾何體的對話框中，將「自動壁」打勾。並在切削參數設置壁餘量「0.2mm」，確定後顯示紫色薄膜，底面餘量「0mm」。如圖 6-3-16。

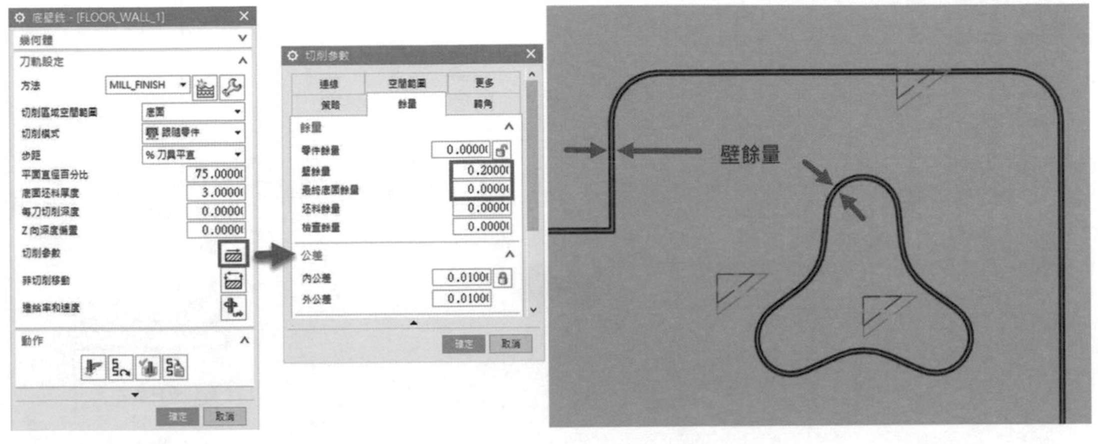

▲圖 6-3-16

⑰ 確定後透過 按鈕產生刀軌路徑，可針對側壁加入 0.2 餘量，底面 0 餘量檢視。如圖 6-3-17。

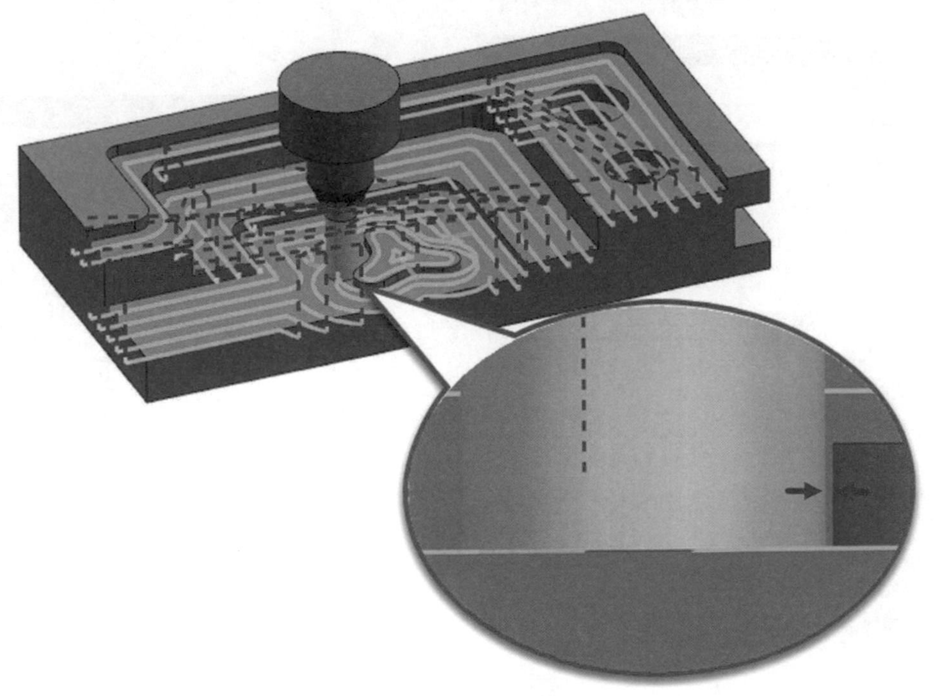

▲圖 6-3-17

底壁加工的輪廓精修設定

⑱ 對「FLOOR_WALL_1」工法點擊右鍵選擇「複製」，再次點擊右鍵選擇「貼上」，產生「FLOOR_WALL_1_COPY」。如圖 6-3-18。

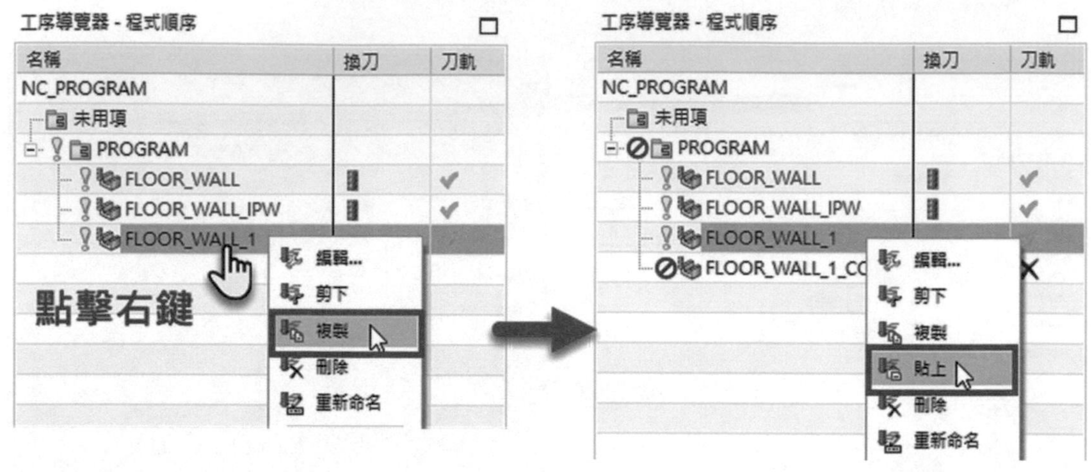

▲圖 6-3-18

⑲ 對「FLOOR_WALL_1_COPY」工法滑鼠點擊右鍵兩下
在工對話框中選取刀具為「ED10」，在刀軌設定對話框中切削模式選取「輪廓」。切削參數壁與底面餘量皆設為「0mm」。如圖 6-3-19。

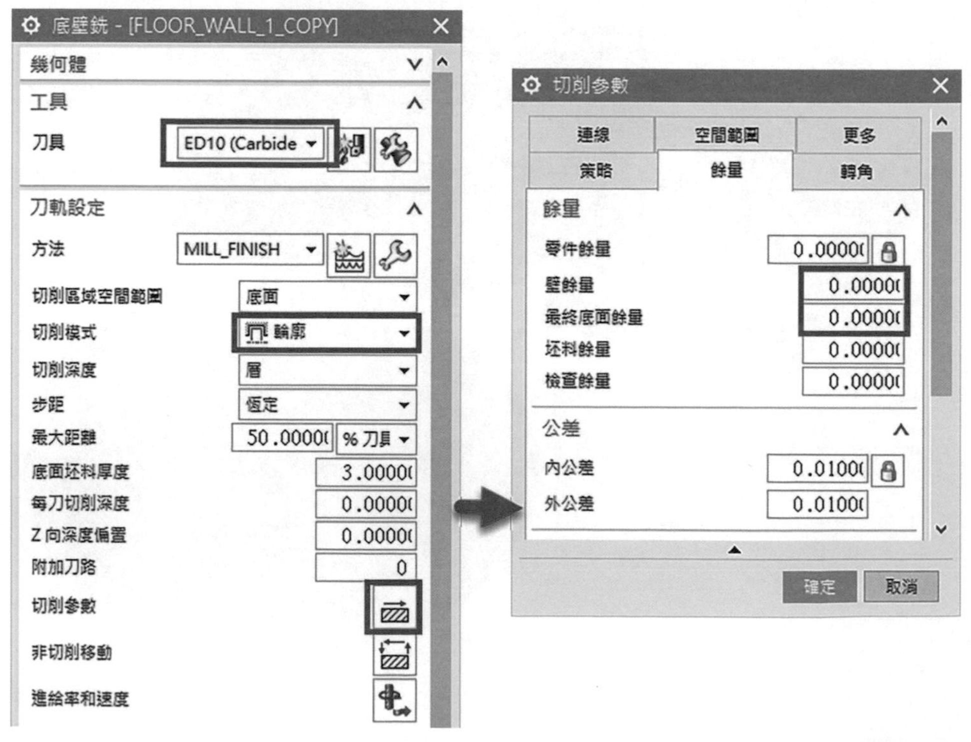

▲圖 6-3-19

⑳ 確定後透過 [icon] 按鈕產生刀軌路徑，可完成側壁輪廓精修。如圖 6-3-20。

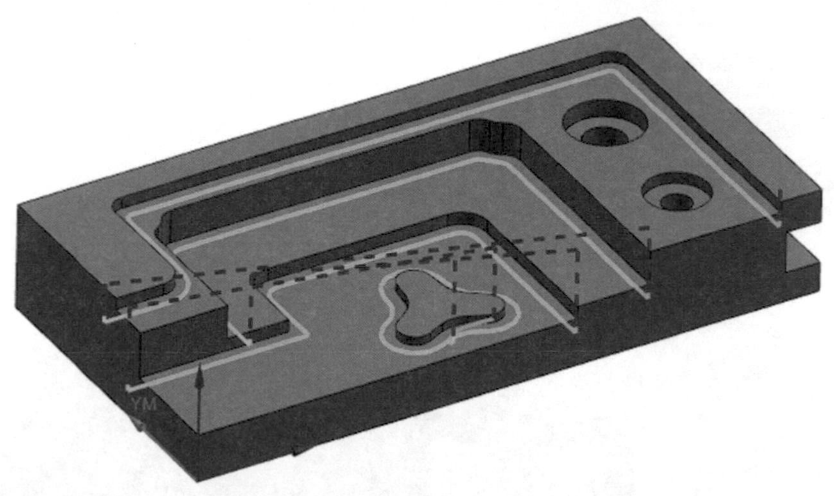

▲圖 6-3-20

6-4 手動面銑削

學習手動面銑削的功能與操作

❶ 在上一個加工滑鼠點擊右鍵 ➔「插入」➔「工序」，選擇類型「mill_planar」，選取子工序「手動面銑削 FACE_MILLING_MANUAL」。如圖 6-4-1。

▲圖 6-4-1

❷ 在幾何體的對話框中，點擊指定切削區域 的圖示，選取面。切削面如有側壁，請記得將「自動壁」勾選。在刀軌設定的對話框中切削模式預設將為「混合」。如圖 6-4-2。

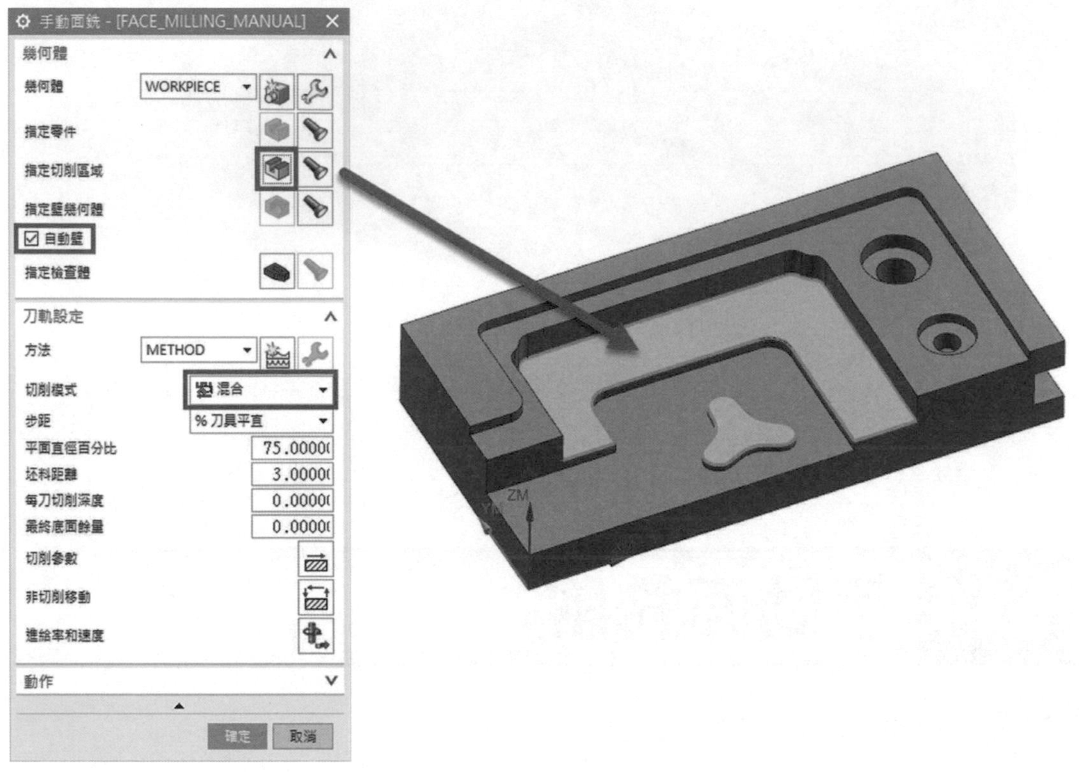

▲圖 6-4-2

❸ 確定後，透過 按鈕產生刀軌路徑。此時會跳出手動選取切削模式的對話框，後續可依照選取的面區域，個別進行切削模式的設定。選取到的區域模型邊界將會呈現棕色亮顯的顯示。如圖 6-4-3。

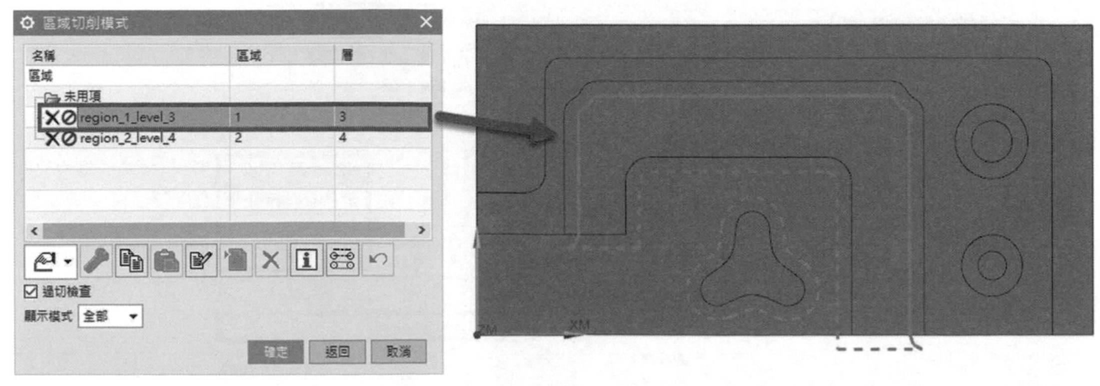

▲圖 6-4-3

❹ 將選取的兩個區域，分別設定為「跟隨周邊」以及「跟隨零件」的兩種切削模式。並點擊確定，完成選取。如圖 6-4-4。

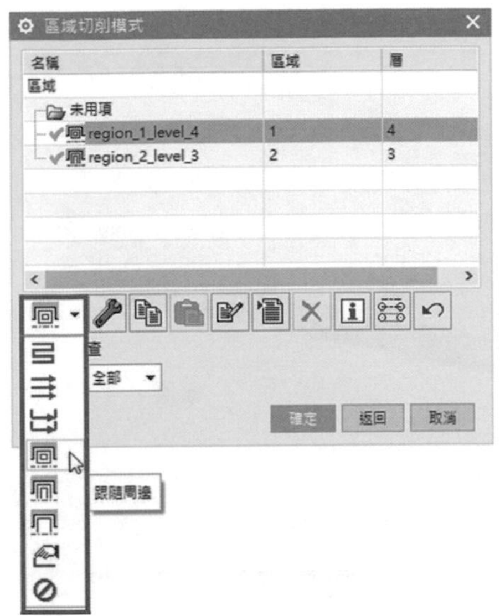

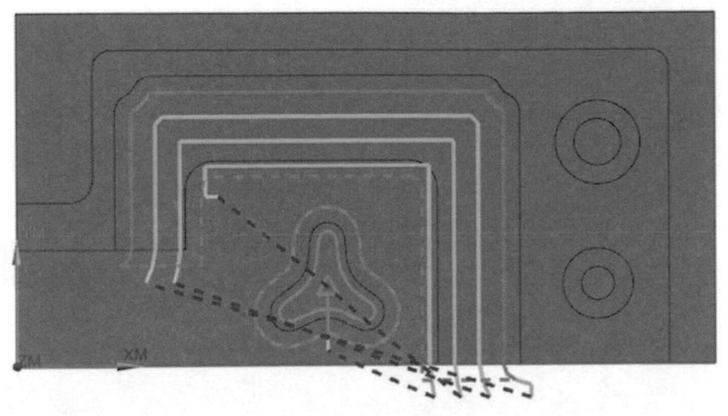

▲圖 6-4-4

❺ 確定後，模型上會呈現刀路預覽圖，後續再點選確定即可。假設切削模式希望重新編輯調整，可以透過 按鈕點擊進入編輯。如圖 6-4-5。

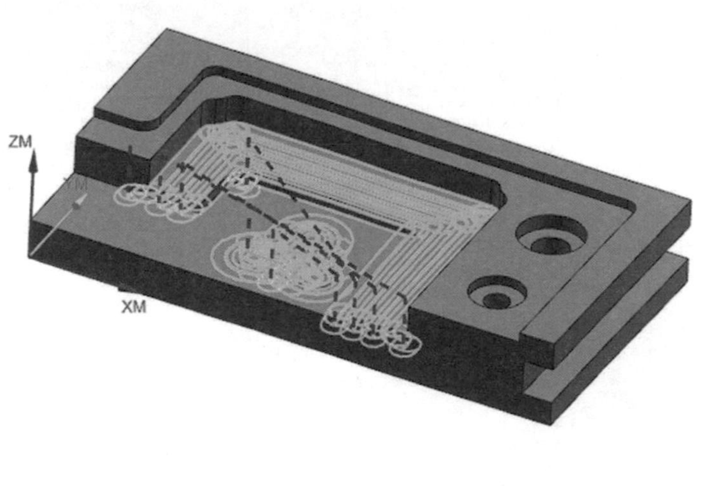

▲圖 6-4-5

❻ 後續可在手動面銑削的工法上滑鼠點擊左鍵，預覽即為刀具路徑。如圖 6-4-6。

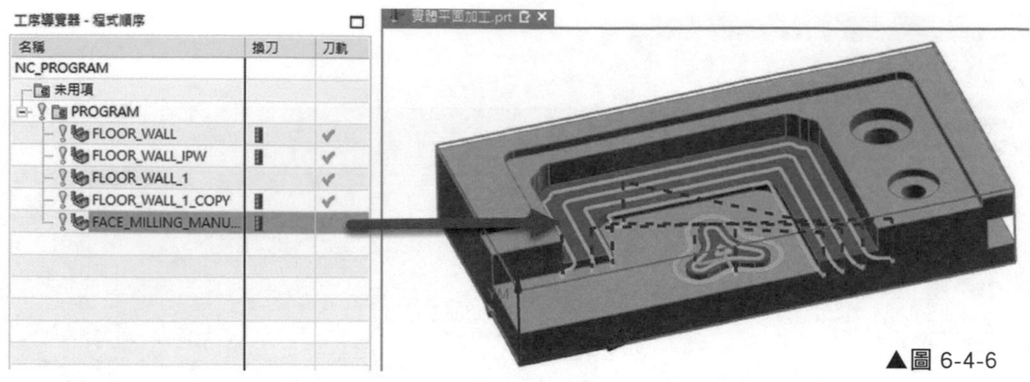

▲圖 6-4-6

6-5 槽銑削加工

學習槽銑削加工的功能與操作

❶ 進入程式順序視圖中對 PROGRAM 滑鼠點擊右鍵 ➔「插入」➔「工序」，選擇類型「mill_planar」，選取子工序「槽銑削加工 GROOVE_MILLING」。如圖 6-5-1。

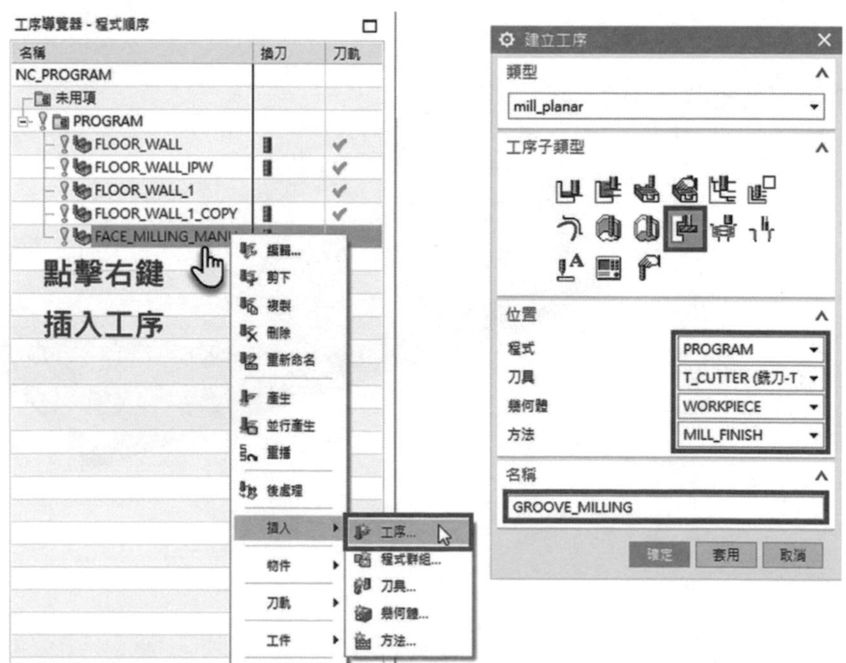

▲圖 6-5-1

❷ 在幾何體的對話框中，點擊指定槽幾何體 [icon] 的圖示，設置「底部 / 頂層」餘量與壁餘量為「0.5mm」，點擊加工溝槽系統立即呈現預覽。如圖 6-5-2。

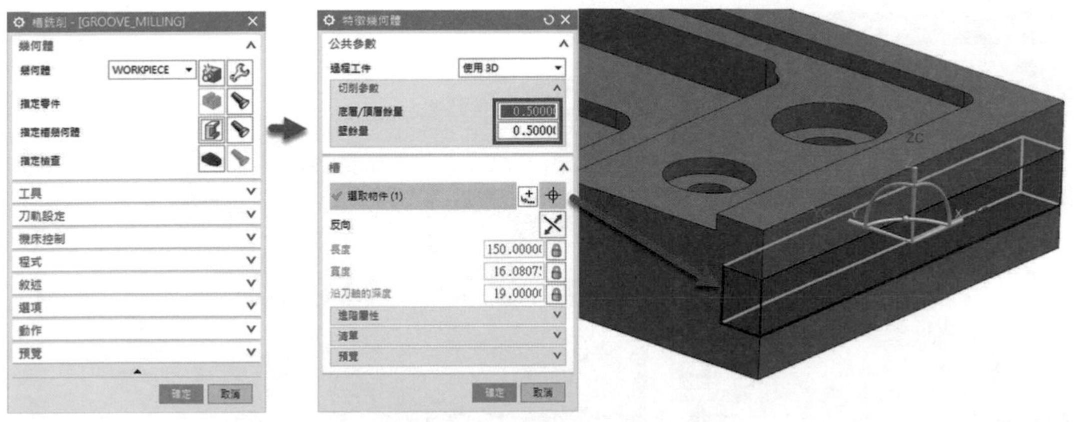

▲圖 6-5-2

❸ 在刀軌設定的對話框中，點擊切削層設置層排序為「中間層到頂層再到底層」，選擇每刀切削深度為「刀路」，設定刀路數為「5」。如圖 6-5-3。

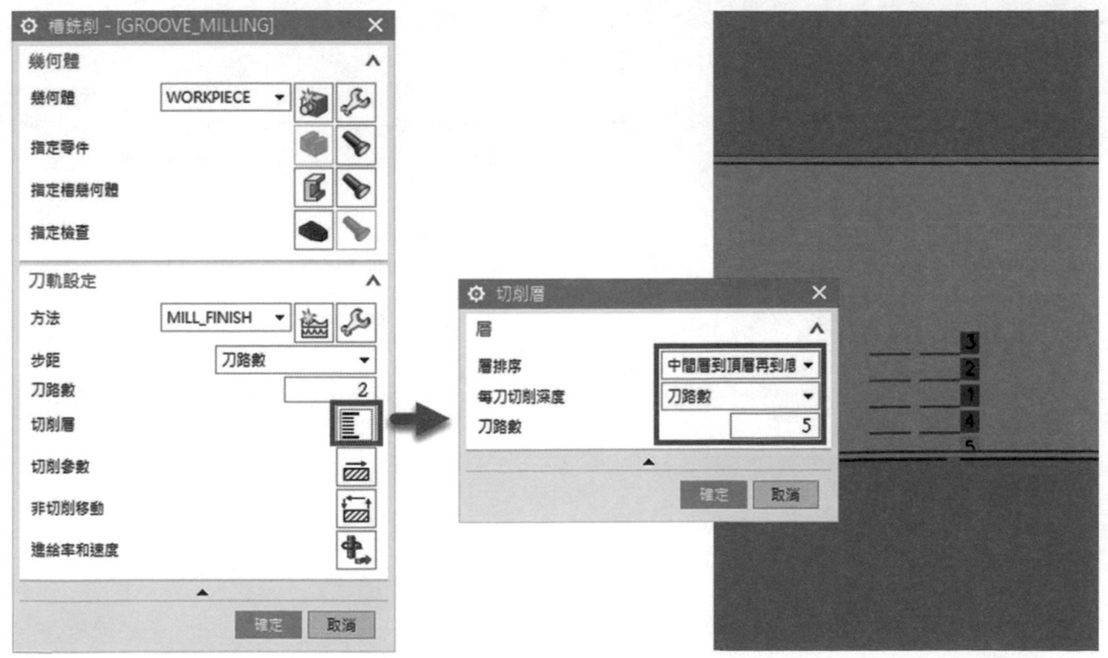

▲圖 6-5-3

❹ 透過 按鈕產生刀軌路徑，即為槽銑削加工。由於刀軌設定的步距為「刀路數」與刀路數為「2」，所以側向將分成兩刀路執行加工。如圖 6-5-4。

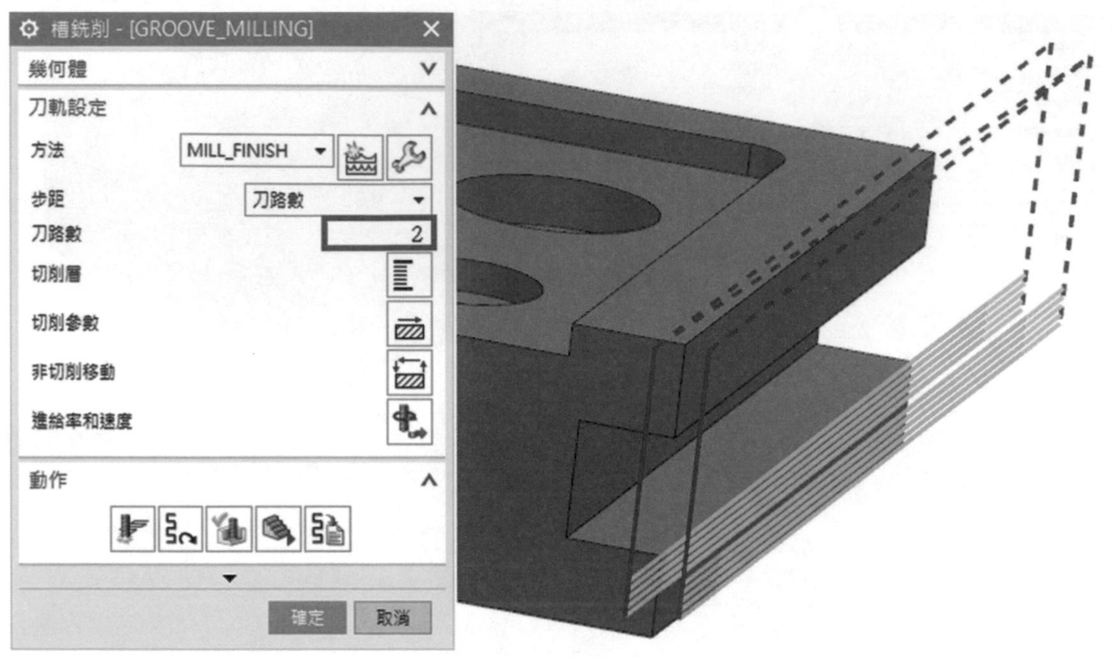

▲圖 6-5-4

槽銑削加工的精切削

❺ 在第一個槽銑削加工滑鼠點擊右鍵 ➔「複製」，再點擊右鍵 ➔「貼上」，透過槽銑削加工建立精切削。如圖 6-5-5。

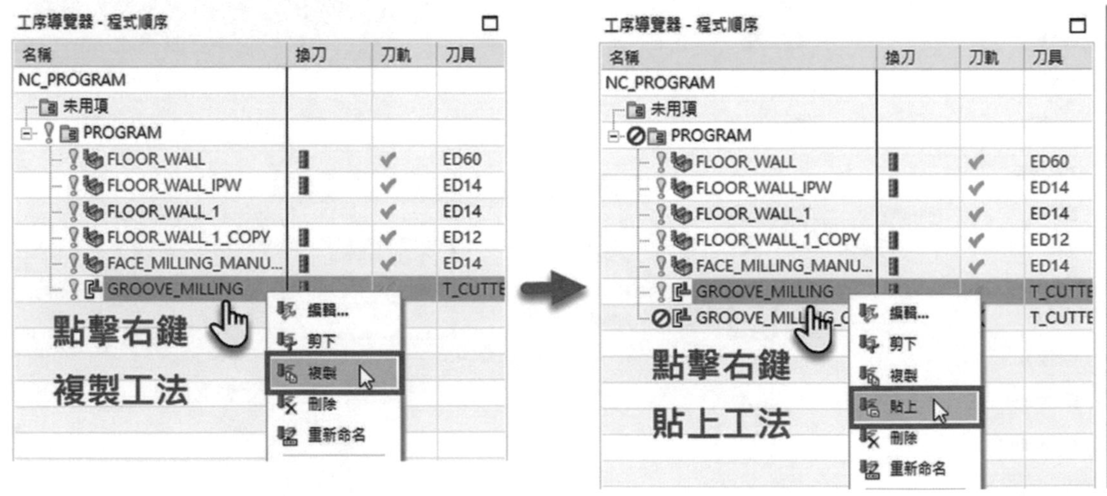

▲圖 6-5-5

❻ 在幾何體的對話框中，點擊指定槽幾何體 的圖示，設置「底部 / 頂層」餘量與壁餘量為「0mm」，點擊加工溝槽呈現預覽。如圖 6-5-6。

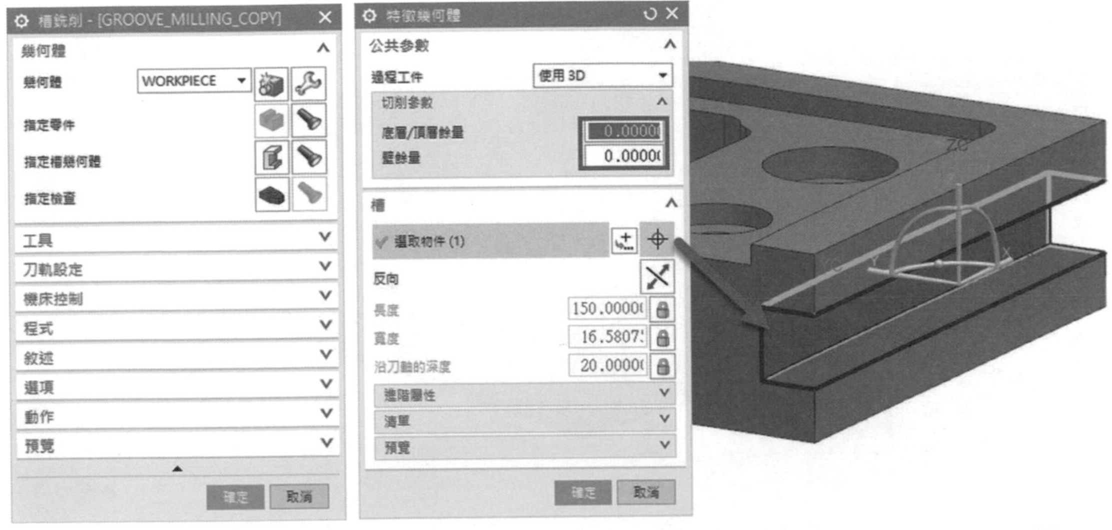

▲圖 6-5-6

❼ 在刀軌設定的對話框中，將刀路數設置為「1 刀」，點擊切削層設置刀路數為「3」。如圖 6-5-7。

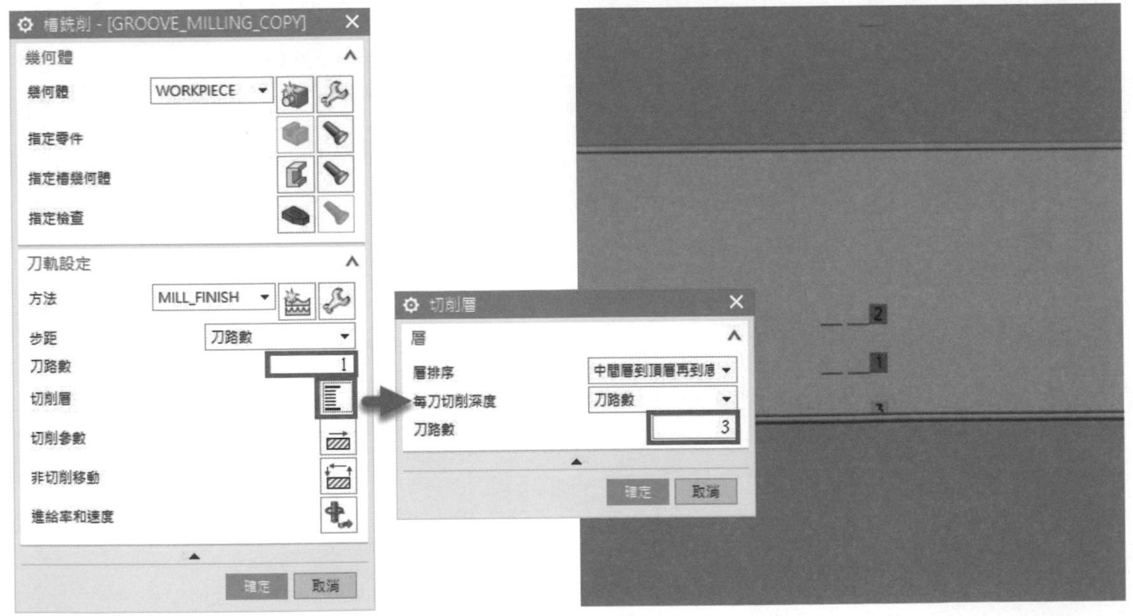

▲圖 6-5-7

❽ 透過 按鈕產生刀軌路徑，即為槽銑削精加工。如圖 6-5-8。

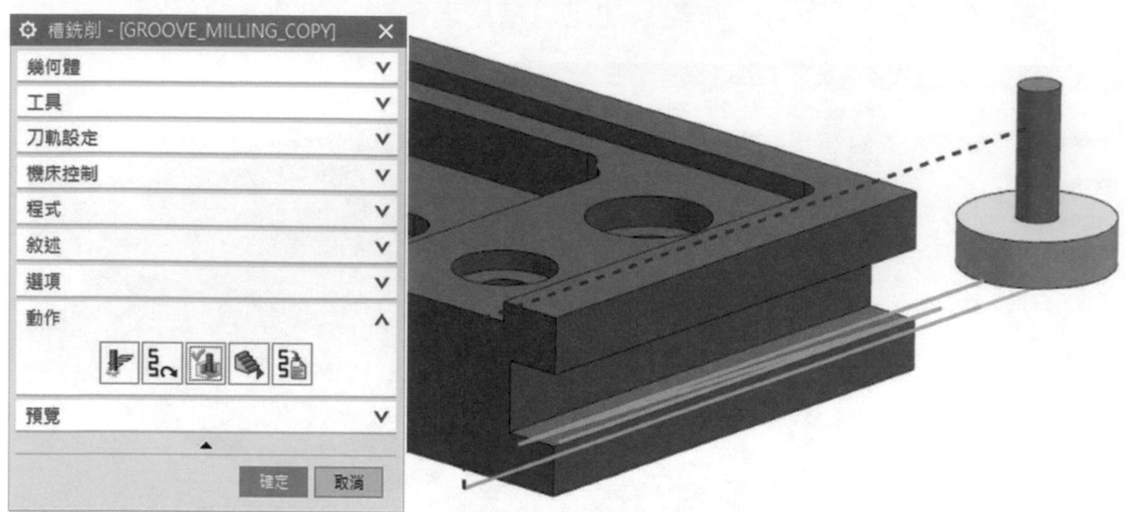

▲圖 6-5-8

6-6 孔銑削加工

學習孔銑削加工的功能與操作

❶ 在第二個槽銑削加工滑鼠點擊右鍵 ➔「插入」➔「工序」，選擇類型「mill_planar」，選取子工序「孔銑削加工 HOLE_MILLING」。如圖 6-6-1。

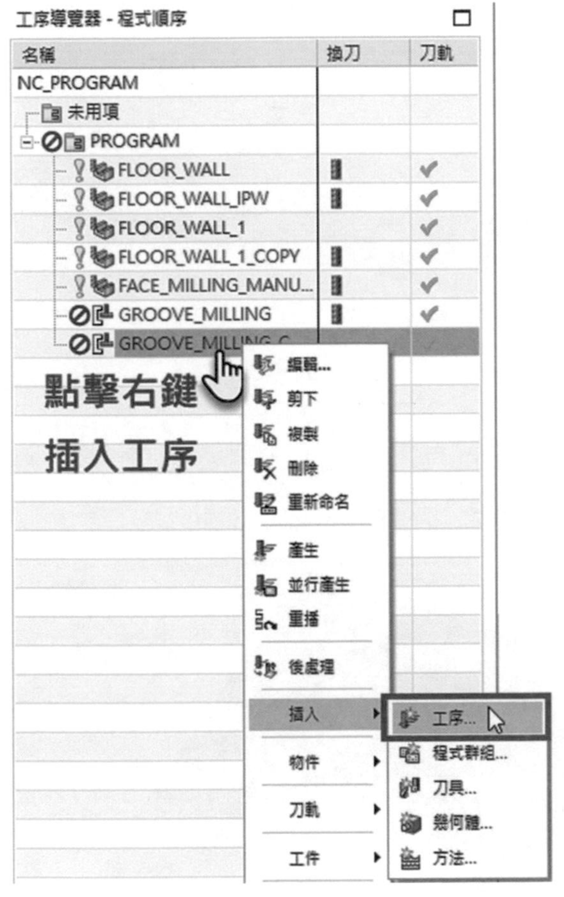

▲圖 6-6-1

❷ 在幾何體的對話框中，點擊指定孔幾何體 的圖示，可同時選擇沉頭孔上部圓孔的二個大小不同的孔，清單將會顯示直徑與深度，注意 Z 軸必須向上方向。如圖 6-6-2。

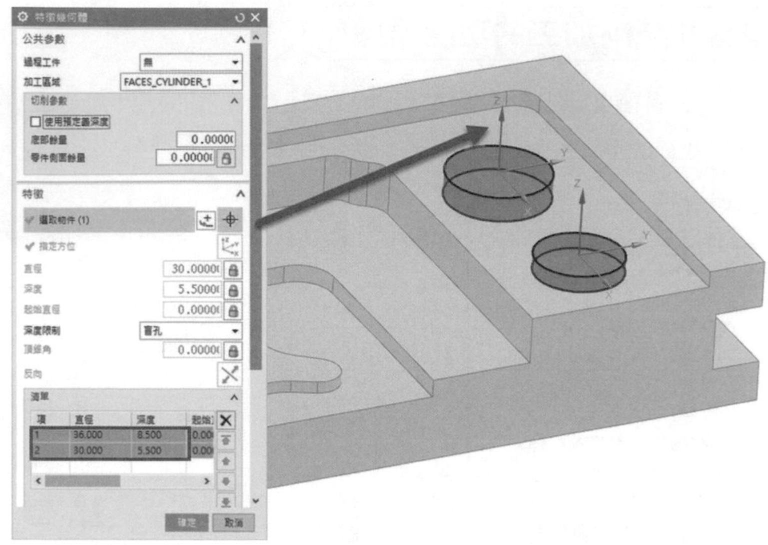

▲圖 6-6-2

❸ 在刀軌設定的對話框中，將切削模式設置為「螺旋」，再透過 按鈕產生刀軌路徑，即為孔銑削加工。如圖 6-6-3。

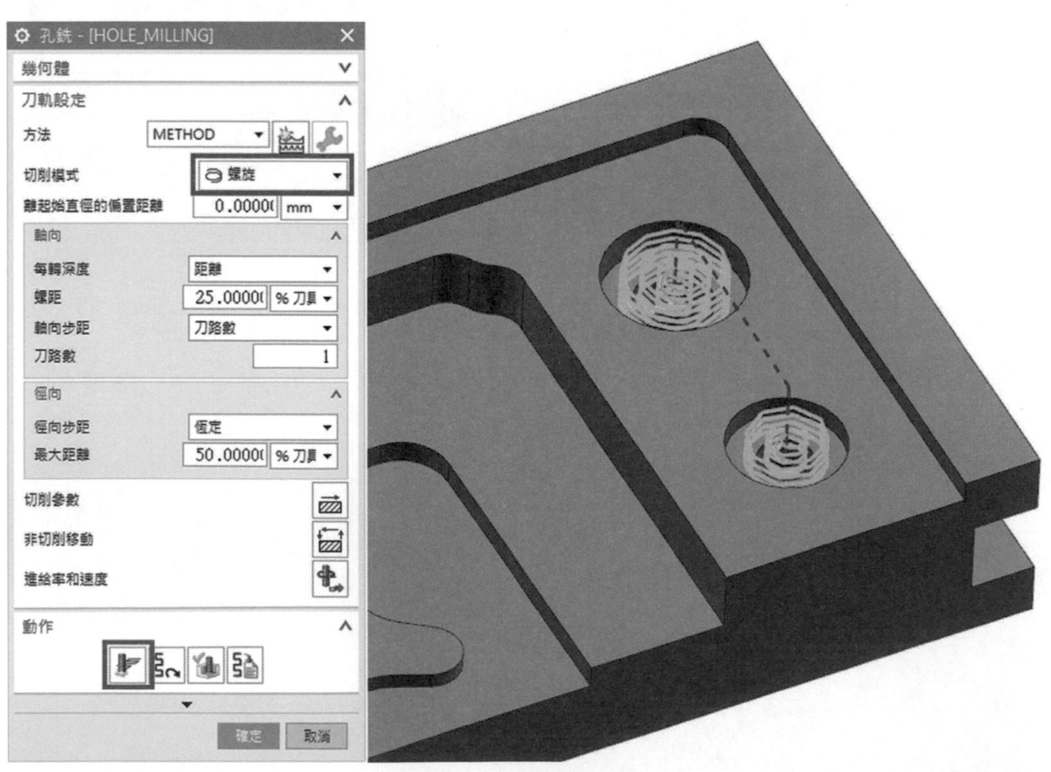

▲圖 6-6-3

❹ 沉頭孔下部圓孔加工，重新建立一個孔銑削工序，請參考步驟 1。點擊指定孔幾何體 的圖示，加工區域請選擇 FACES_CYLINDER2，即可完成下部圓孔加工設置。如圖 6-6-4。

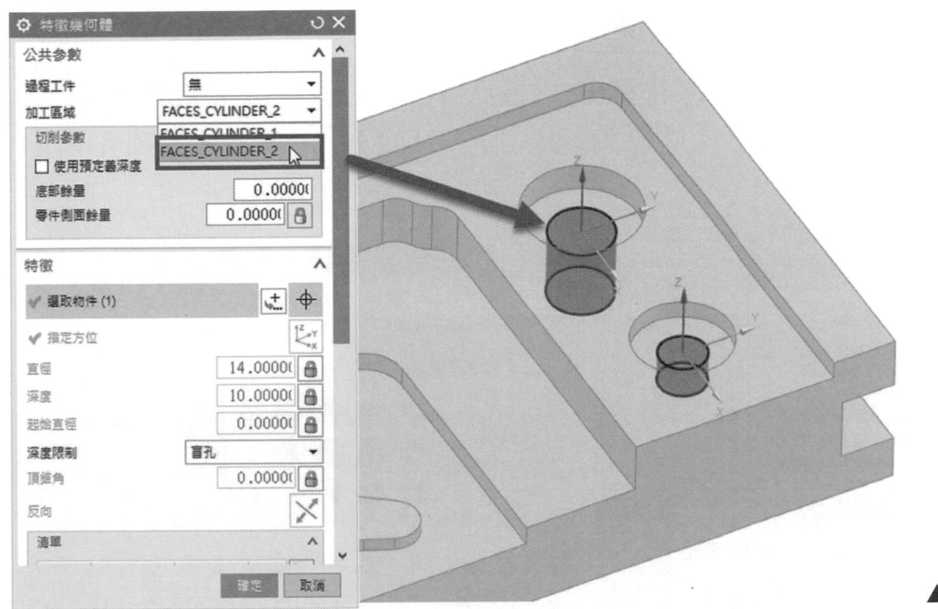

▲圖 6-6-4

❺ 在刀軌設定的對話框中，將切削模式設置為「螺旋」，再透過 按鈕產生刀軌路徑，即為孔銑削加工。如圖 6-6-5。

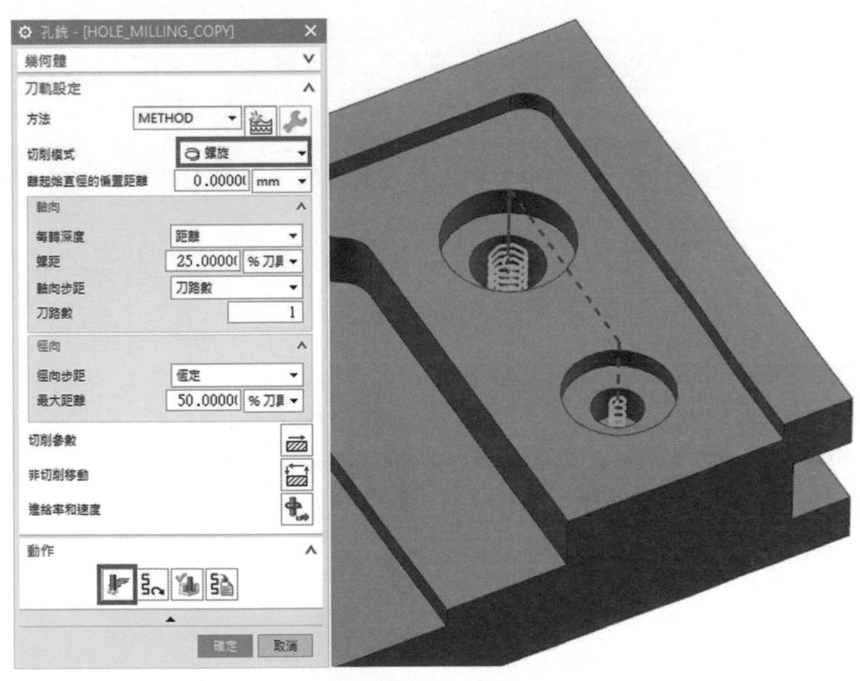

▲圖 6-6-5

※ 詳細的孔銑削加工參數將於孔加工類型中介紹。

6-7 螺紋銑加工

學習螺紋銑加工的功能與操作

❶ 在孔銑削加工滑鼠點擊右鍵 ➔「插入」➔「工序」，選擇類型「mill_planar」，選取子工序「螺紋銑加工 THREAD_MILLING」。如圖 6-7-1。

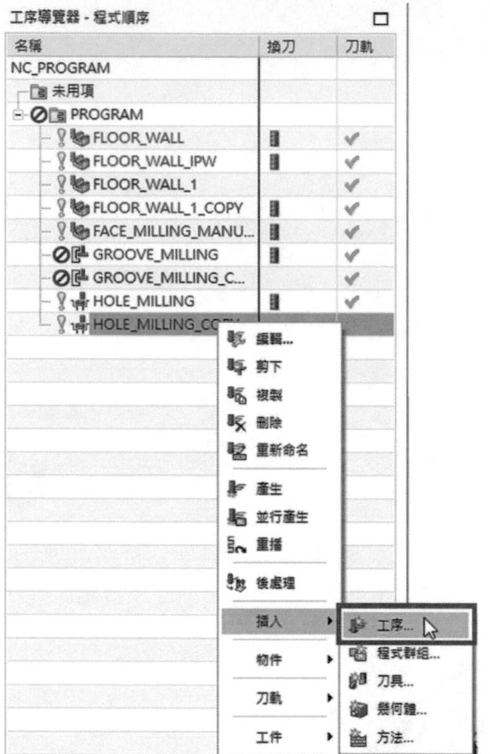

▲圖 6-7-1

❷ 在幾何體的對話框中，點擊指定特徵幾何體 的圖示，加工區域請選擇 FACES_CYLINDER2，設置牙型和螺距為從模型。如圖 6-7-2。

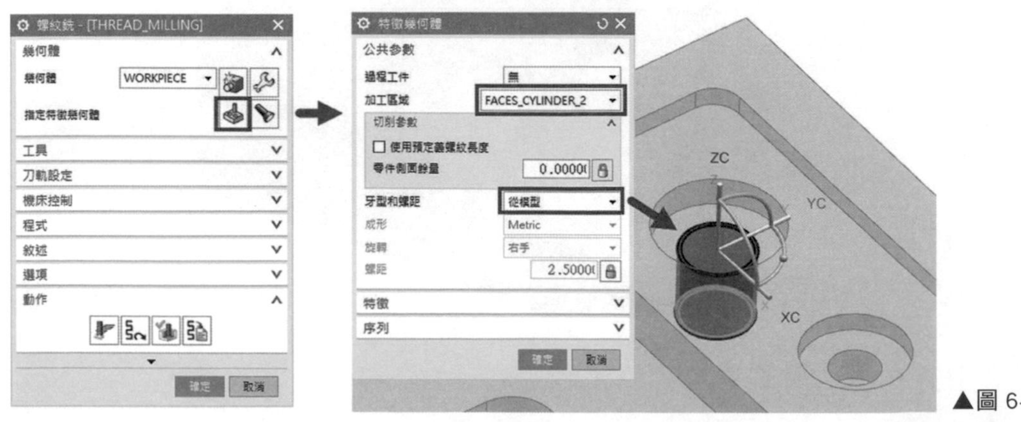

▲圖 6-7-2

❸ 在刀軌設定的對話框中，將切削參數的「策略」窗格中，設置「連續切削」打勾，將「延伸刀路」的頂偏置設置距離為「3」。如圖 6-7-3。

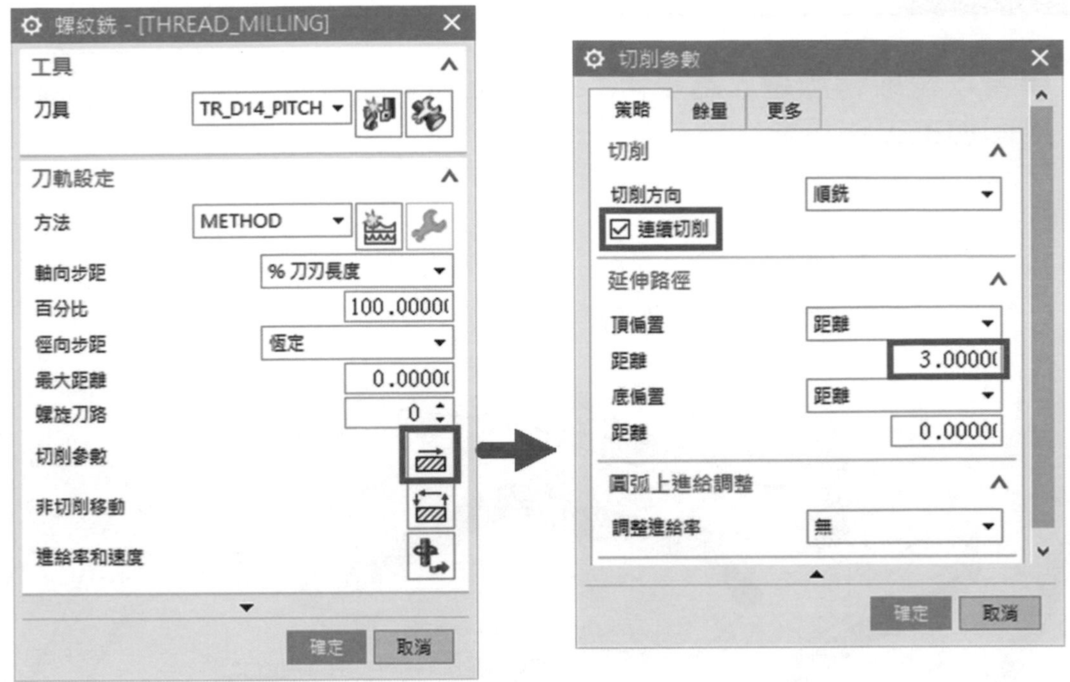

▲圖 6-7-3

❹ 透過 按鈕產生刀軌路徑，即為螺紋銑加工。如圖 6-7-4。

▲圖 6-7-4

※ 詳細的螺紋銑加工參數將於孔加工類型中介紹。

6-8 輪廓平面加工工法應用

學習以選取輪廓邊界為幾何 (2D)，但必須定義加工深度，為基礎的平面加工工法類型

範例二

1. 於「檔案」➔「開啟」➔「NX CAM 標準課程」➔「第六章節」➔「輪廓平面加工 .prt」➔「OK」。如圖 6-8-1。

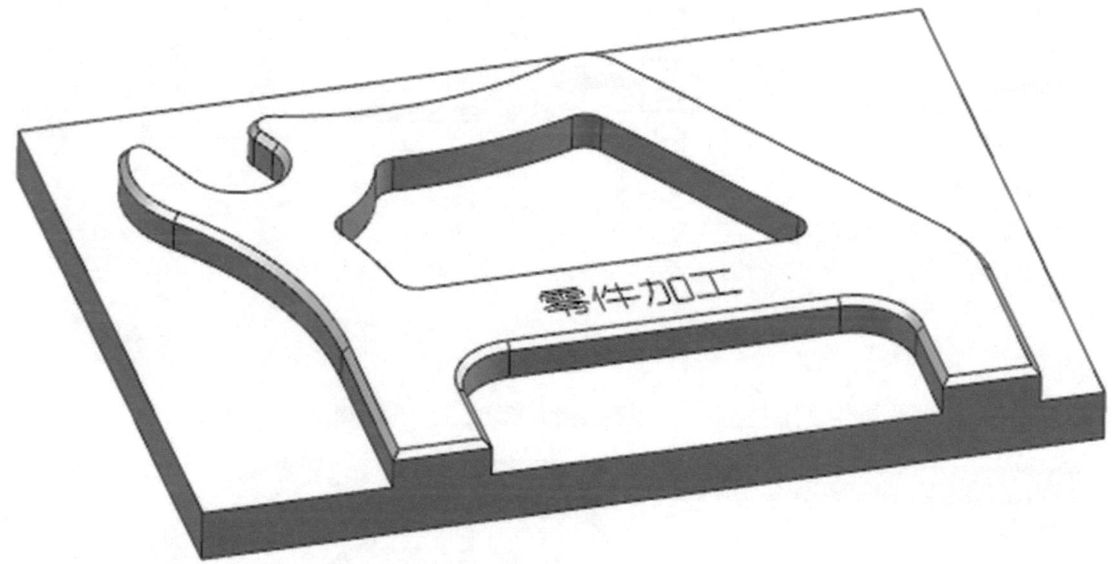

▲圖 6-8-1

6-9 邊界面銑削

學習邊界面銑削的功能與操作

❶在上一個工法滑鼠點擊右鍵 ➔「插入」➔「工序」，選擇類型「mill_planar」，選取子工序「面銑 FACE_MILLING」。如圖 6-9-1。

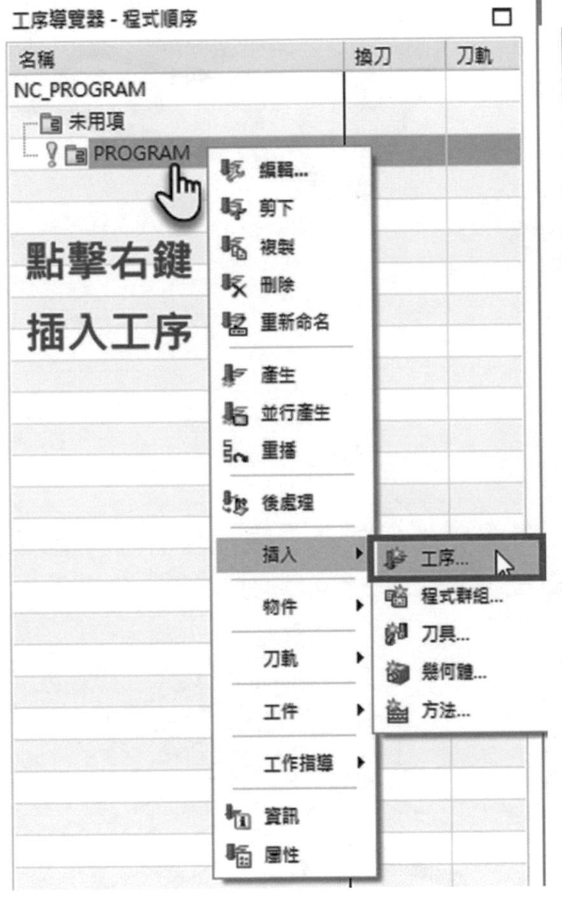

▲圖 6-9-1

❷ 在幾何體的對話框中，點擊指定面邊界 的圖示，選取「面」，並確認刀具側為「內側」，金色圓球位置代表刀具切削處，平面為「自動」，點擊加入新集 的圖示，可同時新增多個銑削區域。如圖 6-9-2。

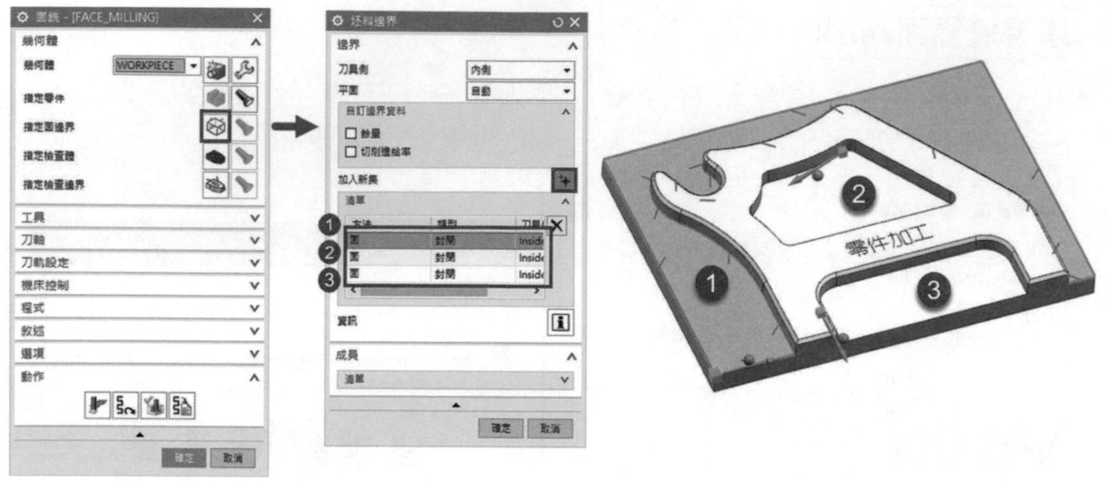

▲圖 6-9-2

❸ 確定後，在刀軌設定的對話框中，選擇切削模式為「跟隨零件」，確定後透過 按鈕產生刀軌路徑，即可針對多個面進行面銑削。如圖 6-9-3。

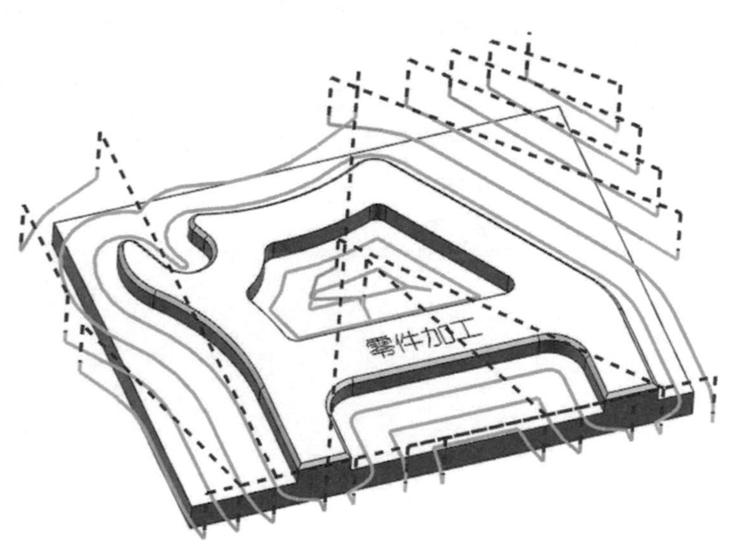

▲圖 6-9-3

❹ 接下來邊界面銑削加工將進行分層銑削，設定前先透過「分析」➔「測量距離」量測頂面至底面深度為 5mm。如圖 6-9-4。

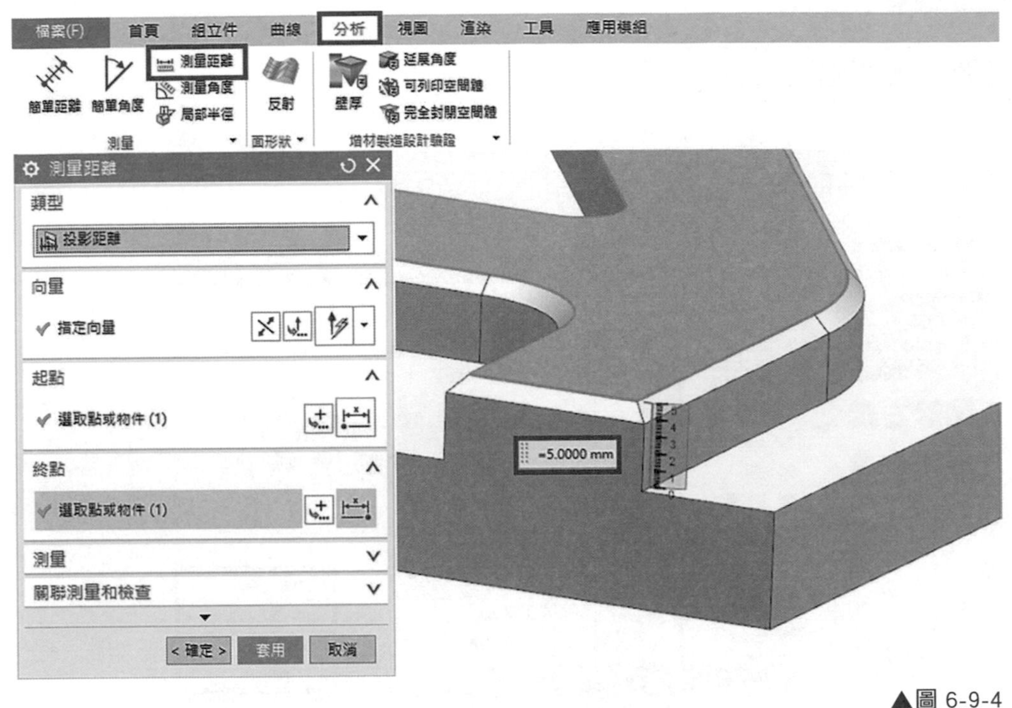

▲圖 6-9-4

❺ 邊界面銑削分層是由加工底面往上計算至頂面距離，在刀軌設定的對話框中，設置坯料距離「5mm」，每刀深度「1mm」確定後透過 按鈕產生刀軌路徑，即可完成分層銑削。如圖 6-9-5。

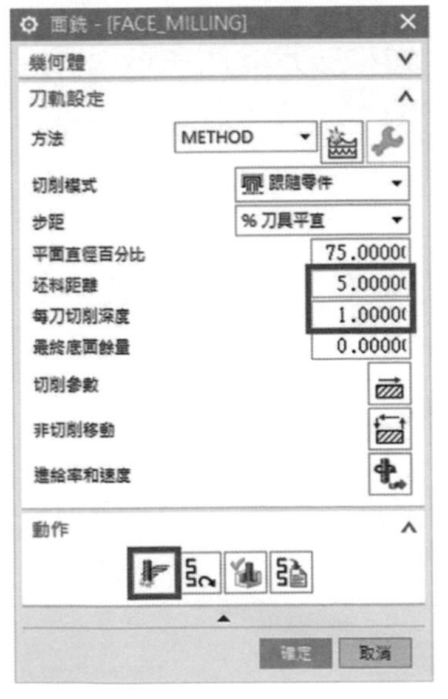

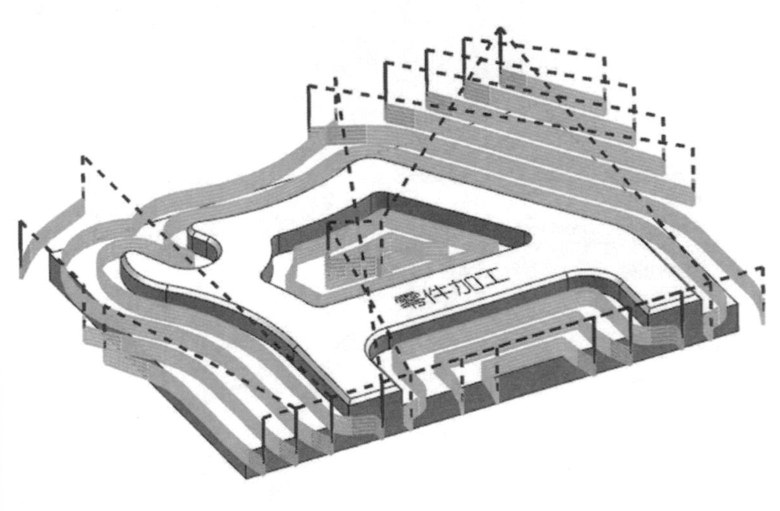

▲圖 6-9-5

6-10 平面銑加工

學習平面銑加工的功能與操作

❶ 在上一個工法滑鼠點擊右鍵 ➔「插入」➔「工序」，選擇類型「mill_planar」，選取子工序「平面銑削 PLANAR_MILL」。如圖 6-10-1。

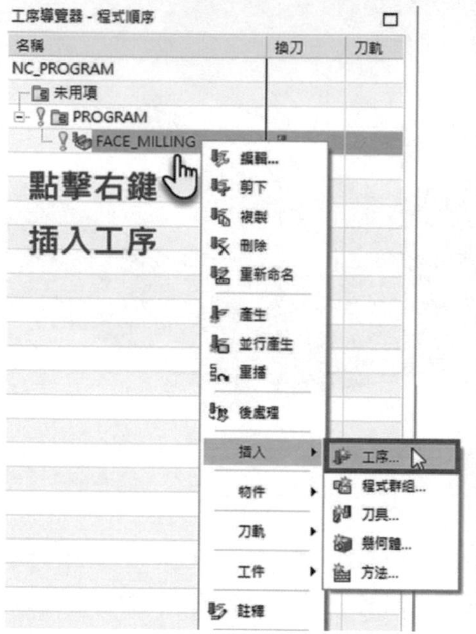

▲圖 6-10-1

❷ 在幾何體的對話框中，透過以下三種指示設定區域

- 點擊指定零件邊界 的圖示，透過曲線模式，封閉類型，刀具側選取外側。
- 點擊指定坯料邊界 的圖示，透過曲線模式，封閉類型，刀具側選取內側。
- 點擊指定底面 的圖示，選取上平面。如圖 6-10-2

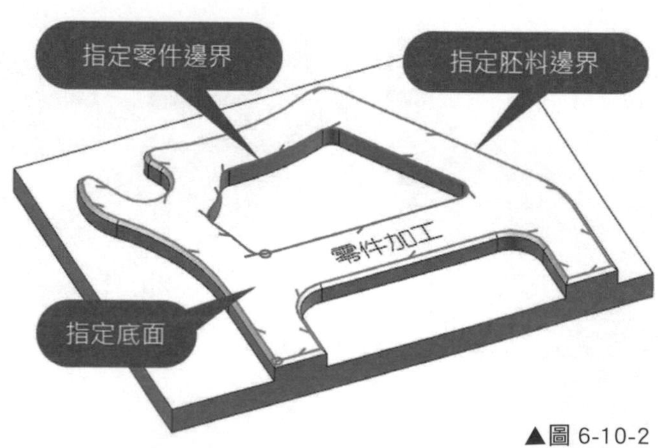

▲圖 6-10-2

❸ 在刀軌設定的對話框中選擇切削模式為「跟隨零件」，後續透過 按鈕產生刀軌路徑，利用零件邊界與坯料邊界二種策略，將可忽略中間孔外型，取得更完整的刀軌路徑。如圖 6-10-3。

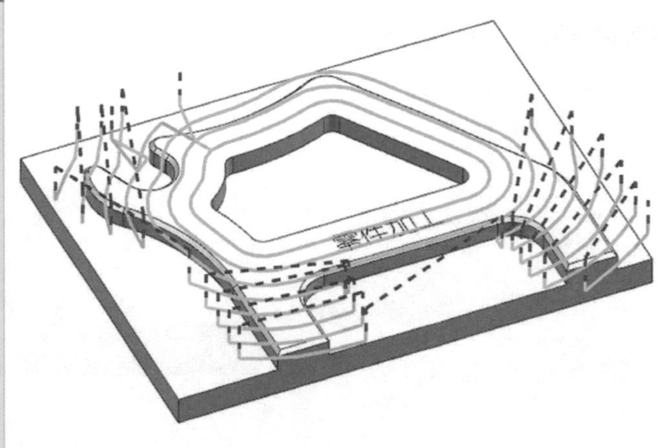

▲圖 6-10-3

平面銑加工的側壁輪廓精修

❹ 在上一個工法滑鼠點擊右鍵 ➔「插入」➔「工序」，選擇類型「mill_planar」，選取子工序「平面銑削 PLANAR_MILL」。如圖 6-10-4。

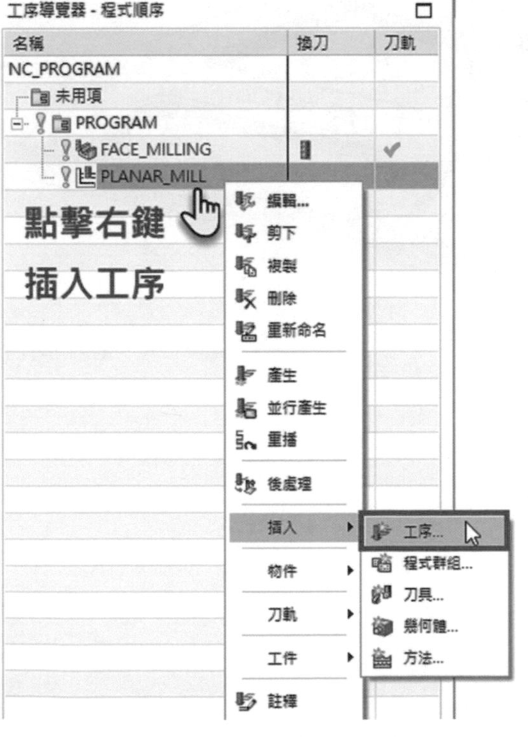

▲圖 6-10-4

5 在幾何體的對話框中，點擊指定零件邊界 的圖示，模式選擇為「曲線」類型為「開放」，點擊底部模型外側輪廓邊做為邊界定義，系統會自動完成一個完整的封閉輪廓區域，在點擊「平面」為上平面，刀具側為「左側」。如圖 6-10-5。

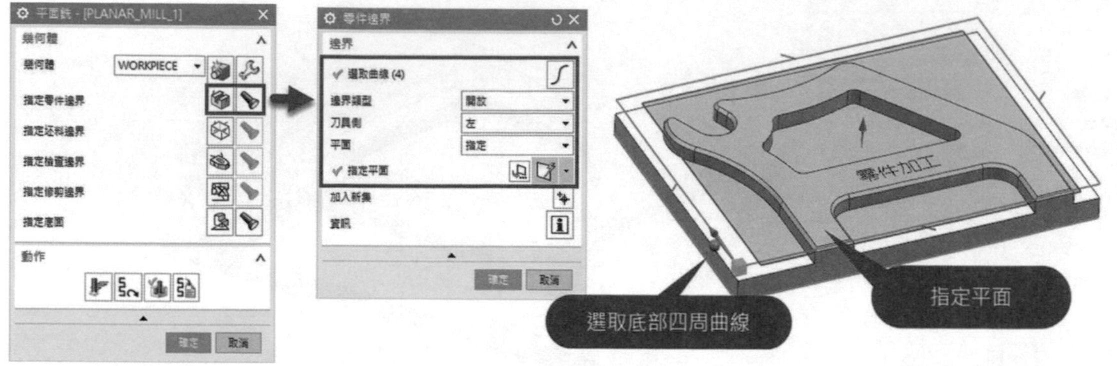

▲圖 6-10-5

6 在幾何體的對話框中，點擊指定底面 的圖示，設定底面。如圖 6-10-6。

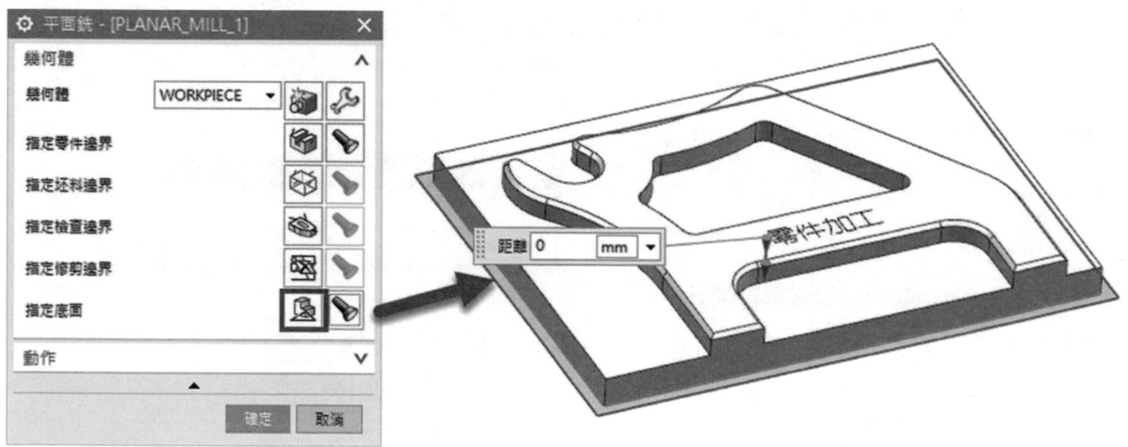

▲圖 6-10-6

❼ 在刀軌設定的對話框中，選擇切削模式為「輪廓」。平面直徑百分比為「10%」，附加刀路為「3 刀」。透過 按鈕產生刀軌路徑，此刀路為側壁輪廓多刀路精加工。如圖 6-10-7。

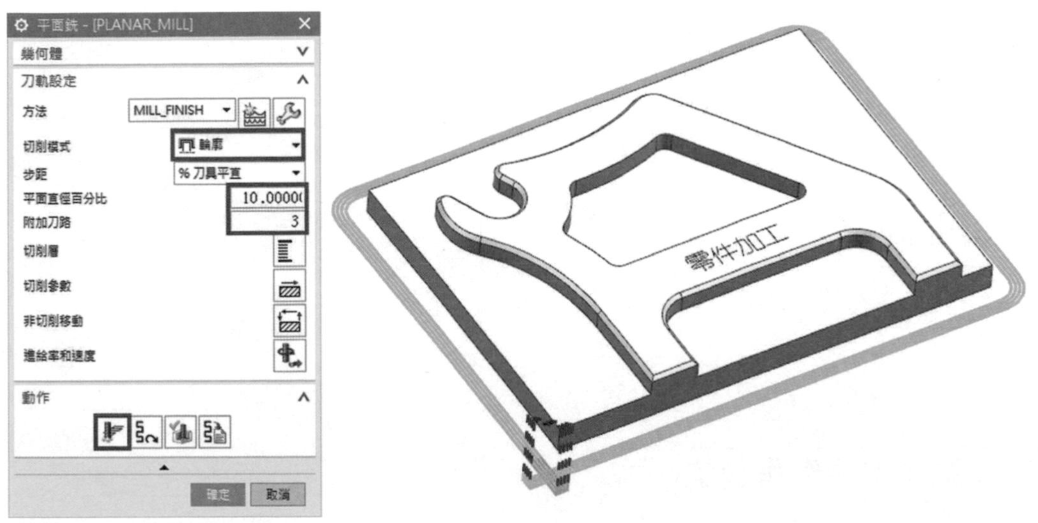

▲圖 6-10-7

❽ 若希望為深度分層，不需要側壁分層，可將刀軌設定的對話框中，將附加刀路設置為「0」，選擇切削層設置每刀切削深度，公共值為「2mm」。如圖 6-10-8。

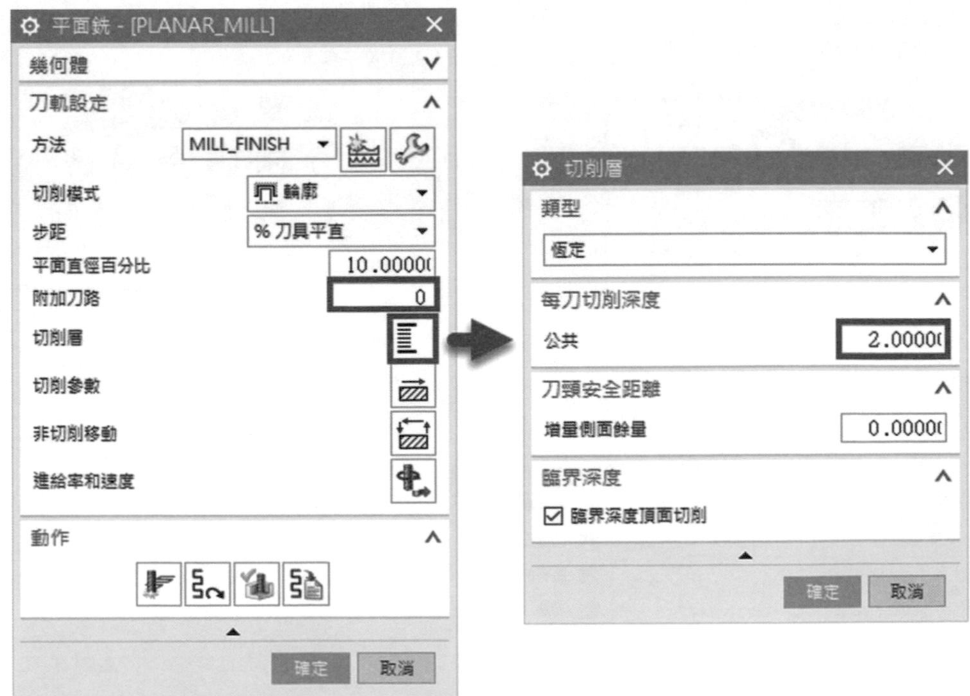

▲圖 6-10-8

⑨ 最後透過 [按鈕圖示] 按鈕產生刀軌路徑，此路徑為側壁深度輪廓加工。如圖 6-10-9。

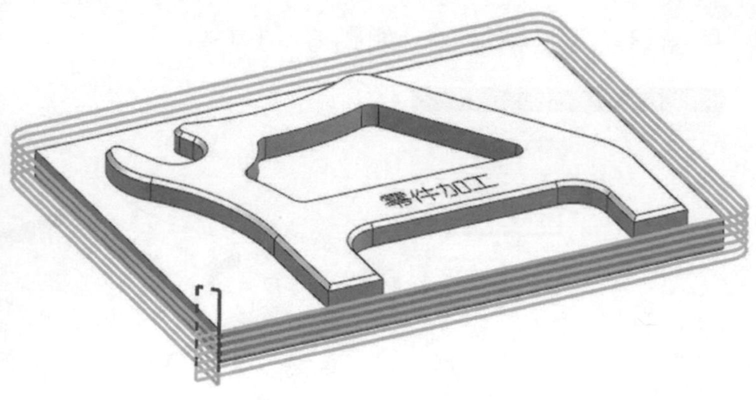

▲圖 6-10-9

平面銑加工的倒角加工

⑩ 在上一個工法滑鼠點擊右鍵 ➔「插入」➔「工序」，選擇類型「mill_planar」，選取子工序「平面銑削 PLANAR_MILL」。如圖 6-10-10。

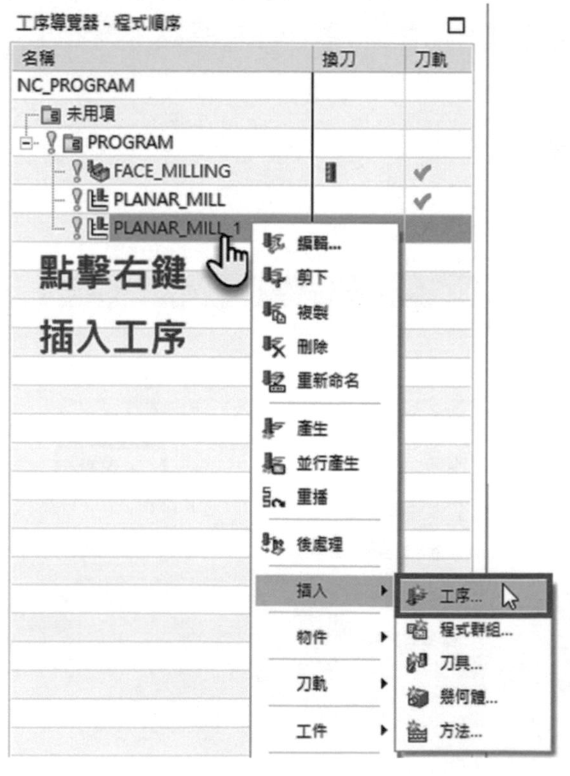

▲圖 6-10-10

⑪ 在幾何體的對話框中，點擊指定零件邊界 的圖示，模式選擇為「面」刀具側為「外側」，因倒角深度 1mm 為了讓刀尖點出刀，點擊指定底面為加工面距離方向的藍色箭頭向下「1.7mm」，並確認刀具為「ED8_C45」。如圖 6-10-11。

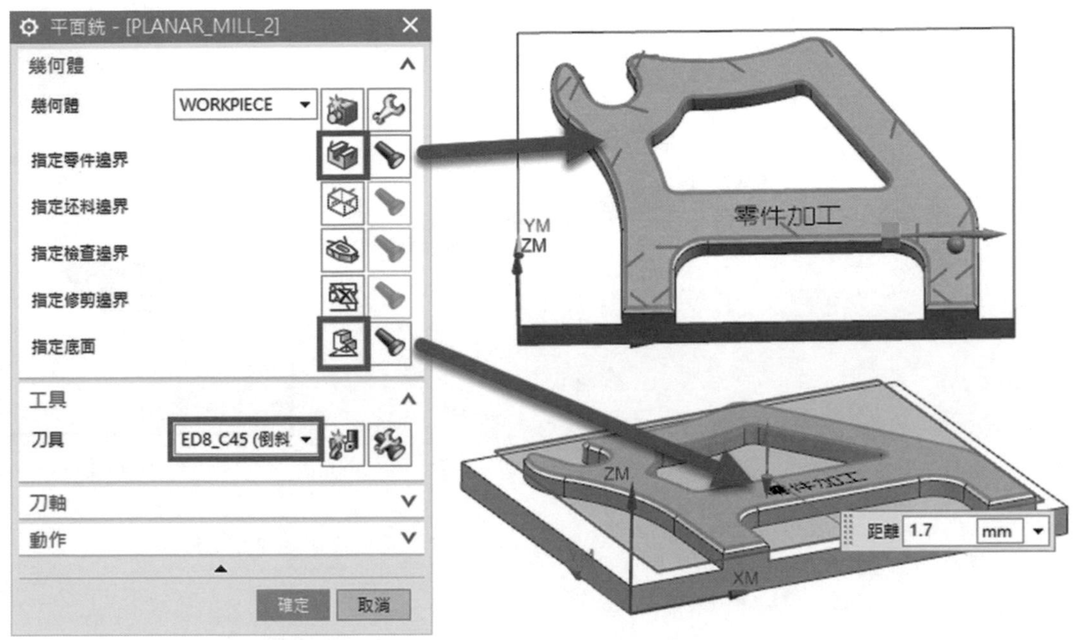

▲圖 6-10-11

⑫ 在刀軌設定的對話框中，選擇切削模式為「輪廓加工」。點擊非切削移動選取「進刀」，將開放區域進刀類型選擇「圓弧」。選取「起始 / 鑽點」，將重疊距離設定為「2mm」。如圖 6-10-12。

▲圖 6-10-12

⑬ 透過 按鈕產生刀軌路徑，此刀路為 2D 輪廓倒角加工。如圖 6-10-13。

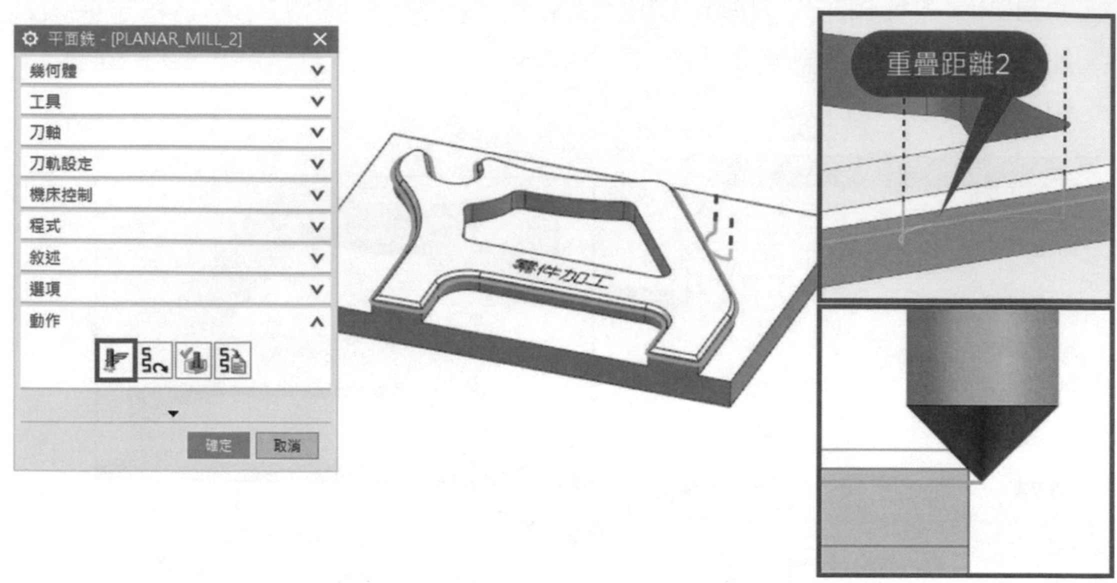

▲圖 6-10-13

6-11 平面輪廓銑加工

學習平面輪廓銑加工的功能與操作

❶ 在上一個工法滑鼠點擊右鍵 ➔「插入」➔「工序」，選擇類型「mill_planar」，選取子工序「平面輪廓銑削 PLANAR_PROFILE」。如圖 6-11-1。

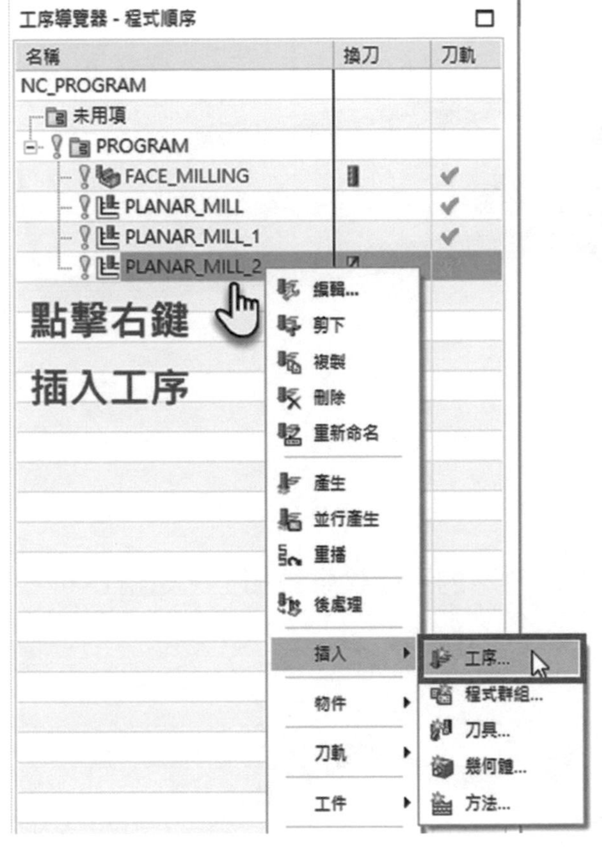

▲圖 6-11-1

❷ 在幾何體的對話框中，點擊指定零件邊界 的圖示，選擇模式為「曲線」，類型為「開放」，刀具側為「左側」，並選取最終底面區域。如圖 6-11-2。

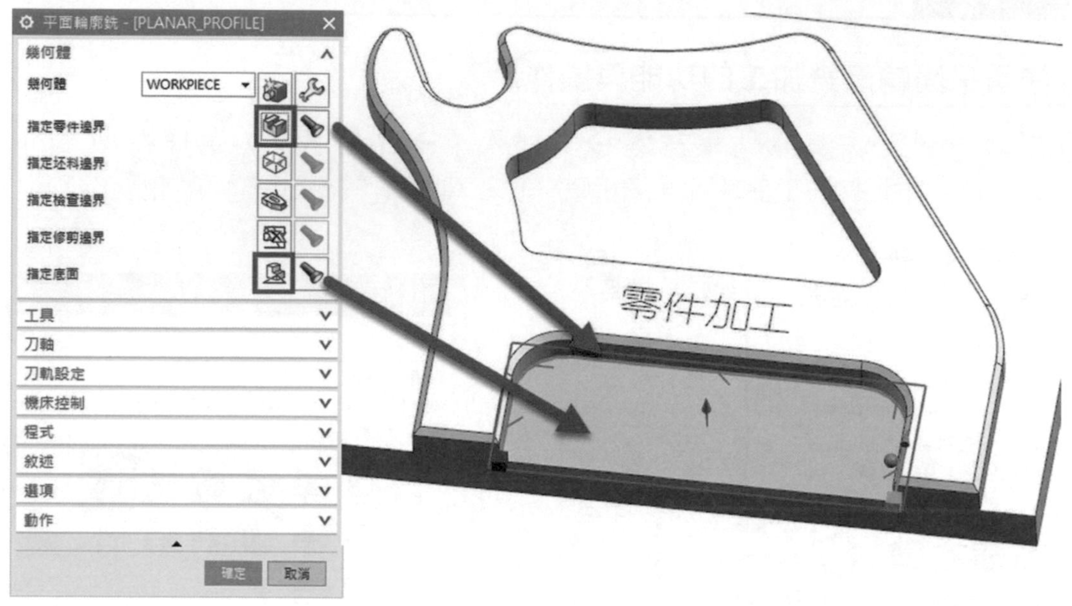

▲圖 6-11-2

❸ 透過 按鈕產生刀軌路徑，此路徑為標準的平面輪廓銑加工。如圖 6-11-3。

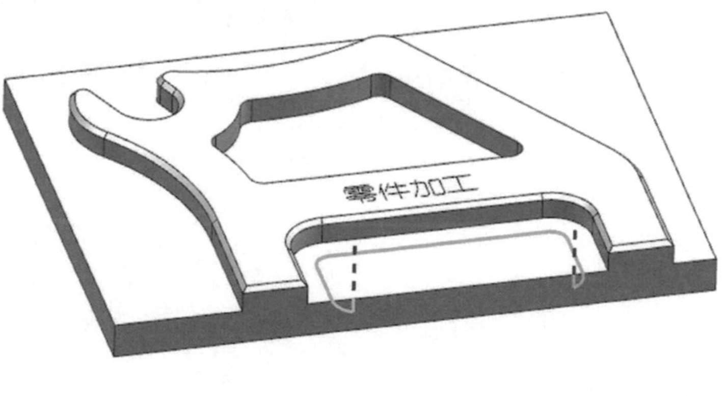

▲圖 6-11-3

平面輪廓銑加工的邊界延伸編輯

④在幾何體的對話框中，點擊指定零件邊界 的圖示，進入編輯邊界對話框，設定「編輯」。如圖 6-11-4。

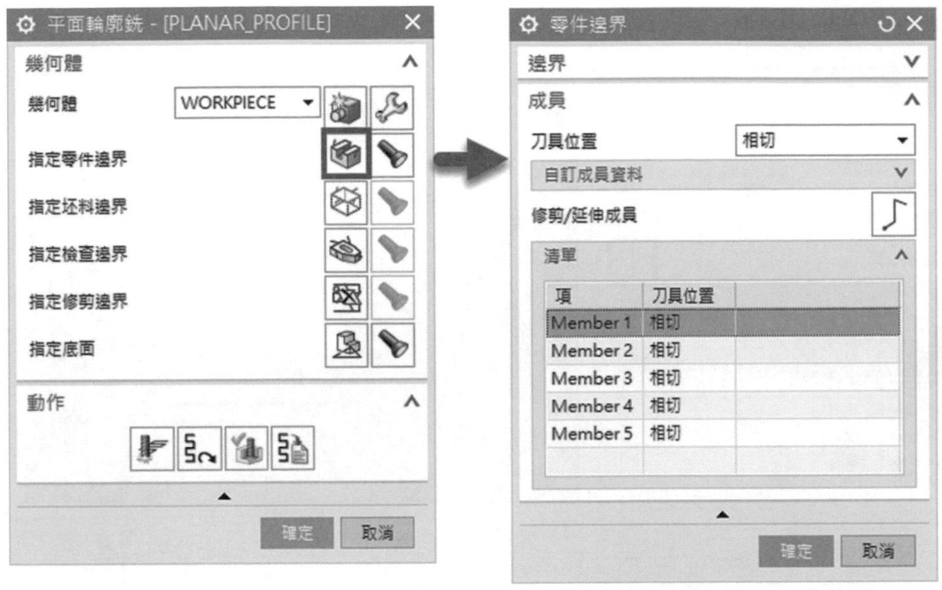

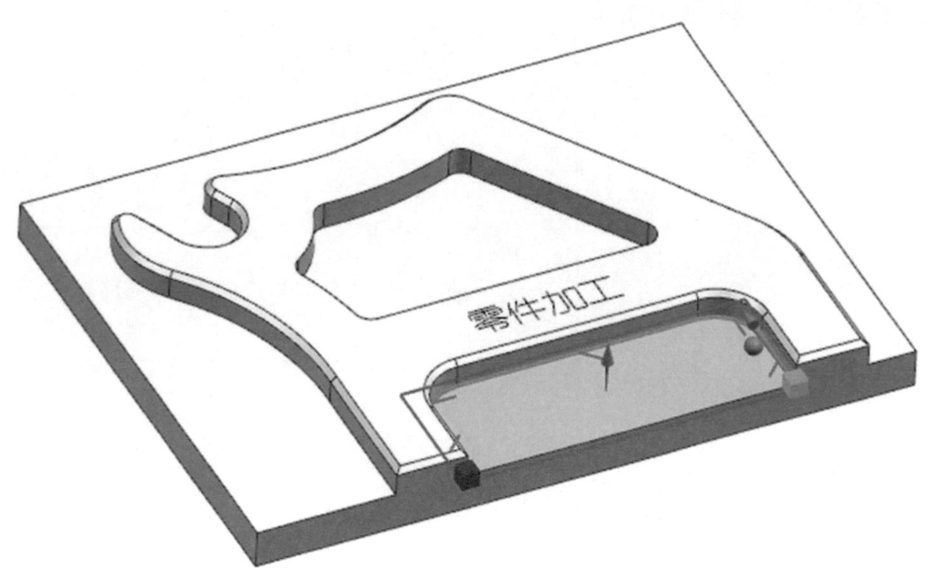

▲圖 6-11-4

❺ 在編輯成員的對話框中的清單，選取成員 1 的起始線此時線段會呈現藍色亮顯，點擊修剪 / 延伸成員 [icon] 的圖示，進入編輯設置起點，點擊直接動態拖曳圓球「延伸距離 25」。在選取成員 5 的終止線，點擊修剪 / 延伸成員 [icon] 的圖示，進入編輯設置終點「延伸距離 25」，在圖示中可預覽延伸狀態。如圖 6-11-5。

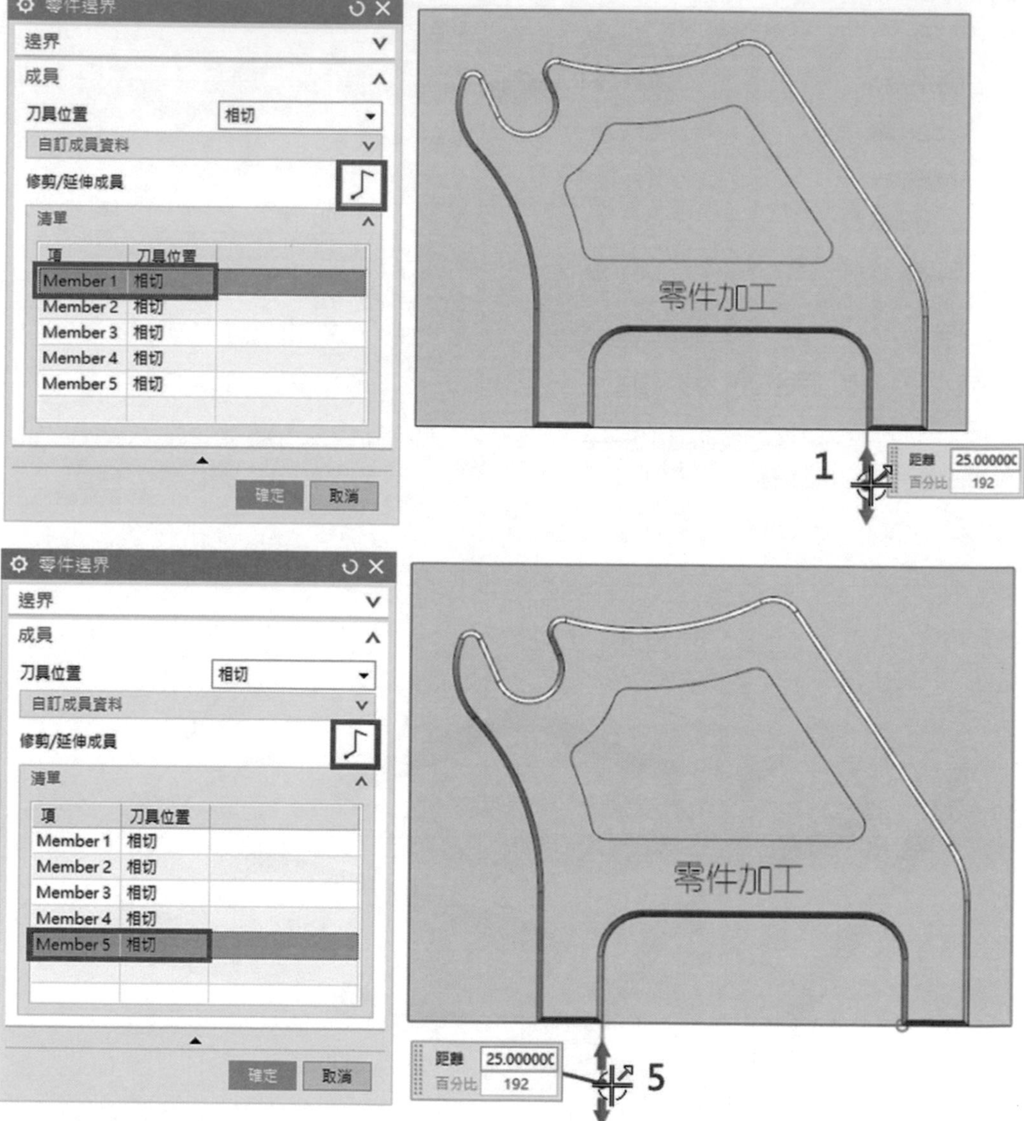

▲圖 6-11-5

⑥ 確定後，透過 按鈕產生刀軌路徑，路徑可由編輯進行延伸。如圖 6-11-6。

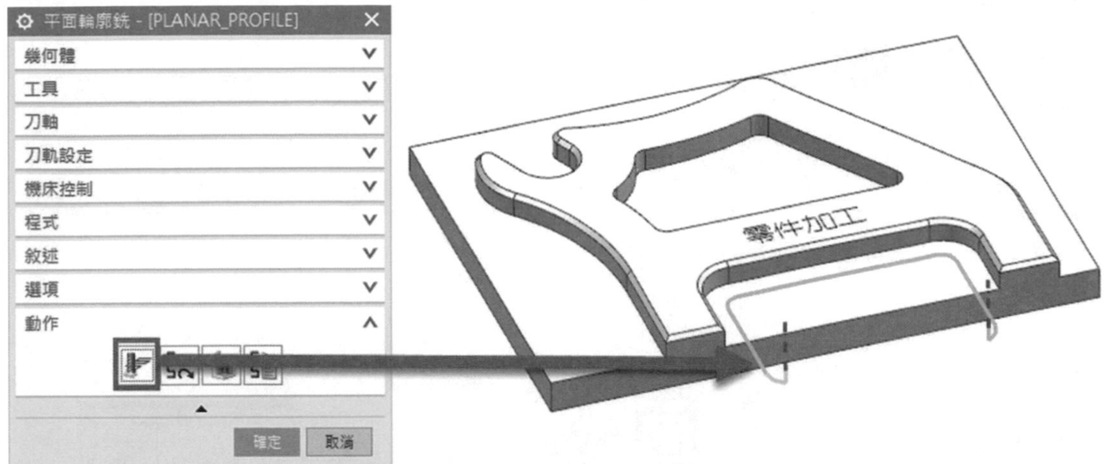

▲圖 6-11-6

平面輪廓銑加工的補正加工

⑦ 在上一個工法滑鼠點擊右鍵 →「複製」，再滑鼠點擊右鍵 →「貼上」，產生「PLANAR_PROFILE_COPY」。如圖 6-11-7。

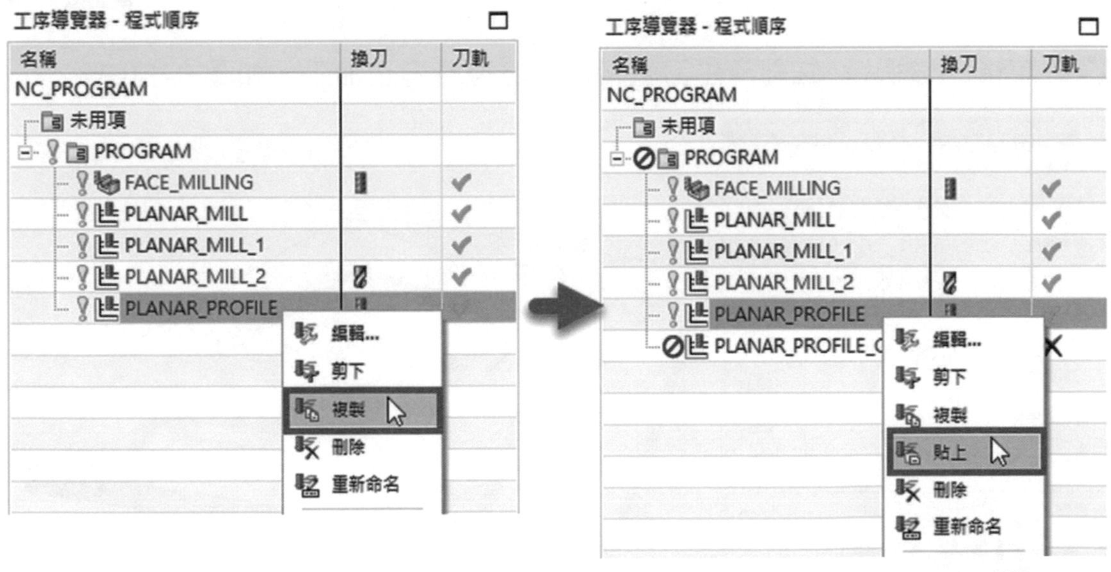

▲圖 6-11-7

❽ 在刀軌設定的對話框中，點擊非切削移動選擇「更多」設置刀具補償位置為「最終精加工刀路」。如圖 6-11-8。

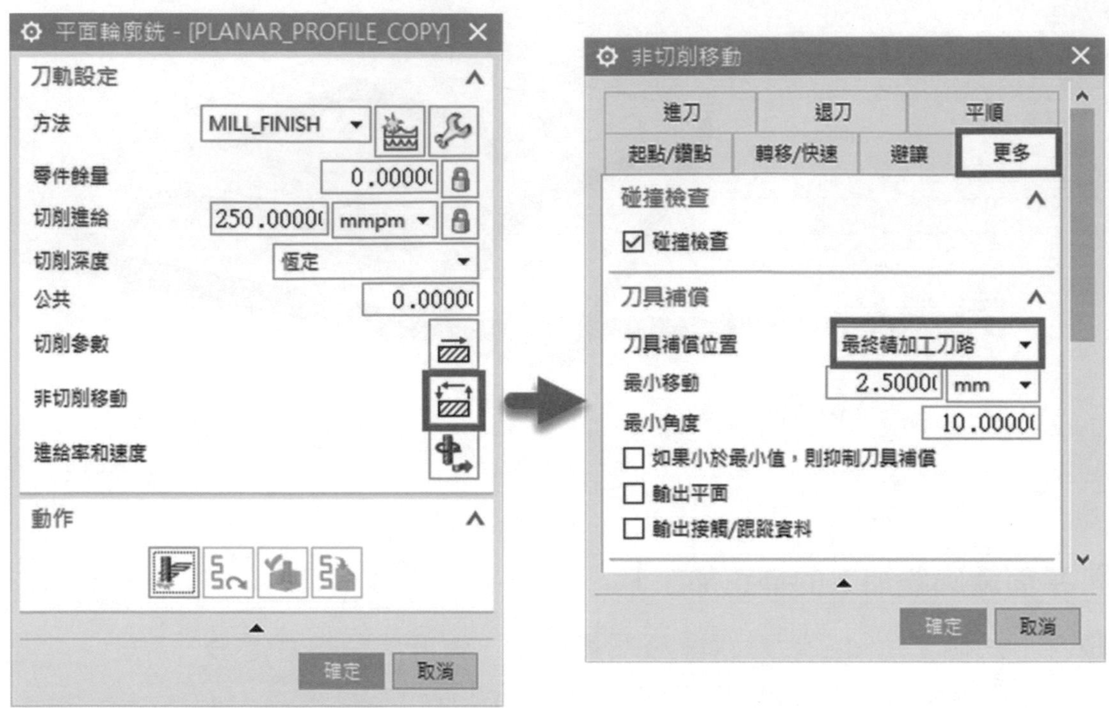

▲圖 6-11-8

❾ 確定後，透過 按鈕產生刀軌路徑，路徑為補正加工。如圖 6-11-9。

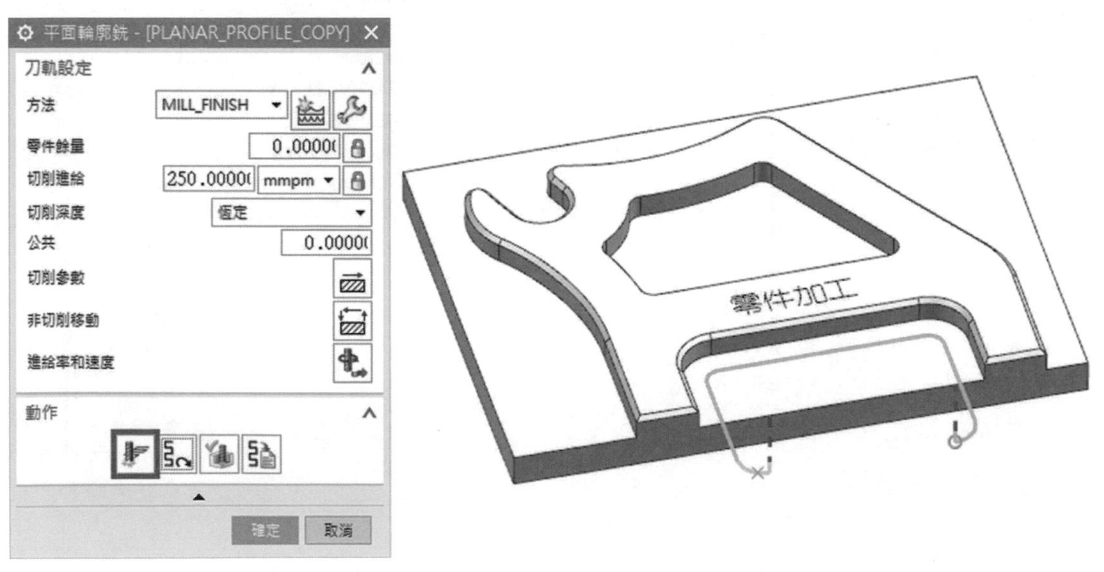

▲圖 6-11-9

⑩ 在工法處滑鼠點擊右鍵 ➔ 後處理，選取「後處理」為 MILL_3_AXIS，選取設定的單位為「公制 / 零件」。顯示文字資訊包含「G41…D」，完成平面輪廓銑加工的補正設置。如圖 6-11-10。

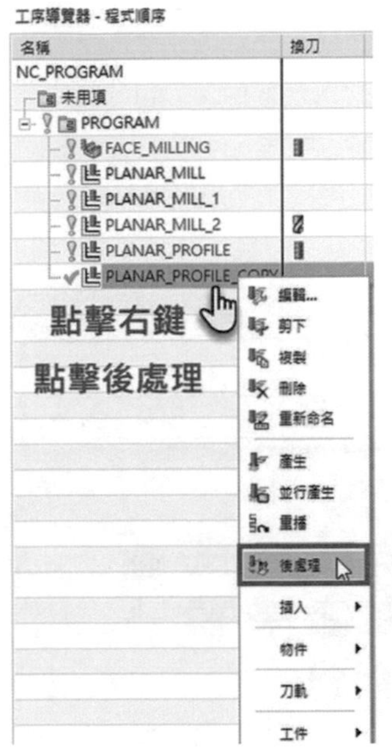

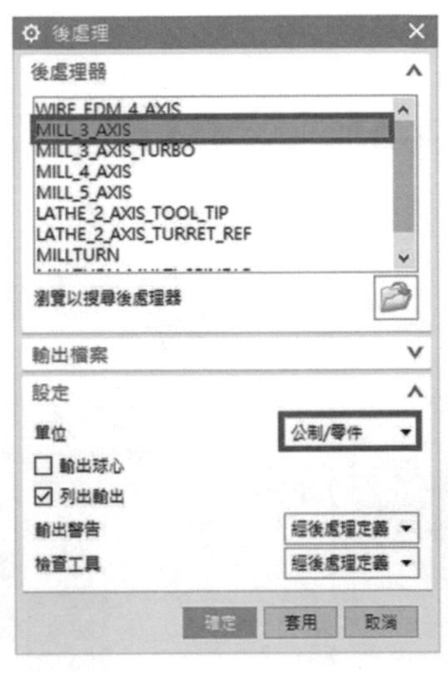

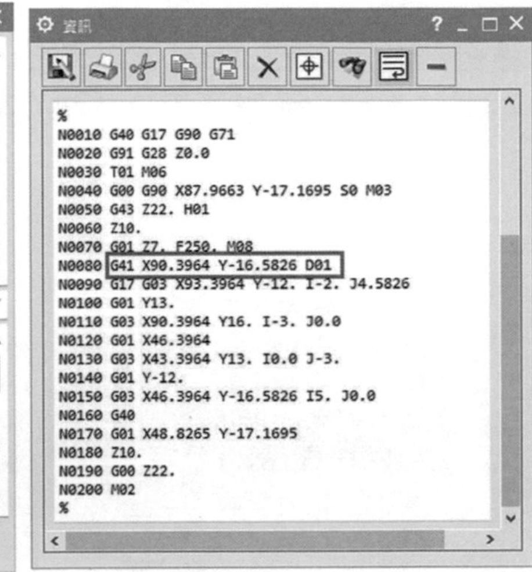

▲圖 6-11-10

6-12 2D 清角加工

學習 2D 清角加工的功能與操作

❶ 針對上一個工法滑鼠點擊右鍵 ➔「插入」➔「工序」，選擇類型「mill_planar」，選取子工序「2D 清角加工 CLEANUP_CORNERS」。如圖 6-12-1。

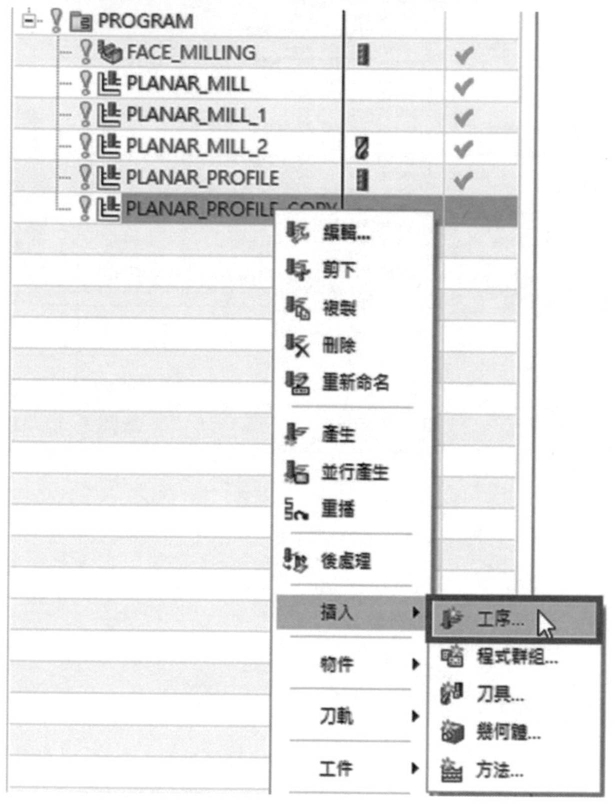

▲圖 6-12-1

❷在幾何體的對話框中，點擊指定零件邊界 的圖示，進入編輯邊界對話框，選擇模式為「面」，類型為「封閉」，刀具側為「內側」。如圖 6-12-2。

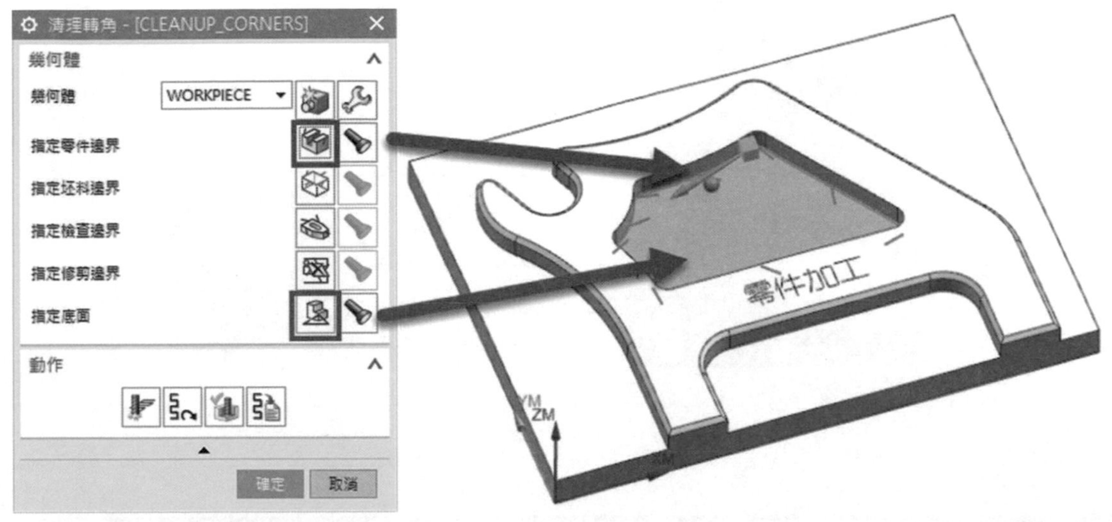

▲圖 6-12-2

❸在刀軌設定的對話框中，點擊切削模式選擇「輪廓」，點擊切削參數選擇空間範圍設置處理中的工件為「使用參照刀具」，參考刀具為「ED10」。如圖 6-12-3。

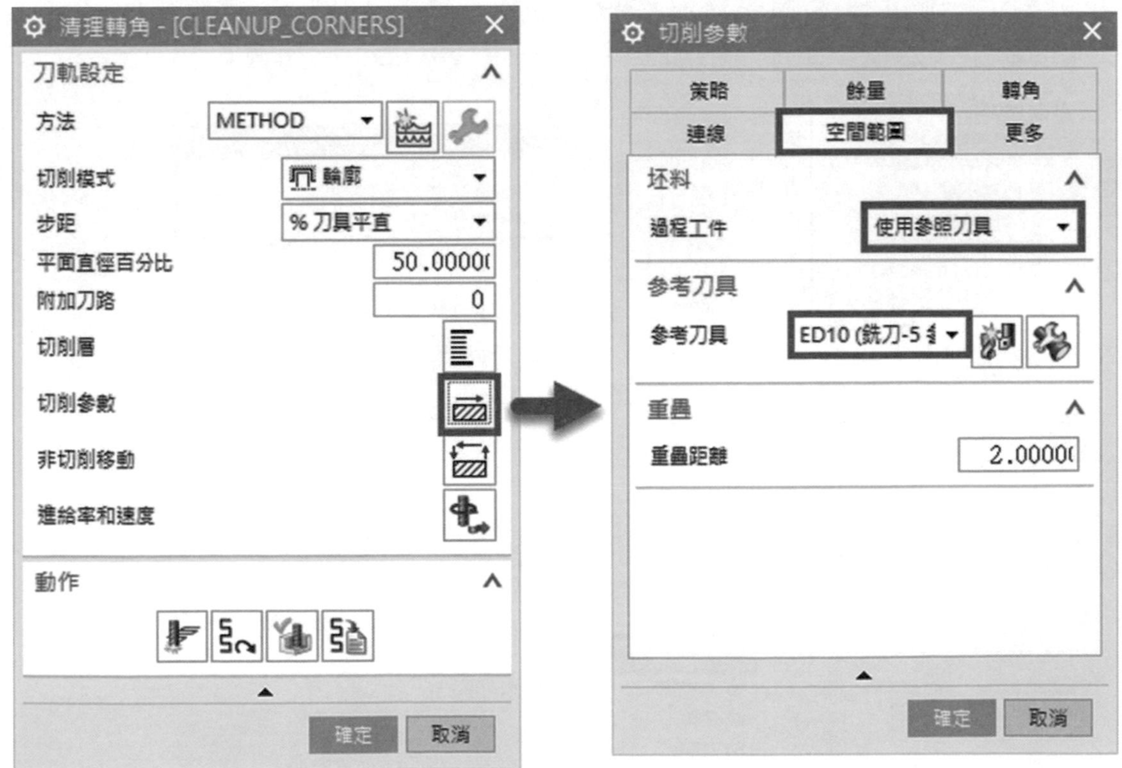

▲圖 6-12-3

❹ 透過 [按鈕] 按鈕產生刀軌路徑，即參考刀具產生的路徑。如圖 6-12-4。

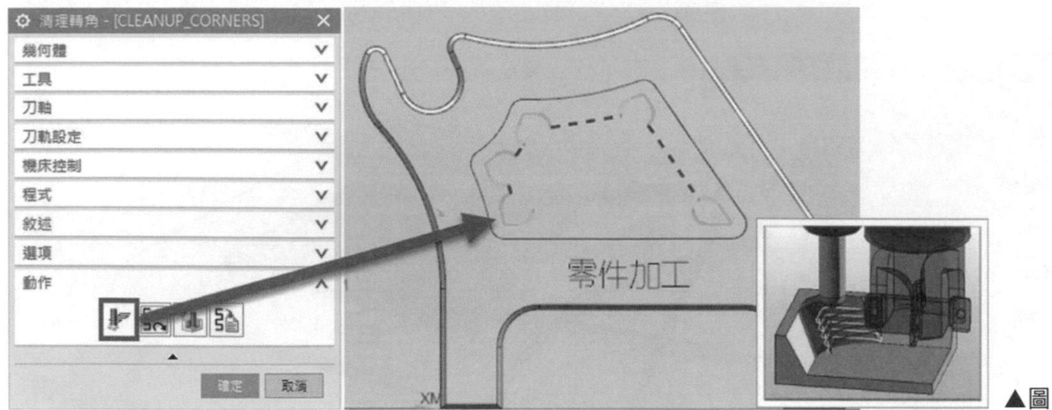

▲圖 6-12-4

6-13 精加工壁

學習精加工壁的功能與操作

❶ 針對上一個工法滑鼠點擊右鍵 ➔「插入」➔「工序」，選擇類型「mill_planar」，選取子工序「精加工壁 FINISH_WALLS」。如圖 6-13-1。

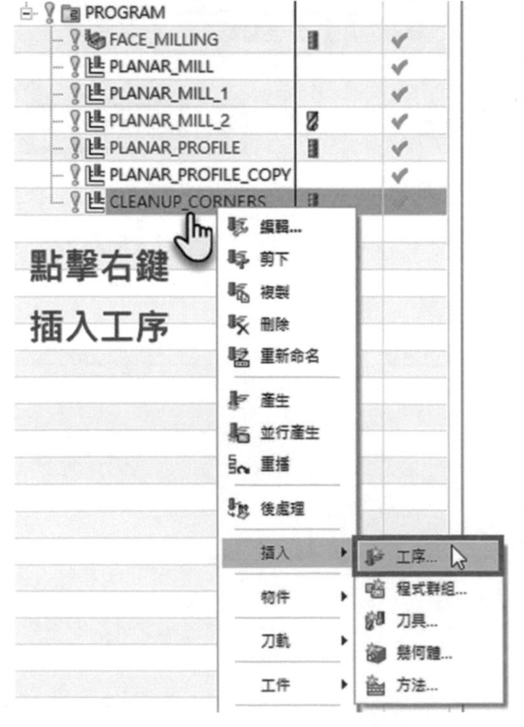

▲圖 6-13-1

❷ 在幾何體的對話框中，點擊指定零件邊界 的圖示，進入零件邊界對話框中，選取方法使用「曲線」的方式，可依照曲線選取順序範圍，邊界類型使用「封閉」方式。備註：此方式概念如同 CAD 繪製區域輪廓線段的方式，可透過線段方式設定所要加工區域，如遇到段缺口處系統將自動辨識紅色虛擬延伸線段。如圖 6-13-2。

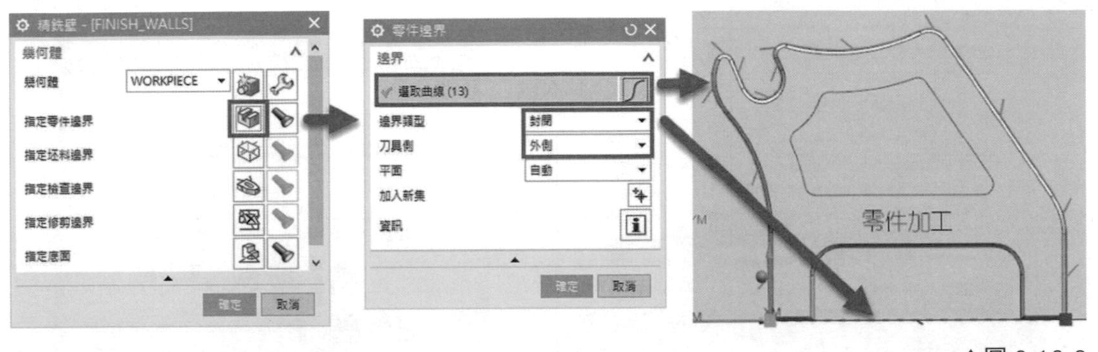

▲圖 6-13-2

❸ 點擊指定底面 的圖示，選取最終底面區域。如圖 6-13-3。

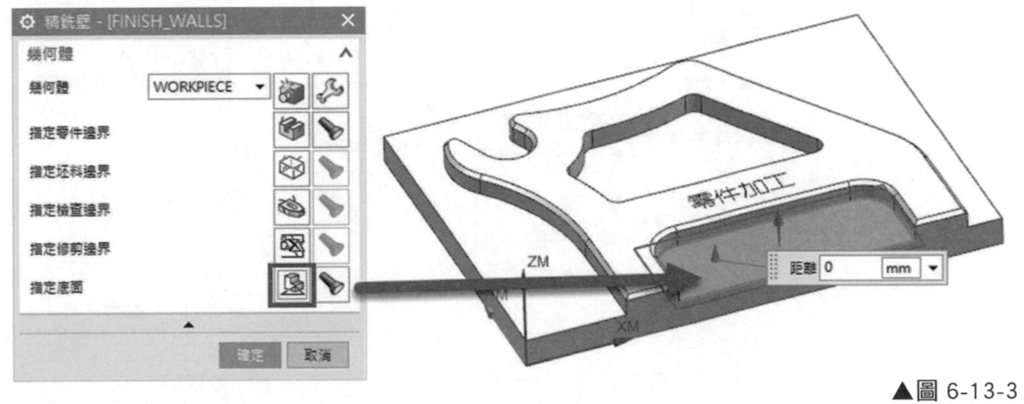

▲圖 6-13-3

❹ 透過 按鈕產生刀軌路徑，即針對側壁進行精加工。如圖 6-13-4。

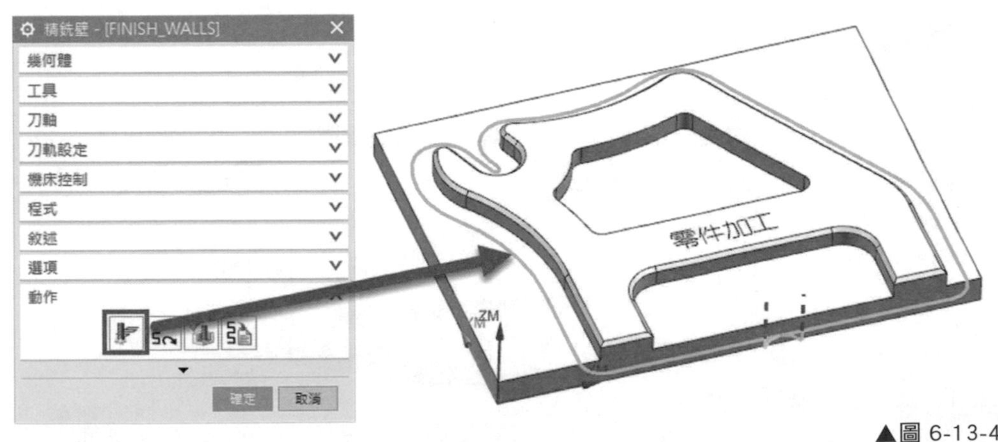

▲圖 6-13-4

6-14 精加工底面

❶ 針對上一個工法滑鼠點擊右鍵 ➔「插入」➔「工序」，選擇類型「mill_planar」，選取子工序「精加工底面 FINISH_FLOOR」。如圖 6-14-1。

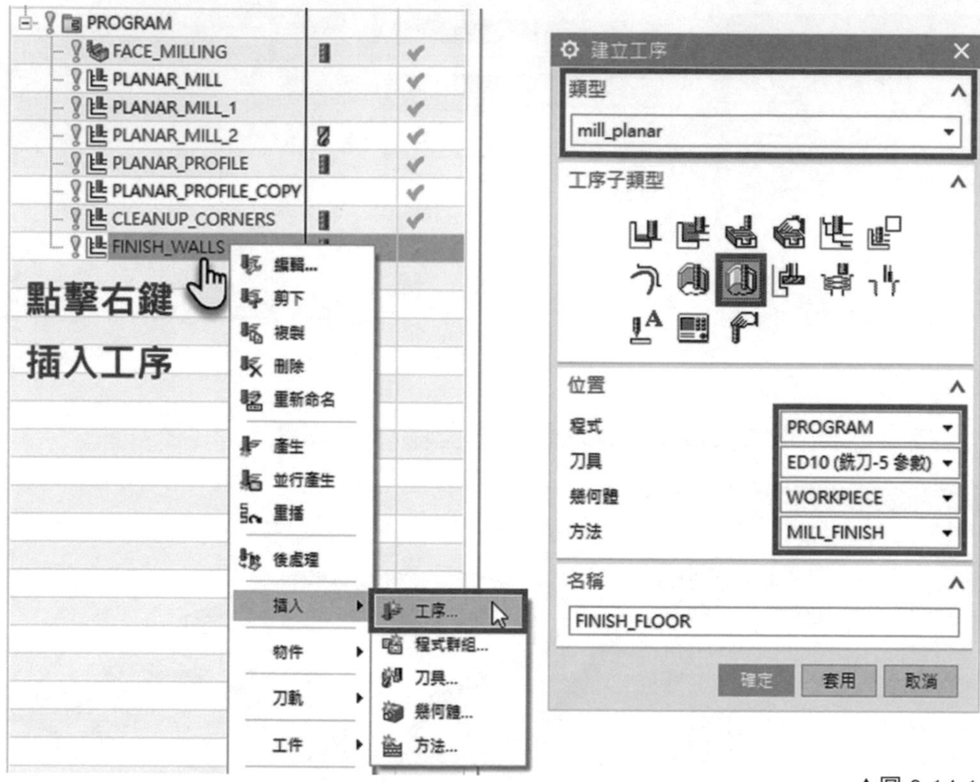

▲圖 6-14-1

❷ 在幾何體的對話框中，點擊指定零件邊界 的圖示，選取零件邊界的「面」後續選擇刀具側為「內側」。點擊指定底面 的圖示，設置切削平面為底面。如圖 6-14-2。

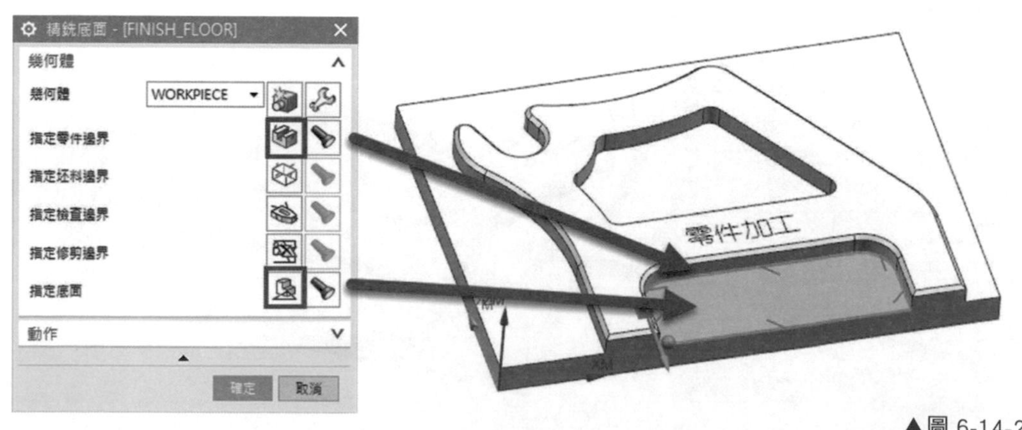

▲圖 6-14-2

③ 透過 按鈕產生刀軌路徑，即針對封閉平面進行精加工，但在外側開放線段處的刀具路徑位置都為走封閉的相切。如圖 6-14-3。

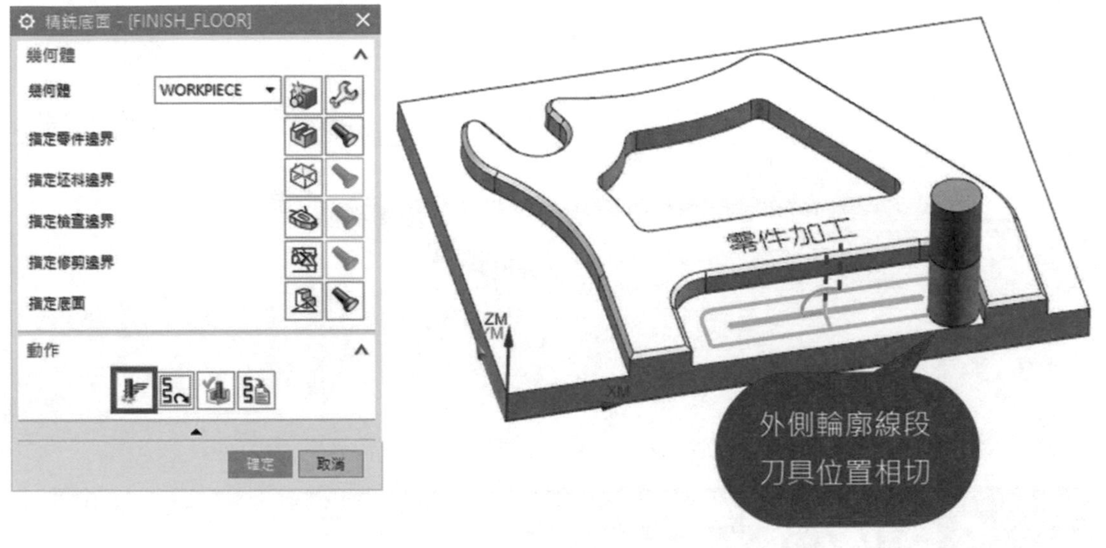

▲圖 6-14-3

④ 在幾何體的對話框中，點擊指定零件邊界 的圖示，透過清單選取成員 2 邊界此時系統會亮顯藍色表示，在選取刀具位置為開（對中）。如圖 6-14-4。

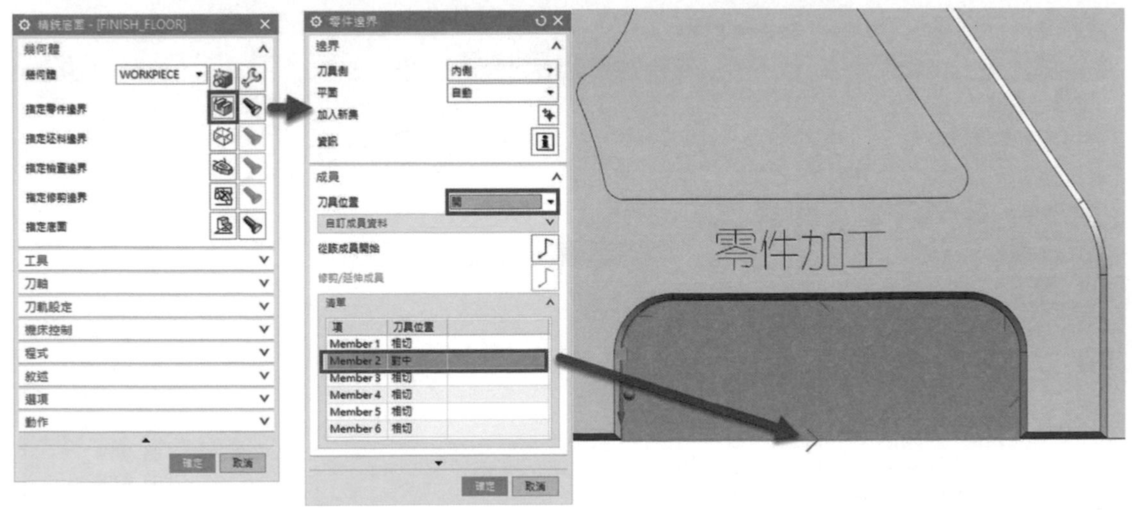

▲圖 6-14-4

5 透過 按鈕產生刀軌路徑，即針對外側開放線段走刀具中心，進而系統會辯識由外部進刀加工。如圖 6-14-5。

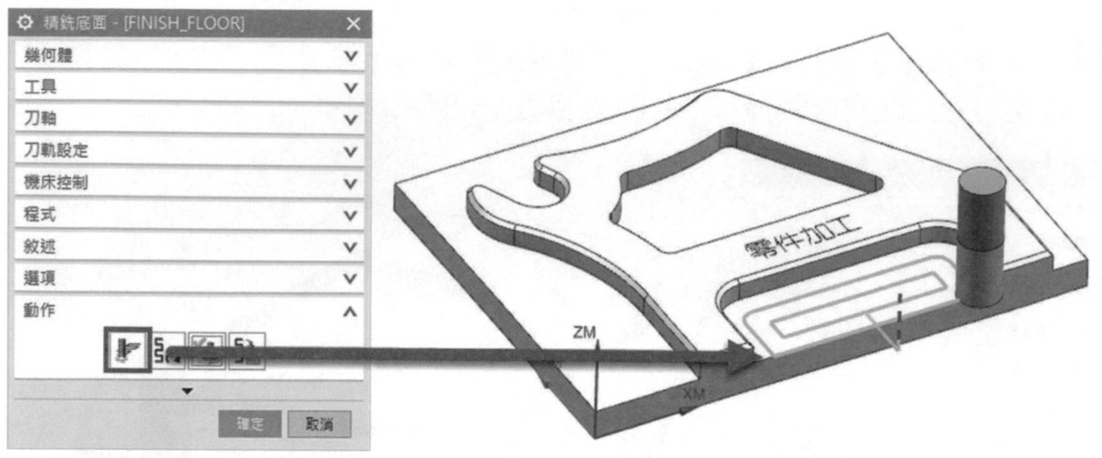

▲圖 6-14-5

6-15 平面文字加工

學習平面文字加工的功能與操作

1 在「首頁」➔「幾何體」的點圖示下拉選擇，選取「註釋」。如圖 6-15-1。

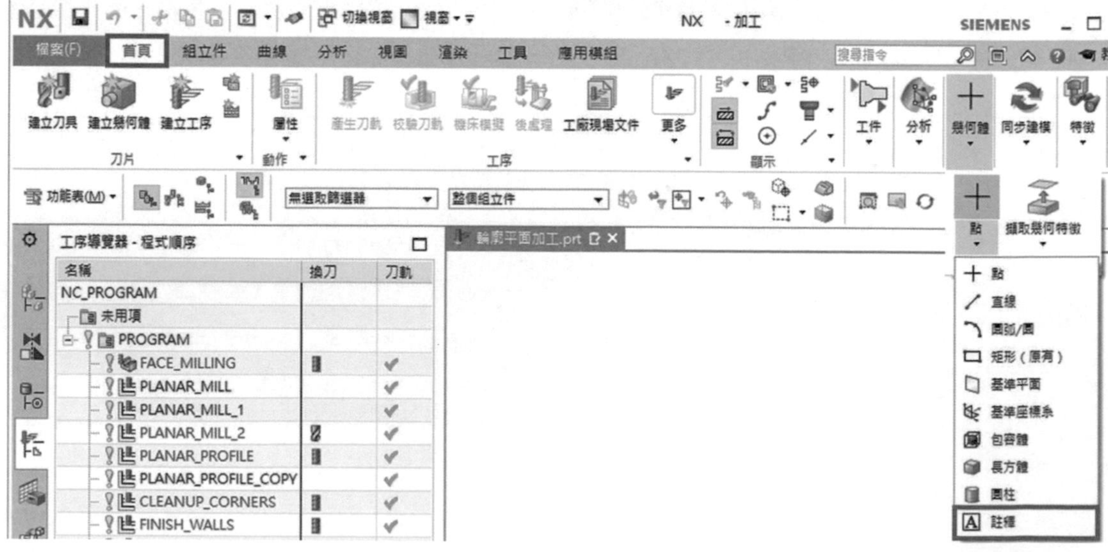

▲圖 6-15-1

❷在「文字輸入」對話框填寫「零件加工」，在「設定」的對話框點擊設定 將文字類型選擇「chineset」，高度設定為「6」。如圖 6-15-2。

▲圖 6-15-2

❸關閉後，將文字放置於模型表面，並按左鍵確認。如圖 6-15-3。

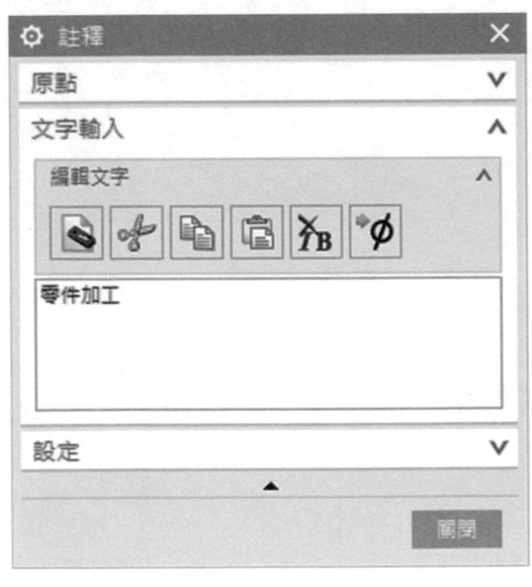

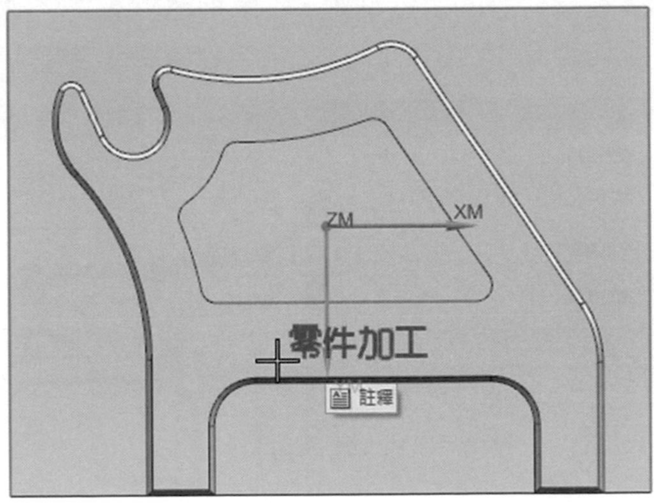

▲圖 6-15-3

❹ 針對上一個工法滑鼠點擊右鍵 ➔「插入」➔「工序」，選擇類型「mill_planar」，選取子工序「平面文字加工 PLANAR_TEXT」。如圖 6-15-4。

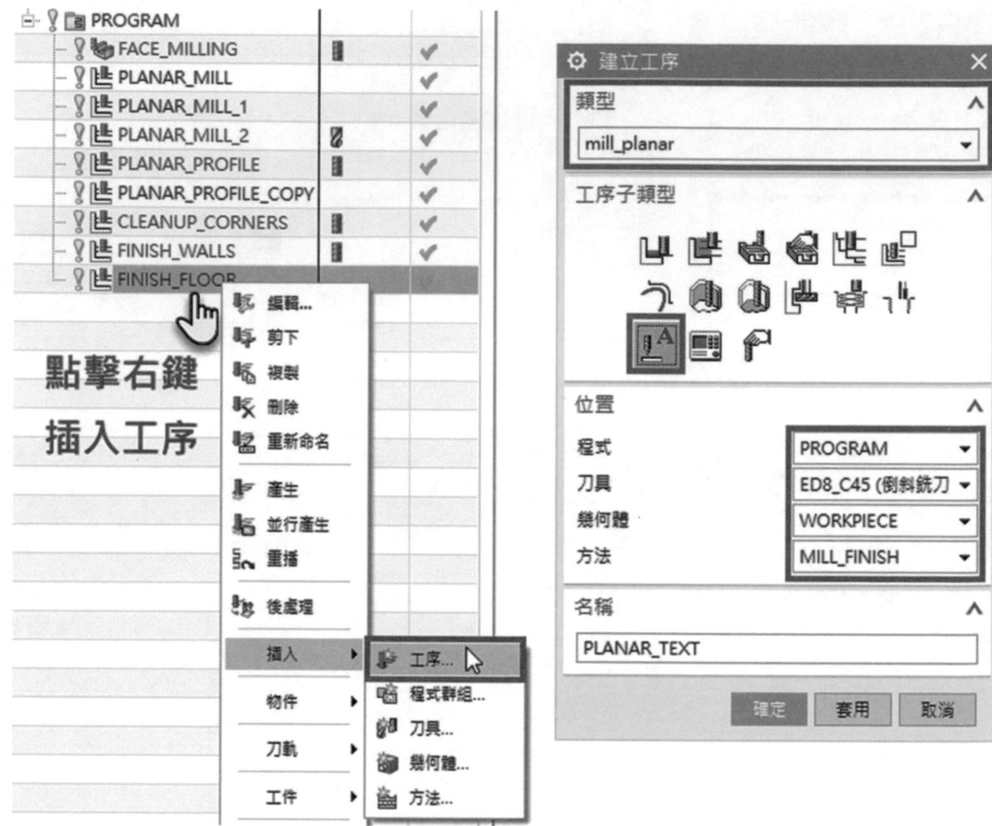

▲圖 6-15-4

❺ 在幾何體的對話框中，點擊指定製圖文字 A 的圖示，將「零件加工」選定。如圖 6-15-5。

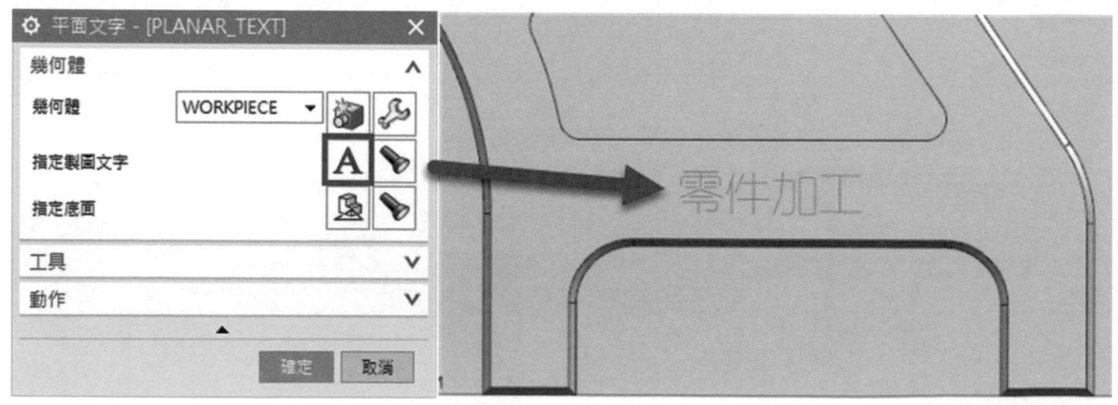

▲圖 6-15-5

❻ 在幾何體的對話框中，點擊指定底面 的圖示，將模型頂面選定為底面。如圖 6-15-6。

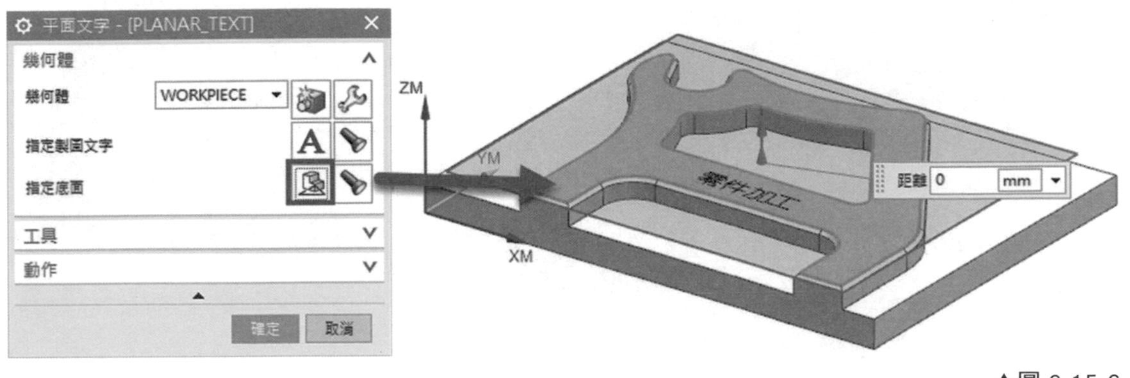

▲圖 6-15-6

❼ 在刀軌設定的對話框中，可以設置文字深度為「0.25mm」，將非切削移動的「進刀」窗格中，設置進刀類型為「插削 」。如圖 6-15-7。

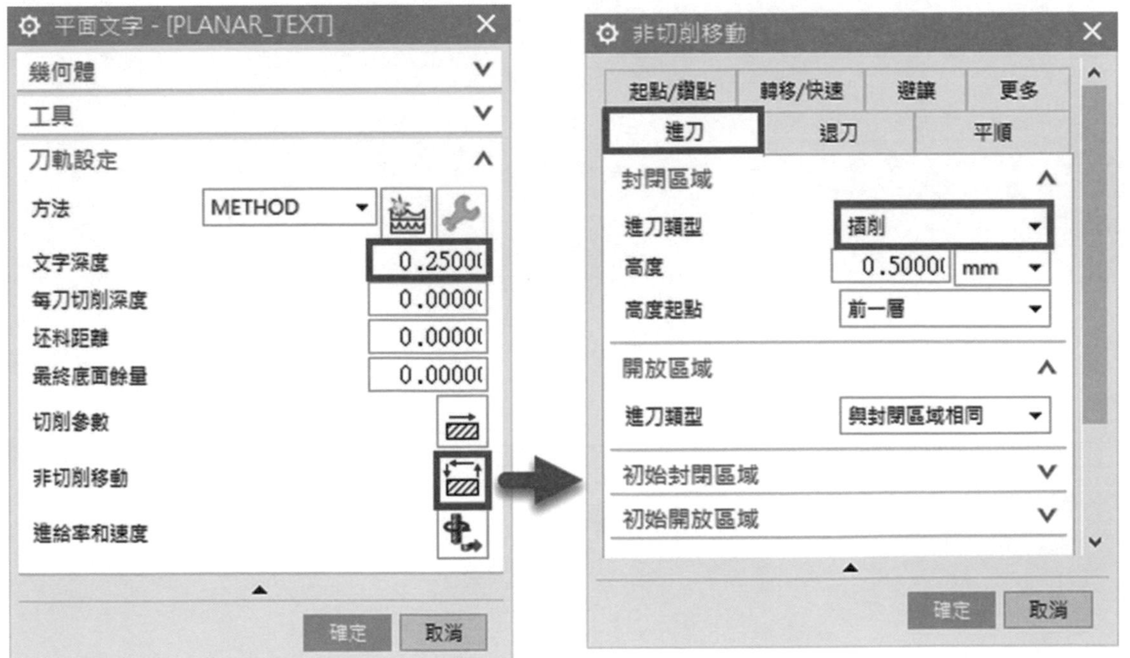

▲圖 6-15-7

8 透過按鈕產生刀軌路徑，即為平面文字加工。如圖 6-15-8。

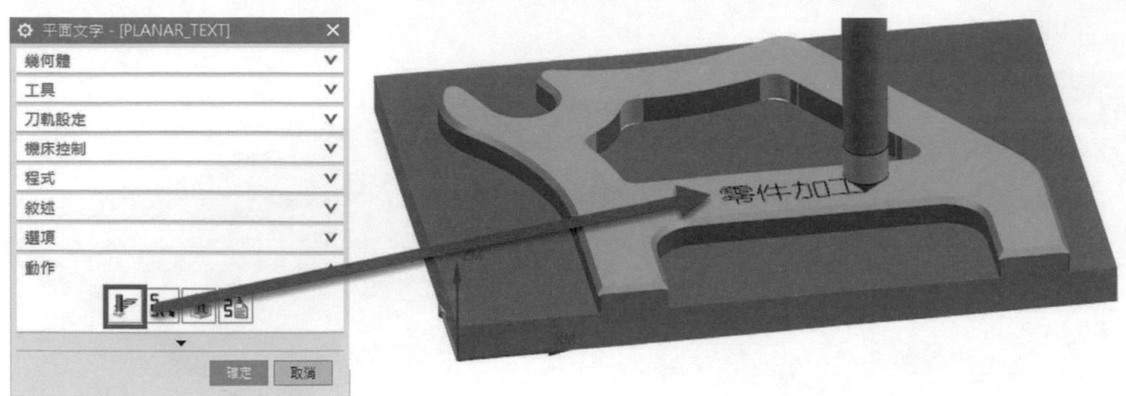

▲圖 6-15-8

7

CHAPTER

孔加工

章節介紹 藉由此課程，您將會學到：

7-1 孔工法介紹

孔工法概述

孔加工屬於孔類型加工工法，加工能夠依照點、圓弧、面進行鑽孔路徑規劃，主要針對鑽孔執行中心鑽、鑽孔、攻牙、銑牙、銑孔…等進行聰慧設置，一般用於模具孔加工以及精確孔配合加工為主。

孔加工類型

孔加工工法在我們進入加工環境後，進入程式順序視圖中對 PROGRAM 滑鼠點擊右鍵 ➔「插入」➔「工序」，選擇類型「drill」的工序子類型所有工法。如圖 7-1-1。

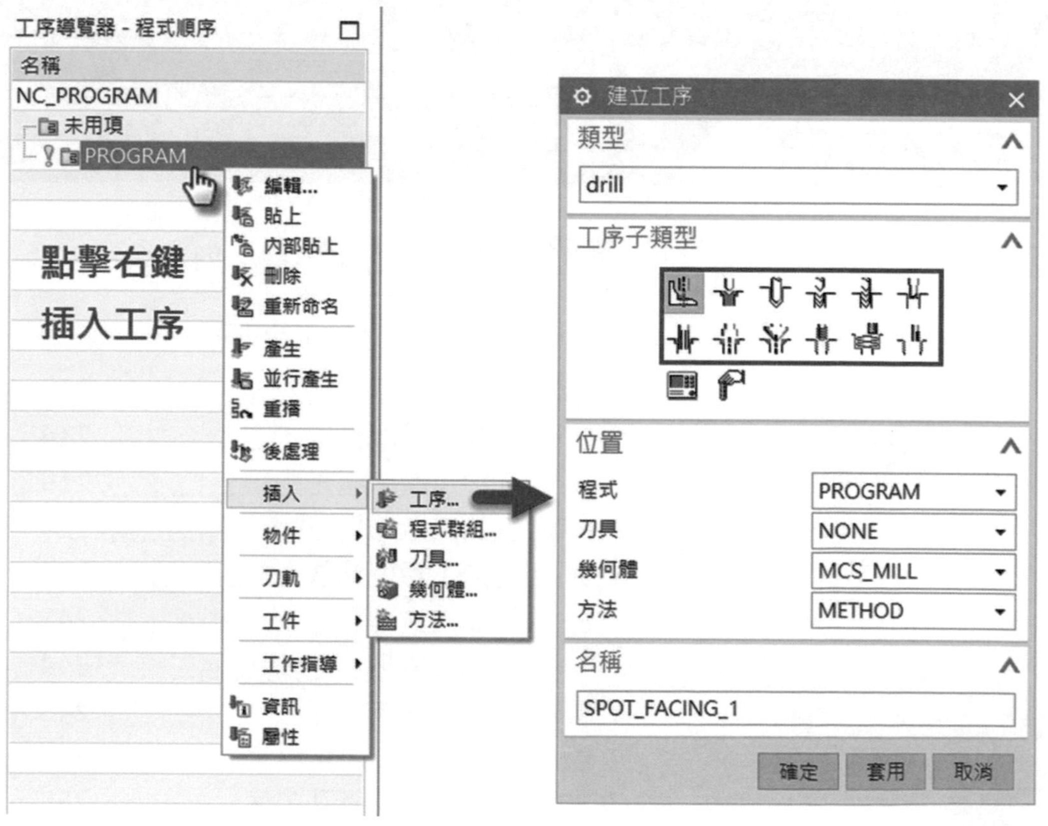

▲圖 7-1-1

孔加工敘述介紹

孔加工工法

孔加工	工法名稱	工法敘述
	銑刀鑽孔加工	執行銑刀鑽孔，切削到孔底時可設定暫停秒數 (G82)
	鑽刀定點加工	執行中心孔鑽，鑽孔至表面深度以利鑽孔準確 (G82)
	鑽孔加工	執行鑽孔，鑽孔至模型深度或指定距離 (G81)
	啄鑽加工	深孔鑽削，每次啄鑽至 Q 值距離退至 R 值 (G83)
	斷屑加工	盲孔鑽削，每次啄鑽至 Q 值退至些許值 (G73)
	鏜孔加工	鏜孔銑削，銑孔至模型深度後再向上銑至 R 值 (G85) 鏜孔銑削，銑孔至模型深度後再快退 X 或 Y 值 (G76)
	鉸孔加工	與鑽孔相同，刀具類型不同，增加孔表面光滑 (G81)
	沉頭孔加工	執行鑽孔，針對某一距離進行鑽孔銑削加工 (G82)
	埋頭孔加工	執行鑽孔，針對某一直徑進行鑽孔銑削加工 (G82)
	攻牙加工	執行攻牙，依牙大小順時針銑削，逆時針退刀 (G84)
	銑削孔加工	執行銑孔，依孔大小移動 X、Y、Z 軸 3D 銑削 (G01)
	銑牙加工	執行銑牙，依銑牙徑大小、螺距加工螺牙 (G01)

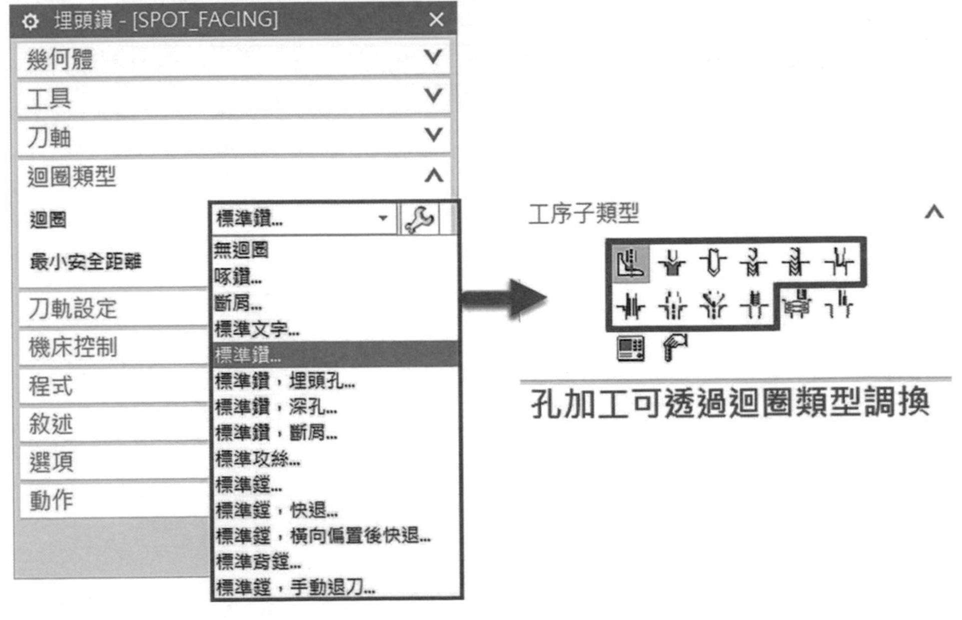

孔加工可透過迴圈類型調換

7-2 孔加工基本設定

學習孔加工的基本設定

範例一

❶ 於「檔案」→「開啟」→「NX CAM 標準課程」→「第七章節」→「孔加工.prt」→「OK」。如圖 7-2-1。

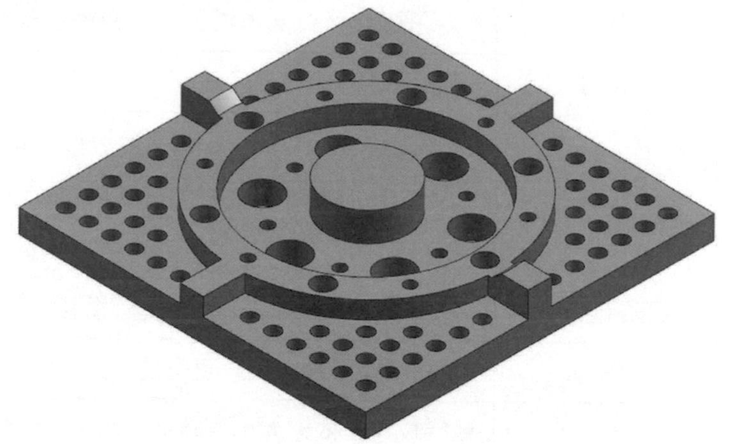

▲圖 7-2-1

❷ 進入程式順序視圖中對 PROGRAM 滑鼠點擊右鍵 →「插入」→「工序」，選擇類型「drill」，選取子工序「銑削鑽孔加工 SPOT_FACING」。如圖 7-2-2。

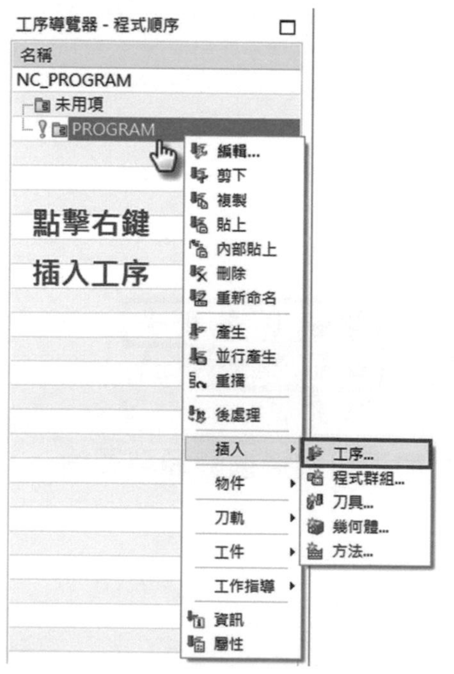

▲圖 7-2-2

❸ 點選確定後，鑽孔的任何一種類型都需要選擇幾何體，必須選擇幾何體對話框中的「指定孔」按鈕進入「點到點幾何體」的對話框。如圖 7-2-3

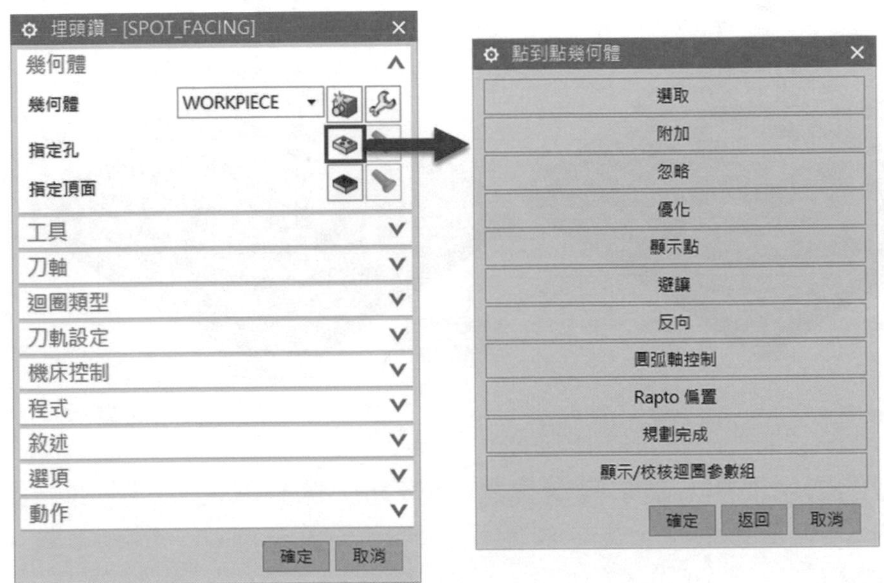

▲圖 7-2-3

❹ 在點到點幾何體的對話框中，「選取」為第一次選孔，「附加」為再次複選孔按鈕，「忽略」為取消先前的某些孔按鈕。如圖 7-2-4。

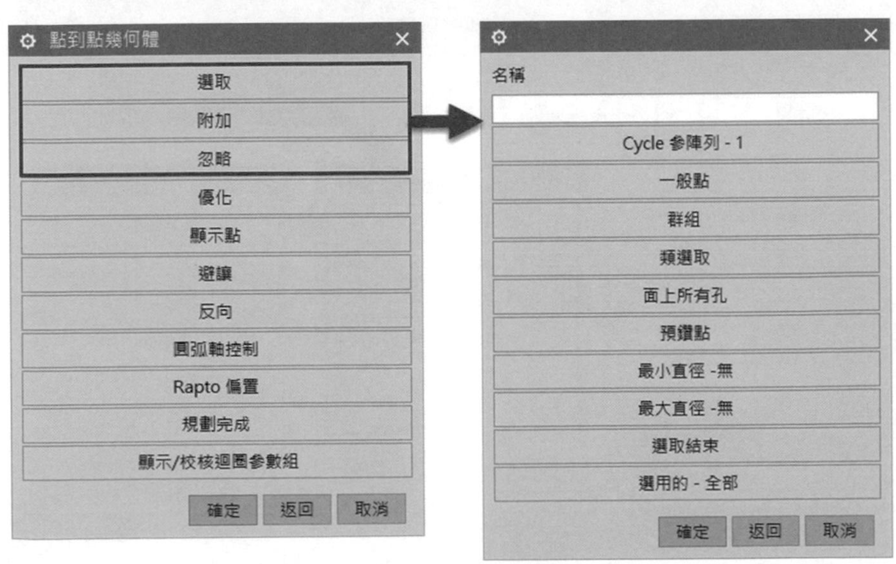

▲圖 7-2-4

❺ 孔的常用點擊方式如下圖，可依邊、點、框選以及面點擊方式。如圖 7-2-5。

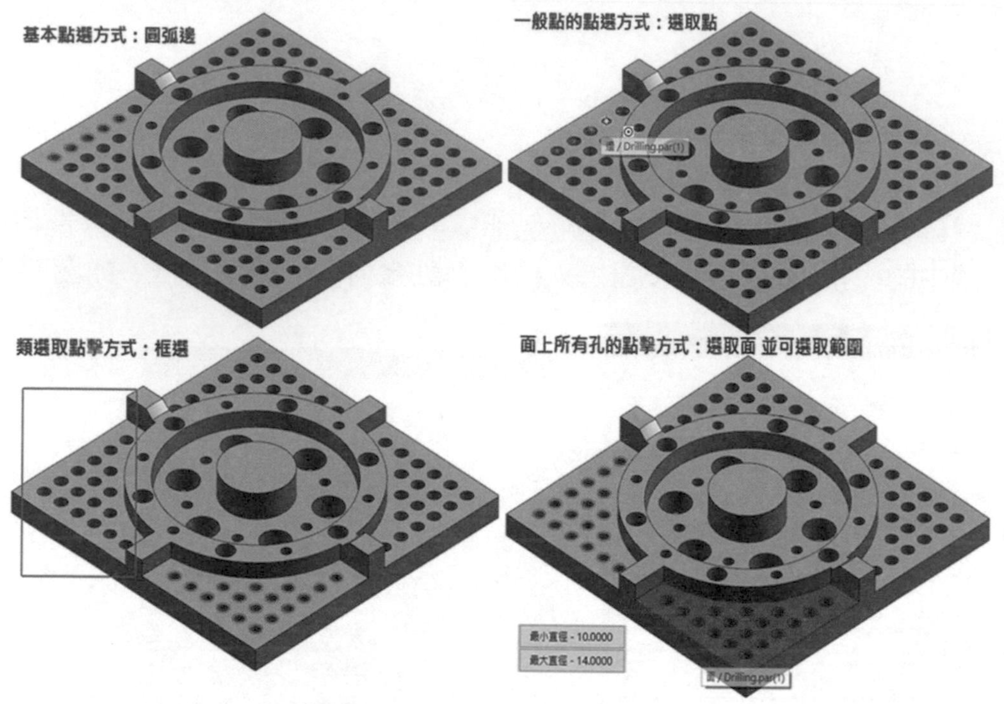

▲圖 7-2-5

❻ 在迴圈類型的對話框中，點擊編輯參數按鈕，選擇確定，即可編輯鑽孔迴圈類型的「Cycle 參數」，主要設定鑽孔深度、退刀距離、鑽孔參數。如圖 7-2-6。

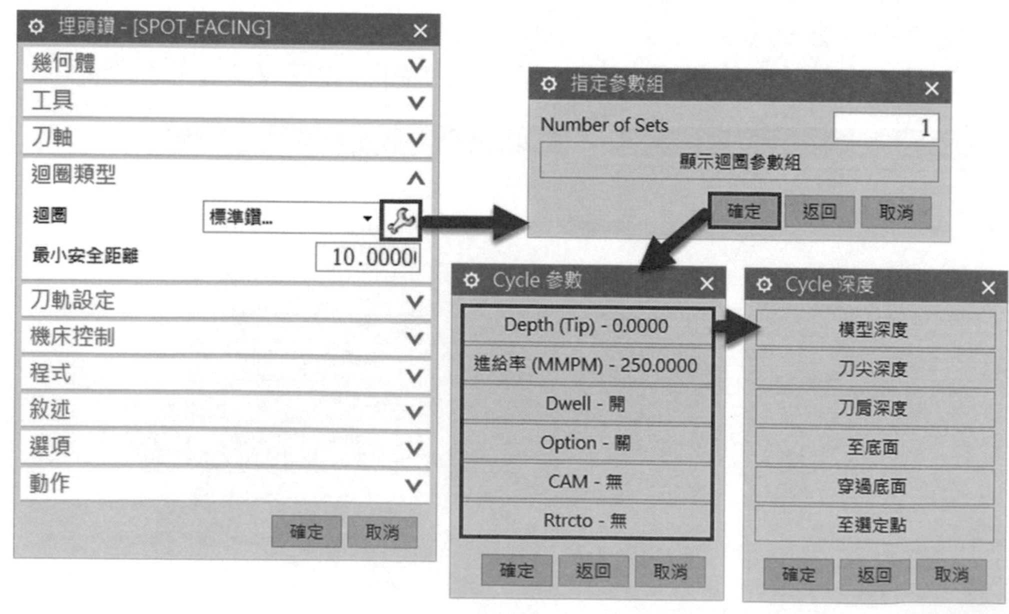

▲圖 7-2-6

❼ 在迴圈類型的對話框中，最小安全距離，即為 R 值。如圖 7-2-7。

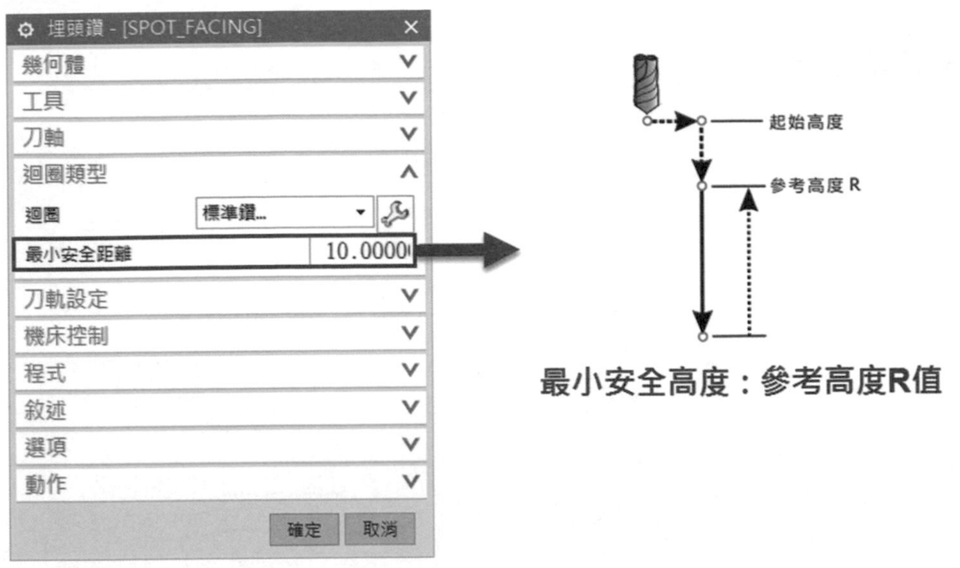

▲圖 7-2-7

❽ 在刀軌設定的對話框中，選擇避讓按鈕，可以設定開始進刀前跟結束退刀的指定方式，以及安全平面值跟底部限制平面值。如圖 7-2-8。

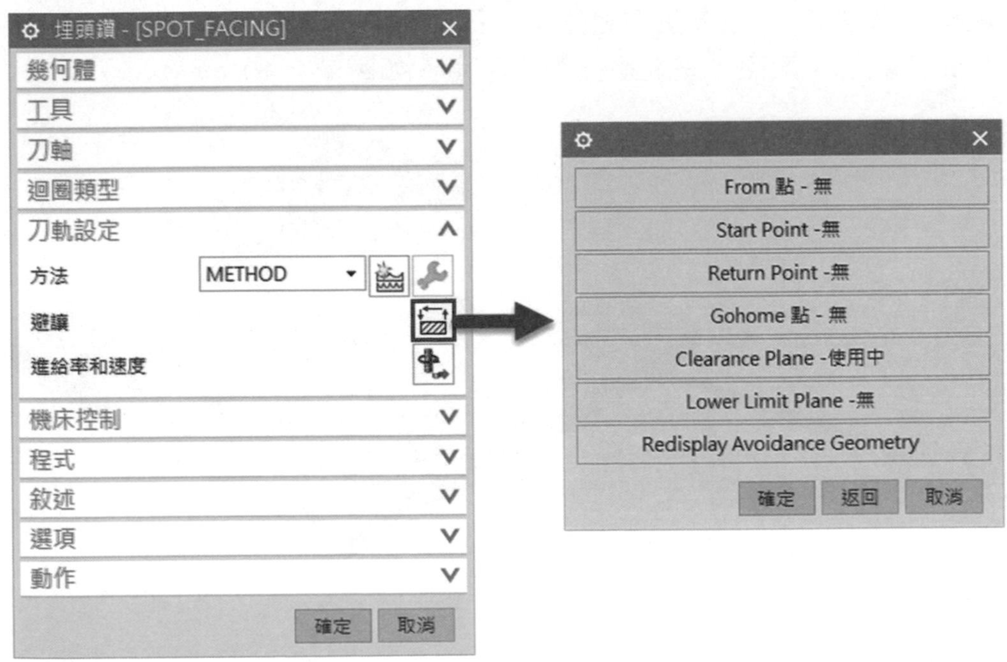

▲圖 7-2-8

❾ 在刀軌設定的對話框中，點擊進給率和速度 按鈕，設定進給率以及主軸轉速值。如圖 7-2-9。

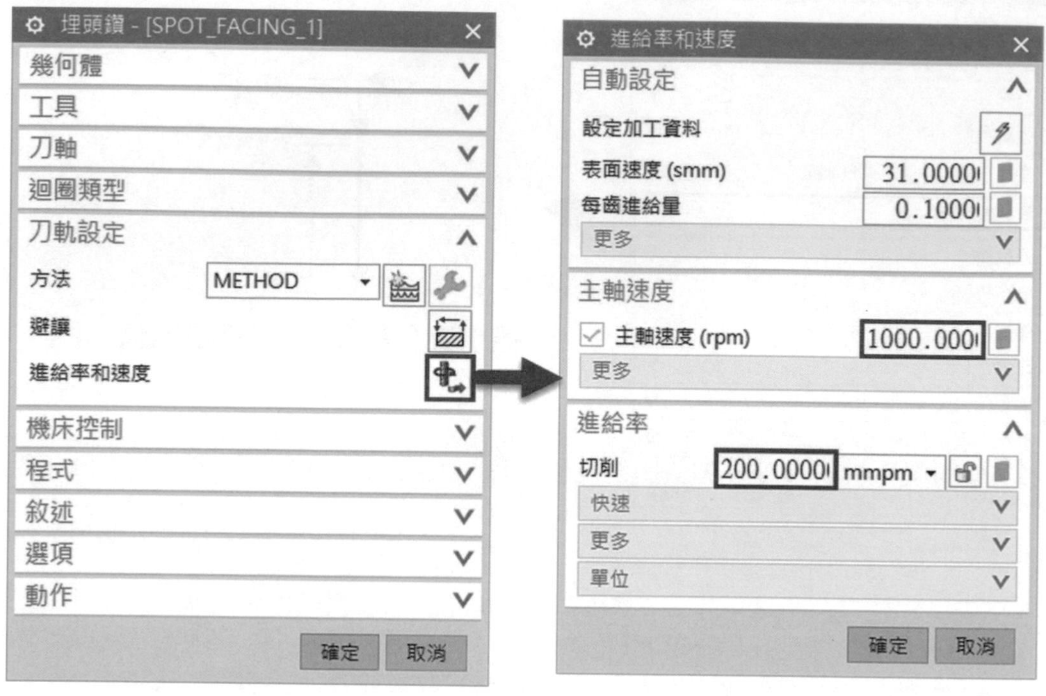

▲圖 7-2-9

❿ 確定後，透過 按鈕產生刀軌路徑，即為鑽孔設定。所有孔加工類型都可依照此步驟進行設定，完成鑽孔加工設定。如圖 7-2-10。

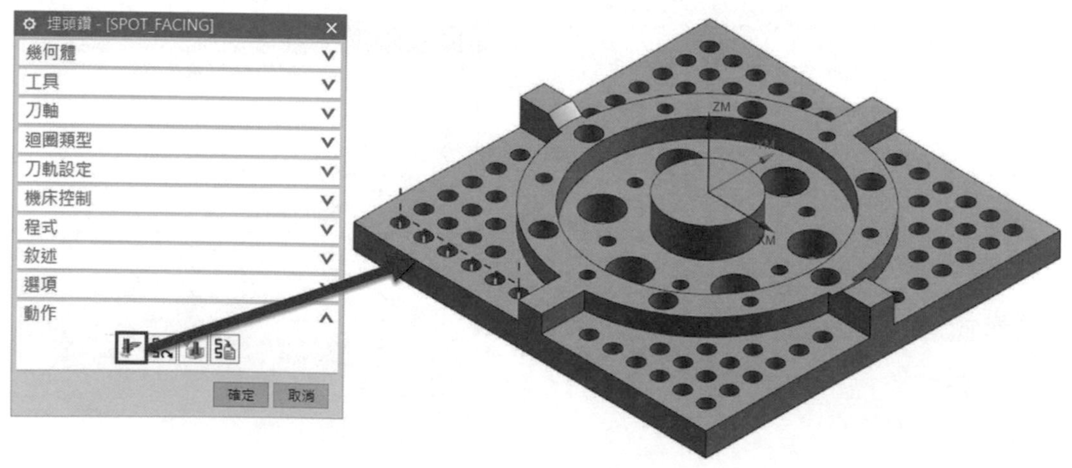

▲圖 7-2-10

7-3 孔加工順序優化

學習孔加工的順序優化設定

❶ 進入程式順序視圖中對上一個工法滑鼠點擊右鍵 ➔「插入」➔「工序」，選擇類型「drill」，選取子工序「鑽刀定點加工 SPOT_DRILLING」。如圖 7-3-1。

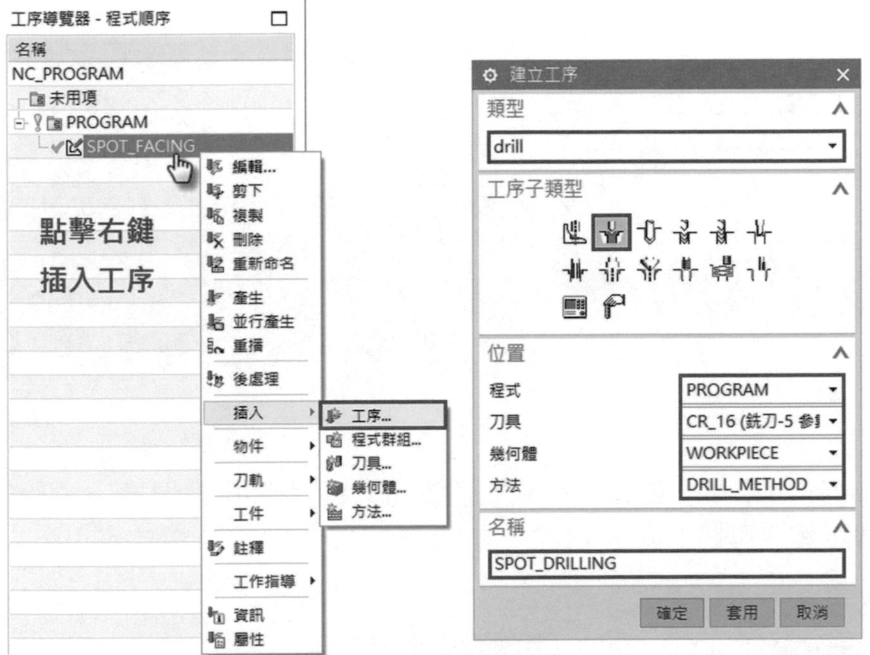

▲圖 7-3-1

❷ 在幾何體的對話框中，點擊指定孔，選取面上所有孔。如圖 7-3-2。

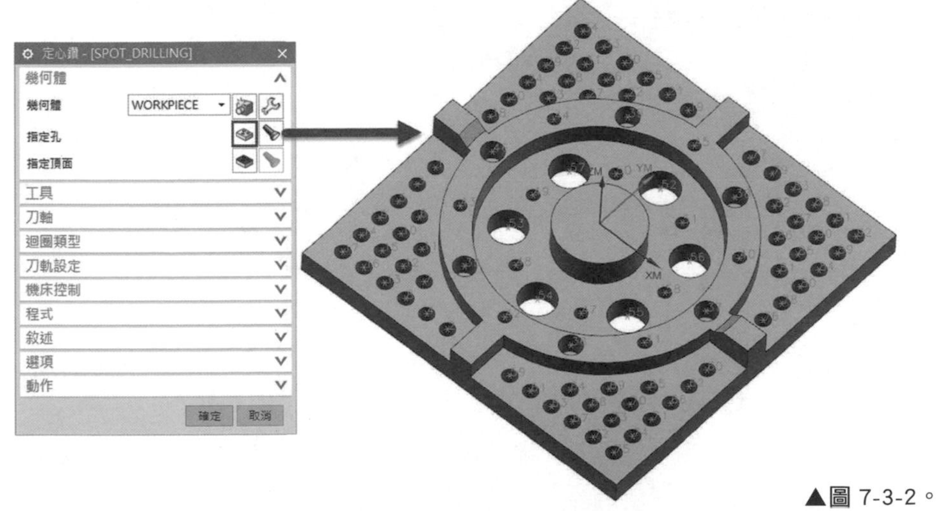

▲圖 7-3-2。

❸ 確定後，在迴圈類型的對話框中，點擊編輯參數 按鈕，點擊「確定」，設定鑽孔深度為「刀尖深度 1.5mm」。如圖 7-3-3。

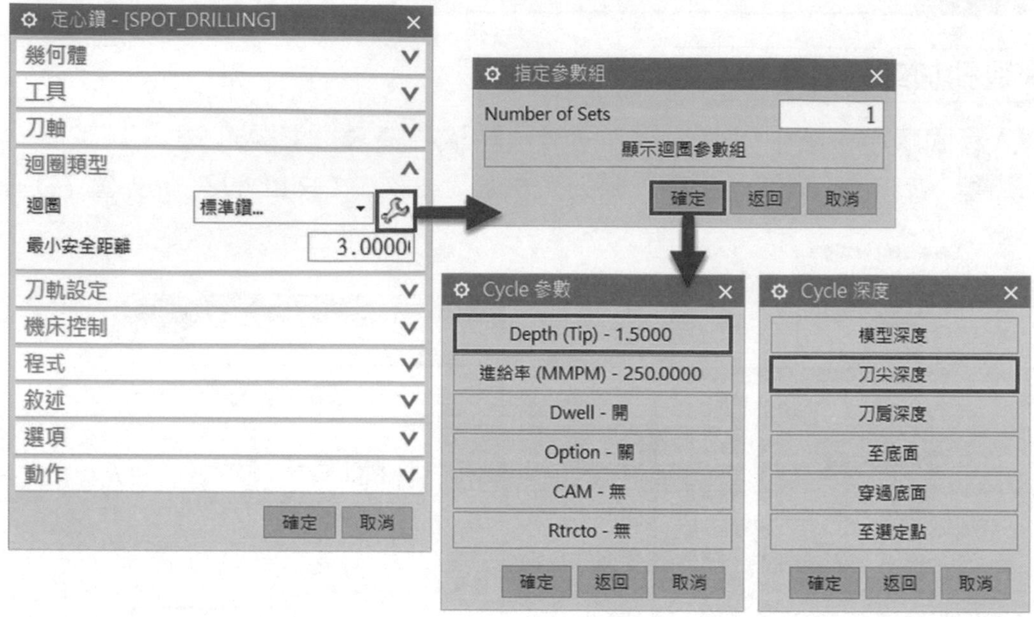

▲圖 7-3-3

❹ 在 Cycle 參數中，「Dwell」為一般鑽孔與精度鑽孔的切換，由於無須在底部暫停秒數，可將 Dwell 關閉。如圖 7-3-4。

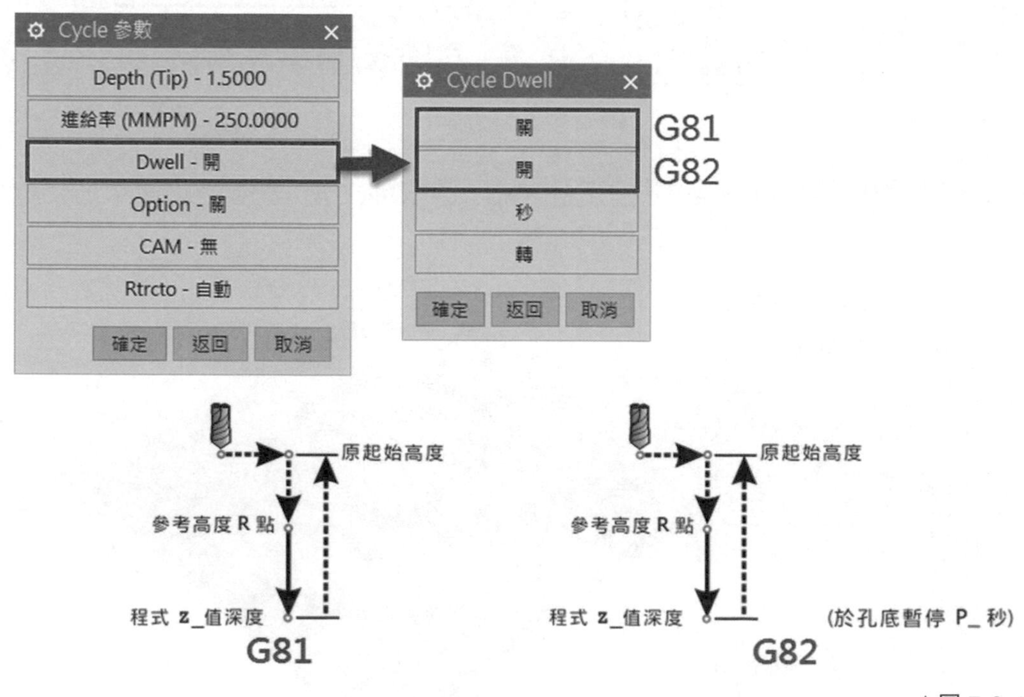

▲圖 7-3-4

❺ 在 Cycle 參數中，「Rtrcto」為安全高度退刀與 R 值高度退刀的切換，點擊自動為安全高度退刀，空跑時間較長，但是較為安全。如圖 7-3-5。

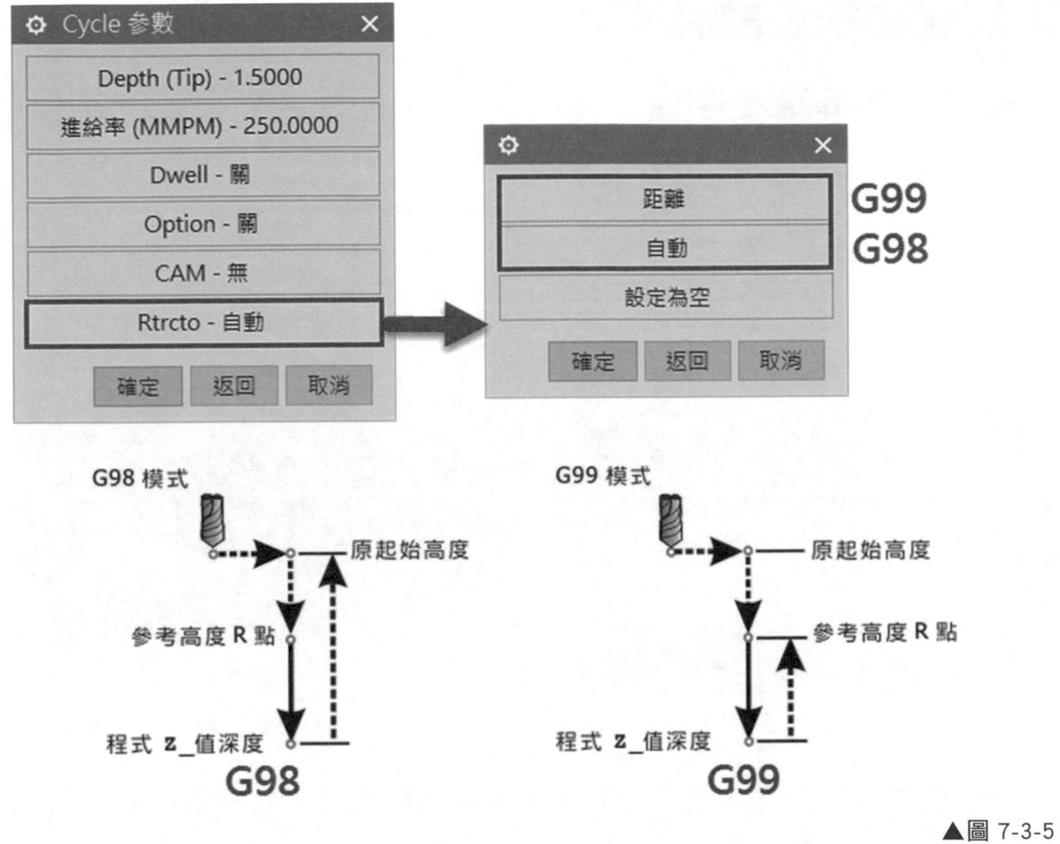

▲圖 7-3-5

❻ 確定後，透過 按鈕產生刀軌路徑，此時可以發現刀路移動順序較為雜亂。如圖 7-3-6。

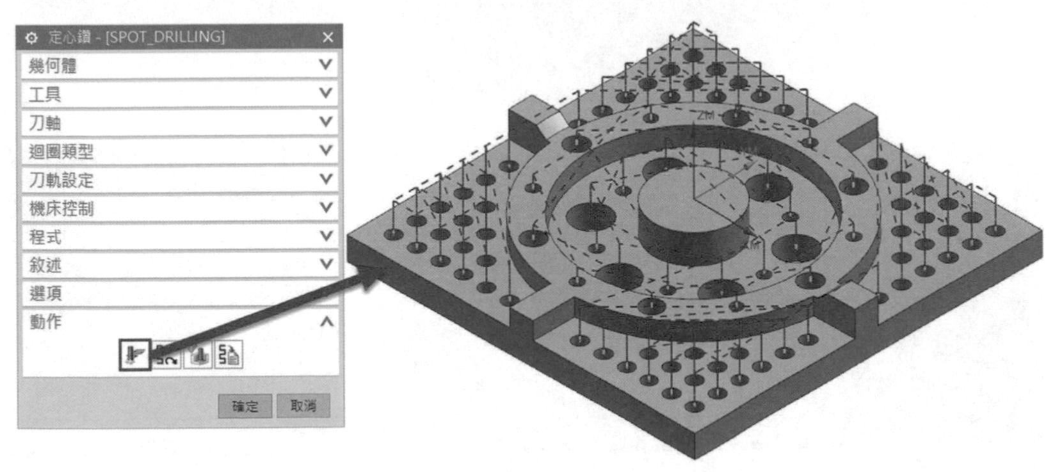

▲圖 7-3-6

❼ 回至幾何體的對話框中，點擊指定孔，進入點到點幾何體對話框後，選擇「優化」按鈕。如圖 7-3-7。

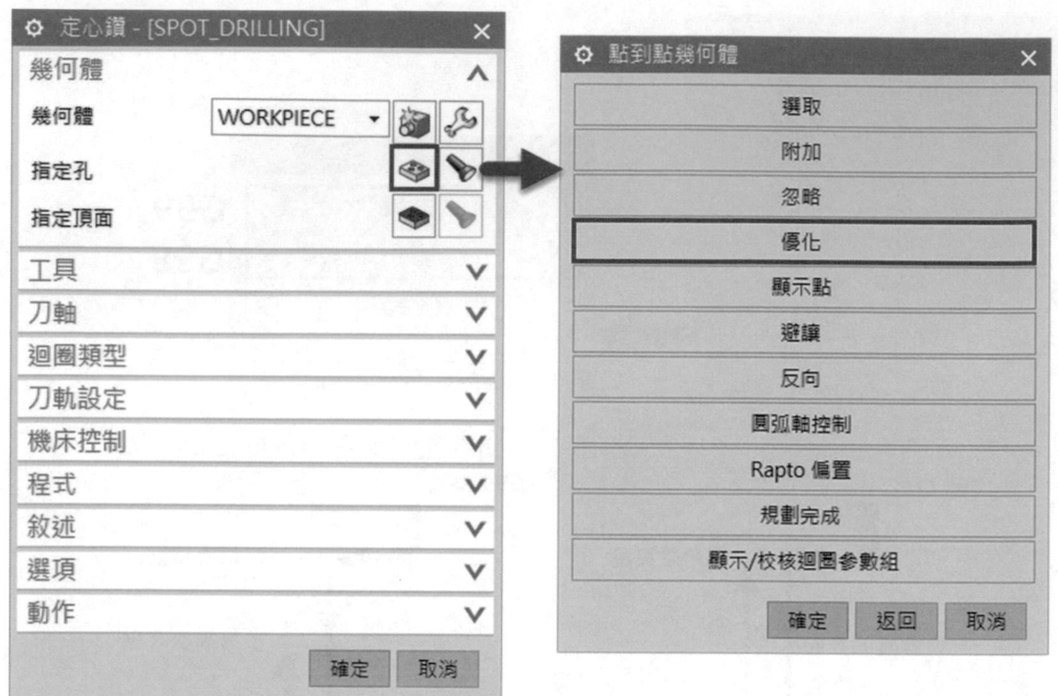

▲圖 7-3-7

❽ 優化方式主要有三種，最短刀軌、水平帶、垂直帶，每一種模式都可以降低刀路雜亂的狀況。如圖 7-3-8。

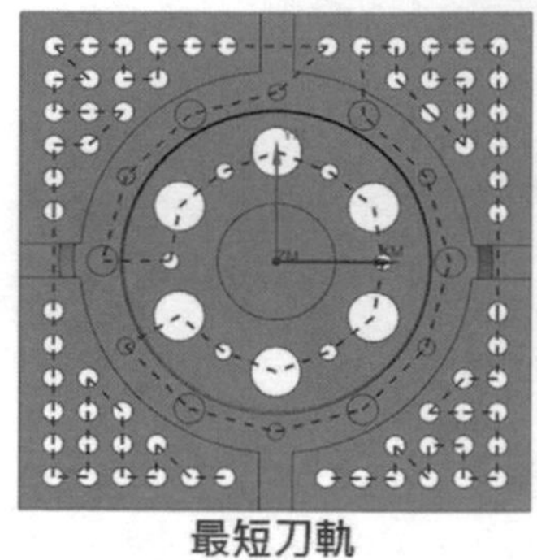

最短刀軌

水平帶

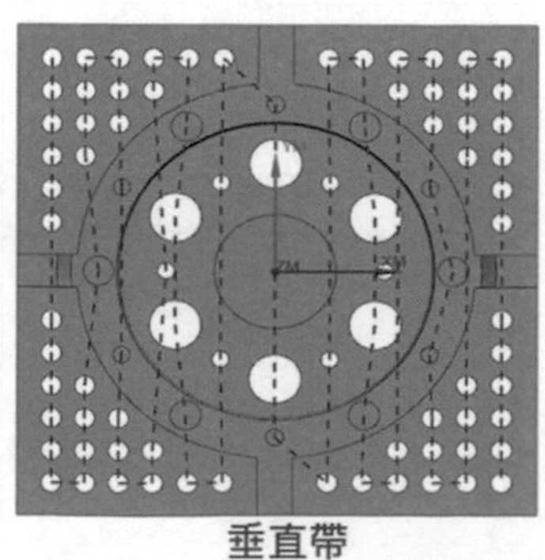

垂直帶

▲圖 7-3-8

⑨ 選取「最短刀軌」的優化方式，可以選擇起始鑽孔與最後鑽孔點。如圖 7-3-9。

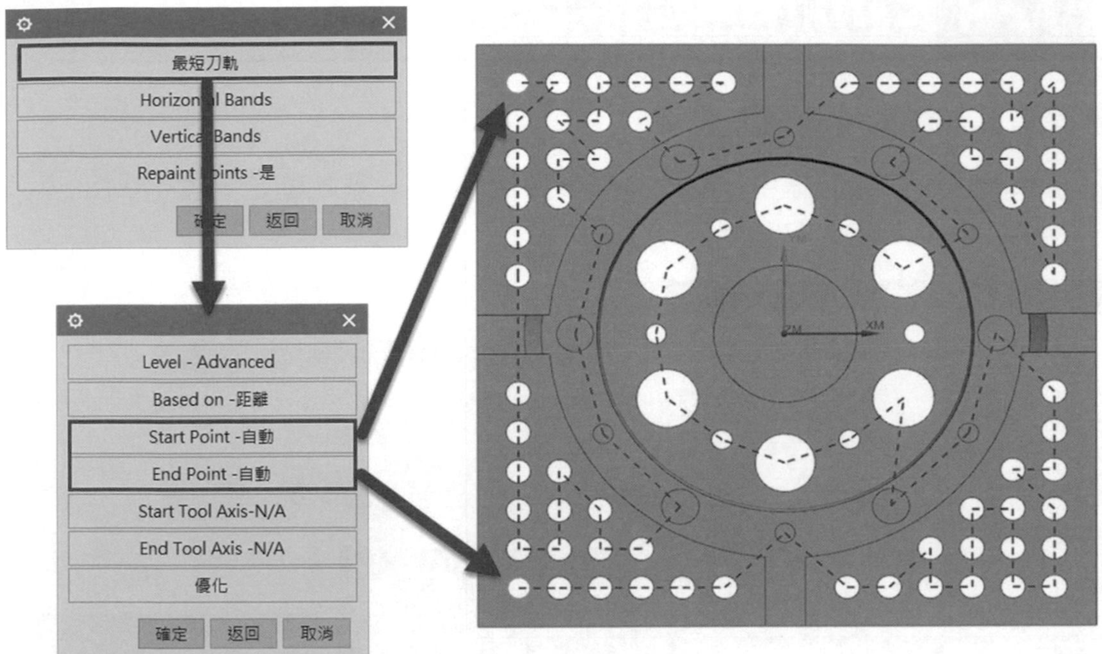

▲圖 7-3-9

⑩ 確定後，透過 按鈕產生刀軌路徑，路徑點的順序較為整齊。如圖 7-3-10。

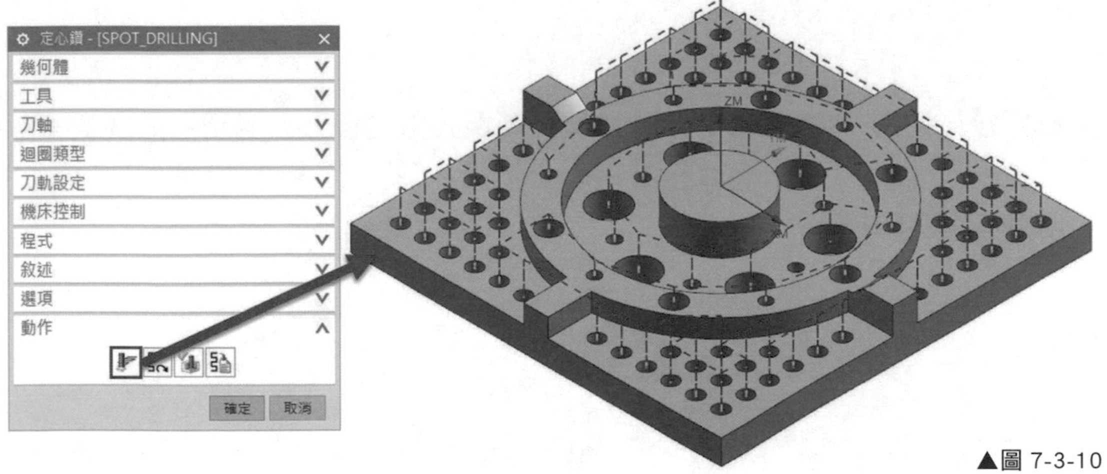

▲圖 7-3-10

7-4 孔加工避讓提刀

學習孔加工的避讓提刀設定

❶ 在迴圈類型的對話框中，點擊編輯參數按鈕，點擊確定，設定「Rtrcto」為空，使提刀依照 R 值退刀。如圖 7-4-1。

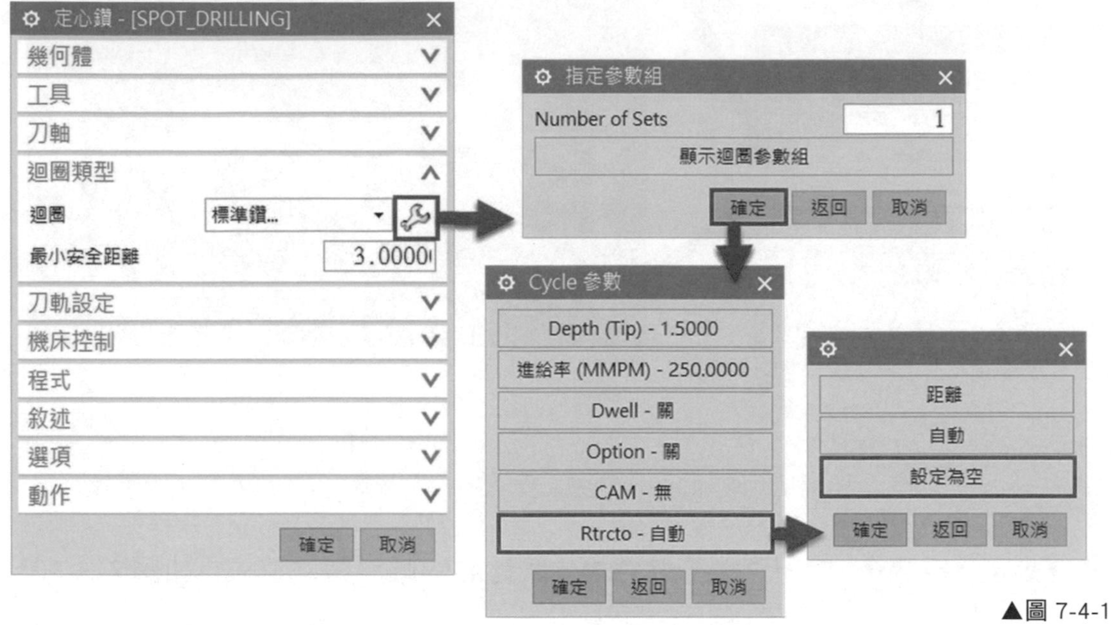

▲圖 7-4-1

❷ 確定後，透過按鈕產生刀軌路徑，發現刀路在移刀有過切。如圖 7-4-2。

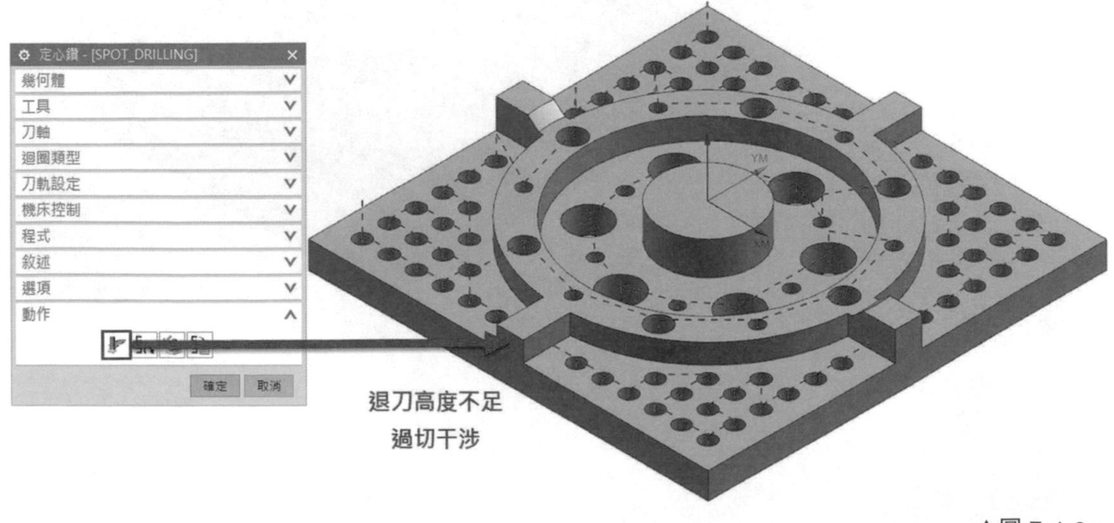

▲圖 7-4-2。

❸ 進入程式順序視圖中對工法滑鼠點擊右鍵 ➔「刀軌」➔「過切檢查」確認刀軌確實有過切運動。如圖 7-4-3。

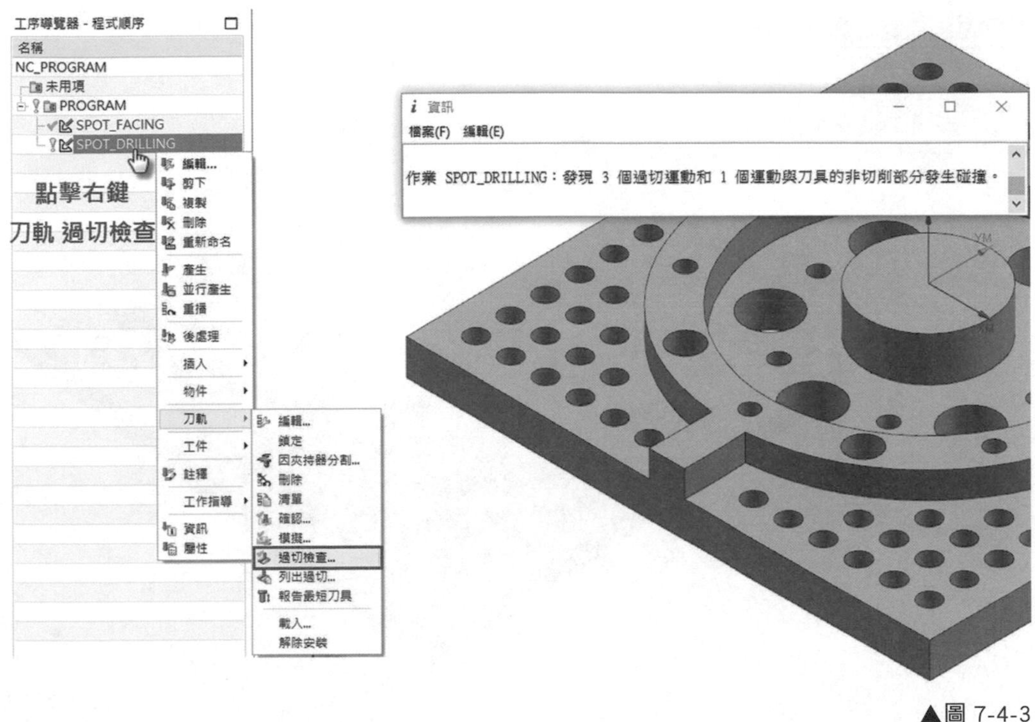

▲圖 7-4-3

❹ 進入工法，在幾何體的對話框中，點擊指定孔，進入點到點幾何體對話框後，選擇「避讓」按鈕。如圖 7-4-4。

▲圖 7-4-4

5 點擊避讓後，首先須點擊避讓的兩個孔，完成後設定「安全平面」或是「距離」，確定後再點選其它需避讓的兩個孔，以此類推。如圖 7-4-5。

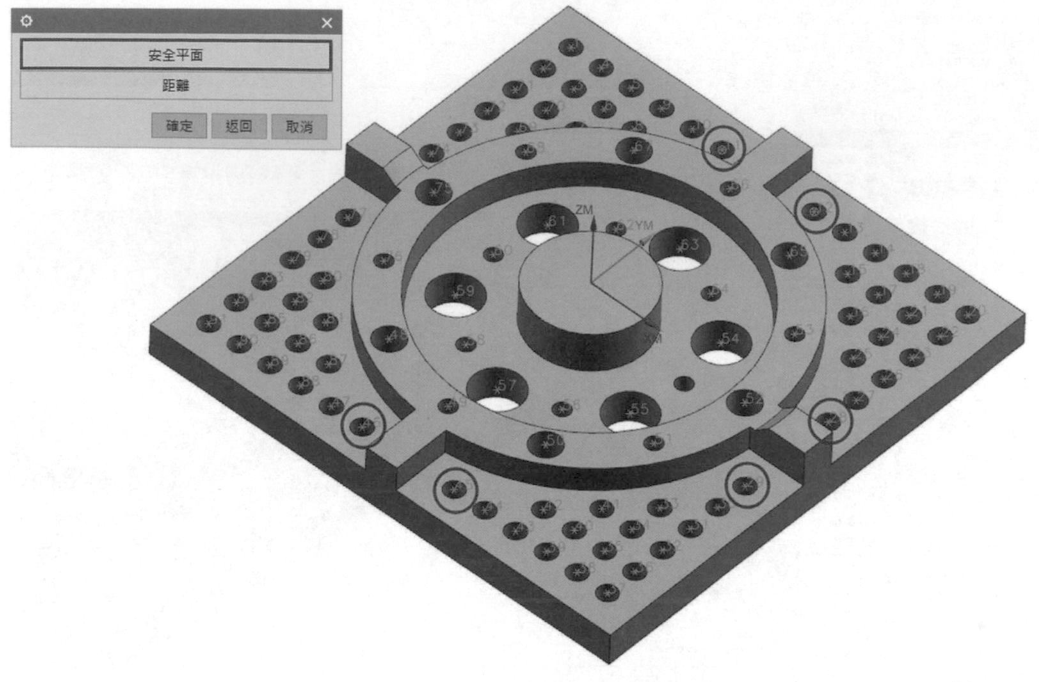

▲圖 7-4-5

6 確定後，透過 按鈕產生刀軌路徑，此時可以發現刀路已經有避讓提刀。如圖 7-4-6。

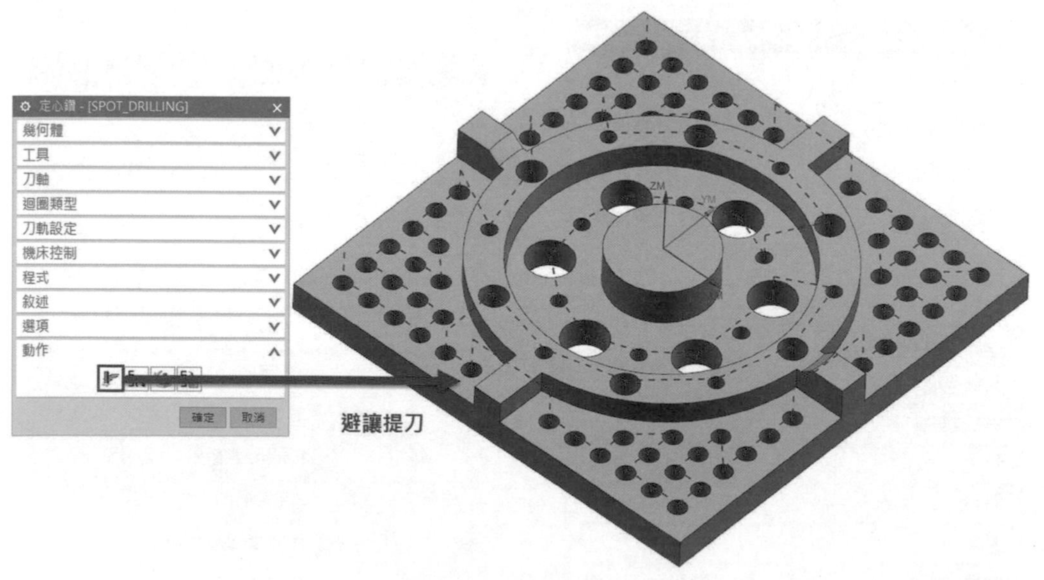

▲圖 7-4-6

7-5 孔加工類型設置

學習孔加工的各種類型設定－啄鑽

❶ 進入程式順序視圖中對 PROGRAM 滑鼠點擊右鍵 ➔「插入」➔「工序」，選擇類型「drill」，選取子工序「啄鑽加工 PECK_DRILLING」。如圖 7-5-1。

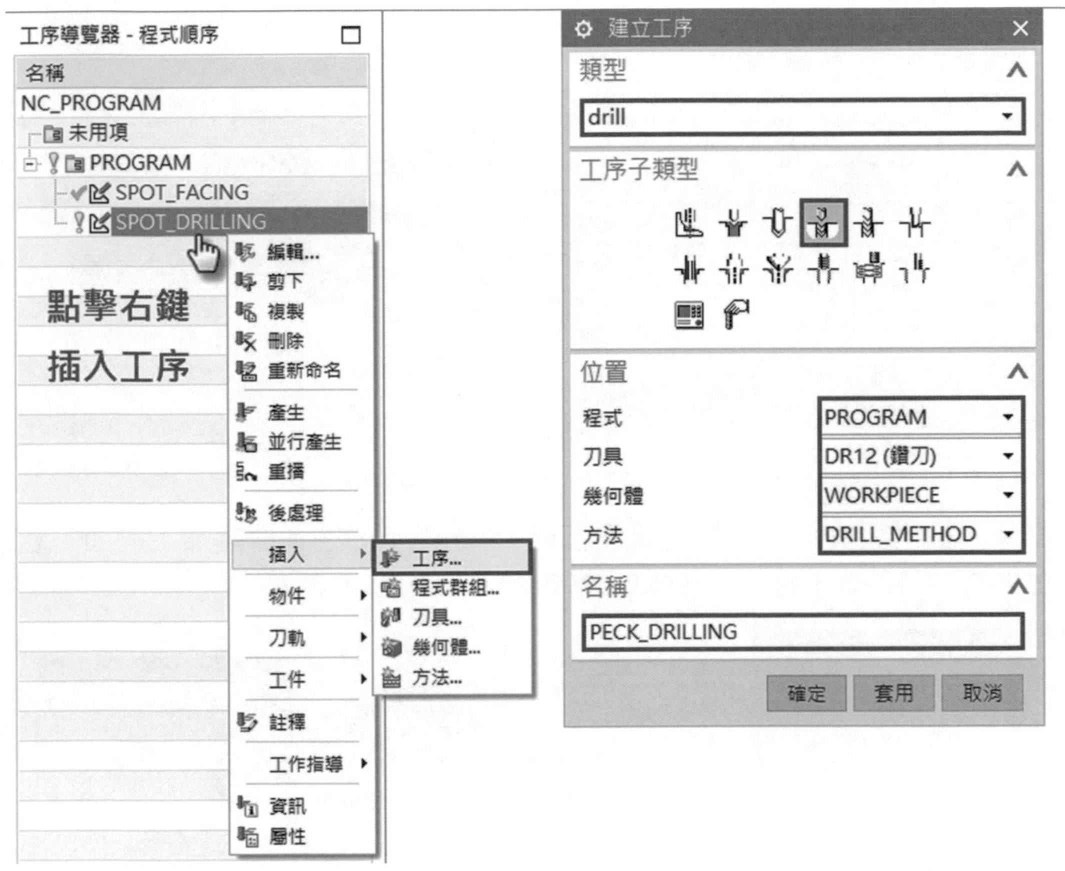

▲圖 7-5-1

❷ 確定後，在幾何體的對話框中，點擊指定孔 ，並點擊選取。如圖 7-5-2。

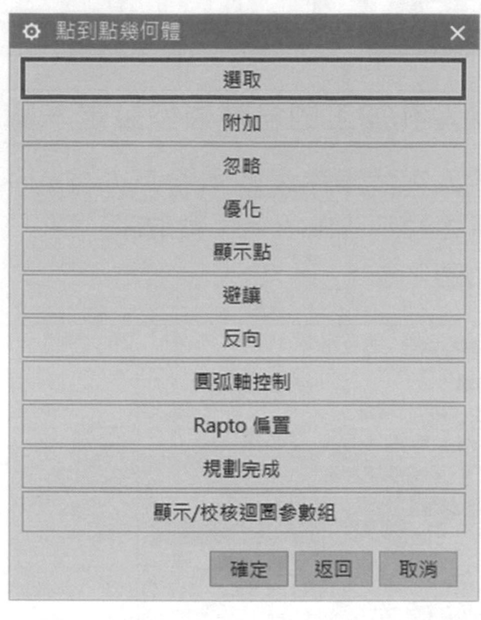

▲圖 7-5-2

❸ 點擊「面上所有孔」，設定範圍直徑「12mm」，在選擇需加工的面，若面上無直徑 12mm 的孔，即會跳出警告訊息。如圖 7-5-3。

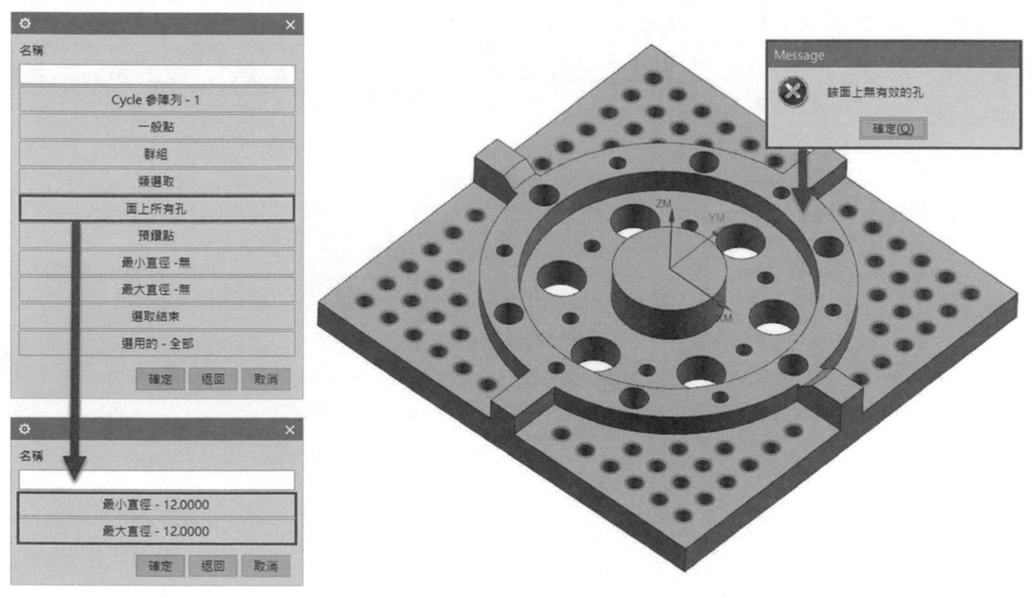

▲圖 7-5-3

❹ 在點到點幾何體的對話框中，點擊「優化」，並點擊「最短刀軌」。如圖 7-5-4。

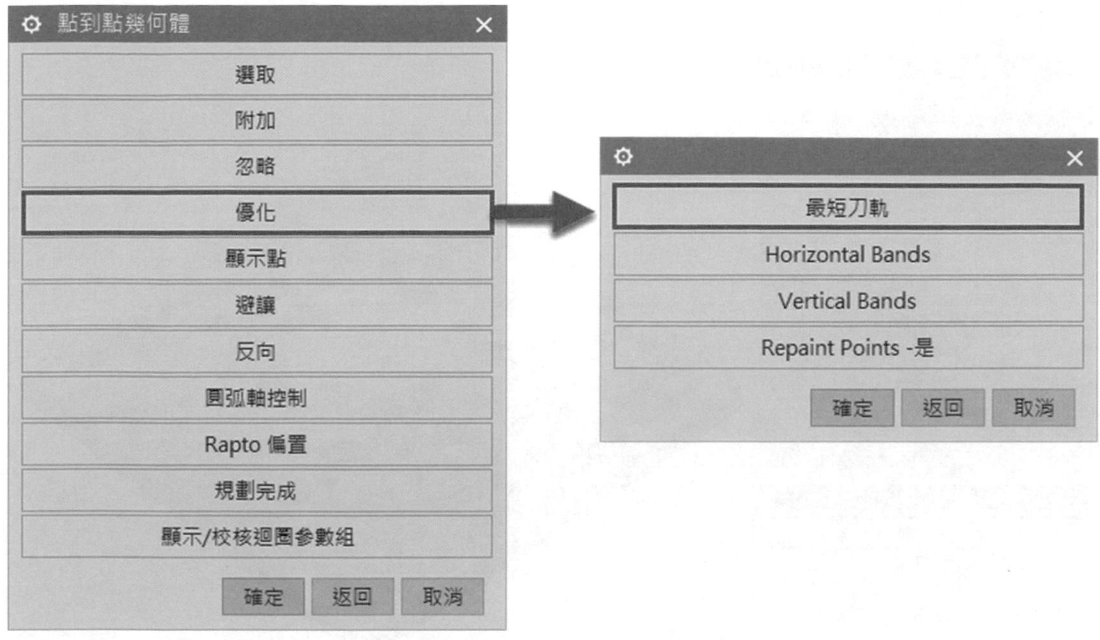

▲圖 7-5-4

❺ 確定後，手動選取起始點以及結束點，並執行「優化」。如圖 7-5-5。

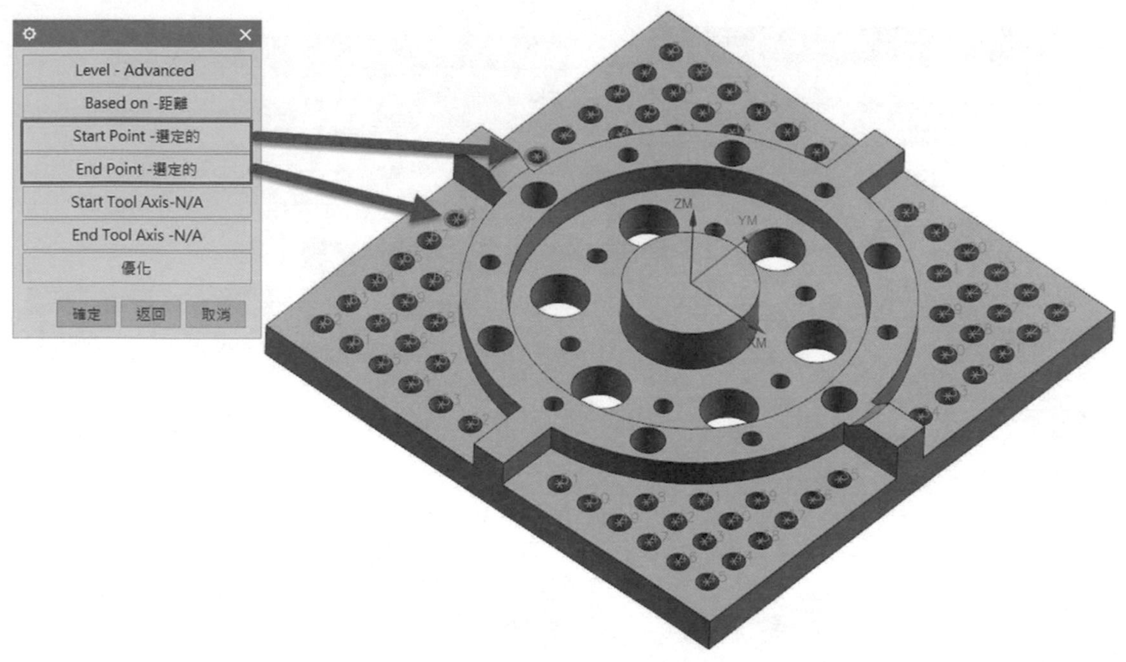

▲圖 7-5-5

❻ 接受後，選取「避讓」按鈕，然後點擊需避讓的兩個孔，完成後設定「安全平面」或是「距離」，確定後再點選其它需避讓的兩個孔，以此類推。如圖 7-5-6。

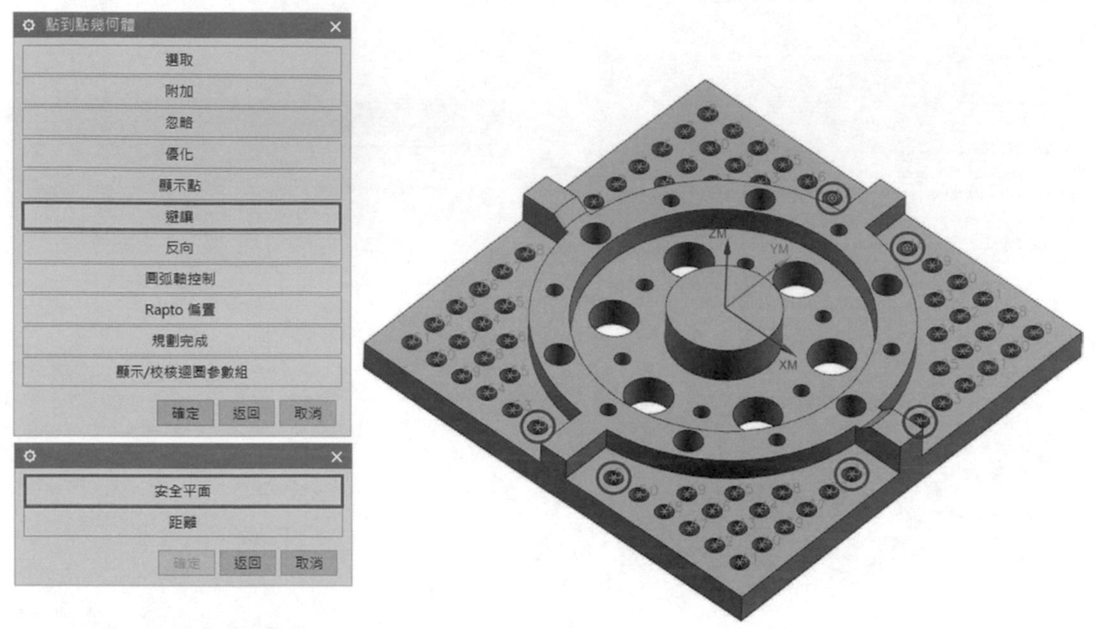

▲圖 7-5-6

❼ 在迴圈類型的對話框中，點擊編輯參數按鈕，確定後，設置「Step 值」為「1.5mm」，Step 值即為 Q 值。如圖 7-5-7。

▲圖 7-5-7

8 確定後，透過按鈕產生刀軌路徑，並可透過按鈕模擬切削路徑。如圖 7-5-8。

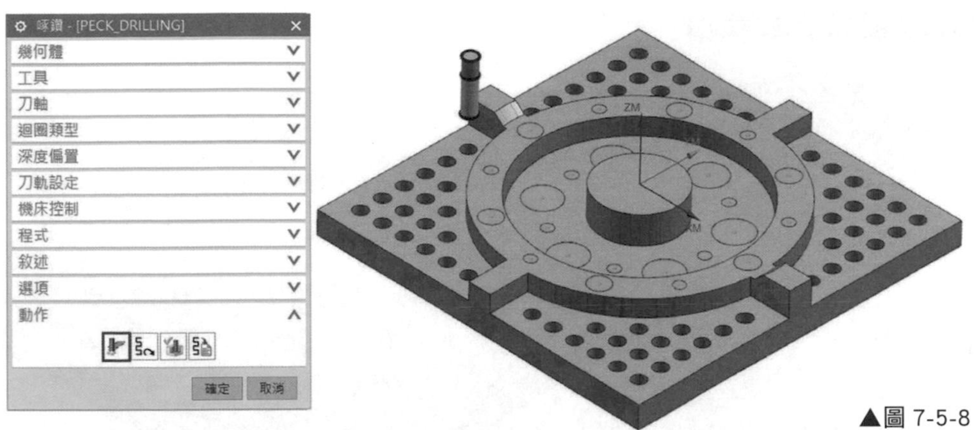

▲圖 7-5-8

學習孔加工的各種類型設定－斷屑鑽

9 進入程式順序視圖中對 PROGRAM 滑鼠點擊右鍵 ➔「插入」➔「工序」，選擇類型「drill」，選取子工序「斷屑鑽加工 BREAKCHIP_DRILLING」。如圖 7-5-9。

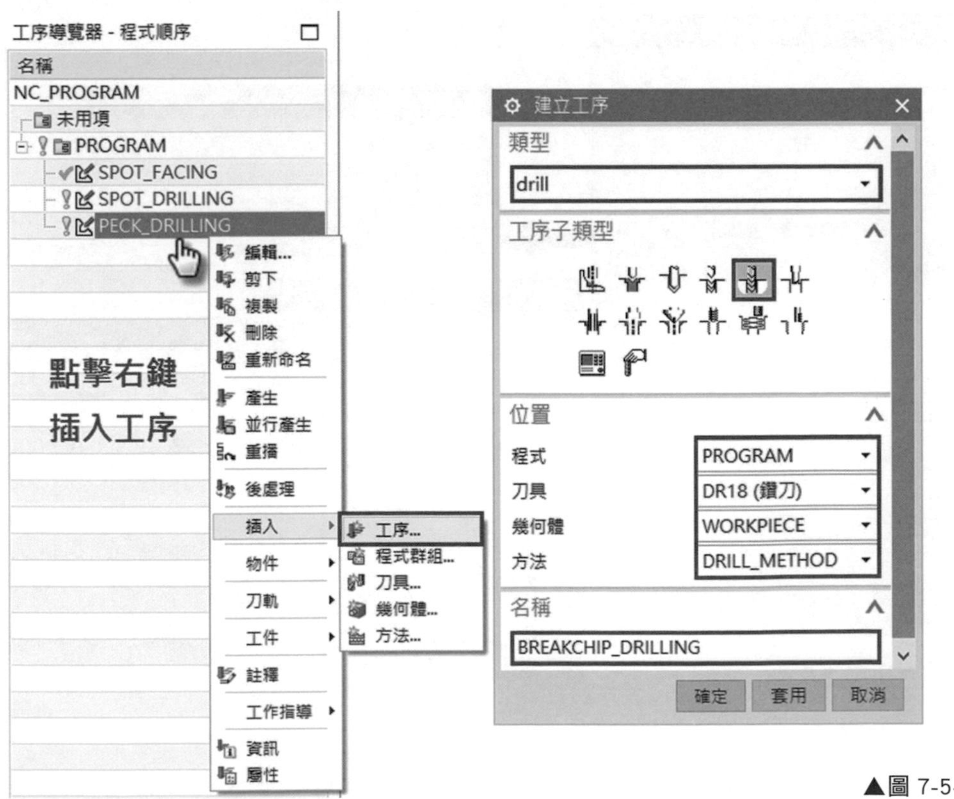

▲圖 7-5-9

⑩ 確定後，在幾何體的對話框中，點擊指定孔，選取孔大小，設定點擊「面上所有孔」，範圍直徑「18mm」。如圖 7-5-10。

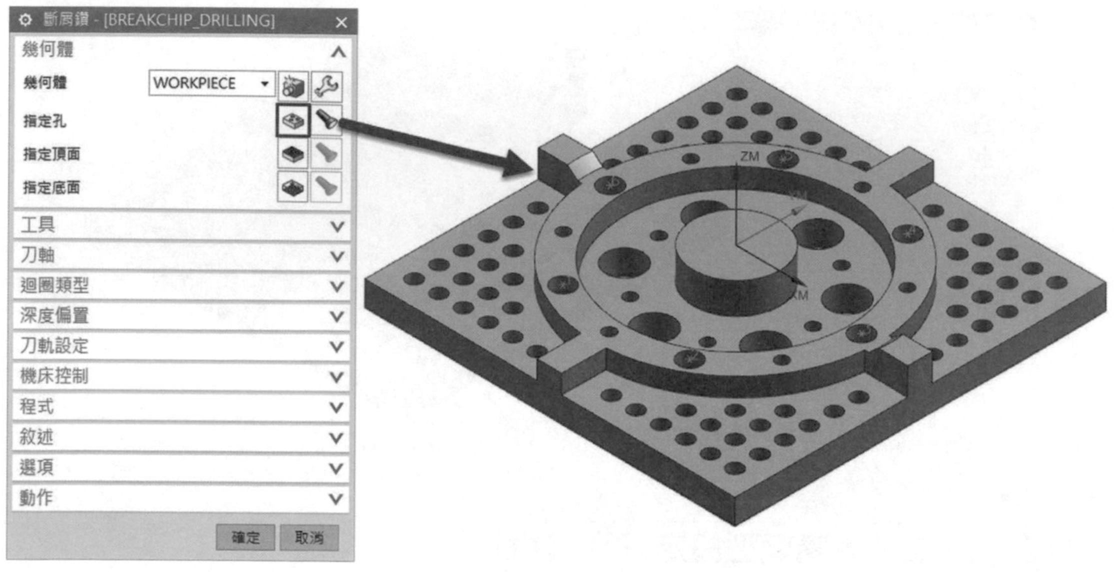

▲圖 7-5-10

⑪ 在迴圈類型的對話框中，點擊編輯參數按鈕，確定後，設置「Step 值」為「1.5mm」，Step 值即為 Q 值。如圖 7-5-11。

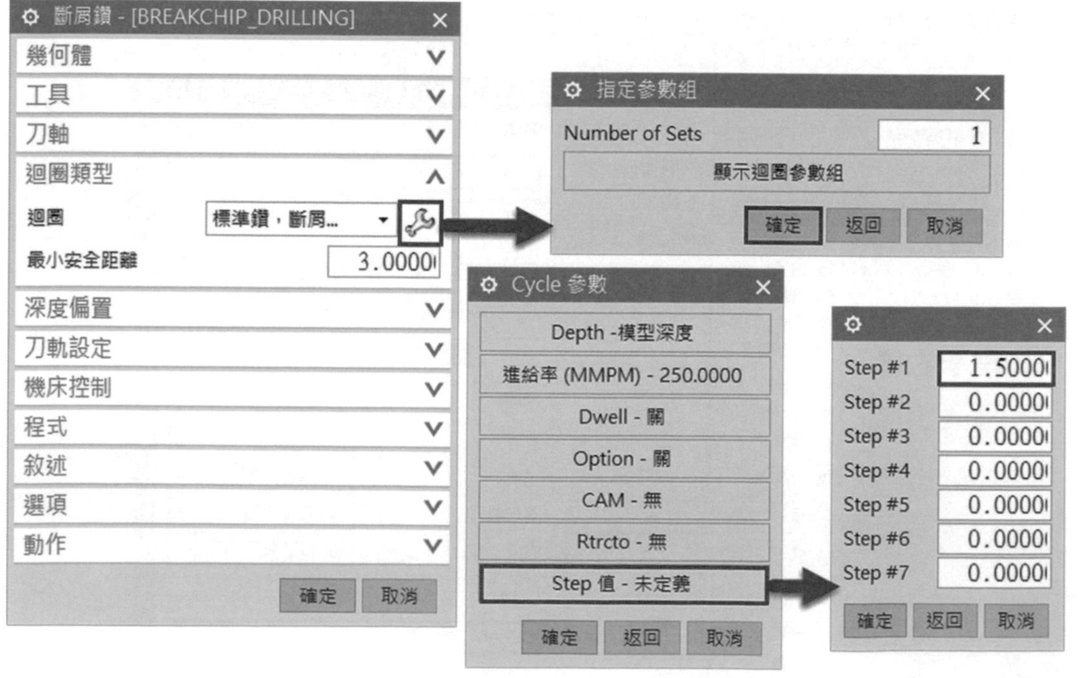

▲圖 7-5-11

⑫ 在驅動方法深度偏置的對話框中，可以設定「通孔安全距離」以及「盲孔餘量」，主要預防鑽孔過深以及攻牙預留距離。如圖 7-5-12。

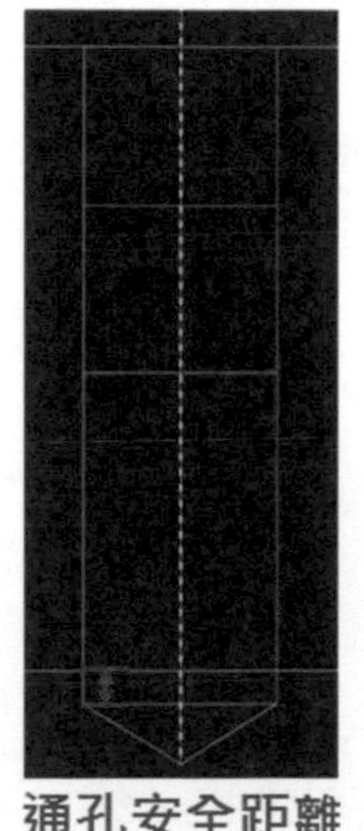

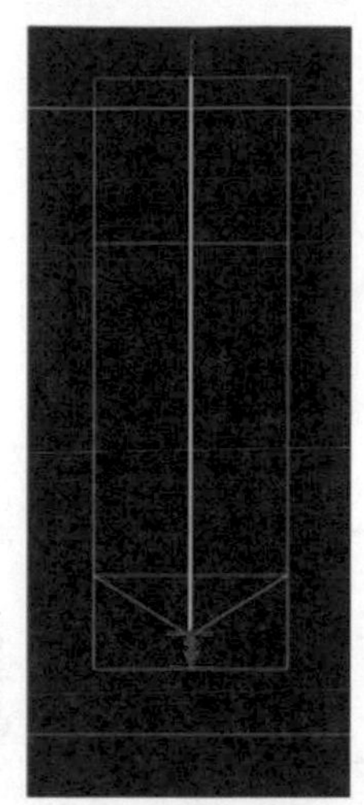

▲圖 7-5-12

⑬ 確定後，透過按鈕產生刀軌路徑，即可完成斷屑鑽的加工路徑。如圖 7-5-13。

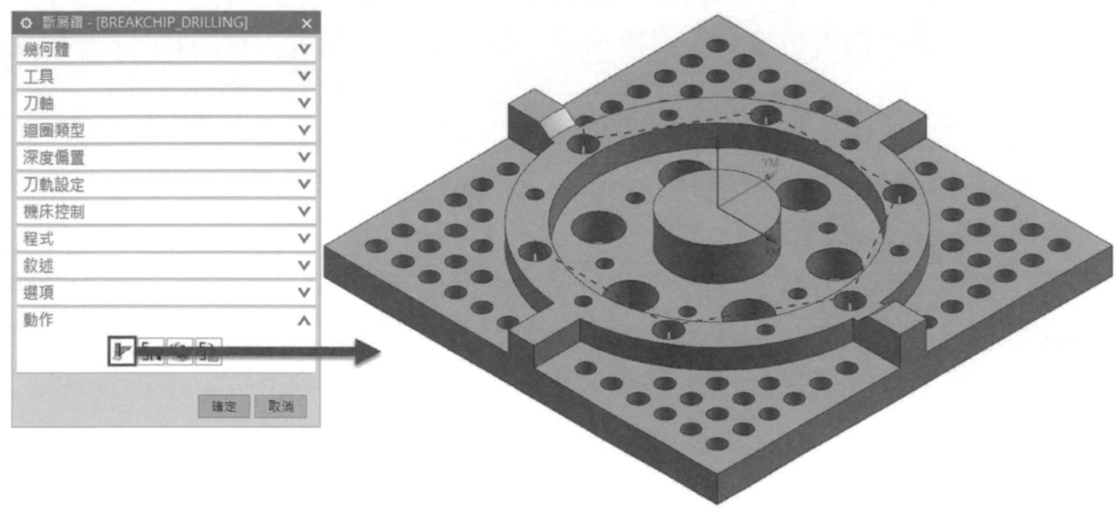

▲圖 7-5-13

⑭ 啄鑽與斷屑鑽的加工執行動作有些許不同，主要在於退刀的方式。
G83 退刀高度皆為 R 值高度，適用於深孔鑽。
G73 退刀高度僅些許 d 值，適用於一般鑽孔。
如圖 7-5-14。

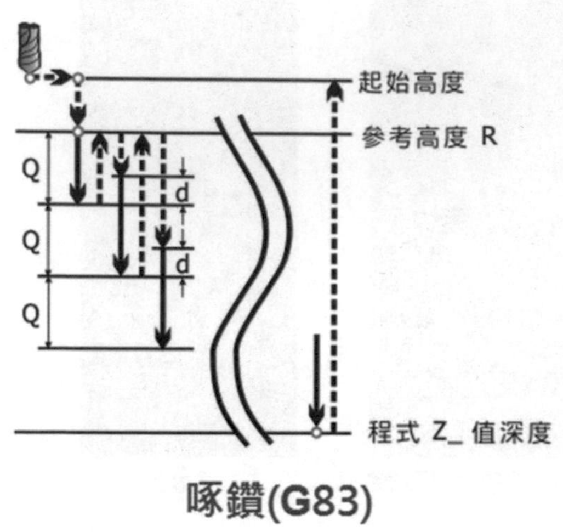

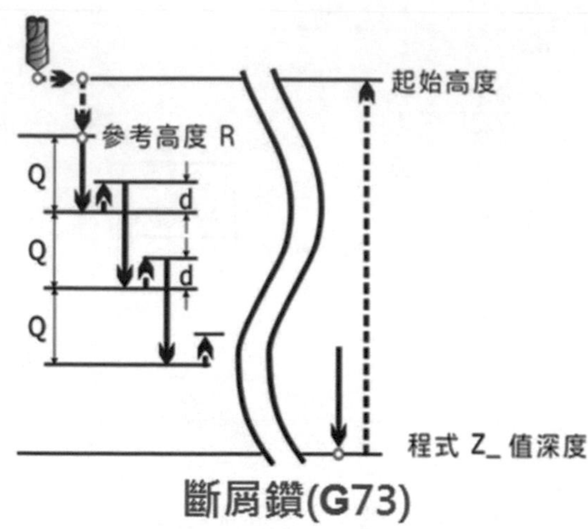

▲圖 7-5-14

學習孔加工的各種類型設定－鏜孔、鉸孔、埋頭孔鑽、攻牙

⑮ 鏜孔屬於鑽孔的精修加工，使準確度提升，標準有五種操作方式。

標準鏜：與標準鑽相同，刀具類型不同，退刀以進給率方式退刀。

標準鏜，快退：與標準鑽相同，刀具類型不同，退刀停止轉速，快速退刀。

標準鏜，橫向偏置後快退：與標準鏜，快退相同，差異在需指定 X、Y 軸距離退刀。

標準背鏜：與標準鏜，橫向偏置後快退動作逆向操作。

標準鏜，手動退刀：與標準鏜相同，差異在結束前可設定暫停 P 值，再手動退刀。

鏜孔加工中，與其他設定較為不同為標準鏜，橫向偏置後快退，由於選擇迴圈類型不同，會自動跳出快退距離對話框，接下來可以設置 Q 值為快退距離，快退時 X 軸向與 Y 軸向須由機台中設置。如圖 7-5-15

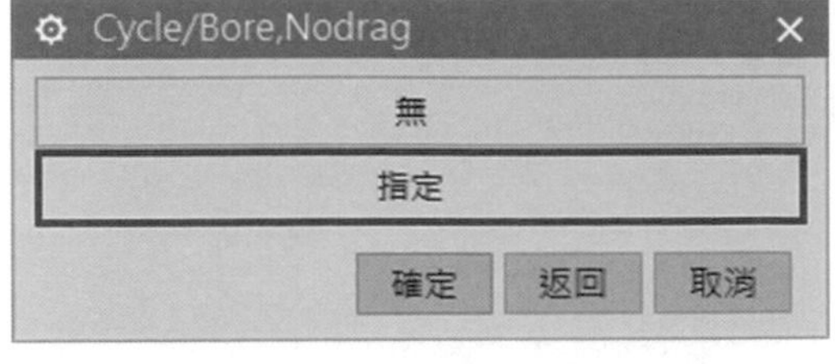

▲圖 7-5-15

⑯ 鉸孔屬於鑽孔的精修加工，使光滑度提高，用於磨孔或研孔的預加工。由於鉸孔方式與鑽孔相同，故在此不另外做解說。

⑰ 攻牙屬於鑽孔的後加工，使孔加工後可與其他物件鎖住。在攻牙之前，必須要有基本孔徑，並且在執行刀路時，需逆時針兩倍退刀。

⑱ 進入程式順序視圖中對上一個工法滑鼠點擊右鍵 ➔「插入」➔「工序」，選擇類型「drill」，選取子工序「斷屑鑽加工 BREAKCHIP_DRILLING」。如圖 7-5-16。

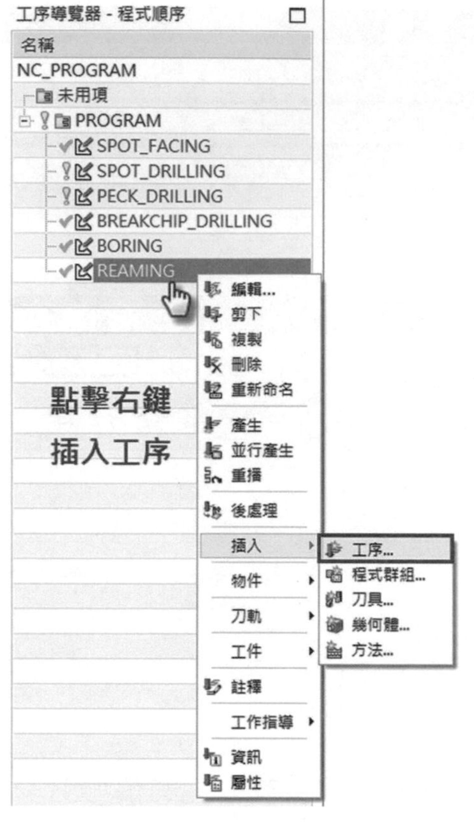

▲圖 7-5-16

⑲ 確定後，在幾何體的對話框中，點擊指定孔 ，選取孔大小，設定點擊「面上所有孔」，範圍直徑「10mm」。如圖 7-5-17。

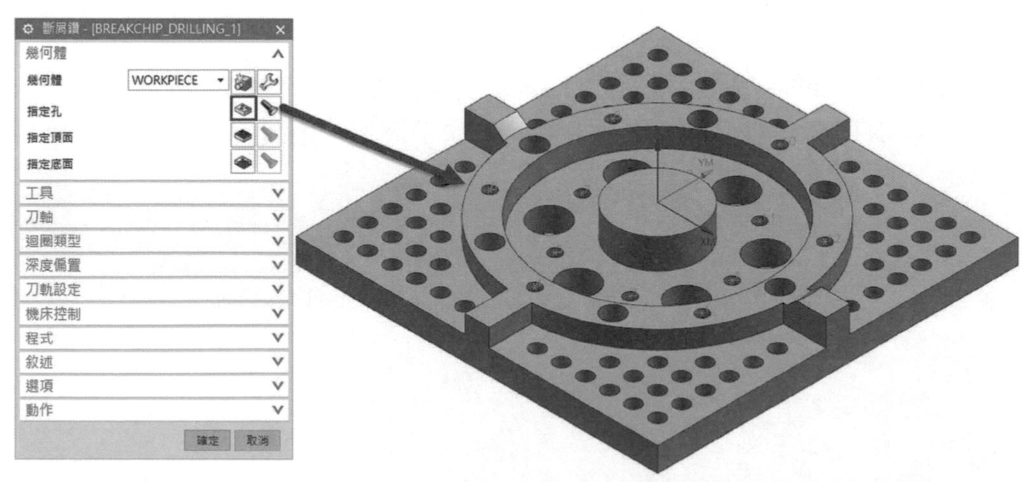

▲圖 7-5-17

⑳ 在迴圈類型的對話框中，點擊編輯參數按鈕，確定後，設置「Step 值」為「1.5mm」，Step 值即為 Q 值。如圖 7-5-18。

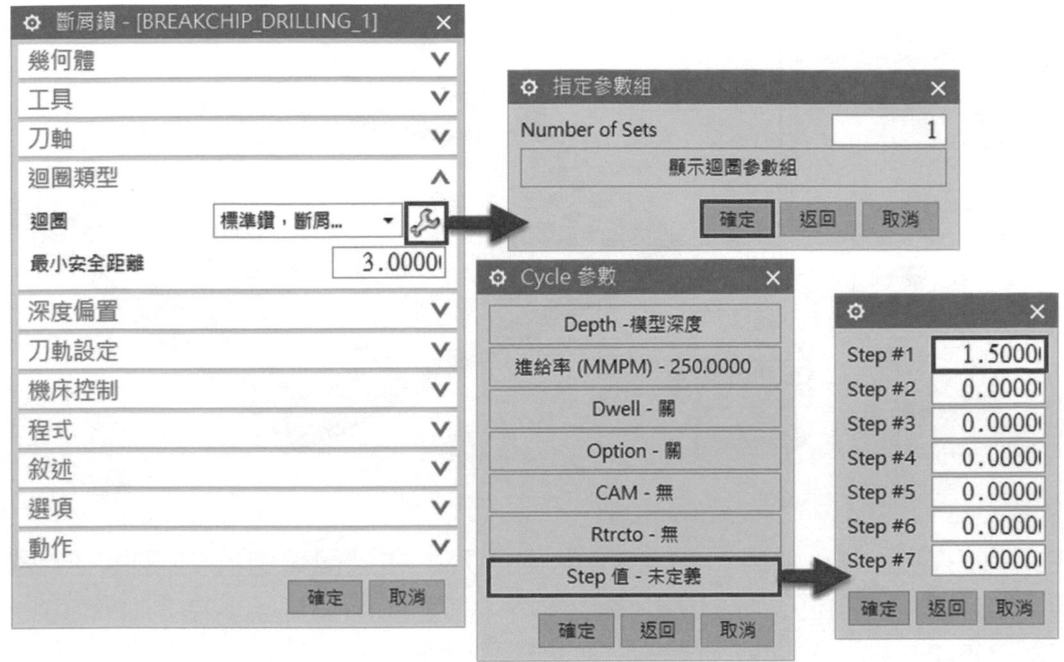

▲圖 7-5-18

㉑ 確定後，透過按鈕產生刀軌，並可透過按鈕模擬切削路徑。如圖 7-5-19。

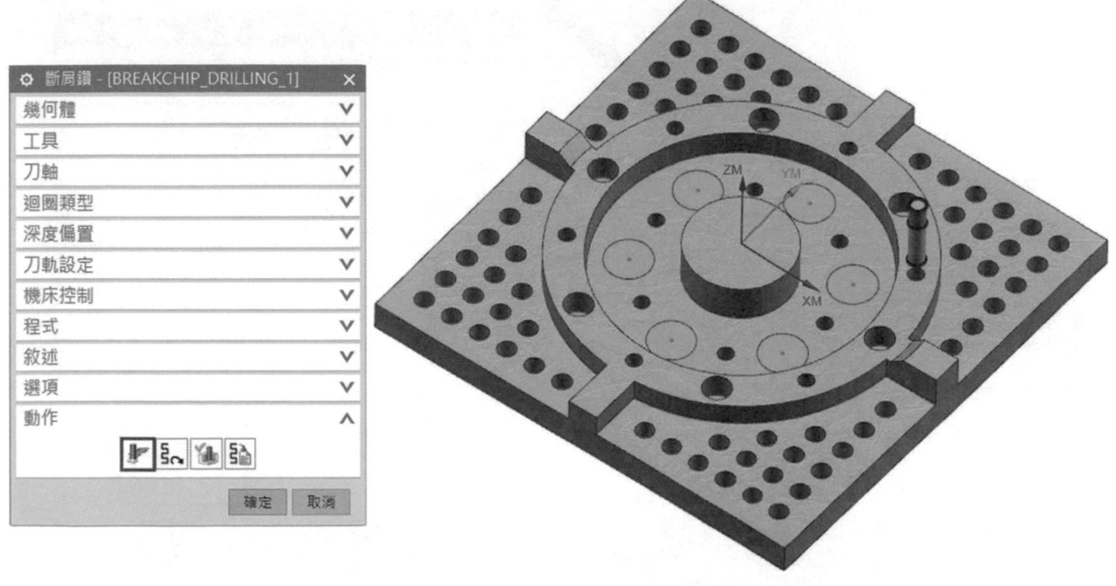

▲圖 7-5-19

㉒ 進入程式順序視圖中對上一個工法滑鼠點擊右鍵 ➔「複製」➔「貼上」，將上一個刀路工法複製，點擊左鍵兩下編輯。如圖 7-5-20。

工序導覽器 - 程式順序
名稱
NC_PROGRAM
未用項
PROGRAM
SPOT_FACING
SPOT_DRILLING
PECK_DRILLING
BREAKCHIP_DRILLING
BORING
REAMING
BREAKCHIP_DRILLING_1
BREAKCHIP_DRILLING_1_COPY
編輯...
剪下
複製
貼上
刪除
重新命名
1.
2.
點擊右鍵
複製再貼上
ZM
YM
XM

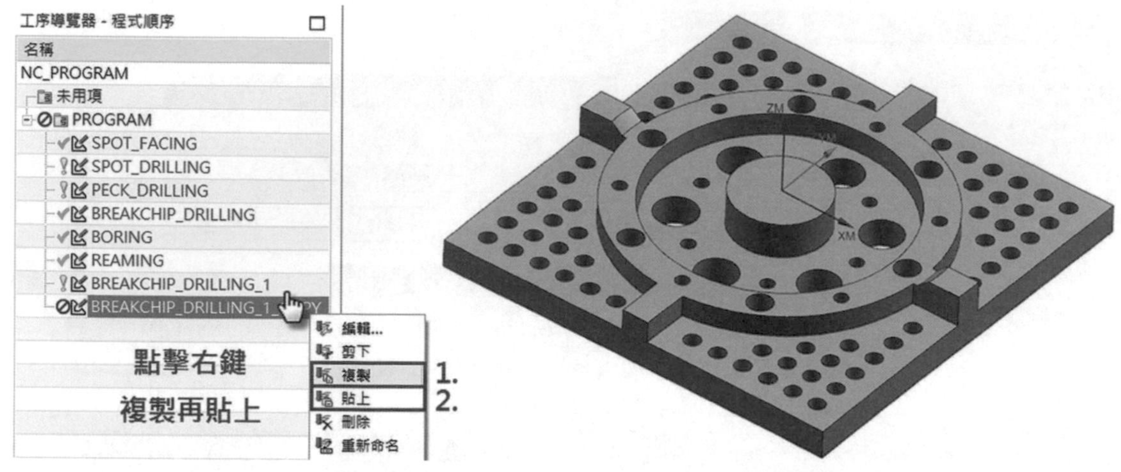

▲圖 7-5-20

㉓ 在工具對話框中，選擇「CR_16」的倒角刀，在迴圈類型的對話框中，選擇「標準鑽，埋頭孔」的工序，確定後，設置「Csink 直徑」為「12mm」。如圖 7-5-21。

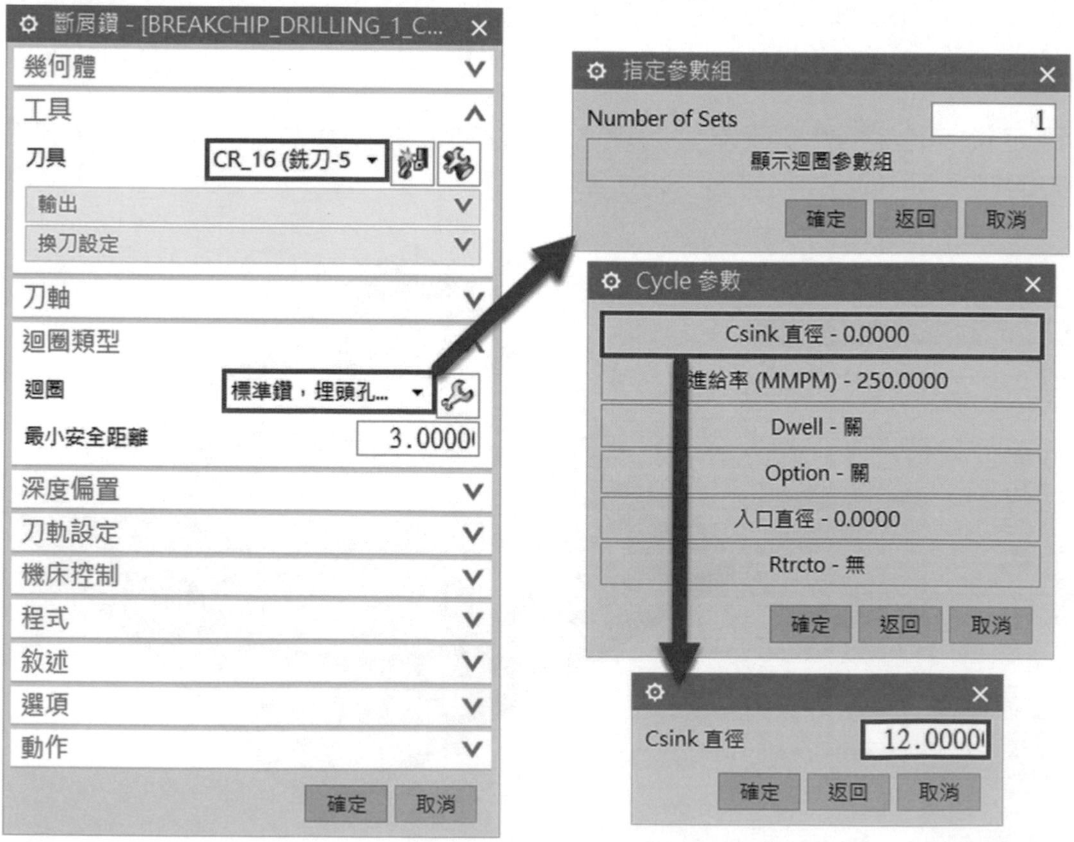

斷屑鑽 - [BREAKCHIP_DRILLING_1_C...
幾何體
工具
刀具
CR_16 (銑刀-5
輸出
換刀設定
刀軸
迴圈類型
迴圈
標準鑽，埋頭孔...
最小安全距離
3.0000
深度偏置
刀軌設定
機床控制
程式
敘述
選項
動作
確定
取消
指定參數組
Number of Sets
1
顯示迴圈參數組
確定
返回
取消
Cycle 參數
Csink 直徑 - 0.0000
進給率 (MMPM) - 250.0000
Dwell - 關
Option - 關
入口直徑 - 0.0000
Rtrcto - 無
確定
返回
取消
Csink 直徑
12.0000
確定
返回
取消

▲圖 7-5-21

㉔ 確定後，透過 按鈕產生刀軌，並可透過 按鈕模擬切削路徑。再透過「按色彩表示厚度」按鈕產生實際實體結果。如圖 7-5-22。

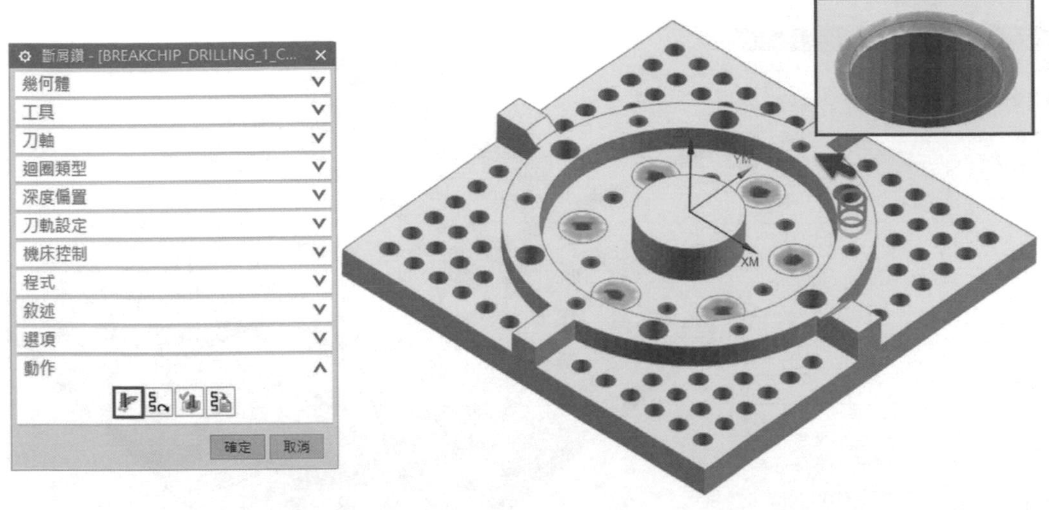

▲圖 7-5-22

㉕ 進入程式順序視圖中對上一個工法滑鼠點擊右鍵 ➔「插入」➔「工序」，選擇類型「drill」，選取子工序「攻牙加工 TAPPING」。如圖 7-5-23。

▲圖 7-5-23

㉖ 確定後，在幾何體的對話框中，點擊指定孔 ，選取孔大小，設定點擊「面上所有孔」，範圍直徑「10mm」。如圖 7-5-24。

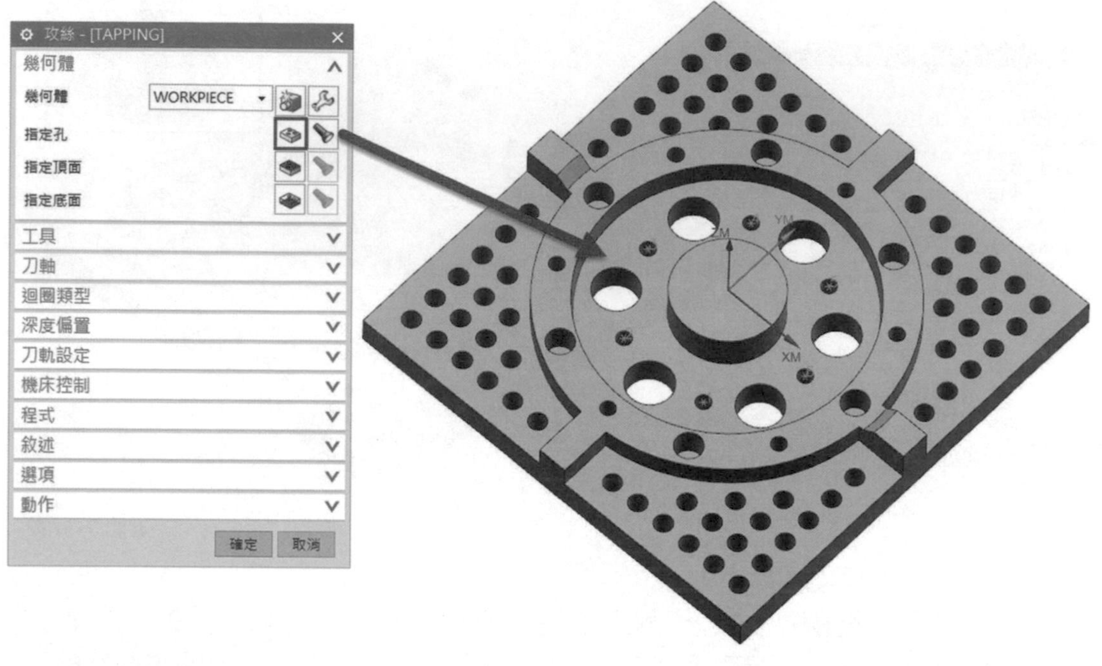

▲圖 7-5-24

㉗ 在迴圈類型的對話框中，點擊編輯參數 按鈕，確定後，設置「Depth(Tip)」為「模型深度」。如圖 7-5-25。

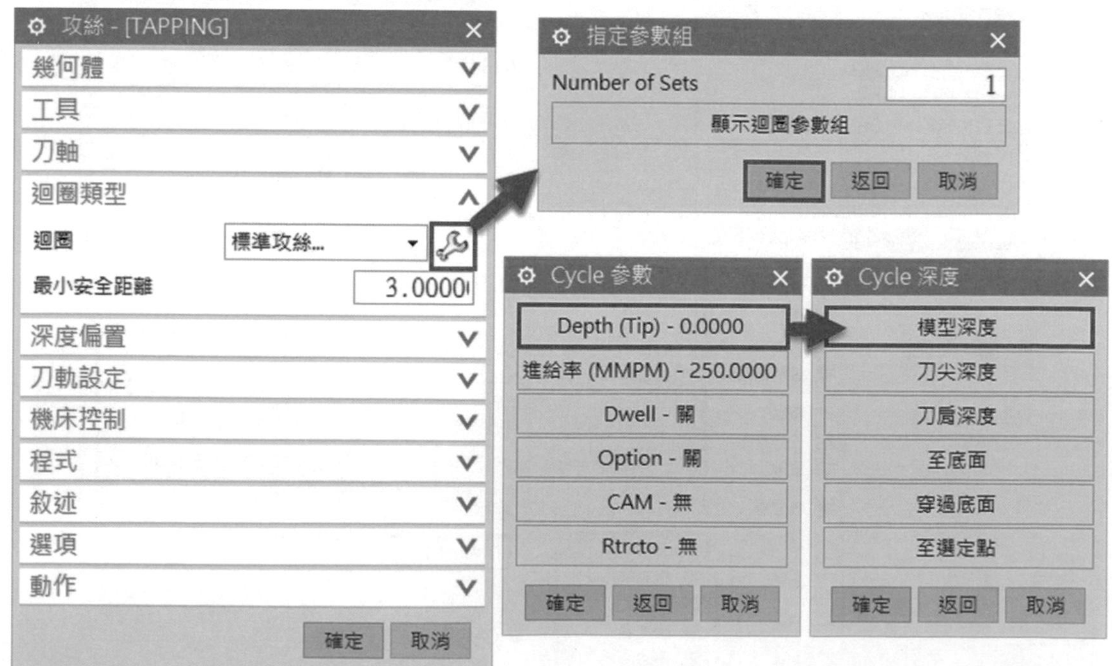

▲圖 7-5-25

㉘ 確定後，透過 按鈕產生刀軌，即為攻牙。如圖 7-5-26。

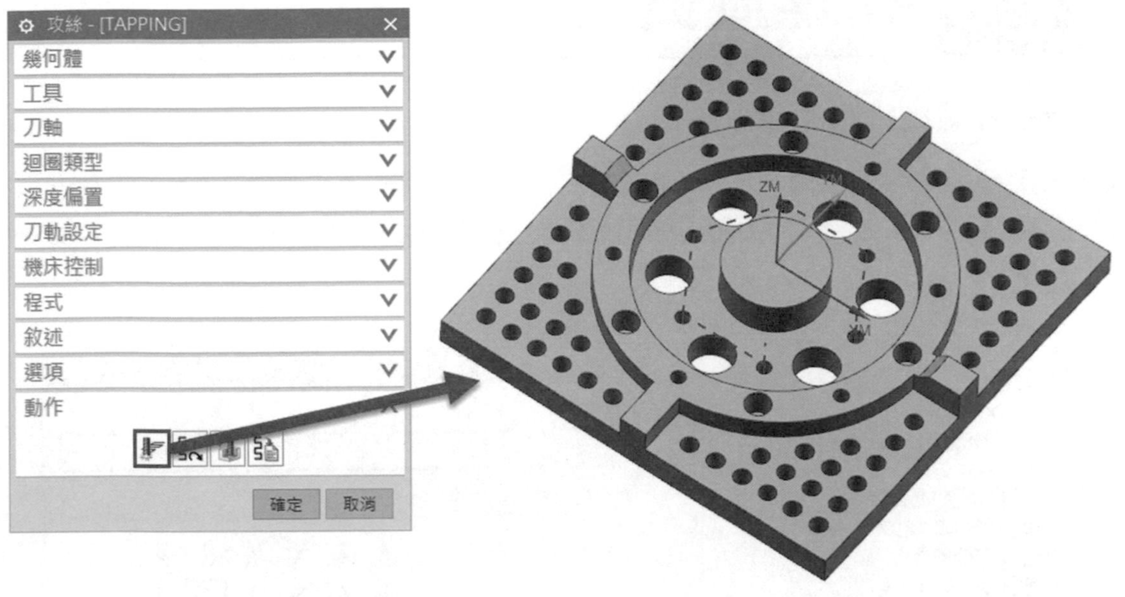

▲圖 7-5-26

7-6 孔螺旋銑削

學習孔螺旋銑削的參數設定

❶ 進入程式順序視圖中對上一個工法滑鼠點擊右鍵 ➔「插入」➔「工序」，選擇類型「drill」，選取子工序「孔螺旋銑削 HOLE_MILLING」。如圖7-6-1。

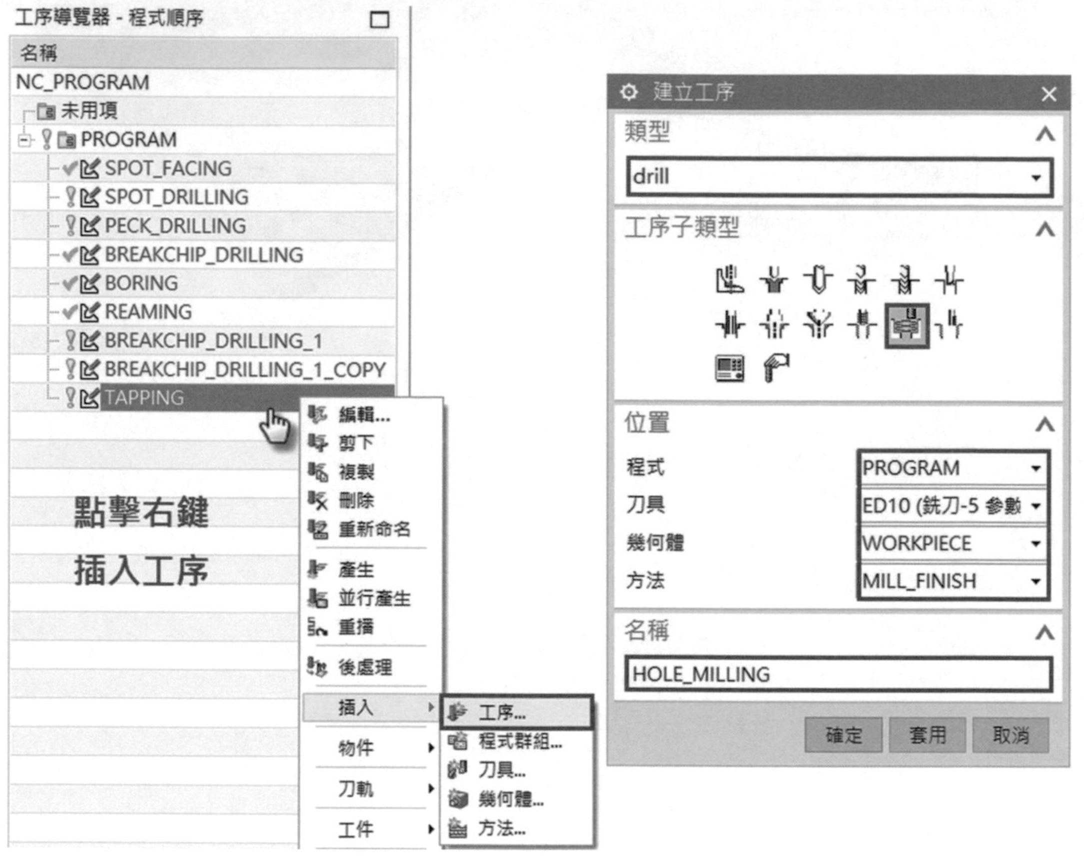

▲圖 7-6-1

❷ 在幾何體的對話框中，點擊指定特徵幾何體，選取孔。如圖 7-6-2。

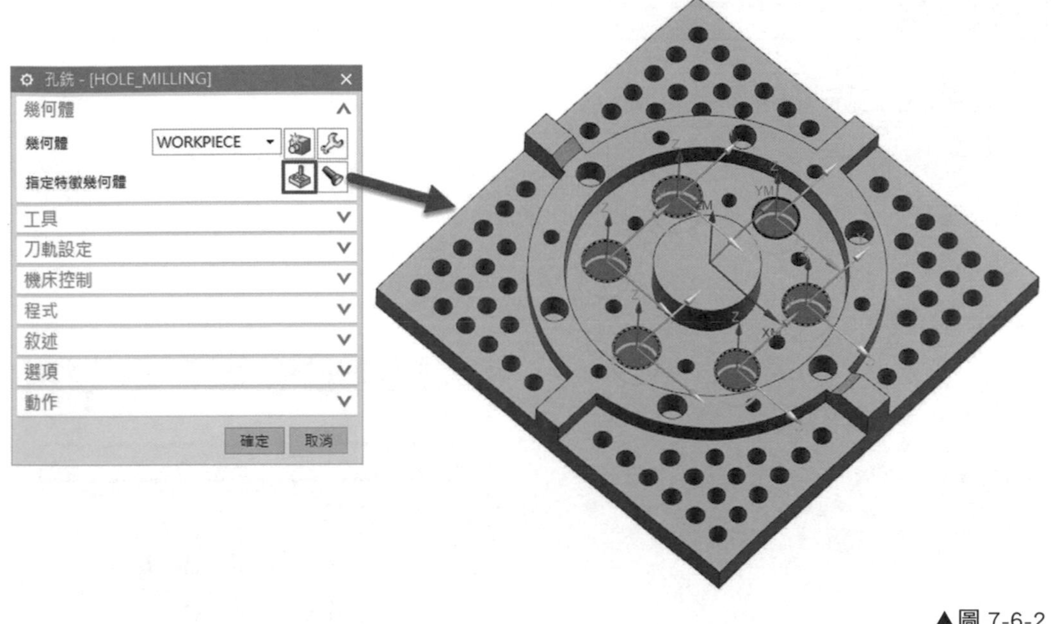

▲圖 7-6-2

❸ 在刀軌設定的對話框中，孔銑削的切削模式有四種，可依照個人需求設置孔銑削路徑。如圖 7-6-3。

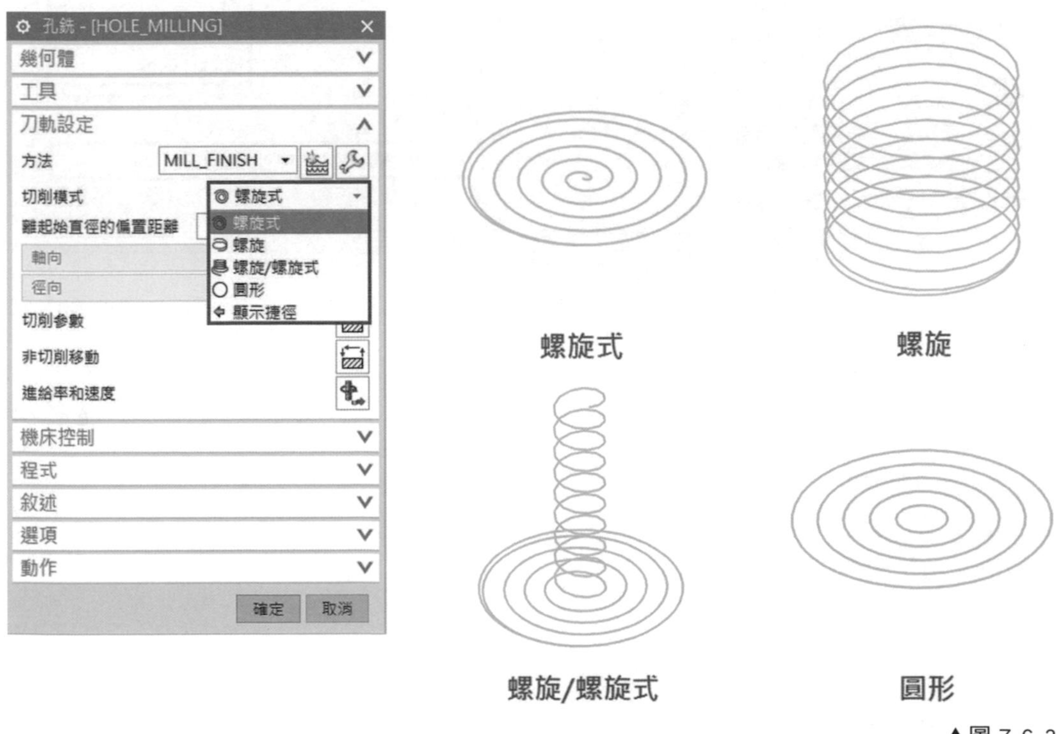

▲圖 7-6-3

7-7 孔加工銑牙

學習孔加工銑牙的參數設定

❶ 進入程式順序視圖中對上一個工法滑鼠點擊右鍵 ➔「插入」➔「工序」，選擇類型「drill」，選取子工序「孔加工銑牙 THREAD_MILLING」。如圖 7-7-1。

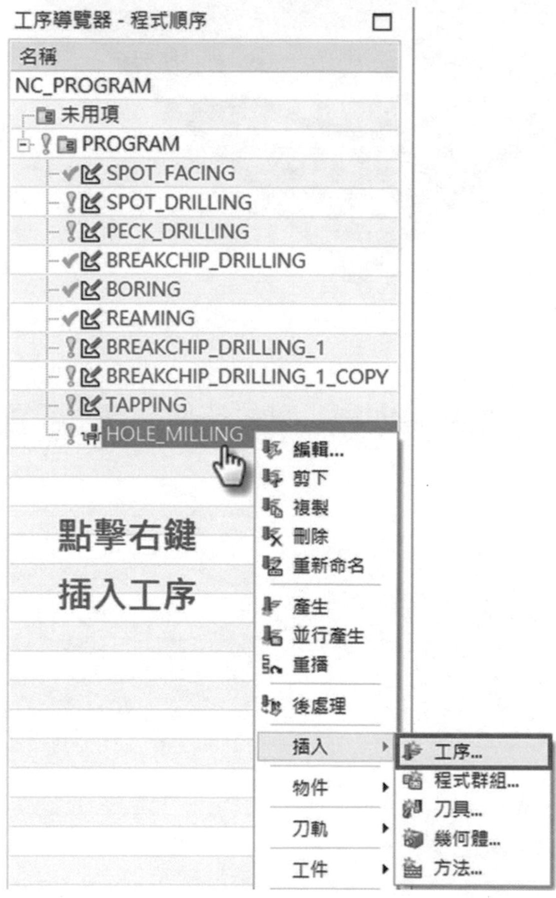

▲圖 7-7-1

❷ 在幾何體的對話框中，點擊指定特徵幾何體，選取孔。如圖 7-7-2。

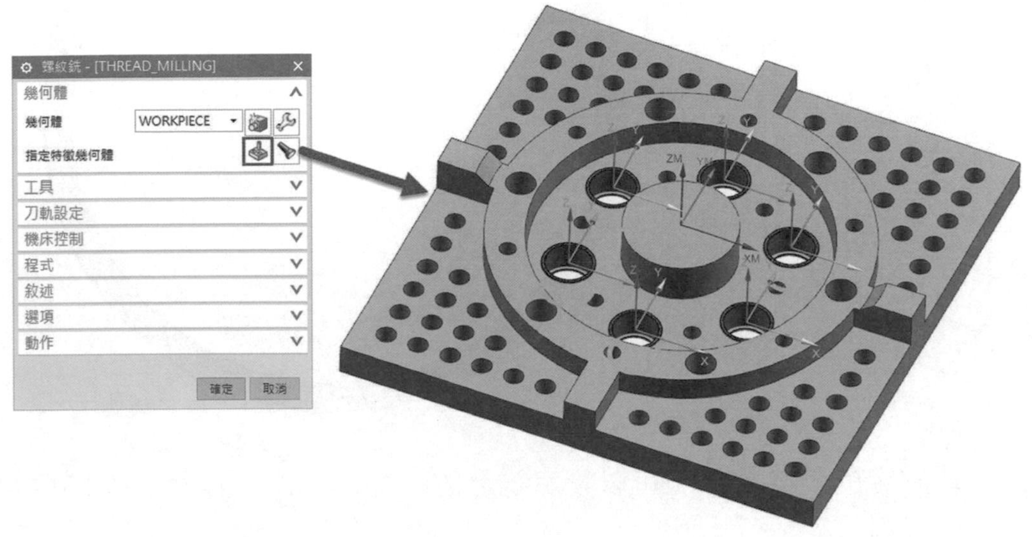

▲圖 7-7-2

❸ 在特徵幾何體的對話框中，公共參數可依照需求設置「牙型」及「螺距」，基本設定螺距為銑牙刀所設定的螺距。如圖 7-7-3。

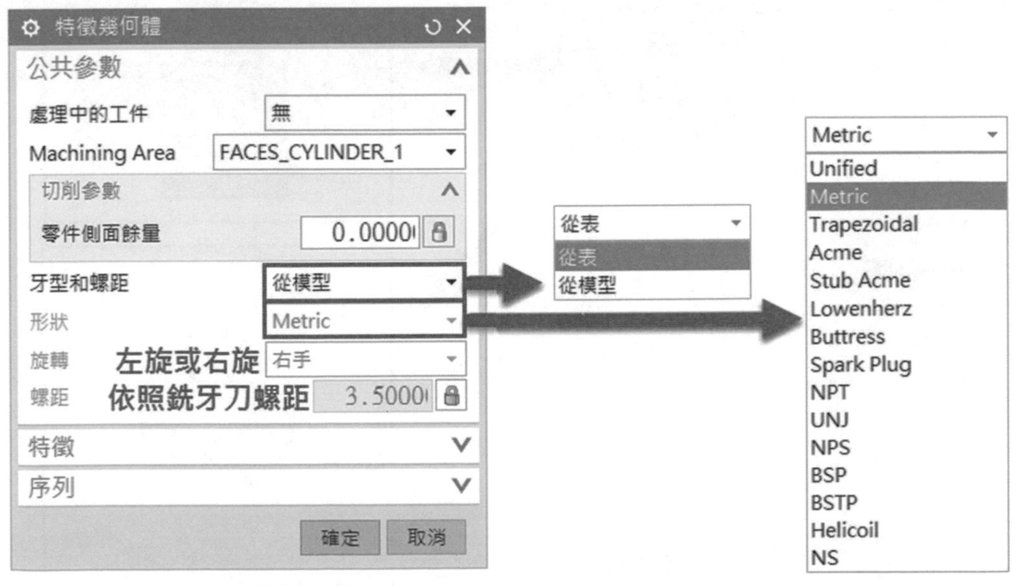

▲圖 7-7-3

❹ 在特徵幾何體的對話框中，特徵可依照銑牙方位進行設置，也可以設定螺紋尺寸的「大、小徑」以及「長度」。如圖 7-7-4。

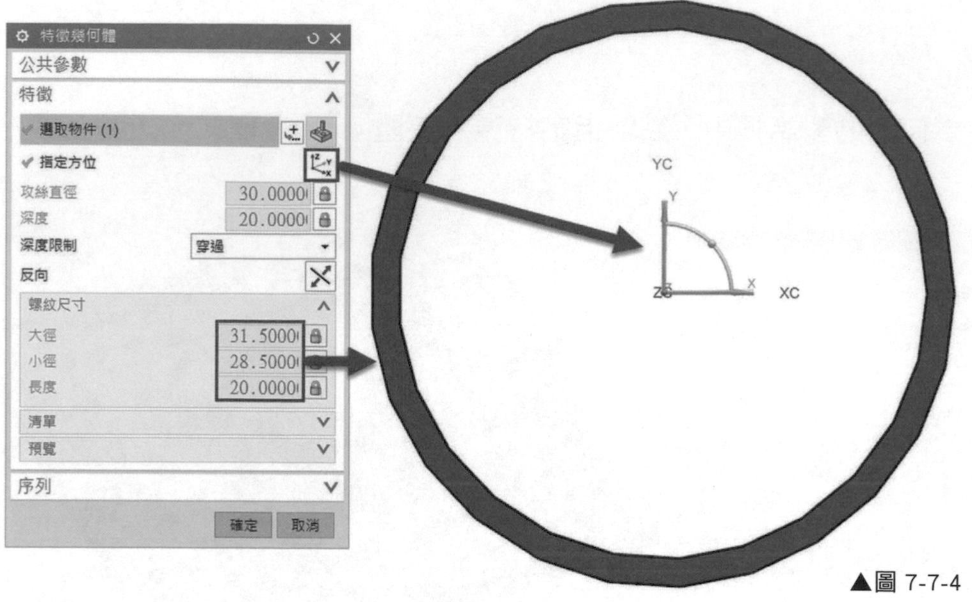

▲圖 7-7-4

❺ 在刀軌設定的對話框中，可以設定銑牙的「軸向步距」以及「徑向附加刀路」。如圖 7-7-5。

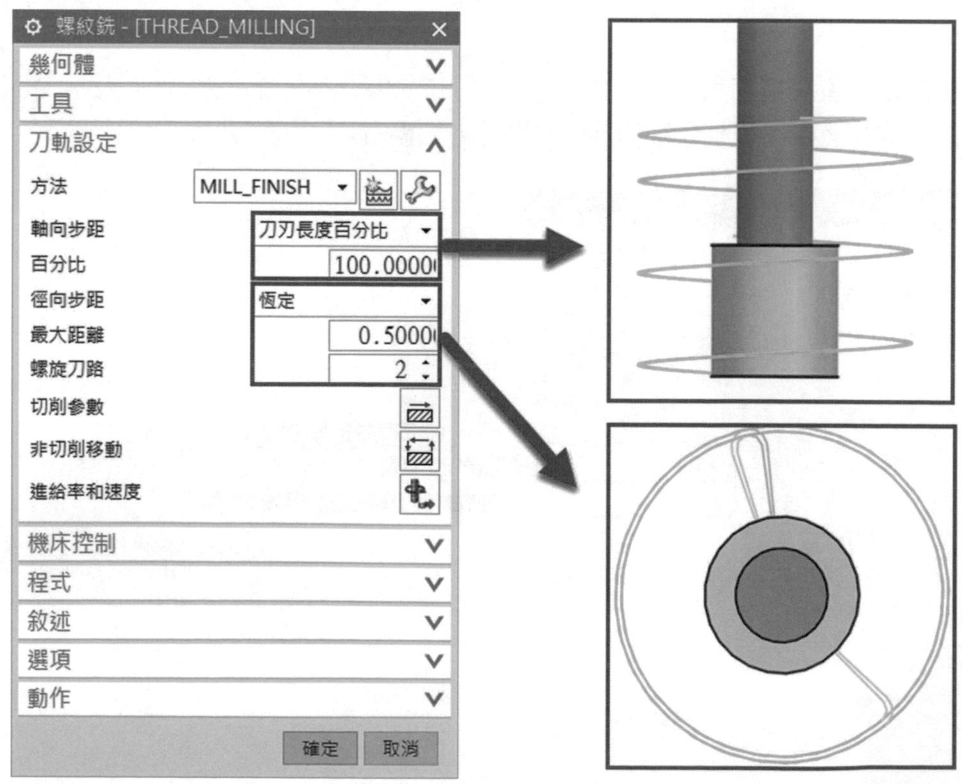

▲圖 7-7-5

❻確定後，透過 按鈕產生刀軌路徑，即為銑牙加工。如圖 7-7-6。

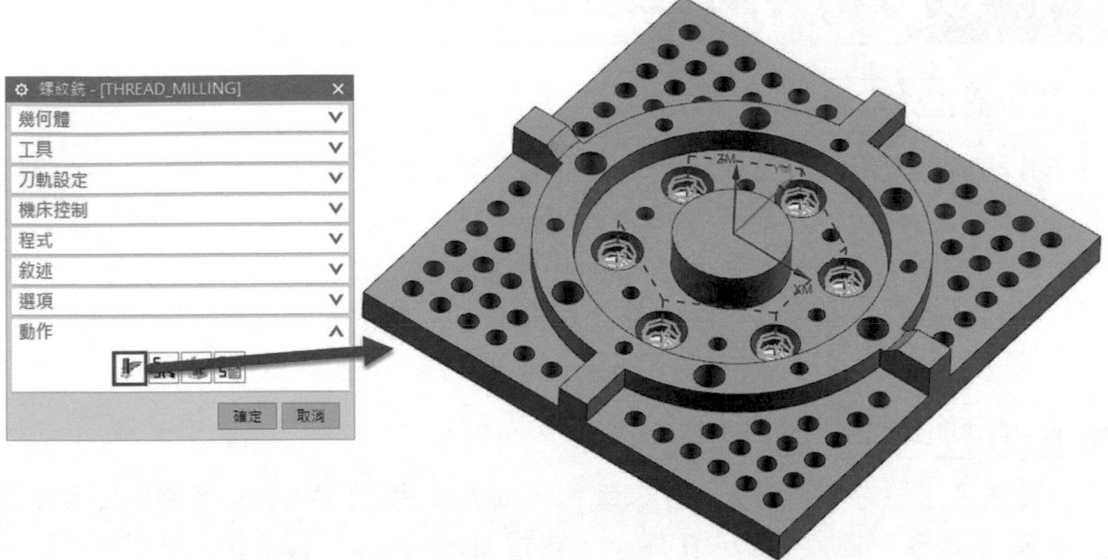

▲圖 7-7-6

7-8 孔辨識工法介紹

孔辨識工法概述

孔辨識加工屬於孔製造類型加工工法，加工能夠依照點、圓弧、面進行鑽孔路徑之外，亦可依照實體辨識路徑規劃，主要針對鑽孔執行中心鑽、鑽孔、倒角孔、背倒孔、攻牙、銑孔、銑柱、內外螺紋銑牙…等進行聰慧設置，一般用於模具孔加工以及精確孔配合加工為主。

孔辨識加工類型

孔加工工法在我們進入加工環境後，進入程式順序視圖中對 PROGRAM 滑鼠點擊右鍵 ➔「插入」➔「工序」，選擇類型「hole_making」的工序子類型所有工法。如圖 7-8-1。

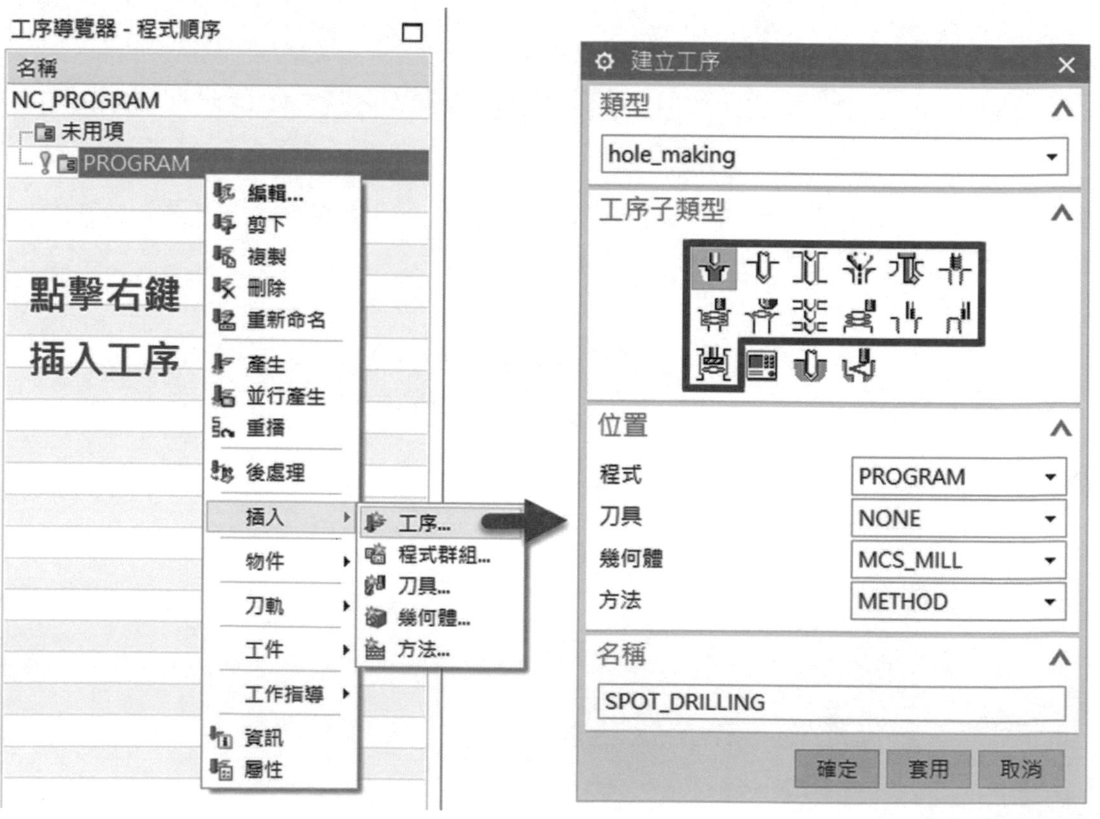

▲圖 7-8-1

孔辨識加工敘述介紹

孔加工工法

孔加工	工法名稱	工法敘述
	鑽刀定點加工	執行中心孔鑽，鑽孔至表面深度以利鑽孔準確
	鑽孔加工	執行鑽孔、斷屑、啄鑽、鏜孔、鉸孔各類型加工
	線性鑽孔加工	執行鑽孔，鑽孔方式為非鑽孔循環方式
	埋頭孔加工	執行鑽孔，針對某一直徑進行鑽孔倒角加工
	背倒角加工	執行銑削，針對背部銑削倒角，減少加工誤差
	攻牙加工	執行攻牙，依牙大小順時針銑削，逆時針退刀
	銑削孔加工	執行銑孔，依孔大小移動 X、Y、Z 軸 3D 銑削
	倒角銑加工	執行倒角，針對倒角範圍進行圓弧銑削加工
	智慧鑽孔加工	執行鑽孔，智慧判別鑽孔範圍進行規劃
	銑削柱加工	執行銑柱，依圓柱大小移動 X、Y、Z 軸 3D 銑削
	銑內牙加工	執行銑內牙，依銑牙徑大小、螺距加工螺牙
	銑外牙加工	執行銑外牙，依銑牙徑大小、螺距加工螺牙
	銑槽孔加工	執行銑槽孔，依槽孔大小移動 X、Y、Z 軸 3D 銑削

7-9 孔加工基本設定

學習孔辨識加工的基本設定

範例一

❶ 由「檔案」➔「開啟」➔「NX CAM 標準課程」➔「第七章節」➔「孔辨識加工 .prt」➔「OK」。如圖 7-9-1。

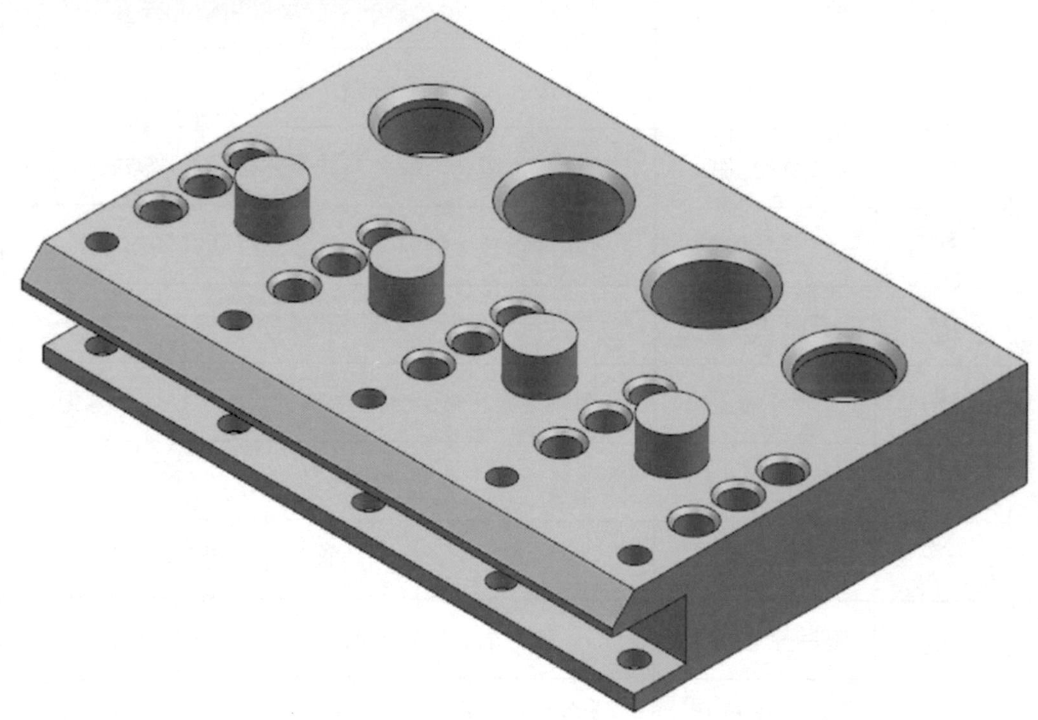

▲圖 7-9-1

❷進入程式順序視圖中對 PROGRAM 滑鼠點擊右鍵 ➔「插入」➔「工序」，選擇類型「hole_making」，選取子工序「中心鑽孔加工 SPOT_DRILLING」。如圖 7-9-2。

▲圖 7-9-2

❸點選確定後，辨識孔加工的任何一種工法都必須選擇幾何體對話框中的「指定特徵幾何體」按鈕，選擇方式以實體為主，並可預覽顯示。如圖 7-9-3。

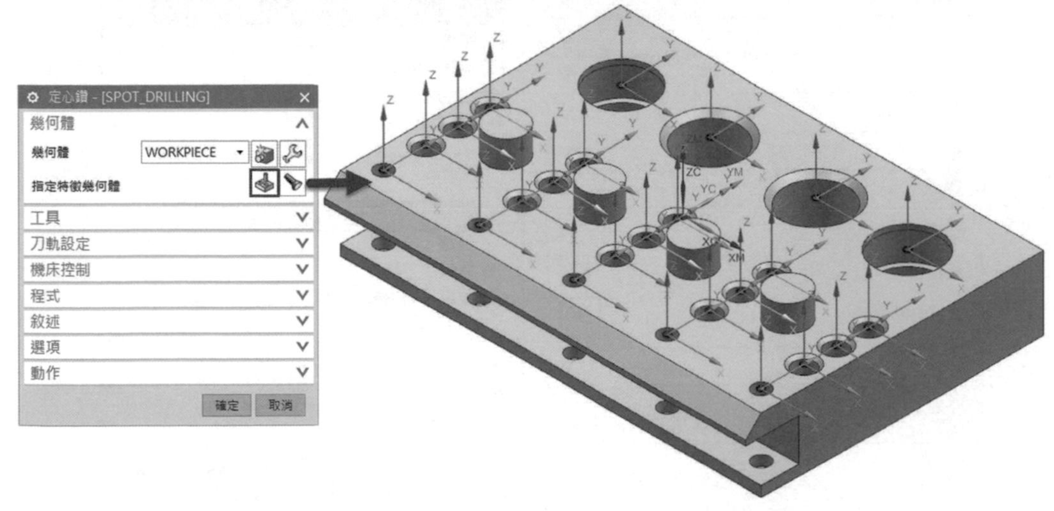

▲圖 7-9-3

❹ 在刀軌設定的對話框中，「運動輸出」為鑽孔類型輸出方式，「迴圈」為鑽孔類型調整，編輯迴圈按鈕為鑽孔類型參數。如圖 7-9-4。

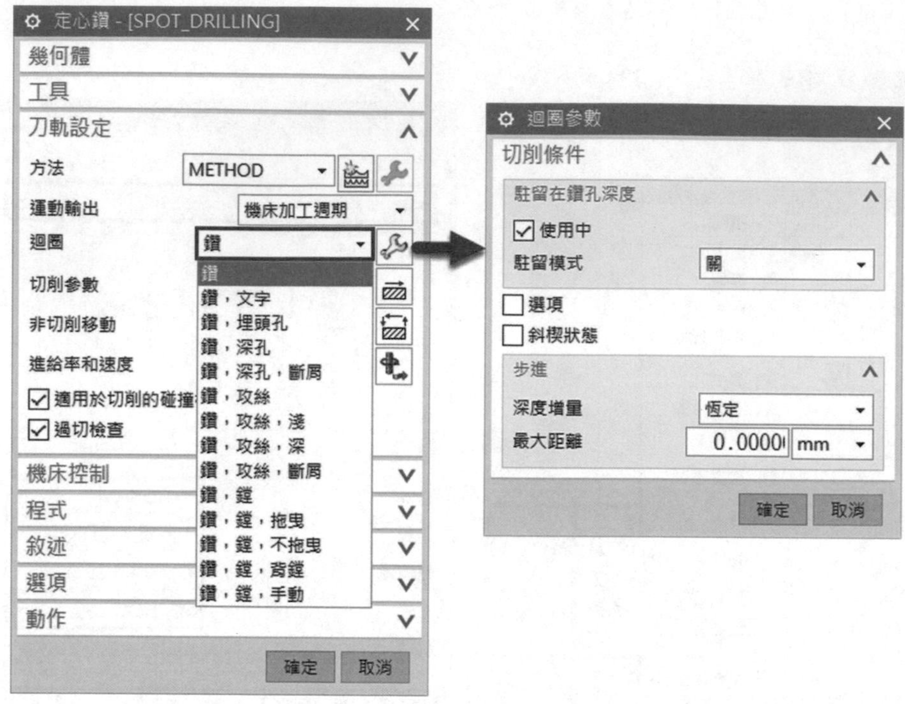

▲圖 7-9-4

❺ 在選項的對話框中，點擊自訂對話方塊按鈕，選擇新增項的「退刀輸出模式」至已用項，此功能主要為 G99 鑽孔執行時的重要設定。如圖 7-9-5。

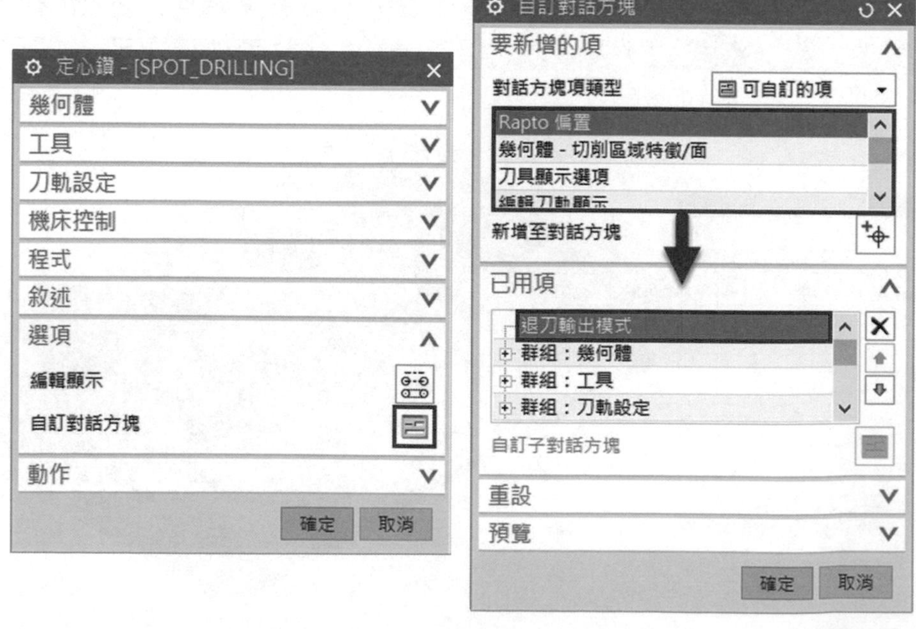

▲圖 7-9-5

6 確定後，在對話框上頭即出現「退刀輸出模式」，此設定即是配合刀軌設定的非切削參數，「轉移 / 快速」的特徵之間設定。如圖 7-9-6。

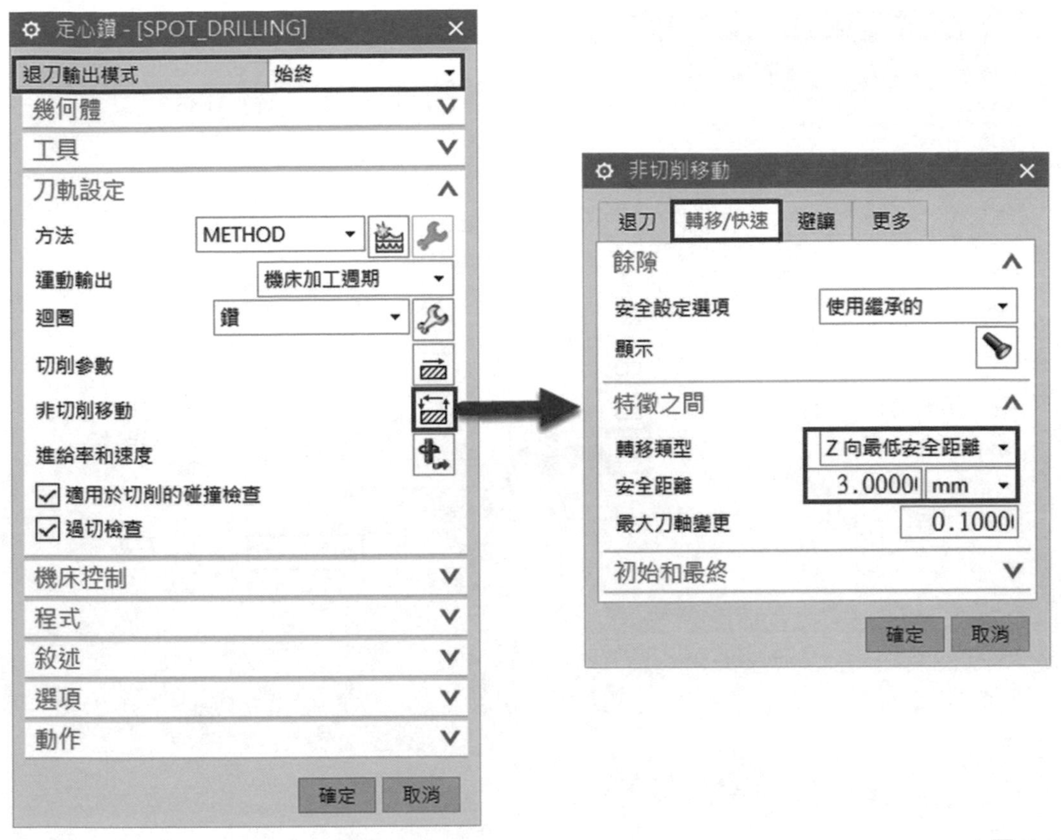

▲圖 7-9-6

7 「退刀輸出模式」的設定中，「僅安全距離」為退至 R 值，每一鑽孔都會鑽孔循環取消，「初始安全距離」為第一刀退至 R 值，後續鑽孔退至安全 Z 值，「始終」為不認實體，依照 G99 模式執行加工。如圖 7-9-7。

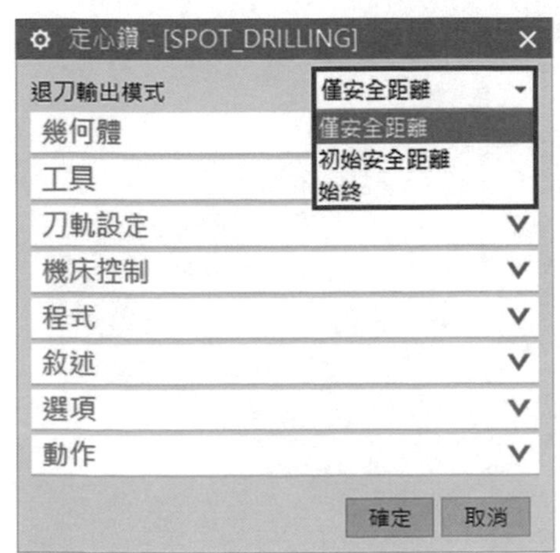

僅安全距離：G99模式，單一鑽孔循環

初始安全距離：第一孔G99，後續G98

始終：G99模式，連續鑽孔循環

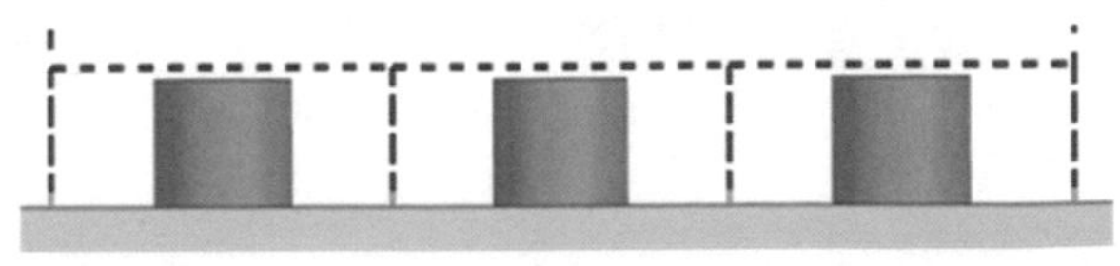

▲圖 7-9-7

❽ 在刀軌設定的對話框中，點擊進給率和速度 按鈕，設定進給率以及主軸轉速值。如圖 7-9-8。

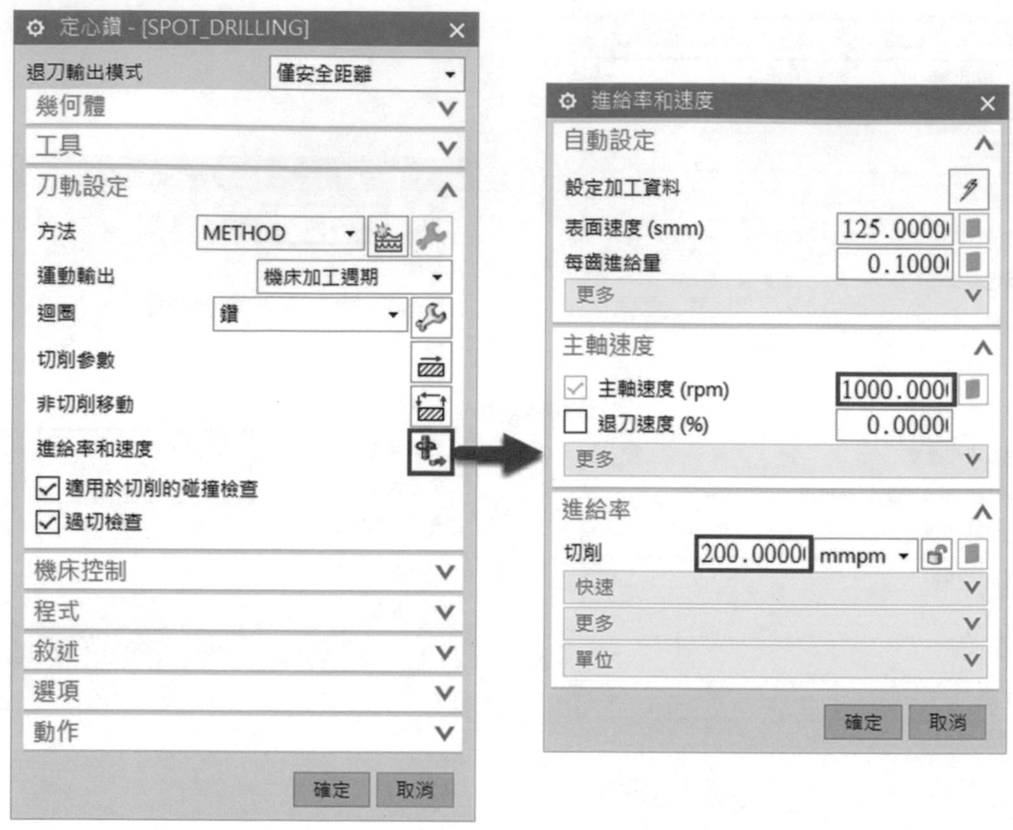

▲圖 7-9-8

❾ 確定後，透過 按鈕產生刀軌路徑，即為鑽孔設定。所有孔加工類型都可依照此步驟進行設定，完成孔辨識加工設定。如圖 7-9-9。

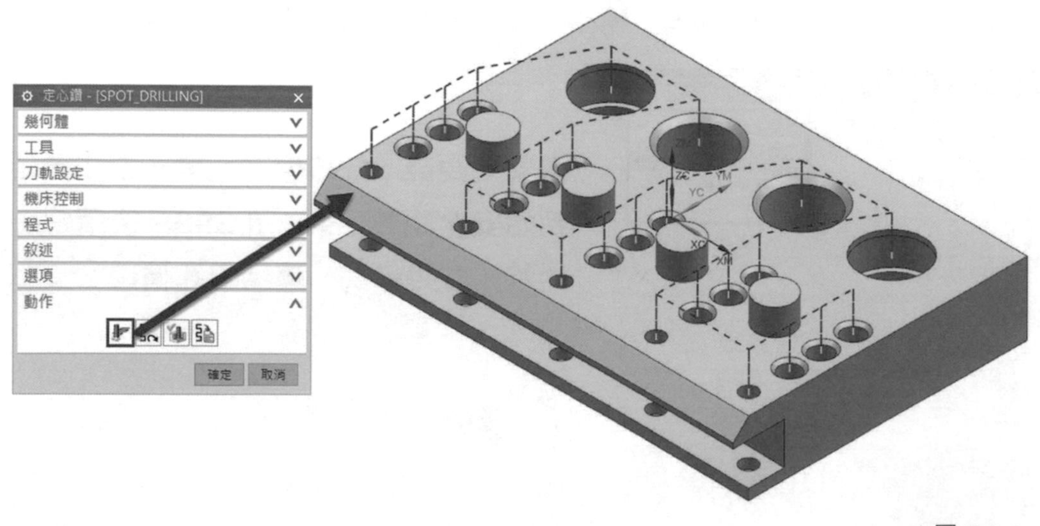

▲圖 7-9-9

7-10 孔辨識加工鑽孔工序

學習孔辨識加工的鑽孔加工設定

孔辨識加工的鑽孔加工總共有兩種模式，第一種為「機床加工週期」模式，另外一種為「明確移動」模式，最主要的差異為機床加工週期是鑽孔循環方式，明確移動是切削運動方式。

機床加工週期的鑽孔加工設定

❶ 進入程式順序視圖中對上一個工法滑鼠點擊右鍵 ➔「插入」➔「工序」，選擇類型「hole_making」，選取子工序「鑽孔加工 DRILLING」。如圖 7-10-1。

▲圖 7-10-1

❷ 在幾何體的對話框中，點擊指定特徵幾何體 ，框選加工孔。如圖 7-10-2。

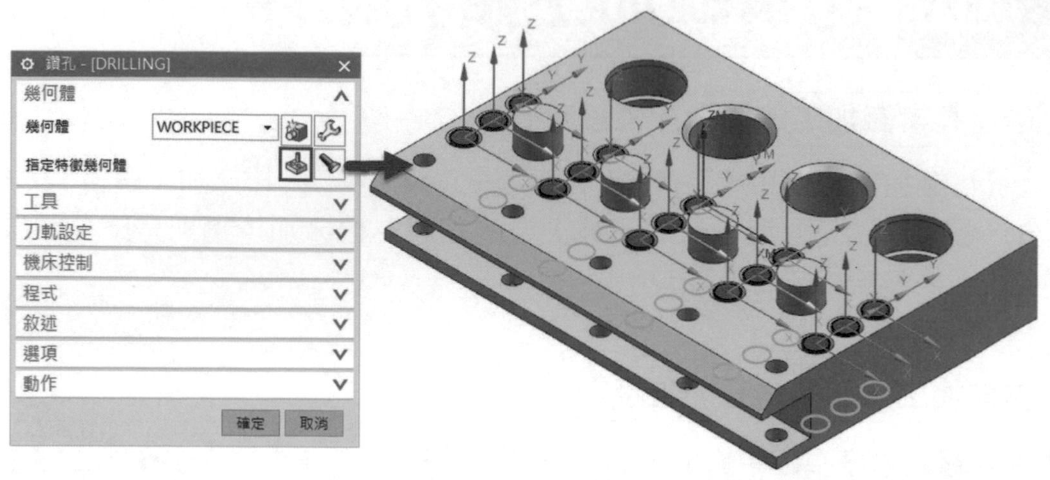

▲圖 7-10-2

❸ 在刀軌設定的對話框中，點擊迴圈類型為「鑽，深孔」，並點擊編輯迴圈 按鈕，在迴圈參數的對話框中，設定步進為「恆定 2mm」距離。如圖 7-10-3

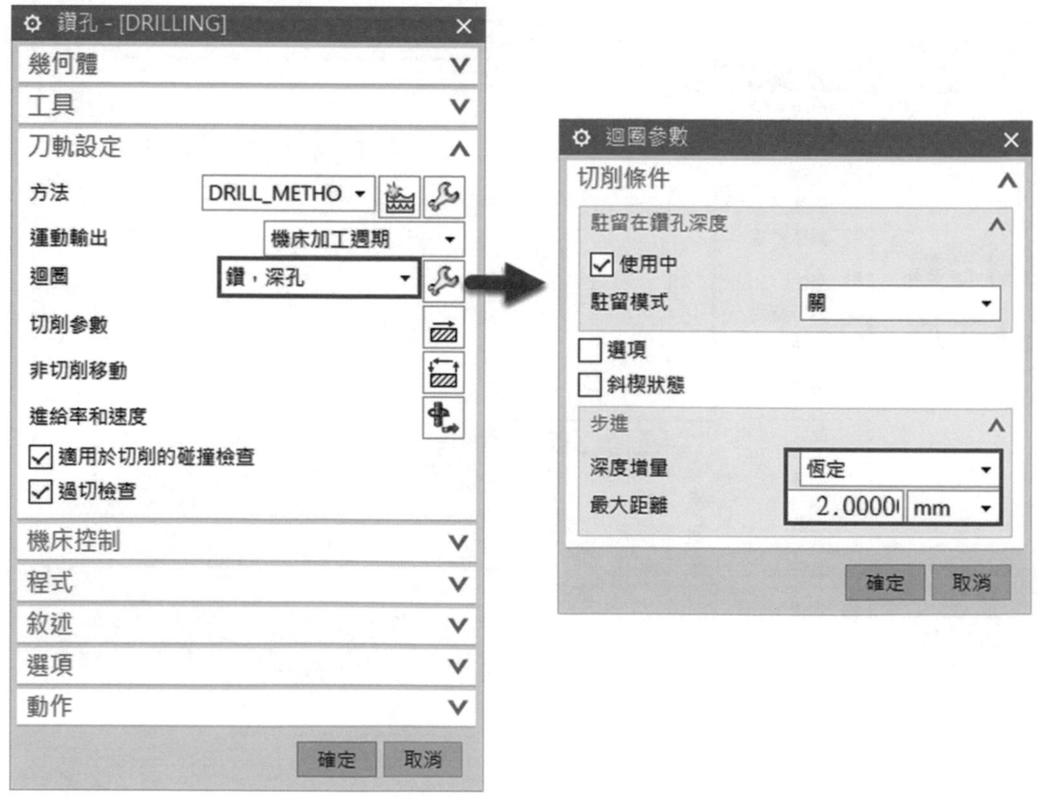

▲圖 7-10-3

❹ 確定後，透過 按鈕產生刀軌路徑，此路徑的轉移方式為系統自動選取。如圖 7-10-4。

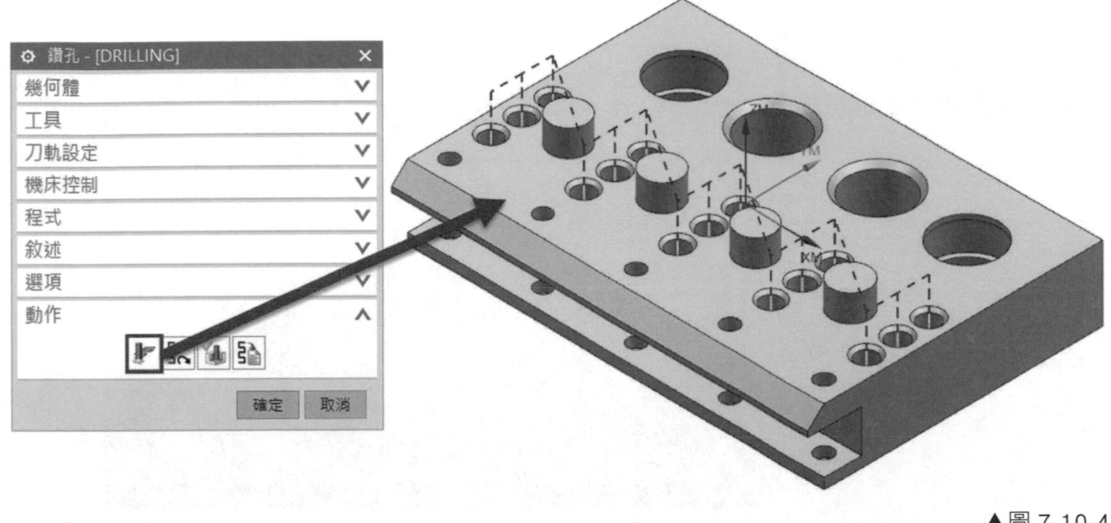

▲圖 7-10-4

❺ 若要調整路徑順序或優化，可以在幾何體的對話框中，點擊指定特徵幾何體 ，在特徵幾何體的對話框中，點選序列的「優化」功能。如圖 7-10-5。

▲圖 7-10-5

❻ 優化的功能中，「最接近」是以孔與孔之間自動判別最接近的距離為主，「最短刀軌」是以全數孔自動判別最短距離為主，「主方向」是設置軸向由使用者給予執行方向為主。如圖 7-10-6。

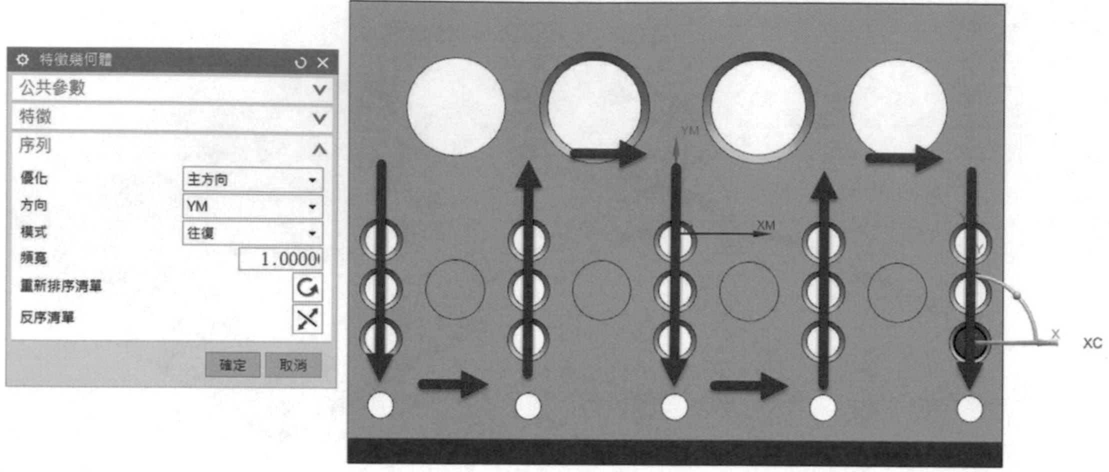

▲圖 7-10-6

❼ 確定後，透過 按鈕產生刀軌路徑，此路徑的轉移方式已優化。如圖 7-10-7。

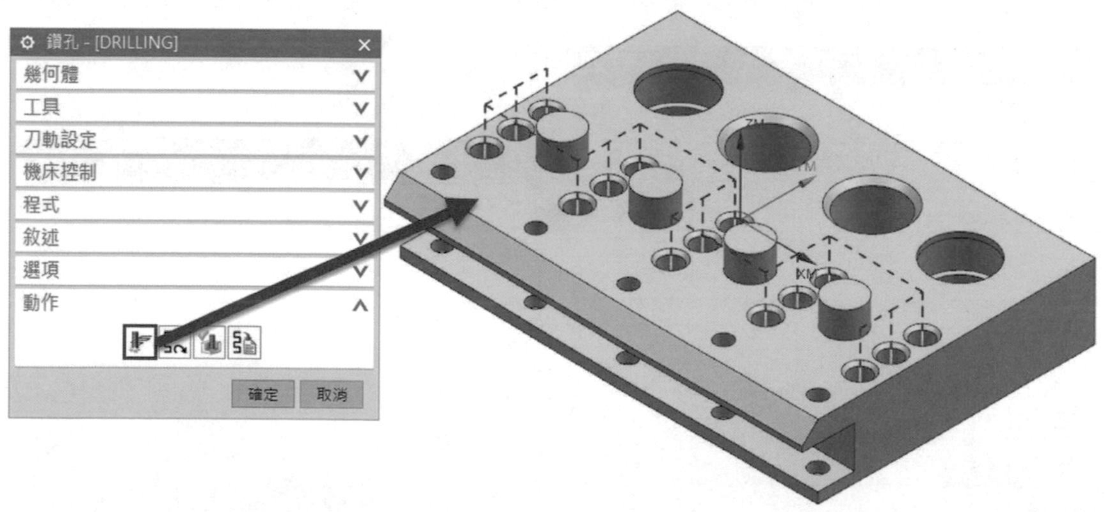

▲圖 7-10-7

明確移動的鑽孔加工設定

❽ 進入程式順序視圖中對上一個工法滑鼠點擊右鍵 ➔「插入」➔「工序」，選擇類型「hole_making」，選取子工序「深孔鑽孔加工 DEEP_HOLE_DRILLING」。如圖 7-10-8。

▲圖 7-10-8

❾ 在幾何體的對話框中，點擊指定特徵幾何體 ，框選加工孔。如圖 7-10-9。

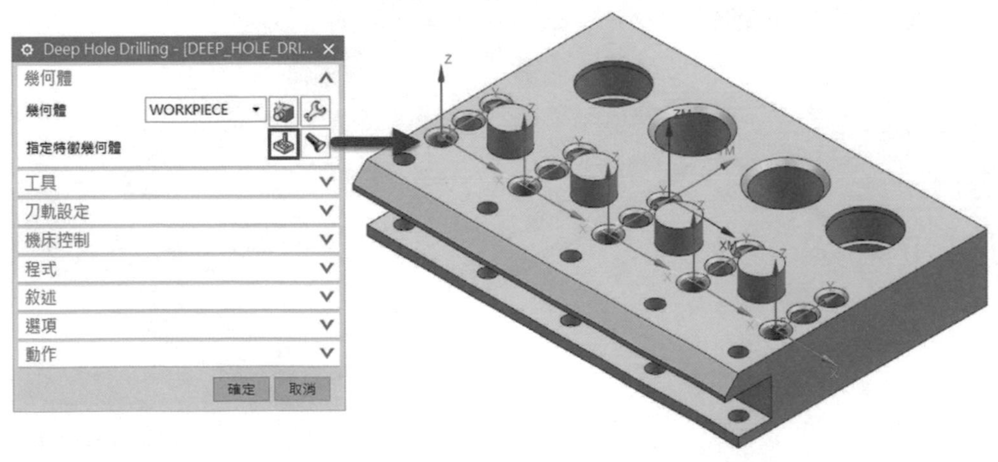

▲圖 7-10-9

⑩ 在刀軌設定的對話框中，點擊迴圈類型為「帶斷屑中斷」，並點擊編輯迴圈 [按鈕圖示] 按鈕，在迴圈參數的對話框中，設定步距安全距離為「1mm」，最大距離為「恆定 3mm」距離。如圖 7-10-10

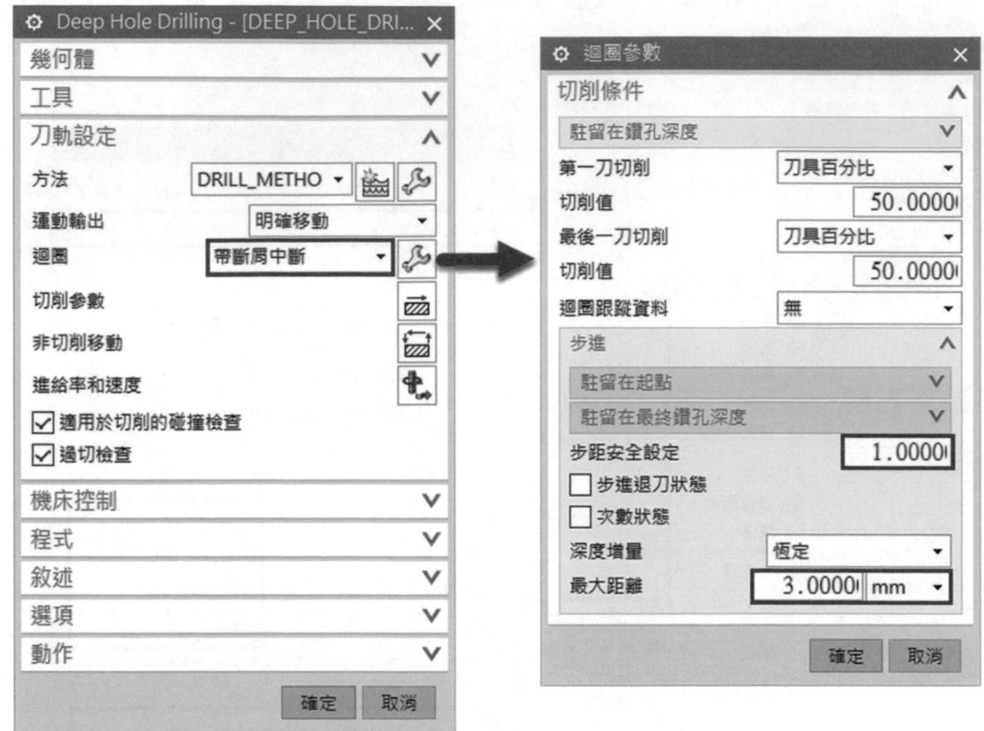

▲圖 7-10-10

⑪ 確定後，透過 [按鈕圖示] 按鈕產生刀軌路徑，此路徑的進刀方式為線性運動鑽孔 (G01)，退刀為快速移動 (G00)。如圖 7-10-11。

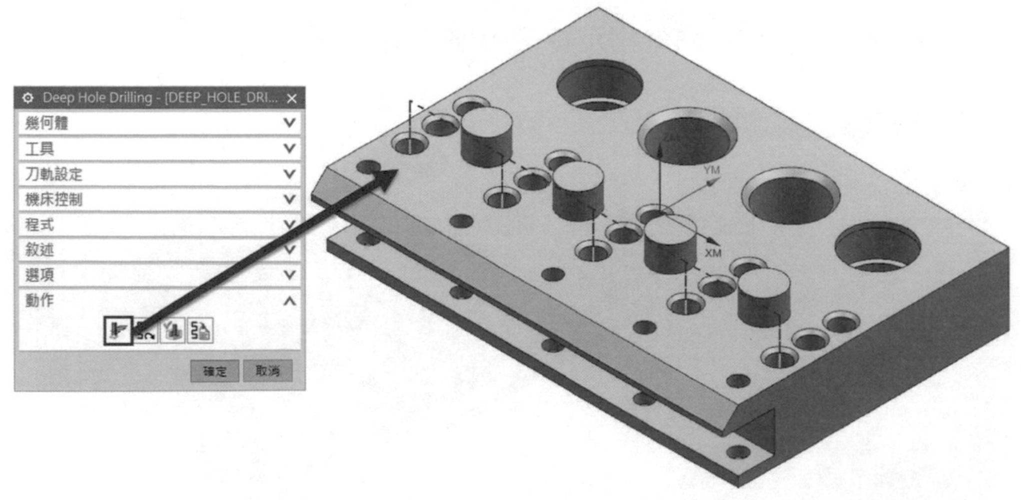

▲圖 7-10-11

7-11 孔辨識加工銑孔銑柱工序

學習孔辨識加工的銑孔與銑柱加工設定

孔辨識加工的銑孔加工跟銑柱加工操作模式相同，唯一差別是在於孔特徵點選與圓柱特徵點選的不同，由於特徵不同，加工的工序必須各自分開選擇，不能於同一工法執行路徑選擇。

孔辨識加工的銑孔加工設定

1. 進入程式順序視圖中對上一個工法滑鼠點擊右鍵 ➔「插入」➔「工序」，選擇類型「hole_making」，選取子工序「銑孔加工 HOLE_MILLING」。如圖 7-11-1。

▲圖 7-11-1

❷ 在幾何體的對話框中，點擊指定特徵幾何體，點選加工孔。如圖 7-11-2。

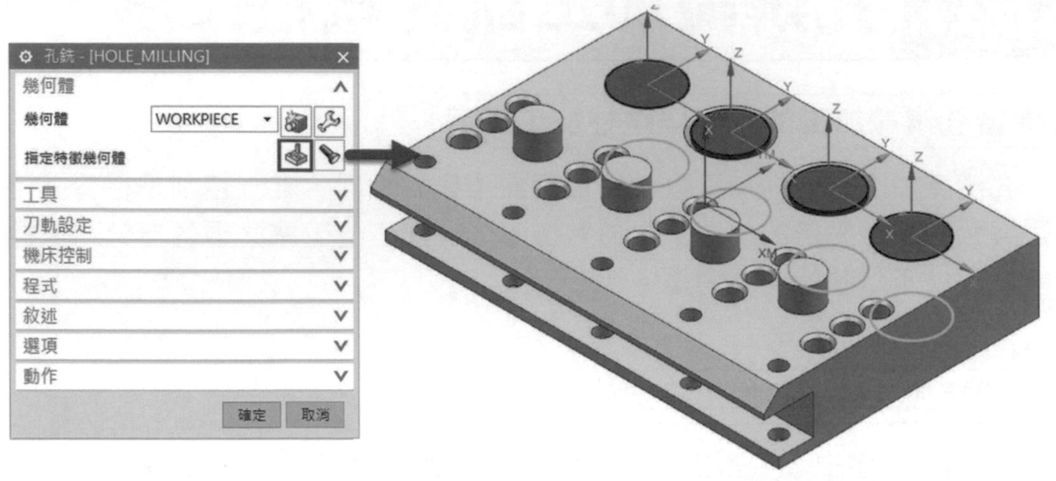

▲圖 7-11-2。

❸ 在刀軌設定的對話框中，點擊切削模式為「螺旋」，螺距為「10% 刀具百分比」，設定切削參數按鈕，將策略對話框中的延伸路徑設定頂偏置與底偏置為「5mm」，使螺旋刀路延伸至零件外。如圖 7-11-3

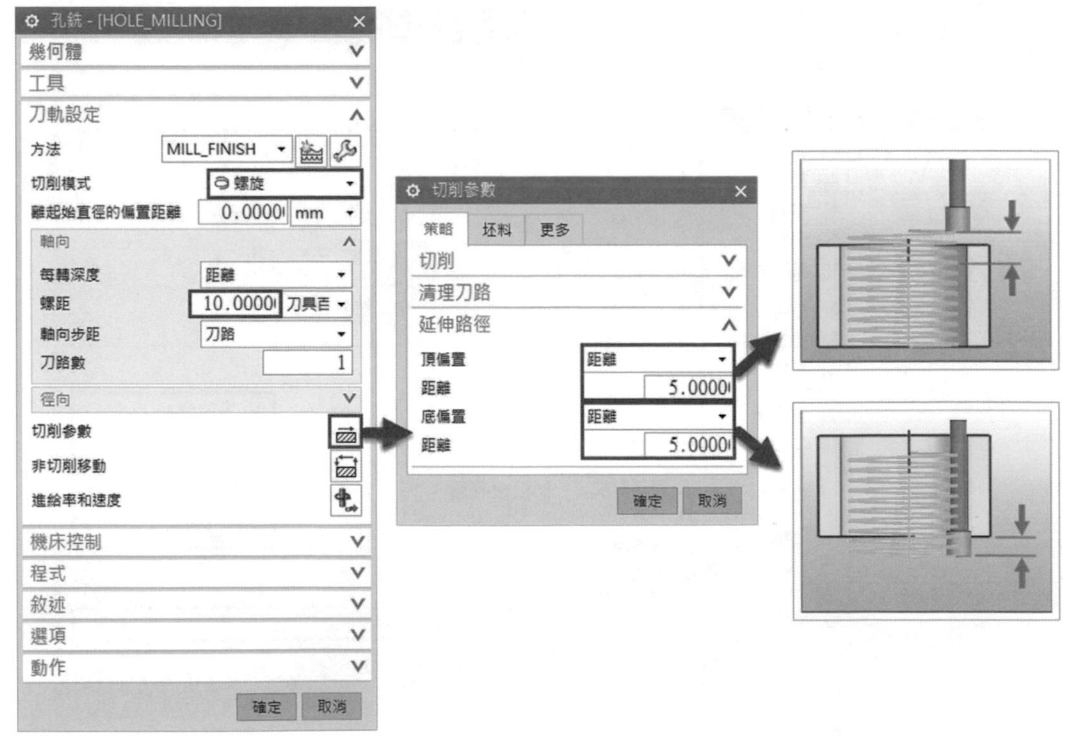

▲圖 7-11-3

④ 確定後，透過 按鈕產生刀軌路徑，此路徑的加工方式為螺旋銑孔加工。如圖 7-11-4。

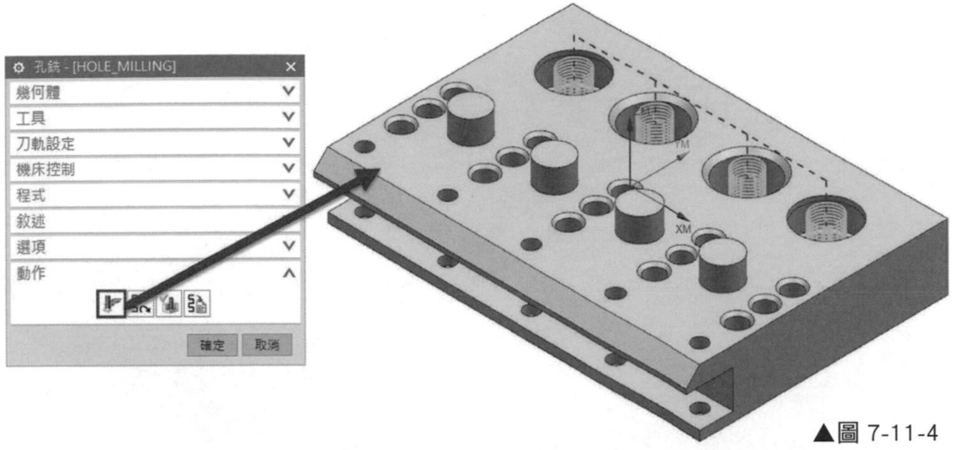

▲圖 7-11-4

孔辨識加工的銑柱加工設定

⑤ 進入程式順序視圖中對上一個工法滑鼠點擊右鍵 →「插入」→「工序」，選擇類型「hole_making」，選取子工序「銑柱加工 BOSS_MILLING」。如圖 7-11-5。

▲圖 7-11-5

❻ 在幾何體的對話框中，點擊指定特徵幾何體 ，點選加工柱。如圖 7-11-6。

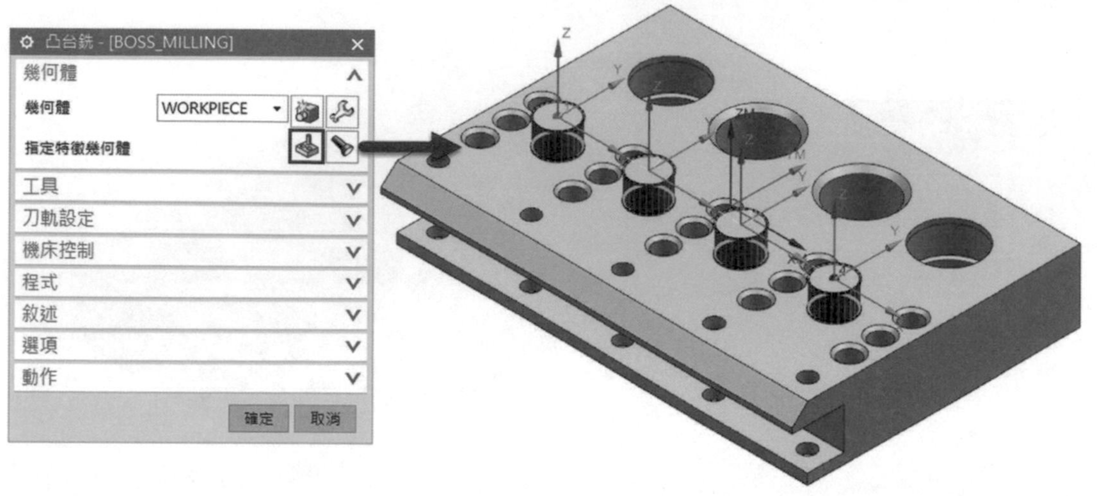

▲圖 7-11-6

❼ 確定後，透過 按鈕產生刀軌路徑，此路徑的加工方式為螺旋銑圓柱。如圖 7-11-7。

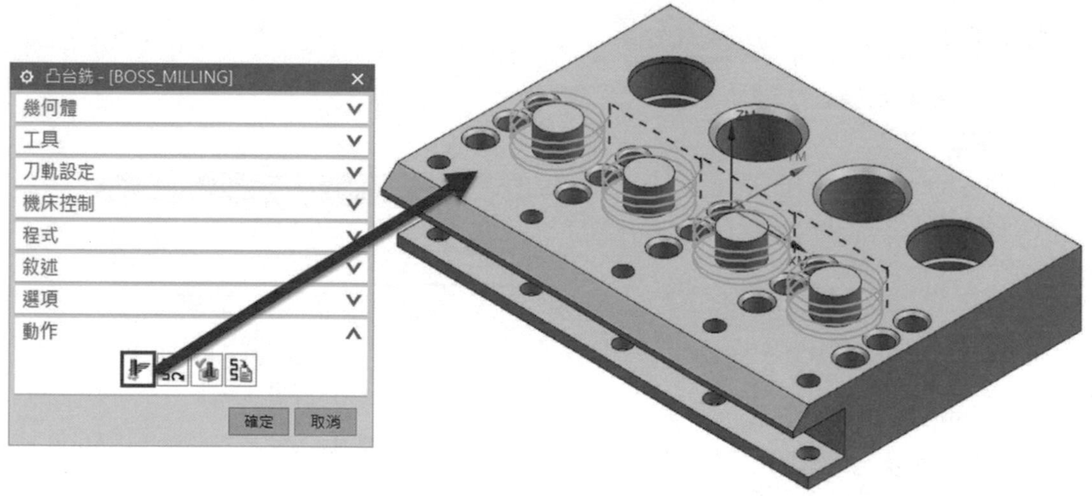

▲圖 7-11-7

7-12 孔辨識加工銑牙工序

學習孔辨識加工的銑牙加工設定

孔辨識加工的銑牙加工分為銑內牙以及銑外牙，唯一差別是在於孔特徵點選與圓柱特徵點選的不同，由於特徵不同，銑內牙和銑外牙加工的工序必須各自分開選擇，不能於同一工法執行路徑選擇，概念等同於螺旋銑。

孔辨識加工的銑內牙加工設定

❶ 進入程式順序視圖中對上一個工法滑鼠點擊右鍵 ➔「插入」➔「工序」，選擇類型「hole_making」，選取子工序「銑內牙加工 THREAD_MILLING」。如圖 7-12-1。

▲圖 7-12-1

❷ 在幾何體的對話框中，點擊指定特徵幾何體 ，點選加工孔。加工方式可以依照「螺旋銑削深度」與素材設置「大徑」與「小徑」。如圖 7-12-2。

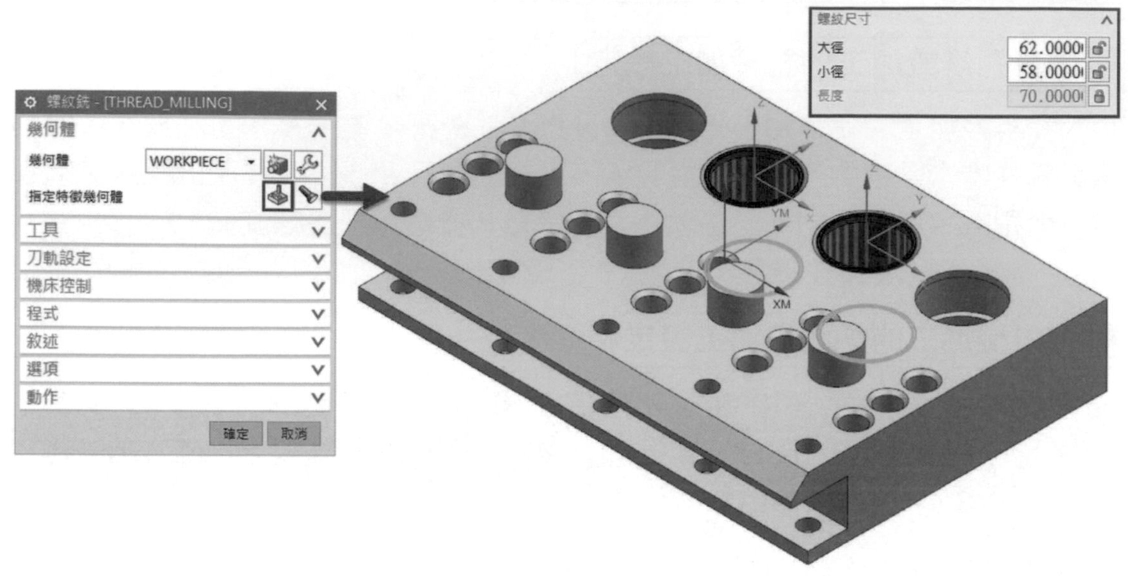

▲圖 7-12-2。

❸ 確定後，透過 按鈕產生刀軌路徑，此路徑的加工方式為銑內牙加工。如圖 7-12-3。

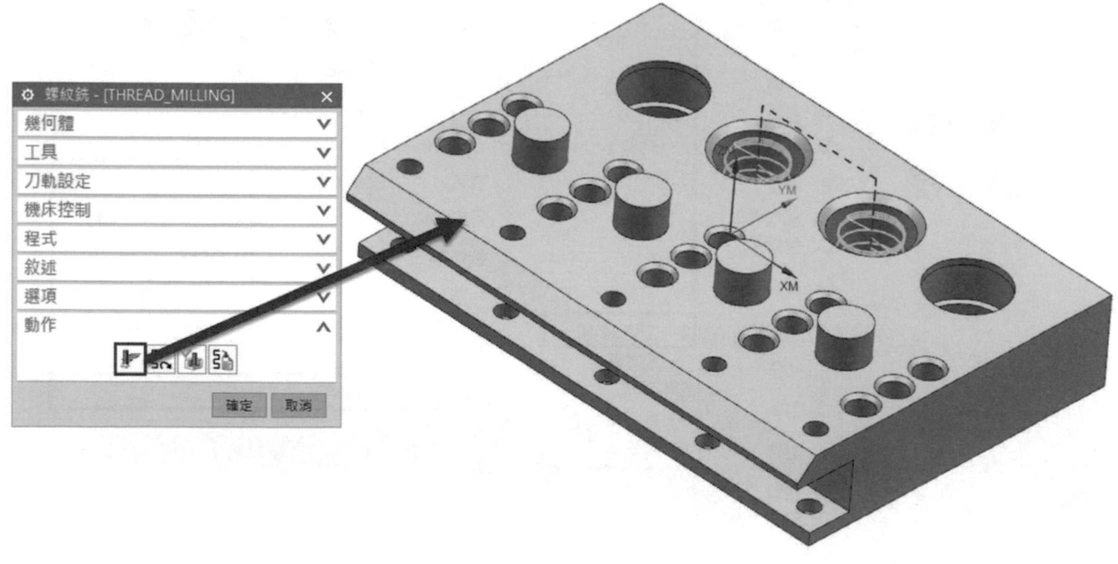

▲圖 7-12-3

孔辨識加工的銑外牙加工設定

❹ 進入程式順序視圖中對上一個工法滑鼠點擊右鍵 ➔「插入」➔「工序」，選擇類型「hole_making」，選取子工序「銑外牙加工 BOSS_THREAD_MILLING」。如圖 7-12-4。

▲圖 7-12-4

5 在幾何體的對話框中，點擊指定特徵幾何體[icon]，點選加工柱。加工方式可以依照表格類型選取「公制 M36X2」的螺紋孔。如圖 7-12-5。

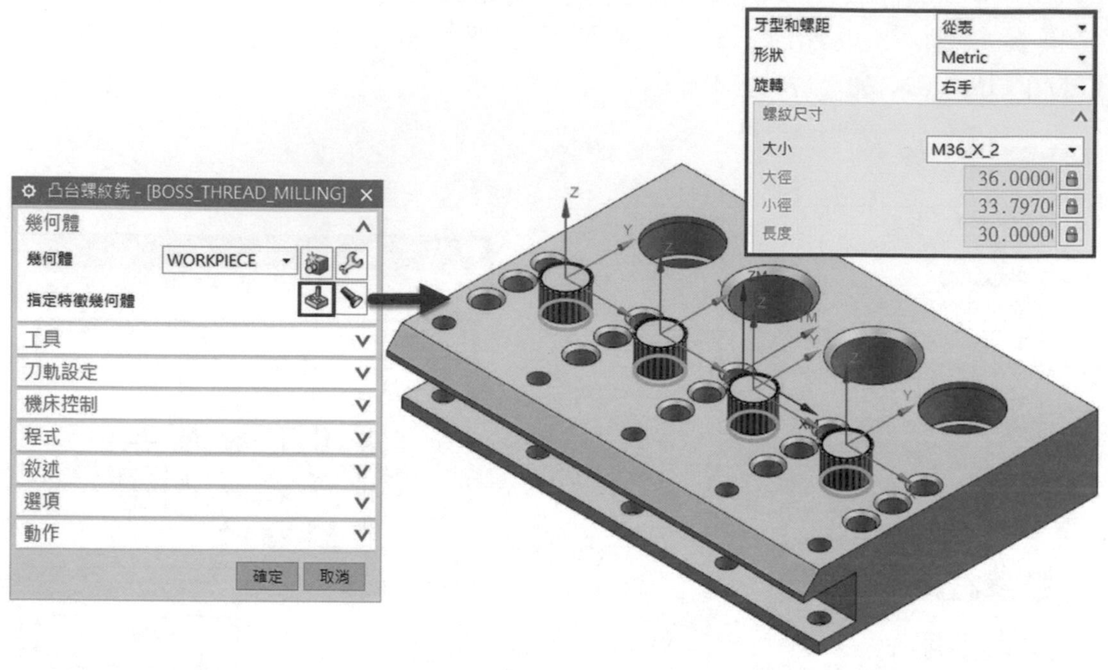

▲圖 7-12-5

6 確定後，透過[icon]按鈕產生刀軌路徑，此路徑的加工方式為銑外牙加工。如圖 7-12-6。

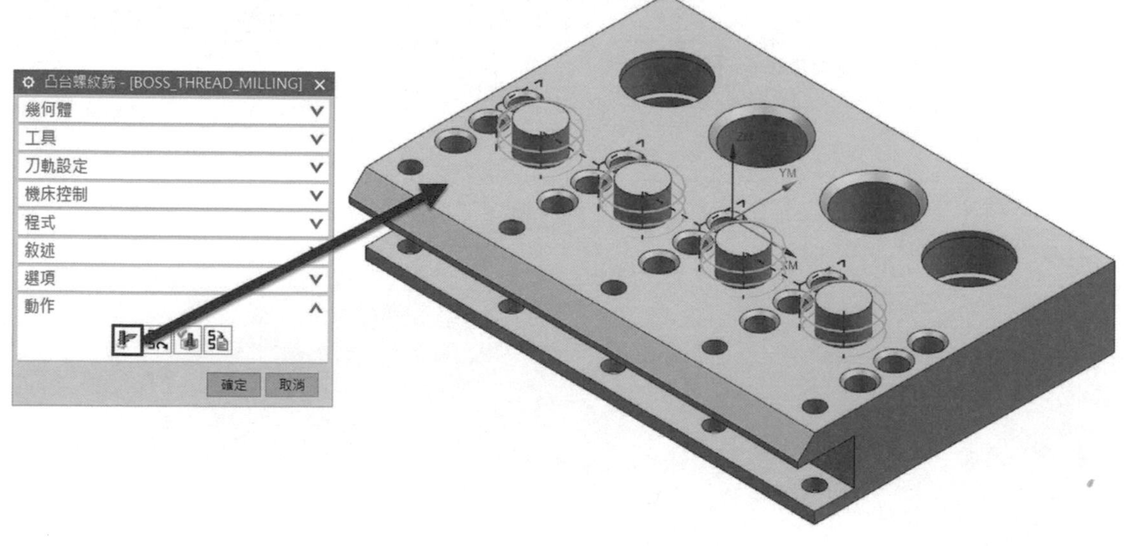

▲圖 7-12-6

7-13 孔辨識加工倒角工序

學習孔辨識加工的倒角加工設定

孔辨識加工的倒角加工可以依照孔倒角的大小選擇不同的工法類型，一般小孔的倒角可以使用鑽孔方式倒角，大孔的倒角則是以銑圓方式倒角。

孔辨識加工的鑽孔倒角加工設定

1. 進入程式順序視圖中對上一個工法滑鼠點擊右鍵 ➔「插入」➔「工序」，選擇類型「hole_making」，選取子工序「倒角加工 COUNTERSINKING」。如圖 7-13-1。

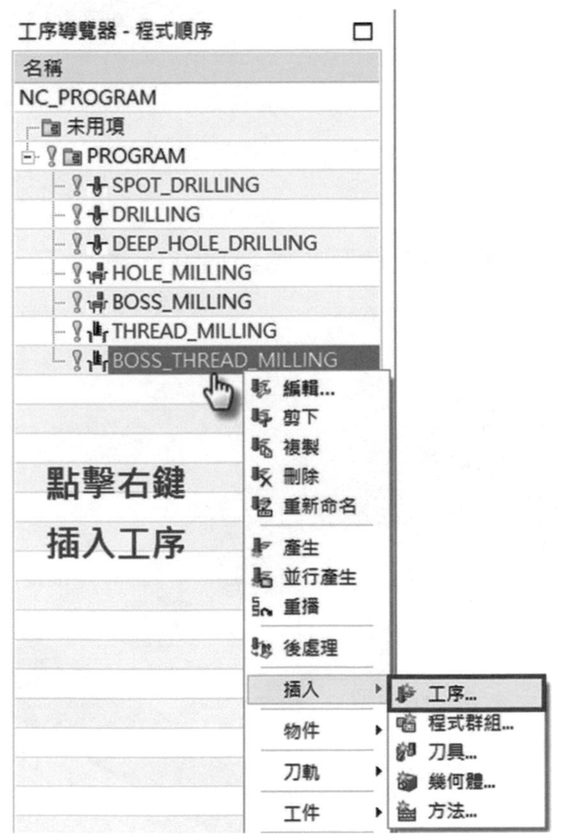

▲圖 7-13-1

❷ 在幾何體的對話框中，點擊指定特徵幾何體 ，框選加工孔。如圖 7-13-2。

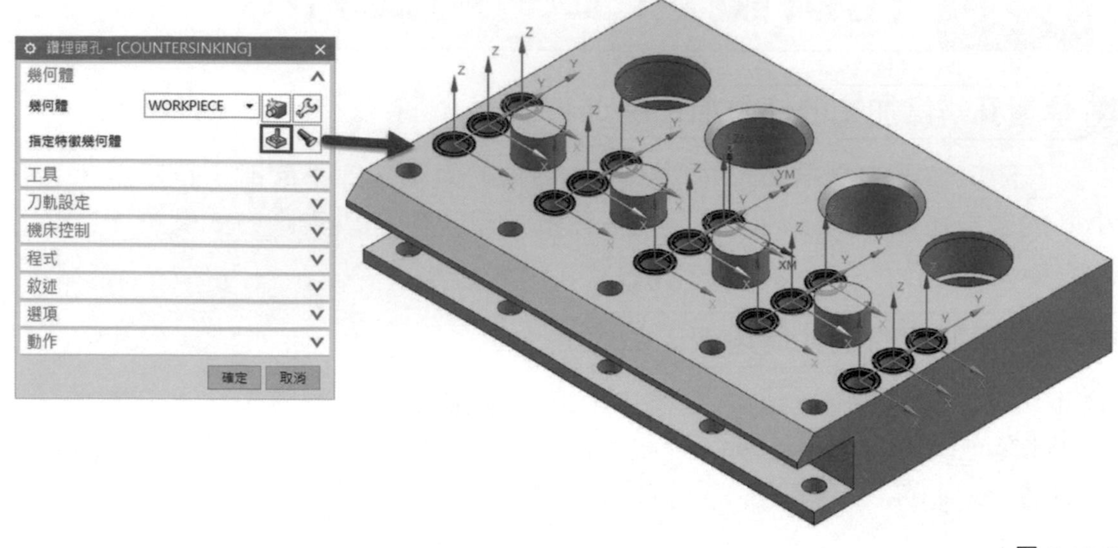

▲圖 7-13-2

❸ 確定後，透過 按鈕產生刀軌路徑，此路徑的加工方式為鑽孔倒角加工。如圖 7-13-3。

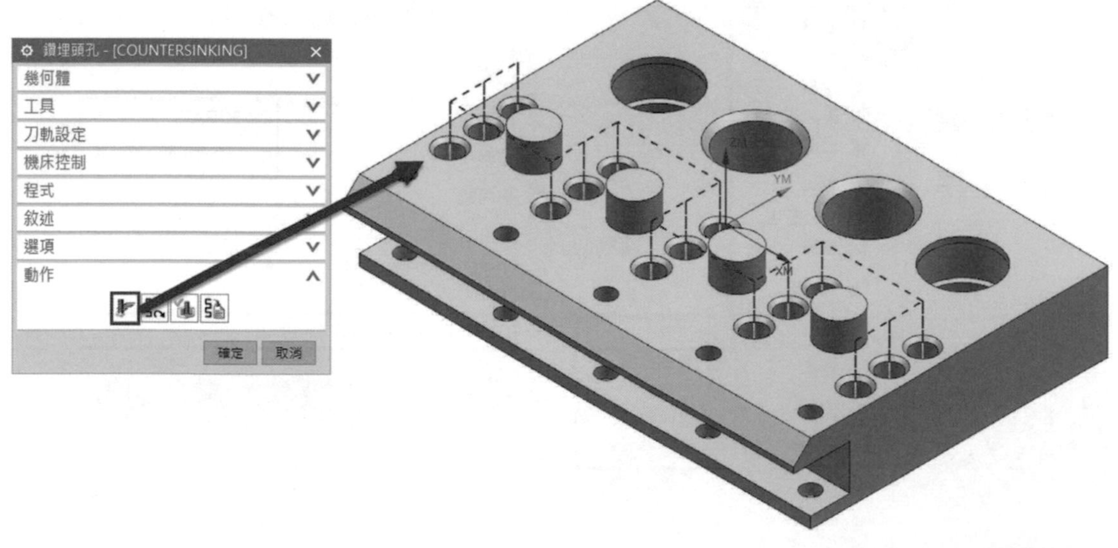

▲圖 7-13-3

孔辨識加工的銑圓倒角加工設定

❹ 進入程式順序視圖中對上一個工法滑鼠點擊右鍵 ➔「插入」➔「工序」，選擇類型「hole_making」，選取子工序「倒角銑加工 HOLE_CHAMFER_MILLING」。如圖 7-13-4。

▲圖 7-13-4

❺ 在幾何體的對話框中，點擊指定特徵幾何體，點擊加工孔。如圖 7-13-5。

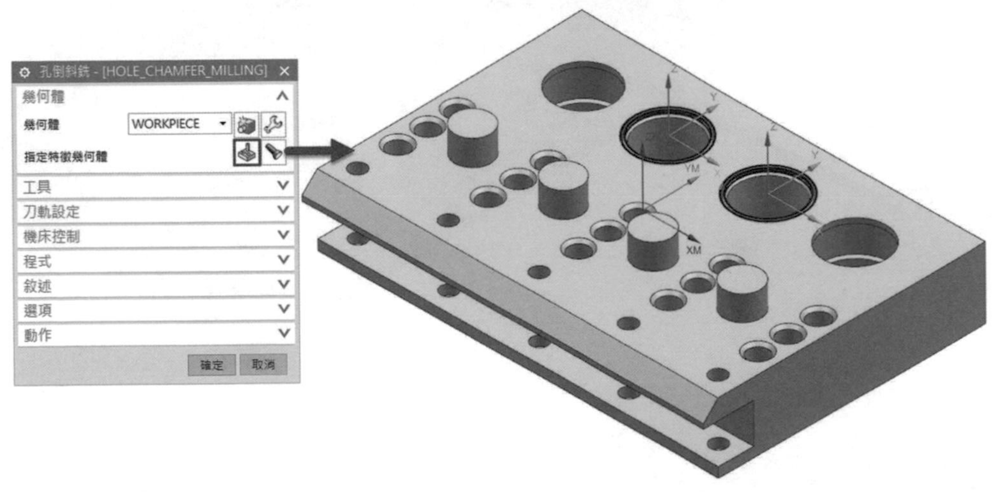

▲圖 7-13-5

❻在刀軌設定的對話框中，設定 Drive Point 的驅動點為「SYS_OD_CHAMFER」。如圖 7-13-6。

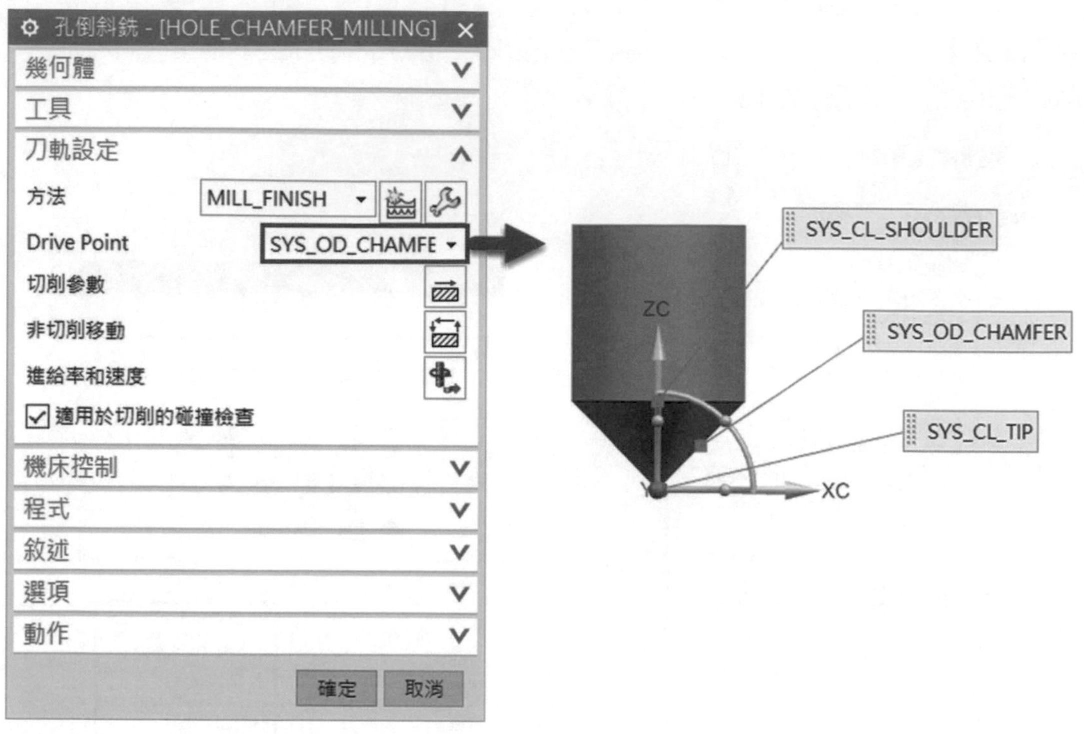

▲圖 7-13-6

❼確定後，透過按鈕產生刀軌路徑，此路徑為銑圓倒角加工。如圖 7-13-7。

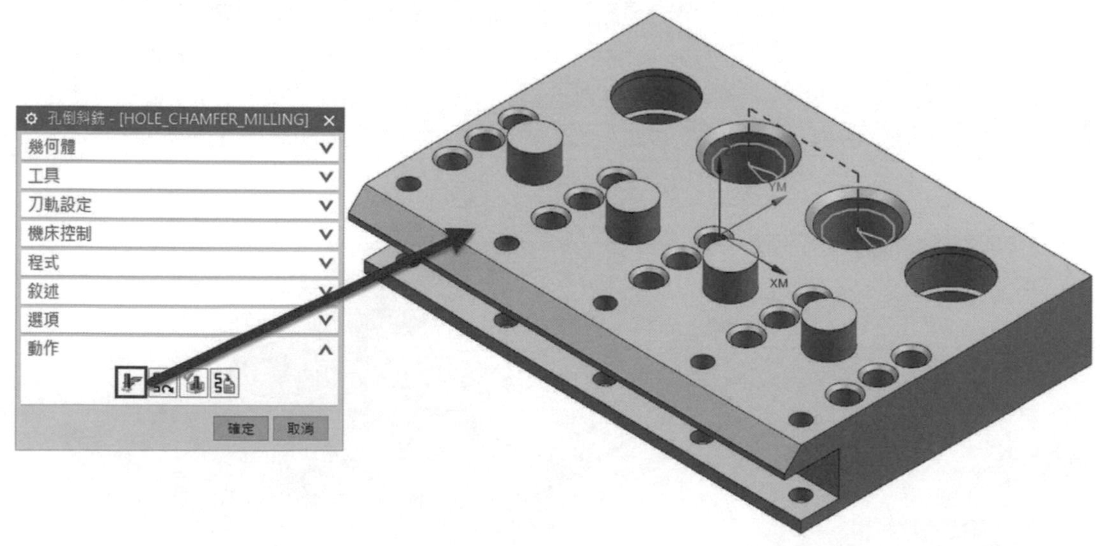

▲圖 7-13-7

7-14 孔辨識加工特殊工序

學習孔辨識加工的特殊加工設定

孔辨識加工的特殊加工總共有三種，第一種為智慧鑽孔加工，能夠判別在鑽孔時的空切削範圍；第二種為銑槽孔加工，可以判別內槽孔範圍進行銑孔加工；第三種為背倒角加工，可以判別反向倒角範圍進行銑削。

孔辨識加工的智慧鑽孔加工設定

❶ 進入程式順序視圖中對上一個工法滑鼠點擊右鍵 ➔「插入」➔「工序」，選擇類型「hole_making」，選取子工序「智慧鑽孔加工 SEQUENTIAL_DRILLING」。如圖 7-14-1。

▲圖 7-14-1

❷ 在幾何體的對話框中，點擊指定特徵幾何體 ，框選加工孔。如圖 7-14-2。

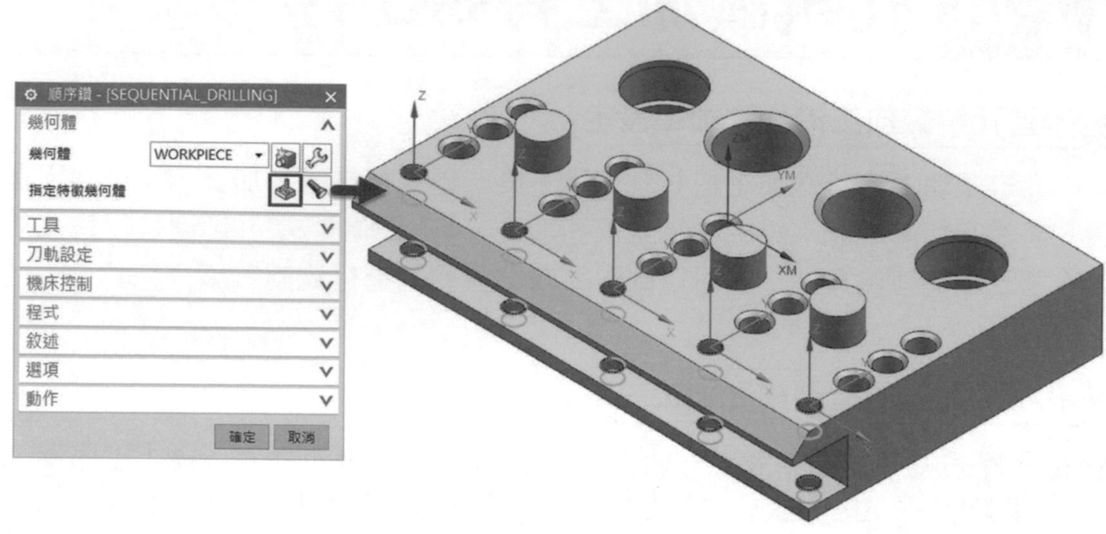

▲圖 7-14-2

❸ 確定後，透過 按鈕產生刀軌路徑，此路徑的加工方式為智慧鑽孔加工。加工路徑的中間無加工坯料時，加工動作會快速移動至下一個鑽孔位置點。如圖 7-14-3。

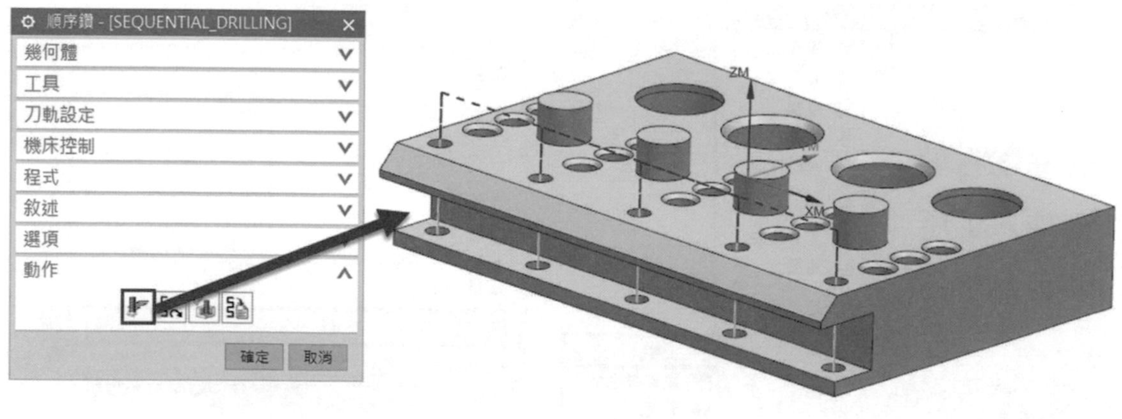

▲圖 7-14-3

孔辨識加工的銑槽孔加工設定

❹ 進入程式順序視圖中對上一個工法滑鼠點擊右鍵 ➔「插入」➔「工序」，選擇類型「hole_making」，選取子工序「銑槽孔加工 RADIAL_GROOVE_MILLING」。如圖 7-14-4。

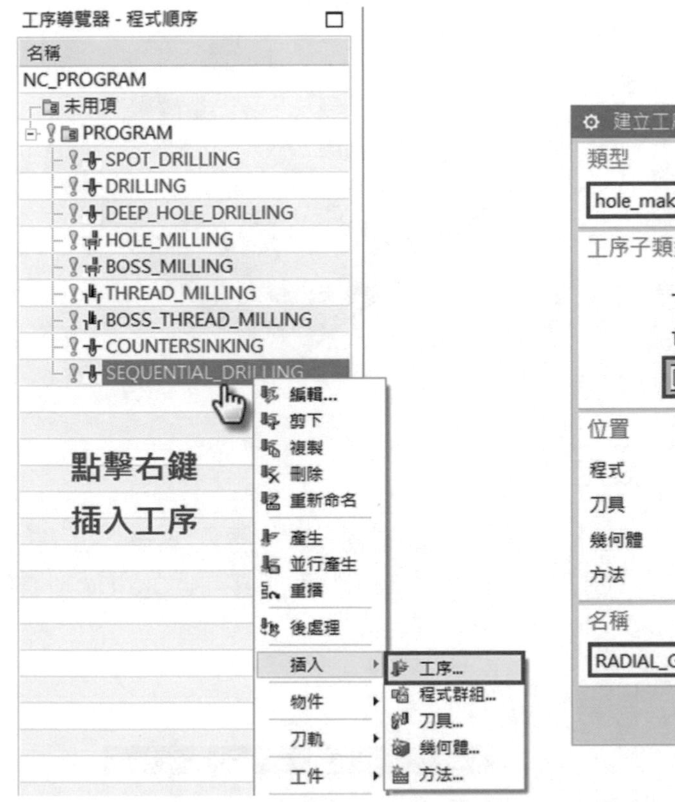

▲圖 7-14-4

❺ 在幾何體的對話框中，點擊指定特徵幾何體 ，點選加工孔。如圖 7-14-5。

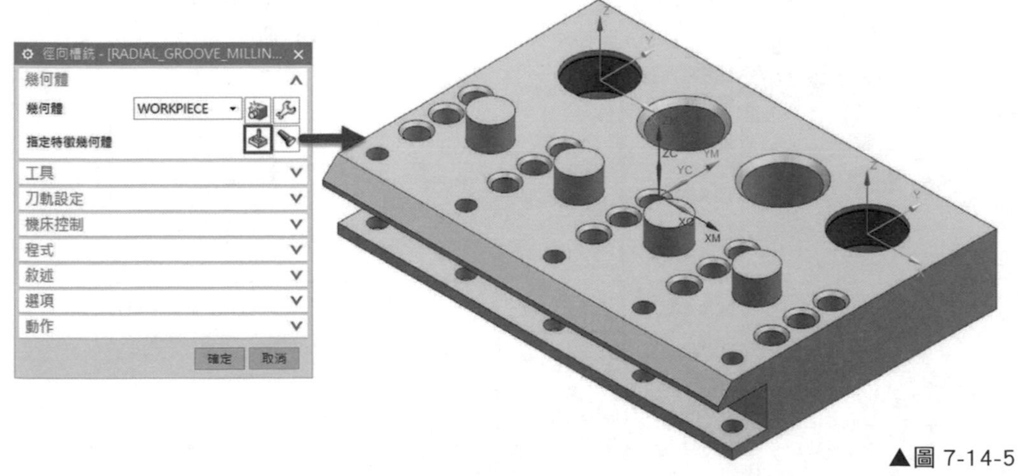

▲圖 7-14-5

❻ 確定後，透過 [icon] 按鈕產生刀軌路徑，此路徑為銑槽孔加工。如圖 7-14-6。

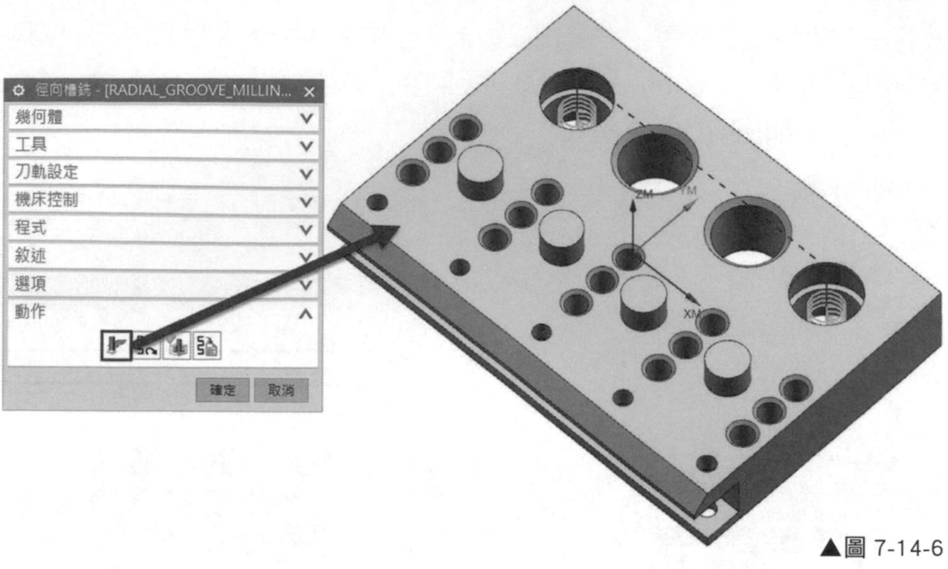

▲圖 7-14-6

孔辨識加工的背倒角加工設定

❼ 進入程式順序視圖中對上一個工法滑鼠點擊右鍵 ➔「插入」➔「工序」，選擇類型「hole_making」，選取子工序「背倒角加工 BACK_COUNTER_SINKING」。如圖 7-14-7。

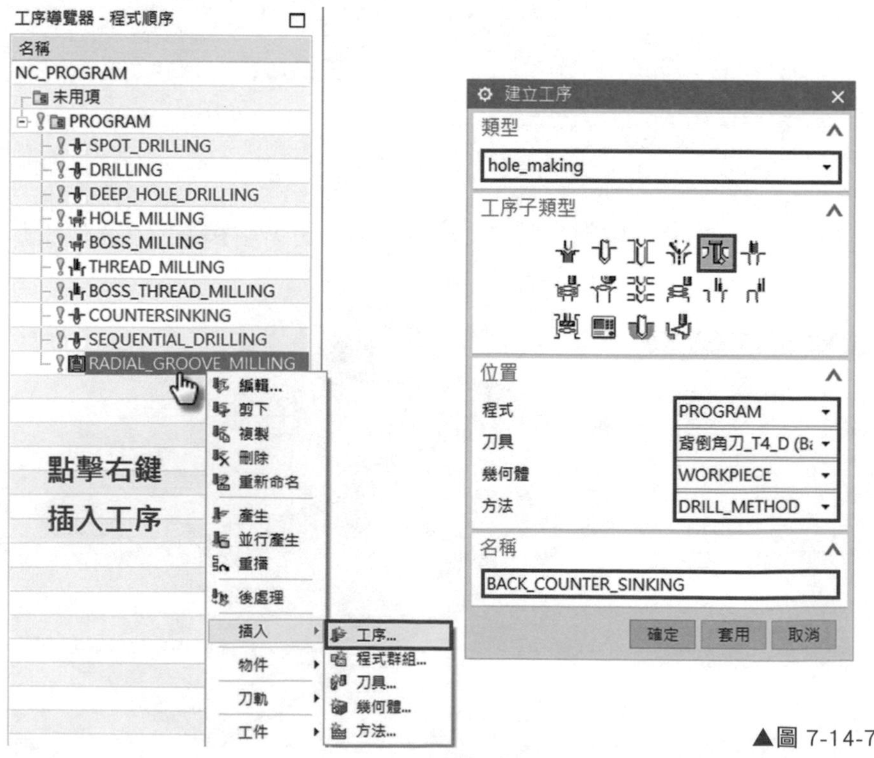

▲圖 7-14-7

❽ 在幾何體的對話框中，點擊指定特徵幾何體，點選加工孔。如圖 7-14-8。

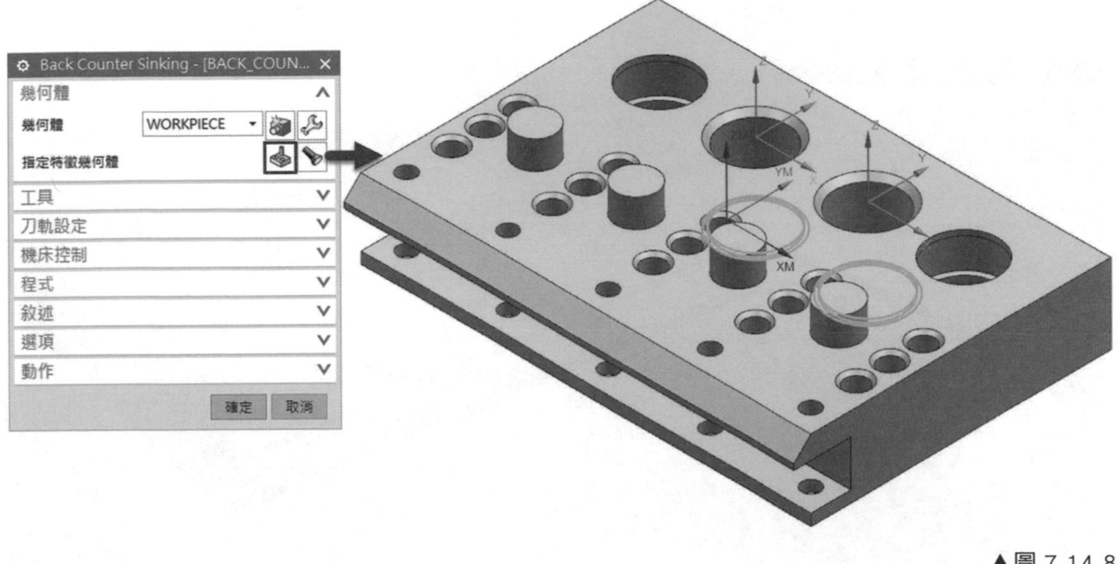

▲圖 7-14-8

❾ 在工具的對話框中，可以從編輯 / 顯示按鈕，看到刀具形狀以及相關參數。如圖 7-14-9。

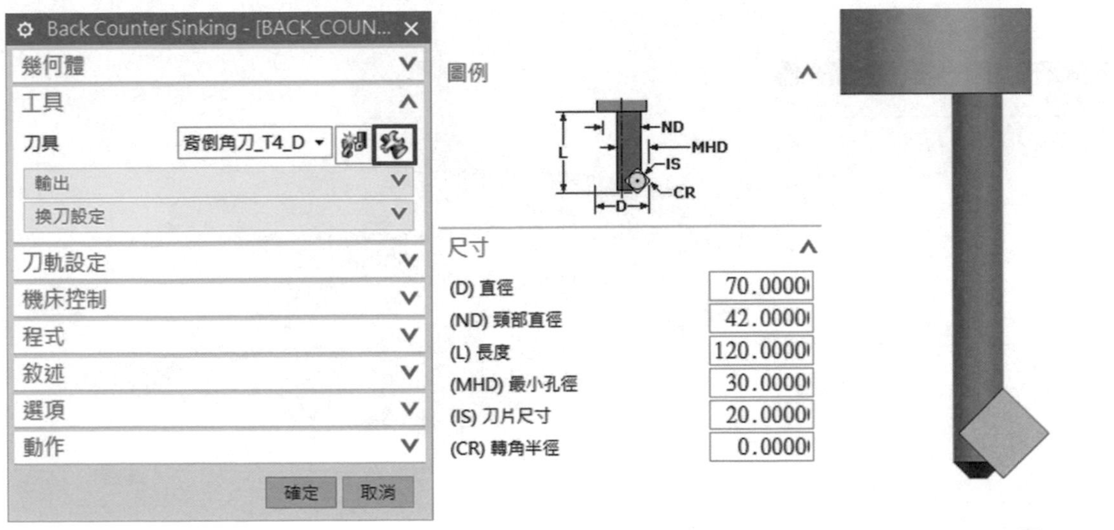

▲圖 7-14-9

⑩ 確定後，透過 按鈕產生刀軌路徑，此路徑為背倒角加工。如圖 7-14-10。

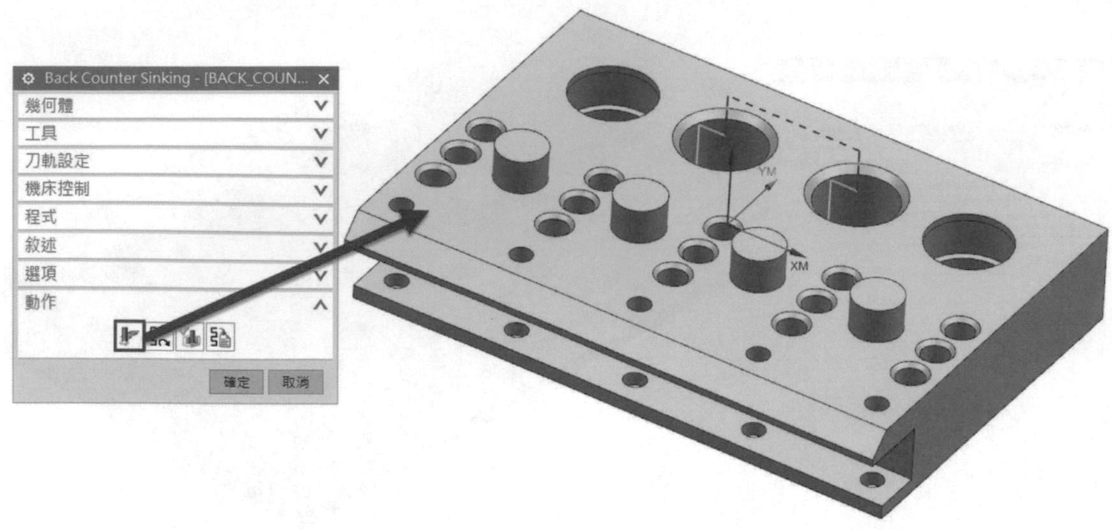

▲圖 7-14-10

⑪ 再透過 按鈕模擬刀軌路徑，此刀具類型為旋轉後的預覽效果。如圖 7-14-11。

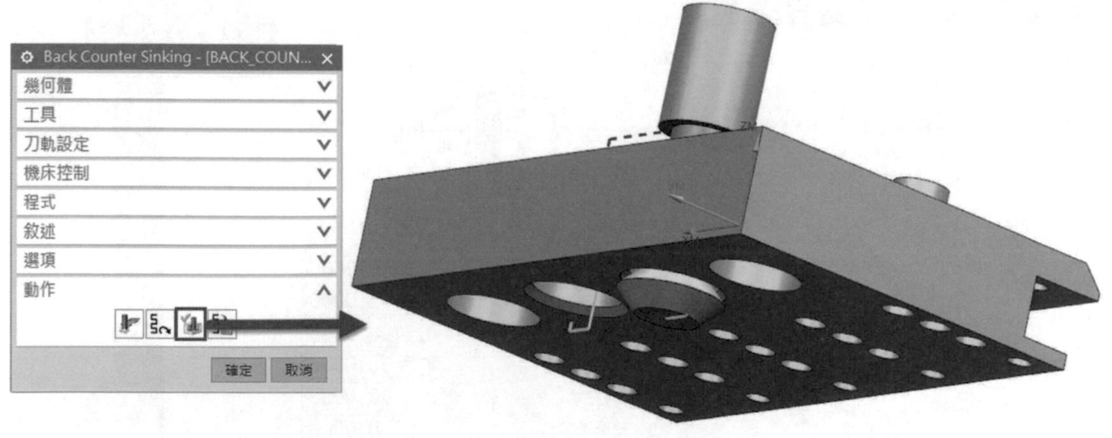

▲圖 7-14-11

CHAPTER

投影式工法

章節介紹 藉由此課程，您將會學到：

8-1 投影式工法介紹

投影式工法概述

投影式加工屬於 3D 加工工法，加工能夠依照 X、Y、Z 三軸向進行曲面路徑規劃，主要針對曲面、複雜外型執行聰慧設置，一般用於 3D 曲面精加工以及模具輪廓外型精加工為主。

投影式加工類型

投影式加工工法在我們進入加工環境後，進入程式順序視圖中對 PROGRAM 滑鼠點擊右鍵 ➔「插入」➔「工序」，選擇類型「mill_contour」的工序子類型第二、三排工法。如圖 8-1-1。

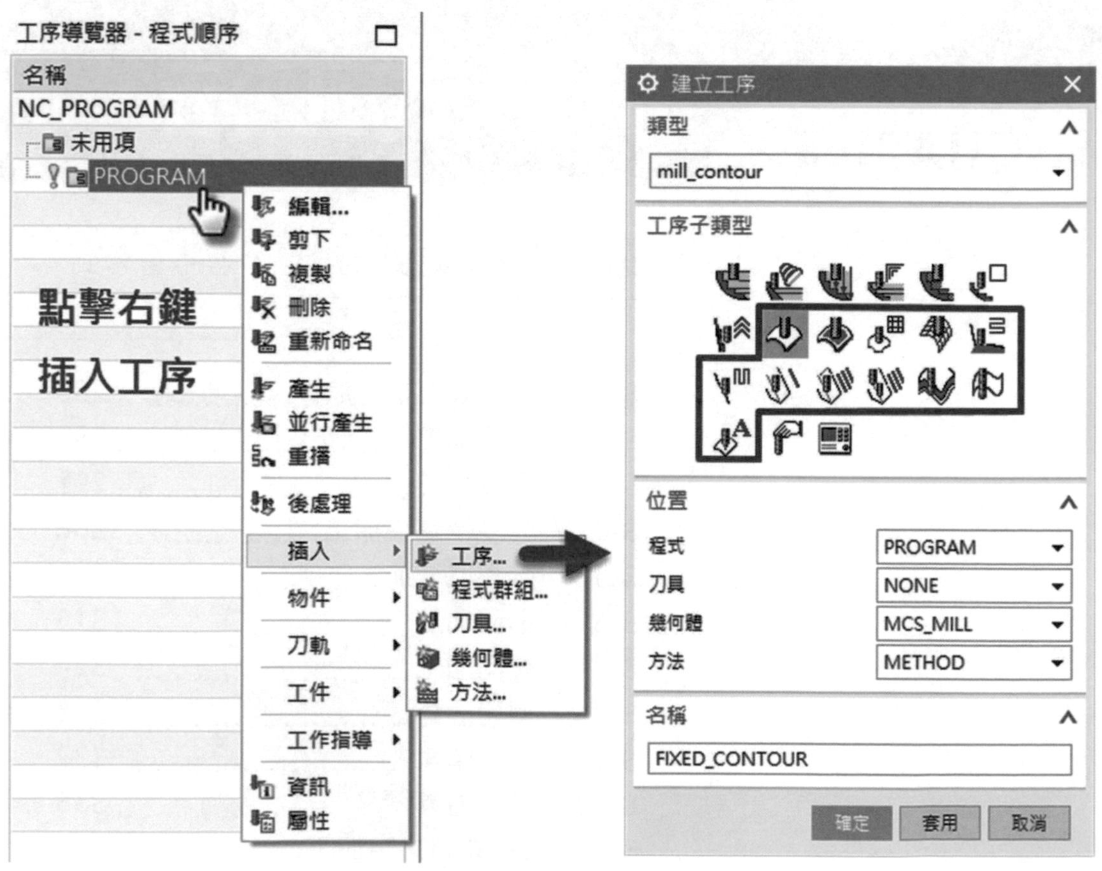

▲圖 8-1-1

投影式加工工法敘述介紹

投影式加工工法

投影式工法	工法名稱	工法敘述
	邊界加工	選取邊界進行範圍投影加工
	區域加工	透過幾何體外型進行區域性的投影加工
	曲面加工	選取曲率連續性的曲面進行投影加工
	流線加工	透過引導曲線以及交叉曲線設置驅動面進行投影加工
	非陡峭區域加工	設置較平坦角度的區域性投影加工
	陡峭區域加工	設置較陡峭角度的區域性投影加工
	單刀路清角	依照幾何體外型進行單一路徑的角落式加工
	多刀路清角	依照幾何體外型進行水平垂直分層路徑的角落式加工
	參考刀具清角	依照參考刀具大小設定區域角落式加工
	實體 3D 輪廓加工	選取零件表面進行修邊曲線加工
	邊界 3D 輪廓加工	選取輪廓邊界進行修邊曲線加工
	3D 曲面文字加工	選取曲面進行單線體或輪廓體文字加工

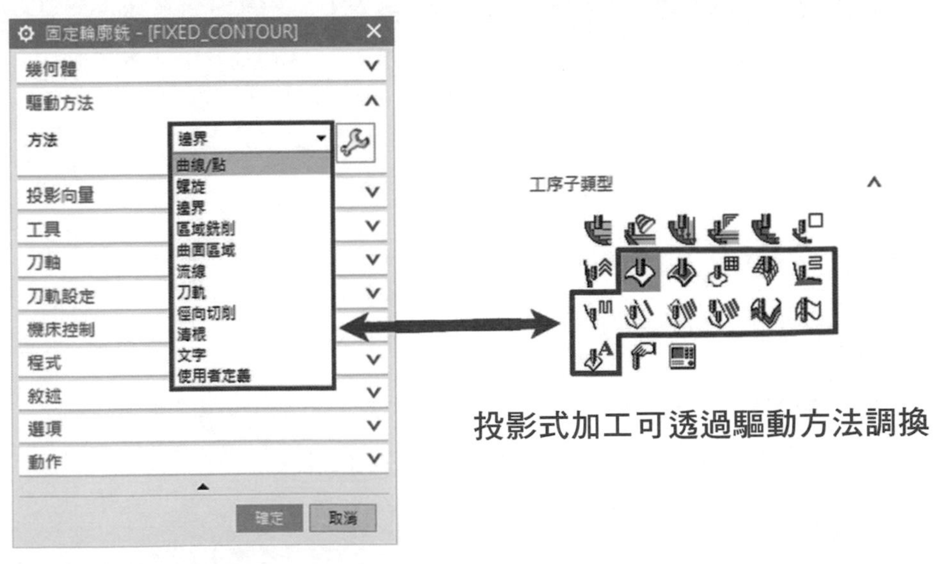

投影式加工可透過驅動方法調換

8-2 邊界加工

學習邊界加工的功能與操作

範例一

1 由「檔案」➔「開啟」➔「NX CAM 標準課程」➔「第八章節」➔「投影加工 .prt」➔「OK」。如圖 8-2-1。

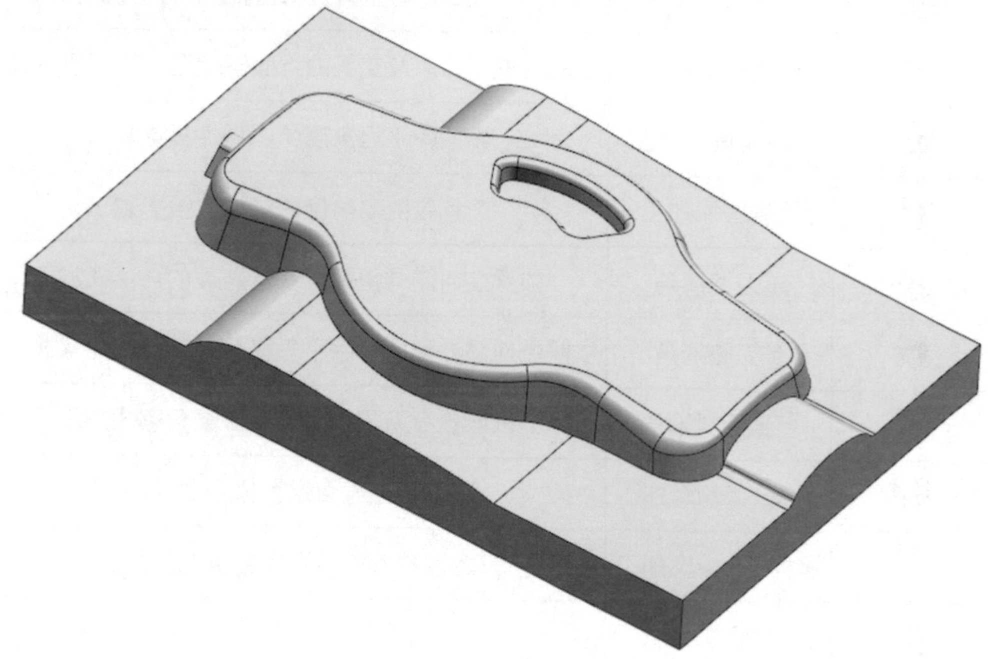

▲圖 8-2-1

❷ 進入程式順序視圖中對上一個工法滑鼠點擊右鍵 ➔「插入」➔「工序」，選擇類型「mill_contour」，選取子工序「邊界加工 FIXED_CONTOUR」。如圖 8-2-2。

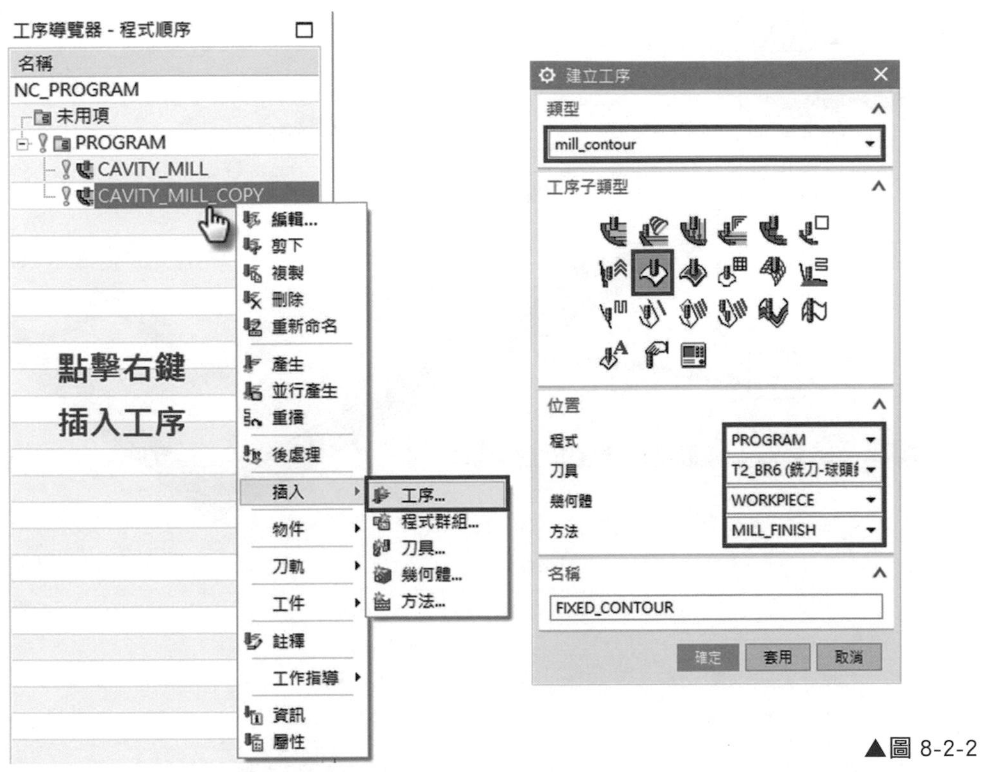

▲圖 8-2-2

❸ 點選確定後，首先需要在驅動方法的對話框中，選擇方法為「邊界」，並點擊 🔧，進入「邊界驅動方法」對話框。如圖 8-2-3

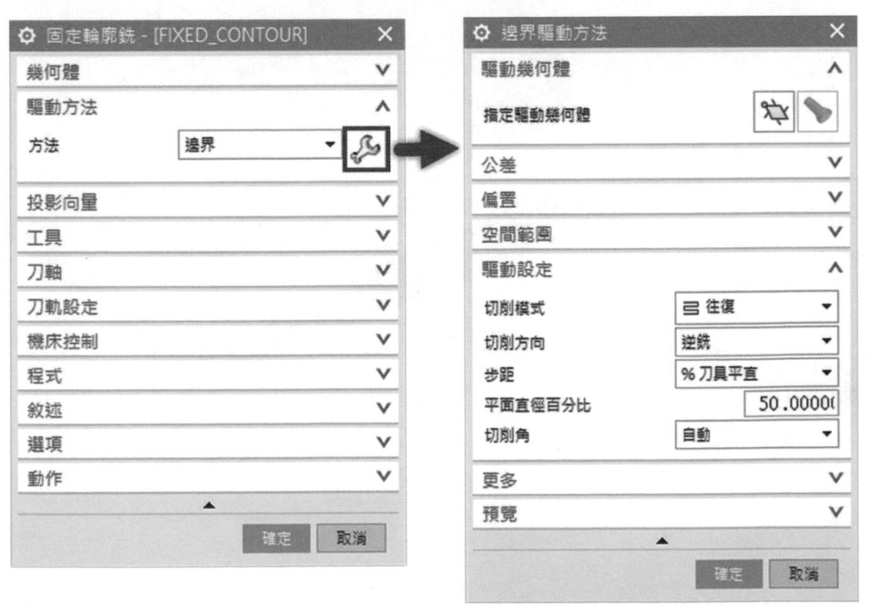

▲圖 8-2-3

❹ 在邊界驅動方法的對話框中，選取驅動幾何體 [icon] ，並選擇模式為「面」，將凸邊與凹邊選取為「對中」，後續點擊加工件的底部面。如圖 8-2-4。

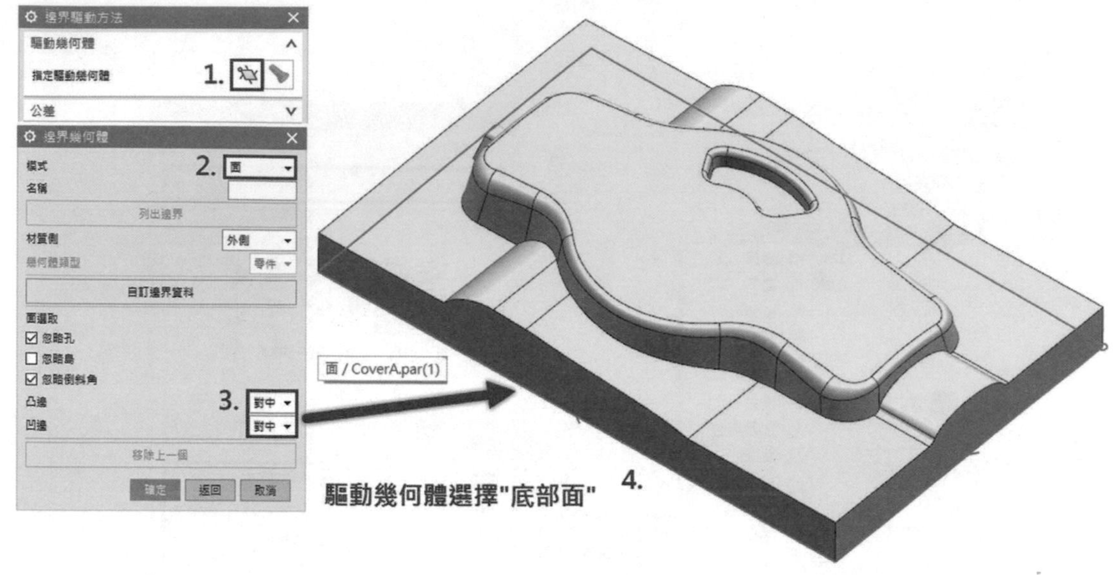

▲圖 8-2-4

❺ 在邊界驅動方法的對話框中，將驅動設定的設定值調整如下圖。如圖 8-2-5。

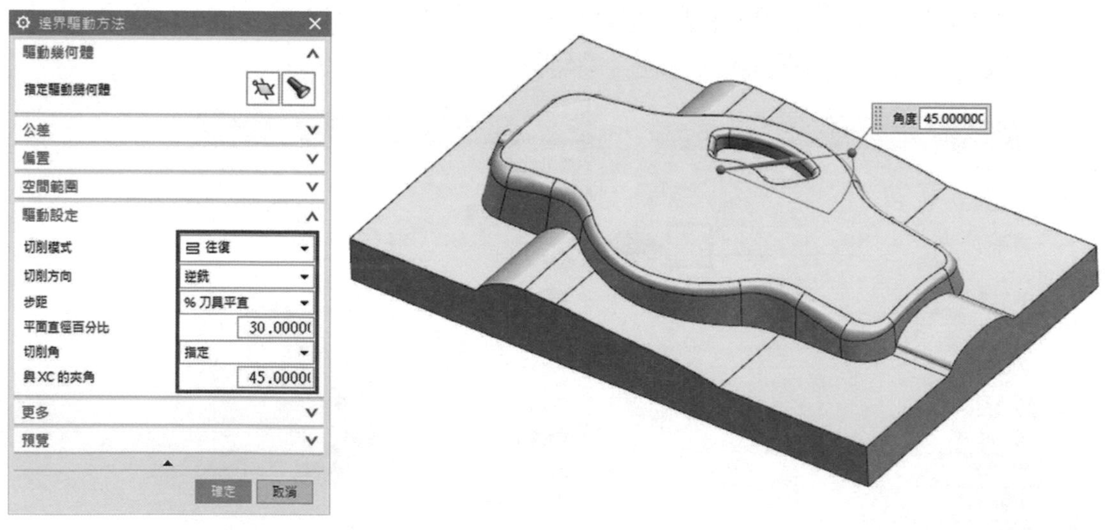

▲圖 8-2-5

❻ 確定後，透過 按鈕產生刀軌路徑，即為邊界加工。

「邊界加工」可依照所選取的邊界面或輪廓範圍進行投影式加工，加工範圍必須由驅動幾何體設置，否則無法生成加工路徑。如圖 8-2-6。

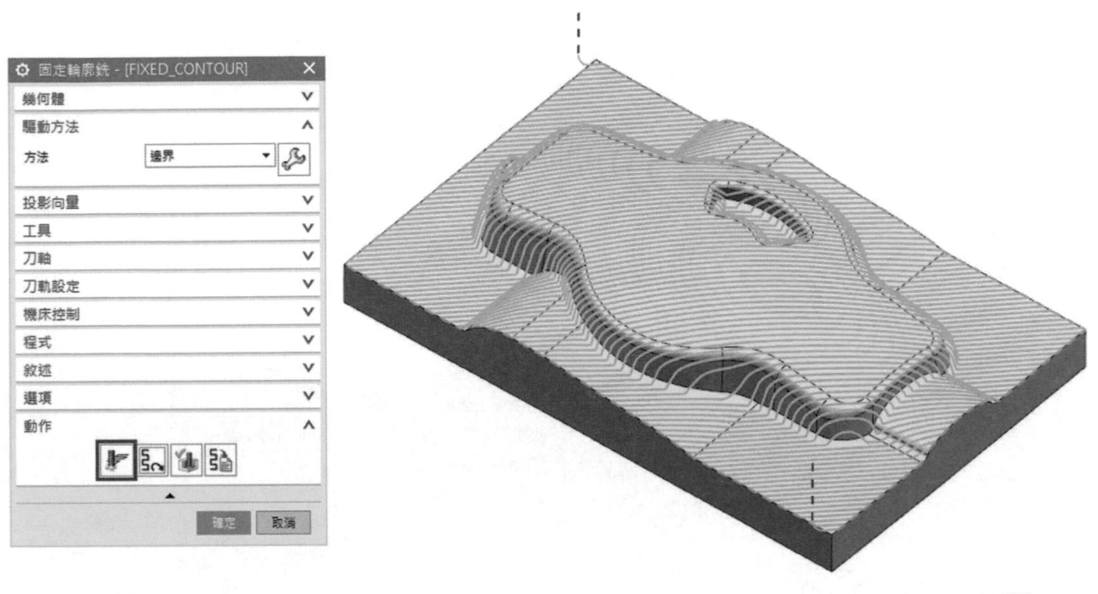

▲圖 8-2-6

切削區域式邊界加工

❼ 在幾何體的對話框中，點擊指定切削區域 ，即可針對選取區域進行投影式加工。如圖 8-2-7。

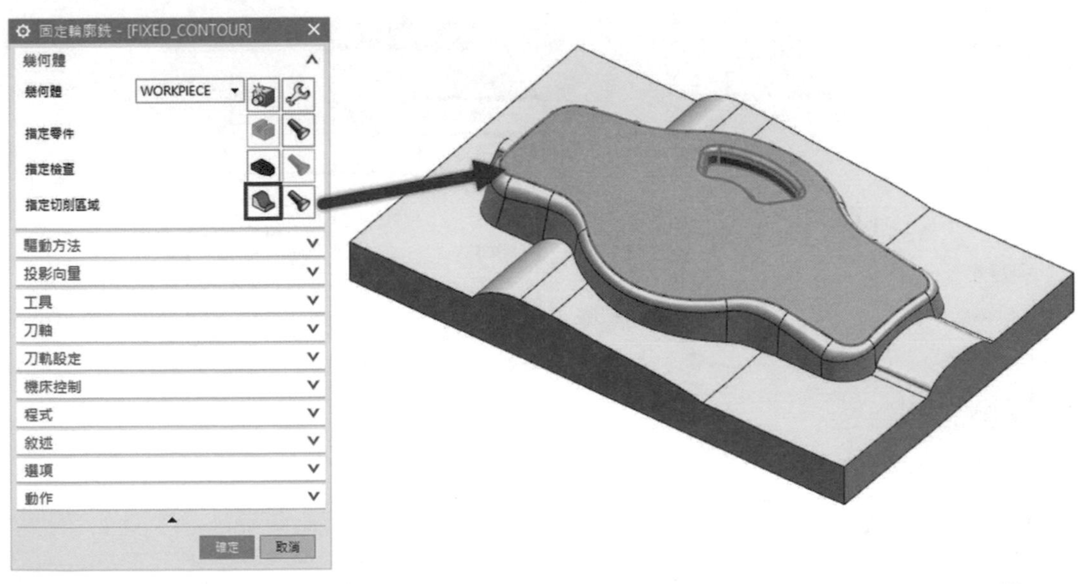

▲圖 8-2-7

❽ 在刀軌設定的對話框中，選擇「切削參數」選取「策略」，設定切削方向及切削角，與 XC 的夾角為「60 度」。如圖 8-2-8。

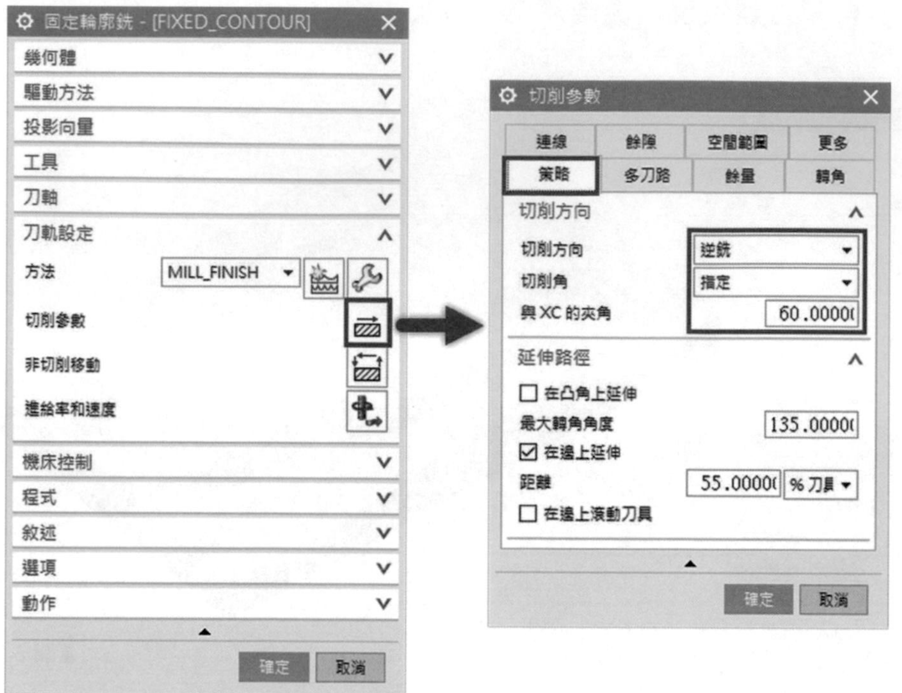

▲圖 8-2-8

❾ 在刀軌設定的對話框中，選擇「非切削參數」選取「平順」，設定「進刀 / 退刀 / 步進」的「取代為平順連線」打勾。如圖 8-2-9。

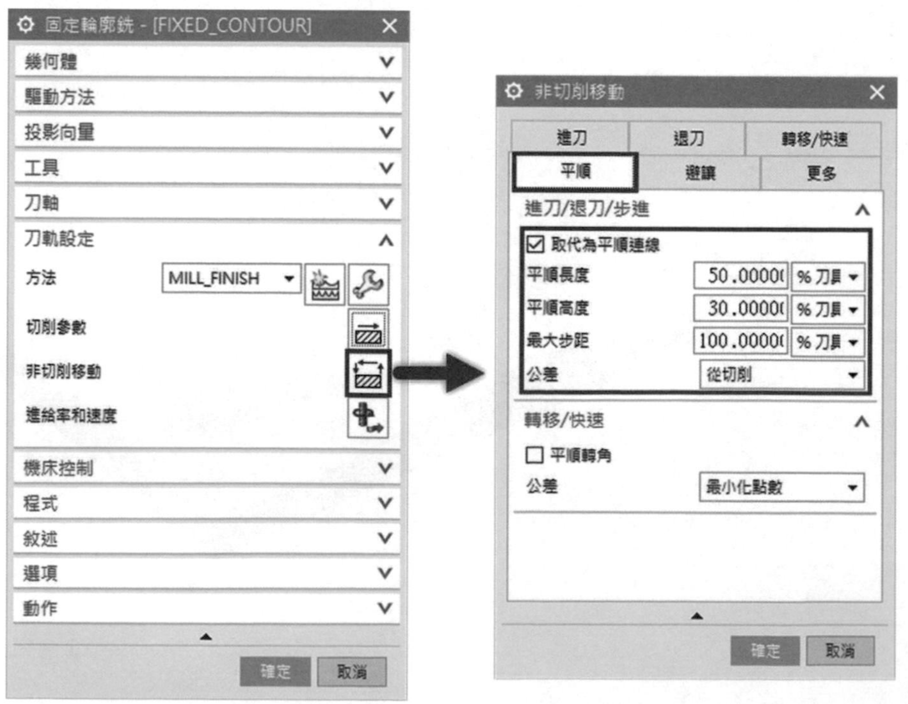

▲圖 8-2-9

⑩ 確定後，透過 按鈕產生刀軌路徑，即為切削區域式邊界加工。「切削區域式邊界加工」可以將接刀轉變更為平順，並且可依照設定範圍內的某些區域進行加工。如圖 8-2-10。

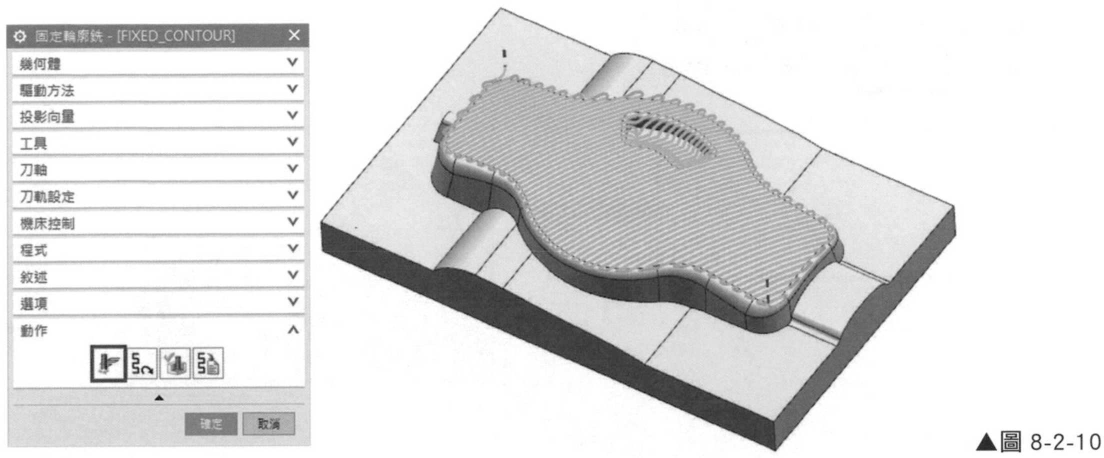

▲圖 8-2-10

邊界加工中的刀軌延伸與多刀路

⑪ 在刀軌設定的對話框中，選擇「切削參數」選取「策略」，設定延伸路徑中的「在邊上延伸」打勾，即延伸刀軌設定。如圖 8-2-11。

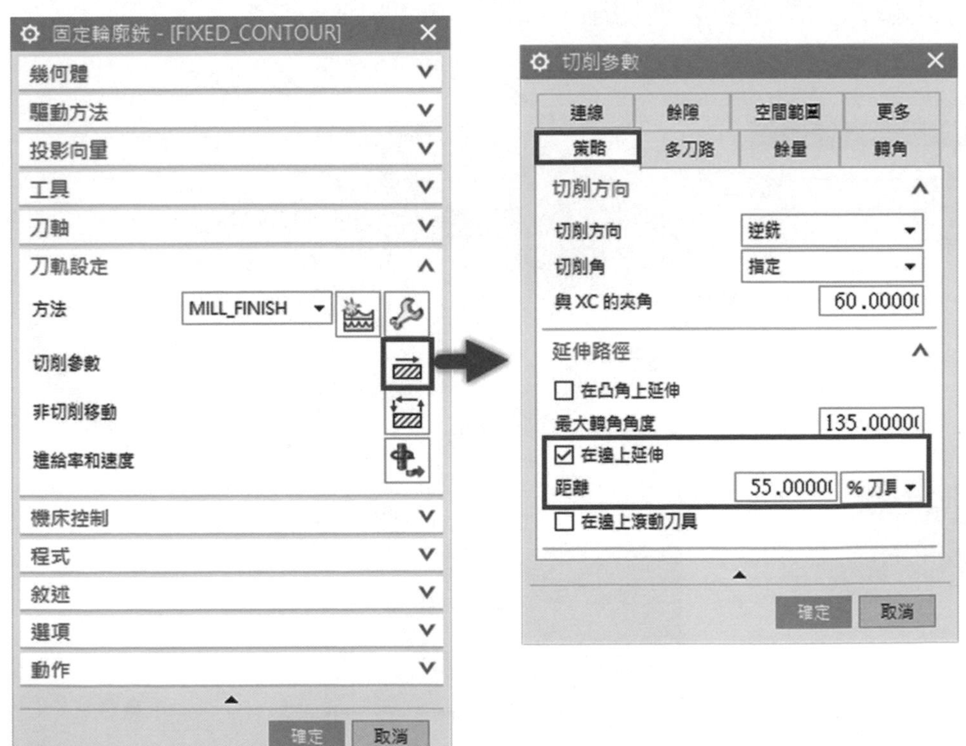

▲圖 8-2-11

⑫在「切削參數」中選取「多刀路」，設定多重深度的參數資料，即分層多刀進行區域面加工設定。如圖 8-2-12。

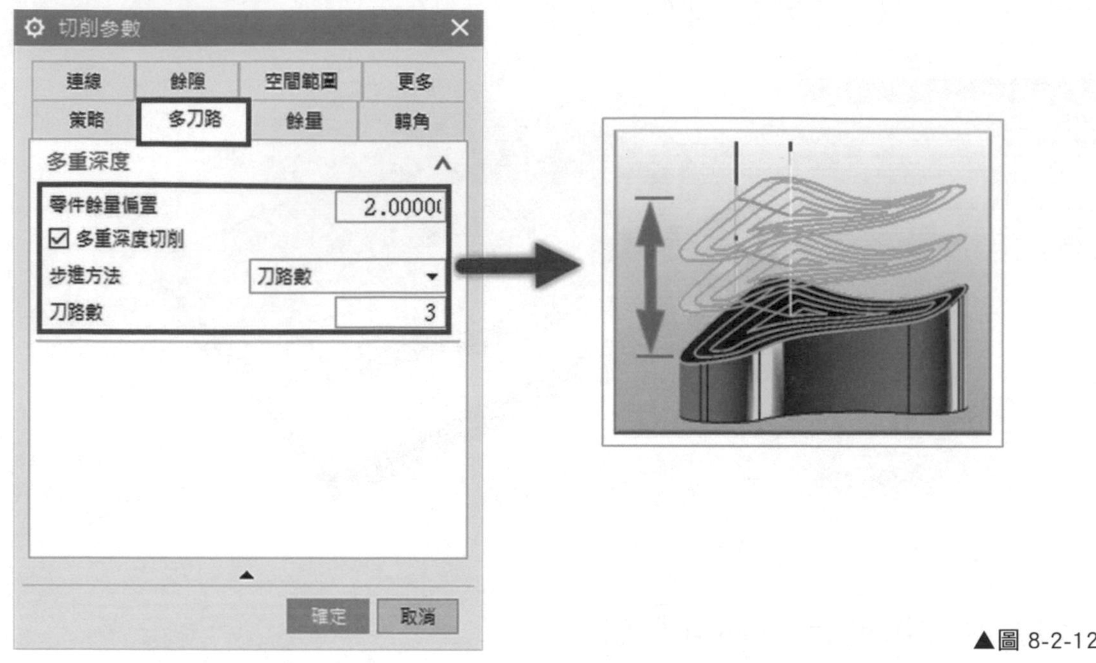

▲圖 8-2-12

⑬確定後，透過 按鈕產生刀軌路徑，在刀軌路徑上明顯延伸於切削區域範圍，刀路也依照深度分多刀層切削。如圖 8-2-13。

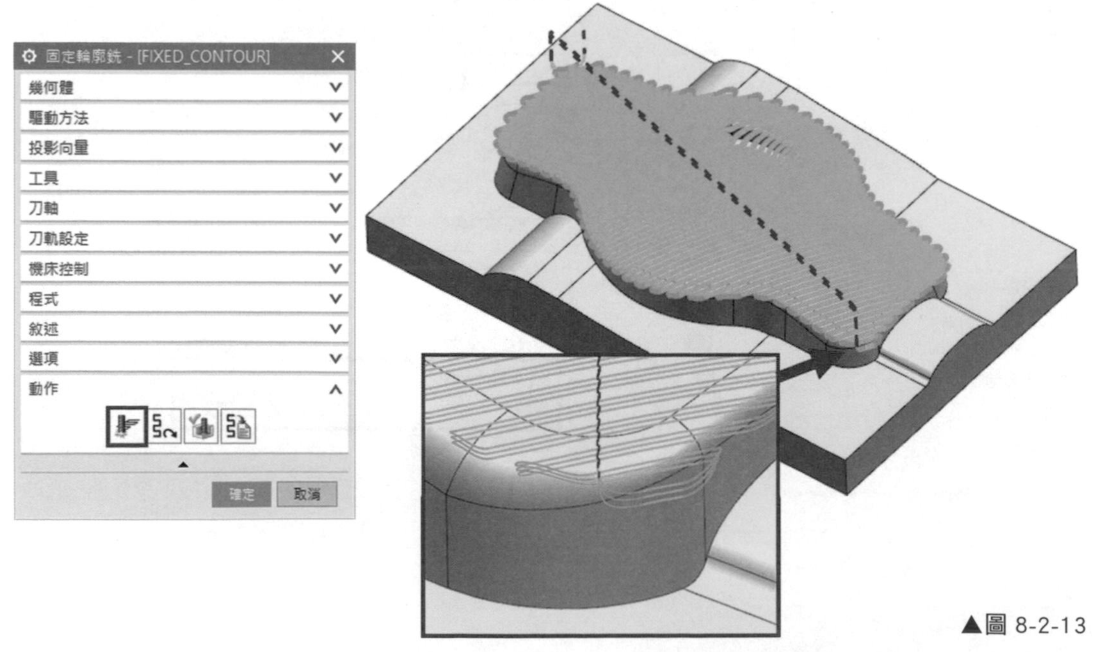

▲圖 8-2-13

邊界加工中的切削步長設定

⑭ 在「切削參數」中選取「更多」，設定最大步長為「30%」。如圖 8-2-14。

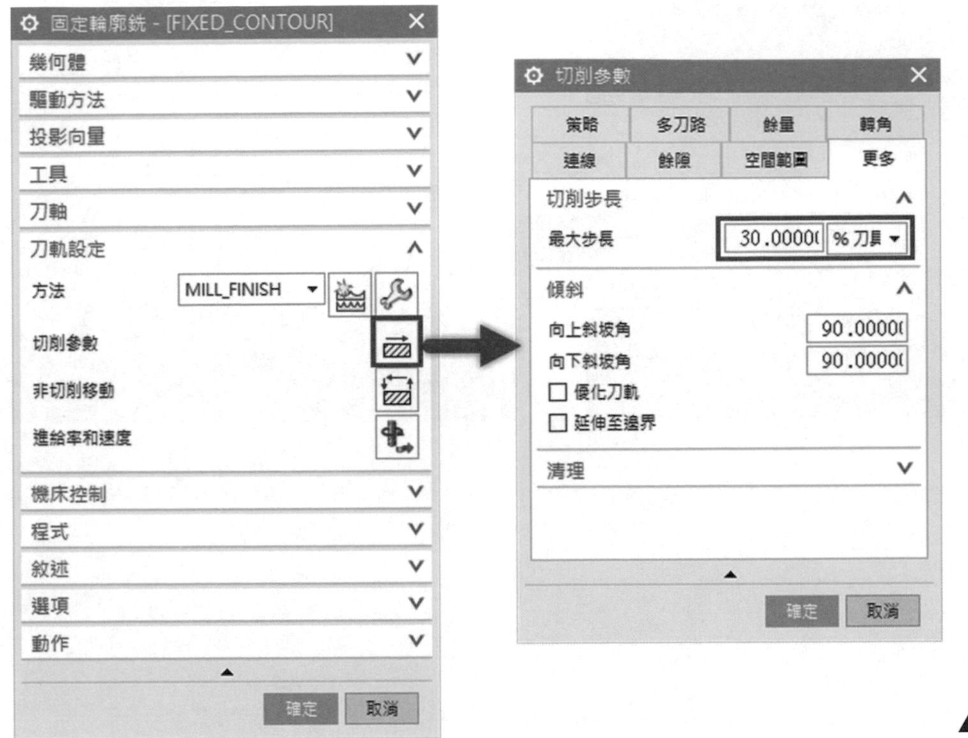

▲圖 8-2-14

⑮ 確定後，透過 按鈕產生刀軌路徑。在上面「首頁」的顯示功能表中，點擊 終點，即可顯示點分布狀態。如圖 8-2-15。

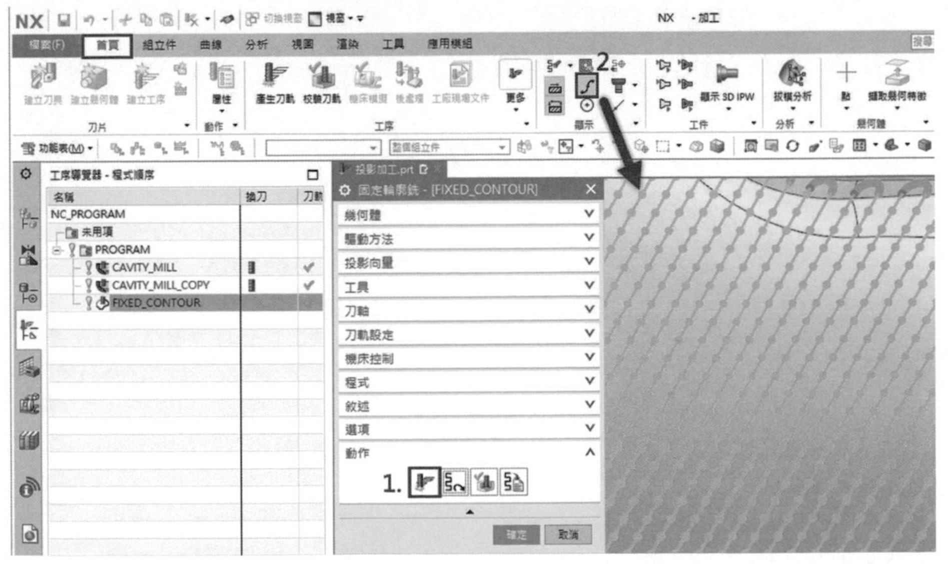

▲圖 8-2-15

⑯ 切削步長可影響點分布狀態，但是設定越密集，點資料越大，計算越久。如圖 8-2-16。

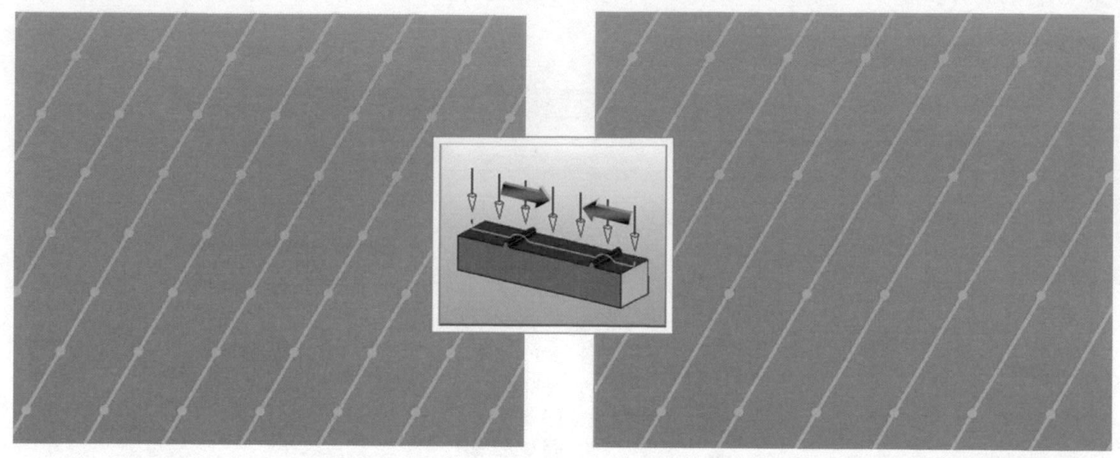

▲圖 8-2-16

8-3 區域加工

學習區域加工的功能與操作

❶ 進入程式順序視圖中對上一個工法滑鼠點擊右鍵 ➔「插入」➔「工序」，選擇類型「mill_contour」，選取子工序「區域加工 CONTOUR_AREA」。如圖 8-3-1。

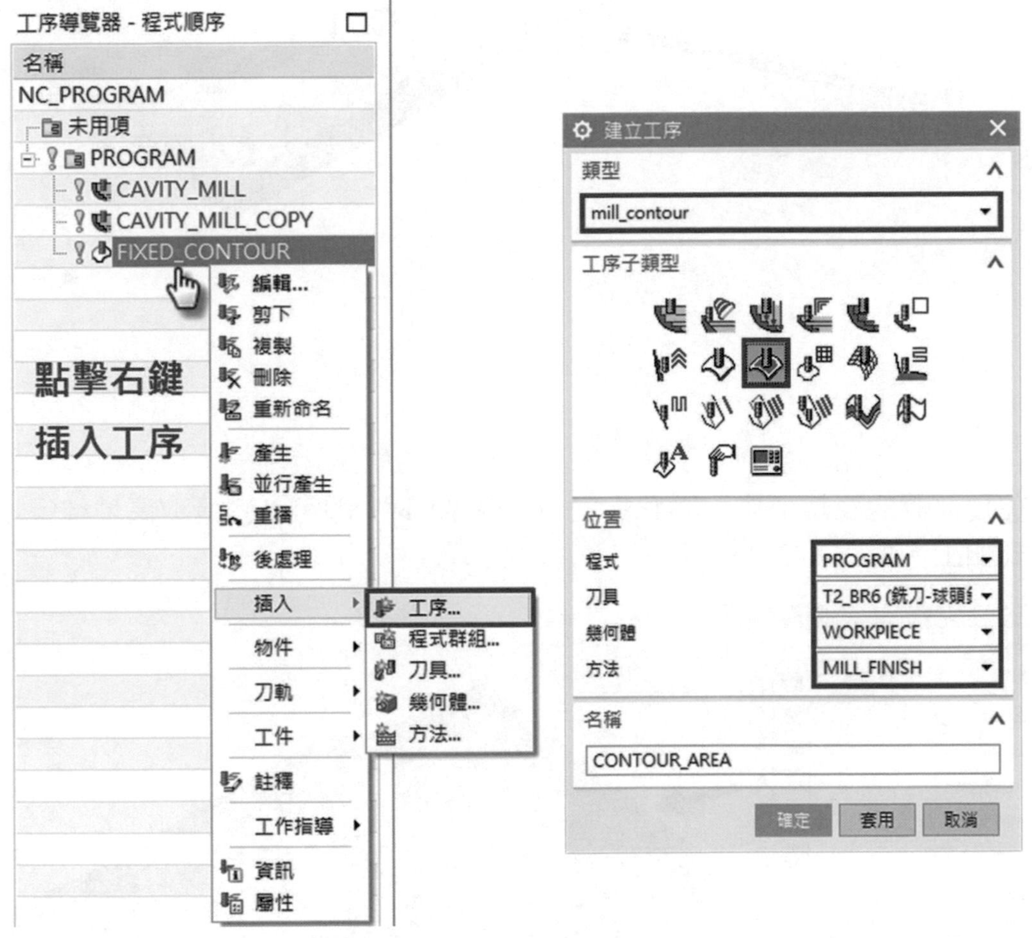

▲圖 8-3-1

❷ 確定後透過 按鈕產生刀軌路徑，可以透過幾何體產生路徑。如圖 8-3-2。

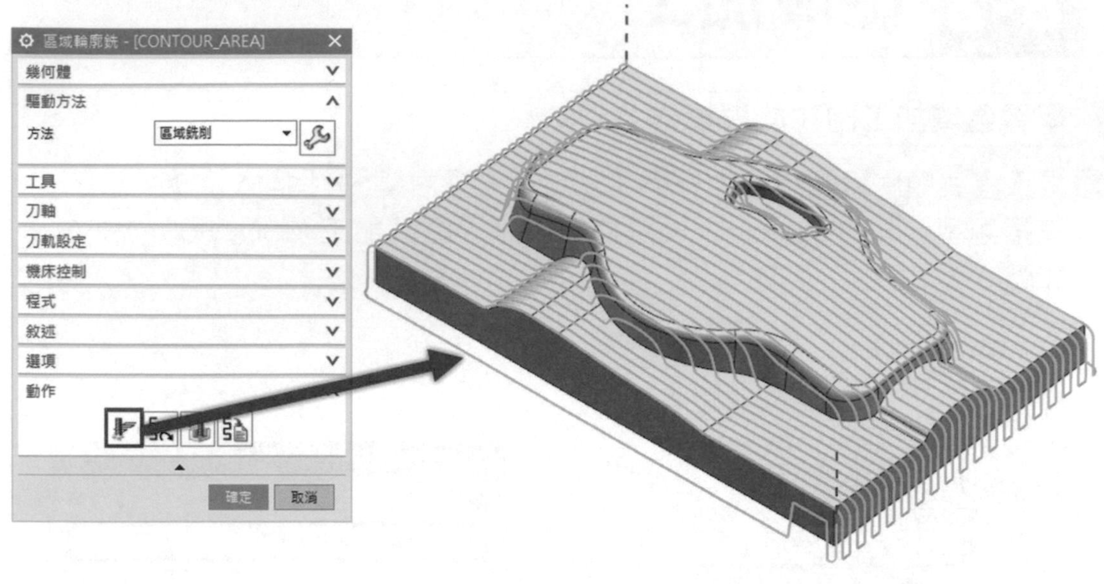

▲圖 8-3-2

❸ 在幾何體的對話框中，點擊指定切削區域 ，即可針對選取區域進行投影式加工。如圖 8-3-3。

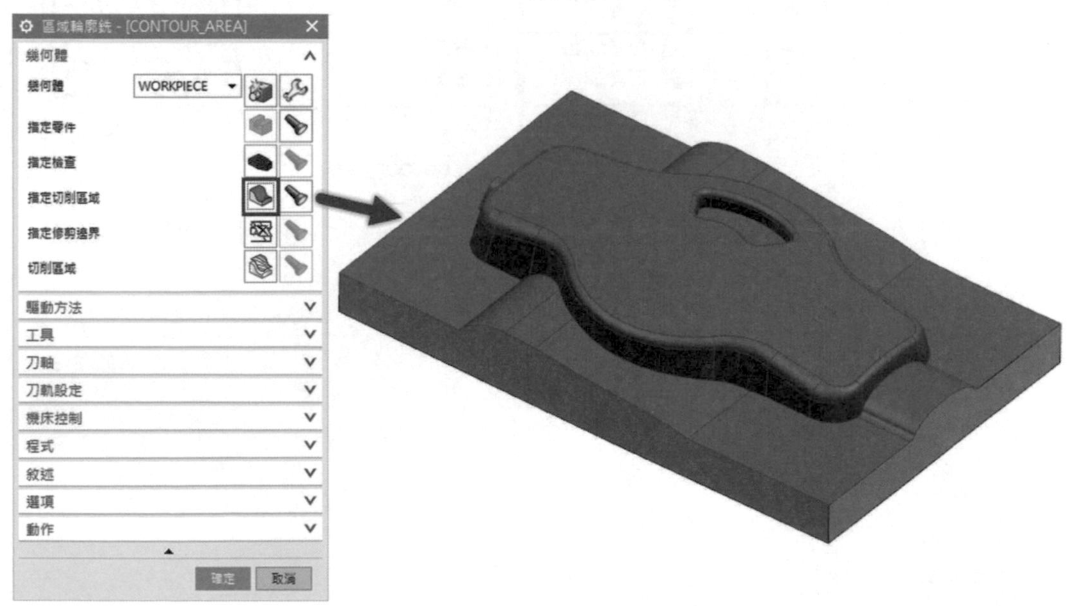

▲圖 8-3-3

❹ 確定後在驅動方法的對話框中，點擊 [扳手圖示]，進入「區域銑削驅動方法」對話框，首先可以於非陡峭切削模式選擇各種加種路徑模式，並設置相關參數。如圖 8-3-4。

▲圖 8-3-4

❺ 各種類型的切削模式會使模型呈現不同的切削路徑。如圖 8-3-5。

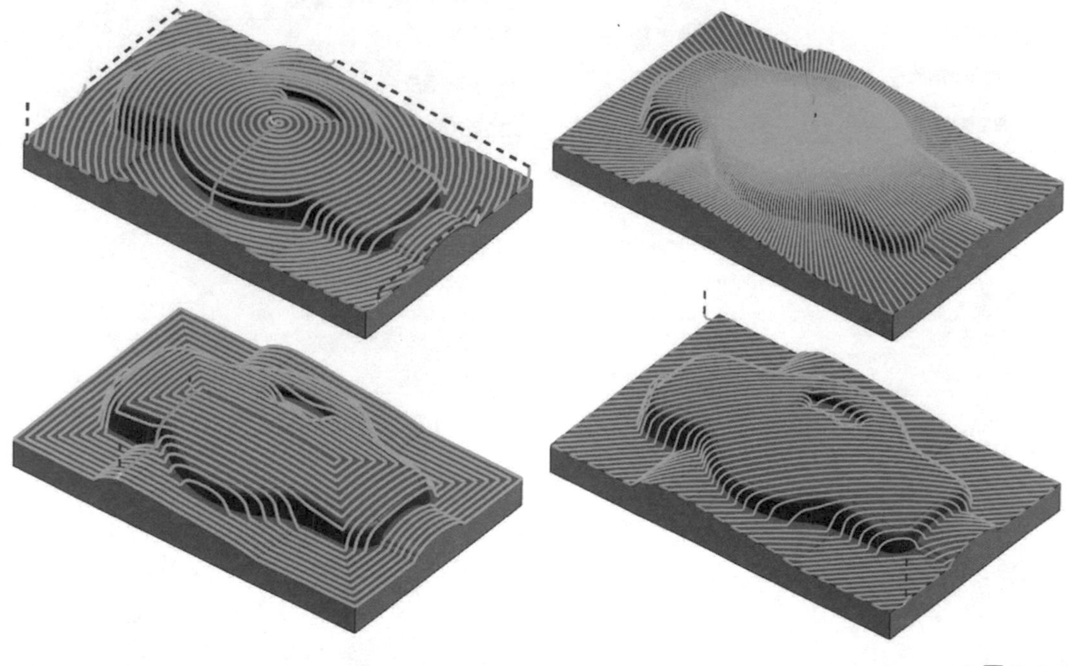

▲圖 8-3-5

⑥ 在驅動方法的對話框中，點擊［扳手圖示］，進入「區域銑削驅動方法」對話框，亦可設置「步距已套用」，使步距投影方式進行改變。如圖 8-3-6。

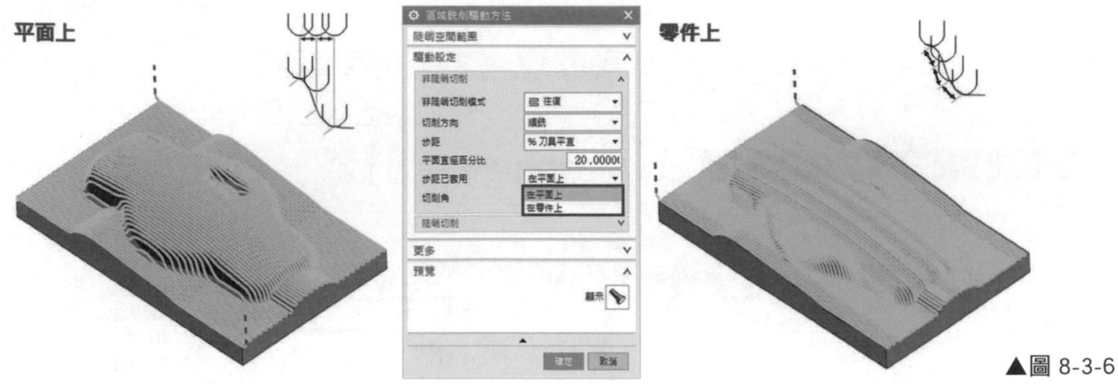

▲圖 8-3-6

最佳化投影式加工設置

⑦ 在幾何體的對話框中，點擊切削區域［切削區域圖示］，進入切削區域對話框，直接點擊建立區域清單［建立區域清單圖示］按鈕。如圖 8-3-7。

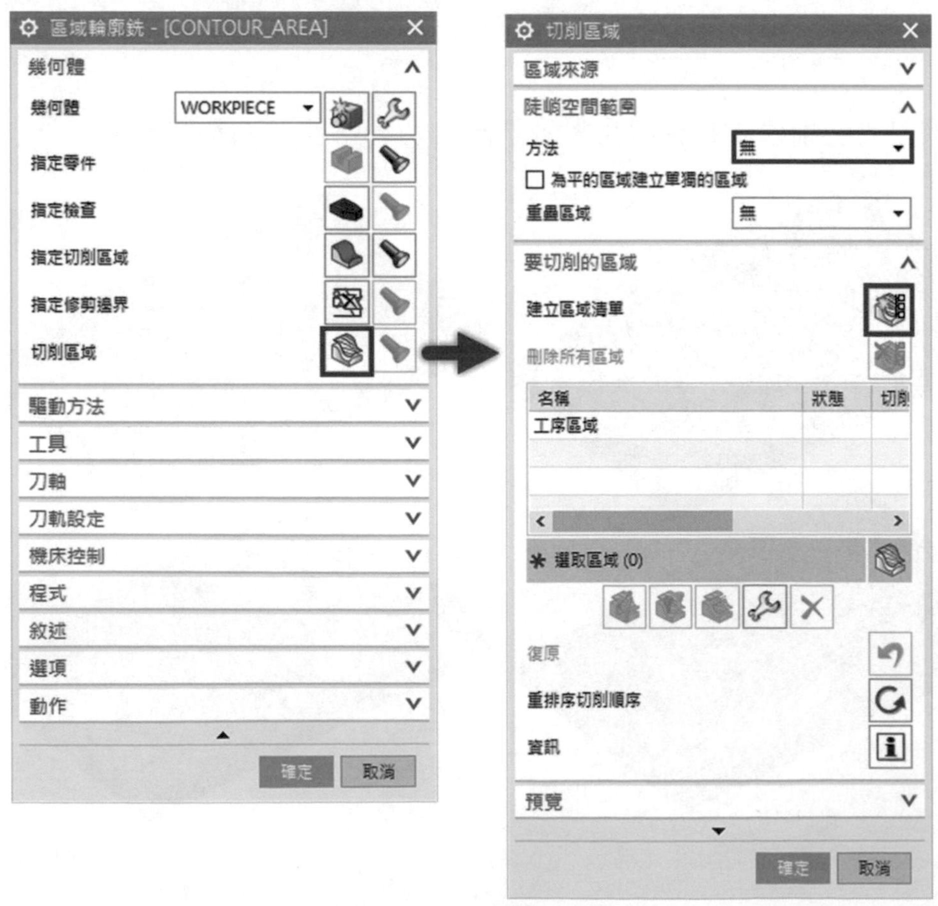

▲圖 8-3-7

❽ 點擊後即會產生切削區域預覽。如圖 8-3-8。

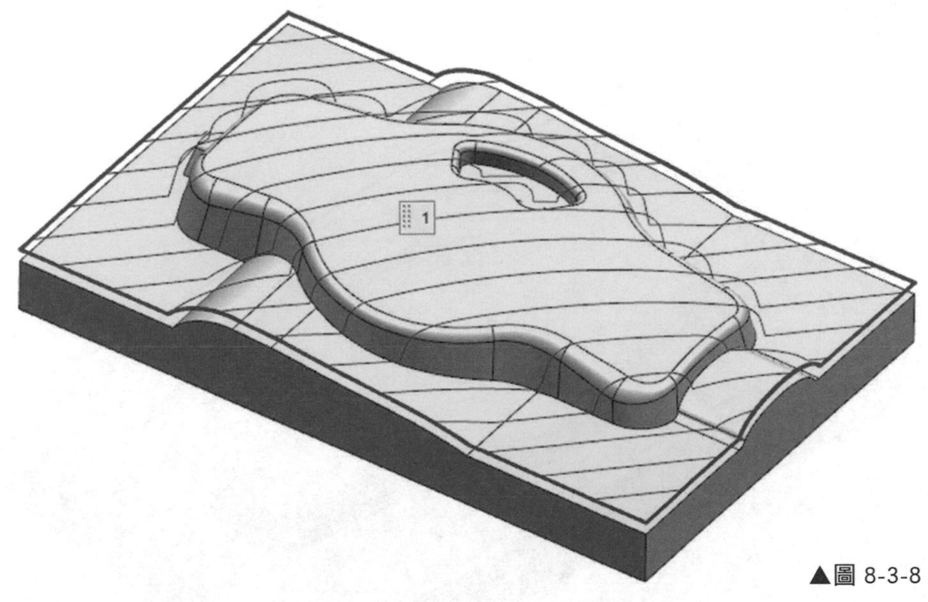

▲圖 8-3-8

❾ 在切削區域對話框中，點擊刪除所有區域按鈕，將陡峭空間範圍設置方法為「陡峭和非陡峭」，陡峭壁角度設定為 65 度，再次點擊建立區域清單按鈕。如圖 8-3-9。

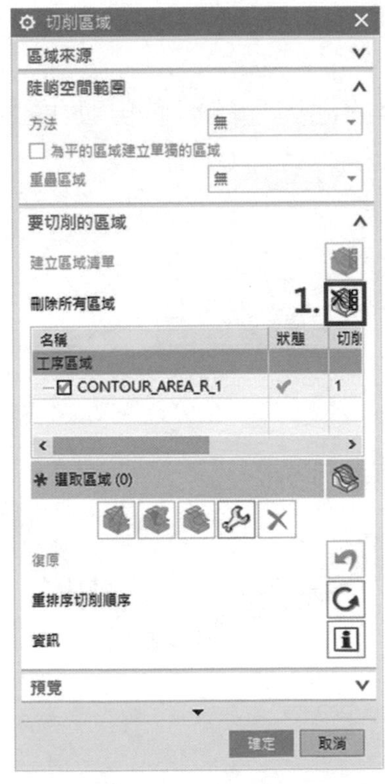

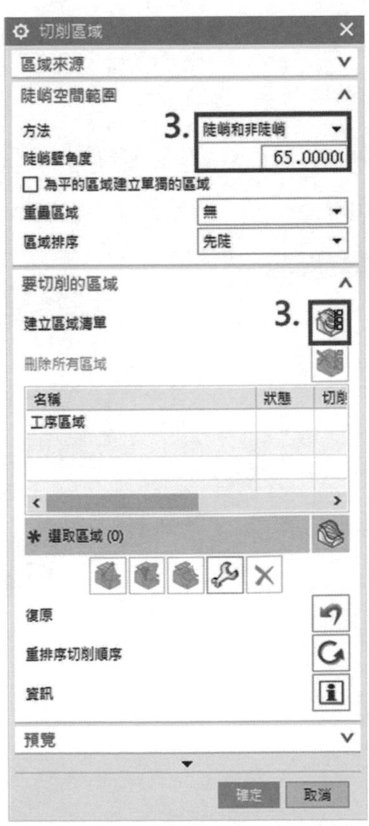

▲圖 8-3-9

⑩ 點擊後即會產生切削區域預覽。(非陡峭：藍色路徑；陡峭：粉紅色路徑)如圖 8-3-10。

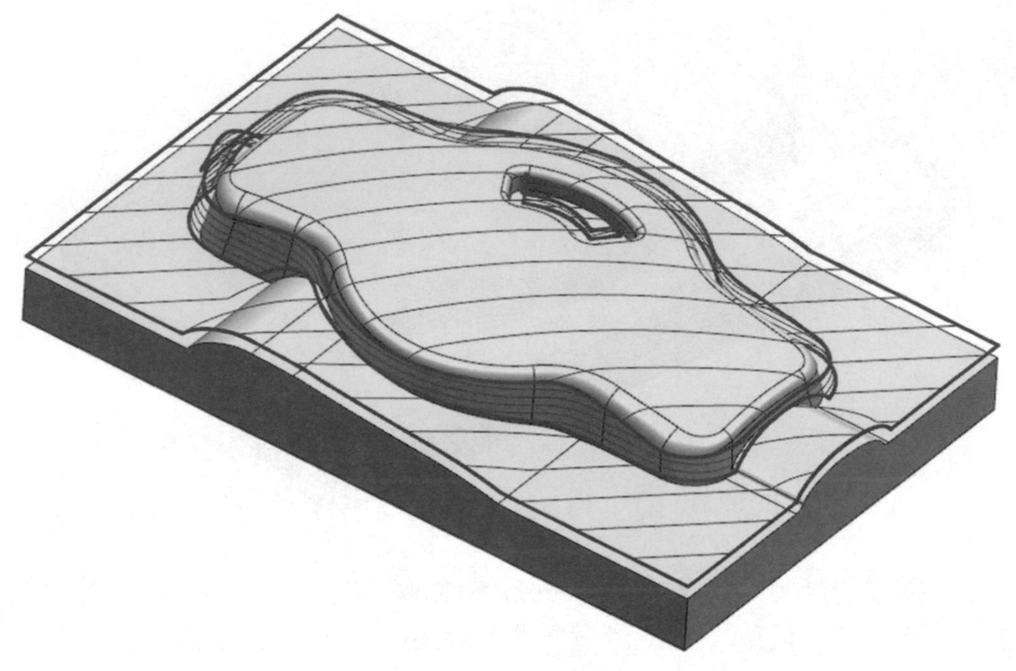

▲圖 8-3-10

⑪ 確定後透過 按鈕產生刀軌路徑，可依照曲面與壁的範圍自動生成適合的加工路徑。如圖 8-3-11。

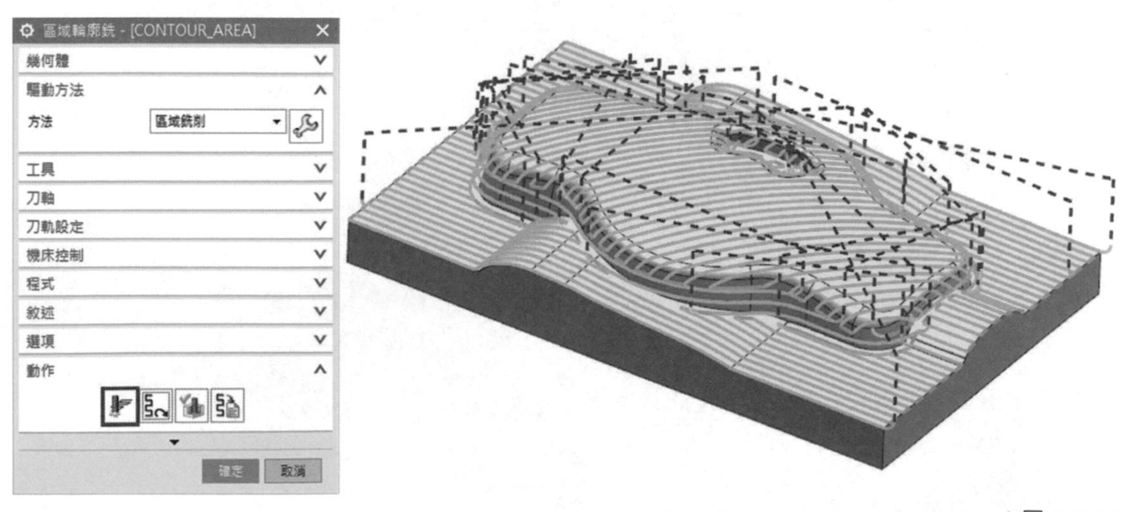

▲圖 8-3-11

⑫ 在驅動方法的對話框中，點擊[扳手圖示]，進入「區域銑削驅動方法」對話框，微調相關參數，使路徑更加精細。如圖 8-3-12。

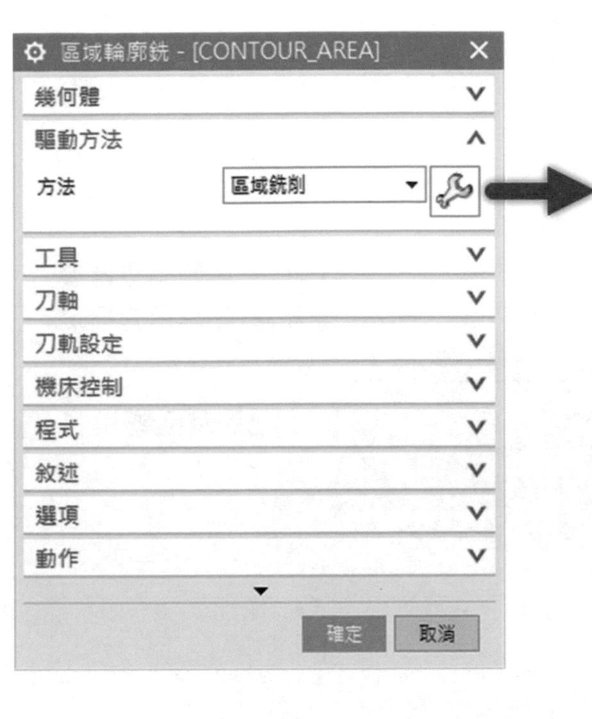

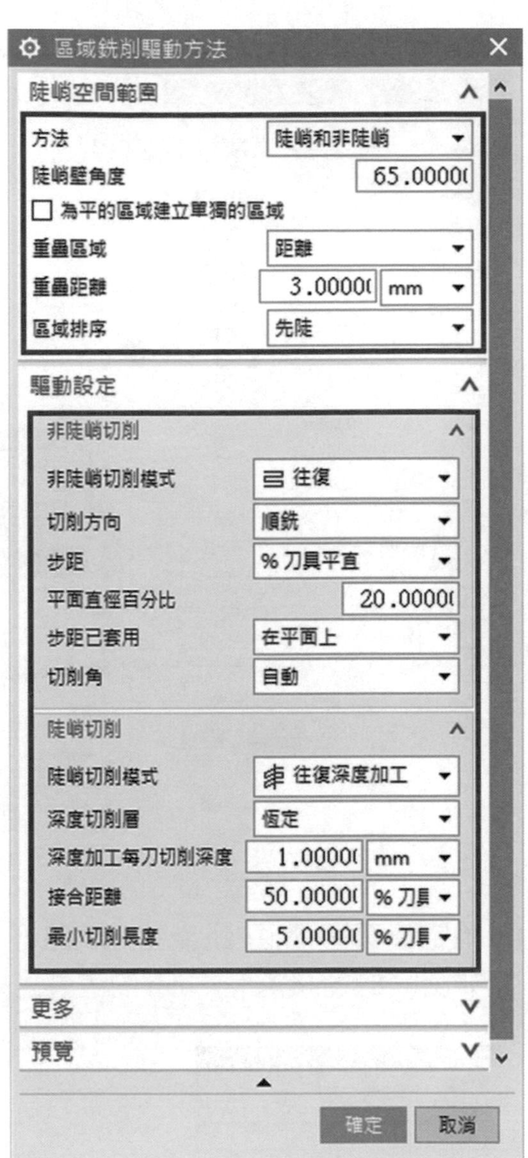

▲圖 8-3-12

⑬ 在切削區域對話框中，可以預覽加工區域已過時，需要點擊刪除所有區域按鈕，再次點擊建立區域清單 按鈕。如圖 8-3-13。

▲圖 8-3-13

⑭ 確定後透過 按鈕產生刀軌路徑，產生的刀路可更加細緻化，並在陡峭與非陡峭的銜接處有 3mm 的重疊距離。如圖 8-3-14。

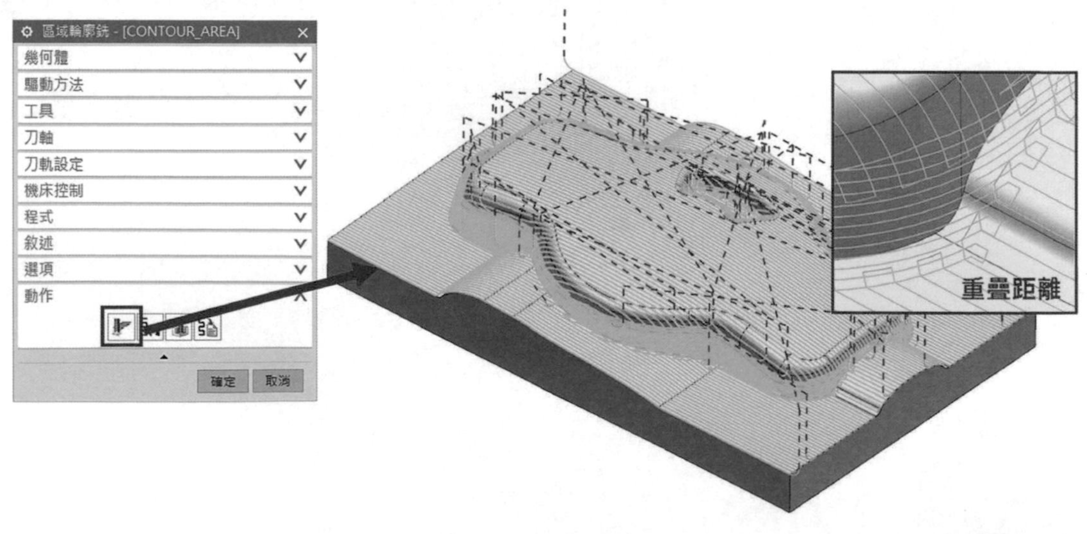

▲圖 8-3-14

區域加工的順序設置與分割結合

⑮ 在幾何體的對話框中，點擊切削區域，進入切削區域對話框。如圖8-3-15。

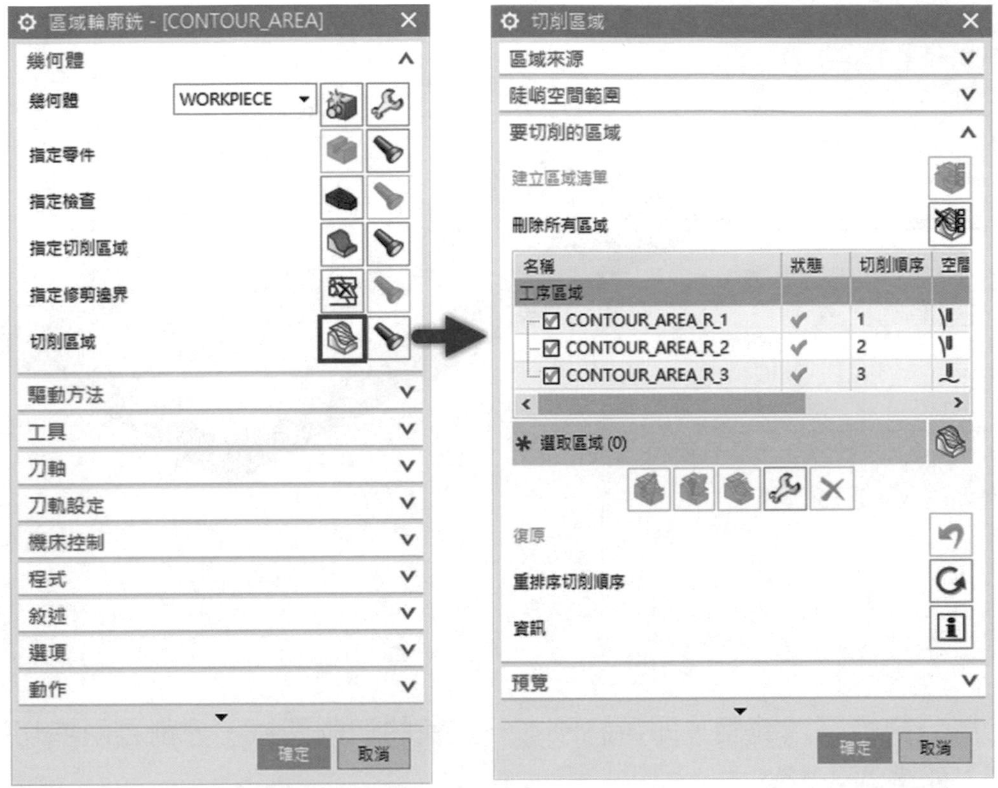

▲圖 8-3-15

⑯ 區域列表中，點擊區域即可拖拉順序，比方說我將第一個區域往下拖拉至最後，加工順序即有所改變。如圖 8-3-16。

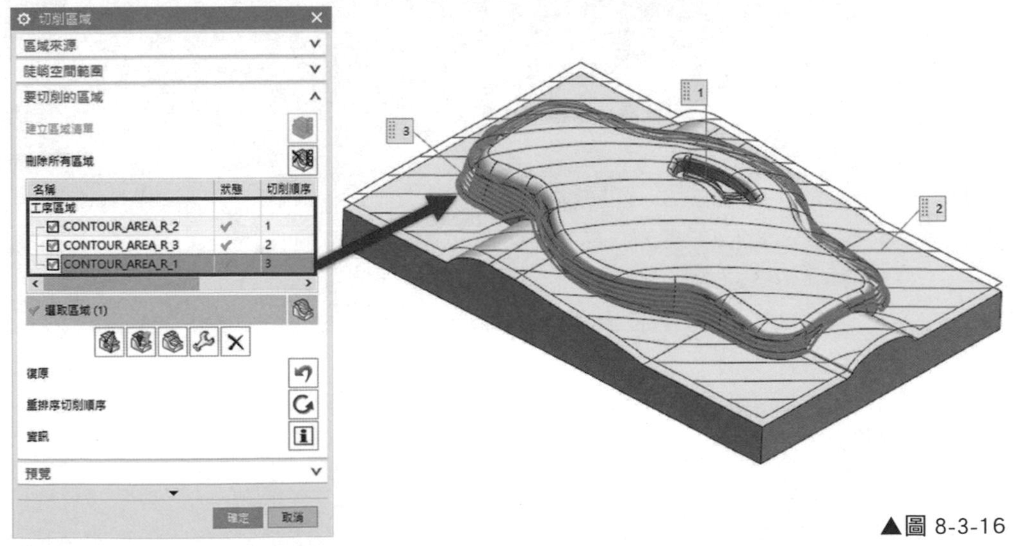

▲圖 8-3-16

⑰ 接下來，在區域列表中，點擊陡峭區域範圍，再點擊分割 按鈕。如圖 8-3-17。

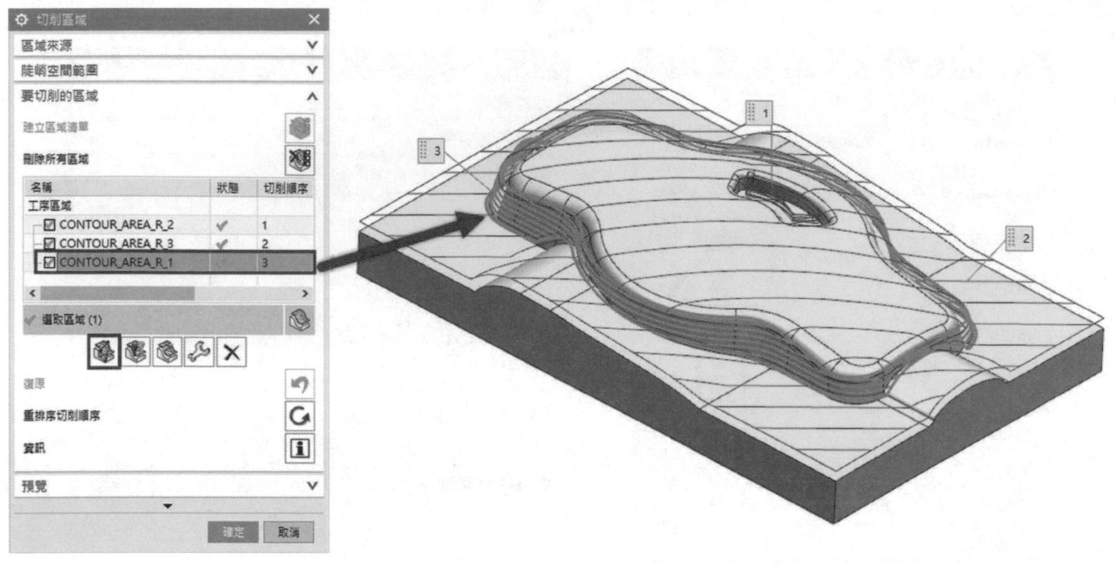

▲圖 8-3-17

⑱ 選擇分割的區域範圍，即可將原本一整塊的切削區域，分割為兩塊切削區域。如圖 8-3-18。

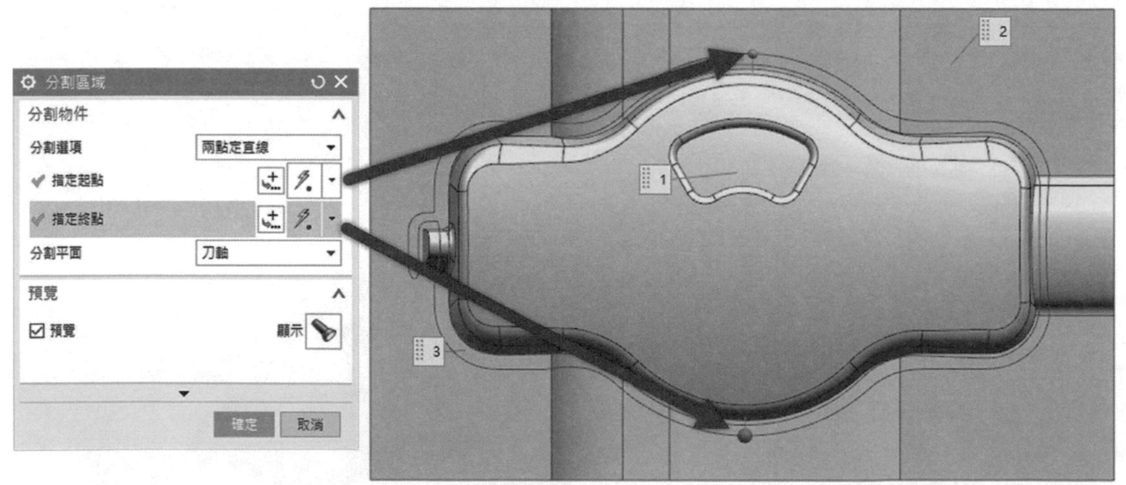

▲圖 8-3-18

⑲ 回到區域列表中，陡峭的區域範圍已分割為兩個區域，可分別進行路徑加工。如圖 8-3-19。

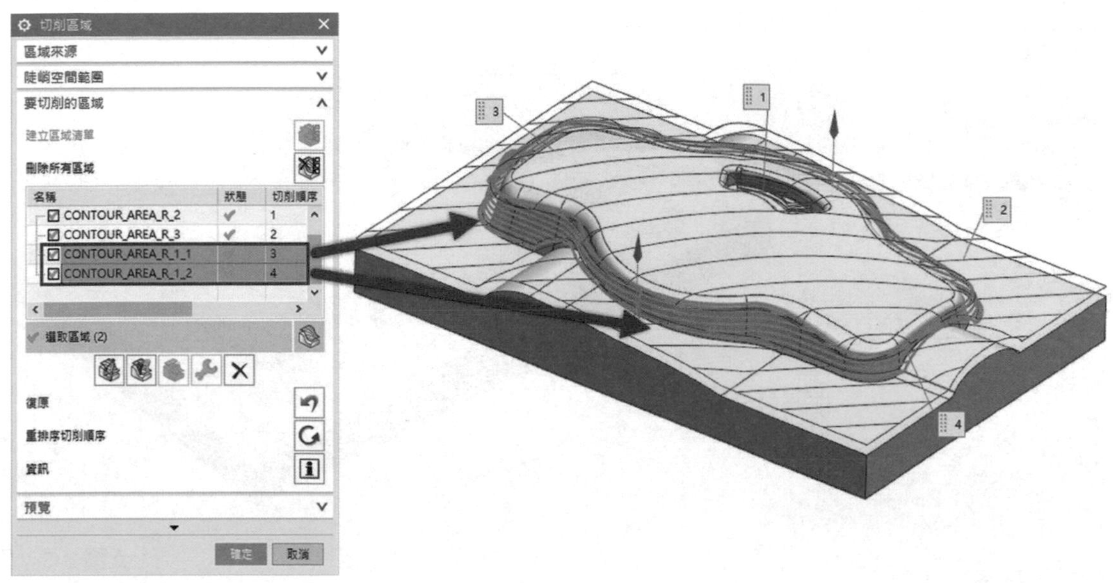

▲圖 8-3-19

⑳ 在區域列表中，將其一的陡峭區域範圍選取，點擊刪除 ✕ 按鈕，可以將無需加工的區域面移除。如圖 8-3-20。

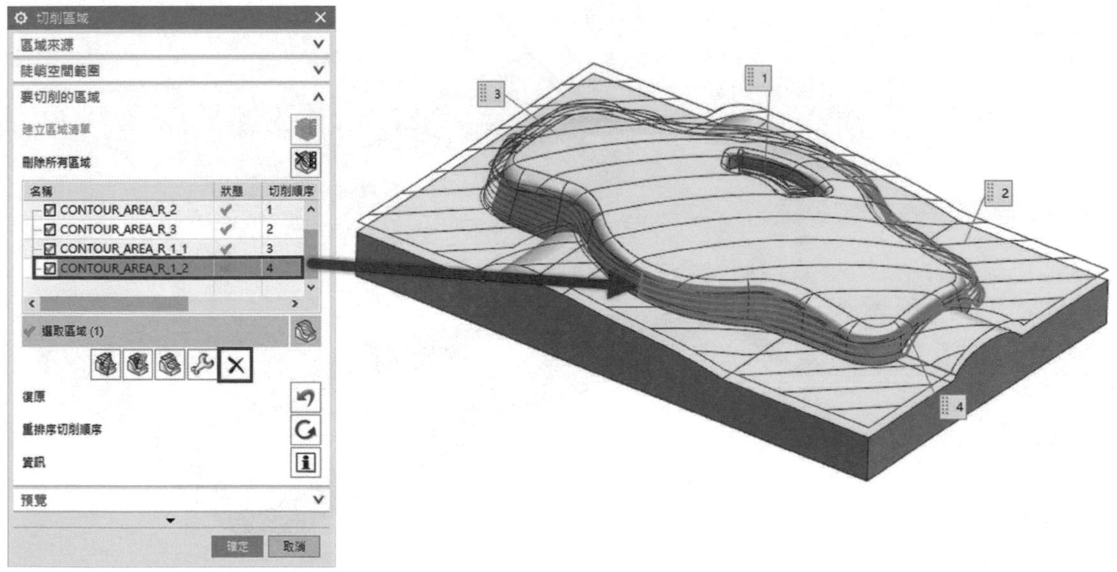

▲圖 8-3-20

㉑ 在區域列表中，將小區域的陡峭範圍選取，點擊結合 按鈕。如圖 8-3-21。

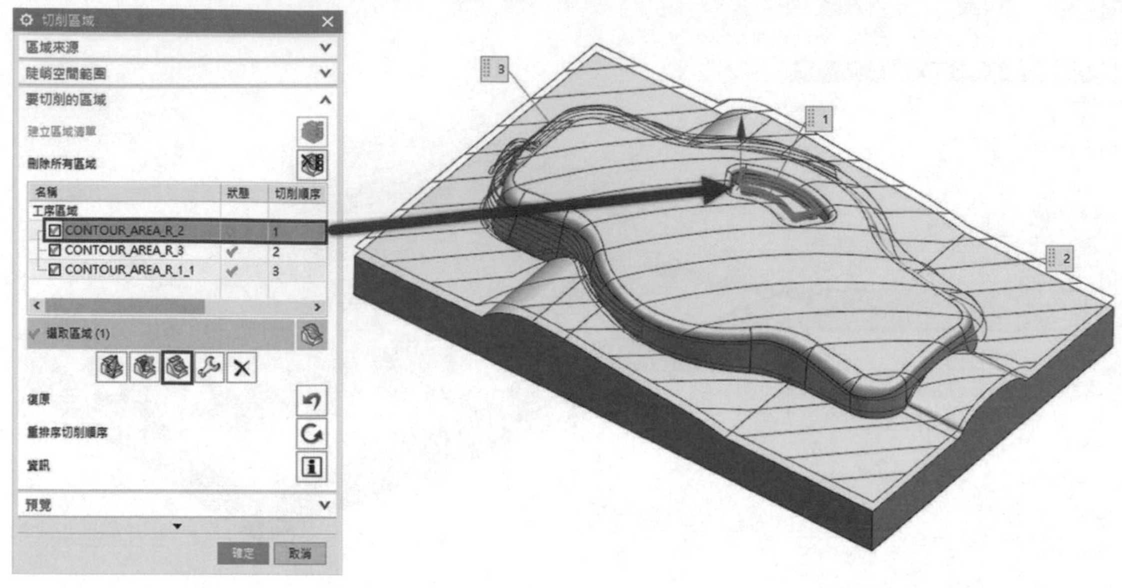

▲圖 8-3-21

㉒ 選取非陡峭範圍作為被結合的加工區域，加工方式會被原本的目標區域影響，原本為非陡峭範圍的加工方式會轉變為陡峭範圍的加工方式。如圖 8-3-22。

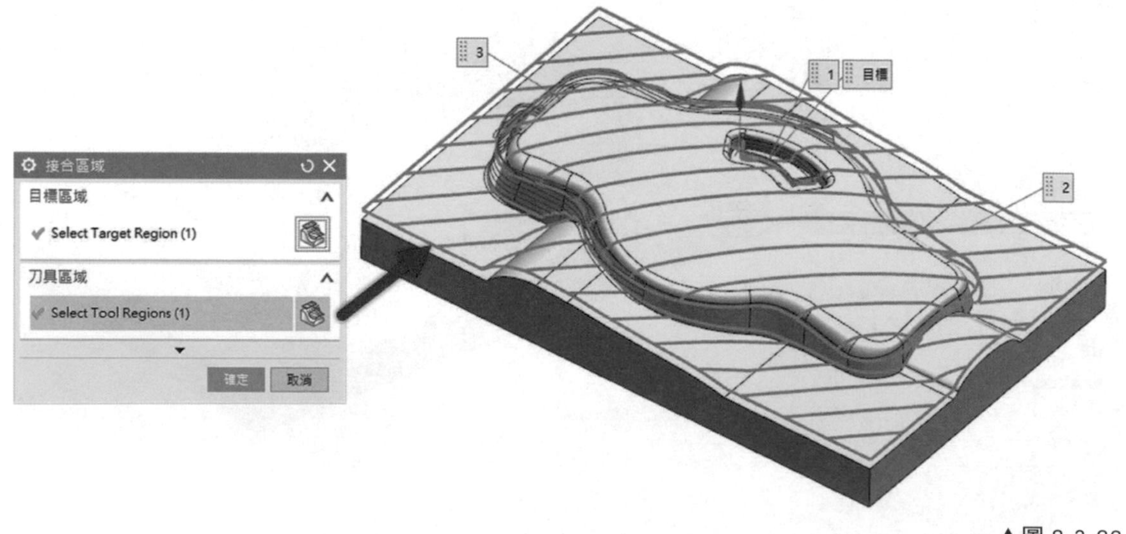

▲圖 8-3-22

㉓ 確定後即會產生切削區域預覽。如圖 8-3-23。

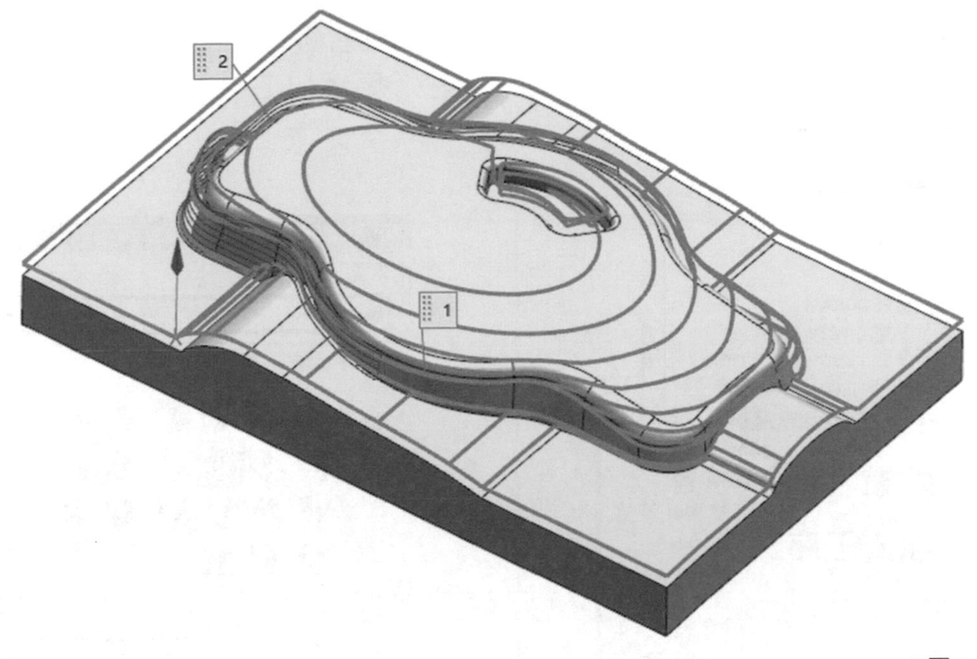

▲圖 8-3-23

㉔ 確定後透過 按鈕產生刀軌路徑，此刀路經過加工順序調整、分割刀路以及結合刀路所建構的客製化路徑。如圖 8-3-24。

※ 建議工法的區域順序設置以及分割結合為最後調整步驟。

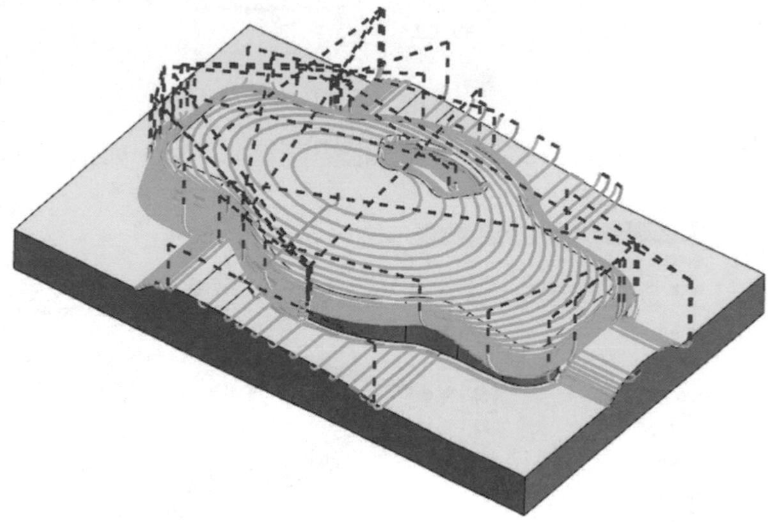

▲圖 8-3-24

區域加工的 3D 等距設置

㉕ 進入程式順序視圖中對上一個工法滑鼠點擊右鍵 ➔「插入」➔「工序」，選擇類型「mill_contour」，選取子工序「區域加工 CONTOUR_AREA」 。如圖 8-3-25。

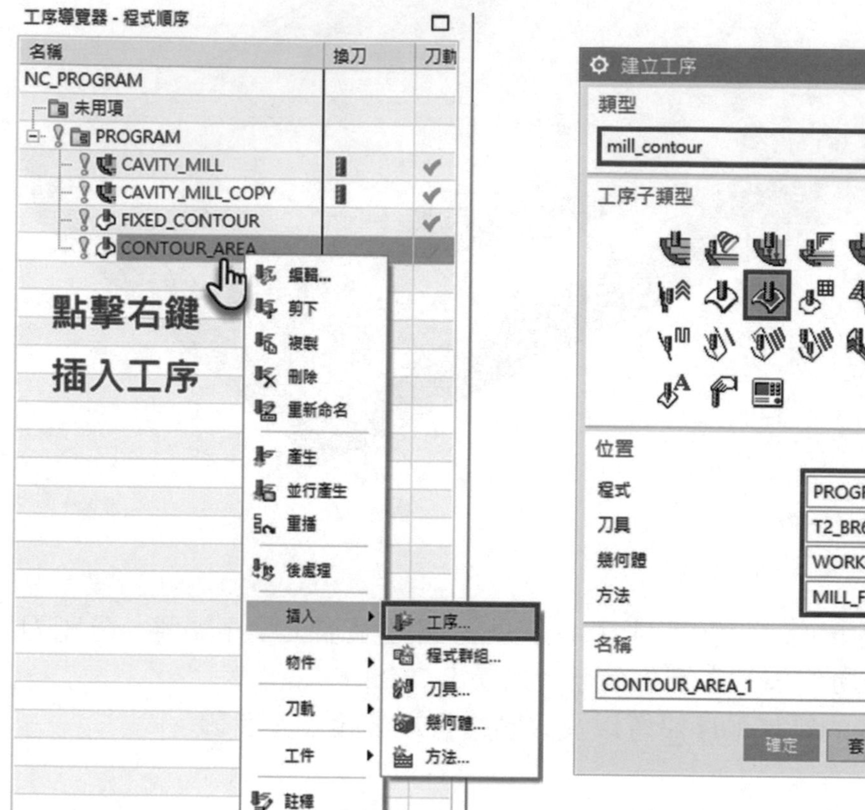

▲圖 8-3-25

㉖ 在幾何體的對話框中，指定切削區域 。如圖 8-3-26。

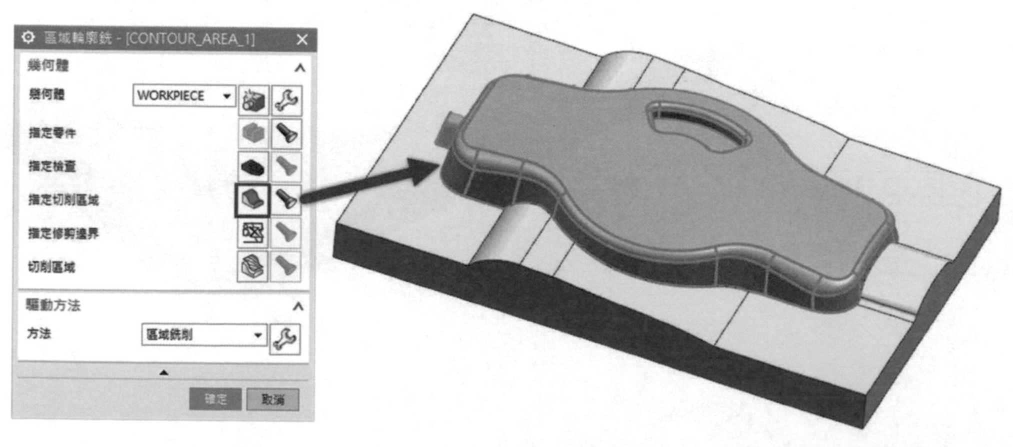

▲圖 8-3-26

㉗ 確定後在驅動方法的對話框中，點擊 ，進入「區域銑削驅動方法」對話框，將驅動設定的參數設定完成，最重要包含切削模式為「跟隨周邊」，步距已套用於「零件上」。如圖 8-3-27。

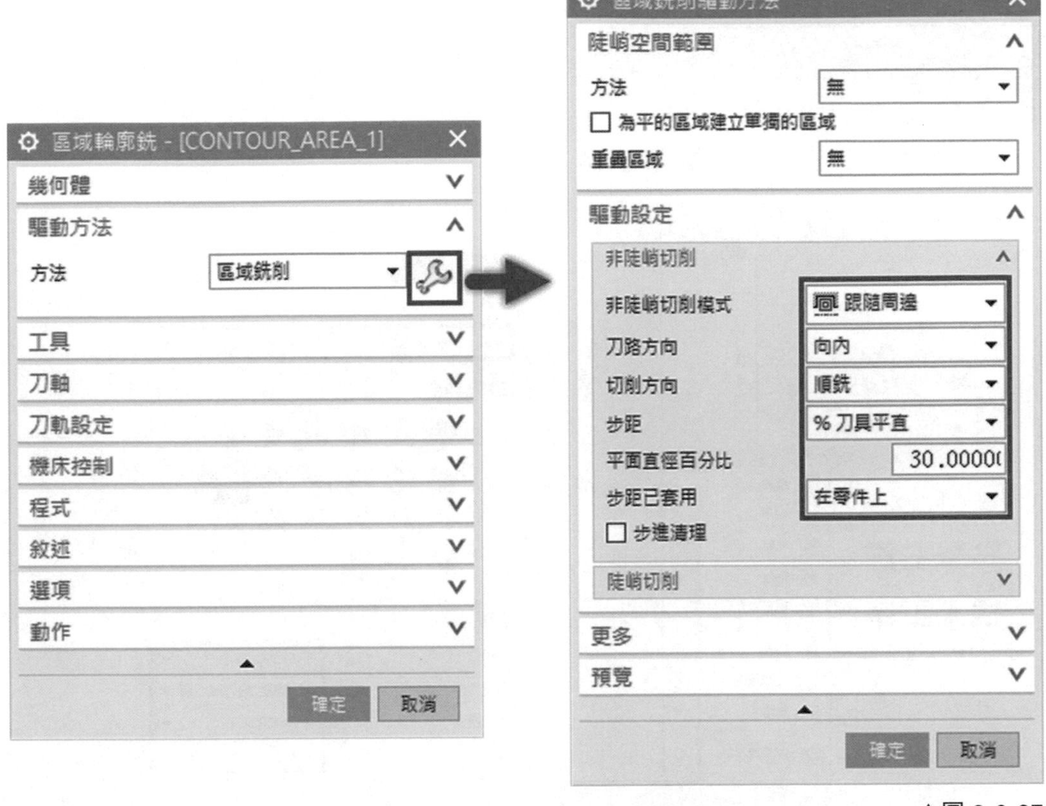

▲圖 8-3-27

㉘ 確定後透過按鈕產生刀軌路徑，路徑為環繞式等距加工。如圖 8-3-28。

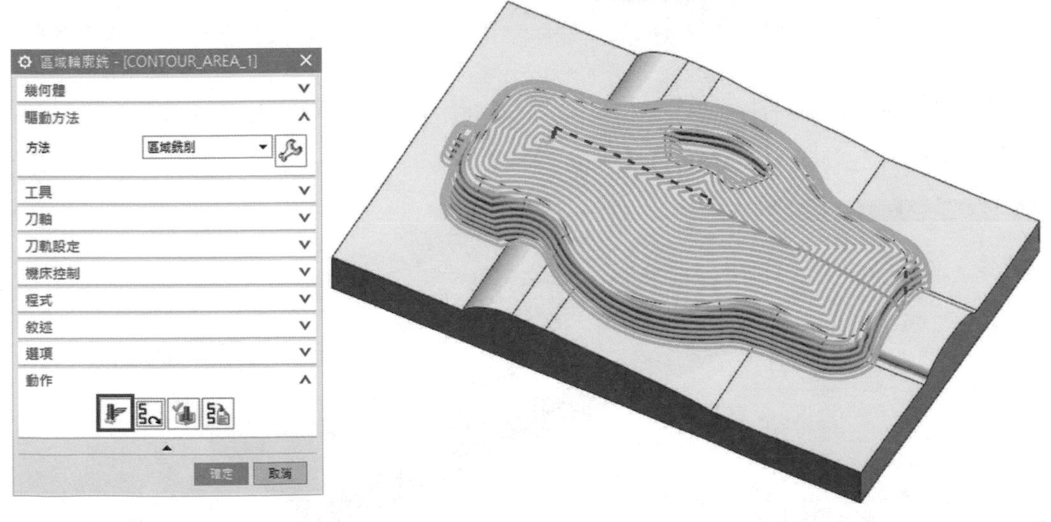

▲圖 8-3-28

8-4 非陡峭區域加工

學習非陡峭區域加工的功能與操作

❶ 進入程式順序視圖中對上一個工法滑鼠點擊右鍵 ➔「插入」➔「工序」，選擇類型「mill_contour」，選取子工序「非陡峭區域加工 CONTOUR_AREA_NON_STEEP」。如圖 8-4-1。

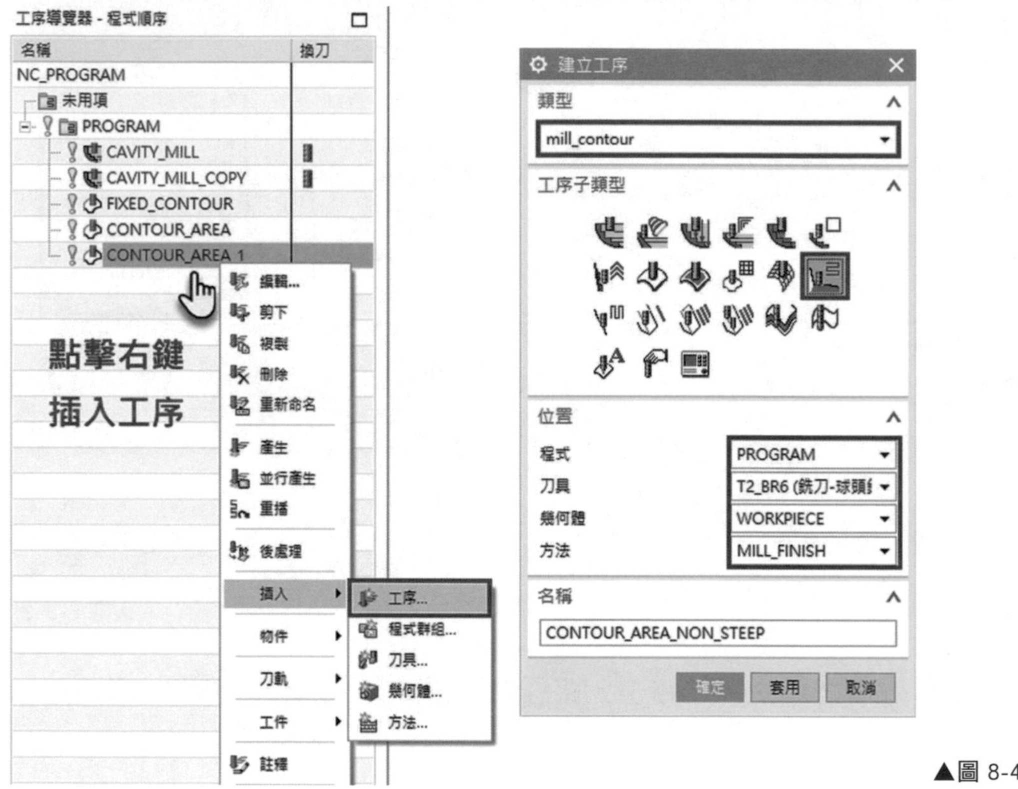

▲圖 8-4-1

❷ 在幾何體的對話框中，指定切削區域 圖示，選取加工面。如圖 8-4-2。

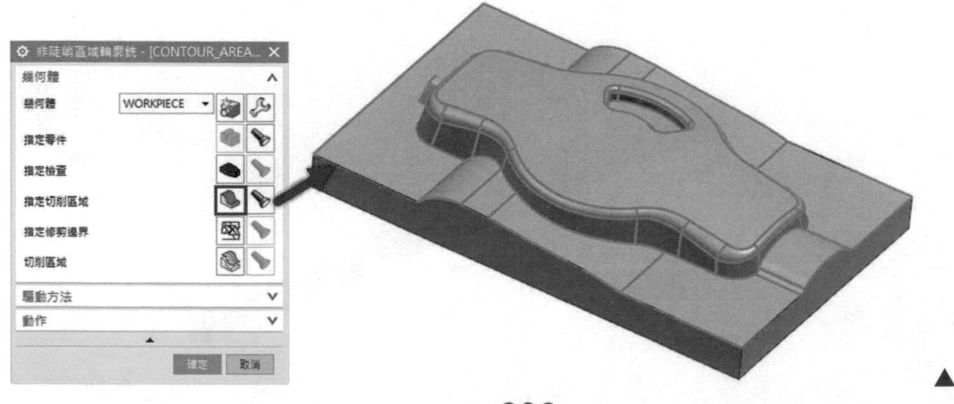

▲圖 8-4-2

3 在幾何體的對話框中，點擊切削區域，進入切削區域對話框，直接點擊建立區域清單按鈕，預設的陡峭空間範圍方法為「非陡峭」。如圖 8-4-3。

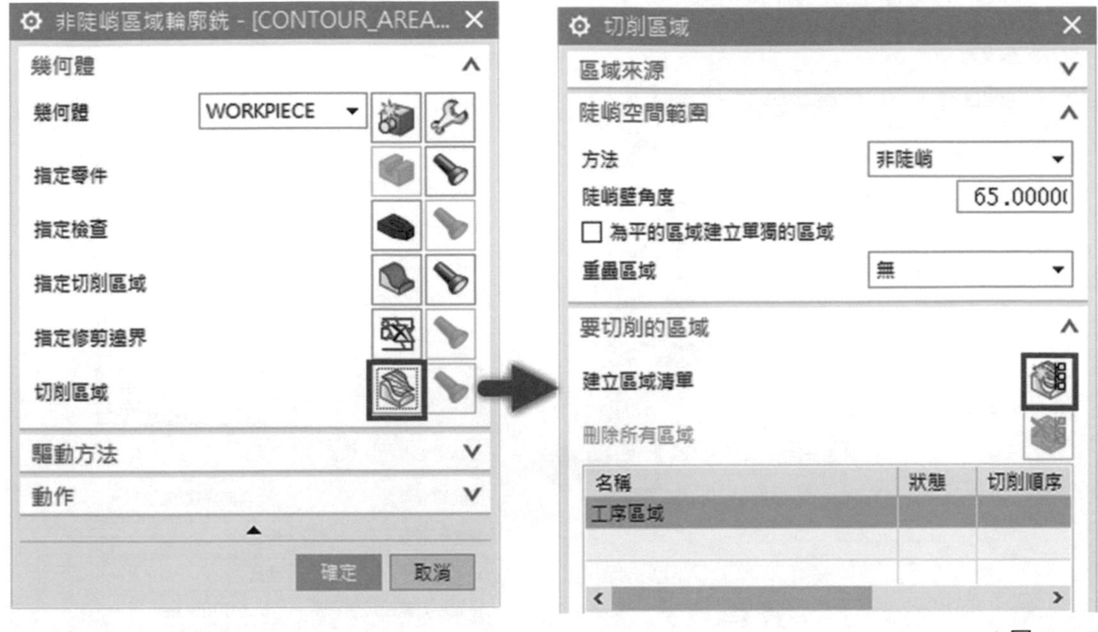

▲圖 8-4-3

4 點擊後即會產生切削區域預覽，所選取的藍色區域範圍為小於 65 度的曲面，確認後點擊「確定」鍵離開。如圖 8-4-4。

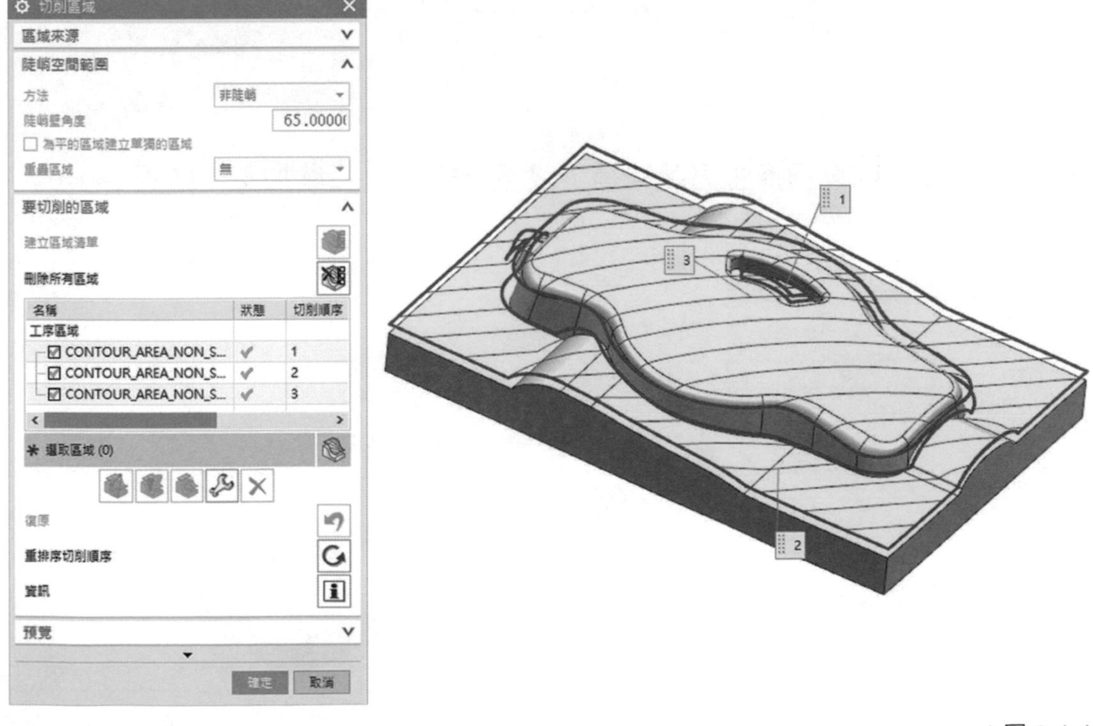

▲圖 8-4-4

❺ 在區域切削的對話框中，可直接點擊編輯 按鈕，設定相關的非陡峭切削參數。如圖 8-4-5。

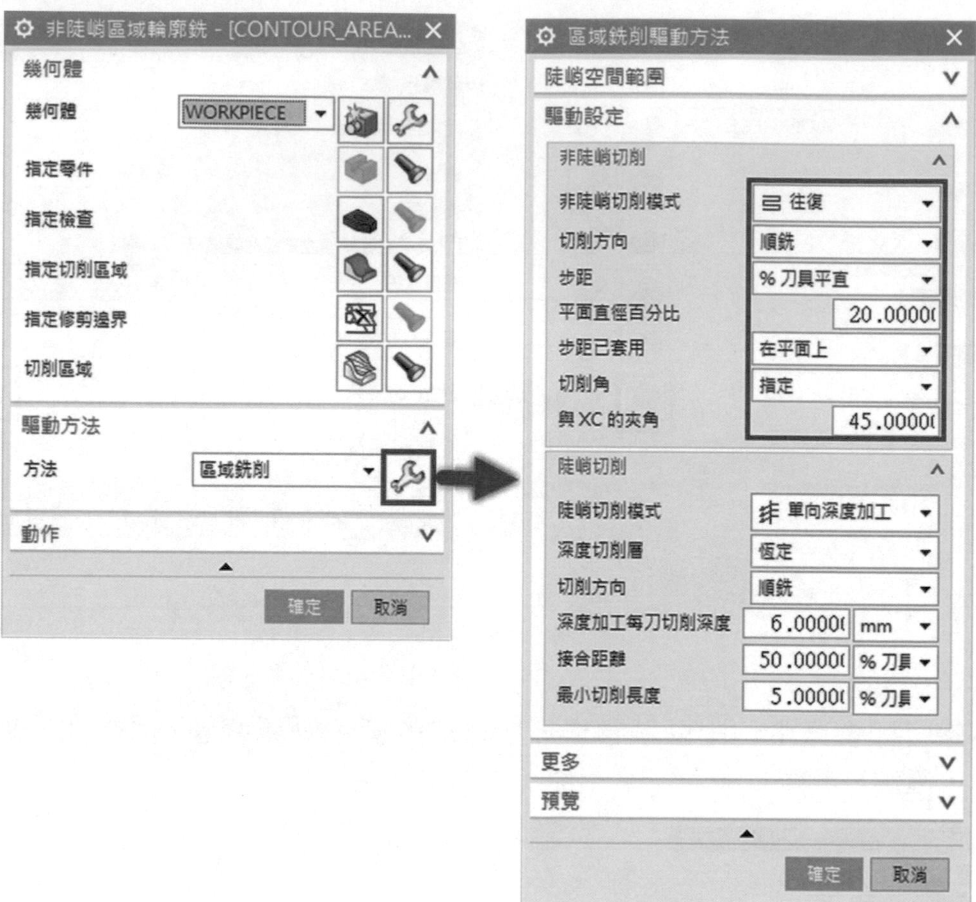

▲圖 8-4-5

❻ 確定後透過 按鈕產生刀軌路徑，路徑為非陡峭區域加工。如圖 8-4-6。

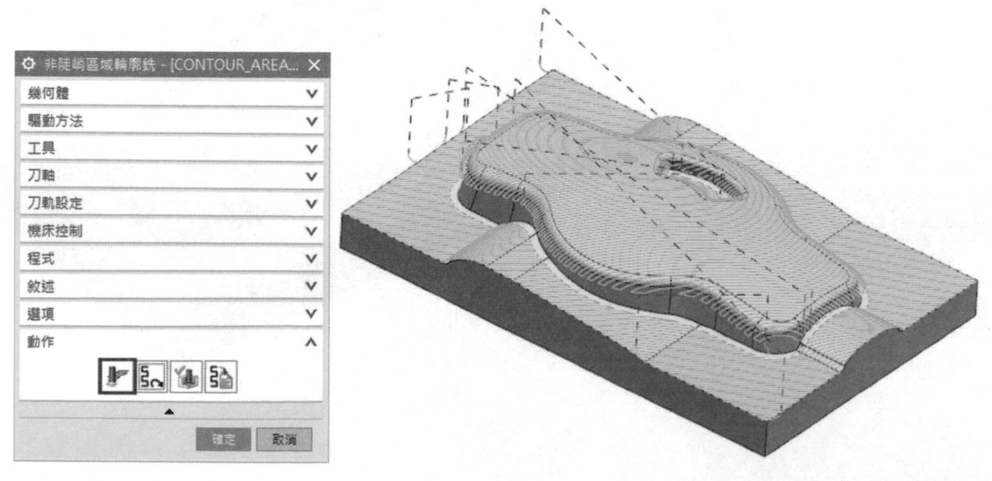

▲圖 8-4-6

等高補投影設定（非陡峭區域加工＋僅陡峭等高加工）

❼ 確定後，進入程式順序視圖中對上一個工法滑鼠點擊右鍵 ➔「插入」➔「工序」，選擇類型「mill_contour」，選取子工序「等高加工 ZLEVEL_PROFILE」。如圖 8-4-7。

▲圖 8-4-7

❽ 在幾何體的對話框中，指定切削區域 圖示，選取加工面。如圖 8-4-8。

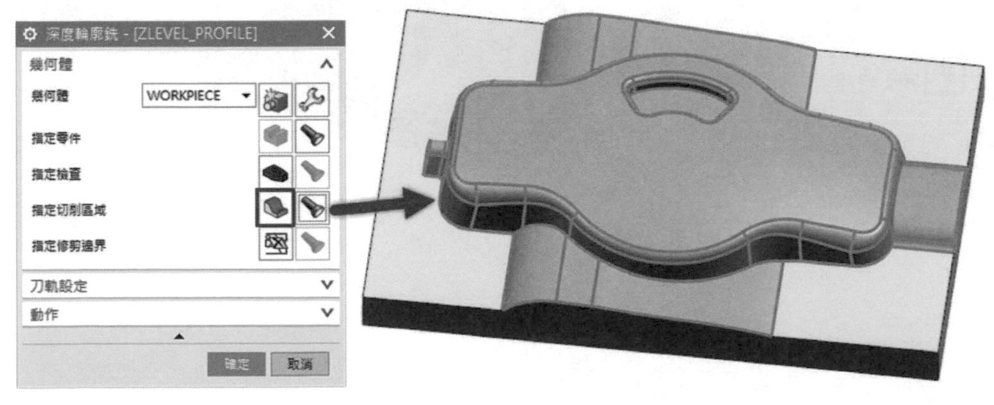

▲圖 8-4-8

❾ 在刀軌設定的對話框中，選擇陡峭空間範圍為「僅陡峭的」，使加工路徑僅針對陡峭面「35 度」以上進行加工。點擊最大距離為「20 % 刀具百分比」。如圖 8-4-9。

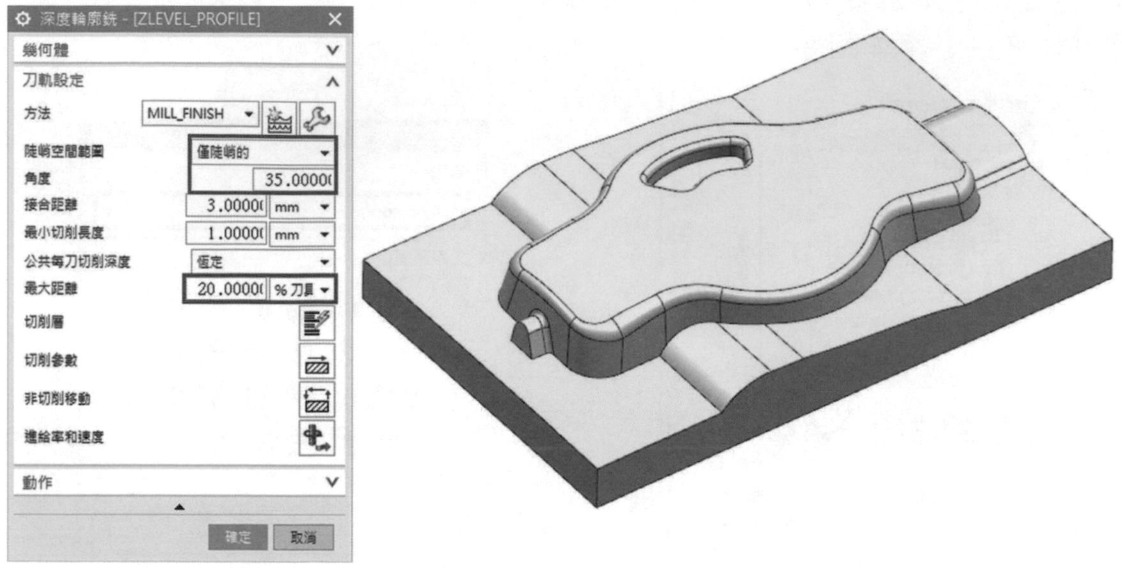

▲圖 8-4-9

❿ 接下來透過 按鈕產生刀軌路徑，路徑為僅陡峭等高加工。如圖 8-4-10。

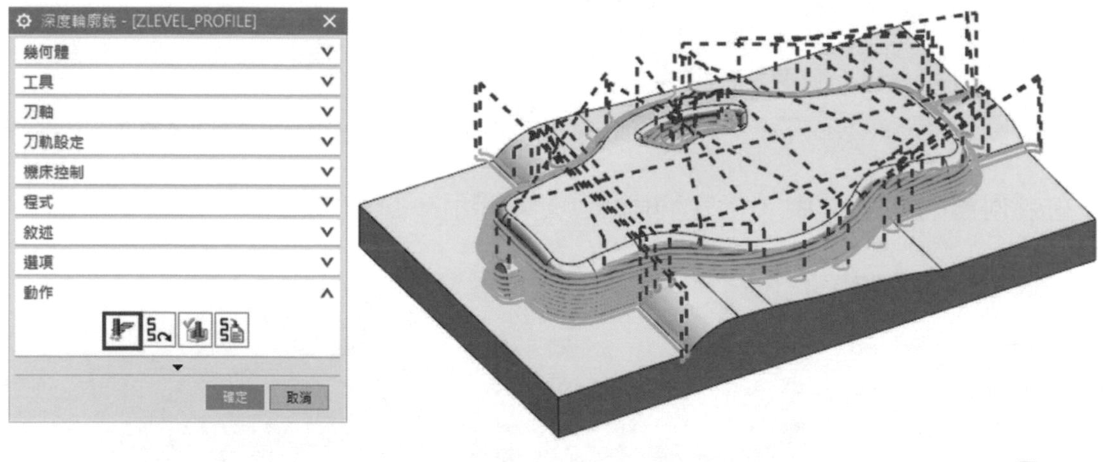

▲圖 8-4-10

⑪ 在程式順序視圖中，點擊「非陡峭區域加工」與「等高加工」兩項工法，即為等高補投影加工。如圖 8-4-11。

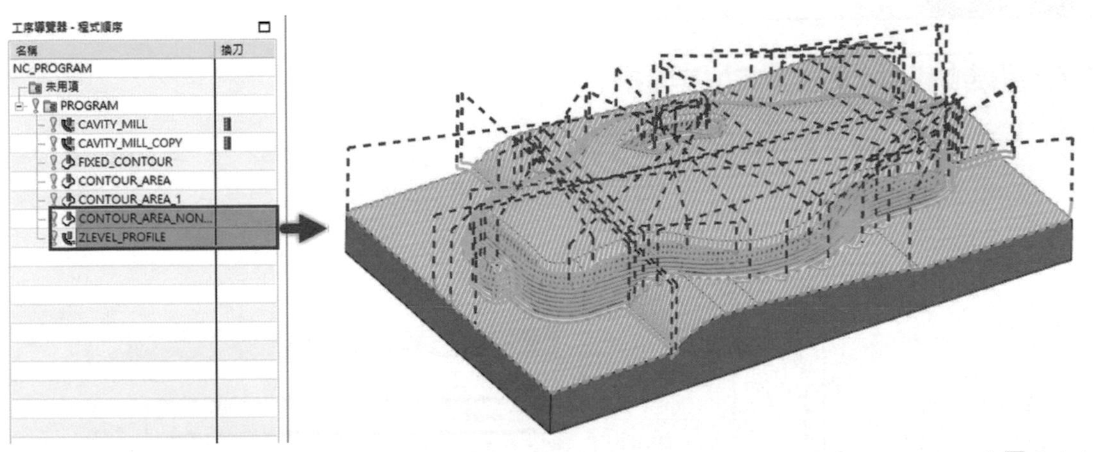

▲圖 8-4-11

⑫ 等高補投影加工為傳統的等高與區域加工結合而成。最佳化區域投影加工為直接透過單一工法完成，進刀數較少。如圖 8-4-12。

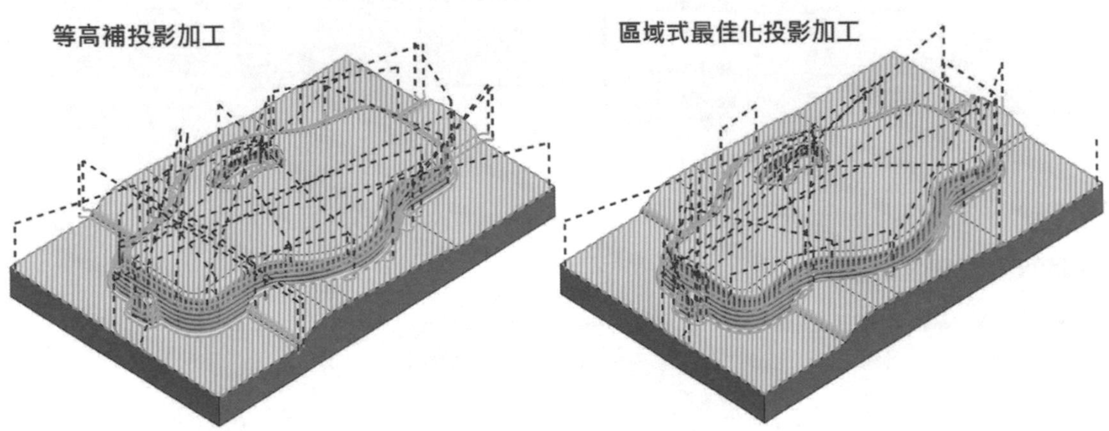

▲圖 8-4-12

8-5 陡峭區域加工

學習陡峭區域加工的功能與操作

❶ 進入程式順序視圖中對上一個工法滑鼠點擊右鍵 ➔「插入」➔「工序」，選擇類型「mill_contour」，選取子工序「陡峭區域加工 CONTOUR_AREA_DIR_STEEP」。如圖 8-5-1。

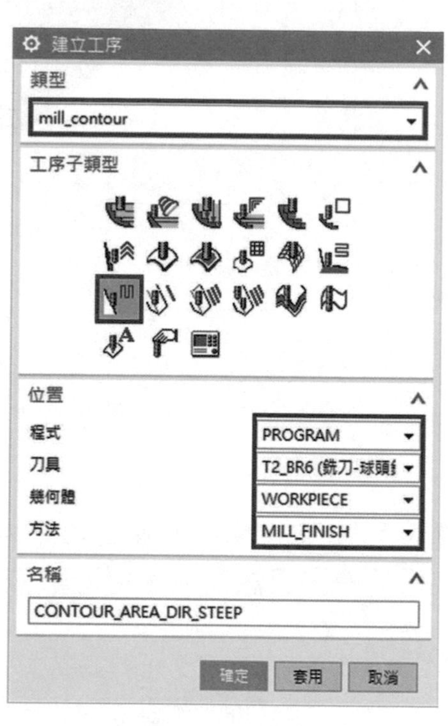

▲圖 8-5-1

❷ 在幾何體的對話框中，指定切削區域圖示，選取加工面。如圖 8-5-2。

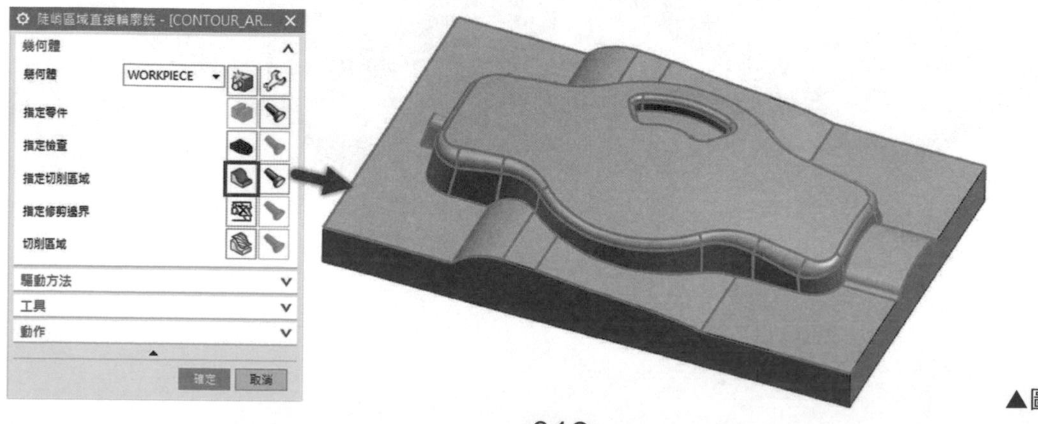

▲圖 8-5-2

❸ 在幾何體的對話框中，點擊切削區域 ，進入切削區域對話框，直接點擊建立區域清單 按鈕，預設的陡峭空間範圍方法為「定向陡峭」。如圖 8-5-3。

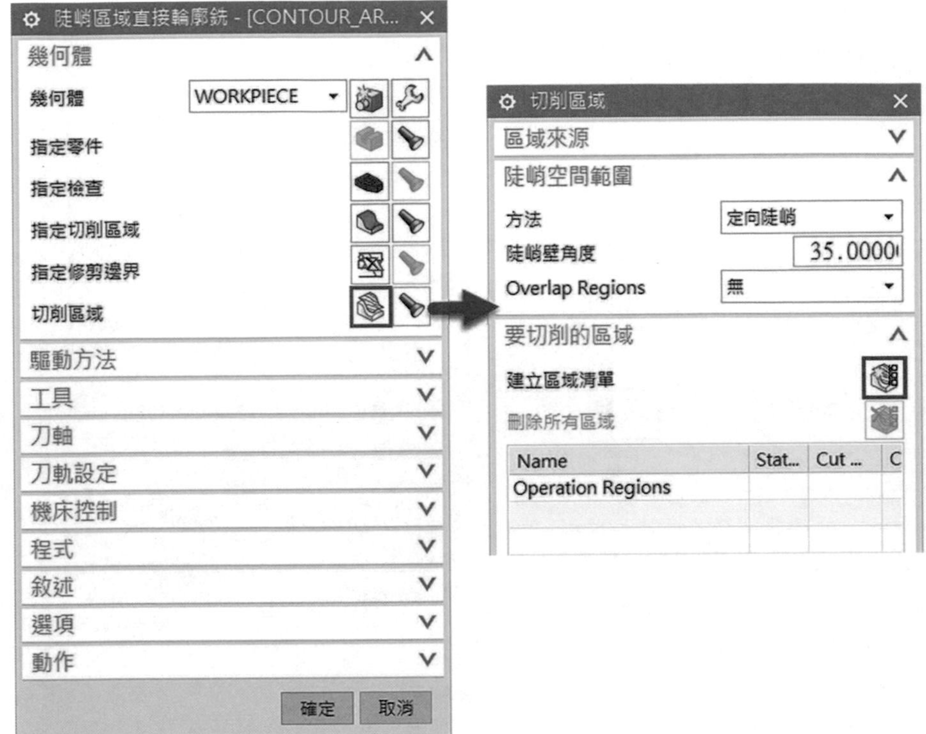

▲圖 8-5-3

❹ 點擊後即會產生切削區域預覽，所選取的藍色區域範圍為大於 35 度的面。如圖 8-5-4。

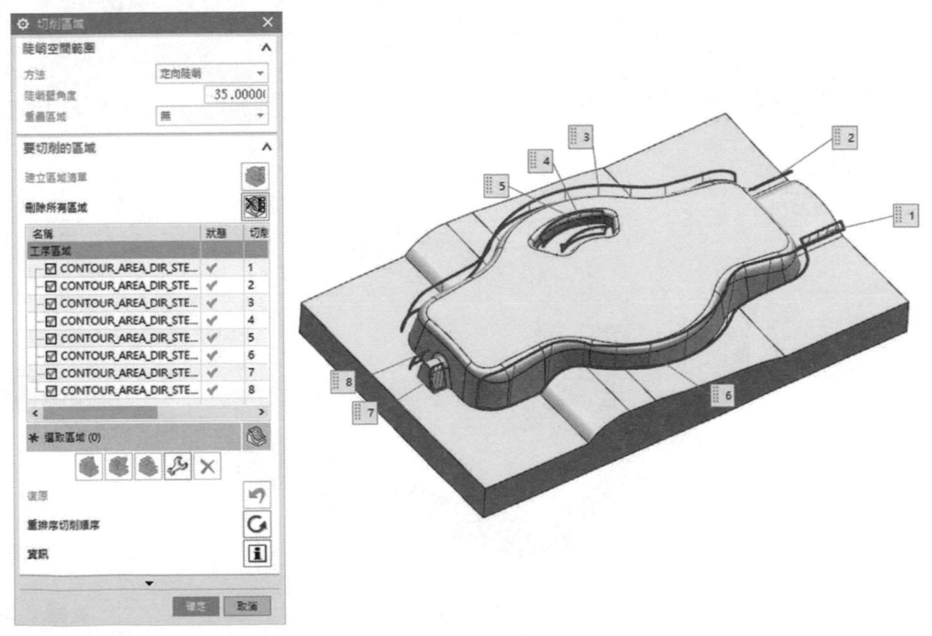

▲圖 8-5-4

❺ 在區域切削的對話框中，可直接點擊編輯 按鈕，設定相關的非陡峭切削參數。如圖 8-5-5。

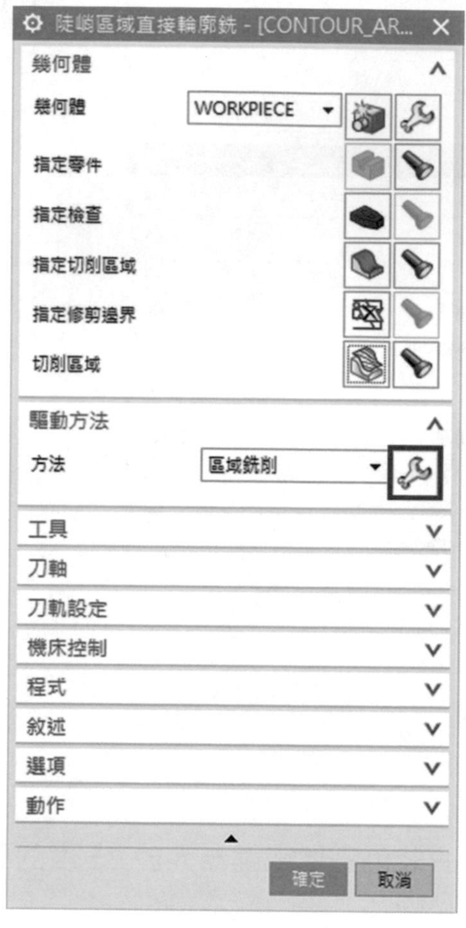

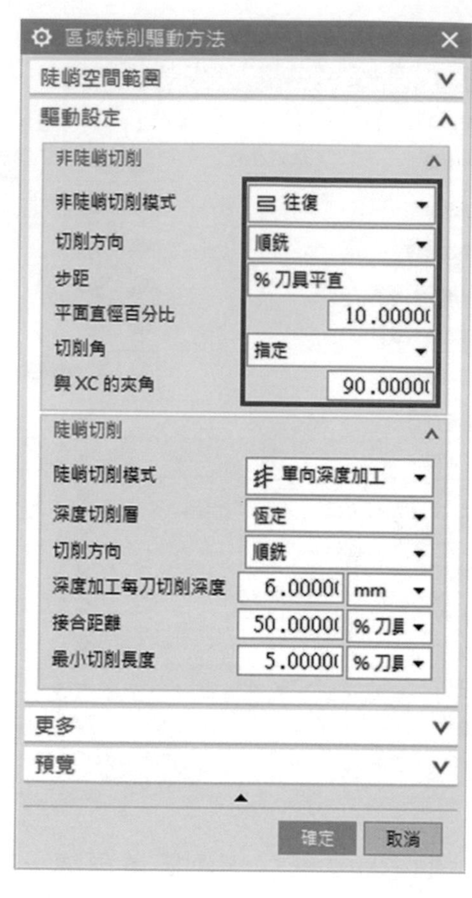

▲圖 8-5-5

❻ 確定後透過 按鈕產生刀軌路徑，路徑為定向陡峭區域加工。如圖 8-5-6。

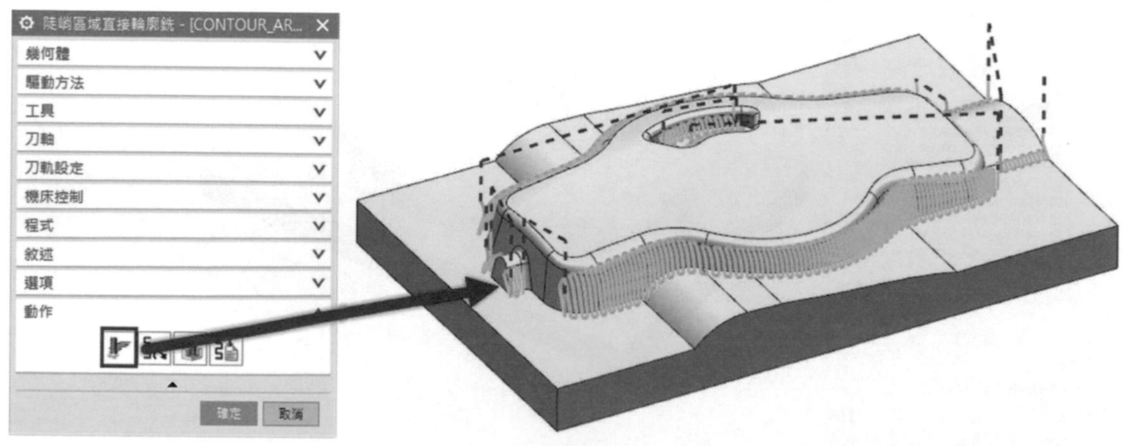

▲圖 8-5-6

8-6 曲面加工

學習曲面加工的功能與操作

❶ 進入程式順序視圖中對上一個工法滑鼠點擊右鍵 ➔「插入」➔「工序」，選擇類型「mill_contour」，選取子工序「曲面加工 CONTOUR_SURFACE_AREA」。如圖 8-6-1。

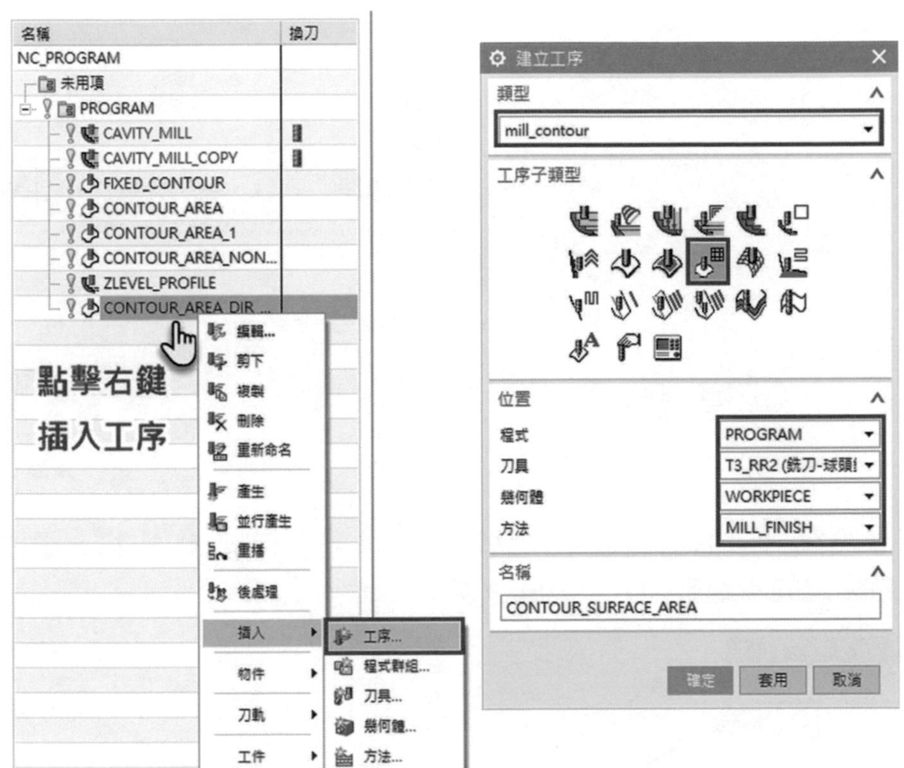

▲圖 8-6-1

❷ 確定後點擊 [按鈕圖示] 按鈕，會顯示未指定驅動幾何體。如圖 8-6-2。

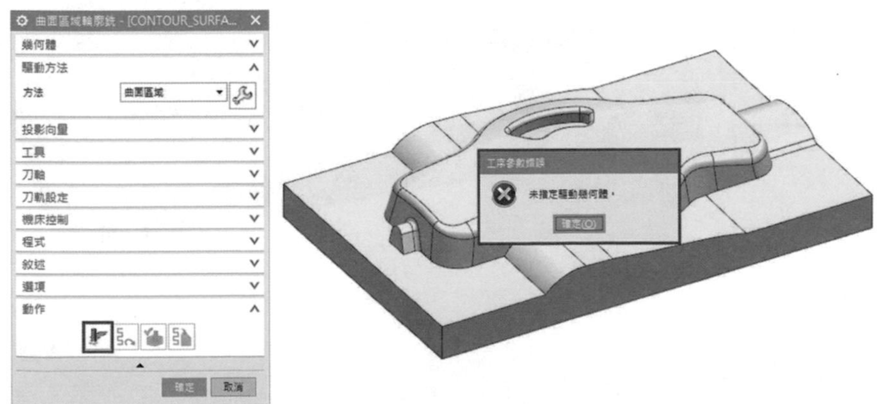

▲圖 8-6-2

❸ 點選確定後，首先需要在驅動方法的對話框中，選擇方法為「曲面區域」，並點擊 ，進入「曲面區域驅動方法」對話框。如圖 8-6-3。

▲圖 8-6-3

❹ 在曲面區域驅動方法的對話框中，點擊指定驅動幾何體 按鈕，選取曲面。將驅動設定的步距數輸入「30」。如圖 8-6-4。

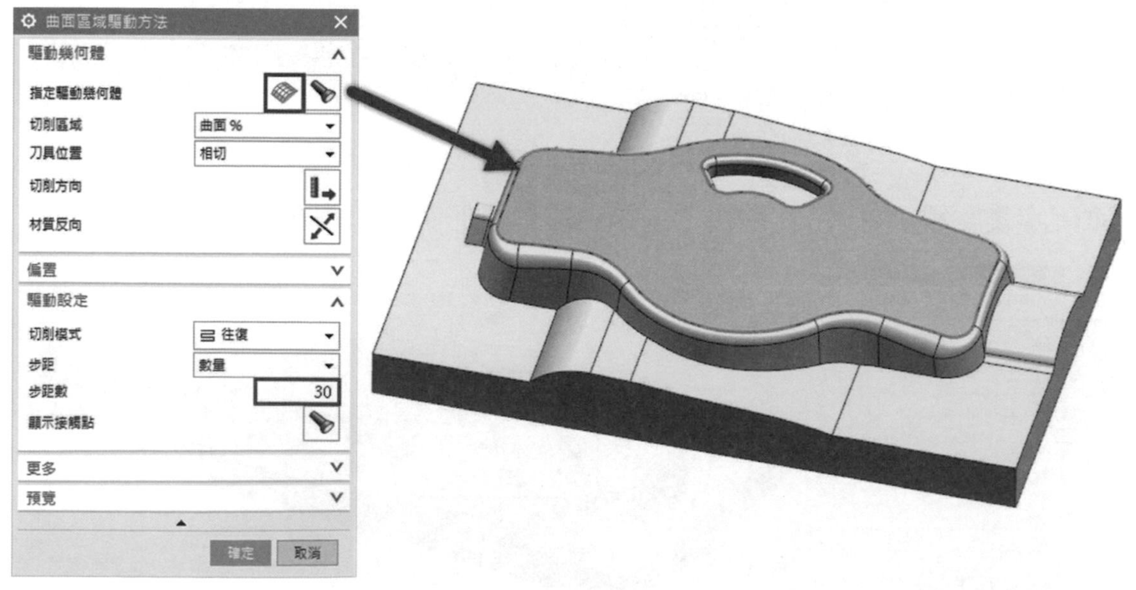

▲圖 8-6-4

5 接下來點擊切削方向 按鈕，指定加工方向以及出發起始點為右上角的水平箭頭。如圖 8-6-5。

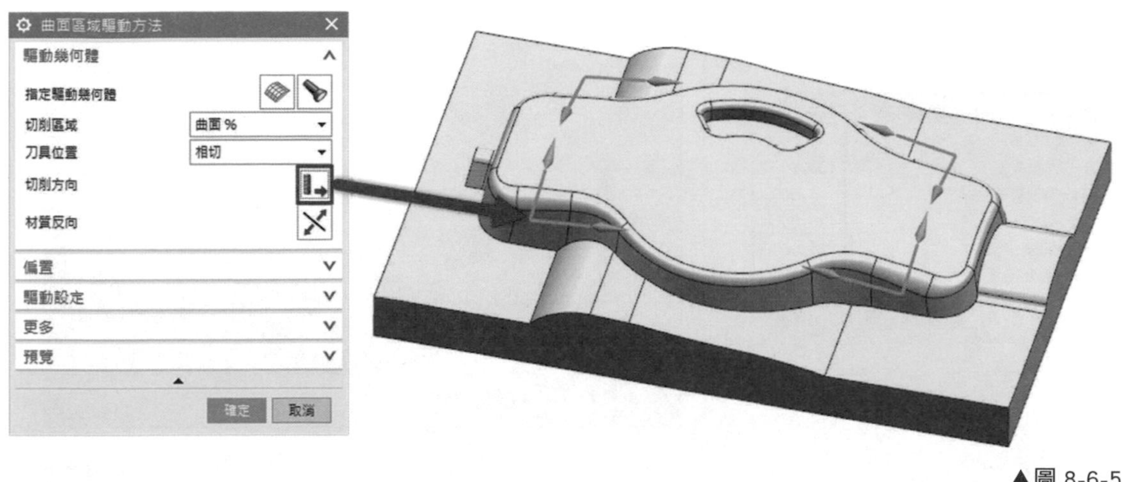

▲圖 8-6-5

6 在曲面區域驅動方法的對話框中，可以預覽右上角水平箭頭出現圓圈標記符號，點擊切削區域的「曲面 %」即可跳出「曲面百分比方法」對話框。由起點作為第一個起點，可以調整區域範圍延伸或縮小。如圖 8-6-6。

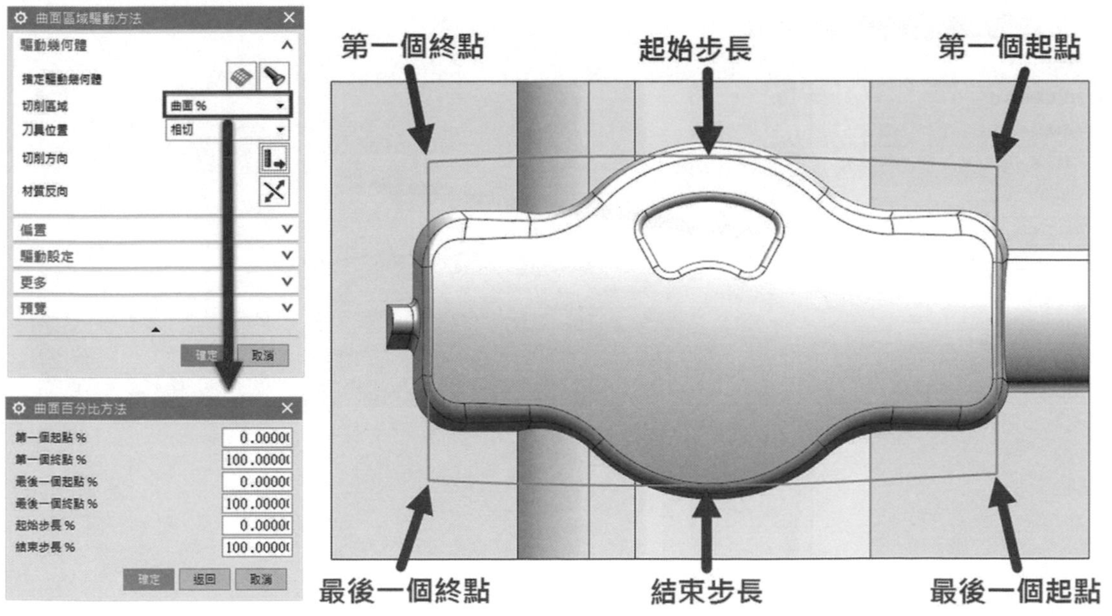

▲圖 8-6-6

❼ 在曲面百分比方法的對話框中，設定參數如下圖，點擊確定後，即可預覽加工區域延伸的比例。如圖 8-6-7。

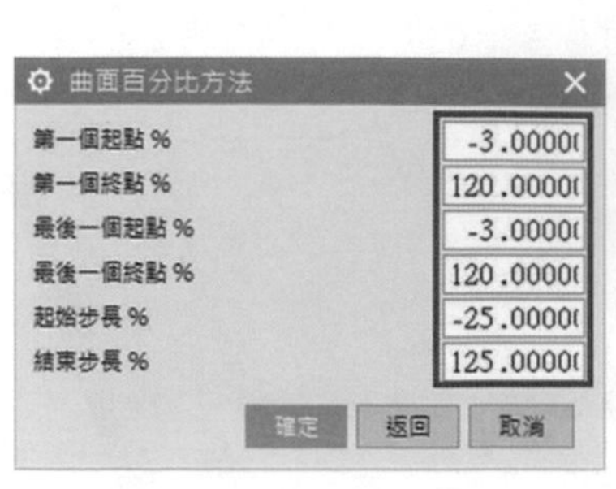

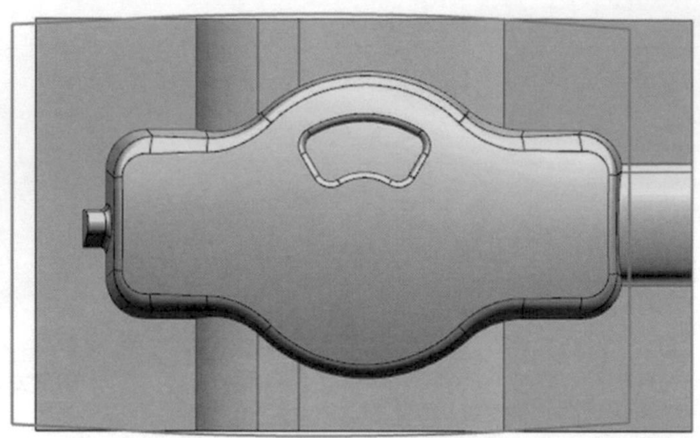

▲圖 8-6-7

❽ 在曲面區域驅動方法的對話框中，點擊材質反向 按鈕，設置箭頭方向為上方。如圖 8-6-8。

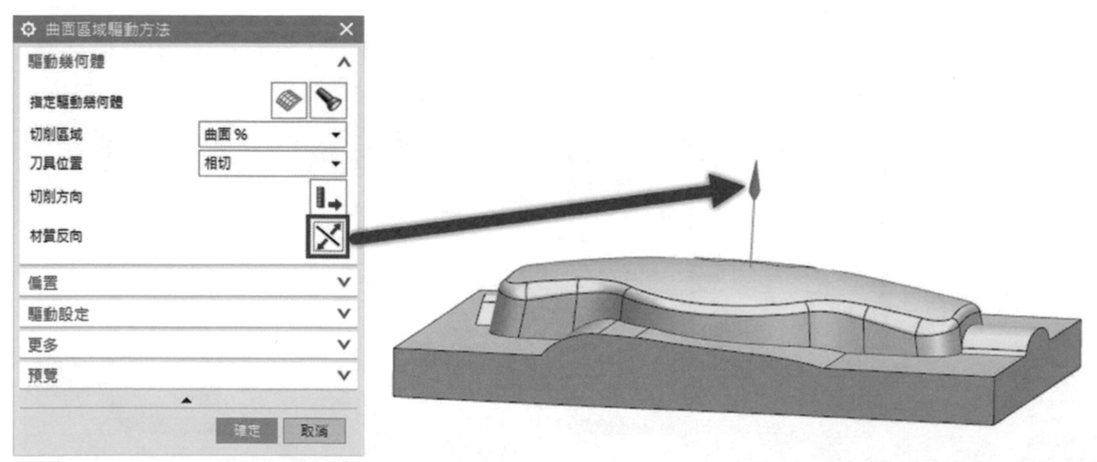

▲圖 8-6-8

⑨ 確定後點擊 按鈕產生刀路，刀路會投影在幾何模型上。如圖 8-6-9。

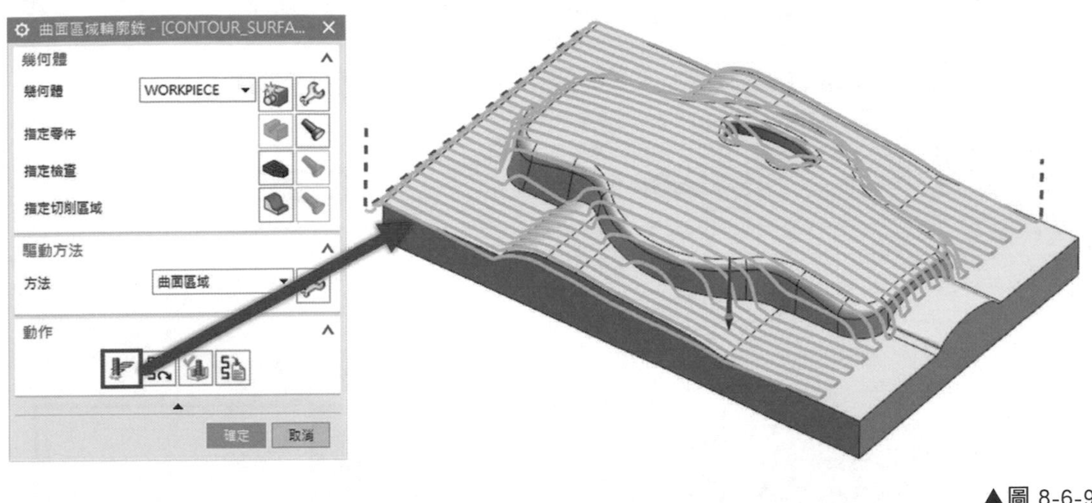

▲圖 8-6-9

⑩ 在幾何體的對話框中，將幾何體設定由「WORKPIECE」改為座標系「MCS_MILL」，由於曲面加工是針對曲面曲率進行刀軌路徑規劃，所以無需指定實體，接下來點擊按鈕產生刀路，刀路會投影在驅動幾何體上，而非實體上。如圖 8-6-10。

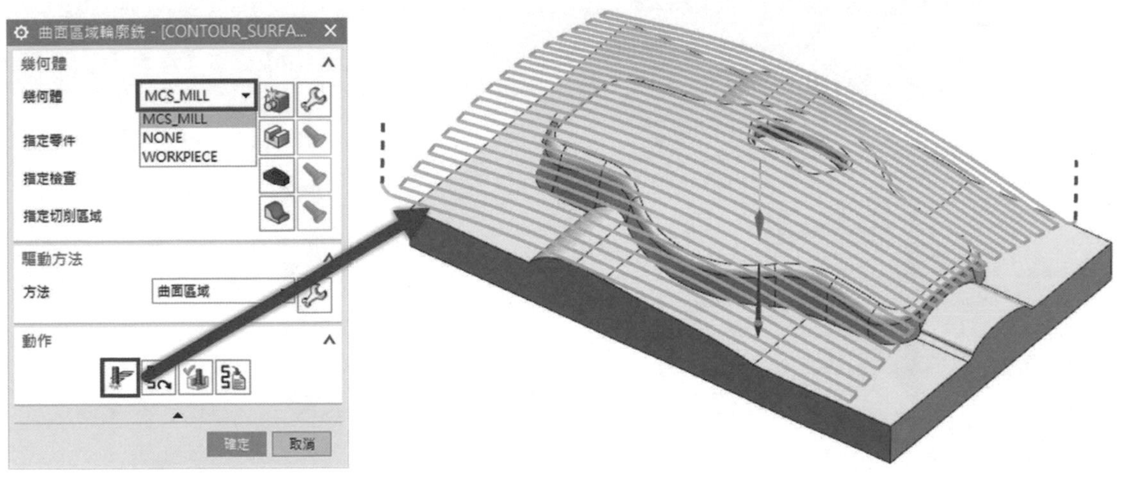

▲圖 8-6-10

⓫ 在驅動方法的對話框中，點擊 按鈕進入「曲面區域驅動方法」對話框，設定曲面偏置距離為「2mm」。如圖 8-6-11。

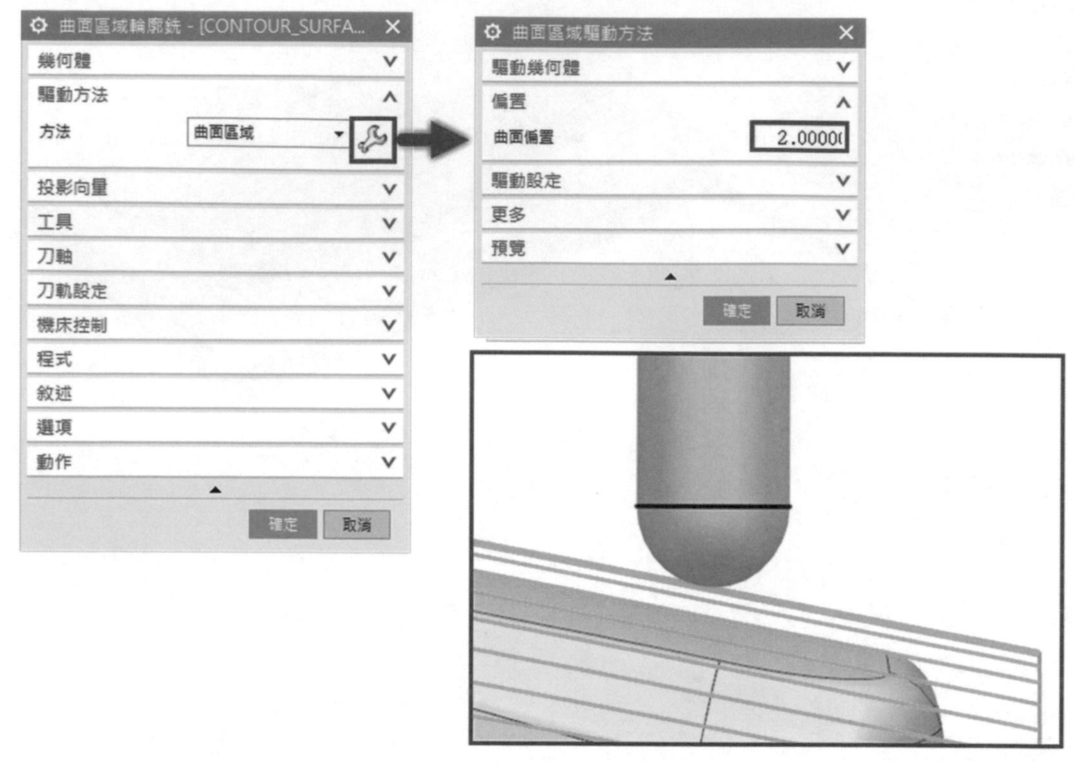

▲圖 8-6-11

⓬ 確定後點擊 按鈕產生刀路，刀軌路徑偏置驅動幾何體 2mm。如圖 8-6-12。

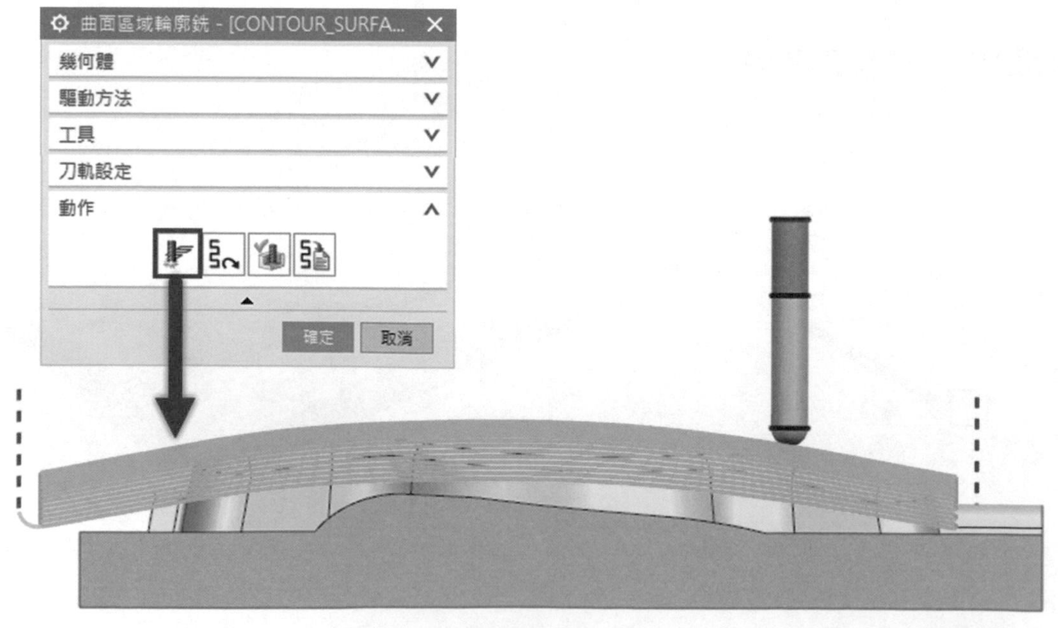

▲圖 8-6-12

曲面加工圓角表面加工應用

⑬ 進入程式順序視圖中對上一個工法滑鼠點擊右鍵 ➔「插入」➔「工序」，選擇類型「mill_contour」，選取子工序「曲面加工 CONTOUR_SURFACE_AREA」。如圖 8-6-13。

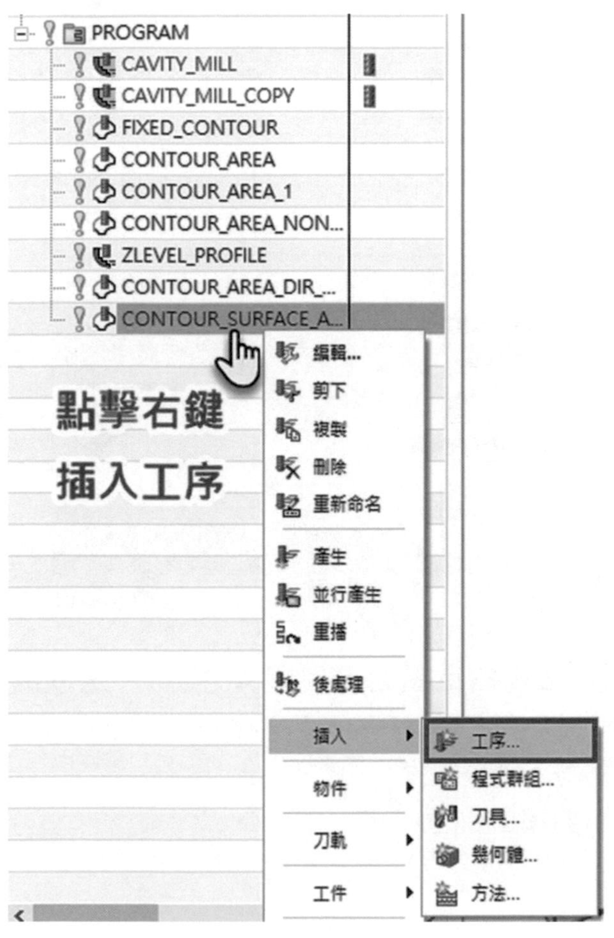

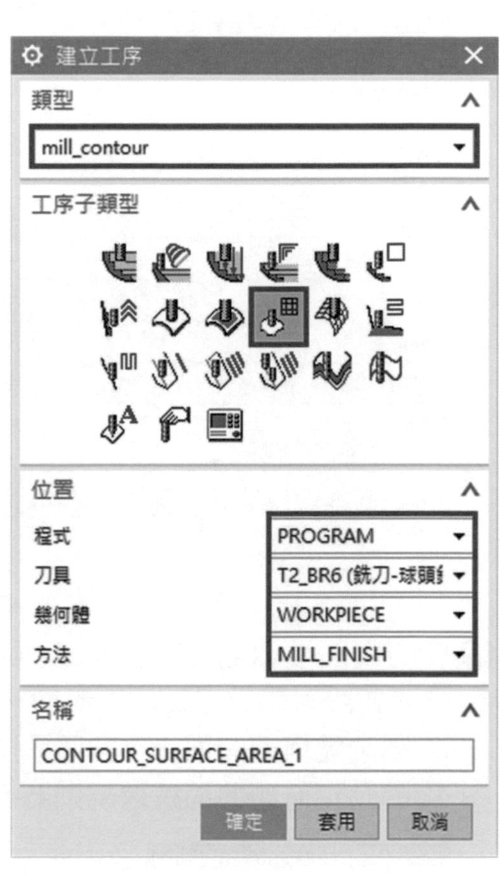

▲圖 8-6-13

⑭點選確定後，首先需要在驅動方法的對話框中，選擇方法為「曲面」，並點擊[icon]，進入「曲面區域驅動方法」對話框。如圖 8-6-14。

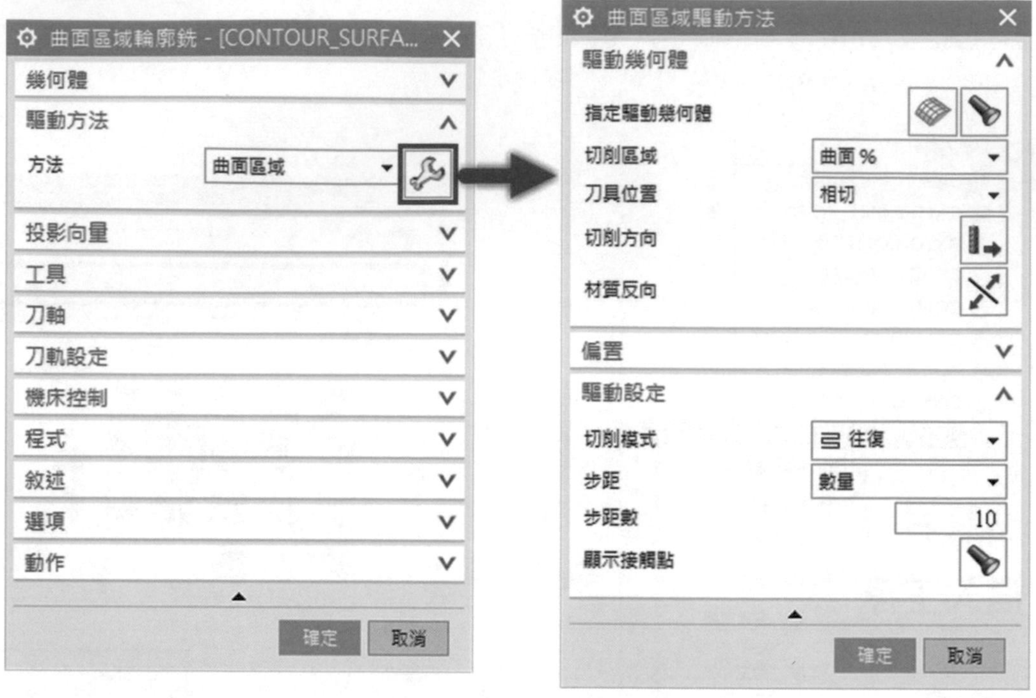

▲圖 8-6-14

⑮在曲面區域驅動方法的對話框中，點擊指定驅動幾何體[icon]按鈕，選取曲面。並設置驅動設定相關參數。如圖 8-6-15。

※ 驅動幾何體曲面必須按照順序點選，不可跳選

※ 驅動幾何體曲面選取規則為連續曲率的曲面

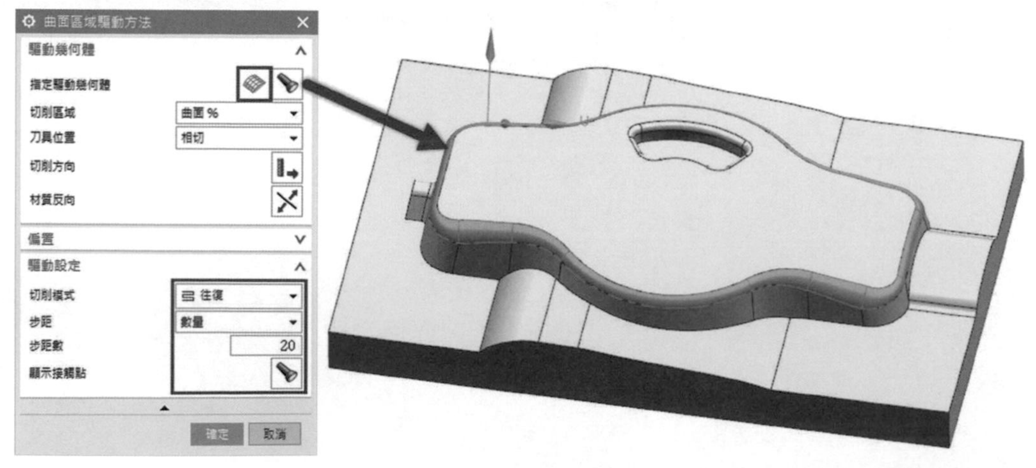

▲圖 8-6-15

⑯確定後點擊按鈕產生刀路，刀軌路徑依照圓角表面生成路徑。如圖 8-6-16。

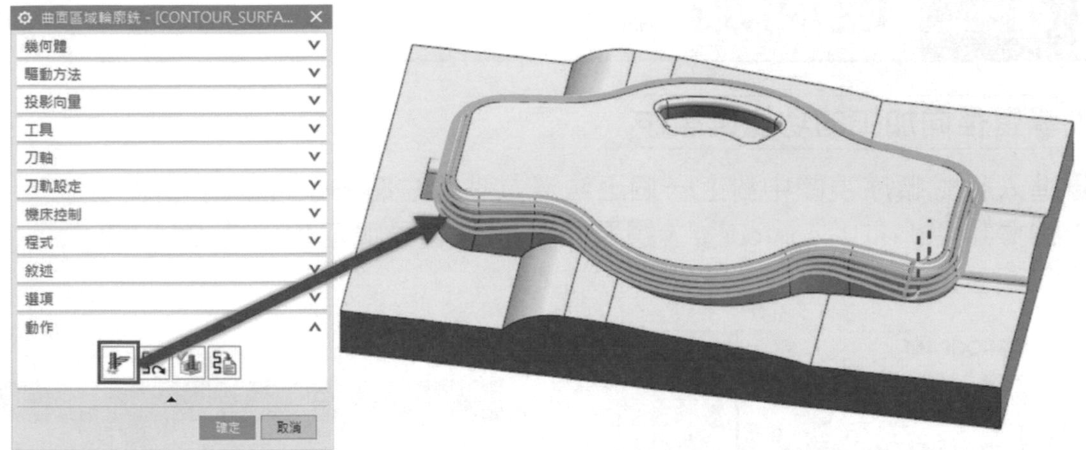

▲圖 8-6-16

8-7 徑向加工

學習徑向加工的功能與操作

❶ 進入程式順序視圖中對上一個工法滑鼠點擊右鍵 ➔「插入」➔「工序」，選擇類型「mill_contour」，選取子工序「 邊界加工 FIXED_CONTOUR 」。如圖 8-7-1。

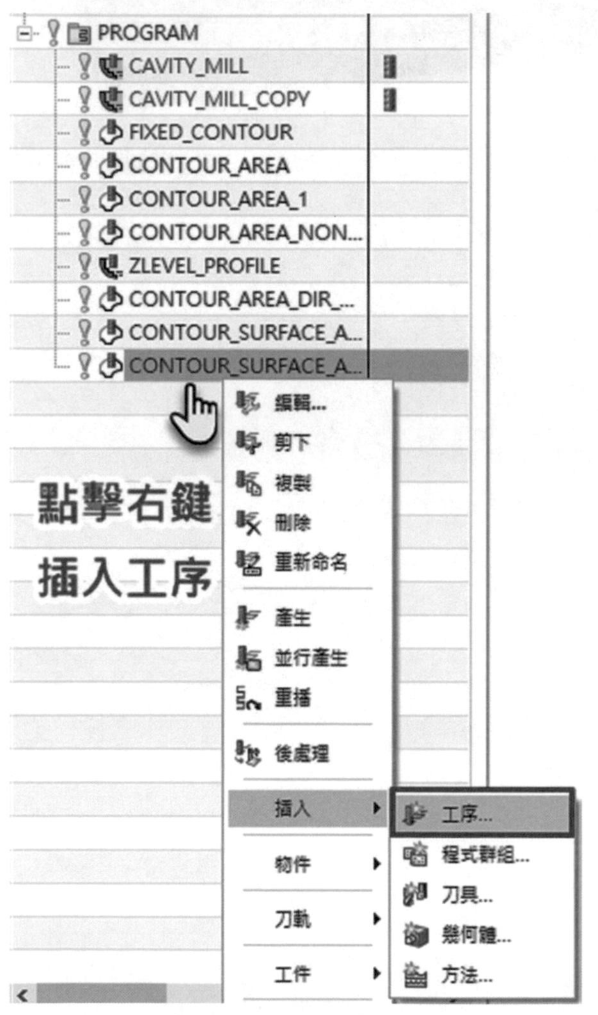

▲圖 8-7-1

❷ 在驅動方法的對話框中，點擊方法下拉為「徑向切削」加工。如圖 8-7-2。

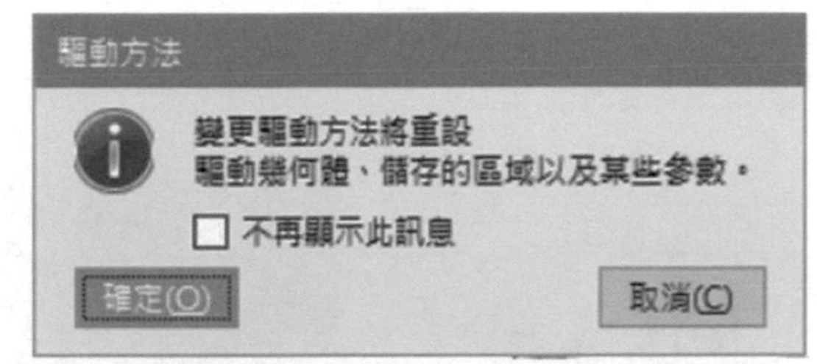

驅動方法不同
驅動幾何體以及相關參數會有所不同
所以會出現警告提示

▲圖 8-7-2

❸ 選擇徑向加工後，會跳出徑向切削驅動方法的對話框，點擊驅動幾何體 按鈕，選取曲線段。曲線預覽會有起始點的圓圈符號，以及材質側的毛胚邊界圖示。如圖 8-7-3。

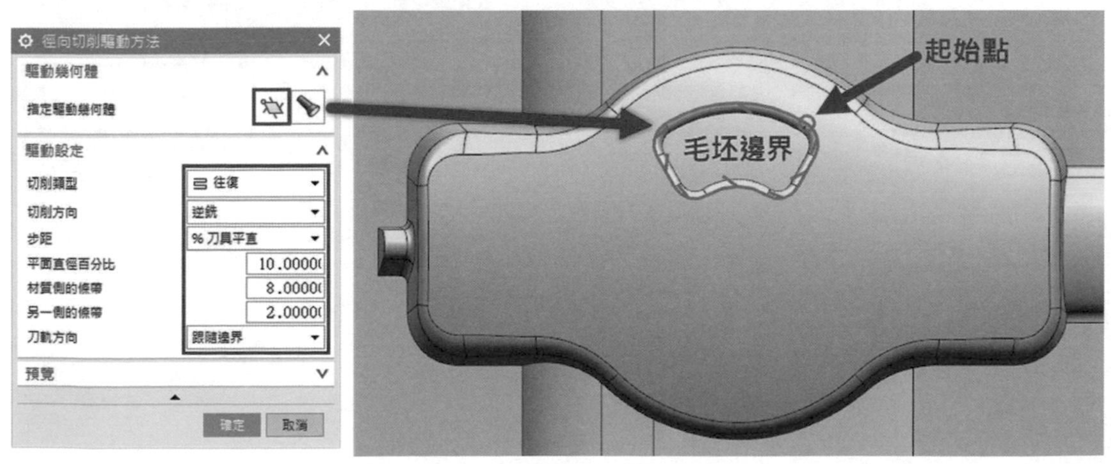

▲圖 8-7-3

❹ 確定後點擊 [按鈕] 按鈕產生刀路，刀軌路徑依照圓角外輪廓邊界生成徑向滾動切削路徑。如圖 8-7-4。

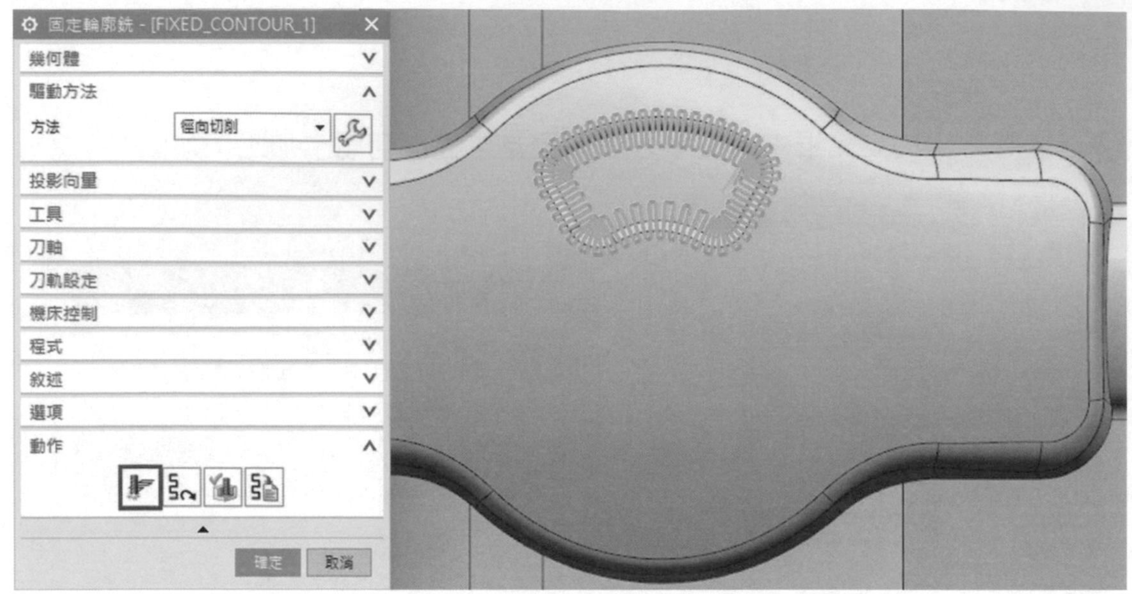

▲圖 8-7-4

❺ 在驅動方法的對話框中，點擊 [按鈕]，進入徑向切削驅動方法的對話框中，可以指定步距為「最大值」，使刀具路徑距離最大化。如圖 8-7-5。

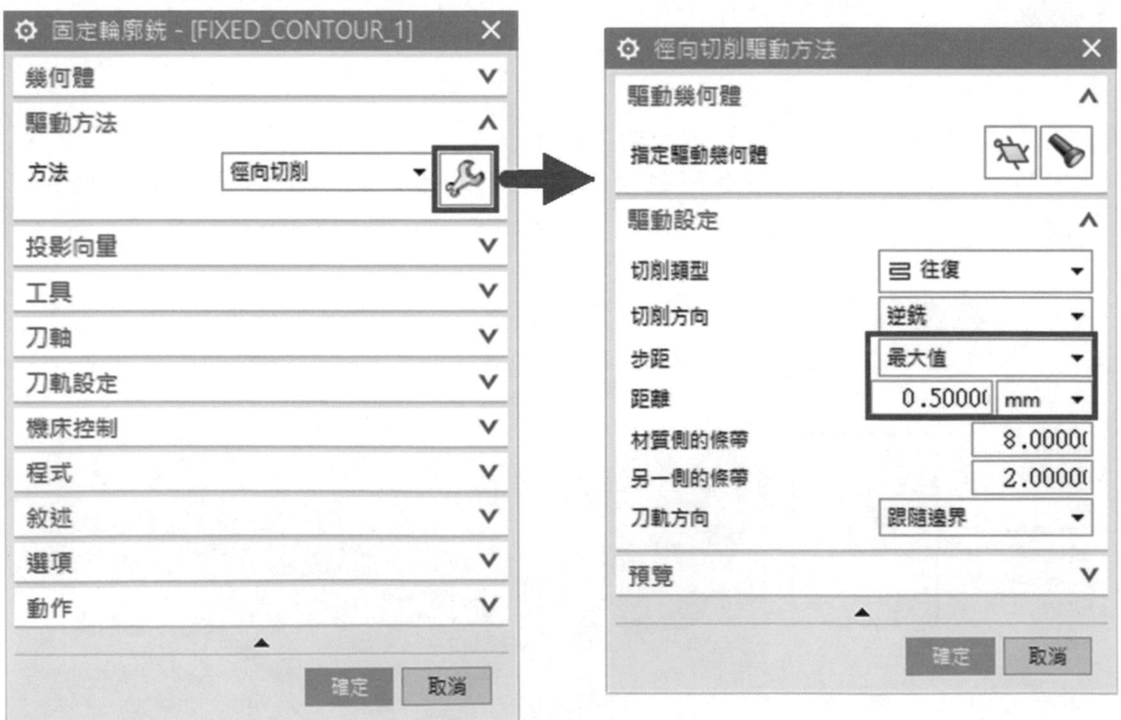

▲圖 8-7-5

6 透過 [按鈕圖示] 按鈕產生刀軌路徑，產生刀具路徑最佳化等距。如圖 8-7-6。

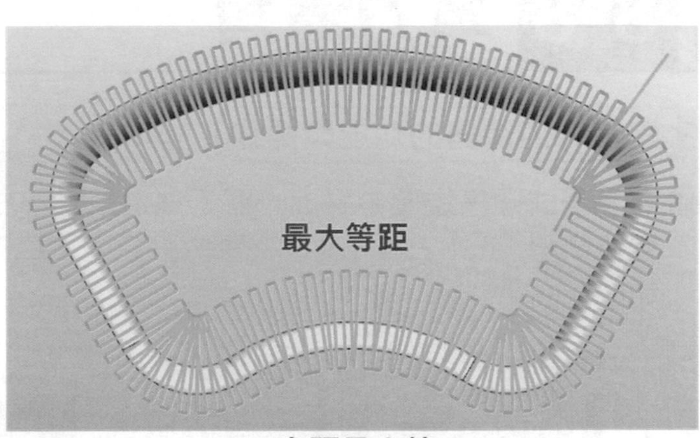

步距最大值

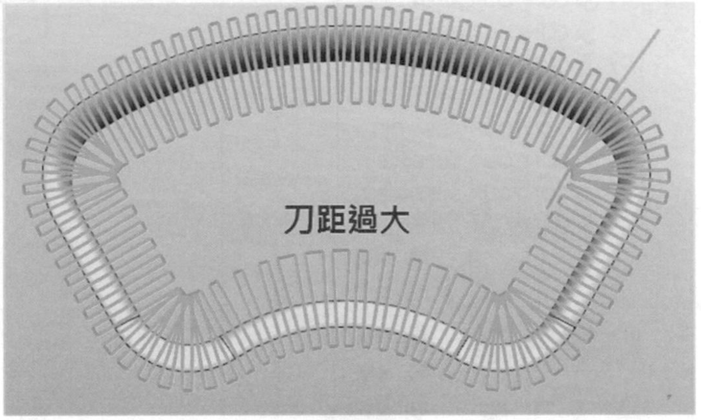

步距恆定

▲圖 8-7-6

8-8 單刀清角

學習單刀清角的功能與操作

❶ 進入程式順序視圖中對上一個工法滑鼠點擊右鍵 ➔「插入」➔「工序」，選擇類型「mill_contour」，選取子工序「 單刀清角 FLOWCUT_SINGLE 」。如圖 8-8-1。

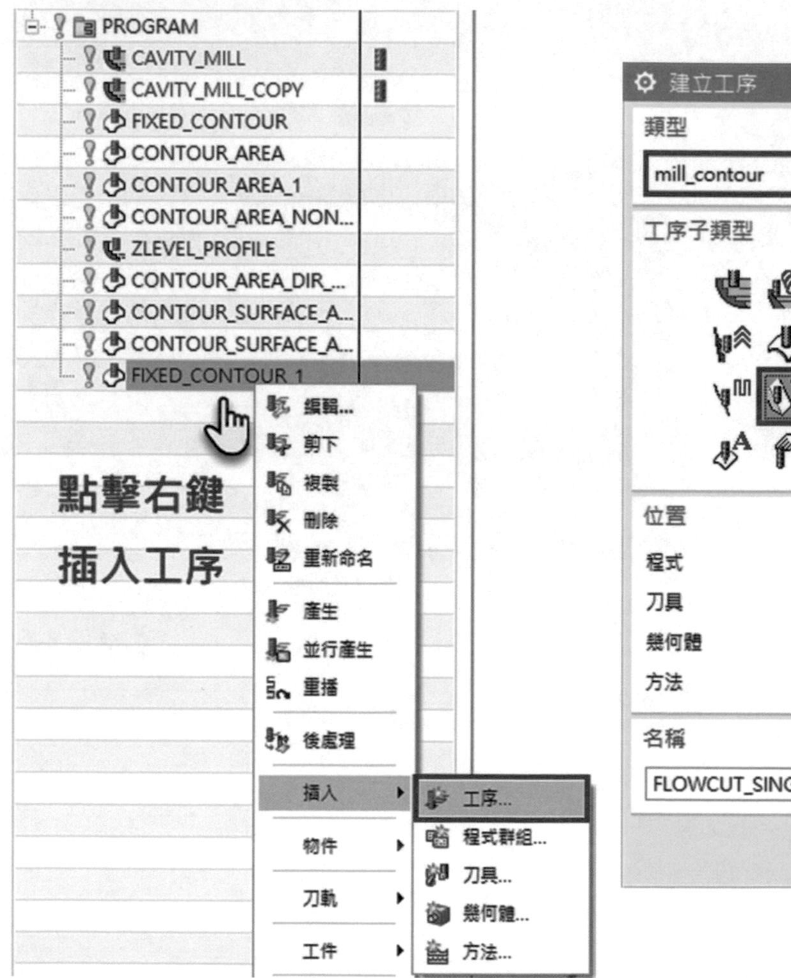

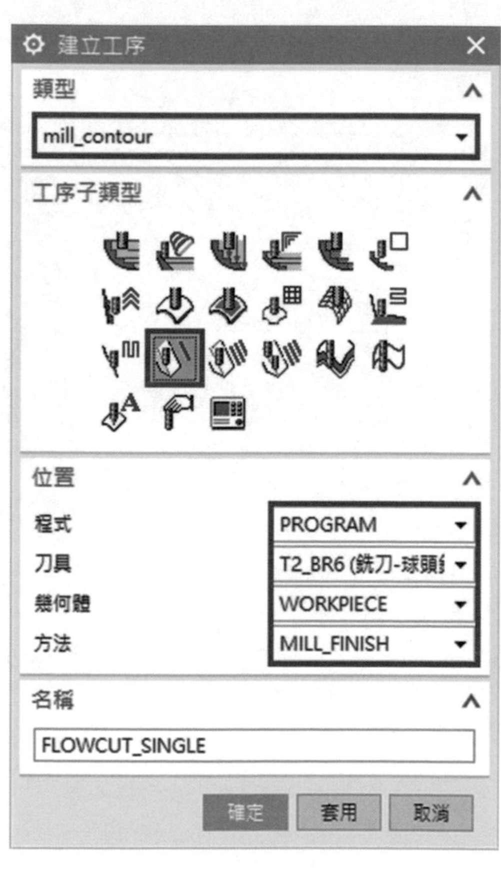

▲圖 8-8-1

❷ 在幾何體的對話框中，點擊切削區域按鈕，建立區域清單。如圖 8-8-2。

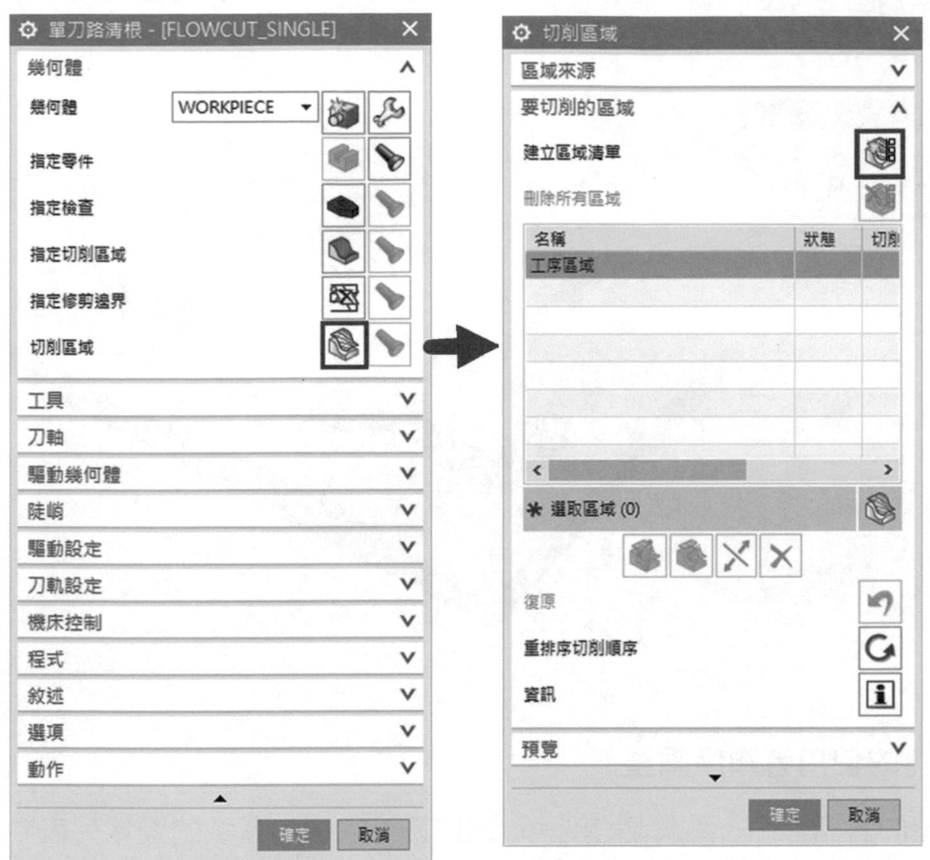

▲圖 8-8-2

❸ 點擊後即會產生切削區域預覽，產生的刀路總共有八條清角刀路。如圖 8-8-3。

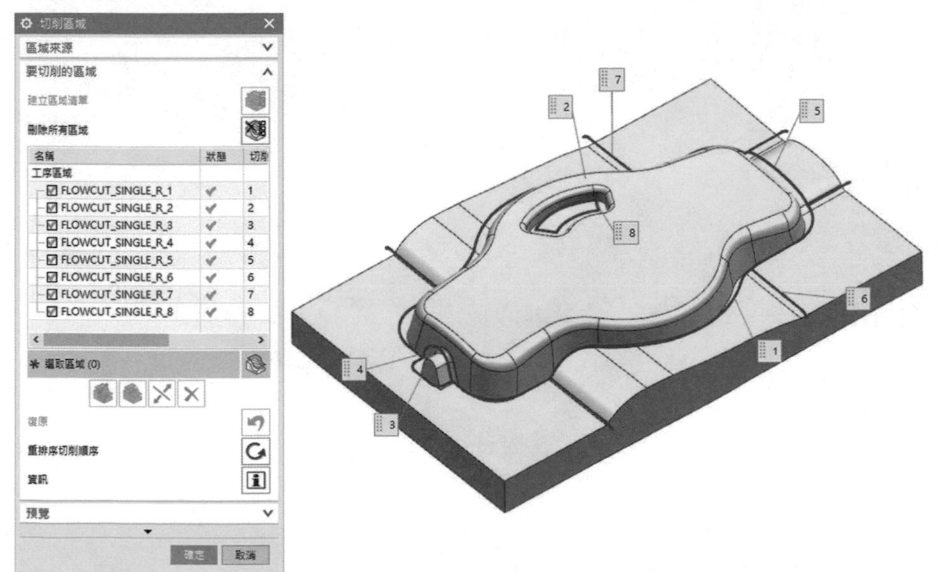

▲圖 8-8-3

❹ 確定後點擊 [按鈕圖示] 按鈕產生刀路，即針對模型銳角以及較小圓角產生一刀式清角加工。如圖 8-8-4。

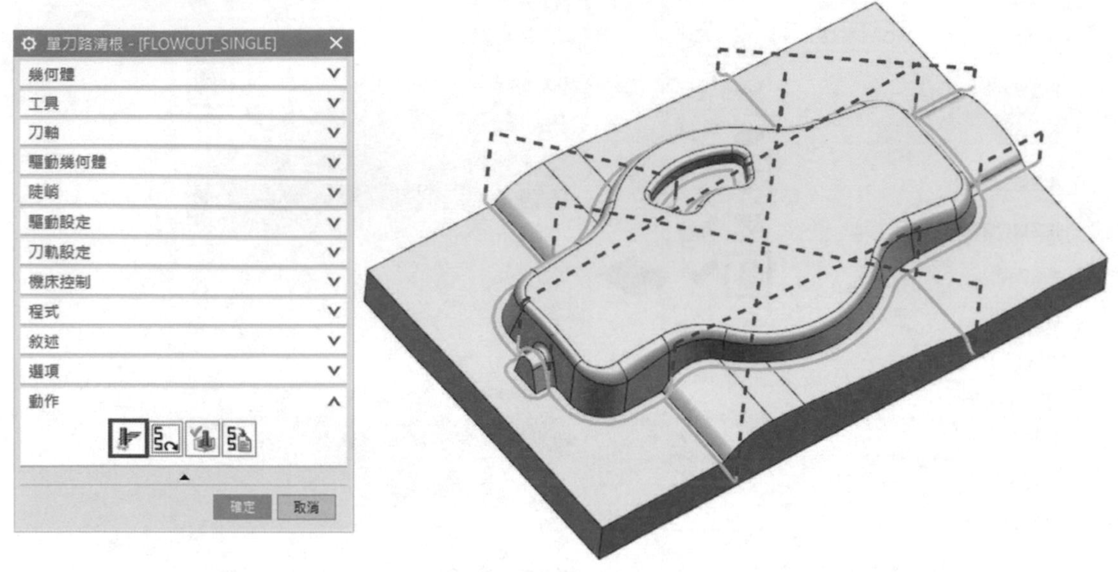

▲圖 8-8-4

單刀清角的使用者順序調整

❺ 在幾何體的對話框中，點擊切削區域 [按鈕圖示] 按鈕，在切削區域的區域列表中，總共有八項清單，依順序進行排列。如圖 8-8-5。

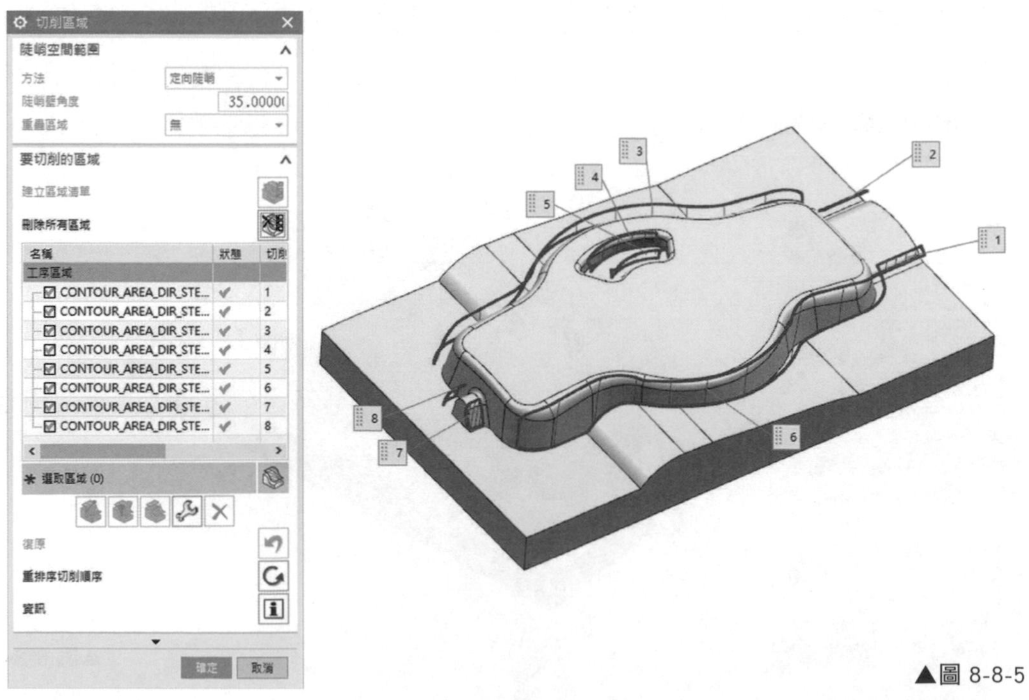

▲圖 8-8-5

❻ 在切削區域的對話框中，將區域列表的第 3、5、7 項刀路往上托拉，使切削順序進行調整。如圖 8-8-6。

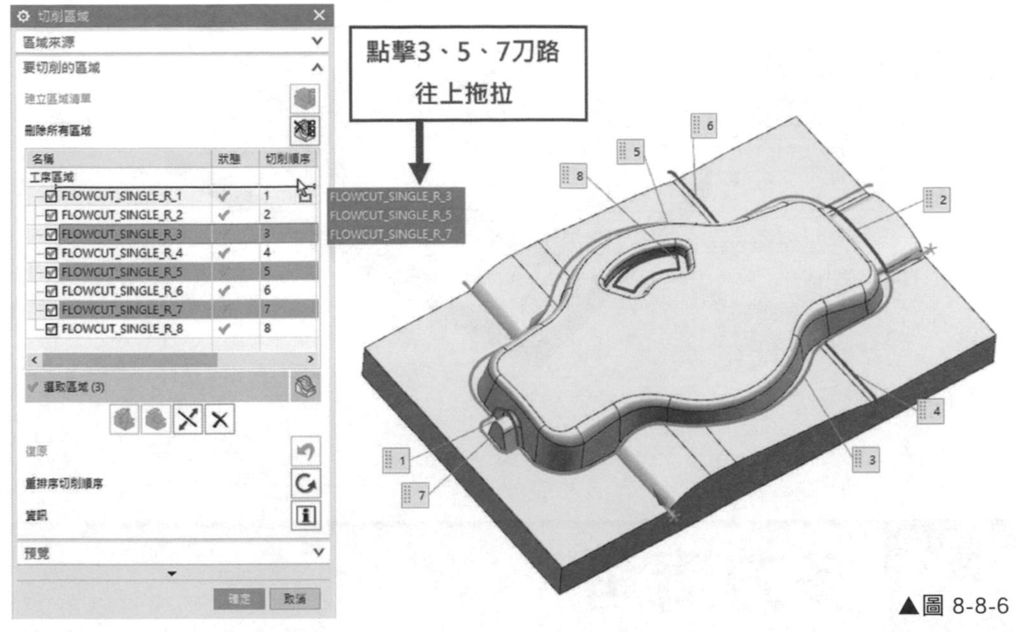

▲圖 8-8-6

❼ 調整完成後，刀路依照使用者設定，完成切削順序設定。如圖 8-8-7。

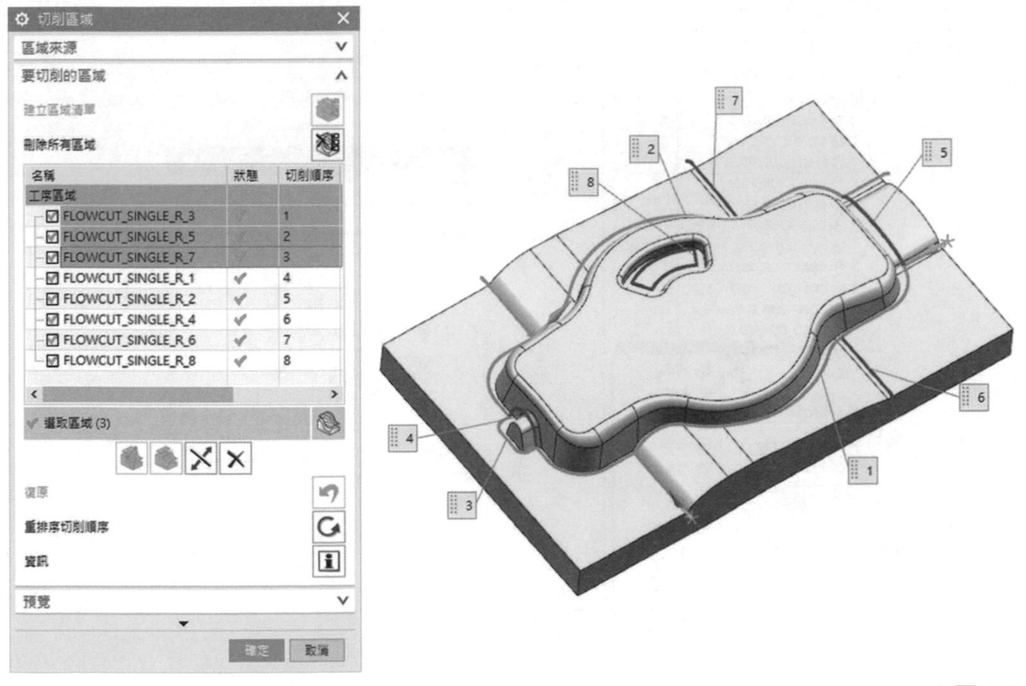

▲圖 8-8-7

❽ 透過 [按鈕] 按鈕產生刀軌路徑，即為使用者定義單刀清角。如圖 8-8-8。

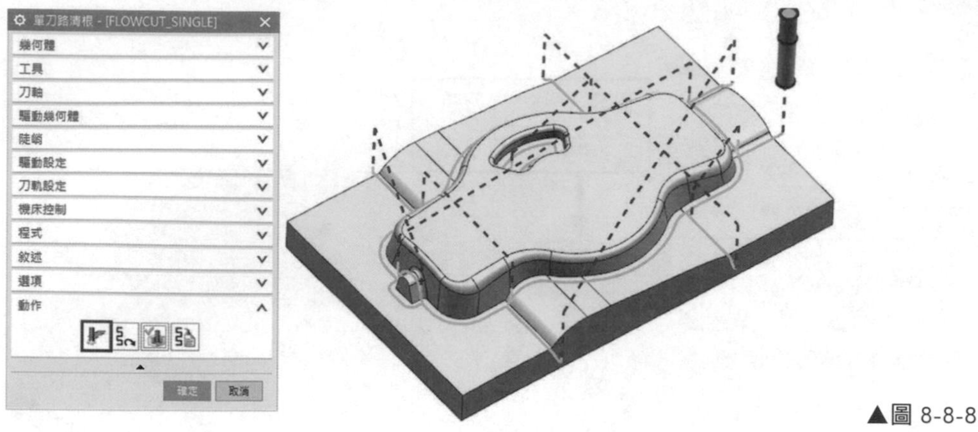

▲圖 8-8-8

8-9 多刀清角

學習多刀清角的功能與操作

❶ 進入程式順序視圖中對上一個工法滑鼠點擊右鍵 ➔「插入」➔「工序」，選擇類型「mill_contour」，選取子工序「 多刀清角 FLOWCUT_MULTIPLE 」。如圖 8-9-1。

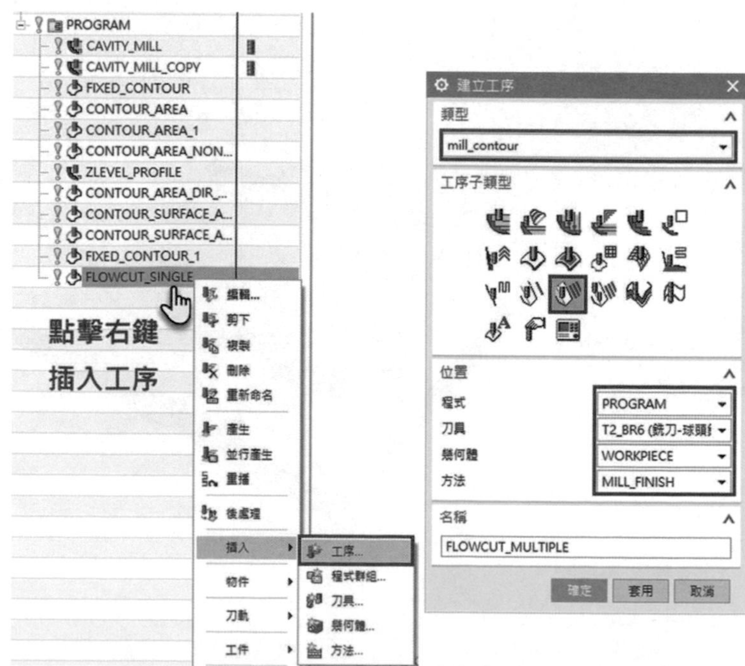

▲圖 8-9-1

❷ 在幾何體的對話框中，點擊切削區域按鈕，建立區域清單。如圖 8-9-2。

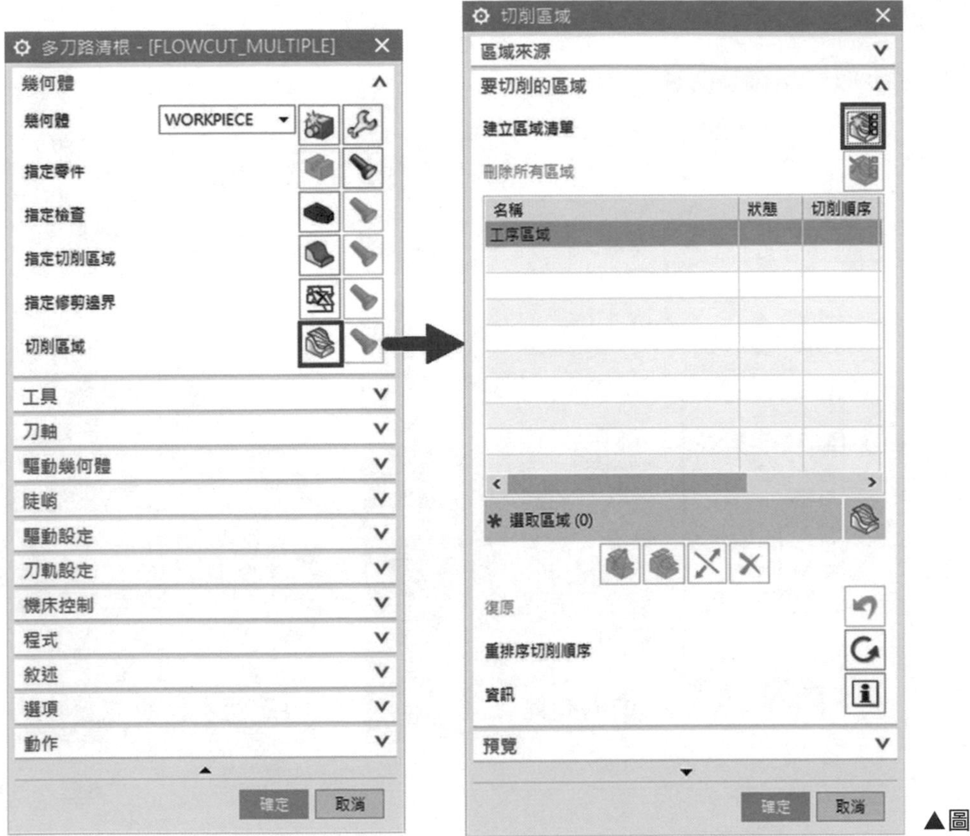

▲圖 8-9-2

❸ 點擊後即會產生切削區域預覽，產生的刀路總共有八條清角刀路。如圖 8-9-3。

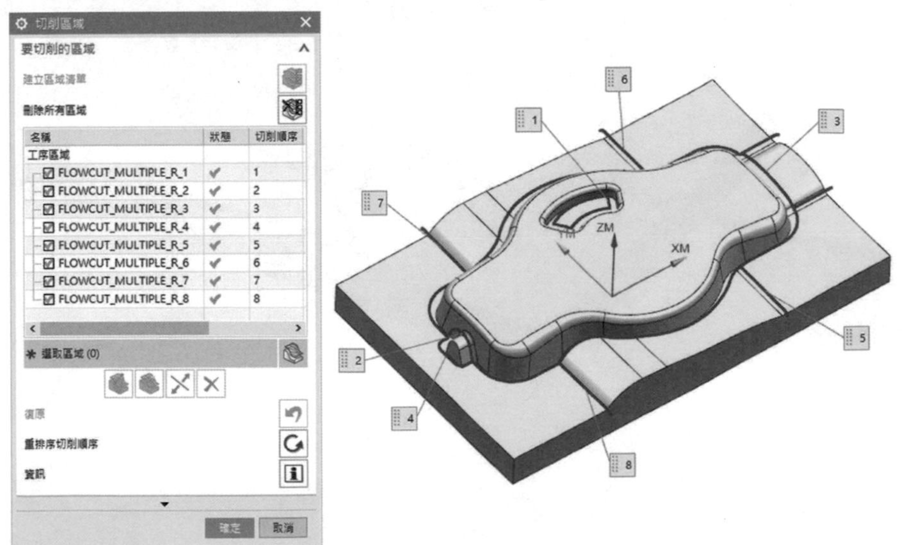

▲圖 8-9-3

❹ 確定後，在驅動設定的對話框中，可以設定多種多刀路的加工順序。如圖 8-9-4。

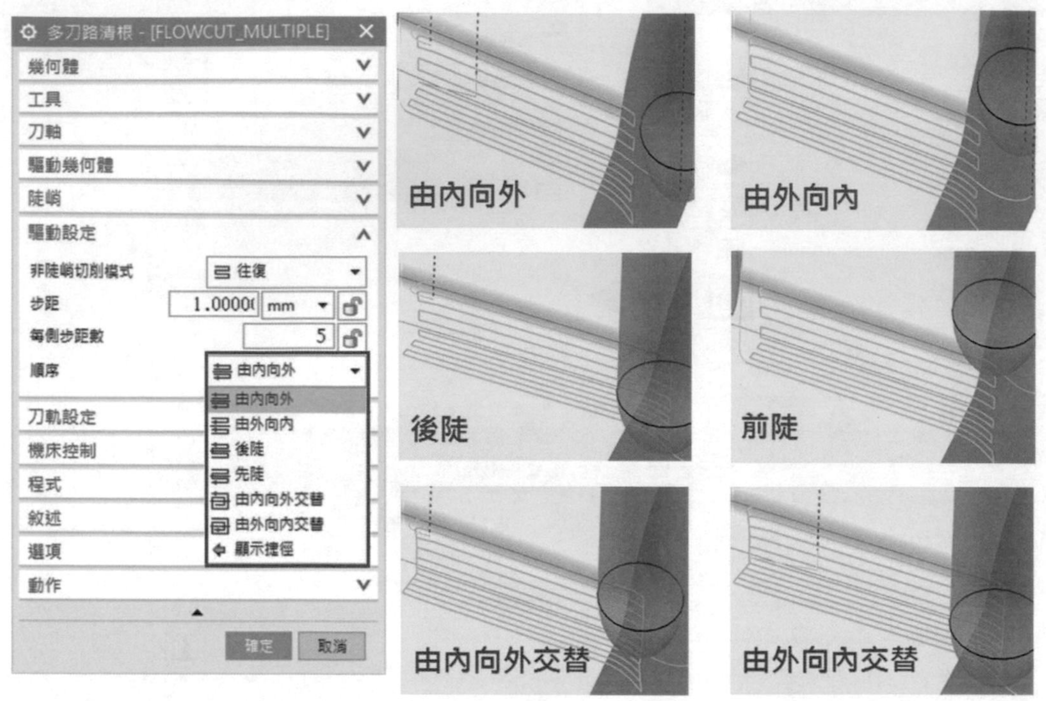

▲圖 8-9-4

❺ 透過按鈕產生刀軌路徑，即為多刀路清角。如圖 8-9-5。

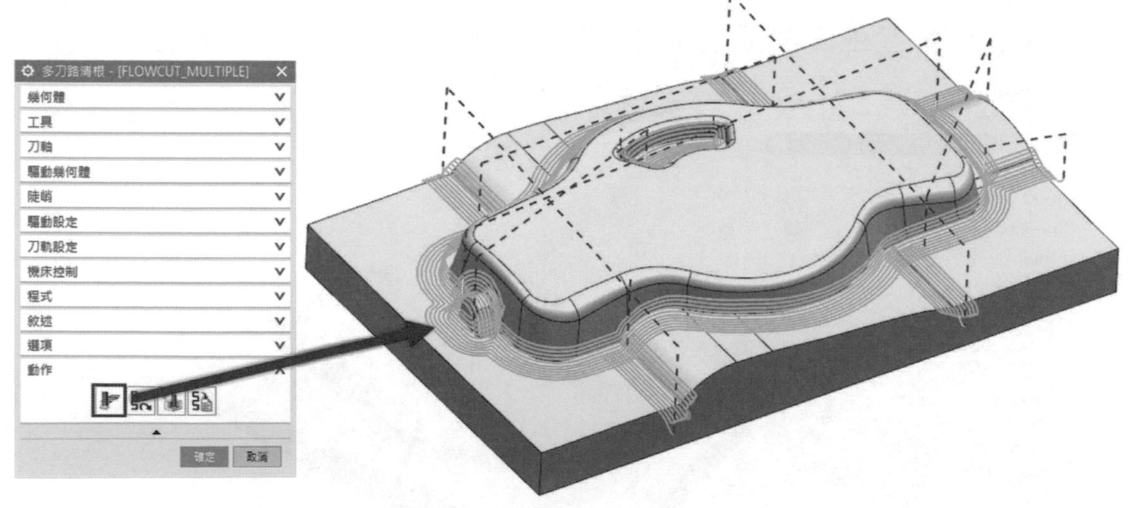

▲圖 8-9-5

8-10 參考刀具清角

學習參考刀具清角的功能與操作

❶ 進入程式順序視圖中對上一個工法滑鼠點擊右鍵 ➔「插入」➔「工序」，選擇類型「mill_contour」，選取子工序「 參考刀具清角 FLOWCUT_REF_TOOL 」。如圖 8-10-1。

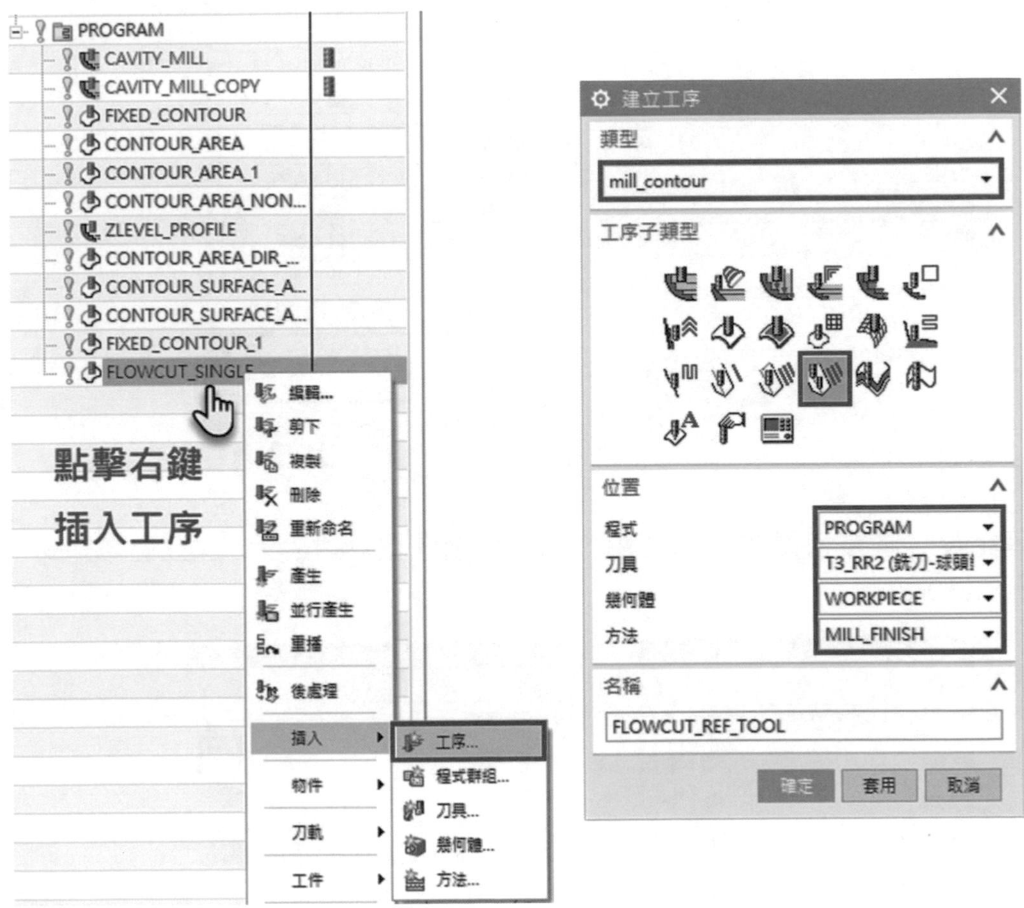

▲圖 8-10-1

❷在驅動方法的對話框中，點擊編輯 按鈕，進入清角驅動方法的對話框中，將陡峭壁角度設定為「45 度」，參考刀具設定為「T2_BR6」的刀具。如圖 8-10-2。

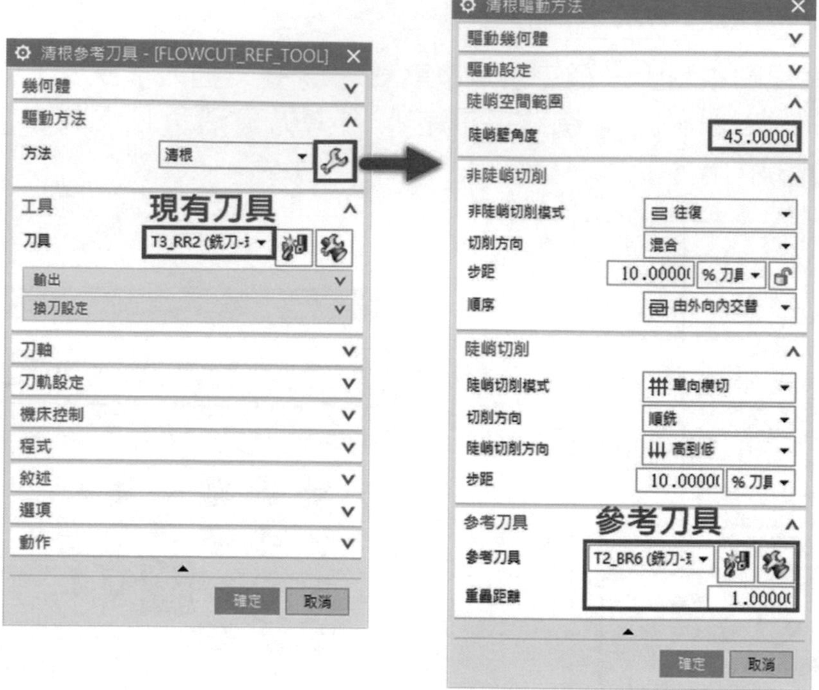

▲圖 8-10-2

❸確定後，在幾何體的對話框中，點擊切削區域 按鈕，建立區域清單。如圖 8-10-3。

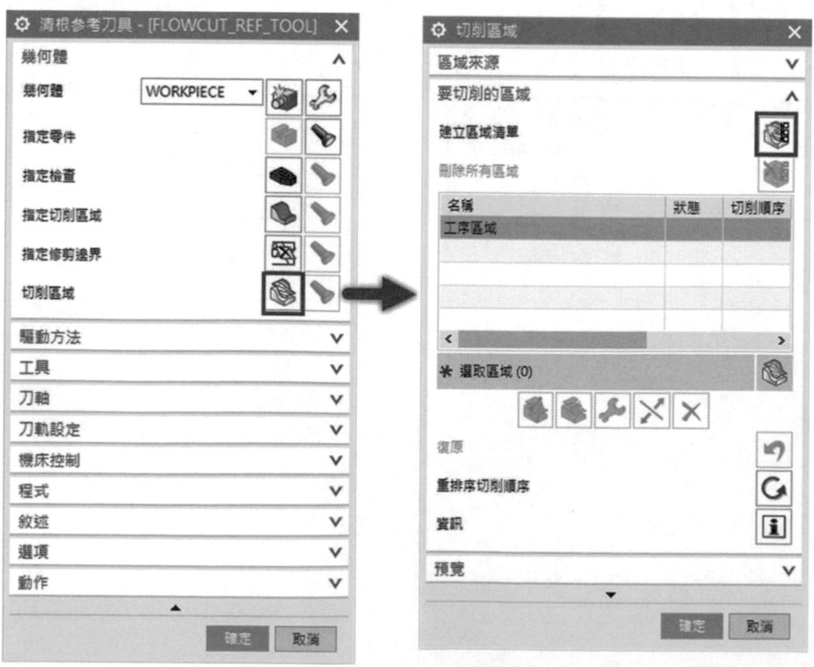

▲圖 8-10-3

❹ 點擊後即會產生切削區域預覽，產生的刀路包含粉紅色的壁清角刀路以及藍色的曲面清角刀路。如圖 8-10-4。

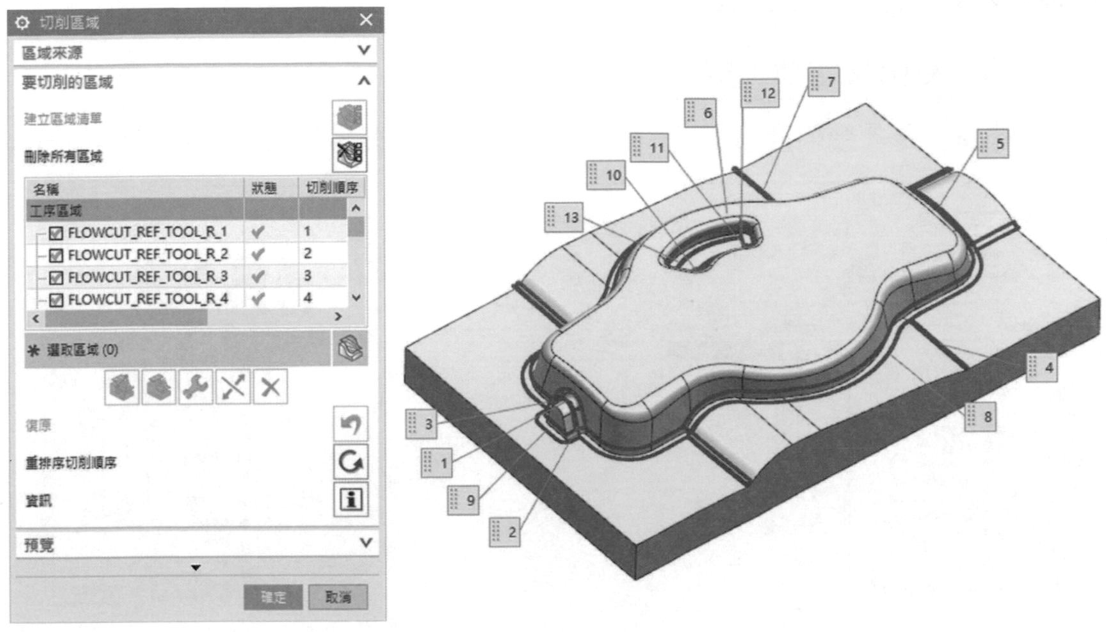

▲圖 8-10-4

❺ 透過按鈕產生刀軌路徑，即為參考刀具清角。如圖 8-10-5。

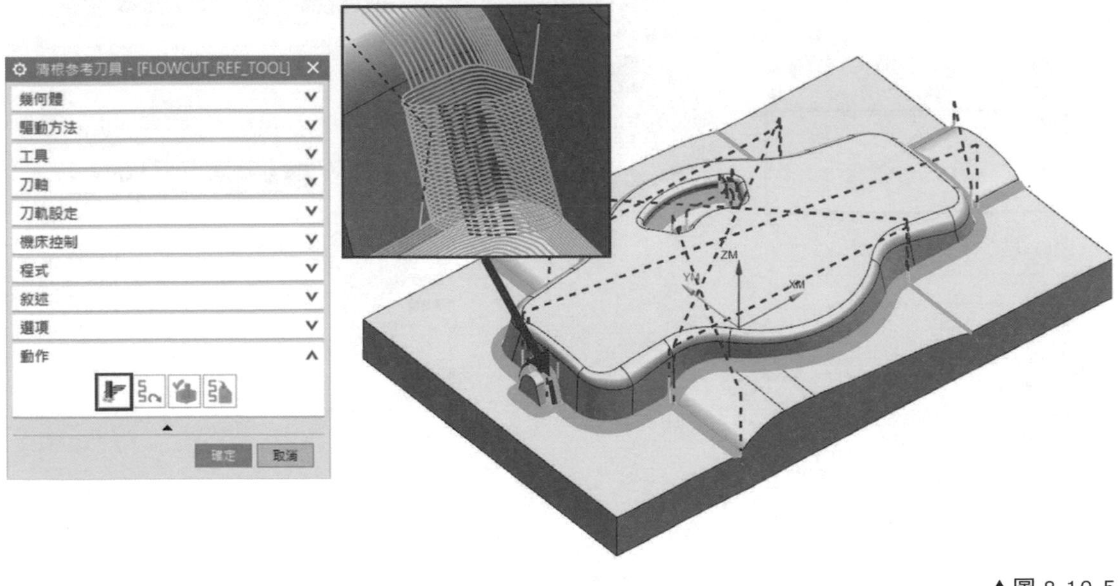

▲圖 8-10-5

8-11 3D 曲面文字加工

學習 3D 曲面文字加工的功能與操作

❶ 在「首頁」➔「幾何體」的 點 圖示下拉選擇，選取「註釋」。如圖 8-11-1。

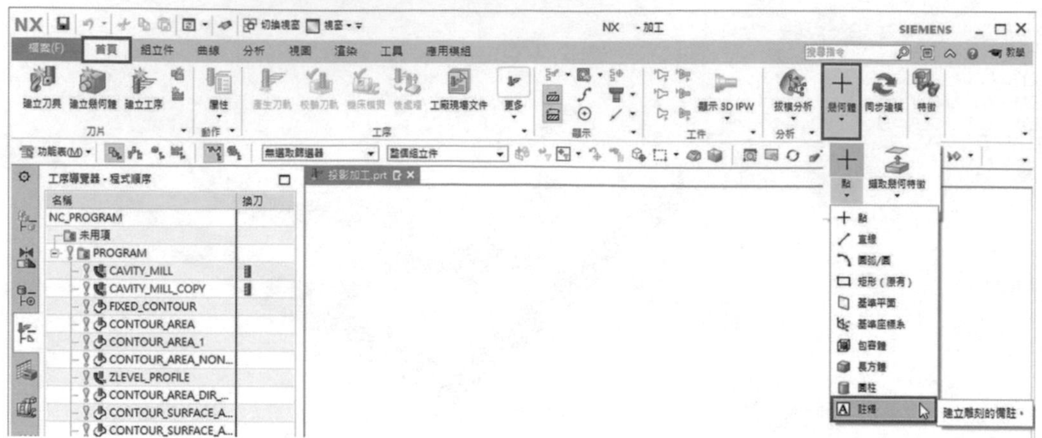

▲圖 8-11-1

❷ 在「文字輸入」對話框填寫「SIEMENS」，在「設定」的對話框點擊設定 ，將文字類型選擇「chineset」，高度設定為「14」。如圖 8-11-2。

▲圖 8-11-2

③ 關閉後，將文字對齊於模型表面，並按左鍵確認。如圖 8-11-3。

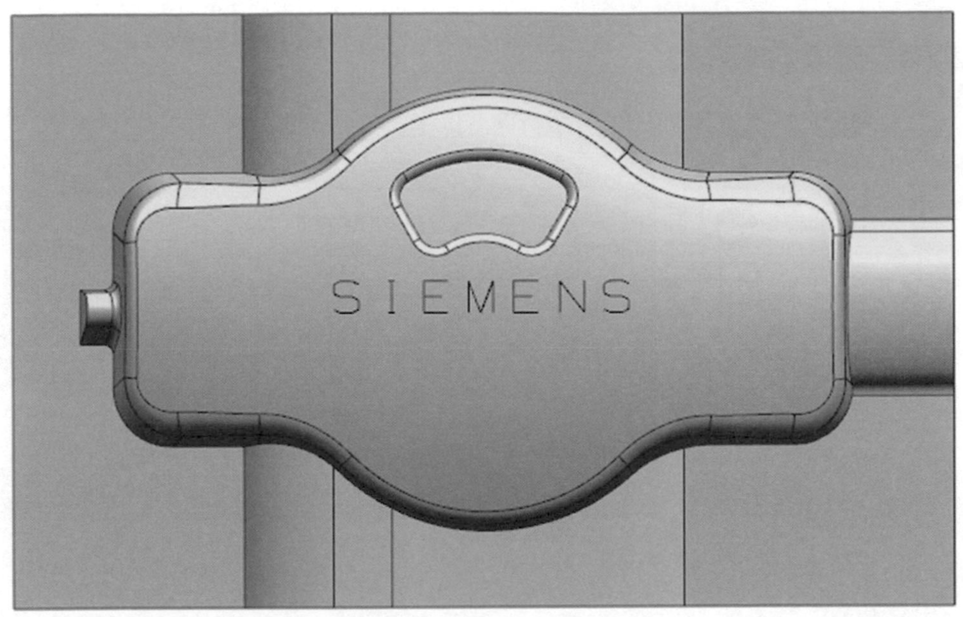

▲圖 8-11-3

④ 進入程式順序視圖中對上一個工法滑鼠點擊右鍵 ➔「插入」➔「工序」，選擇類型「mill_contour」，選取子工序「 文字投影加工 CONTOUR_TEXT 」。如圖 8-11-4。

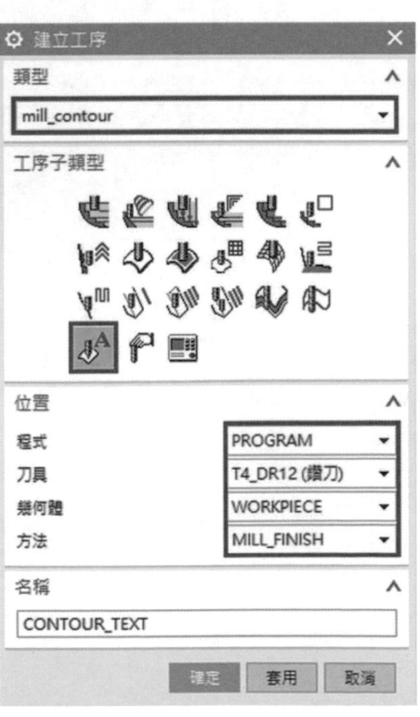

▲圖 8-11-4

❺ 在幾何體的對話框中，點擊指定製圖文字的 A 圖示，將「SIEMENS」選定。如圖 8-11-5。

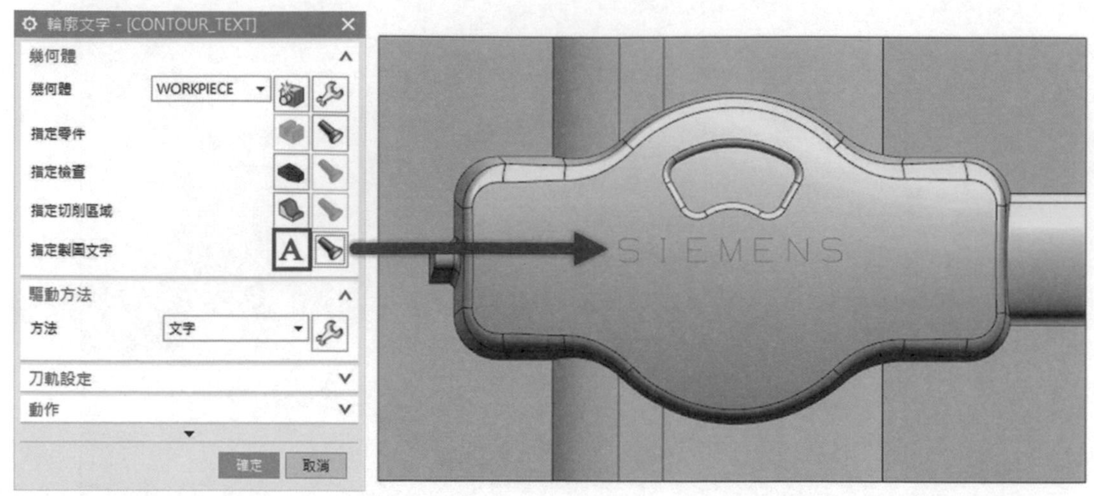

▲圖 8-11-5

❻ 在刀軌設定的對話框中，可以將文字深度設置「0.25mm」，再透過 按鈕產生刀軌路徑，此時產生警告訊息提醒刀具下半徑小於零，後續點擊「否」即可。如圖 8-11-6。

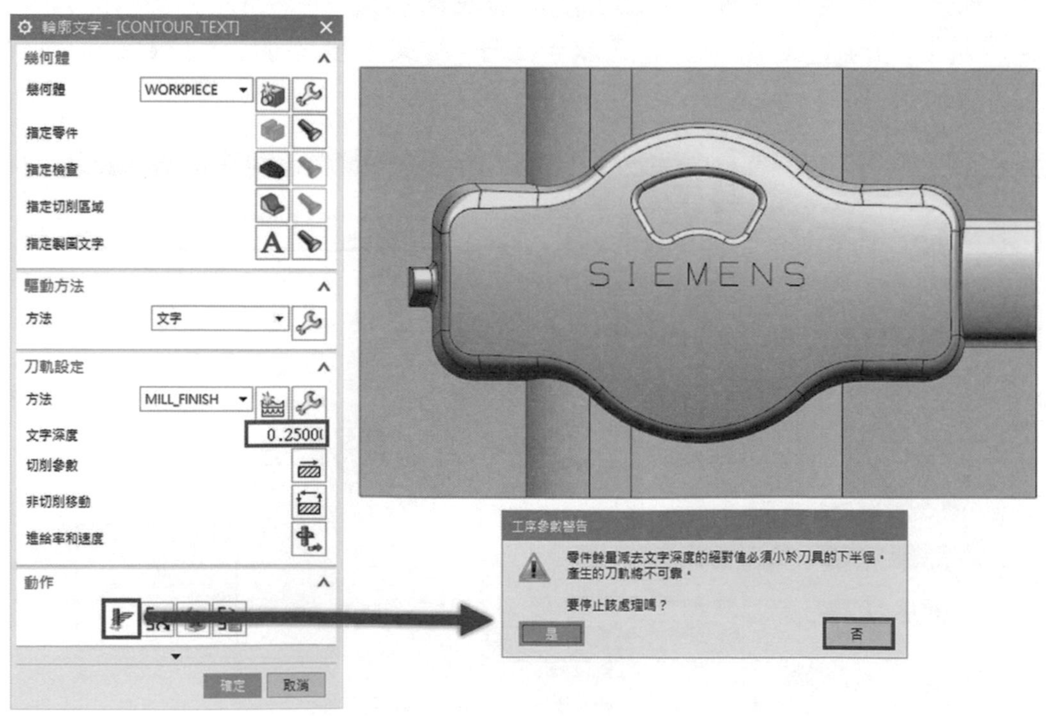

▲圖 8-11-6

⑦ 點擊「否」之後，刀軌路徑即完成文字投影加工。如圖 8-11-7。

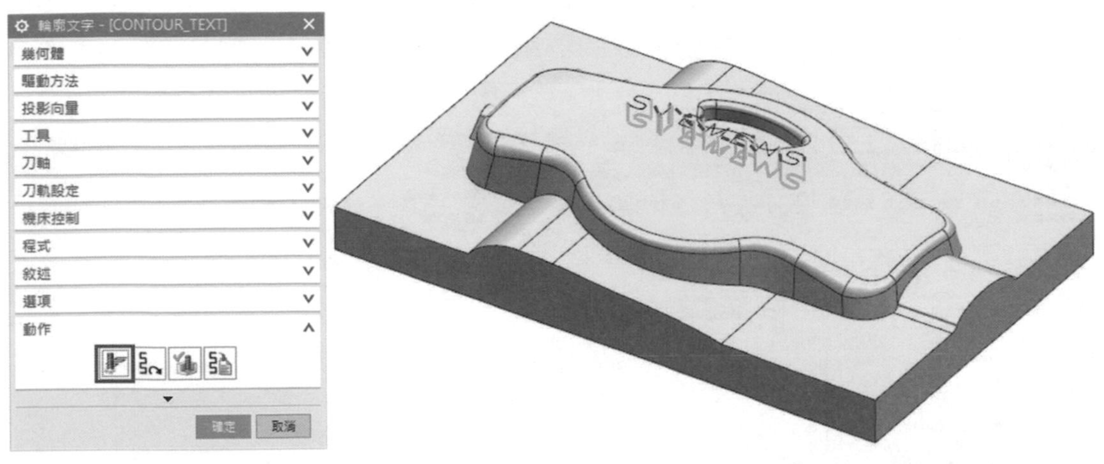

▲圖 8-11-7

⑧ 透過按鈕確認刀軌模擬，模擬單線體文字投影加工。如圖 8-11-8。

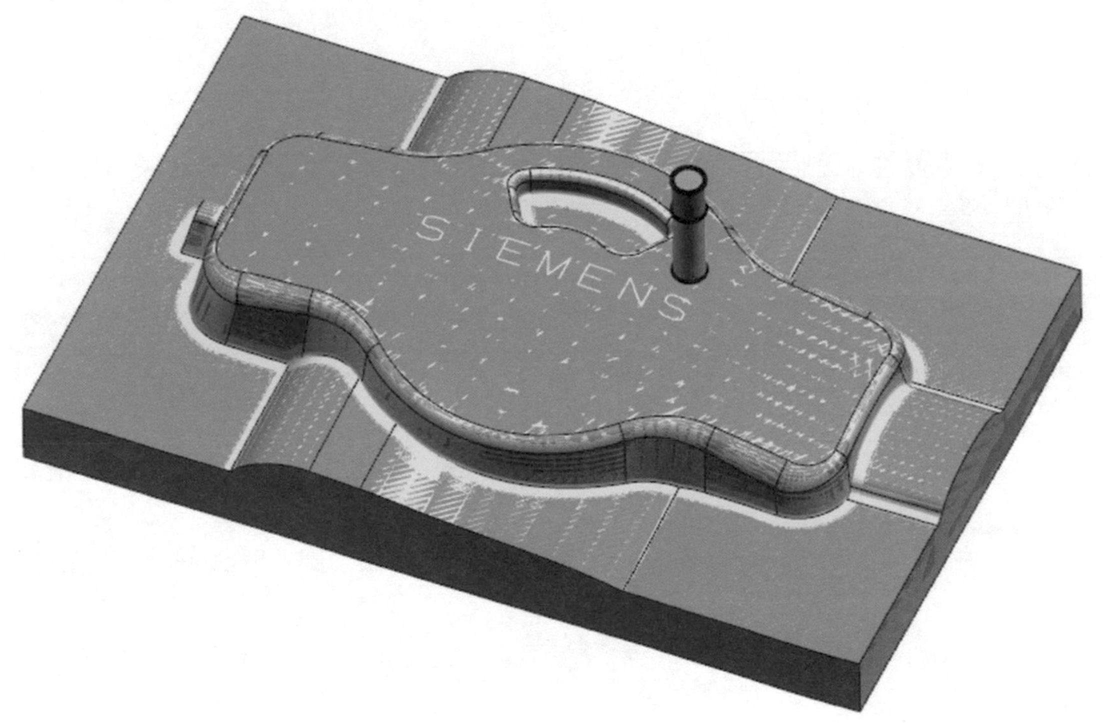

▲圖 8-11-8

學習 3D 曲面輪廓加工的功能與操作

❾ 在「曲線」➔「曲線工具列」中的群組，點選「文字」。如圖 8-11-9。

▲圖 8-11-9

❿ 在「文字屬性」對話框填寫「NX CAM」，並可輸入相關設定，文字類型、字型…等，文字大小可直接拖拉文字框的四周圓球。如圖 8-11-10。

▲圖 8-11-10

⑪ 進入程式順序視圖中對上一個工法滑鼠點擊右鍵 ➔「插入」➔「工序」，選擇類型「mill_contour」，選取子工序「 邊界加工 FIXED_CONTOUR 」。如圖 8-11-11。

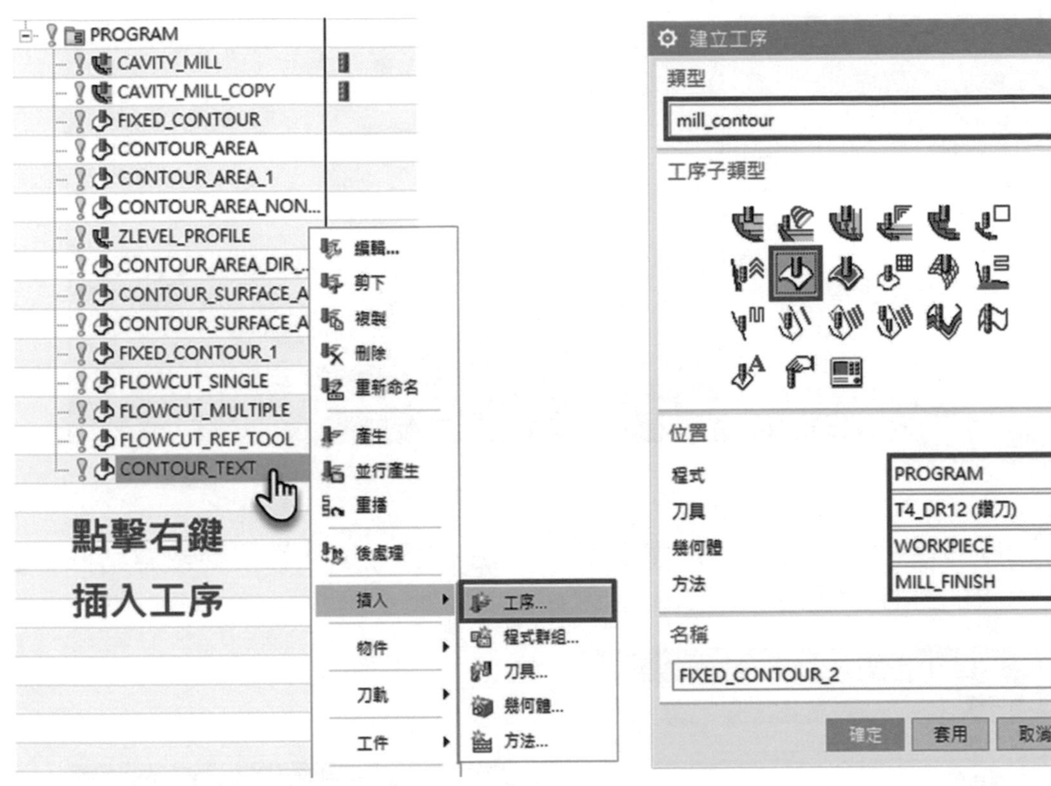

▲圖 8-11-11

⑫ 在驅動方法的對話框中，將方法選定為「曲線 / 點」。如圖 8-11-12。

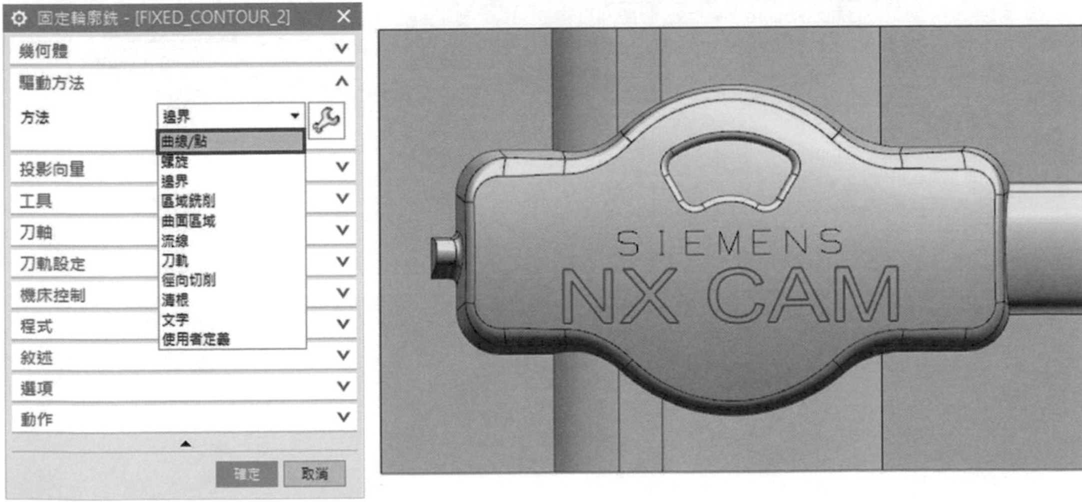

▲圖 8-11-12

⑬ 在「曲線 / 點」的驅動方法對話框中，點擊輪廓文字的線段，點擊一條連續的輪廓線段就必須點擊新增集 按鈕，以此類推，例如 A 的文字為兩條連續輪廓線段組成，就必須分開點選。如圖 8-11-13。

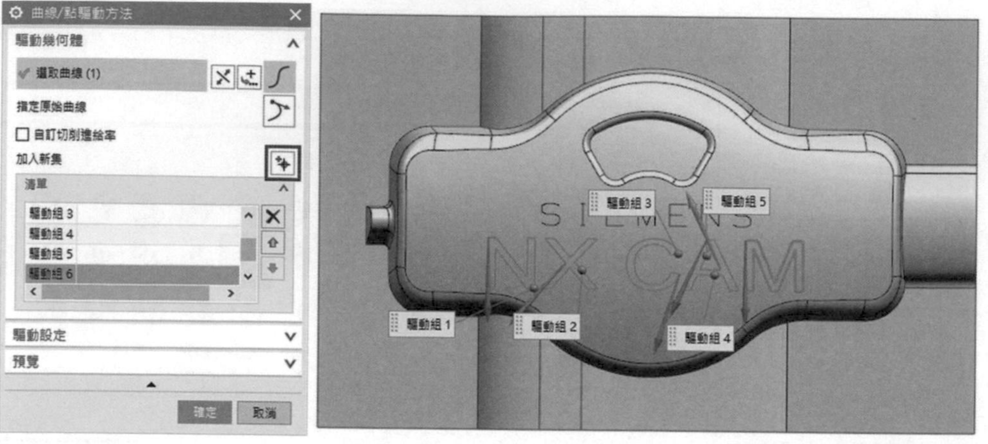

▲圖 8-11-13

⑭ 在刀軌設定的對話框中，點擊切削參數 按鈕，進入切削參數對話框，設置餘量的零件餘量為「-0.5mm」。如圖 8-11-14。

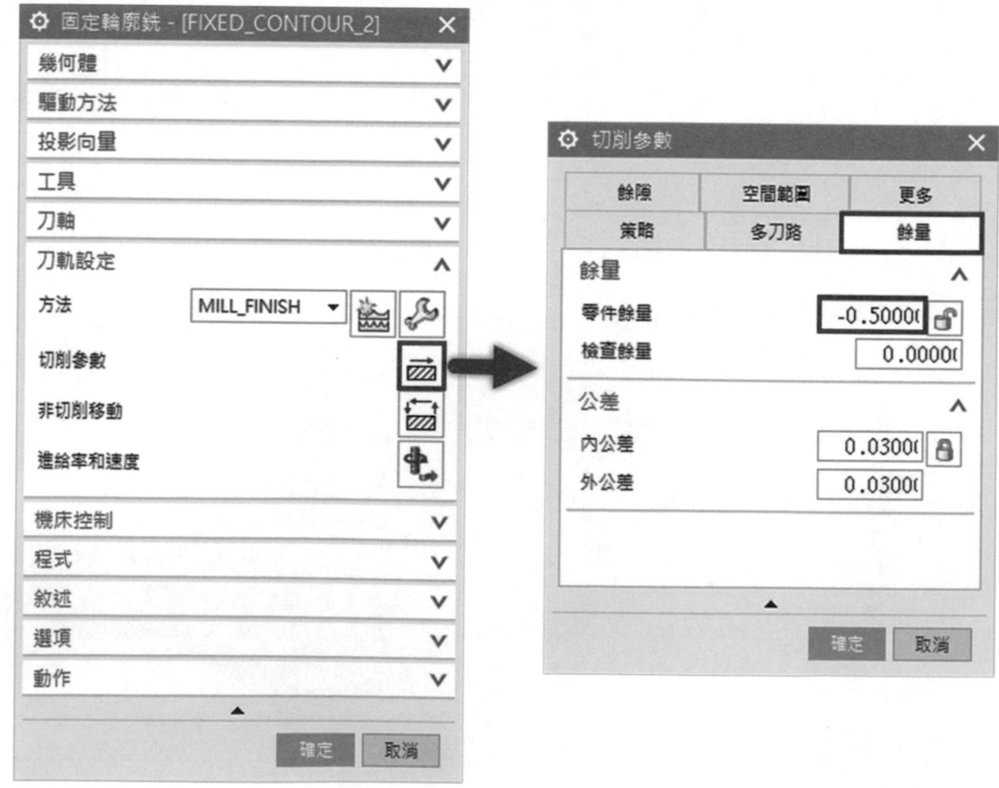

▲圖 8-11-14

⑮ 確定後，在刀軌設定的對話框中，點擊非切削移動 按鈕，進入非切削移動對話框，設置進刀的進刀類型為「插削」。如圖 8-11-15。

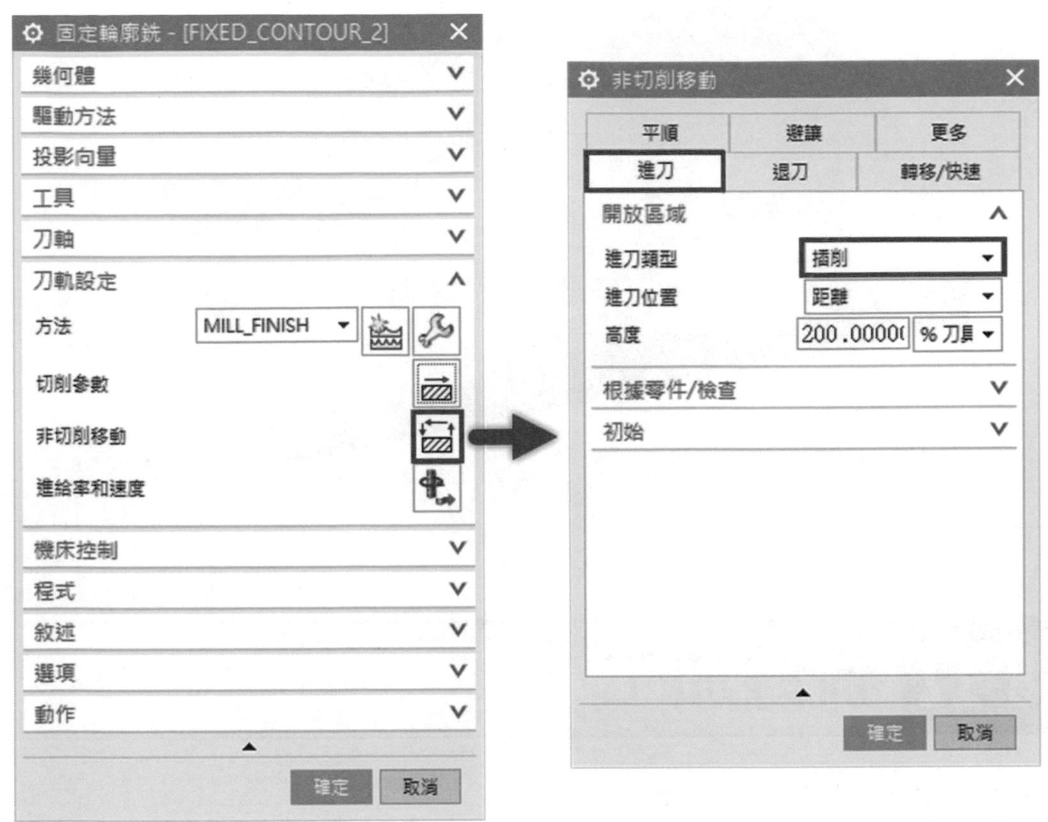

▲圖 8-11-15

⑯ 確定後，透過 按鈕產生刀軌路徑，此時產生警告訊息提醒刀具下半徑小於零，後續點擊「否」即可，點選後，即產生輪廓文字加工。如圖 8-11-16。

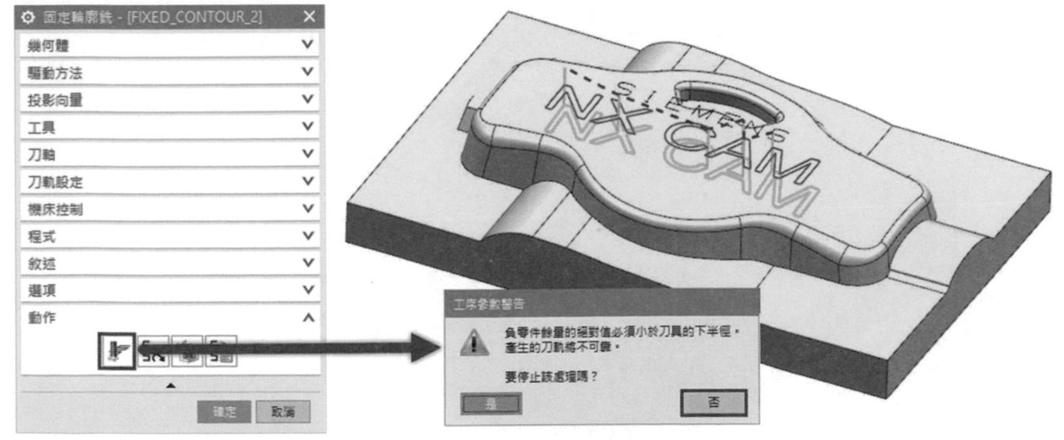

▲圖 8-11-16

⑰ 透過按鈕確認刀軌模擬，模擬輪廓體文字投影加工。如圖 8-11-17。

▲圖 8-11-17

8-12 流線加工

學習流線加工的功能與操作

範例三

❶ 由「檔案」➔「開啟」➔「NX CAM 標準課程」➔「第八章節」➔「流線加工-範例一.prt」➔「OK」。如圖 8-12-1。

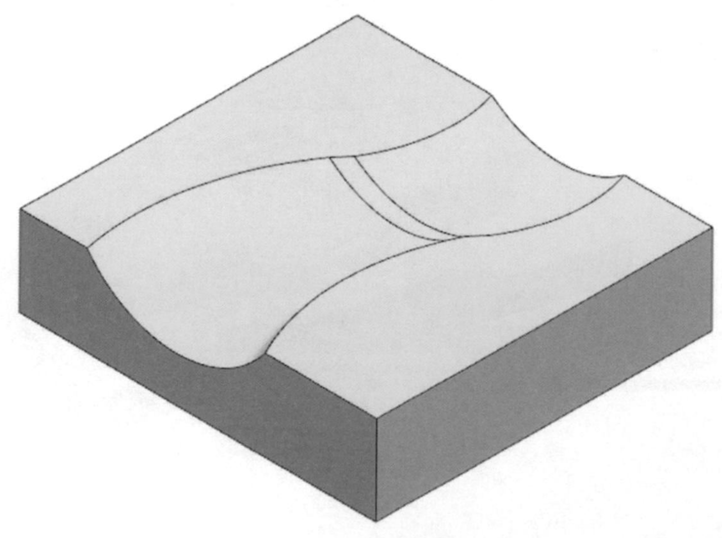

▲圖 8-12-1

❷ 進入程式順序視圖中對 PROGRAM 滑鼠點擊右鍵 ➔「插入」➔「工序」，選擇類型「mill_contour」，選取子工序「流線加工 STREAMLINE」。如圖 8-12-2。

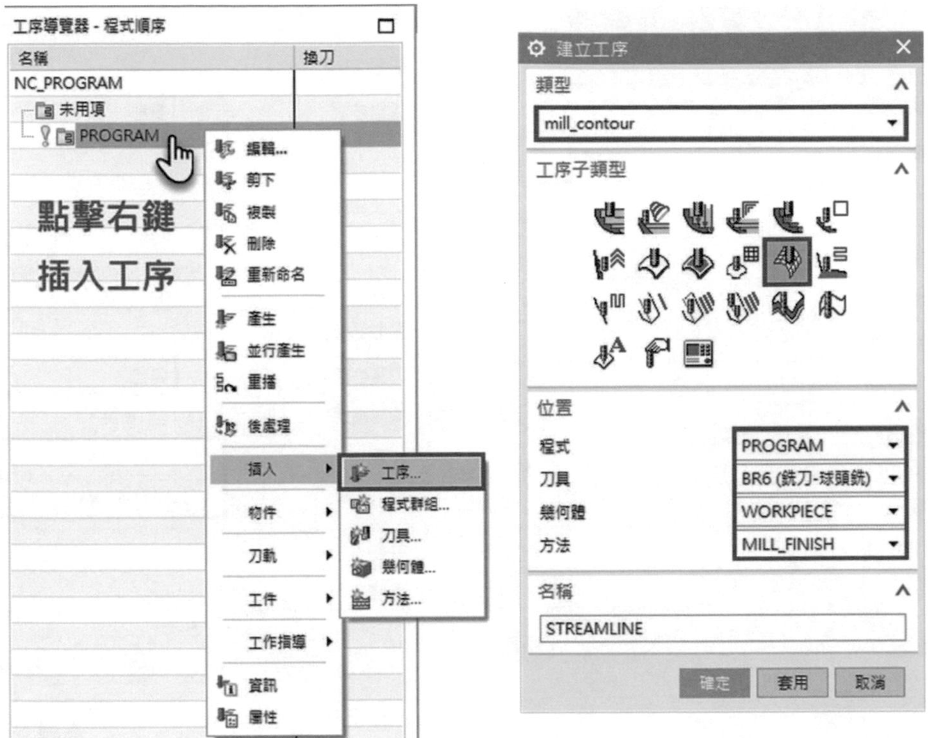

▲圖 8-12-2

❸ 點選確定後，在幾何體的對話框中，點擊指定切削區域，選取加工流道面。如圖 8-12-3。

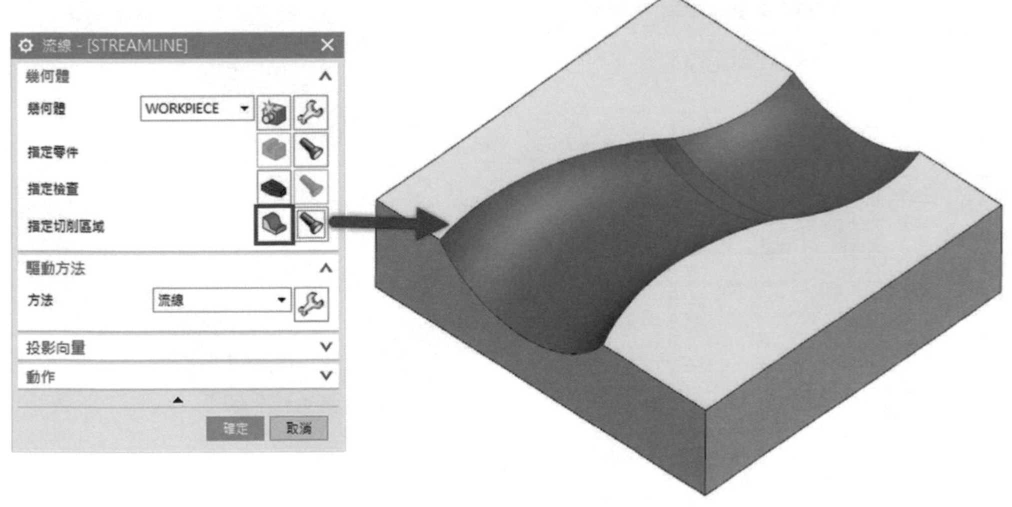

▲圖 8-12-3

❹點選確定後，首先需要在驅動方法的對話框中，選擇方法為「流線」，並點擊，進入「流線驅動方法」對話框，將驅動設定的刀具位置設定為「相切」，步距設定為「恆定」，最大距離為「2mm」。如圖 8-12-4。

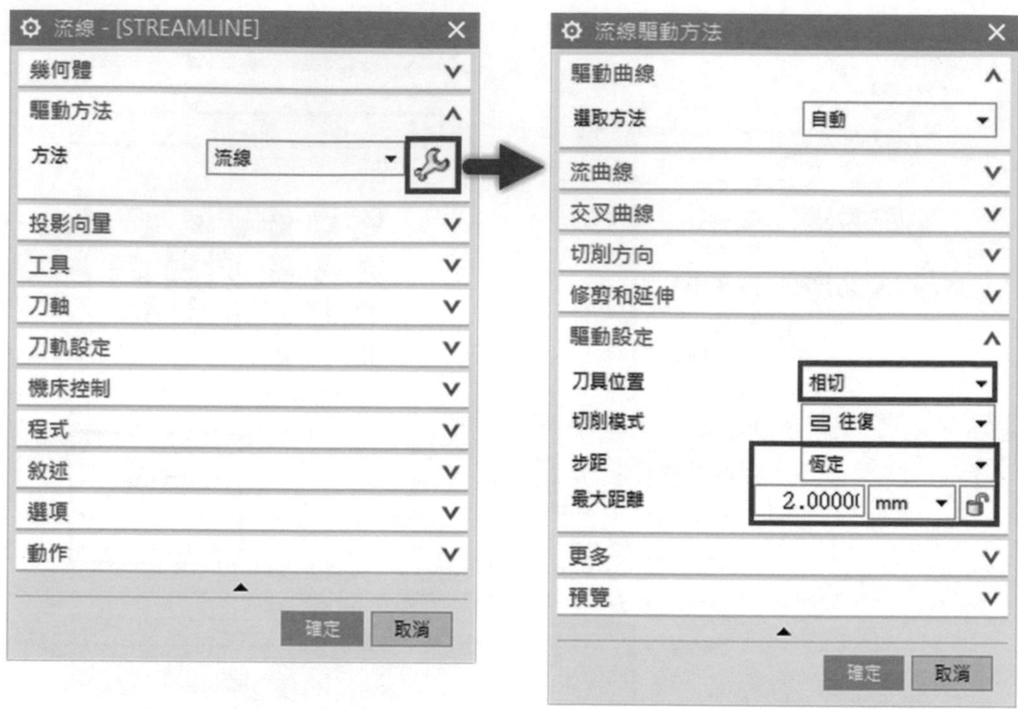

▲圖 8-12-4

❺確定後，透過按鈕產生刀軌路徑，此刀路可以針對複雜外型生成流線加工。如圖 8-12-5。

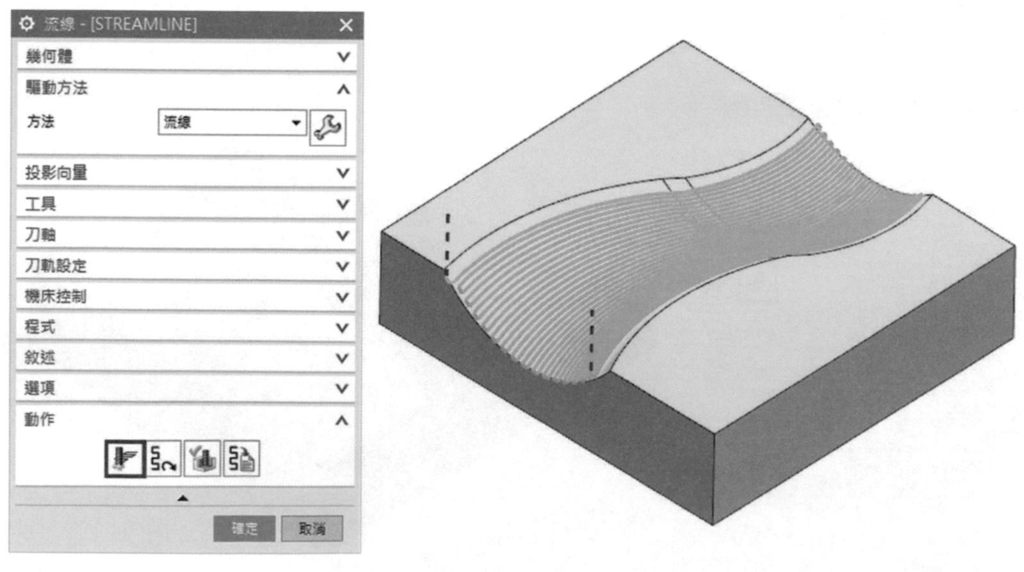

▲圖 8-12-5

流線加工手動設定

⑥ 進入程式順序視圖中對上一個工法滑鼠點擊右鍵 ➔「插入」➔「工序」，選擇類型「mill_contour」，選取子工序「流線加工 STREAMLINE」。如圖 8-12-6。

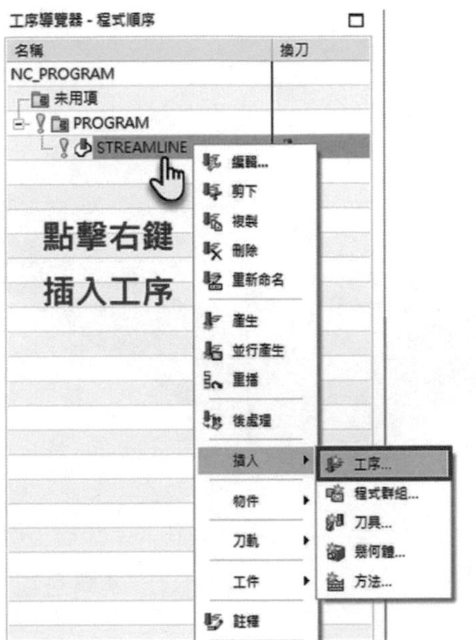

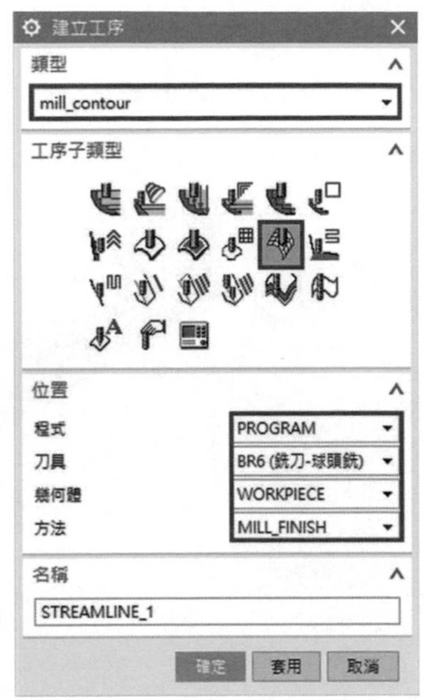

▲圖 8-12-6

⑦ 點選確定後，首先需要在驅動方法的對話框中，選擇方法為「流線」，並點擊 ，進入「流線驅動方法」對話框。如圖 8-12-7。

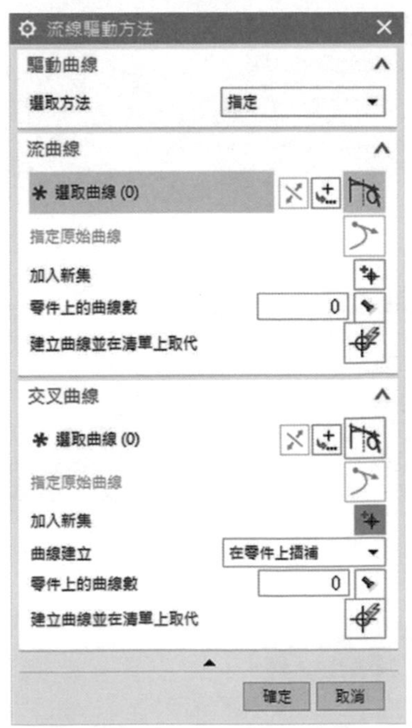

▲圖 8-12-7

❽ 在流線驅動方法的對話框中，設置「流曲線」。流曲線為路徑的形狀，點擊一條連續的輪廓線段就必須點擊新增集 按鈕，以此類推。注意流曲線箭頭方向必須方向一致。如圖 8-12-8。

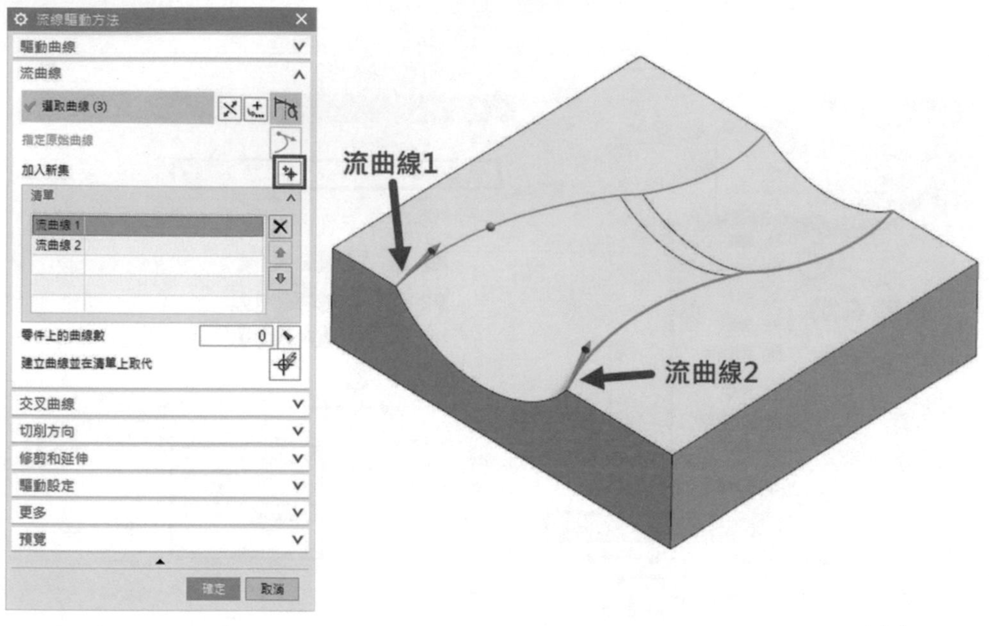

▲圖 8-12-8

❾ 在流線驅動方法的對話框中，設置「交叉曲線」。交叉曲線為路徑的投影位置，點擊一條連續的輪廓線段就必須點擊新增集 按鈕，以此類推。注意流曲線箭頭方向必須方向一致。如圖 8-12-9。

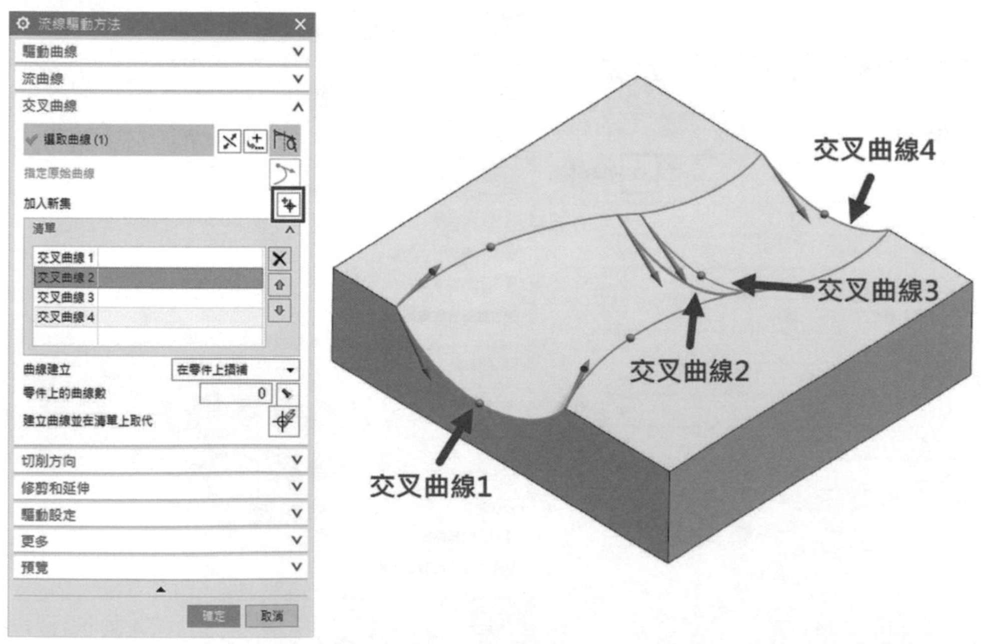

▲圖 8-12-9

⑩ 在流線驅動方法的對話框中，設置「切削方向」，指定進刀的方向。如圖 8-12-10。

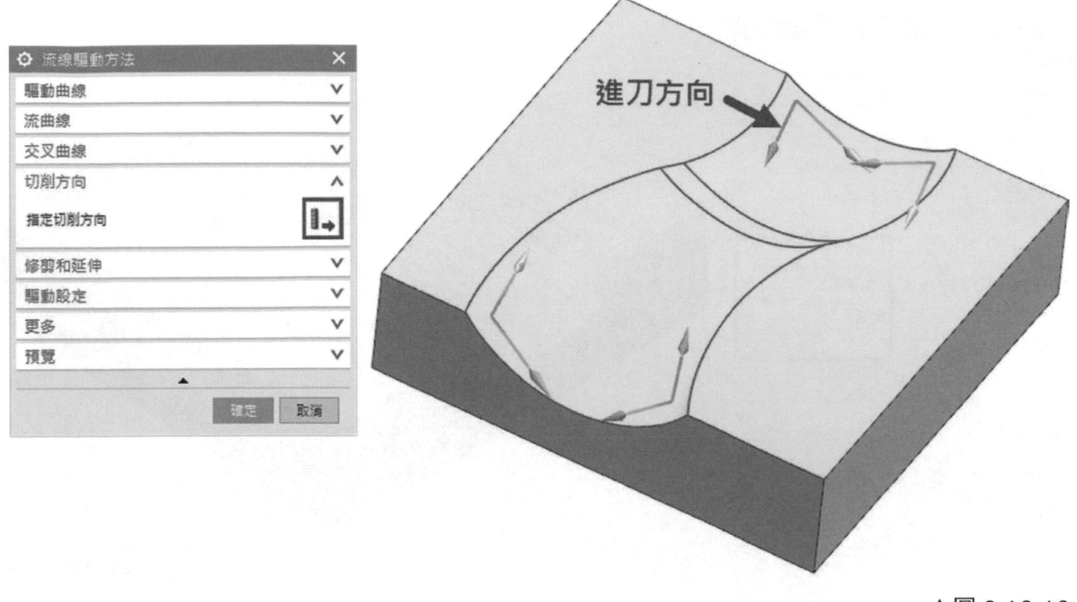

▲圖 8-12-10

⑪ 在流線驅動方法的對話框中，設置「修剪和延伸」，將路徑延伸或修剪為適當的長度，勾選「預覽」即可呈現預覽效過。如圖 8-12-11。

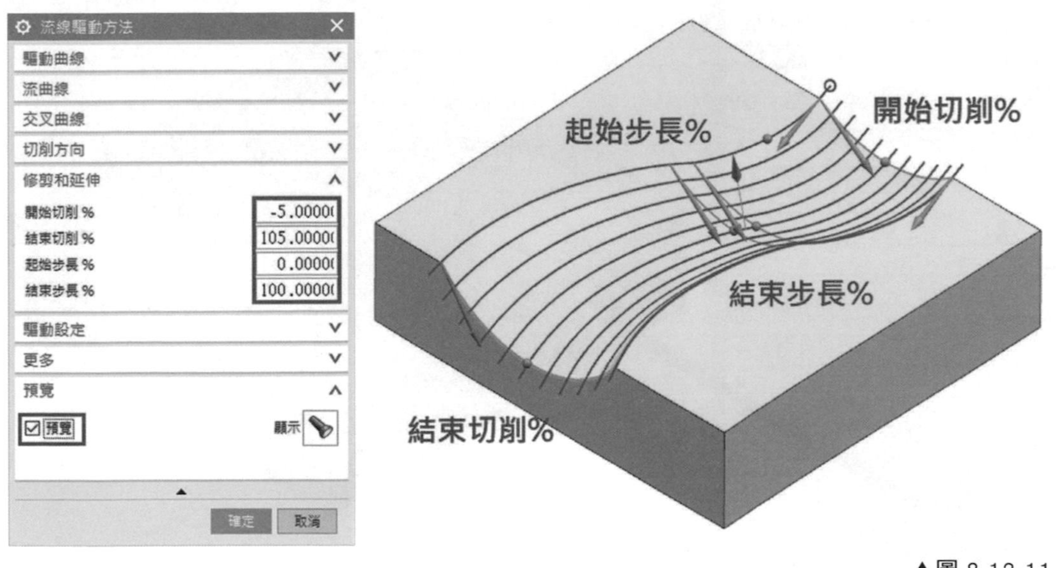

▲圖 8-12-11

⑫ 在流線驅動方法的對話框中，設置「驅動設定」，指定刀具位置「相切」、切削模式「往復」、步距「數量」、步距數「20」。如圖 8-12-12。

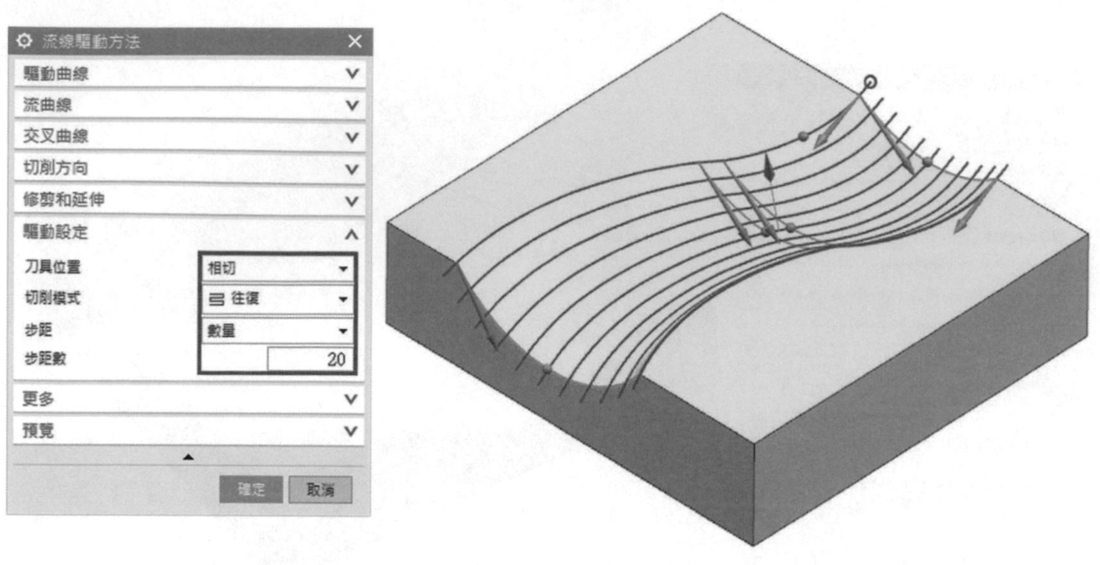

▲圖 8-12-12

⑬ 在幾何體的對話框中，設定幾何體為座標系「MCS_MILL」，由於路徑延伸時，路徑無實體面可投影，故不需要選擇實體件。如圖 8-12-13。

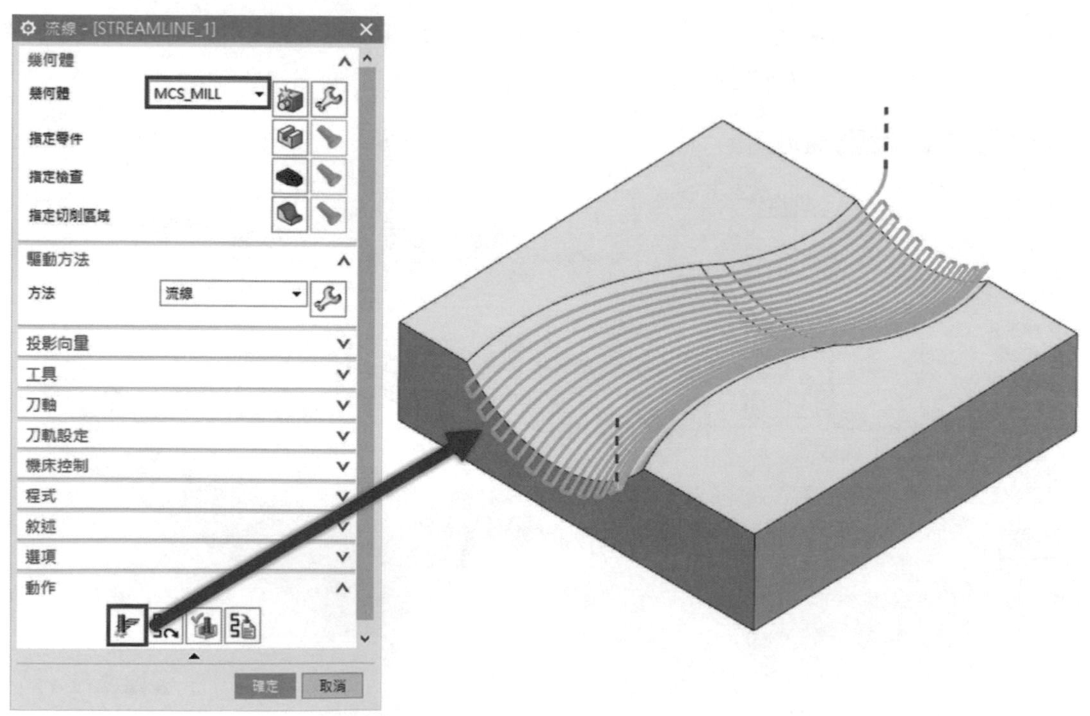

▲圖 8-12-13

流線加工－無須指定交叉曲線

範例四

⑭ 由「檔案」➔「開啟」➔「NX CAM 標準課程」➔「第八章節」➔「流線加工－範例二 .prt」➔「OK」。如圖 8-12-14。

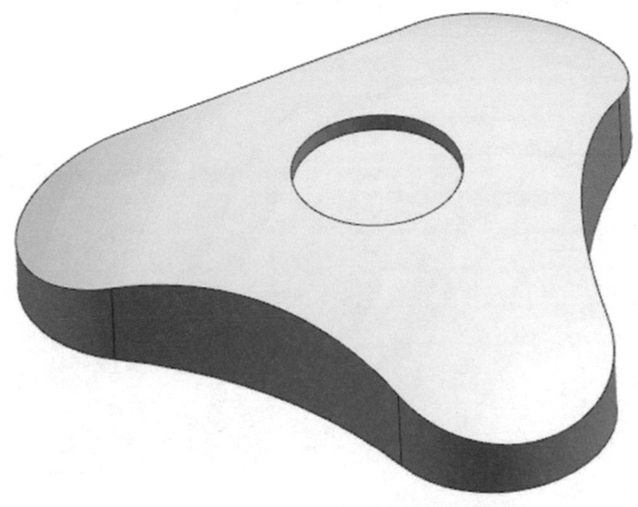

▲圖 8-12-14

⑮ 進入程式順序視圖中對 PROGRAM 滑鼠點擊右鍵 ➔「插入」➔「工序」，選擇類型「mill_contour」，選取子工序「流線加工 STREAMLINE」。如圖 8-12-15。

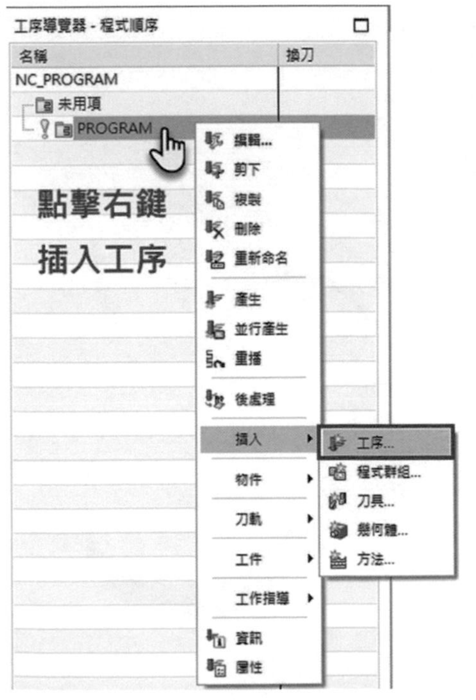

▲圖 8-12-15

⑯點選確定後，首先需要在驅動方法的對話框中，選擇方法為「流線」，並點擊 [icon]，進入「流線驅動方法」對話框。如圖 8-12-16。

▲圖 8-12-16

⑰在流線驅動方法的對話框中，設置「流曲線」。流曲線為路徑的形狀，點擊一條連續的輪廓線段就必須點擊新增集 [icon] 按鈕，以此類推。注意流曲線箭頭方向必須方向一致。如圖 8-12-17。

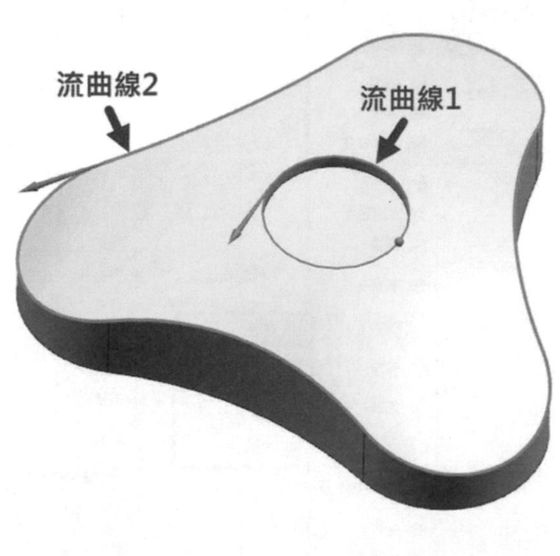

▲圖 8-12-17

⑱ 在流線驅動方法的對話框中，設置「驅動設定」。將刀具位置設定為「對中」，切削模式定為「螺旋或螺旋式」，步距為「恆定」，最大距離為「3mm」。如圖 8-12-18。

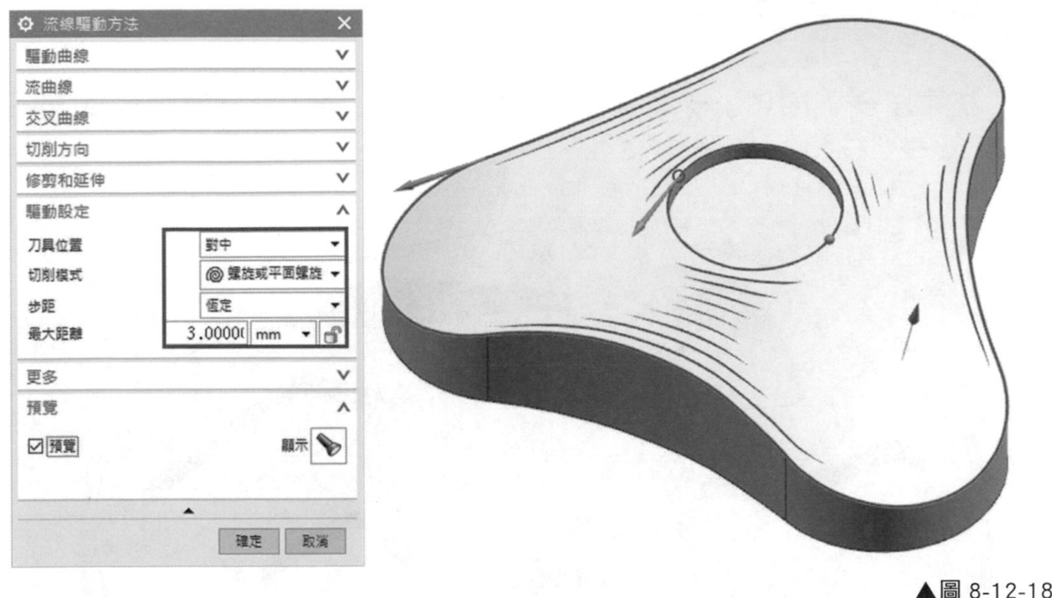

▲圖 8-12-18

⑲ 確定後，透過 按鈕產生刀軌路徑，此刀路可以針對複雜外型生成流線加工。如圖 8-12-19。

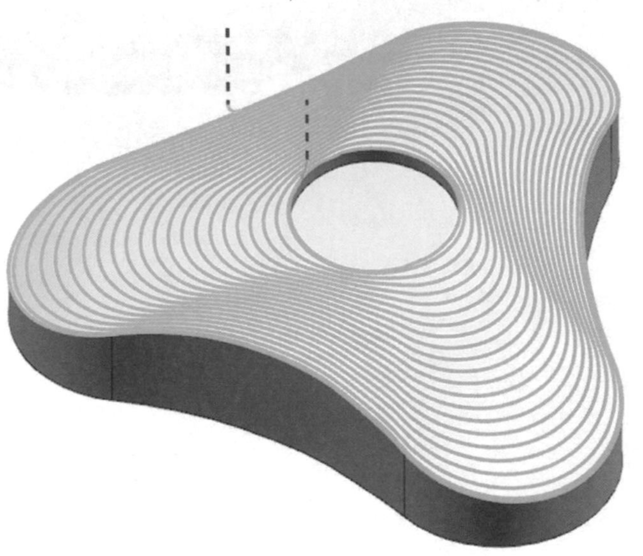

▲圖 8-12-19

8-13 實體 3D 輪廓加工

學習實體 3D 輪廓加工的功能與操作

範例二

❶於「檔案」➔「開啟」➔「NX CAM 標準課程」➔「第八章節」➔「輪廓 3D.prt」➔「OK」。如圖 8-13-1。

▲圖 8-13-1

❷ 進入程式順序視圖中對上一個工法滑鼠點擊右鍵 ➔「插入」➔「工序」，選擇類型「mill_contour」，選取子工序「實體 3D SOLID_PROFILE_3D」。如圖 8-13-2。

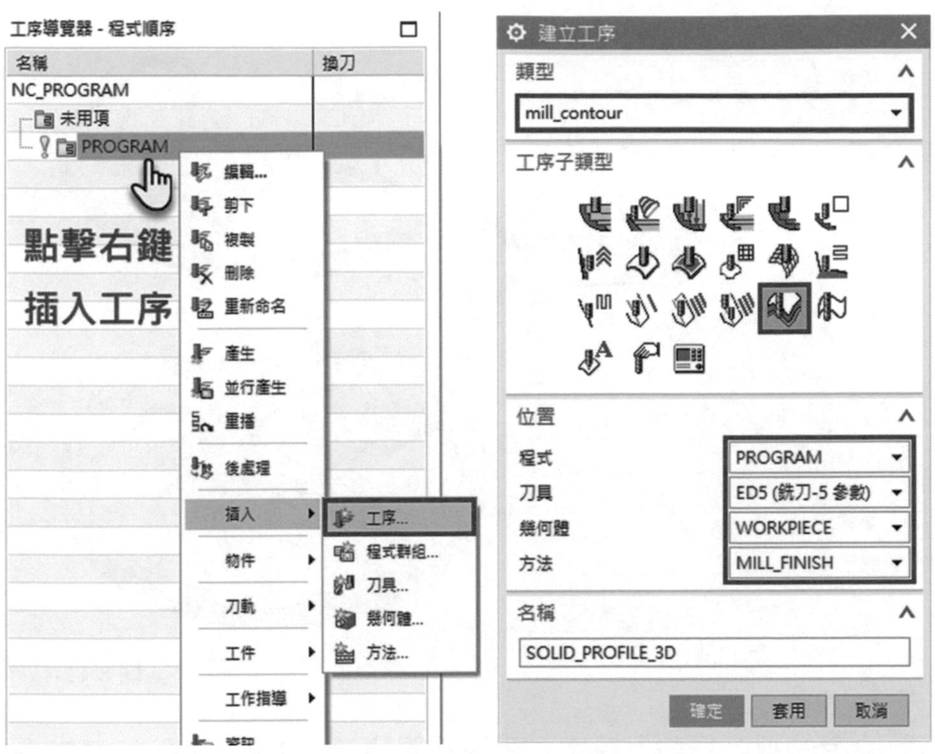

▲圖 8-13-2

❸ 點選確定後，在幾何體的對話框中，點擊指定壁，選取加工壁的面。如圖 8-13-3

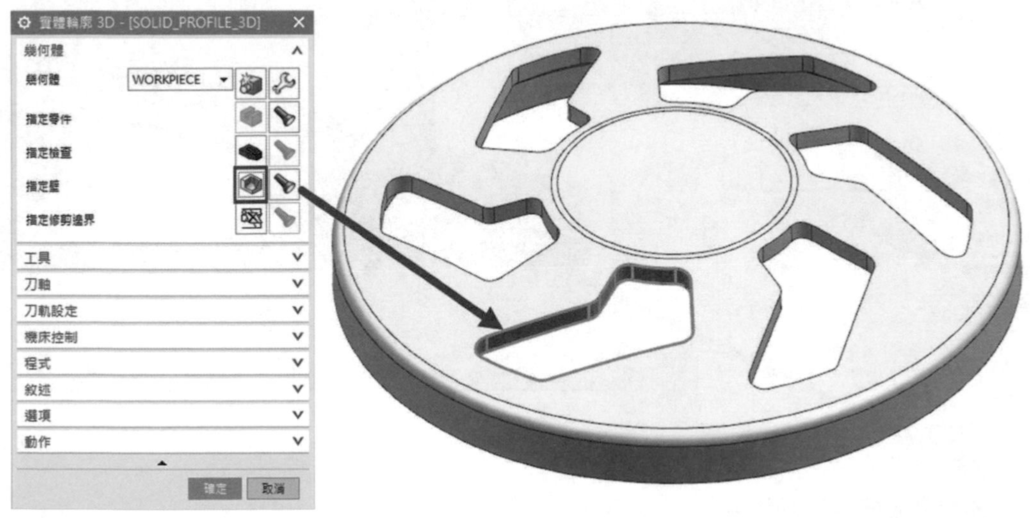

▲圖 8-13-3

❹ 在刀軌設定的對話框中，設定加工路徑跟隨可以設置「壁的底部」與「壁的頂部」二種策略。如圖 8-13-4。

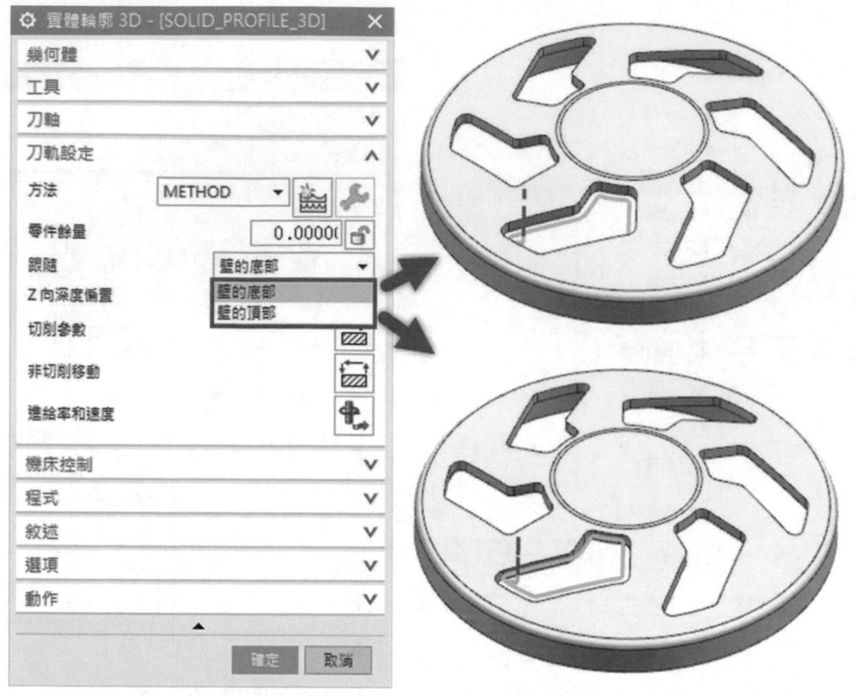

▲圖 8-13-4

❺ 在刀軌設定的對話框中，設定加工路徑跟隨於「壁的底部」，Z 向深度偏置為「3mm」，確定後，透過 按鈕產生刀軌路徑，此刀路的刀具底部可依照輪廓 3D 等距離偏置向下出刀 3mm。如圖 8-13-5。

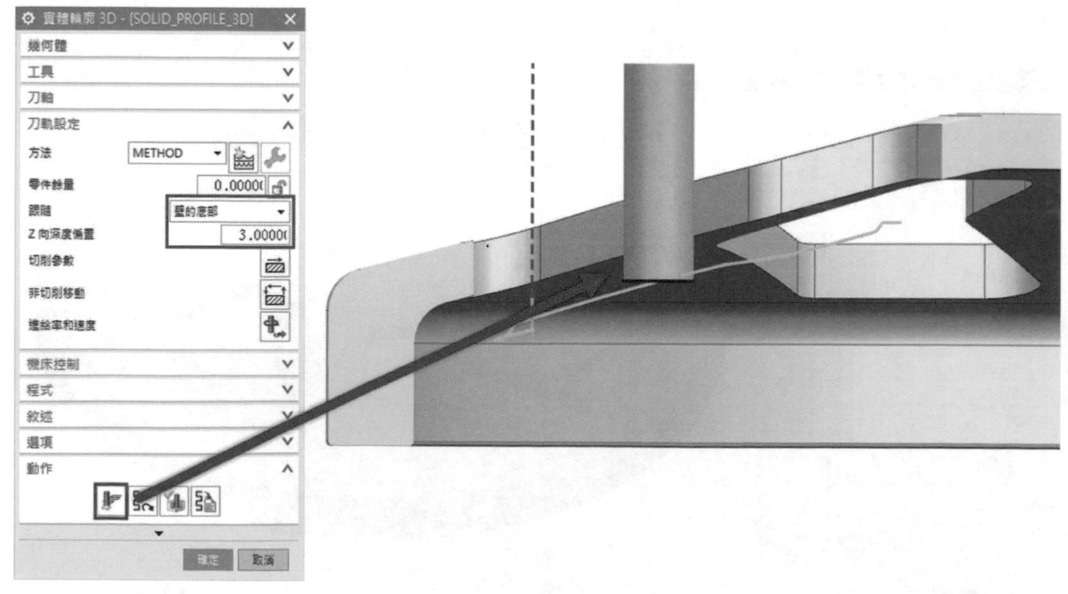

▲圖 8-13-5

❻ 在刀軌設定的對話框中，點擊非切削參數按鈕，在「開始 / 鑽點」的預設區域，設定「區域起點」的「指定點」位置在外型凸邊處，使進退刀減少干涉的可能。如圖 8-13-6。

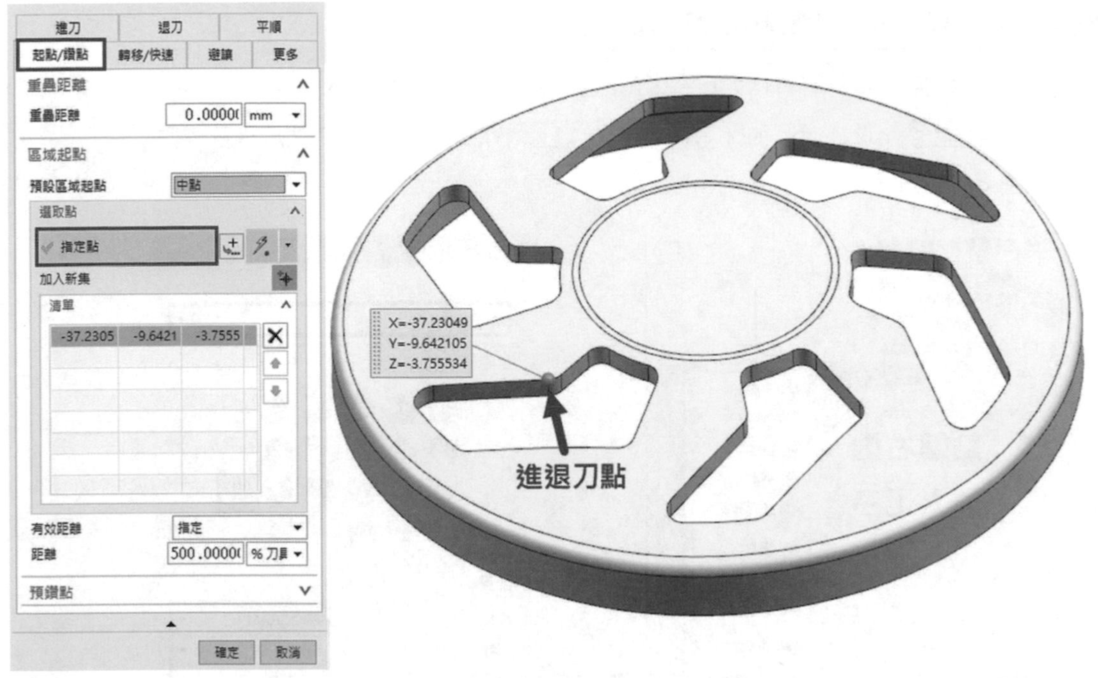

▲圖 8-13-6

❼ 確定後，透過按鈕產生刀軌路徑，此刀路可以針對模型 3D 側壁加工。如圖 8-13-7。

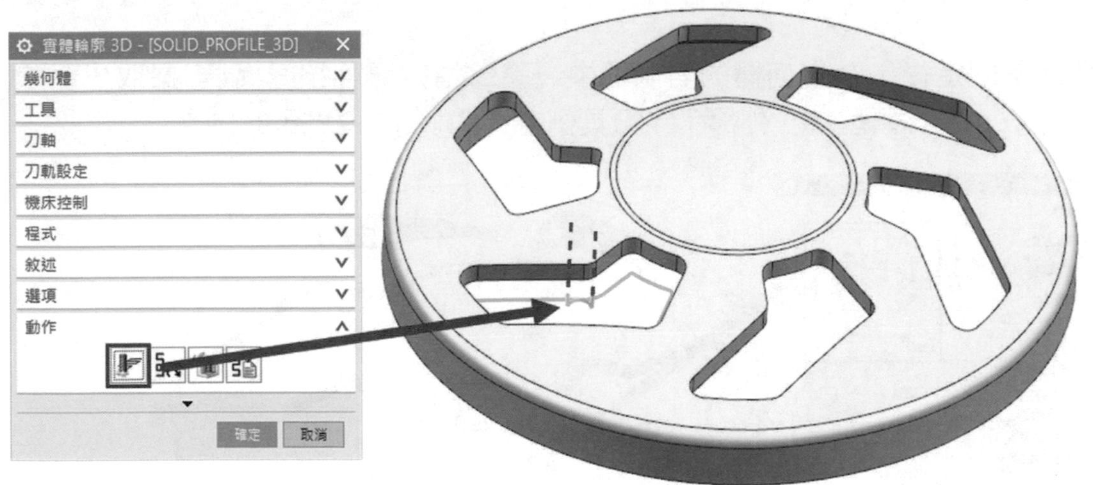

▲圖 8-13-7

8-14 邊界 3D 輪廓加工

學習邊界 3D 輪廓加工的功能與操作

❶ 進入程式順序視圖中對上一個工法滑鼠點擊右鍵 ➔「插入」➔「工序」，選擇類型「mill_contour」，選取子工序「邊界 3D PROFILE_3D」。如圖 8-14-1。

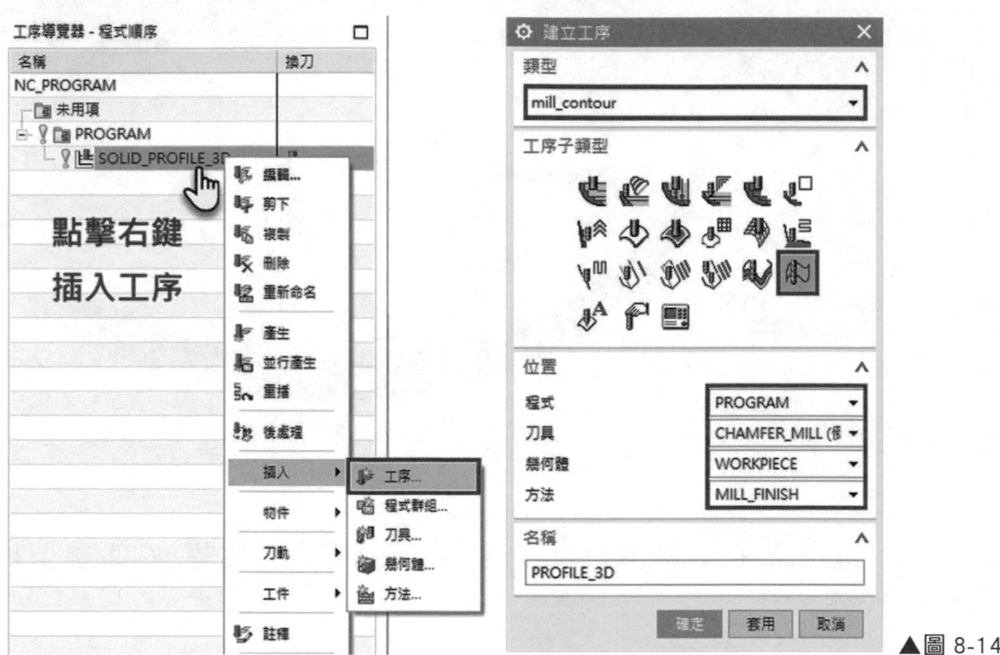

▲圖 8-14-1

❷ 點選確定後，在幾何體的對話框中，點擊指定零件邊界 ，選取「曲線 / 邊」，邊界類型為「外部」，刀具側為「內側」。如圖 8-14-2。

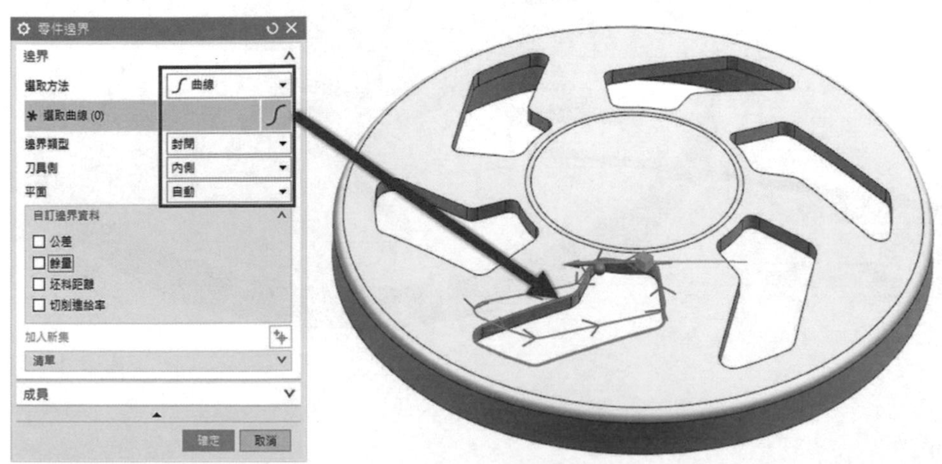

▲圖 8-14-2

❸ 自訂邊界資料將「餘量」勾選並設置「0.5mm」，所有輪廓成員的刀具位置設置「開（對中）」。如圖 8-14-3

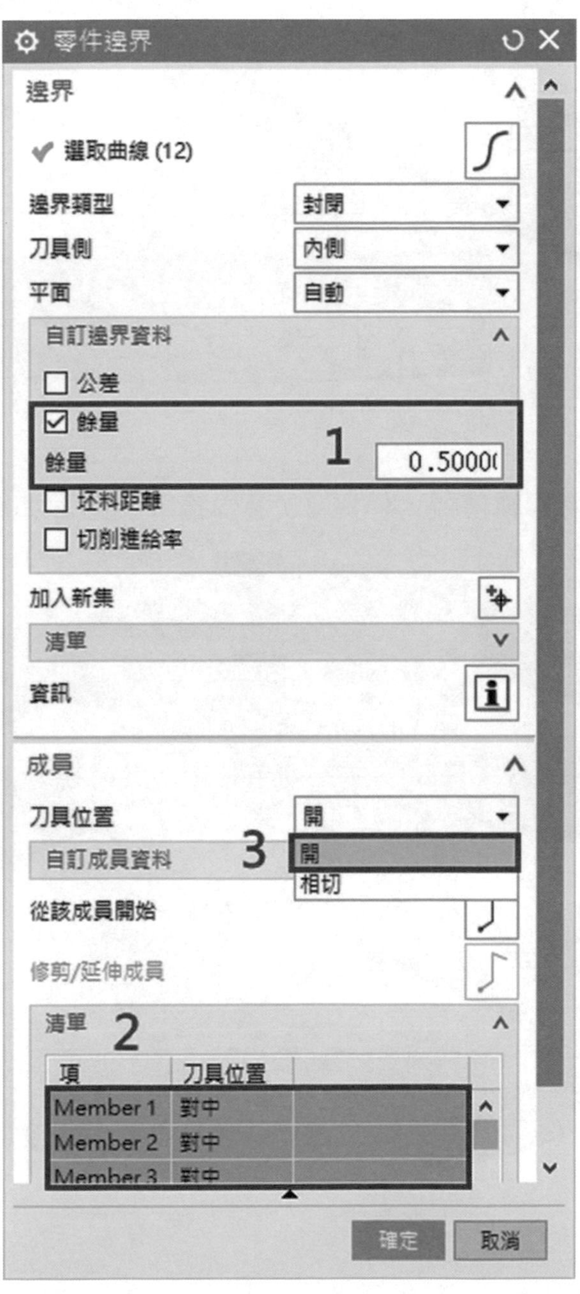

▲圖 8-14-3

❹ 在刀軌設定的對話框中，Z 向深度偏置設定向下「1.5mm」。確定後，透過 按鈕產生刀軌路徑，此刀路可以針對模型邊緣加工 3D 倒角。如圖 8-14-4。

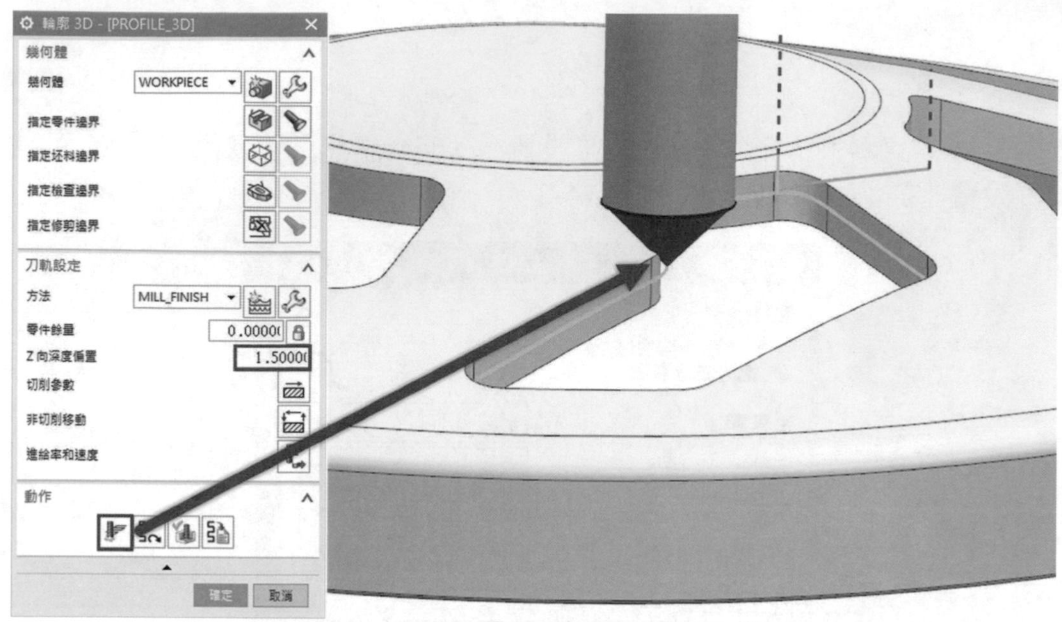

▲圖 8-14-4

❺ 透過 按鈕確認刀軌模擬，模擬 3D 邊界輪廓加工。如圖 8-14-5。

▲圖 8-14-5

CHAPTER

程式輸出規劃

章節介紹 藉由此課程，您將會學到：

9-1 路徑顯示工具

學習路徑顯示工具應用

❶ 由「檔案」➔「開啟」➔「NX CAM 標準課程」➔「第九章節」➔「範例一.prt」。如圖 9-1-1。

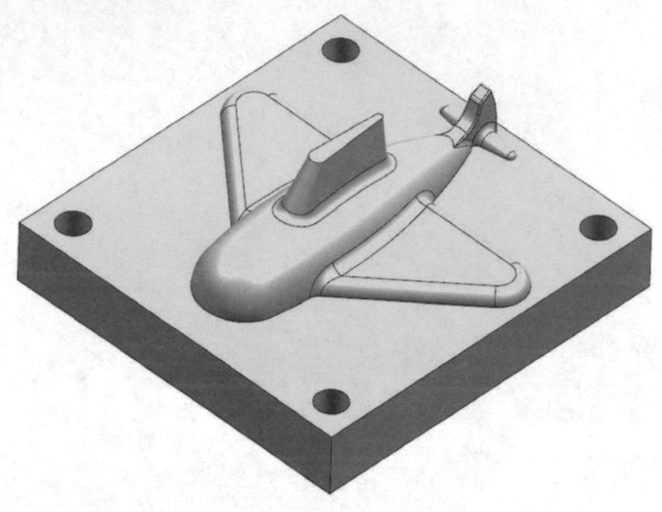

▲圖 9-1-1

❷ 在「首頁」的功能表中，尋找「顯示」工具列。如圖 9-1-2。

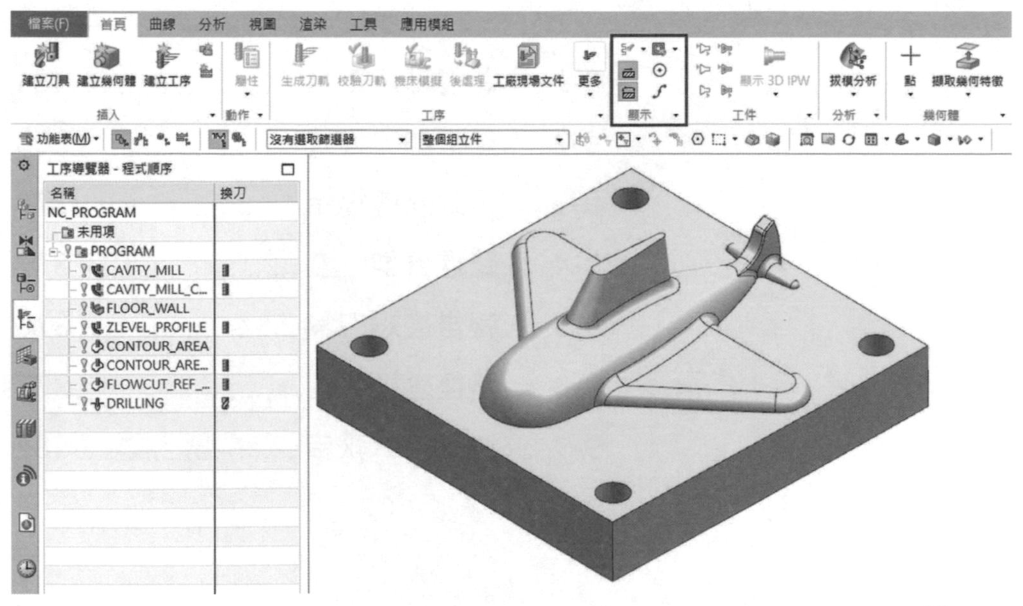

▲圖 9-1-2

❸ 選擇加工工法，點擊「顯示刀軌」按鈕為顯示所有選擇的工法路徑，而「重播刀軌」按鈕則是顯示選擇中的最後一項工法路徑。如圖 9-1-3。

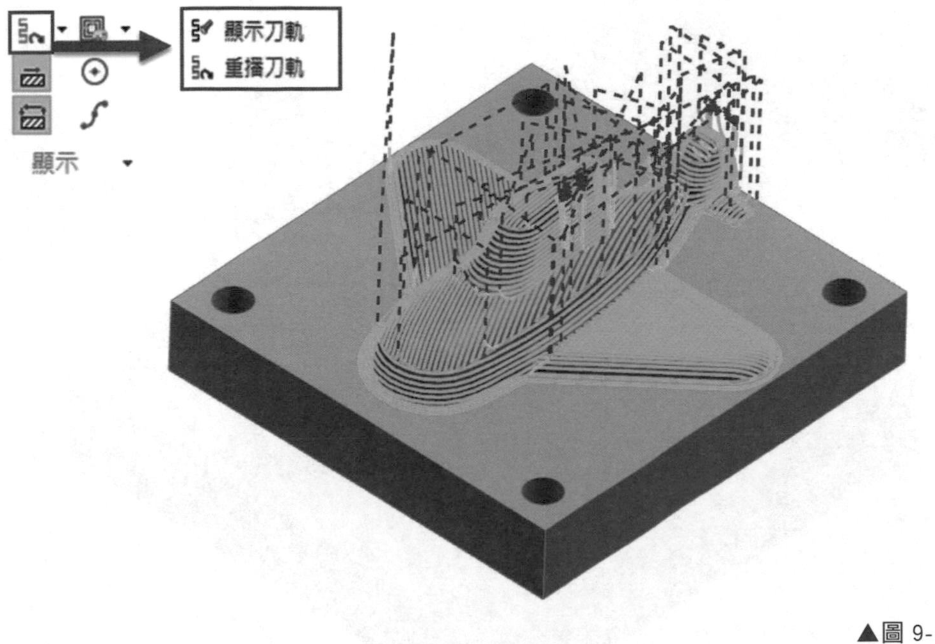

▲圖 9-1-3

❹ 若只選擇顯示中的「顯示切削路徑」按鈕，非切削移動刀路就會隱藏。如圖 9-1-4。

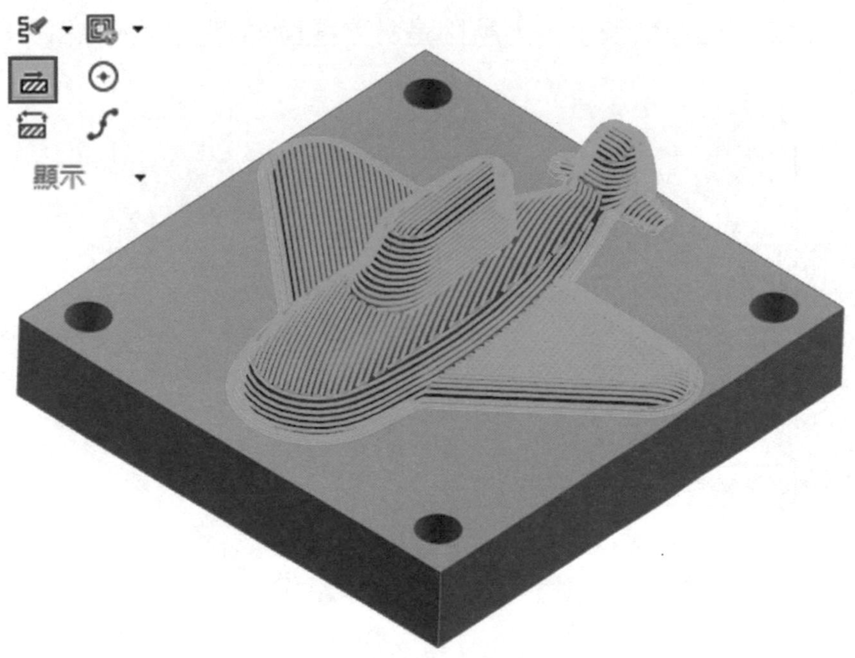

▲圖 9-1-4

❺ 若只選擇顯示中的「顯示非切削路徑」，切削移動刀路就會隱藏。如圖 9-1-5。

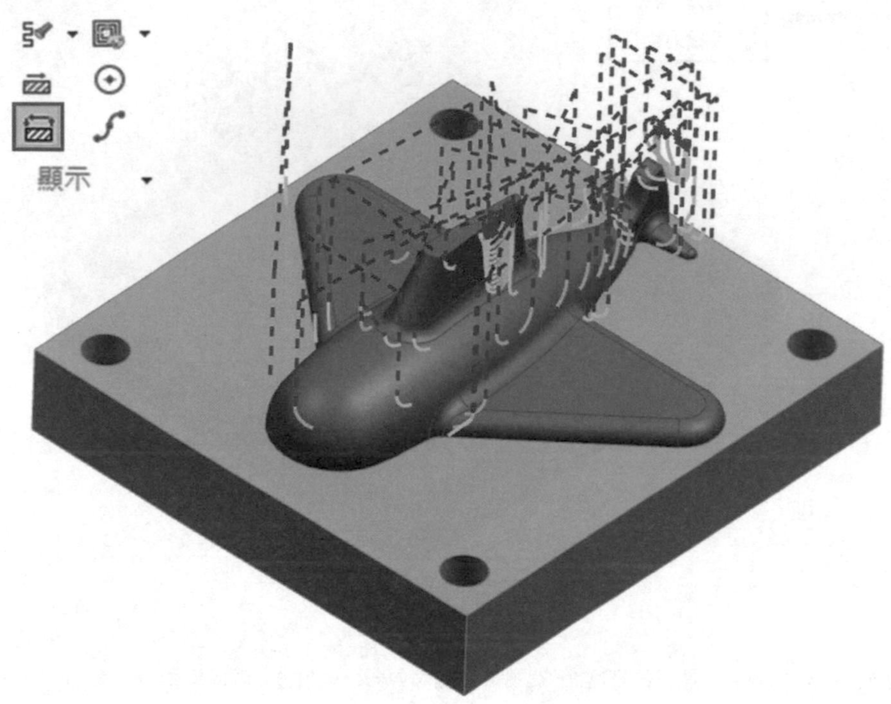

▲圖 9-1-5

❻ 若選擇顯示中的「運動類型」，刀軌則是針對運動類型上色。如圖 9-1-6。

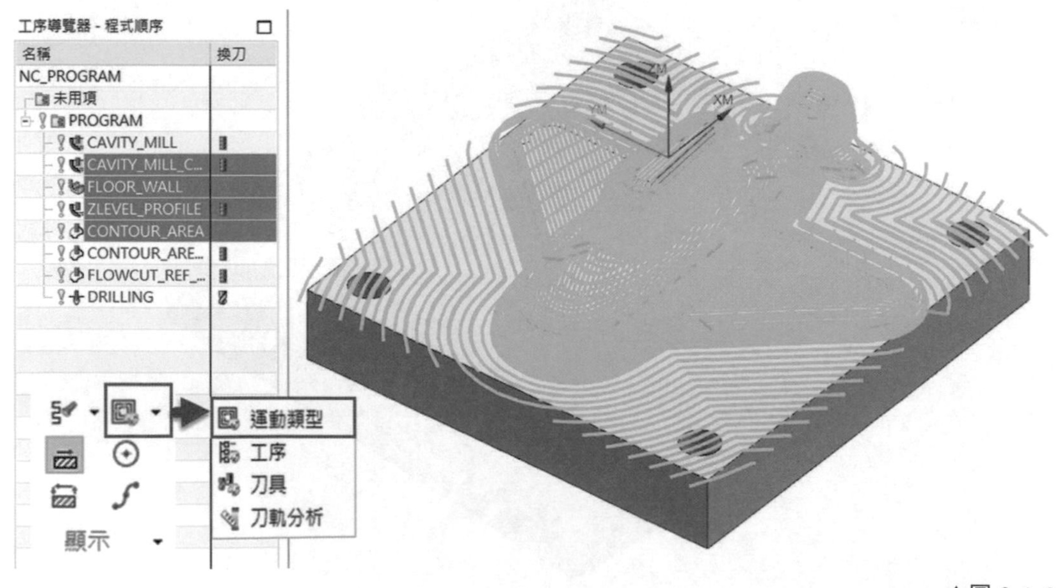

▲圖 9-1-6

❼若選擇顯示中的「工序」，刀軌則是針對不同工序上色。如圖 9-1-7。

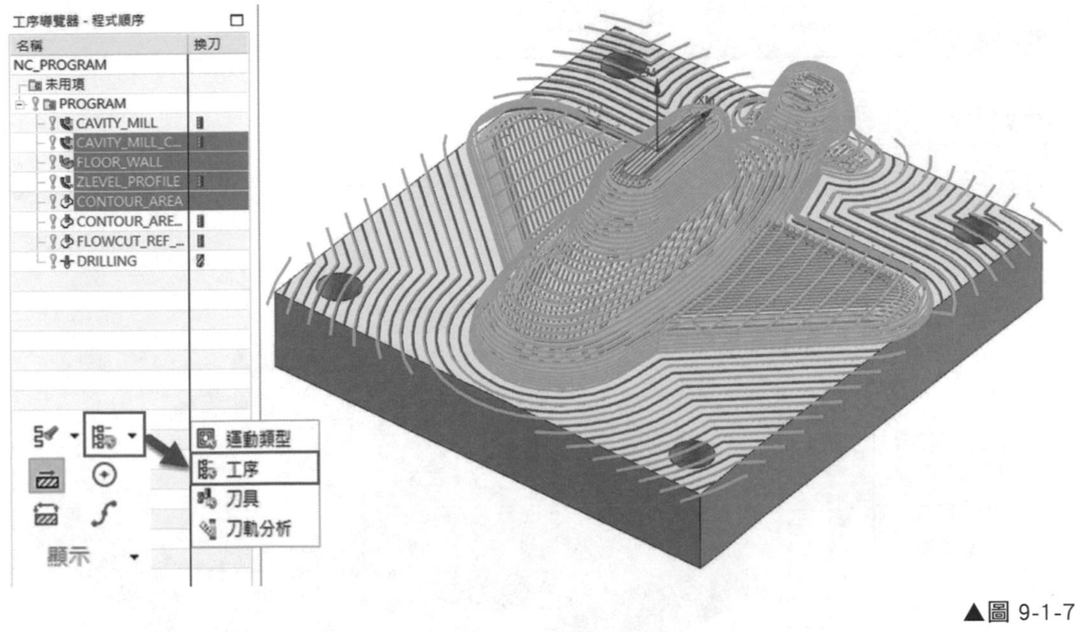

▲圖 9-1-7

❽若選擇顯示中的「刀具」，刀軌則是針對不同刀具上色。如圖 9-1-8。

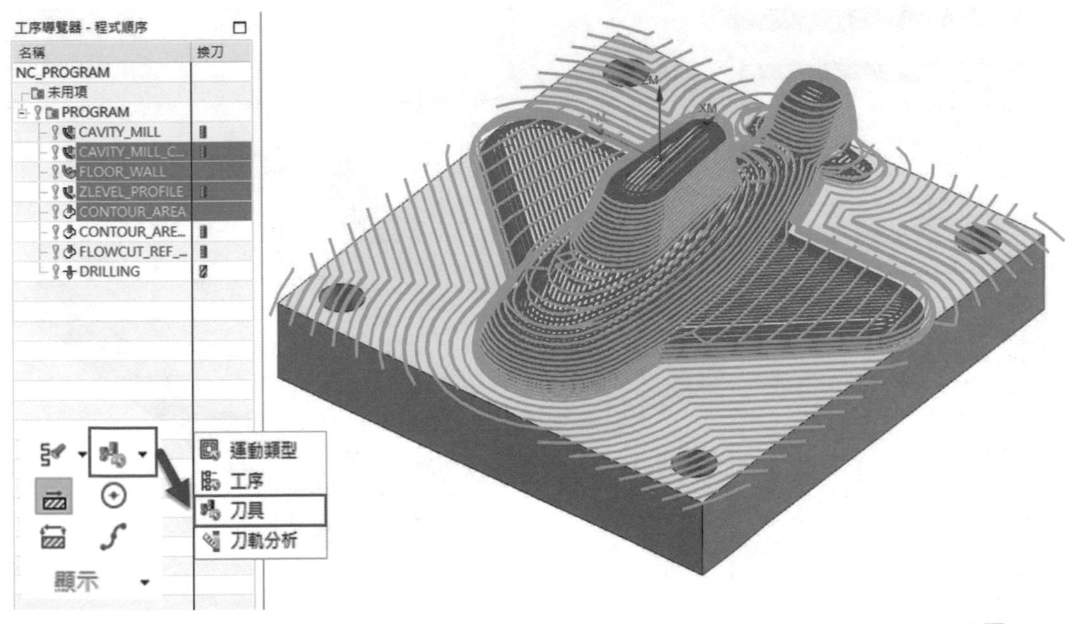

▲圖 9-1-8

9-2 產生加工程式

學習後處理輸出加工程式

❶ 進入程式順序視圖中對 PROGRAM 滑鼠點擊右鍵 →「後處理」。如圖 9-2-1。

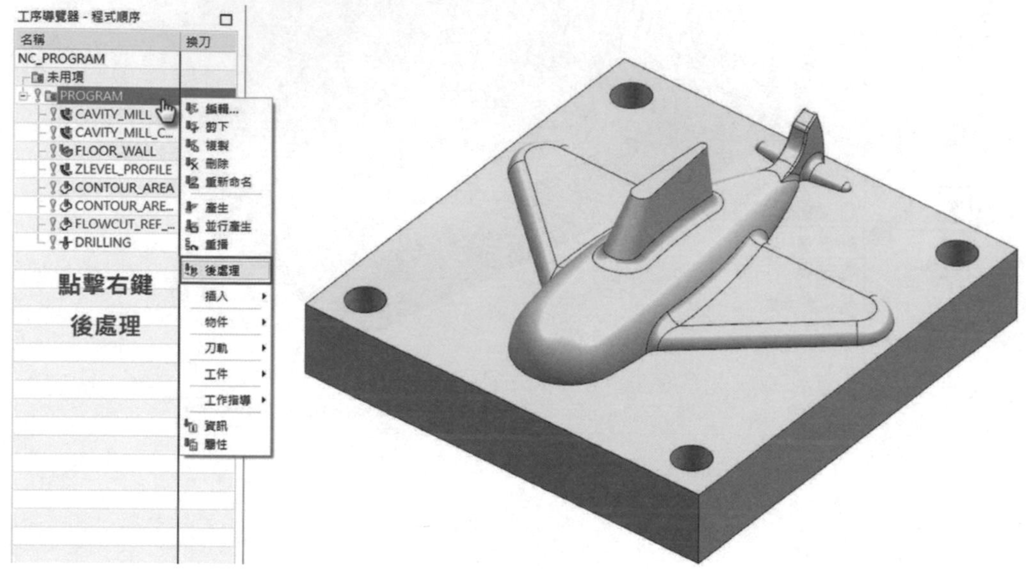

▲圖 9-2-1

❷ 在後處理的對話框中，可以輸出各種後處理類型、名稱、位置。如圖 9-2-2。

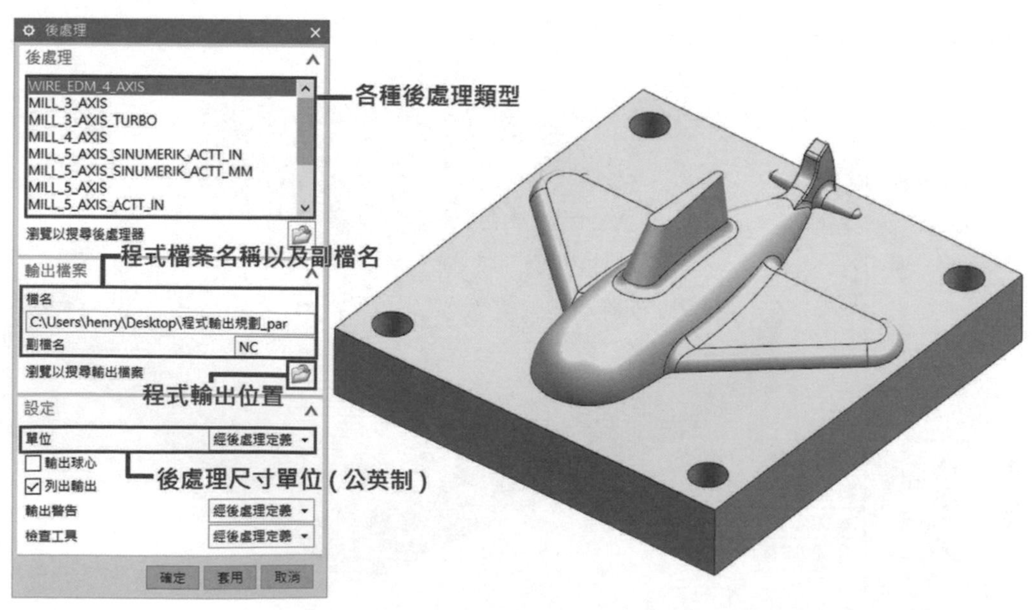

▲圖 9-2-2

③ 確定後，即可產生加工後處理，依據加工機台控制器的不同，產生機台可執行加工運動的程式碼。如圖 9-2-3。

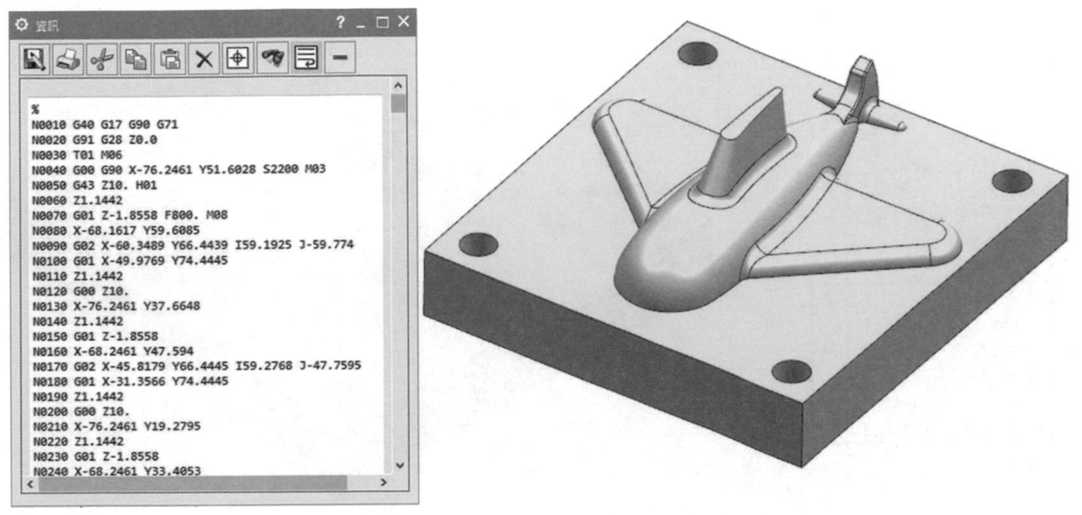

▲圖 9-2-3

④ 在程式群組的對話框中，可以依照不同的加工型態、模式，單獨建構程式群組，依照程式群組規劃加工順序流程。如圖 9-2-4。

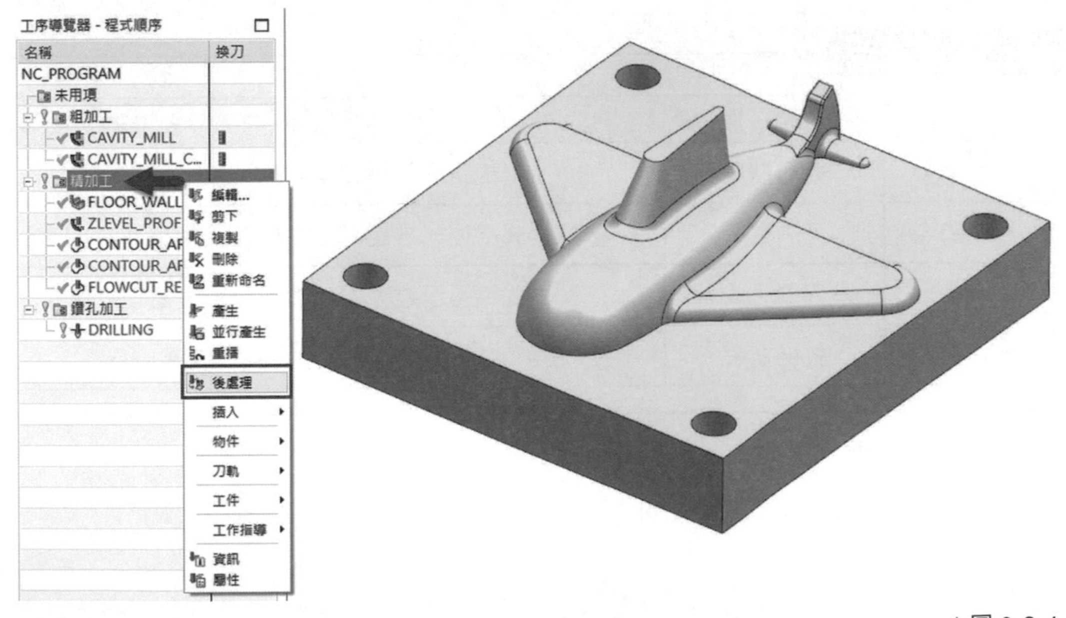

▲圖 9-2-4

9-3 程式刀軌狀態提示

視覺化的程式提示以及刀軌提示，確認加工程式狀態以及管理程式

如圖 9-3-1。

工序導覽器 - 程式順序

名稱	刀軌
NC_PROGRAM	
未用項	
PROGRAM	
CAVITY_MILL	
CAVITY_MILL_C...	
FLOOR_WALL	
ZLEVEL_PROFILE	
CONTOUR_AREA	
CONTOUR_ARE...	
FLOWCUT_REF_...	
DRILLING	
FLOOR_WALL_1	
FLOOR_WALL_3	
DRILLING_COPY	
FLOOR_WALL_4	
FLOOR_WALL_2	X

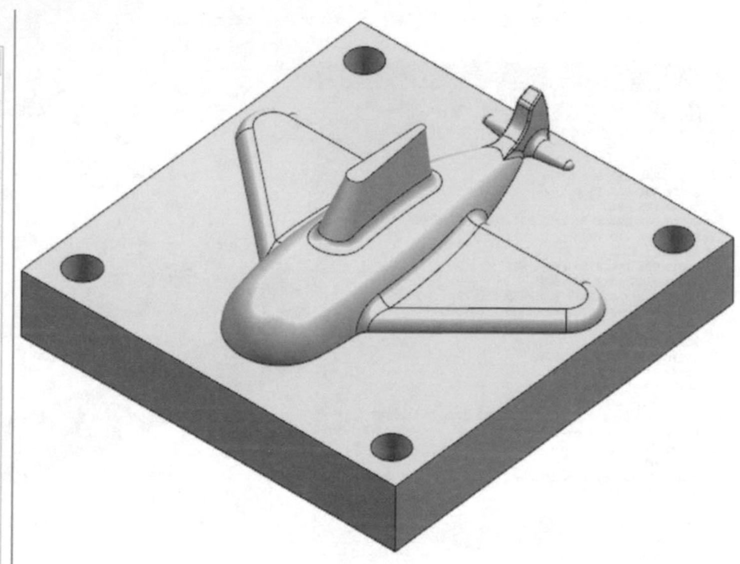

▲圖 9-3-1

程式狀態提示介紹

程式狀態提示

狀態圖示	狀態名稱	狀態敘述
	完整狀態	程式路徑已經完成並輸出後處理
	刀軌過時	程式路徑已經過時，需重新產生路徑
	刀軌生成	程式路徑已經完成，尚未輸出後處理
	批准狀態	使用者定義程式路徑已批准，無須檢查

刀軌狀態提示

狀態圖示	狀態名稱	狀態敘述
✔	刀軌已生成	刀軌路徑已生成，包含刀具運動路徑
✕	刀軌未生成	刀軌路徑未生成，無任何刀具路徑
☐	空刀軌狀態	刀軌路徑生成時，路徑無有效的刀具運動路徑
🔧	刀軌已編輯	刀軌路徑生成後，透過使用者定義編輯刀具運動路徑
?	刀軌有疑問	刀軌路徑生成後，產生疑問路徑，此代表模型有問題
↪	刀軌已變換	刀軌路徑為其他工法陣列產生的刀具運動路徑
🔒	刀軌已鎖定	使用者定義刀軌路徑已鎖定，若修改則提出警告

使用者管理方式

1. 若加工程式於 CNC 機台上，已完整執行加工。為了讓下一次加工人員能夠確認程式無問題，可以使用「批准狀態」。
   執行方式於進入程式順序視圖中對有 ? 圖案的刀軌生成工法滑鼠點擊右鍵 ➔「物件」➔「批准」。如圖 9-3-2。

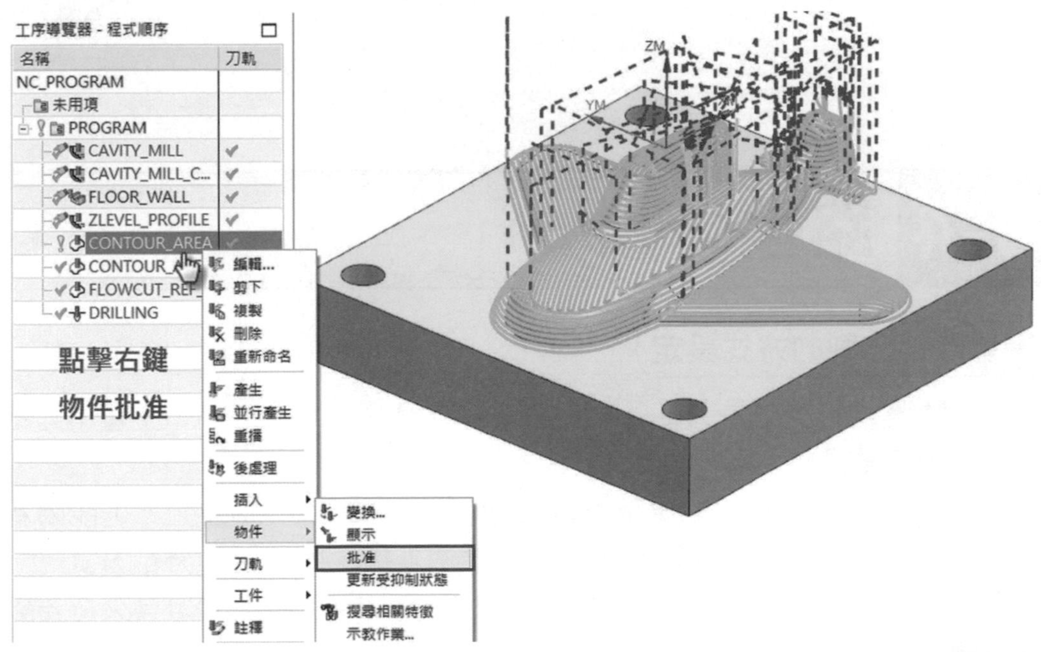

▲圖 9-3-2

❷ 若加工程式於 NX 編輯上，可能完成到一個階段，為了避免他人直接調整工法，可以使用刀軌的「鎖定狀態」，只要鎖定後重新生成就會出現警告。執行方式於進入程式順序視圖中對工法滑鼠點擊右鍵 ➔「刀軌」➔「鎖定」。如圖 9-3-3。

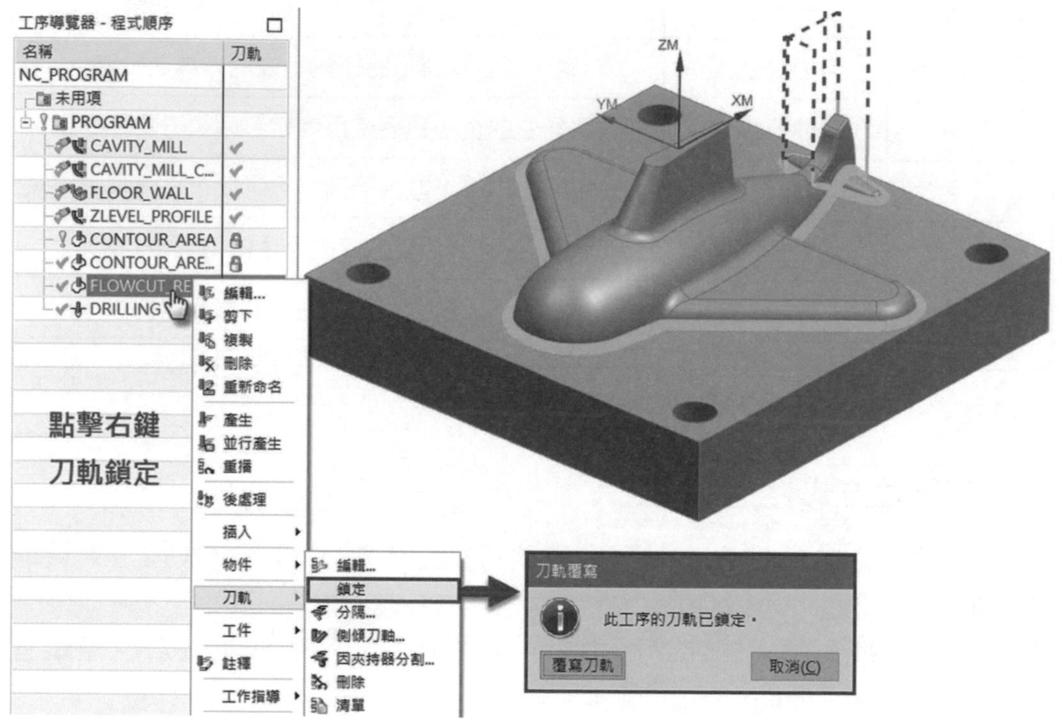

▲圖 9-3-3

9-4 路徑分割

學習路徑分割的方式設定

在刀軌路徑的規劃中，可以依序加工的時間設置刀軌分割，亦可由刀把的夾持器設置刀軌分割。

切削時間刀軌分割：主要是可以使加工程式於 CNC 機台上，可能因為無預警停止加工或是刀具斷裂導致工法路徑無法延續，所設置的分割方式。

夾持器刀軌分割：主要是可以利用在 NX 環境中所設定的刀具夾持器與刀具長度關係，避免刀把撞到加工件所設置的分割方式。

切削時間刀軌分割

❶ 在程式順序視圖中對粗加工工法滑鼠點擊右鍵 ➔「刀軌」➔「分隔」。如圖 9-4-1。

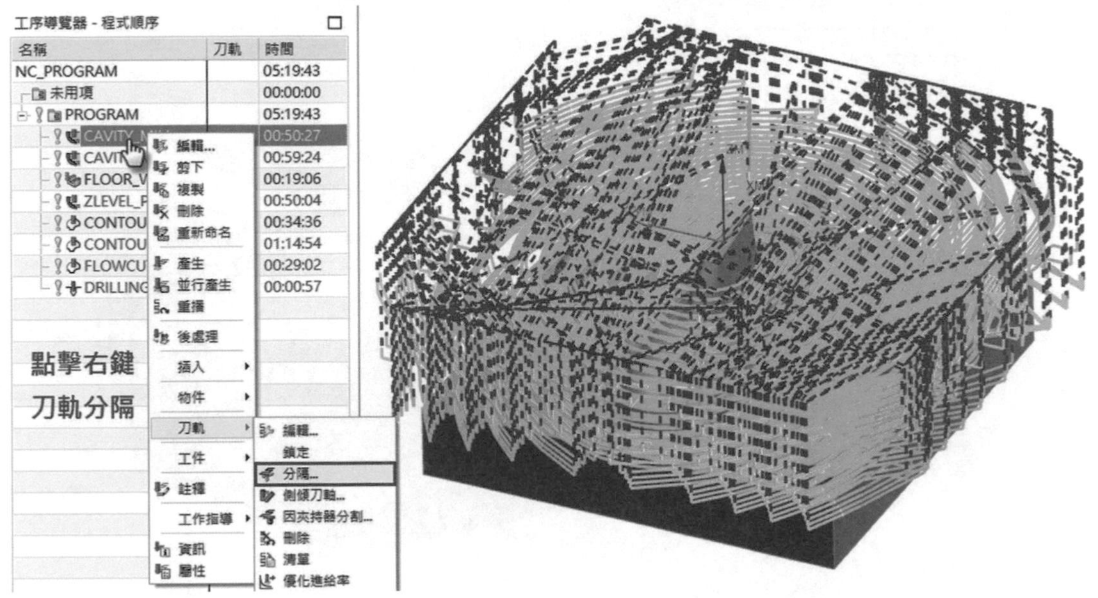

▲圖 9-4-1

❷ 在刀軌分割的對話框中，首先需設定安全平面，並且需要設定切削時間的分鐘數，設置時間為程式停止的大約時間即可。如圖 9-4-2。

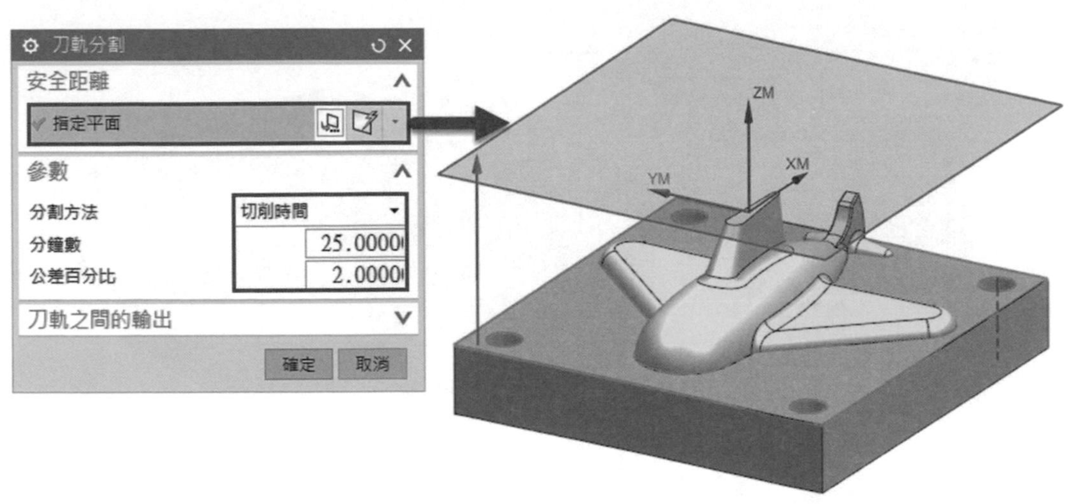

▲圖 9-4-2

❸ 先前的粗加工刀軌，就會依照加工時間，分割為兩個加工路徑。如圖 9-4-3。

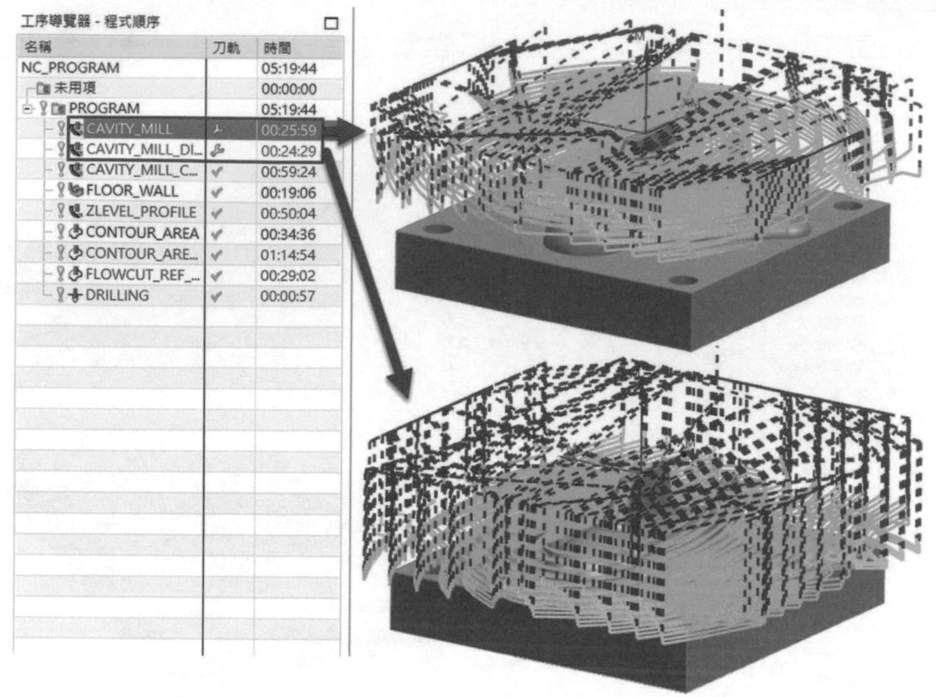

▲圖 9-4-3

夾持器刀軌分割

❹ 在程式順序視圖中對粗加工工法滑鼠點擊右鍵 ➔「刀軌」➔「因夾持器分割」。如圖 9-4-4。

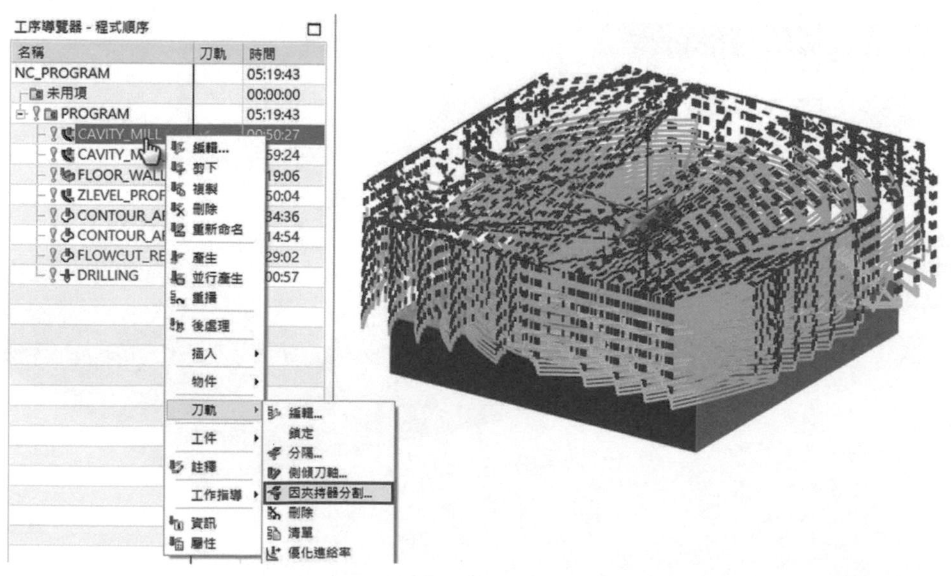

▲圖 9-4-4

❺在因夾持器分割的對話框中，設定刀把大小，使刀路依照不同刀具的長度轉換刀具路徑。如圖 9-4-5。

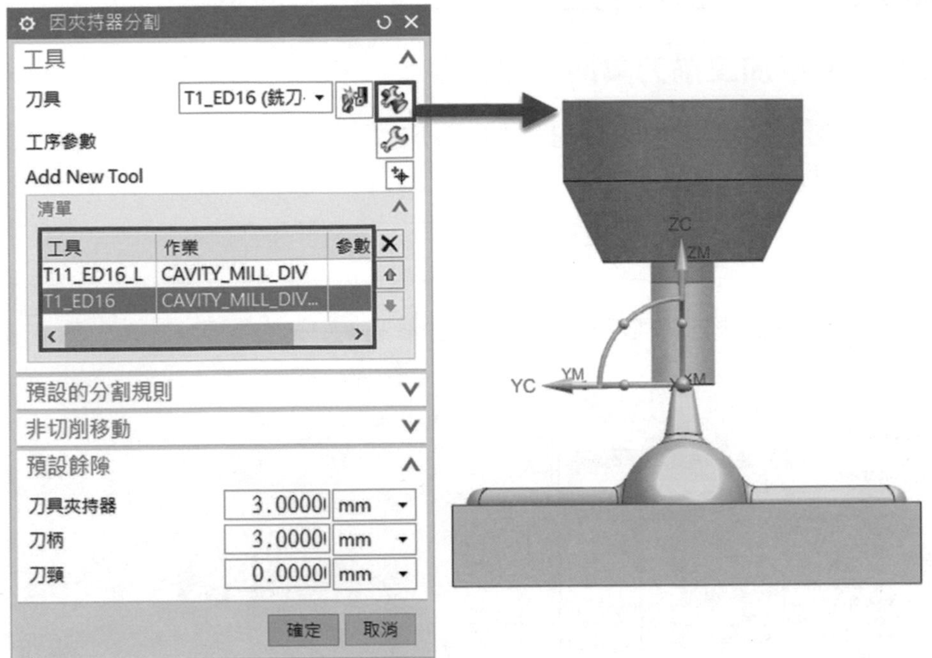

▲圖 9-4-5

❻先前的粗加工刀軌，就會依照刀具長度，分割為兩個加工路徑。如圖 9-4-6。

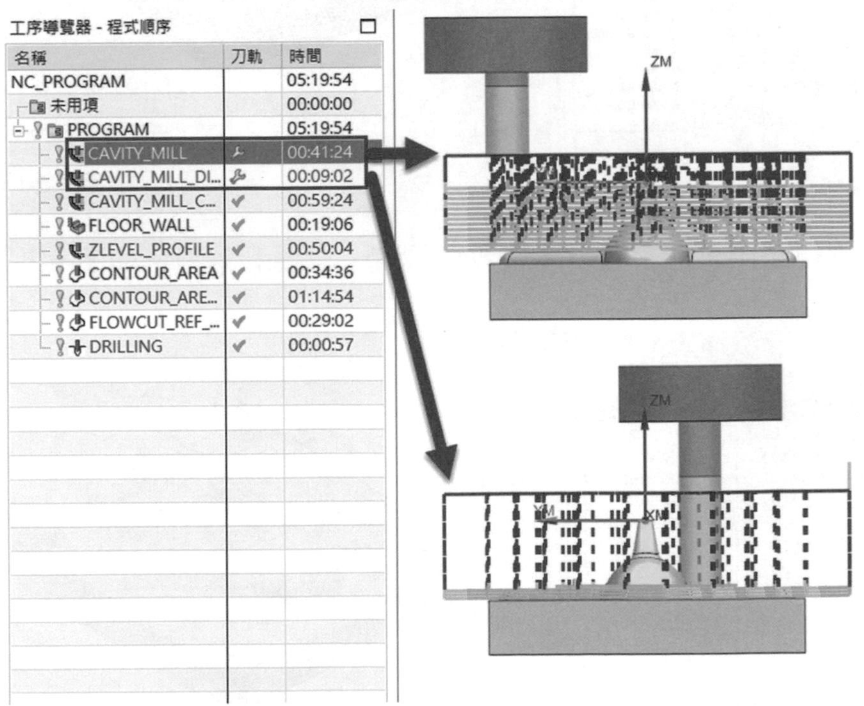

▲圖 9-4-6

9-5 報告最短刀具

學習如何顯示加工前刀具的架刀長度

在刀軌路徑的規劃中，刀具長度必須於準備上 CNC 機台前架好，以避免刀具長度不足影響刀把碰撞工件。

備註 刀具必須設定刀把的大小，才可辨識最短刀具長度。

❶ 在程式順序視圖中對 PROGRAM 滑鼠點擊右鍵 ➔「刀軌」➔「報告最短刀具」。如圖 9-5-1。

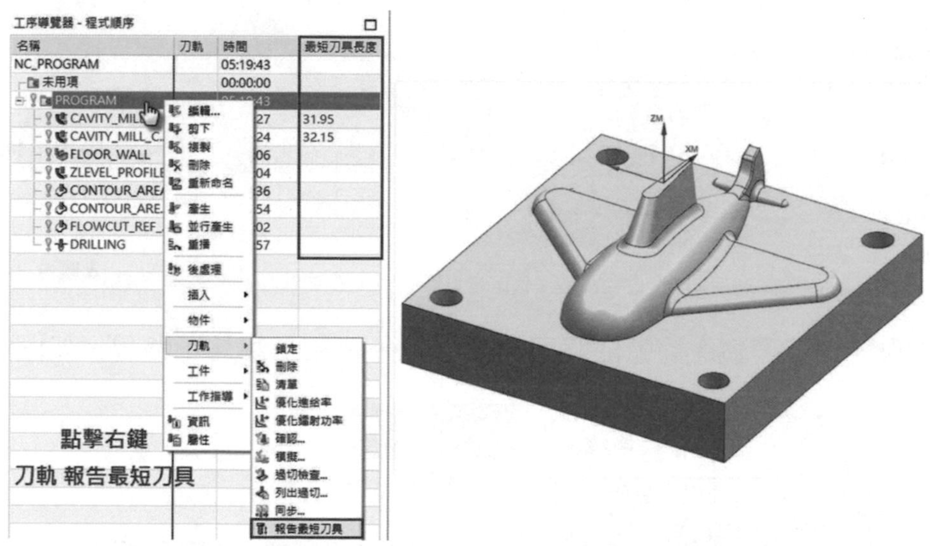

▲圖 9-5-1

❷ 在程式順序視圖中，即會顯示最短刀具長度，以便利架刀。如圖 9-5-2。

工序導覽器 - 程式順序

名稱	刀軌	時間	最短刀具長度
NC_PROGRAM		05:19:43	
未用項		00:00:00	
PROGRAM		05:19:43	
CAVITY_MILL	✔	00:50:27	31.95
CAVITY_MILL_C...	✔	00:59:24	30.81
FLOOR_WALL	✔	00:19:06	32.45
ZLEVEL_PROFILE	✔	00:50:04	31.56
CONTOUR_AREA	✔	00:34:36	29.57
CONTOUR_ARE...	✔	01:14:54	32.45
FLOWCUT_REF_...	✔	00:29:02	32.29
DRILLING	✔	00:00:57	32.45

▲圖 9-5-2

9-6 路徑變換

學習刀具路徑的轉換方法

在刀軌路徑的規劃中，若工件包含規則性的加工特徵，亦或是由其中一項加工特徵所延伸各種類似的刀具路徑，稱之為路徑變換。

❶ 由「檔案」➔「開啟」➔「NX CAM 標準課程」➔「第九章節」➔「範例二.prt」。如圖 9-6-1。

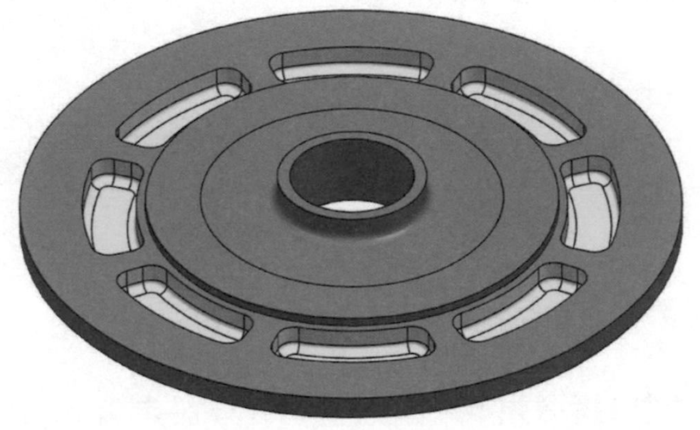

▲圖 9-6-1

❷ 在程式順序視圖中對所有工法滑鼠點擊右鍵 ➔「物件」➔「轉換」。如圖 9-6-2。

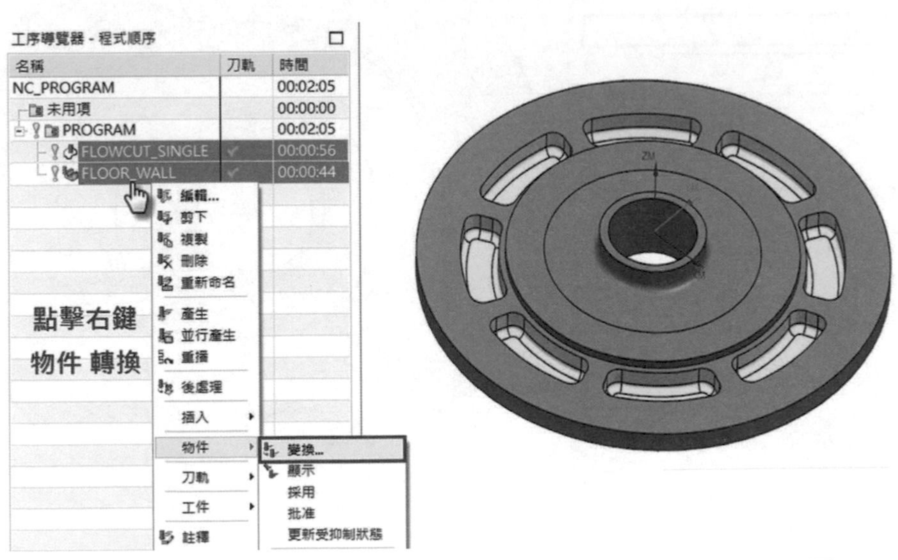

▲圖 9-6-2

❸ 在變換的對話框中，轉移類型包含縮放、平移、旋轉等方式。如圖 9-6-3。

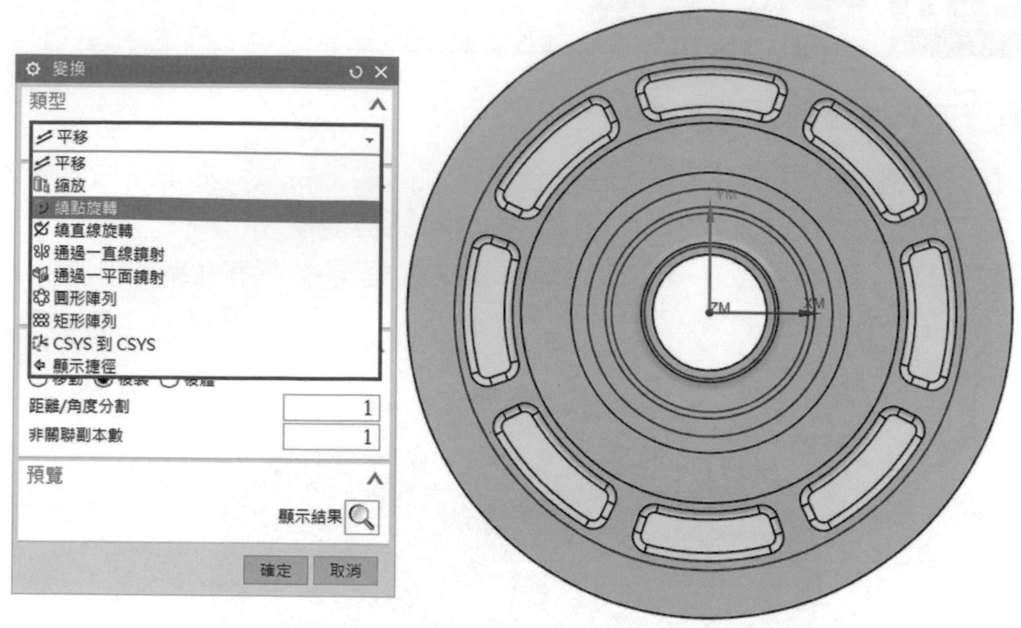

▲圖 9-6-3

❹ 在變換的對話框中，選擇類型為「繞點旋轉」，設定角度為「360/8 = 45 度」設置複體數為「8」，並顯示結果。如圖 9-6-4。

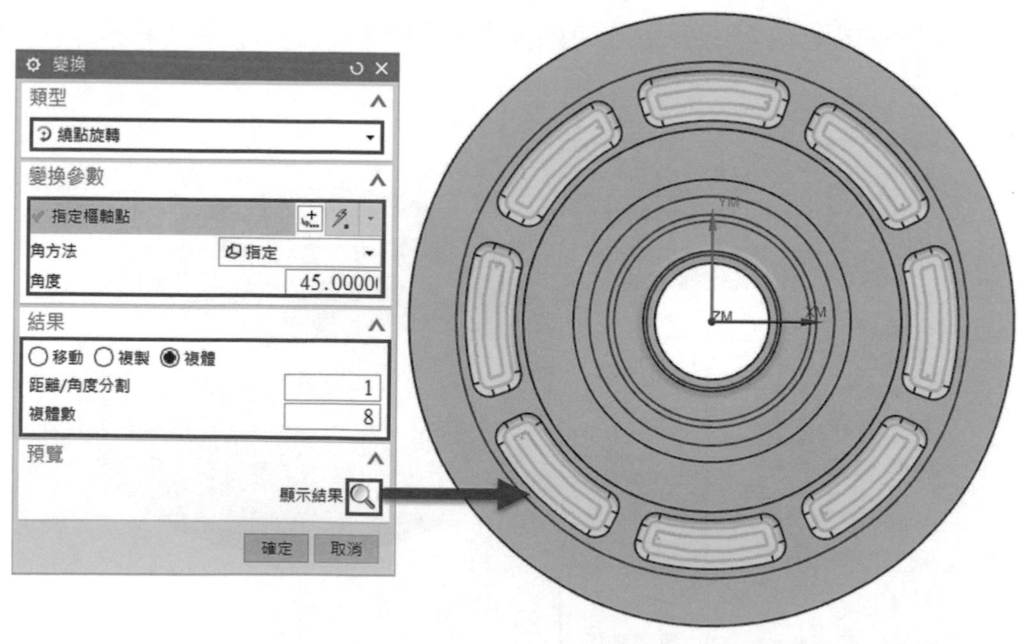

▲圖 9-6-4

5 結果的設定值有三種，「移動」為將原本加工路徑移轉至另外一個角度；「複製」為將原本加工路徑複製，但是與原本加工路徑無關連。「複體」為將原本加工路徑複製，與原本加工路徑有關聯。如圖 9-6-5。

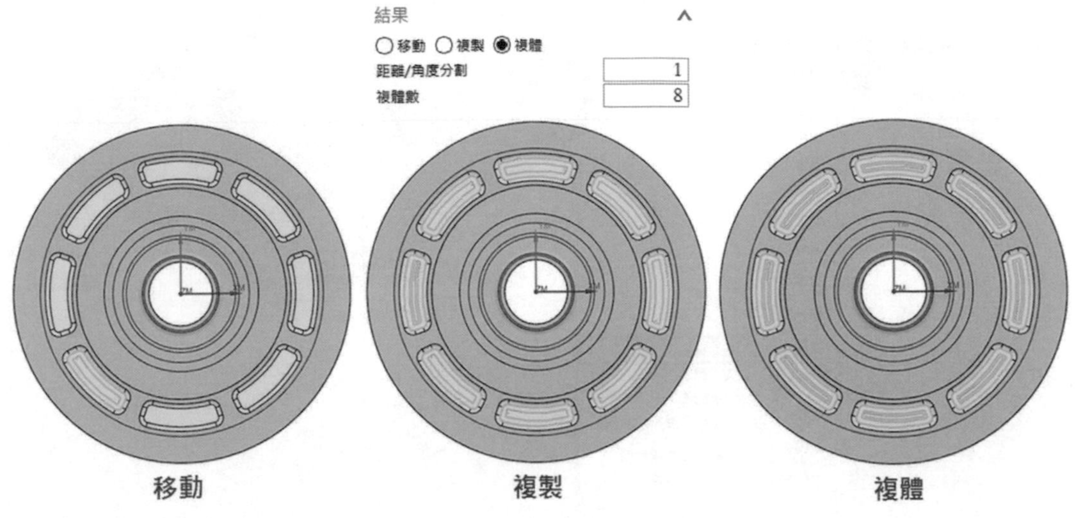

▲圖 9-6-5

6 由「檔案」→「開啟」→「NX CAM 標準課程」→「第九章節」→「範例三 prt」。如圖 9-6-6。

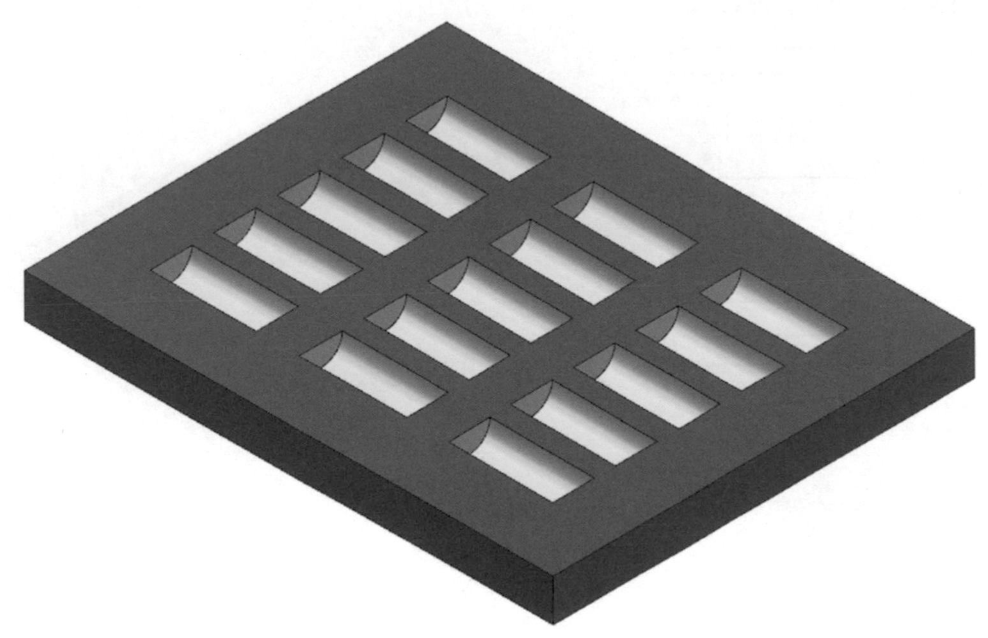

▲圖 9-6-6

❼ 在程式順序視圖中對工法滑鼠點擊右鍵 ➔「物件」➔「轉換」。如圖 9-6-7。

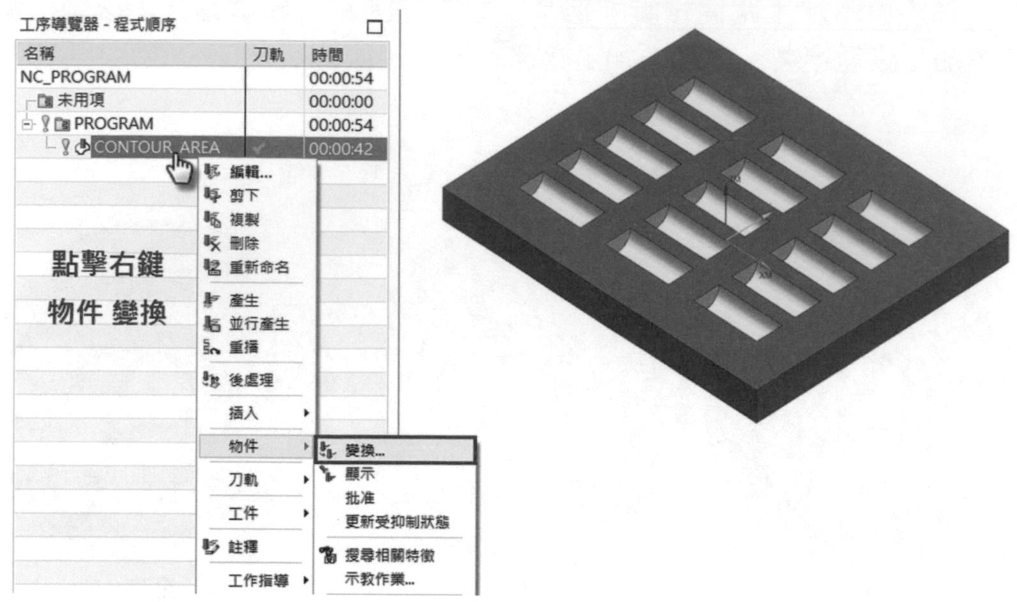

▲圖 9-6-7

❽ 在變換的對話框中，選擇類型為「矩形陣列」，設定參考點與陣列原點為同一點，設定 XC 向數量為「3」，YC 向數量為「5」，XC 偏置為「28」，YC 偏置為「12」，並顯示結果。如圖 9-6-8。

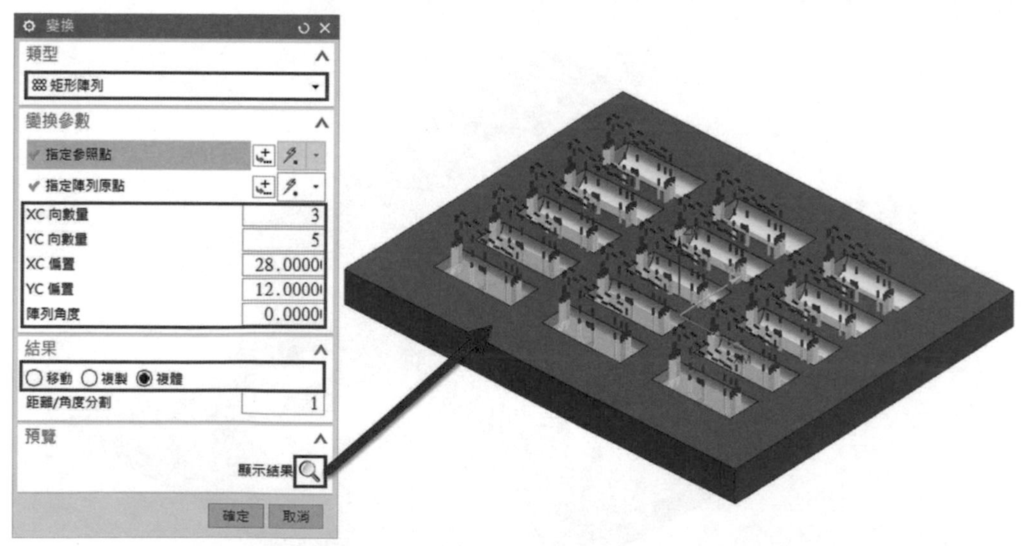

▲圖 9-6-8

⑨ 完成的刀軌，即完成規則性的特徵加工路徑，減少撰寫加工的時間與效能。如圖 9-6-9。

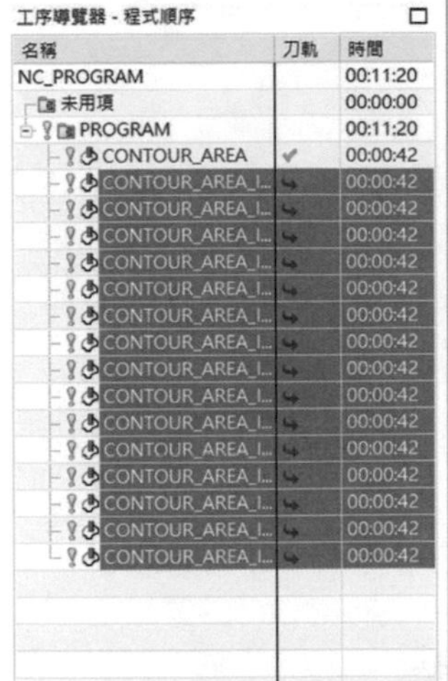

工序導覽器 - 程式順序

名稱	刀軌	時間
NC_PROGRAM		00:11:20
未用項		00:00:00
PROGRAM		00:11:20
CONTOUR_AREA	✔	00:00:42
CONTOUR_AREA_I...		00:00:42
CONTOUR_AREA_I...		00:00:42
CONTOUR_AREA_I...		00:00:42
CONTOUR_AREA_I...		00:00:42
CONTOUR_AREA_I...		00:00:42
CONTOUR_AREA_I...		00:00:42
CONTOUR_AREA_I...		00:00:42
CONTOUR_AREA_I...		00:00:42
CONTOUR_AREA_I...		00:00:42
CONTOUR_AREA_I...		00:00:42
CONTOUR_AREA_I...		00:00:42
CONTOUR_AREA_I...		00:00:42
CONTOUR_AREA_I...		00:00:42
CONTOUR_AREA_I...		00:00:42
CONTOUR_AREA_I...		00:00:42

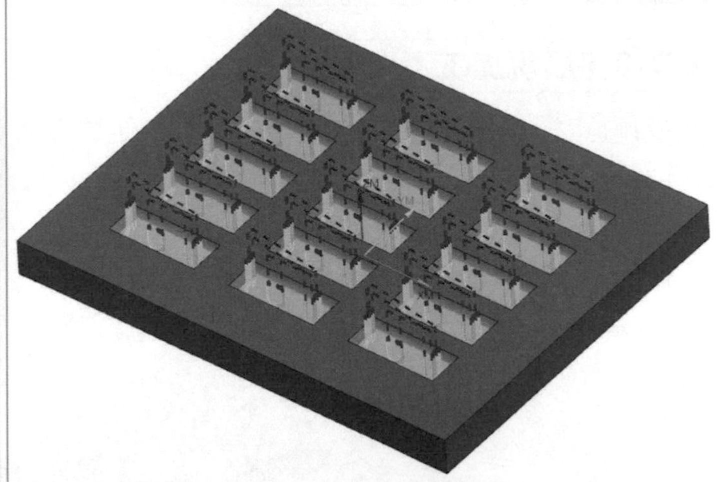

▲圖 9-6-9

9-7 加工清單報告

學習如何展現加工清單報告

在刀軌路徑的規劃中，加工清單可以方便現場人員架刀具以及確認工法，以免再次架刀與工件設置花費更多時間。

❶ 由「檔案」➔「開啟」➔「NX CAM 標準課程」➔「第九章節」➔「範例四 .prt」。如圖 9-7-1。

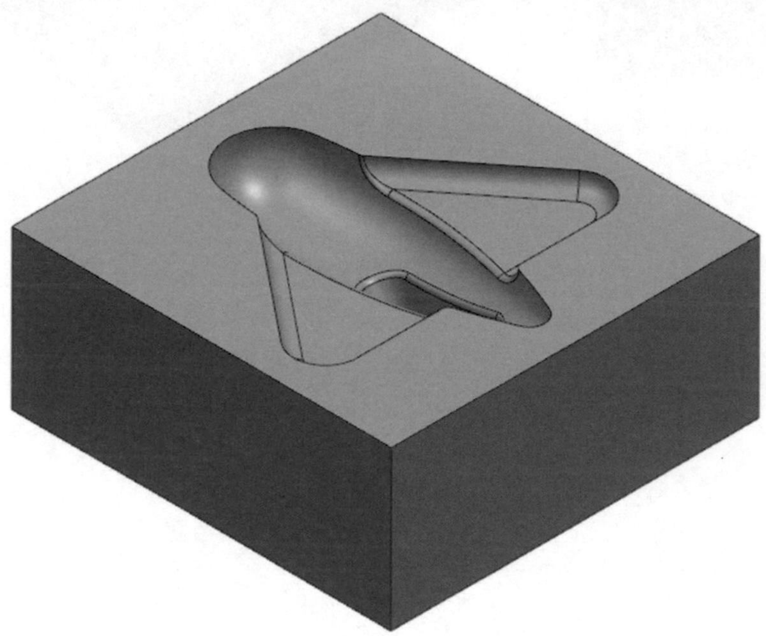

▲圖 9-7-1

❷ 在程式順序視圖的環境中，滑鼠點擊右鍵 ➔「匯出至試算表」。如圖 9-7-2。

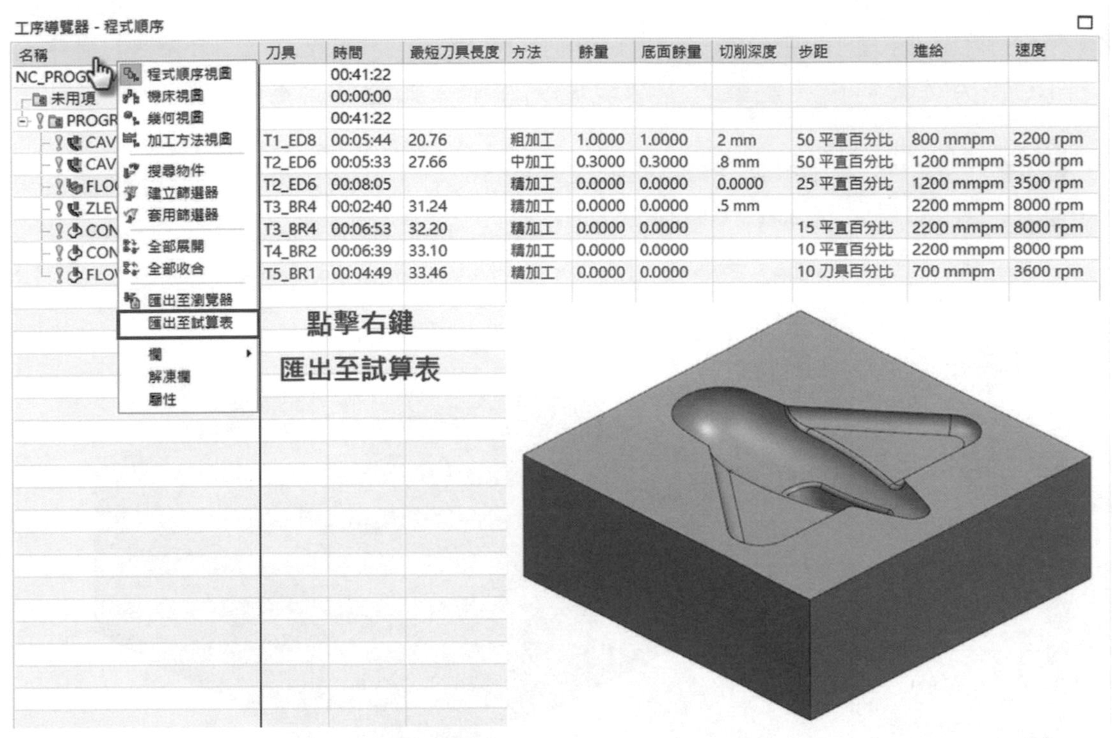

▲圖 9-7-2

❸ 使加工的所有參數資料，列出至加工清單報告，並與加工檔案擺放至同一資料夾下，以確保未來製作加工留底。如圖 9-7-3。

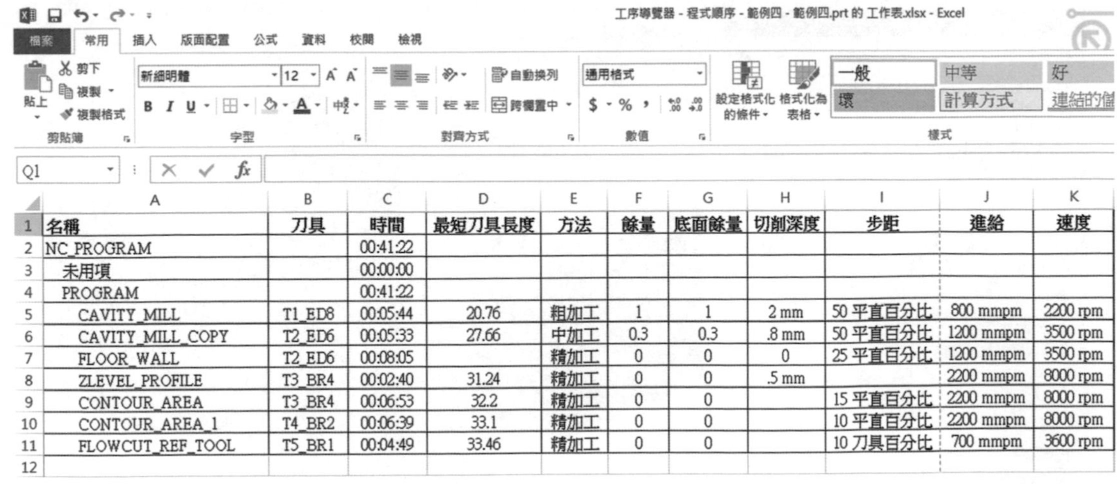

	A	B	C	D	E	F	G	H	I	J	K
1	名稱	刀具	時間	最短刀具長度	方法	餘量	底面餘量	切削深度	步距	進給	速度
2	NC_PROGRAM		00:41:22								
3	未用項		00:00:00								
4	PROGRAM		00:41:22								
5	CAVITY_MILL	T1_ED8	00:05:44	20.76	粗加工	1	1	2 mm	50 平直百分比	800 mmpm	2200 rpm
6	CAVITY_MILL_COPY	T2_ED6	00:05:33	27.66	中加工	0.3	0.3	.8 mm	50 平直百分比	1200 mmpm	3500 rpm
7	FLOOR_WALL	T2_ED6	00:08:05		精加工	0	0	0	25 平直百分比	1200 mmpm	3500 rpm
8	ZLEVEL_PROFILE	T3_BR4	00:02:40	31.24	精加工	0	0	.5 mm		2200 mmpm	8000 rpm
9	CONTOUR_AREA	T3_BR4	00:06:53	32.2	精加工	0	0		15 平直百分比	2200 mmpm	8000 rpm
10	CONTOUR_AREA_1	T4_BR2	00:06:39	33.1	精加工	0	0		10 平直百分比	2200 mmpm	8000 rpm
11	FLOWCUT_REF_TOOL	T5_BR1	00:04:49	33.46	精加工	0	0		10 刀具百分比	700 mmpm	3600 rpm
12											

▲圖 9-7-3

工廠現場文件

❹ 在功能區的首頁中，選擇首頁的工序標籤，選取程式順序視圖中的 PROGRAM 資料夾，點擊「工廠現場文件」。如圖 9-7-4。

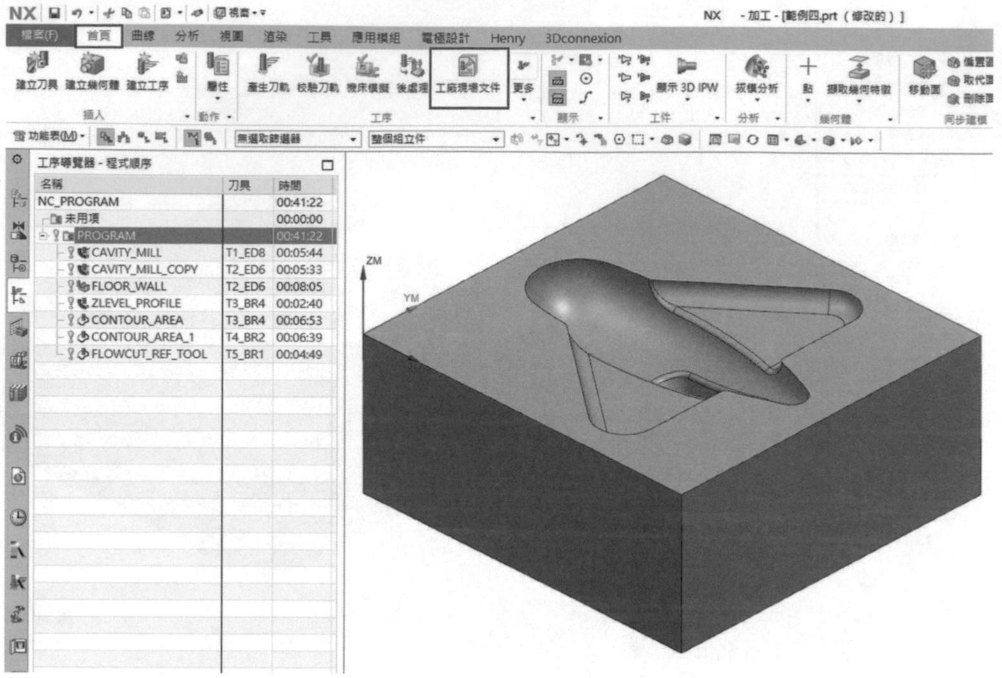

▲圖 9-7-4

❺ 在工廠現場文件的對話框中，設定 Chinese Excel-html A4 的格式，並點擊輸出的資料夾位置。如圖 9-7-5。

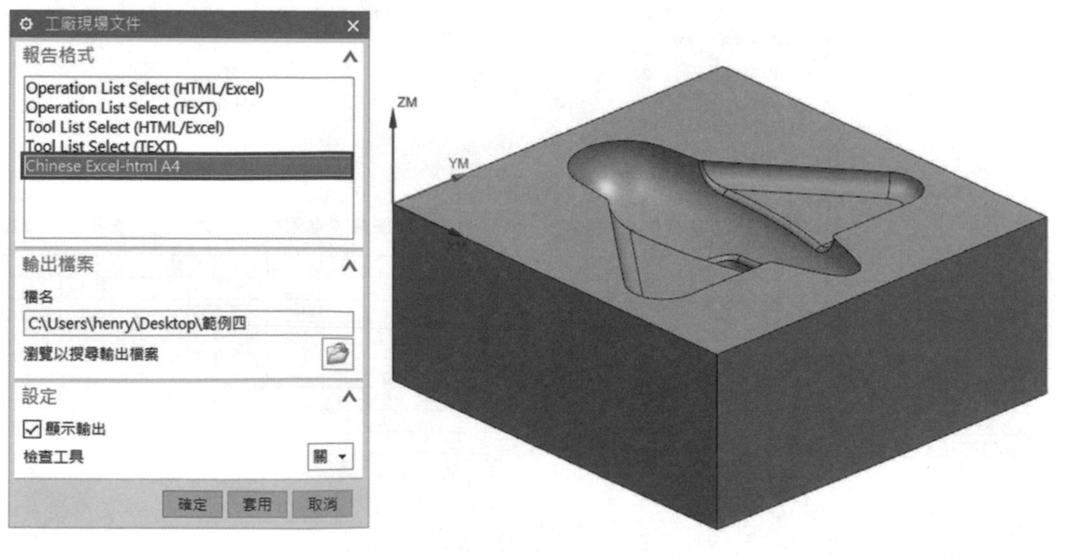

▲圖 9-7-5

❻ 此格式為人工勾選提出的，若需求此類型格式，可以開啟路徑：C:\Program Files\Siemens\NX X.X\MACH\resource\shop_doc 資料夾中的 Shop_doc.dat 文字檔，請用記事本開啟，並將 Chinese Excel A4 前面的 # 號刪除。如圖 9-7-6。

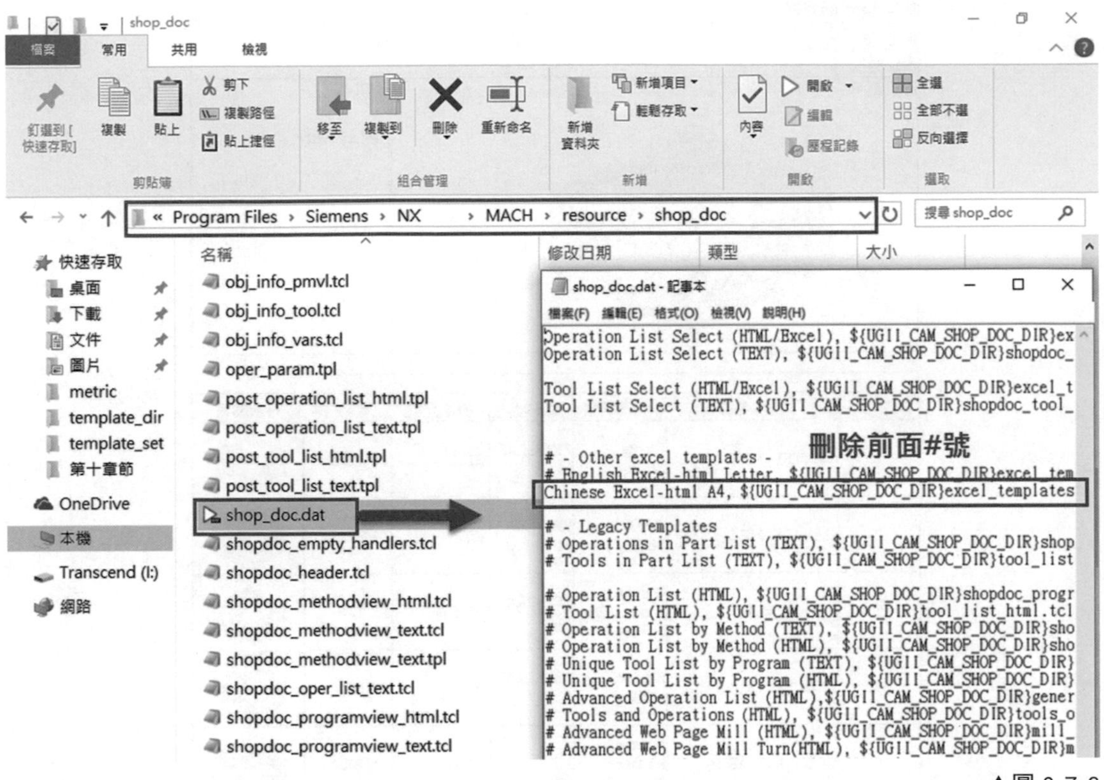

▲圖 9-7-6

❼ 開啟後即顯示網頁版的工廠現場文件報告。如圖 9-7-7。

共 2 页，第 1 页

SIEMENS

XXX厂数控加工程序单

XXX-XXX-XX

模具名称	範例四	模具图号	--		
零件名称	範例四	零件件号	--		
加工机床	--	加工工时	--	程序类别	--
传输路径	--				

摆放图示：

说明：

right.gif

序号	程序名称	程序类型	程序组名	加工类型	刀具名称	刀轨图片
1	CAVITY_MILL	Cavity Milling	PROGRAM	MILL	T1_ED8	
2	CAVITY_MILL_COPY	Cavity Milling	PROGRAM	MILL	T2_ED6	
3	FLOOR_WALL	Volume Based 2.5D Milling	PROGRAM	MILL	T2_ED6	
4	ZLEVEL_PROFILE	Z-Level Milling	PROGRAM	MILL	T3_BR4	
5	CONTOUR_AREA	Fixed-axis Surface Contouring	PROGRAM	MILL	T3_BR4	
6	CONTOUR_AREA_1	Fixed-axis Surface Contouring	PROGRAM	MILL	T4_BR2	

编制： henry　　校对： henry　　日期： Mon Mar 07 03:50:33 2016

▲圖 9-7-7

10 CHAPTER 加工範本

章節介紹 藉由此課程，您將會學到：

10-1 建立系統範本

學習如何設置 NX 系統範本

NX 加工環境包含 mill_planar、mill_contour、drill、hole_making… 等工法模組，假設需要建構屬於使用者自定義的範本，可以透過系統範本設置完成設定。

1. 首先，請瀏覽加工範本資料夾，並確認需要修改的範本為哪一種工法模組。如圖 10-1-1。

   C:\Program Files\Siemens\NX X.X\MACH\resource\template_part\metric

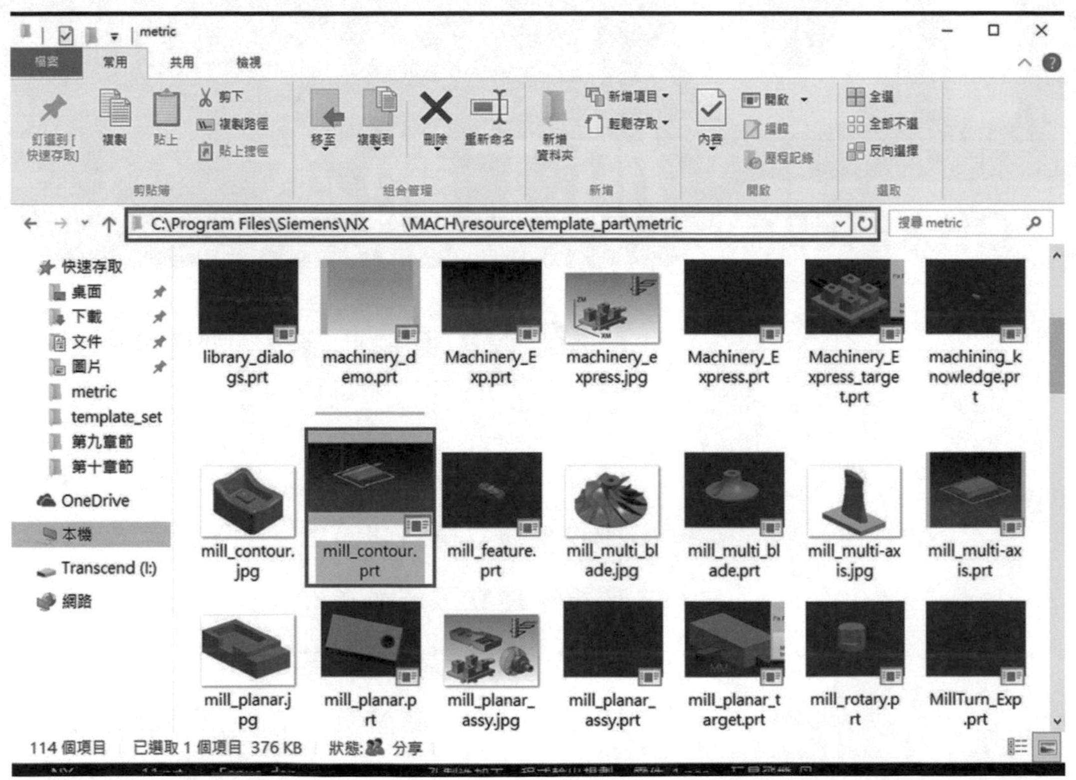

▲圖 10-1-1

❷ 注意；作業系統 Windows10 版本，如要執行本章節在安裝目錄資料夾要進行檔案的儲存，起動 NX 必須「以系統管理員身分執行」，否則無權限對於安裝目錄資料中的檔案進行檔案儲存與編輯。如圖 10-1-2。

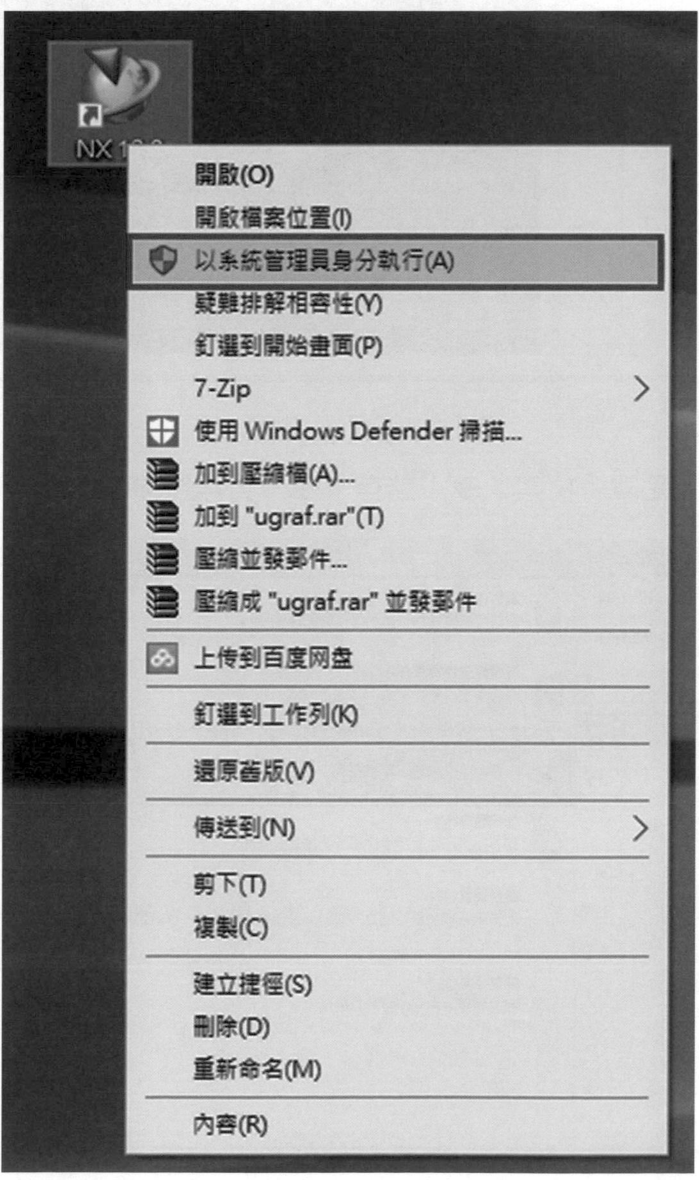

▲圖 10-1-2

❸ 對工法模組點擊滑鼠左鍵兩次，開啟「mill_contour.prt」檔案。如圖 10-1-3。

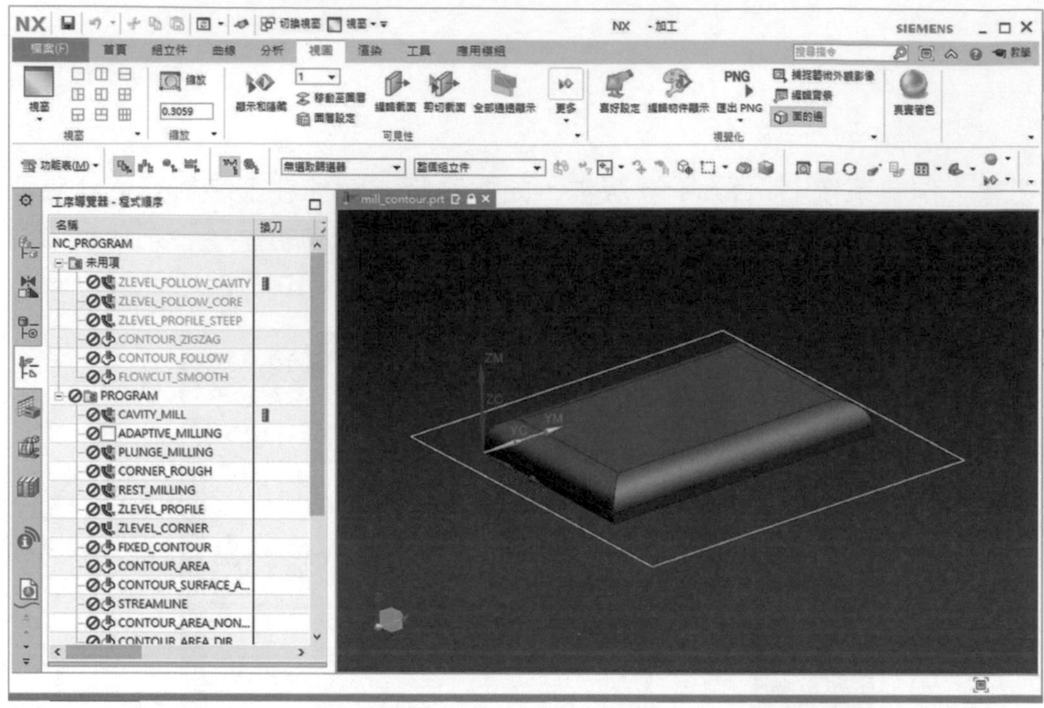

▲圖 10-1-3

❹ 在功能表左上點擊「檔案」→「儲存」→「另存新檔 (A)...」。如圖 10-1-4。

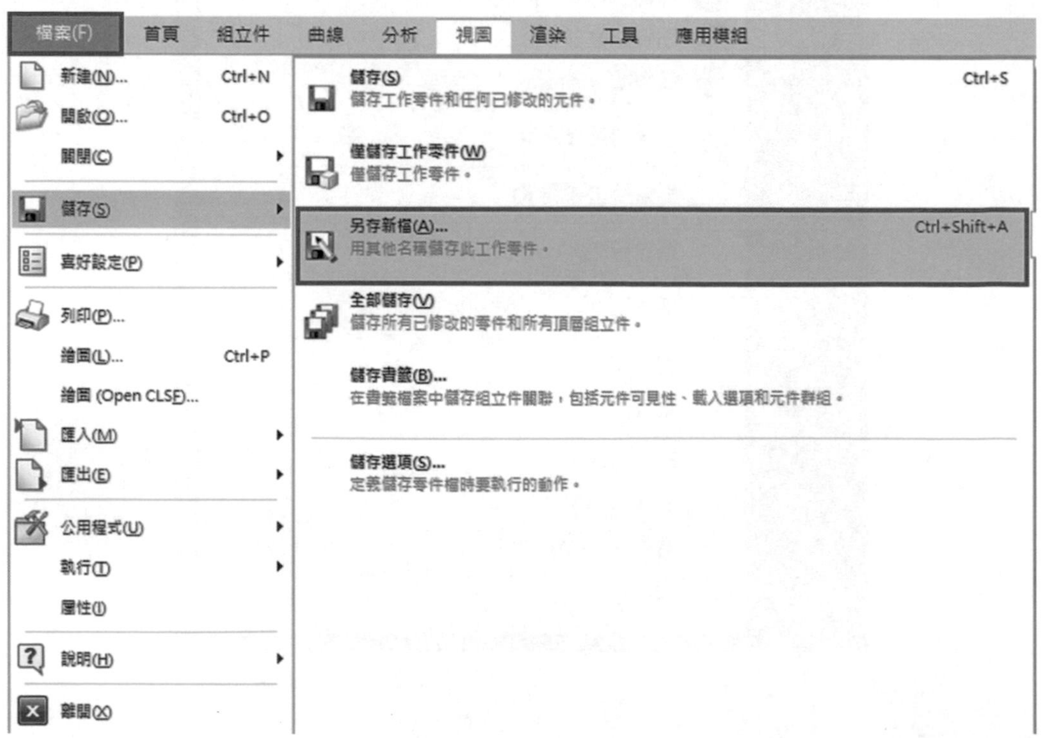

▲圖 10-1-4

❺ 儲存於範本資料夾，並命名為「三軸銑削加工」。如圖 10-1-5。

▲圖 10-1-5

❻ 接下來瀏覽範本加工設置的資料夾，編輯「cam_general.opt」文字檔，添加「三軸銑削加工.prt」的名稱資料，並將文字檔儲存。如圖 10-1-6。
C:\Program Files\Siemens\NX X.X\MACH\resource\template_set

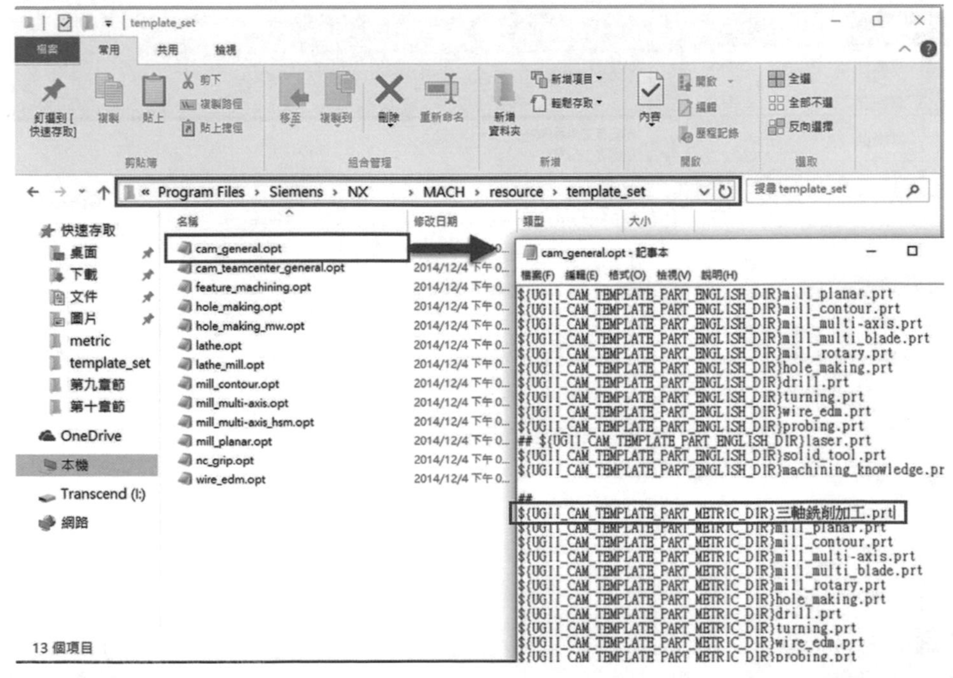

▲圖 10-1-6

❼ 編輯「CAVITY_MILL」工法，並修改工法參數，修改完成請點擊「確定」鍵。如圖 10-1-7。

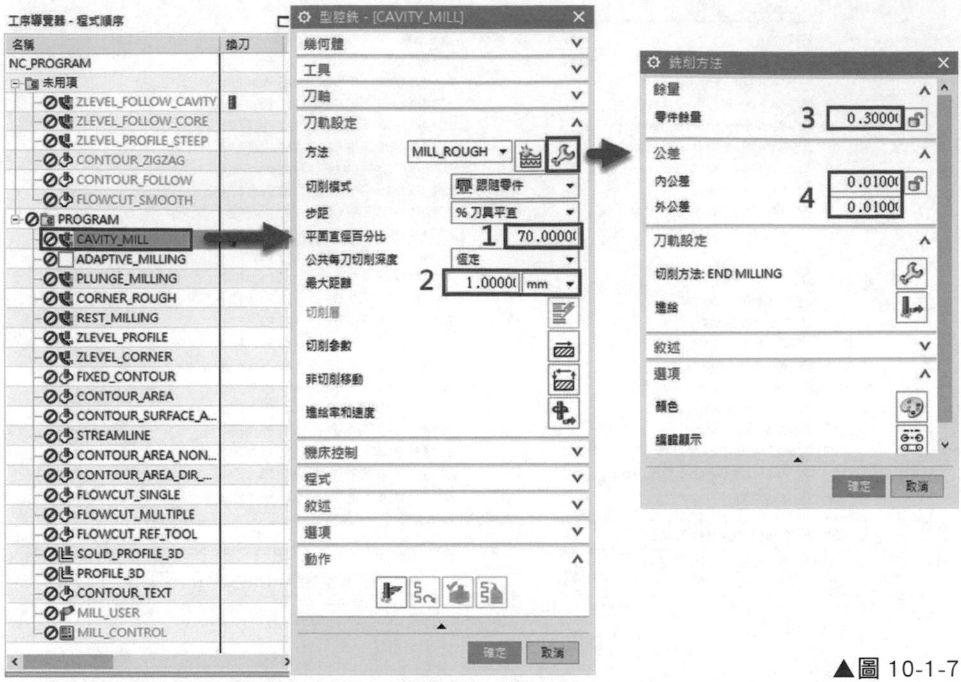

▲圖 10-1-7

❽ 在功能表左上點擊「檔案」➔「儲存」➔「儲存 (S)」，並重新啟動 NX。如圖 10-1-8。

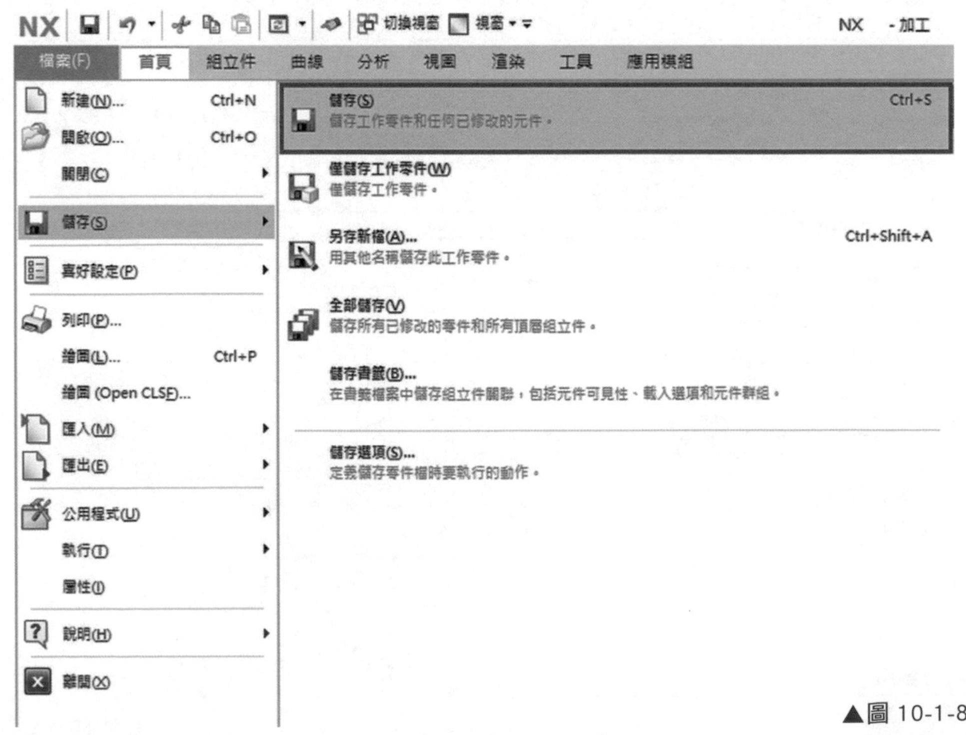

▲圖 10-1-8

❾ 由「檔案」➔「開啟」➔「NX CAM 標準課程」➔「第十章節」➔「範例二」，並點擊進入加工環境。在加工環境的對話框中，即可顯示「三軸銑削加工」的加工模組。如圖 10-1-9。

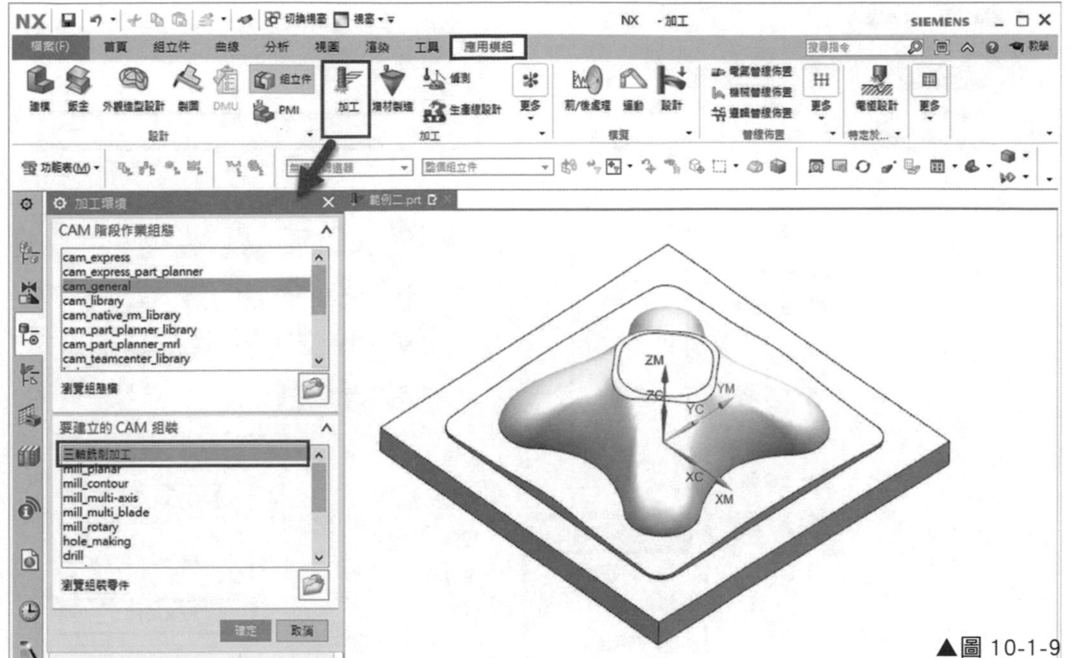

▲圖 10-1-9

⑩ 在程式順序視圖中對 PROGRAM 滑鼠點擊右鍵 ➔「插入」➔「工序」，選擇類型「三軸銑削加工」，選取子工序「型腔銑 CAVITY_MILL」。如圖 10-1-10。

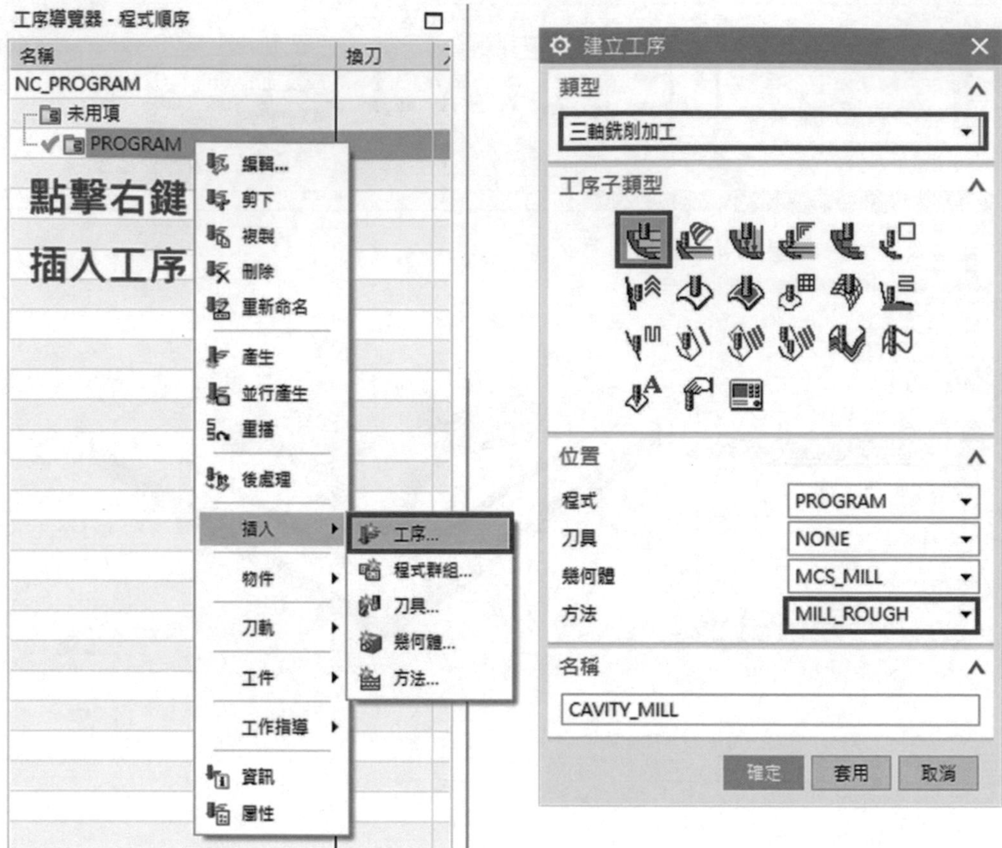

▲圖 10-1-10

⑪ 確定後，對話框的參數即依照先前設定的工法參數存至範本。
如圖 10-1-11。

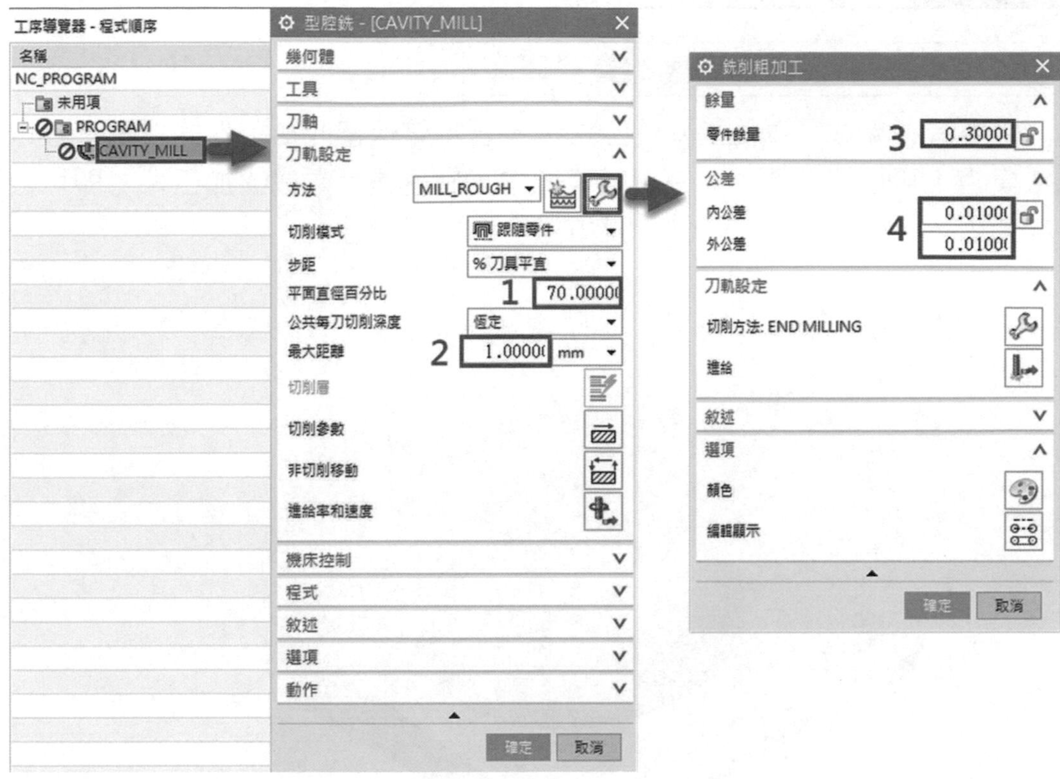

▲圖 10-1-11

10-2 建立資料庫範本

學習如何設置使用者定義的資料庫範本

使用者在完成一種加工件的工法後，若希望保留此加工件的加工參數以及工法模組，可以將此工件存為資料庫範本，假設遇到類似的加工件，即可透過範本套用後，依照所需加工法，挑選適合的加工模組。

❶ 由「檔案」➔「開啟」➔「NX CAM 標準課程」➔「第十章節」➔「範例一」。如圖 10-2-1。

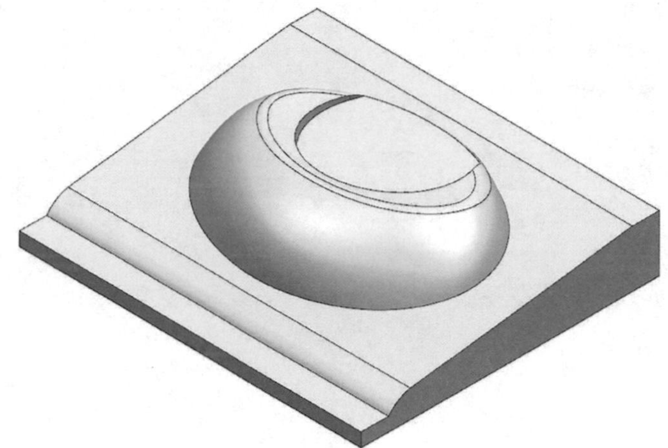

▲圖 10-2-1

❷ 由「檔案」➔「儲存」➔「另存新檔 (A)...」。如圖 10-2-2。

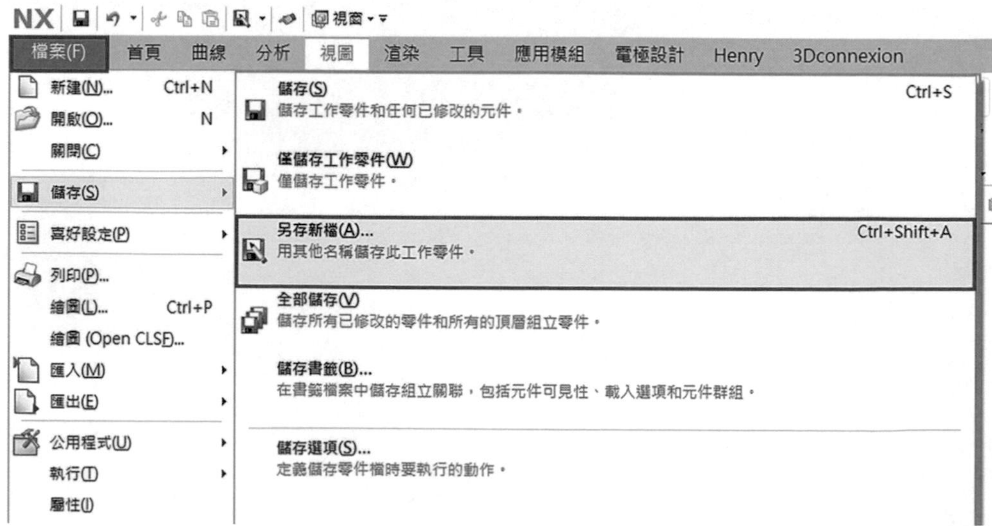

▲圖 10-2-2

❸ 設定資料夾位置為「第十章節」，儲存名稱為「資料庫範本」。如圖 10-2-3。

▲圖 10-2-3

❹ 在程式順序視圖中對所有工法滑鼠點擊右鍵 ➔「物件」➔「範本設定…」。在範本設定的對話框中，勾選「可將物件用作範本」。如圖 10-2-4。

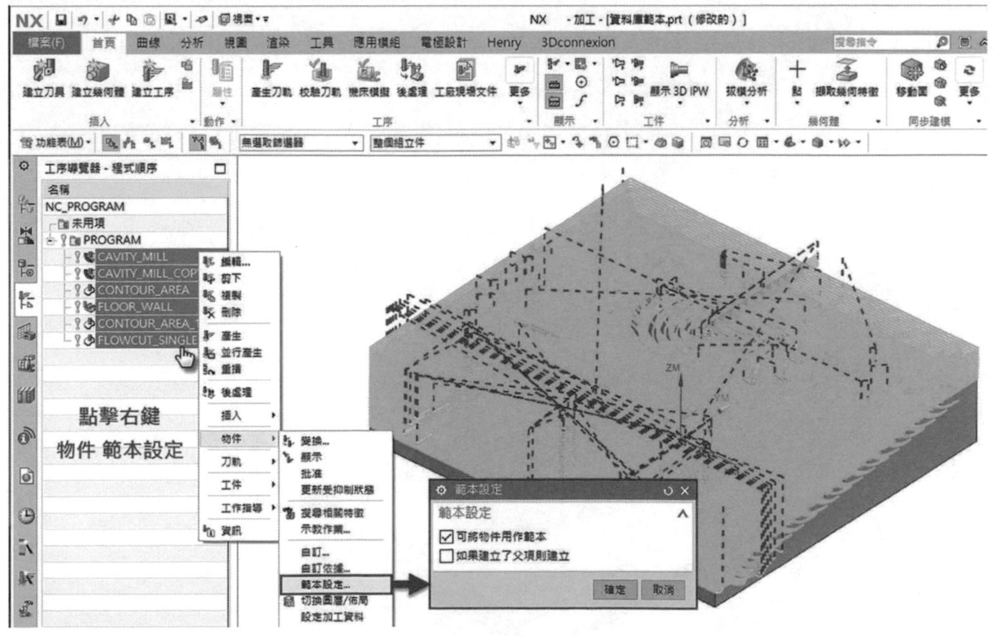

▲圖 10-2-4

❺ 由「檔案」➔「儲存」➔「儲存 (S)」。如圖 10-2-5。

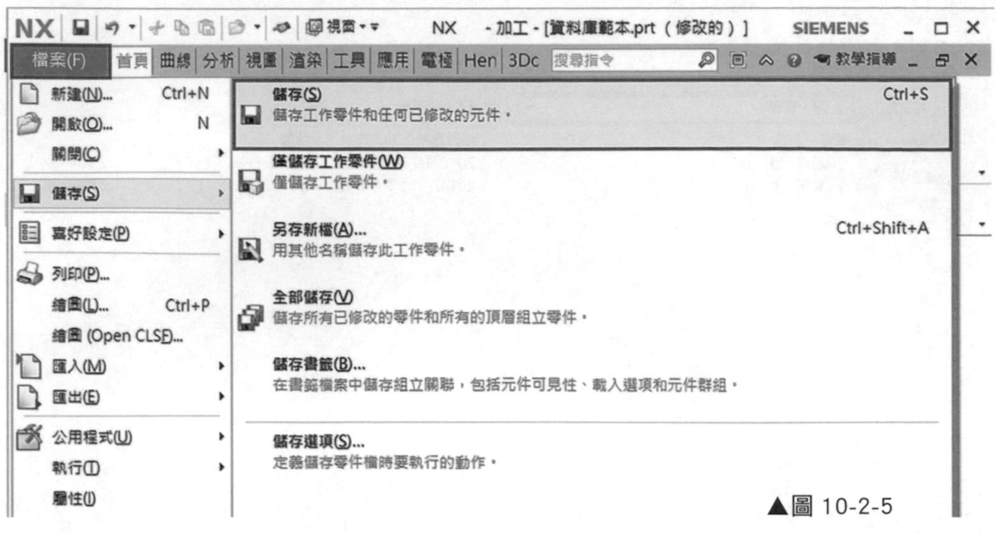

▲圖 10-2-5

10-3 建立工法範本

學習如何設置使用者定義的工法範本

使用者在完成一種加工件的工法後，若希望能直接在下一個加工件顯現所有加工工法以及加工參數，可以將此工件存為工法範本，假設遇到型態相同的加工件，即可透過範本套用後，簡略設定相關幾何參數即可完成加工。

❶ 由「檔案」➔「開啟」➔「NX CAM 標準課程」➔「第十章節」➔「範例一.prt」。如圖 10-3-1。

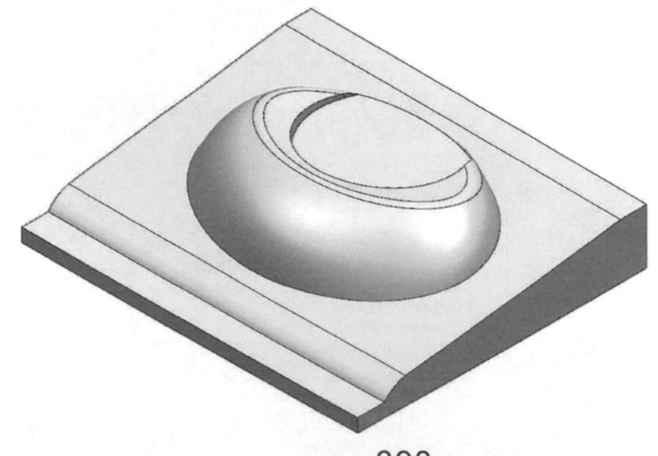

▲圖 10-3-1

❷ 由「檔案」➔「儲存」➔「另存新檔 (A)...」。如圖 10-3-2。

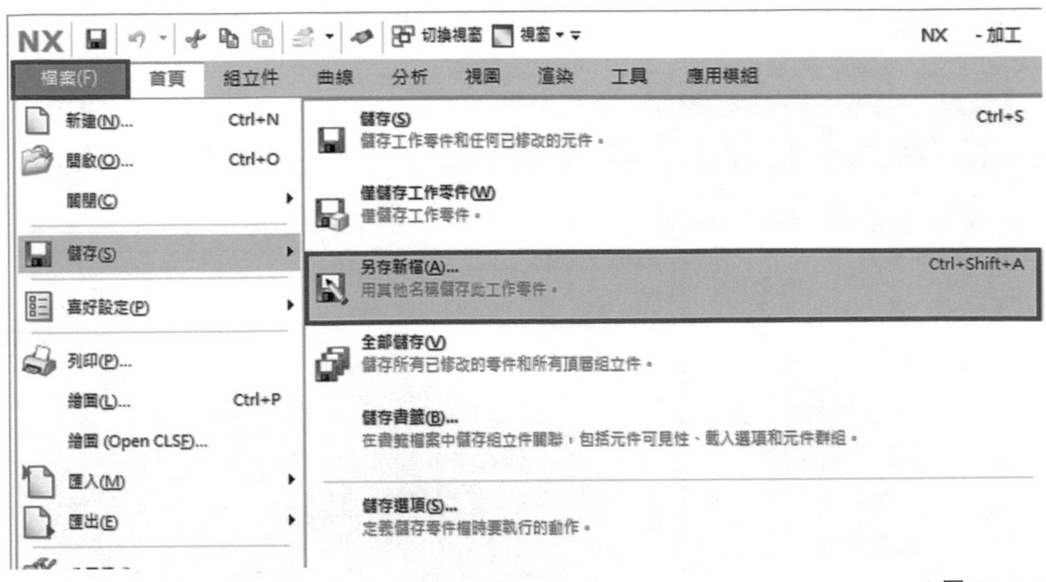

▲圖 10-3-2

❸ 設定資料夾位置為「第十章節」，儲存名稱為「工法範本」。如圖 10-3-3。

▲圖 10-3-3

❹ 在程式順序視圖中對所有工法滑鼠點擊右鍵 ➔「物件」➔「範本設定…」。在範本設定的對話框中，勾選「如果建立了父項則建立」。如圖 10-3-4。

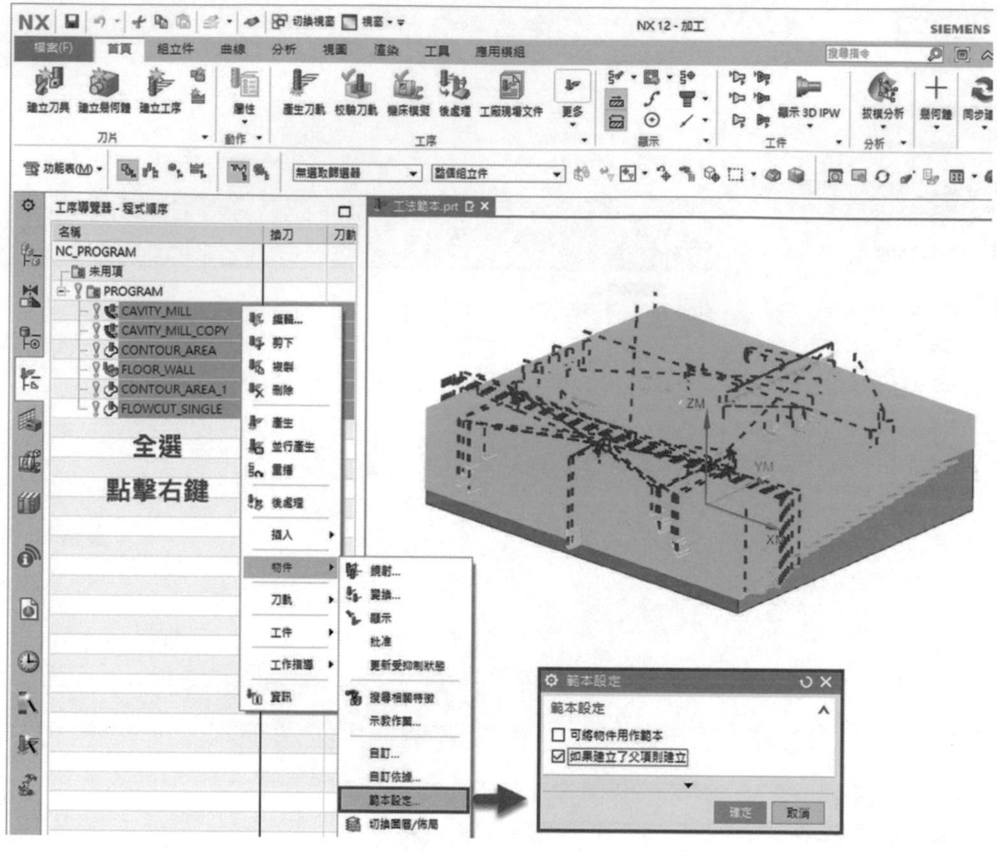

▲圖 10-3-4

❺ 由「檔案」➔「儲存」➔「儲存 (S)」。如圖 10-3-5。

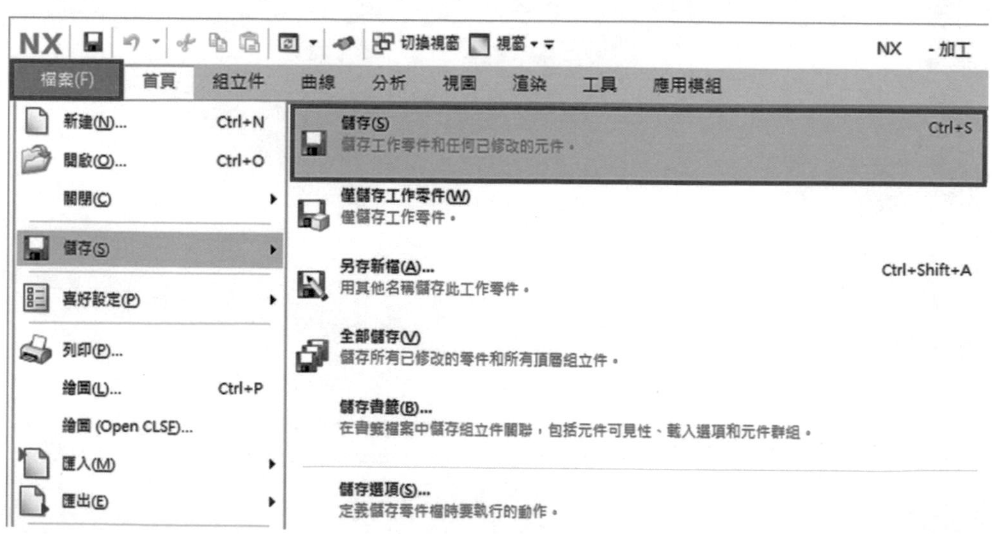

▲圖 10-3-5

10-4 建立刀具庫範本

學習如何設置使用者定義的刀具庫範本

使用者在完成一種加工件的工法後，若希望能直接在下一個加工件顯現所有刀具庫以及刀盤，可以將此工件存為刀具庫範本，假設公司機台刀具都是固定的，即可透過範本套用後，產生所有此機台刀具。

1 由「檔案」→「開啟」→「NX CAM 標準課程」→「第十章節」→「範例一.prt」。如圖 10-4-1。

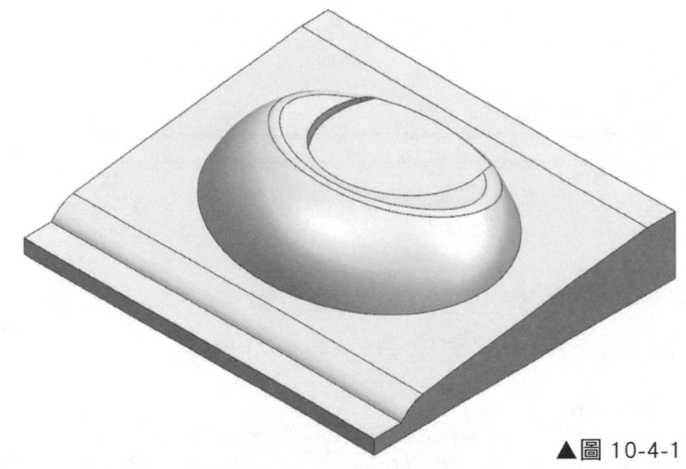

▲圖 10-4-1

2 由「檔案」→「儲存」→「另存新檔 (A)...」。如圖 10-4-2。

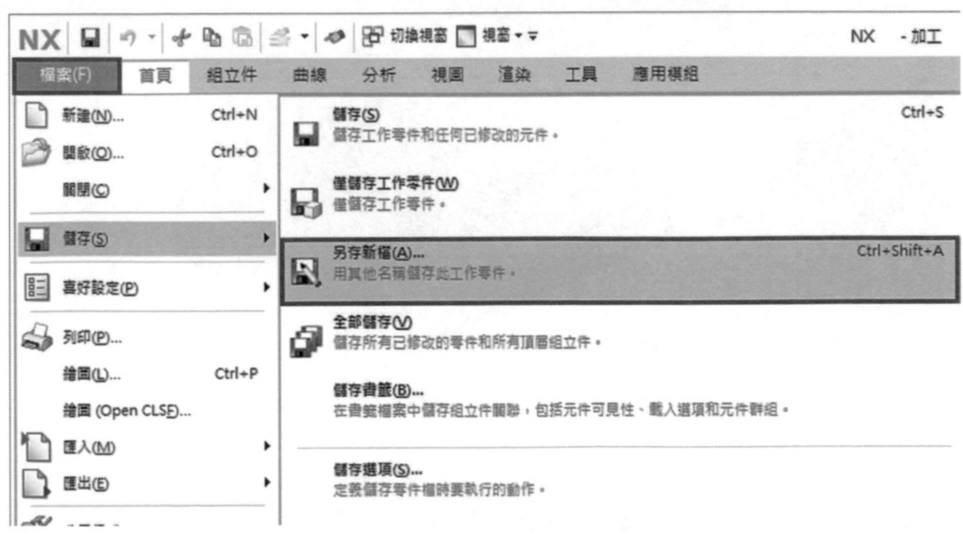

▲圖 10-4-2

❸ 設定資料夾位置為「第十章節」，儲存名稱為「刀具庫範本」。如圖 10-4-3。

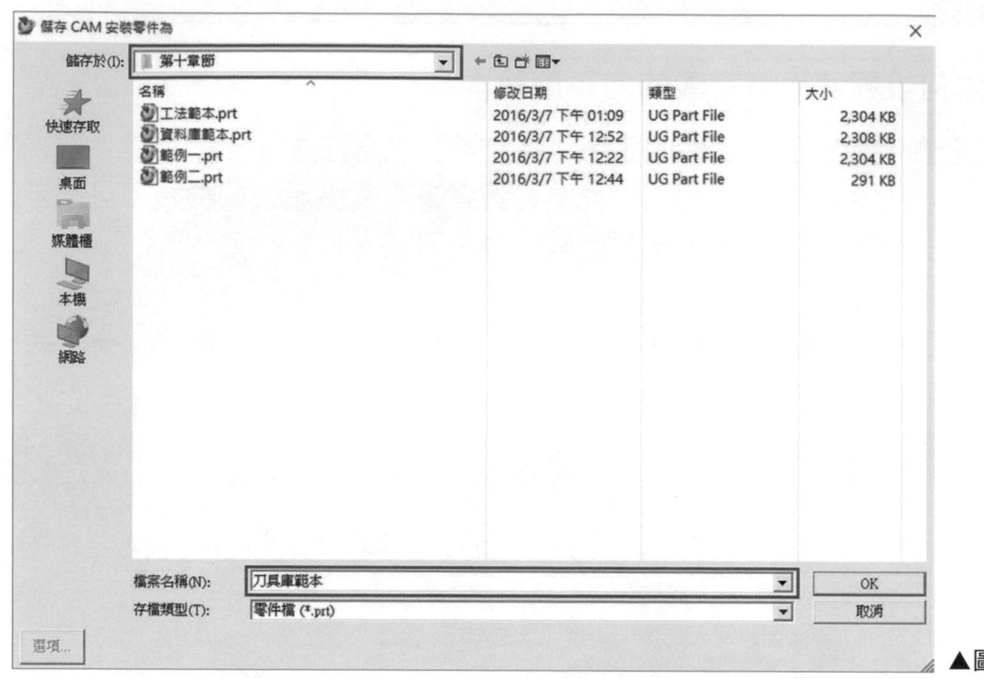

▲圖 10-4-3

❹ 在程式順序視圖中對所有工法滑鼠點擊右鍵 ➔「物件」➔「範本設定⋯」。在範本設定的對話框中，取消所有勾選。如圖 10-4-4。

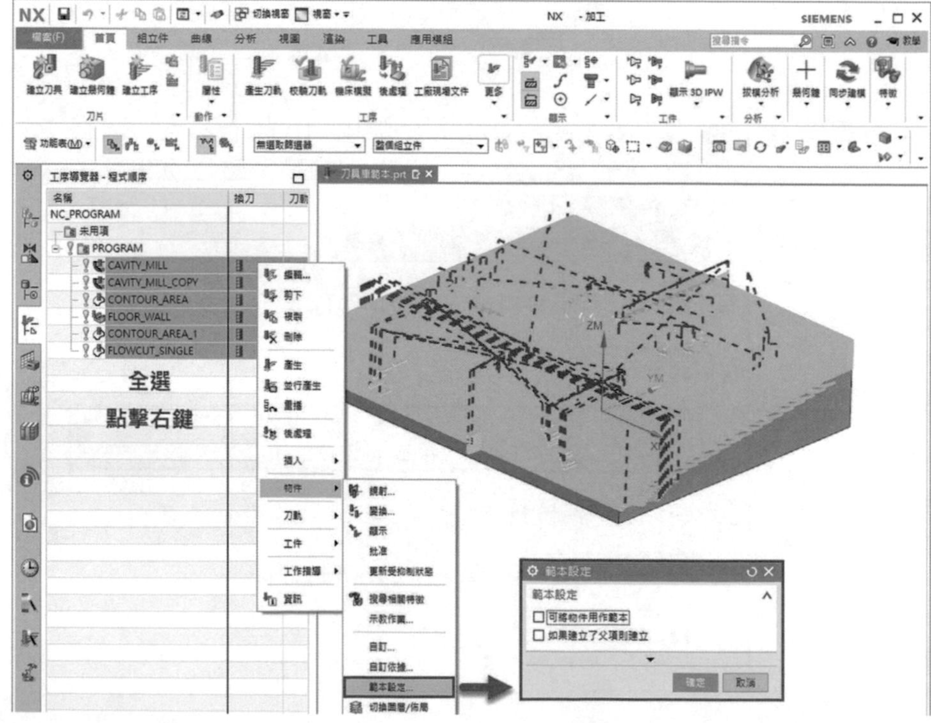

▲圖 10-4-4

❺ 在程式順序視圖中對所有工法滑鼠點擊右鍵 ➔「物件」➔「範本設定…」。在範本設定的對話框中，勾選「如果建立了父項則建立」。如圖 10-4-5。

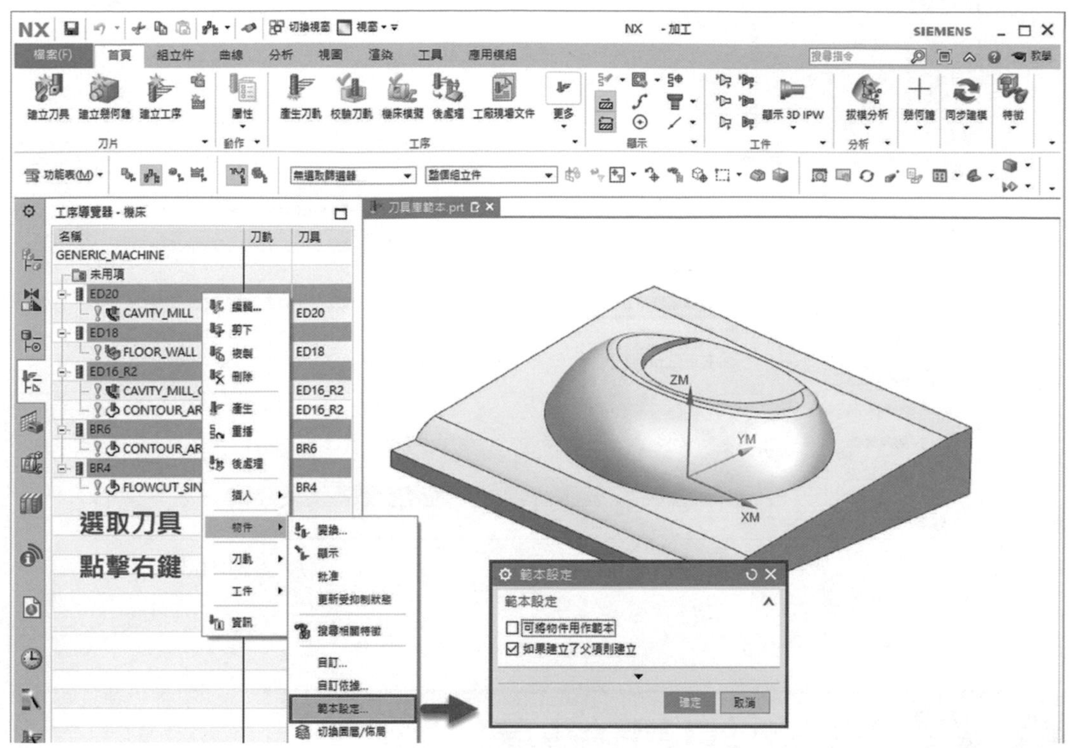

▲圖 10-4-5

❻ 由「檔案」➔「儲存」➔「儲存 (S)」。如圖 10-4-6。

▲圖 10-4-6

❼ 在此資料夾中，即完成三種不同類型的範本格式。如圖 10-4-7。

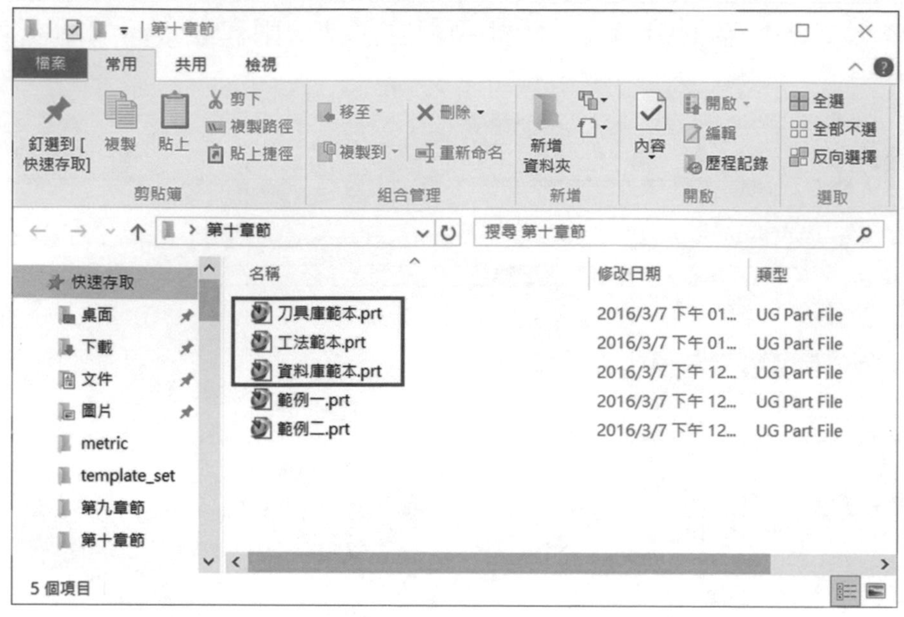

▲圖 10-4-7

10-5 範本相關設置

學習範本相關設定

使用者可以制定工法對話框的設定，使用者由於常用的功能性不多，若較少調整的加工參數，可以選擇不顯示，若有需要的參數可以顯示出來，使加工設定更為簡便、快速。

❶ 由「檔案」➔「開啟」➔「NX CAM 標準課程」➔「第十章節」➔「範例一.prt」。如圖 10-5-1。

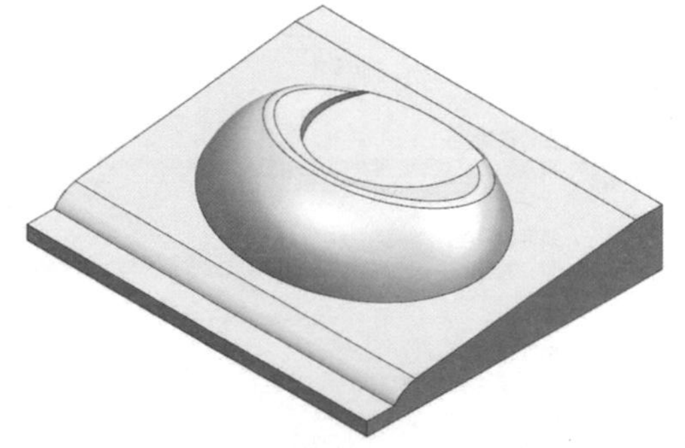

▲圖 10-5-1

❷ 由「檔案」➔「儲存」➔「另存新檔 (A)...」。如圖 10-5-2。

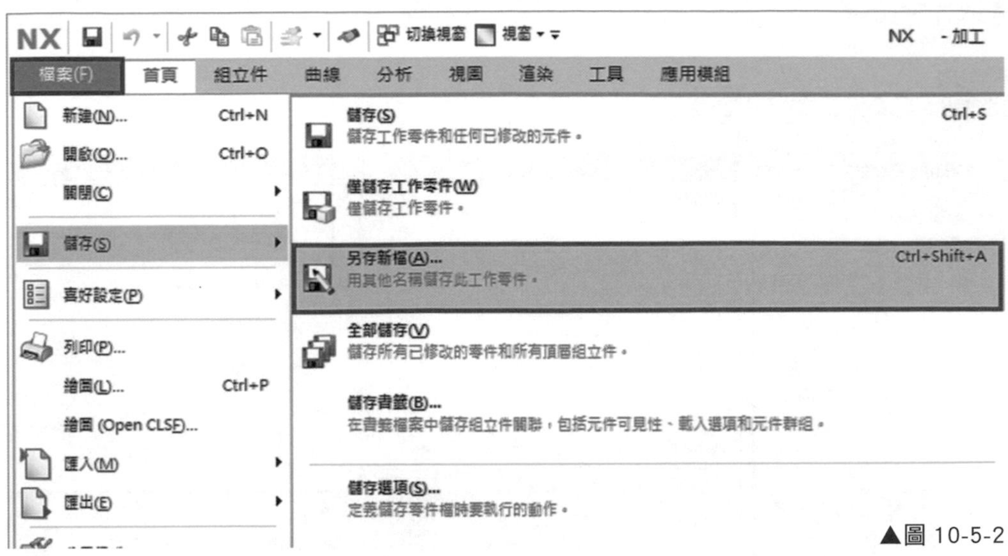

▲圖 10-5-2

❸ 設定資料夾位置為「第十章節」，儲存名稱為「參數範本」。如圖 10-5-3。

▲圖 10-5-3

❹ 編輯「CAVITY_MILL」工法，在選項的對話框中，點擊「自訂對話方塊」，選取常用的參數，刪除不常用的參數。如圖 10-5-4。

備註 請勿將選項對話框刪除，以免後續無法編輯。

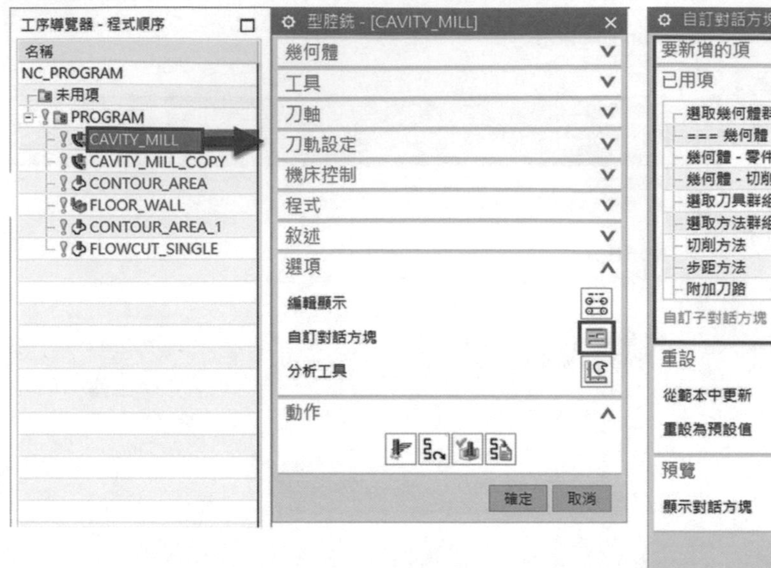

▲圖 10-5-4

❺ 確定後，不需使用的參數即不會呈現，與原本的對話框相比，少了很多下拉式設定，並依照使用者需求擺放。如圖 10-5-5。

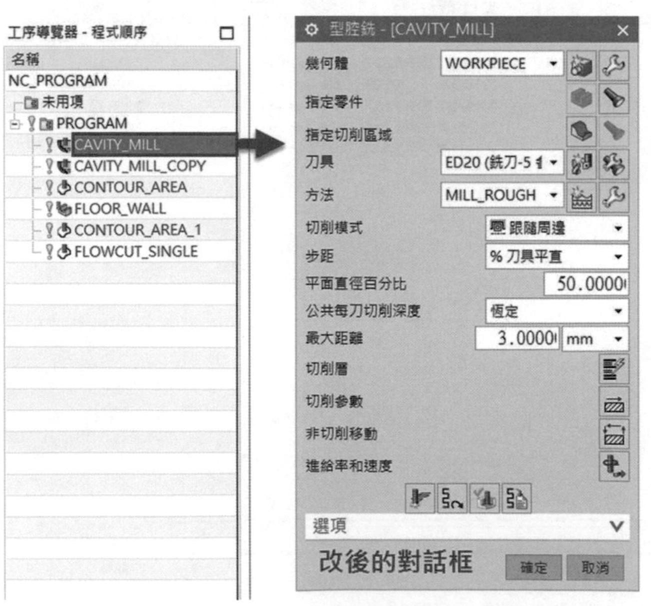

▲圖 10-5-5

❻ 由「檔案」➔「儲存」➔「儲存 (S)」。如圖 10-5-6。

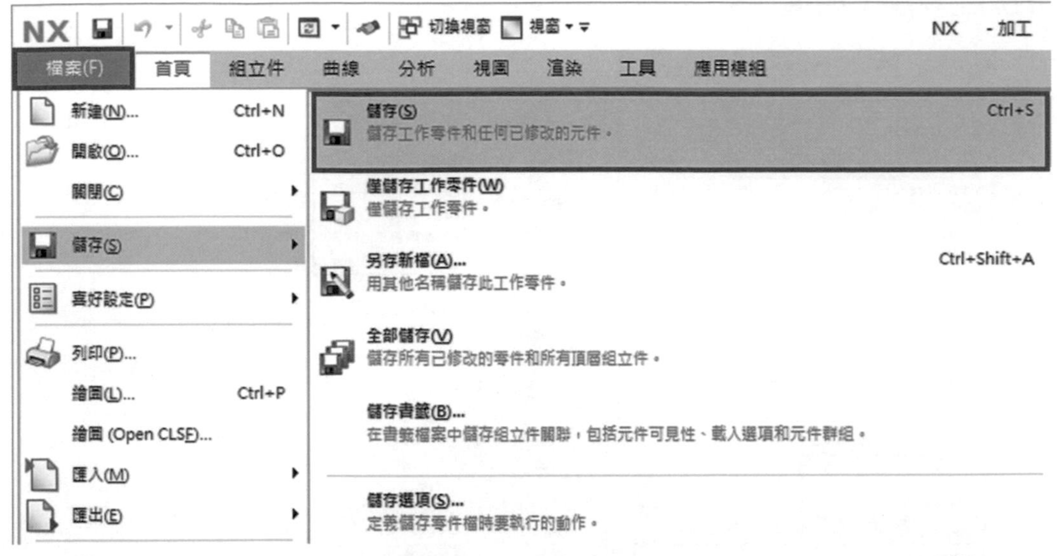

▲圖 10-5-6

10-6 套用範本

學習如何套用使用者定義的範本

使用者重新開始撰寫加工件時，可以選擇各種類型範本開始編程加工，無論是透過資源庫，還是刀具庫以及工法。都可以降低加工編程製作的時間。

❶ 由「檔案」➔「開啟」➔「NX CAM 標準課程」➔「第十章節」➔「範例二.prt」。如圖 10-6-1。

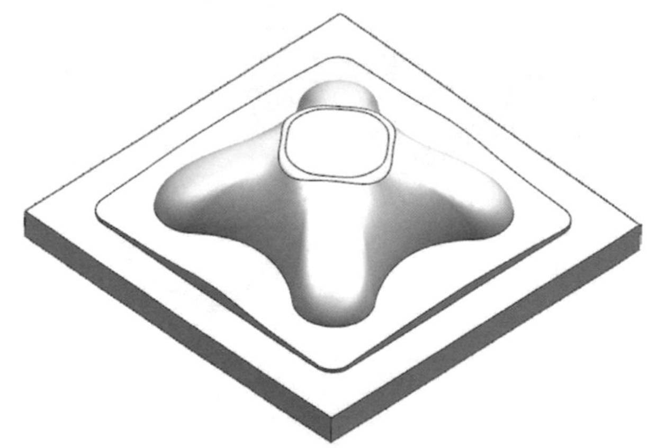

▲圖 10-6-1

❷ 點擊進入加工環境。在加工環境的對話框中，即可瀏覽「使用者設定範本」的加工模組。如圖 10-6-2。

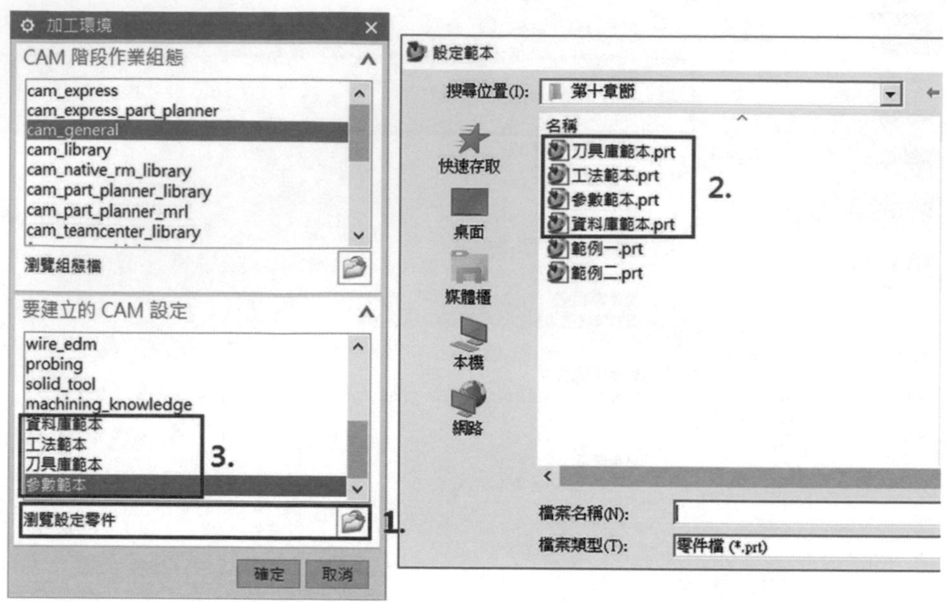

▲圖 10-6-2

❸ 一旦套用範本，工法與規畫就可依照使用者的規畫進行。
資料庫範本：透過使用者定義的加工模組完成加工。如圖 10-6-3。
刀具庫範本：透過使用者定義建立刀具庫資料。如圖 10-6-4。
參數範本：透過使用者定義工法參數，減少繁瑣設定。如圖 10-6-5。
工法範本：透過使用者定義的工法完成相似加工件。如圖 10-6-6。

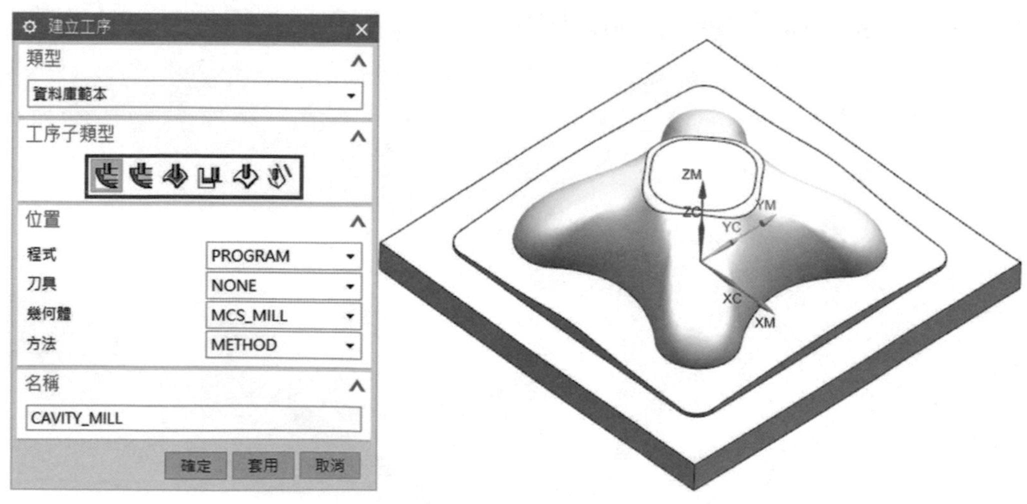

▲圖 10-6-3

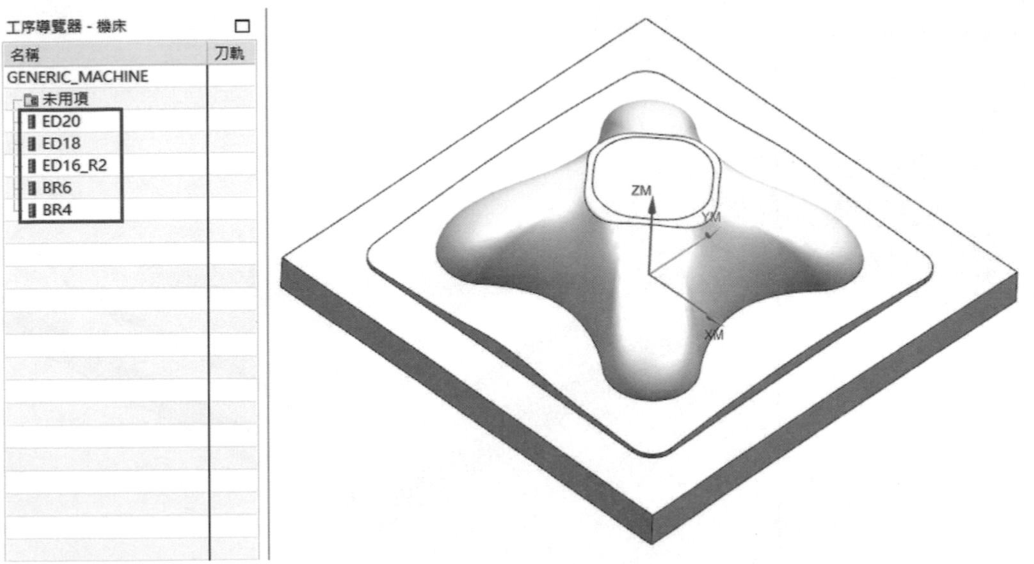
工序導覽器 - 機床
名稱
刀軌
GENERIC_MACHINE
未用項
ED20
ED18
ED16_R2
BR6
BR4
ZM
YM
XM

▲圖 10-6-4

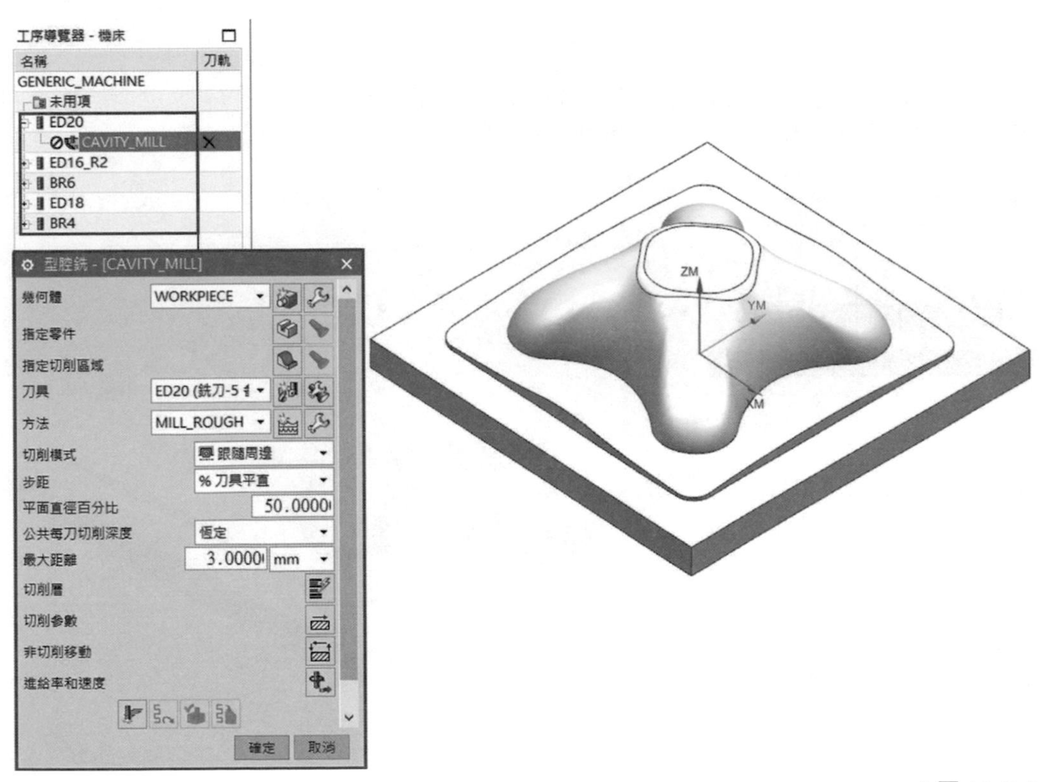
工序導覽器 - 機床
名稱
刀軌
GENERIC_MACHINE
未用項
ED20
CAVITY_MILL
ED16_R2
BR6
ED18
BR4
型腔銑 - [CAVITY_MILL]
幾何體
WORKPIECE
指定零件
指定切削區域
刀具
ED20 (銑刀-5
方法
MILL_ROUGH
切削模式
跟隨周邊
步距
% 刀具平直
平面直徑百分比
50.0000
公共每刀切削深度
恆定
最大距離
3.0000
mm
切削層
切削參數
非切削移動
進給率和速度
確定
取消
ZM
YM
XM

▲圖 10-6-5

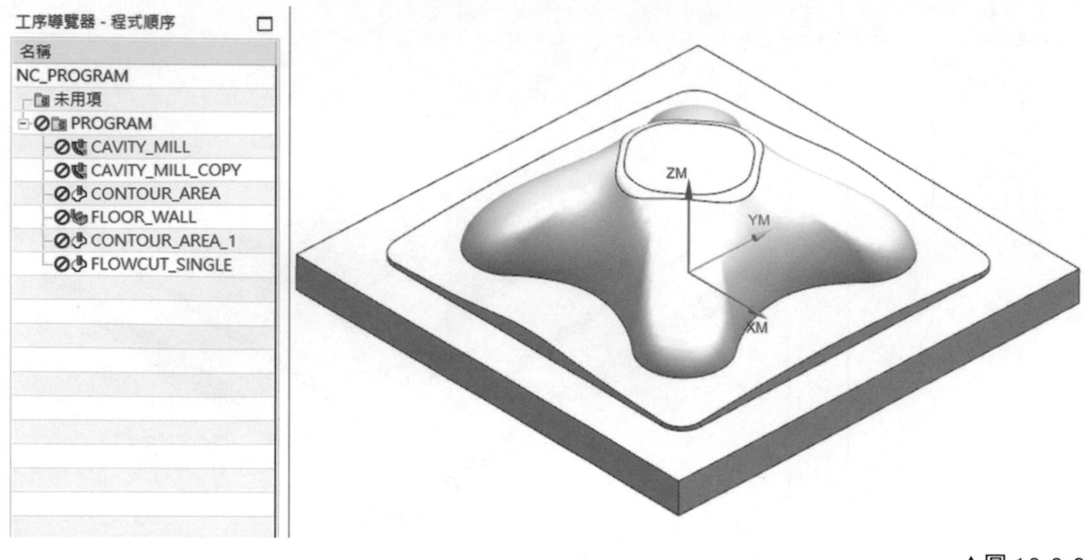

▲圖 10-6-6

❹在「工法範本」中假設要套用工法範本計算所有工法路徑，必須在幾何視圖中重新指定「幾何體」。如圖 10-6-7

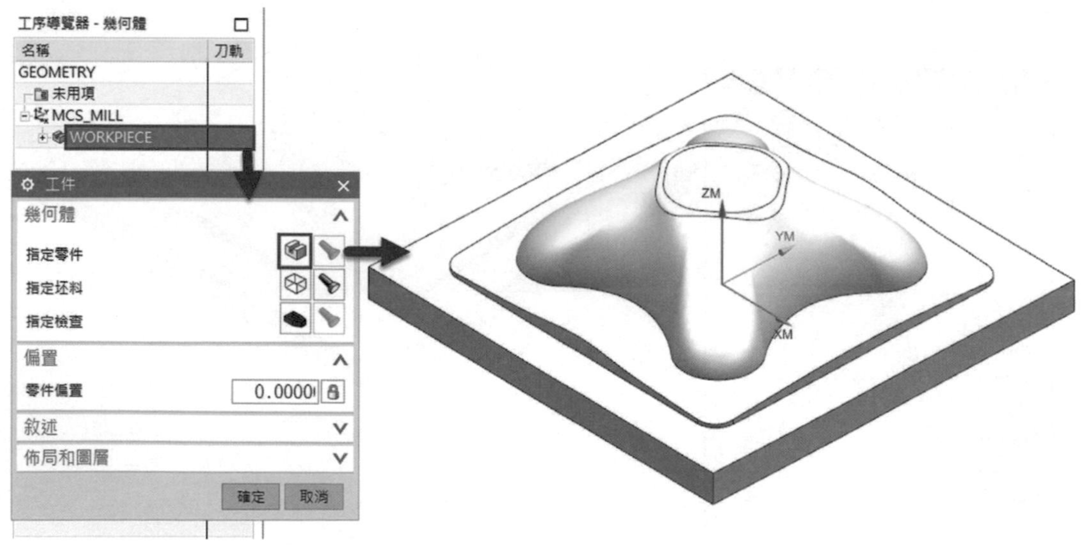

▲圖 10-6-7

❺ 在程式順序視圖中對 PROGRAM 滑鼠點擊右鍵 ➔「產生」刀軌。如圖 10-6-8。

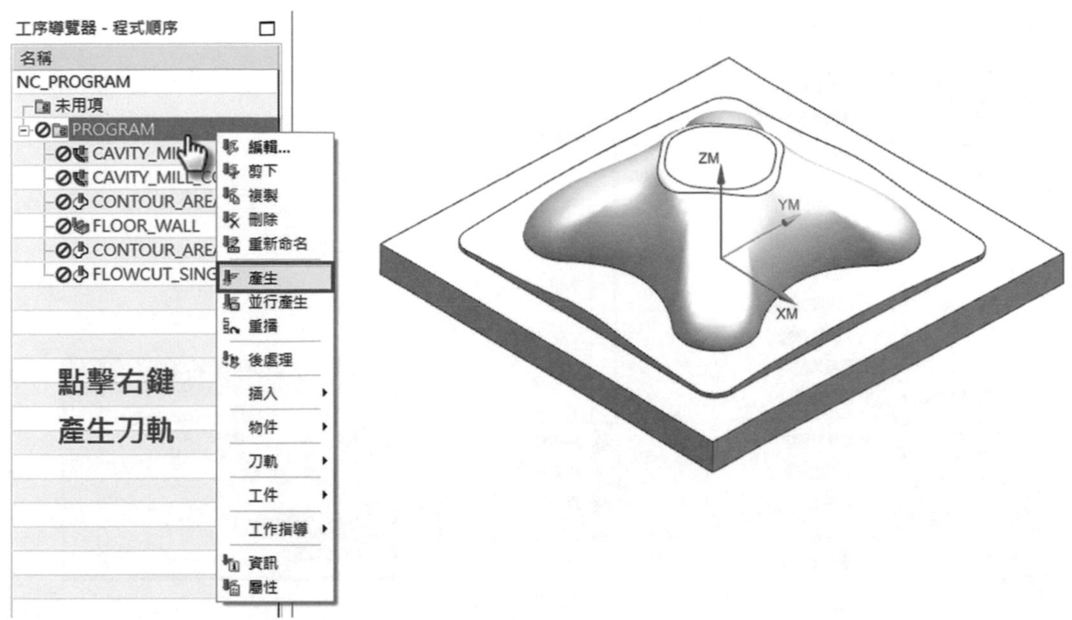

▲圖 10-6-8

❻ 套用範本並產生刀軌，迅速完成第二工件加工時間。如圖 10-6-9。

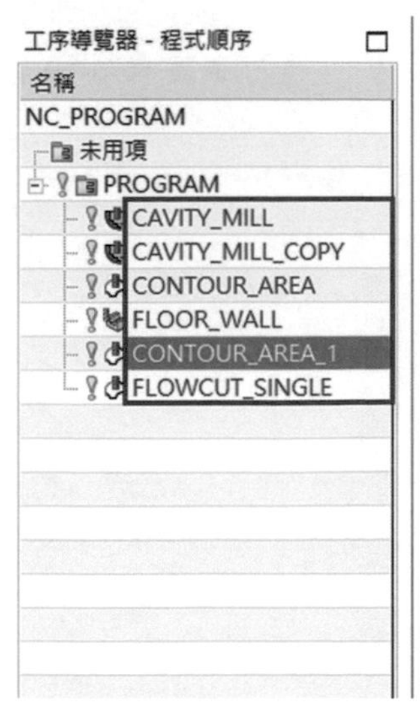

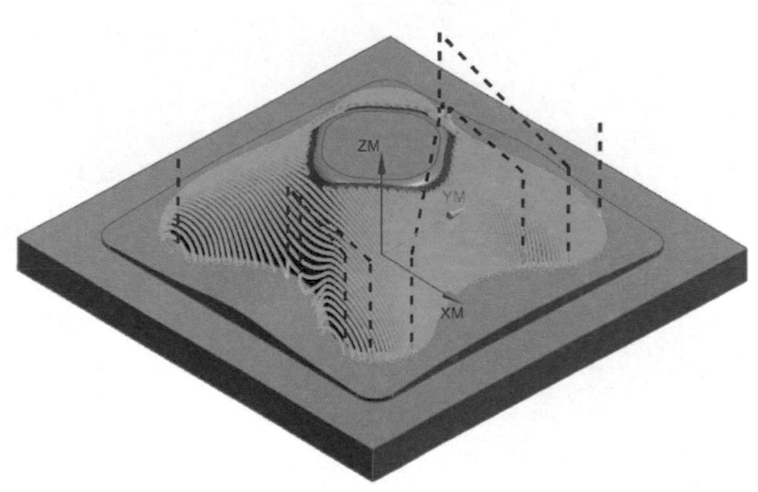

▲圖 10-6-9

❼ 若需要將工件的範本重新選擇或調整，可以透過「功能表」➔「工具」➔「工序導覽器」➔「刪除組裝」，此方式即是將工法的所有設定歸零，重新設定加工程式。如圖 10-6-10。

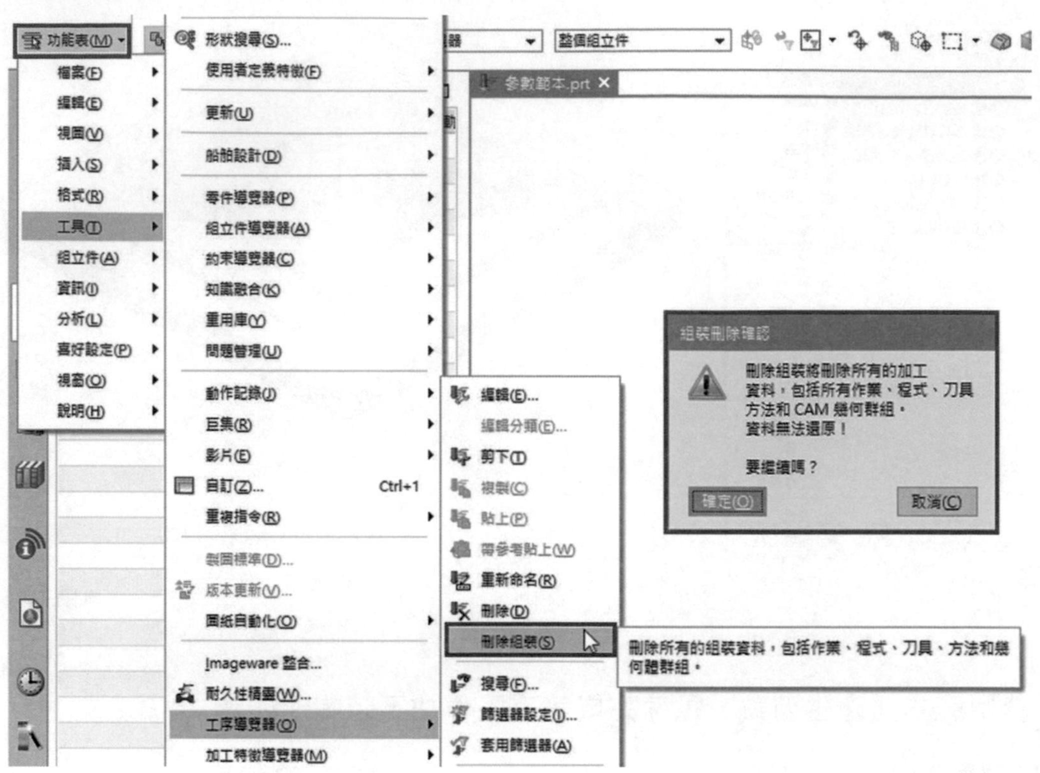

▲圖 10-6-10

國家圖書館出版品預行編目（CIP）資料

NX CAM 三軸加工必學經典實例
林耀贊，周泊亨 編著 . -- 初版 . --
臺北市：凱德科技，2018.03
面； 公分
ISBN 978-986-89210-4-7 （平裝附光碟片）

1. 數控工具機 2. 電腦程式 3. 電腦輔助製造

446.841029 107001940

NX CAM

三軸加工必學經典實例

－附教學範例光碟－

作者 / 林耀贊、周泊亨
發行者 / 凱德科技股份有限公司
出版者 / 凱德科技股份有限公司
地址：11494 台北市內湖區新湖二路 168 號 2 樓
電話：(02) 7716-1899
傳真：(02) 7716-1799
總經銷 / 全華圖書股份有限公司
地址：23671 新北市土城區忠義路 21 號
電話：(02) 2262-5666
傳真：(02) 6637-3695、6637-3696
郵政帳號 / 0100836-1 號
設計印刷者 / 爵色有限公司
圖書編號 / 10485007
初版一刷 / 2018 年 3 月
定價 / 新臺幣 600 元
ISBN / 978-986-89210-4-7 （平裝）
全華圖書 / www.chwa.com.tw
全華網路書店 / www.opentech.com.tw
若您對書籍內容、排版印刷有任何問題，歡迎來信指導 service@cadex.com.tw

3Dconnexion®

滑 鼠 產 品 系 列

專業系列

SpaceMouse® Enterprise

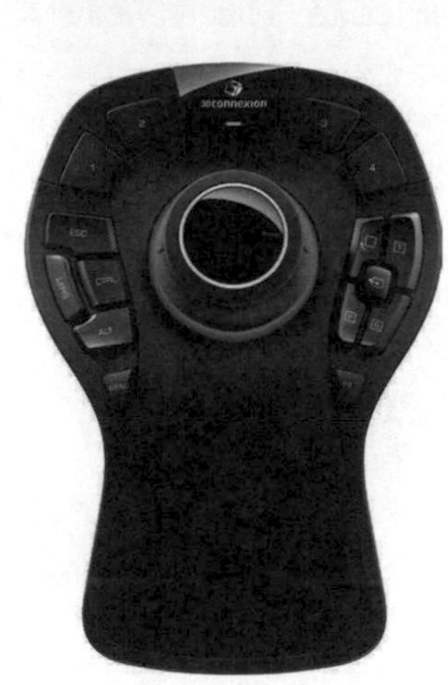

SpaceMouse Pro® Wireless

SpaceMouse Pro

（請由此線剪下）

歡迎加入 全華會員

● 會員獨享

會員享購書折扣、紅利積點、生日禮金、不定期優惠活動…等。

● 如何加入會員

填妥讀者回函卡直接傳真（02）2262-0900 或寄回，將由專人協助登入會員資料，待收到 E-MAIL 通知後即可成為會員。

如何購買 全華書籍

1. 網路購書

全華網路書店「http://www.opentech.com.tw」，加入會員購書更便利，並享有紅利積點回饋等各式優惠。

2. 全華門市、全省書局

歡迎至全華門市（新北市土城區忠義路 21 號）或全省各大書局、連鎖書店選購。

3. 來電訂購

(1) 訂購專線：(02) 2262-5666 轉 321-324

(2) 傳真專線：(02) 6637-3696

(3) 郵局劃撥（帳號：0100836-1　戶名：全華圖書股份有限公司）

※　購書未滿一千元者，酌收運費 70 元。

全華網路書店 www.opentech.com.tw
E-mail: service@chwa.com.tw

※ 本會員制如有變更則以最新修訂制度為準，造成不便請見諒。

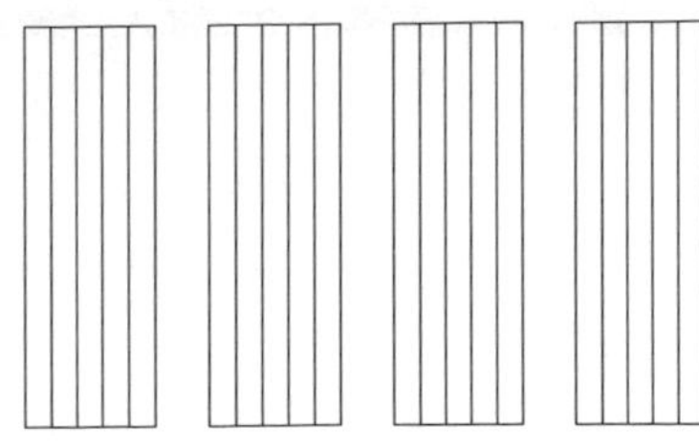

廣　告　回　信
板橋郵局登記證
板橋廣字第540號

23671
新北市土城區忠義路21號

全華圖書股份有限公司

行銷企劃部　收

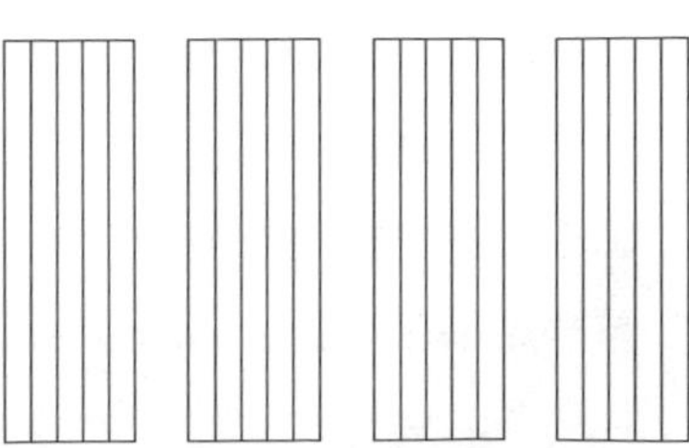

（請由此線剪下）

讀者回函卡

填寫日期：　／　／

姓名：＿＿＿＿　生日：西元＿＿年＿＿月＿＿日　性別：□男 □女

電話：（　）＿＿＿＿　傳真：（　）＿＿＿＿　手機：＿＿＿＿

e-mail：（必填）＿＿＿＿

註：數字零，請用 Φ 表示，數字 1 與英文 L 請另註明並書寫端正，謝謝。

通訊處：□□□□□＿＿＿＿

學歷：□博士　□碩士　□大學　□專科　□高中・職

職業：□工程師　□教師　□學生　□軍・公　□其他

學校／公司：＿＿＿＿　科系／部門：＿＿＿＿

・需求書類：

□ A. 電子 □ B. 電機 □ C. 計算機工程 □ D. 資訊 □ E. 機械 □ F. 汽車 □ I. 工管 □ J. 土木

□ K. 化工 □ L. 設計 □ M. 商管 □ N. 日文 □ O. 美容 □ P. 休閒 □ Q. 餐飲 □ B. 其他

・本次購買圖書為：＿＿＿＿　書號：＿＿＿＿

・您對本書的評價：

封面設計：□非常滿意　□滿意　□尚可　□需改善，請說明＿＿＿＿

內容表達：□非常滿意　□滿意　□尚可　□需改善，請說明＿＿＿＿

版面編排：□非常滿意　□滿意　□尚可　□需改善，請說明＿＿＿＿

印刷品質：□非常滿意　□滿意　□尚可　□需改善，請說明＿＿＿＿

書籍定價：□非常滿意　□滿意　□尚可　□需改善，請說明＿＿＿＿

整體評價：請說明＿＿＿＿

・您在何處購買本書？

□書局　□網路書店　□書展　□團購　□其他＿＿＿＿

・您購買本書的原因？（可複選）

□個人需要　□幫公司採購　□親友推薦　□老師指定之課本　□其他＿＿＿＿

・您希望全華以何種方式提供出版訊息及特惠活動？

□電子報　□ DM　□廣告（媒體名稱＿＿＿＿）

・您是否上過全華網路書店？（www.opentech.com.tw）

□是　□否　您的建議＿＿＿＿

・您希望全華出版那方面書籍？＿＿＿＿

・您希望全華加強那些服務？＿＿＿＿

～感謝您提供寶貴意見，全華將秉持服務的熱忱，出版更多好書，以饗讀者。

全華網路書店 http://www.opentech.com.tw　　客服信箱 service@chwa.com.tw

2011.03 修訂

親愛的讀者：

感謝您對全華圖書的支持與愛護，雖然我們很慎重的處理每一本書，但恐仍有疏漏之處，若您發現本書有任何錯誤，請填寫於勘誤表內寄回，我們將於再版時修正，您的批評與指教是我們進步的原動力，謝謝！

全華圖書　敬上

勘　誤　表

書　號		書　名		作　者	

頁　數	行　數	錯誤或不當之詞句	建議修改之詞句

我有話要說：（其它之批評與建議，如封面、編排、內容、印刷品質等・・・）